Godement · Analyse Mathématique I

T0156045

Springer
Berlin
Heidelberg
New York
Barcelone
Hong Kong
Londres
Milan
Paris
Singapour
Tokyo

Roger Godement

Analyse mathématique I

Convergence, fonctions élémentaires

2ème édition corrigée

 Springer

Roger Godement
Université Paris VII
Département de Mathématiques
2, place Jussieu
75251 Paris Cedex 05
France

Mathematics Subject Classification (2000): 26-01, 26A03, 26A06, 26A12, 26A15, 26A24, 26A42, 26B05, 28-XX, 30-XX, 30-01, 31-XX, 41-XX, 42-XX, 42-01, 43-XX, 54-XX

Die Deutsche Bibliothek – CIP-Einheitsaufnahme

Godement, Roger:
Analyse mathématique / Roger Godement. – Berlin; Heidelberg; New York; Barcelona; Hongkong; London; Mailand; Paris; Singapur; Tokio: Springer
Vol. 1. Convergence, fonctions élémentaires. – 2., corr. ed. . – 2001
ISBN 3-540-42057-6

ISBN 3-540-42057-6 2ème ed. Springer-Verlag Berlin Heidelberg New York
ISBN 3-540-63212-3 1ère ed. Springer-Verlag Berlin Heidelberg New York

Springer-Verlag Berlin Heidelberg New York
est membre du groupe Springer Science+Business Media

http://www.springer.de

© Springer-Verlag Berlin Heidelberg 1998, 2001
Imprimé en Allemagne

Maquette de couverture: *design & production* GmbH, Heidelberg

Printed on acid-free paper   SPIN 10985038   41/3111/YL – 5 4 3 2 1

Préface

L'analyse et ses adhérences

Entre 1946 et 1990, j'ai eu des milliers d'étudiants; dans le très économique système français des auditoires de deux à quatre cents personnes, ce n'est pas difficile. J'ai éprouvé à diverses reprises le désir d'écrire un livre qui, supposant un niveau minimum de connaissances[1] et du goût pour les mathématiques, amènerait le lecteur à un point à partir duquel il pourrait se lancer sans difficulté dans les théories plus abstraites ou plus compliquées du XXe siècle. Après diverses tentatives, j'ai recommencé à l'écrire au printemps de 1996 pour Springer-Verlag.

Entreprise ancienne et possédant une expérience illimitée des publications scientifiques en général et mathématiques en particulier, Springer m'a paru être de très loin le meilleur éditeur possible. Mes relations, depuis deux ans, avec le département mathématique de la maison me l'ont dores et déjà confirmé. Comme en outre Catriona Byrne, chargée dans ce secteur des relations avec les auteurs, était pour moi une amie depuis longtemps, je n'ai pas eu de chagrin à l'idée de confier ma production francophonique à un éditeur étranger[2] qui, bien que n'étant pas de chez nous, connaît superlativement son métier.

Mon texte a été rédigé en français sur ordinateur à l'aide d'un traitement de texte américain pour littéraires, *NotaBene*, excellent dans son domaine[3] mais qui n'est guère plus adapté aux mathématiques que les machines à écrire traditionnelles d'antan. Il a fallu ensuite transcrire le texte et recomposer les formules en LaTeX. Ce travail a été accompli avec une grande patience par une technicienne, Ingeborg Jebram, qui a l'habitude des mathématiques en allemand ou anglais mais non en français. Le résultat a été d'emblée un texte comportant peut-être une faute de frappe toutes les cinq pages; mes erreurs,

---

[1] Disons, en ce qui concerne la France, un baccalauréat obtenu sans indulgence du jury en ce qui concerne les mathématiques.

[2] "Les producteurs étrangers nous refusent leur lait". Grand titre d'un journal du soir lors d'un conflit sur la politique agricole européenne.

[3] Mis à part des *bugs* dont j'ignore s'ils sont dûs à NB 4.5, à DOS 6.0, à mon micro Dell 486 DX 33 ou aux logiciels dont Dell l'a muni. Mon premier matériel (NB 3.0, Dos 3.1 et un PC Tandon 286) a fonctionné impeccablement pendant six ans – jusqu'au jour où je l'ai déplacé en oubliant de bloquer le disque dur ...

qui ne se réduisaient pas à cela, étaient beaucoup plus nombreuses. S'il en reste, ce qui est fort probable, elles me sont dues[4].

Ce livre n'est pas un "manuel" même s'il peut en tenir lieu pour ceux qui voudront le considérer comme tel.

En premier lieu, je ne me suis conformé à aucun des "programmes" que les commissions ministérielles et les administrateurs d'un pensionnat militaire grand standing, l'Ecole polytechnique[5], imposent périodiquement aux universités et, beaucoup plus strictement, aux "classes préparatoires" aux concours d'entrée dans les "Grandes écoles" françaises. Mon but n'est pas d'aider de brillants jeunes gens à être reçus dans les premiers au concours d'entrée à l'X pour se trouver trente ans plus tard à la tête d'une grande entreprise publique ou privée produisant, si cela se trouve, des avions de guerre, de l'électronique militaire ou des armes nucléaires[6]. Tant mieux pour eux si mon livre rend service à quelques-uns de ces futurs apôtres de ce qu'ils appellent "l'intérêt général", celui qui n'a pas à être discuté en public puisque, par définition, il est dans l'intérêt du public même si celui-ci, qui ne sort pas de l'Ecole polytechnique, est incapable de le comprendre[7].

C'est au lecteur que les mathématiques intéressent en elles-mêmes ou comme langage des sciences, et non en tant que moyen de parvenir ou que langage de technologies contestables, que j'ai pensé en l'écrivant. Le seul sujet de ce livre est donc l'analyse mathématique telle qu'elle était et telle qu'elle

---

[4] Nous avons eu un problème à propos des notations utilisées pour les fonctions trigonométriques et hyperboliques. LATEX utilise évidemment les notations anglaises. Compte tenu du fait que la composition du manuscrit était déjà suffisamment difficile, j'ai adopté dans quelques formules les notations anglaises qu'il faut de toute façon connaître et qui sont suffisamment voisines des françaises pour qu'aucune confusion ne soit possible : tout le monde peut comprendre que $\tan x = \operatorname{tg} x$ ou que $\cosh x = \operatorname{ch} x$.

[5] Voir les aventures et commentaires de Laurent Schwartz au Chap. IX de ses mémoires, *Un mathématicien aux prises avec le siècle* (Odile Jacob, 1997). Il écrit qu'avant d'accepter un poste à l'X il se demanda ce qu'il irait "faire dans cette galère". Bonne question.

[6] L'un des plus brillants étudiants que j'ai connus en trente cinq ans est aujourd'hui à la tête d'un holding financier qui contrôle des chaînes de supermarchés. Il vend des camemberts, de la viande sous cellophane, des Tampax, du jus d'orange, des nouilles, de la moutarde, etc. C'est une façon plus civilisée de gaspiller de la matière grise.

[7] Parlant en 1989 du programme atomique militaire clandestin d'avant 1958, Pierre Guillaumat (X, corps des Mines), à l'époque à la tête du Commissariat à l'énergie atomique (CEA), s'écrie : "Consulter l'opinion publique était la dernière des choses à faire !" (en 1955). Dominique Mongin, *La bombe atomique française 1945-1958* (Bruylant/Librairie générale de jurisprudence, 1997), p. 376. Histoire quasi officielle (l'opposition n'existe pas) écrite sans accès aux archives officielles. Le livre de Lawrence Scheinman, *Atomic Energy Under the Fourth Republic* (Princeton UP, 1965), jamais traduit, était considérablement plus ironique quoiqu'évidemment moins bien informé.

est devenue. Je me suis borné aux fonctions d'une seule variable réelle ou complexe tout en limitant le niveau de difficulté du texte; celui-ci correspond approximativement, dans les deux premiers volumes, au niveau qu'imposent les "programmes" en vigueur en France. J'ai aussi cherché à donner, dans ce cadre restreint, des démonstrations susceptibles de s'étendre facilement aux situations plus générales que le lecteur rencontrera ultérieurement.

Quant au contenu, je n'ai pas hésité à introduire, parfois très tôt, des sujets considérés comme relativement avancés – les séries multiples et la convergence "en vrac", les fonctions analytiques, la définition et les propriétés immédiates des mesures de Radon et des distributions, les intégrales de fonctions semi-continues, les fonctions elliptiques de Weierstrass, etc. – lorsqu'ils peuvent s'exposer sans complications techniques, me réservant de les approfondir éventuellement dans un troisième volume. J'ai tenté de donner au lecteur une idée de la construction axiomatique de la théorie des ensembles en espérant qu'il prendra le chapitre I pour ce qu'il est – une contribution à sa culture mathématique – *et non pas pour un préliminaire obligatoire à l'apprentissage de l'analyse.* Le chapitre VII développe, outre la théorie classique des séries et intégrales de Fourier, celles des propriétés des fonctions analytiques ou harmoniques que l'on peut établir sans utiliser les intégrales curvilignes à la Cauchy : les résultats les plus simples sur les séries de Fourier y suffisent et j'ai souvent enseigné cette méthode peu répandue; le reste de la théorie viendra dans un volume III. A l'inverse, je n'ai pas traité les équations différentielles. On peut tout apprendre à leur sujet dans des myriades de livres; les résultats classiques de la théorie, applications directes des principes généraux de l'analyse, ne peuvent poser aucun problème sérieux à un étudiant ayant à peu près assimilé ceux-ci.

En second lieu, j'ai beaucoup insisté, à l'aide parfois de développements en langage ordinaire, sur les idées de base de l'analyse et, dans certains cas, sur leur évolution historique. Je ne suis pas, à beaucoup près, un expert en histoire des mathématiques; certains mathématiciens, sentant leur fin venir, s'y consacrent sur le tard; d'autres, plus jeunes, estiment le sujet suffisamment intéressant pour y consacrer une part substantielle de leur activité; ils font un travail fort utile même au point de vue pédagogique[8] puisqu'à vingt ans, un âge que j'ai eu, on ne pense qu'à foncer droit devant soi sans regarder en arrière et presque toujours sans savoir où l'on va : où et quand l'apprendrait-on ? J'ai préféré m'intéresser depuis un quart de siècle à un genre d'histoire auquel les mathématiques ne préparent pas mais qui n'est

---

[8] Par exemple Christian Houzel qui, dans son *Analyse mathématique. Cours et exercices* (Belin, 1996), donne un grand nombre de références à des articles originaux et fournit à ses lecteurs des "indications historiques" qu'il eût été utile de développer davantage. Mais le remarquable livre de Hairer et Wanner cité plus loin aurait peu de succès : non conforme aux "programmes" français. Il vient cependant d'être traduit : *L'analyse au fil de l'histoire* (Springer France, 2000).

pas sans présenter quelques rapports indirects avec elles. Néanmoins, j'ai fait quelques efforts pour faire comprendre au lecteur que les idées et techniques ont évolué et qu'il a fallu un à deux siècles pour que les intuitions des Fondateurs se transforment en idées parfaitement claires fondées sur des raisonnements inattaquables, en attendant les grandes généralisations du XXe siècle.

L'adoption de ce point de vue m'a conduit dans la plus grande partie de ce livre à refuser systématiquement les exposés parfaitement linéaires, organisés comme un mouvement d'horlogerie, ne proposant au lecteur que le point de vue dominant ou à la mode et assortis de *Blitzbeweise*, démonstrations-éclair au sens où l'on parle de la *Blitzkrieg* : on constate le résultat mais on ne comprend la stratégie que six mois après la bataille. Au risque d'établir plusieurs fois les mêmes résultats classiques, j'ai tenté de présenter au lecteur des méthodes de raisonnement et, à l'occasion, de lui faire comprendre la nécessité de la rigueur en mettant en évidence des raisonnements douteux dûs à des mathématiciens comme Newton, les Bernoulli, Euler ou Cauchy. L'adoption de ce point de vue augmente sensiblement la longueur du texte, mais l'un des principes de base de N. Bourbaki – pas d'économies de papier – me paraît s'imposer lorsqu'on s'adresse à des étudiants qui abordent un sujet.

L'autre principe du même auteur – substituer les idées au calcul – me paraît si possible encore plus recommandable lorsqu'on peut l'appliquer. On trouvera quand même dans ce livre, inévitablement, des calculs; mais je me suis essentiellement borné à ceux qui, dûs à de grands mathématiciens du passé, font partie intégrante de la théorie et peuvent donc être considérés comme des idées.

Sauf, à l'occasion, pour compléter le texte, on n'y trouvera pas non plus d'exercices. Il est indispensable d'en faire lorsqu'on apprend des mathématiques, mais on en trouve à profusion dans beaucoup d'autres livres et dans des recueils spécialisés. La plupart des étudiants des universités françaises, obsédés par les kyrielles d'examens qu'on leur impose de subir au cours de leurs études[9], ont une tendance très exagérée à considérer que le "cours" n'est d'aucune utilité et que ce sont les "travaux pratiques" qui comptent. Le résultat est que la plupart d'entre eux sont capables, aux erreurs de calcul près, d'intégrer une fraction rationnelle mais incapables d'expliquer pourquoi une fonction rationnelle est intégrable et, plus généralement, de répondre à des questions d'ordre théorique parce qu'ils se contentent, au mieux, d'apprendre les énoncés des théorèmes. Comprendre un bloc de mathématiques ne se réduit pas à savoir en appliquer mécaniquement les résultats. Comprendre un

---

[9] Les étudiants allemands doivent passer un examen général à la fin des six premiers semestres, et aucun autre auparavant. On n'a pas entendu dire que les résultats étaient moins bons que ceux d'un système français qui infantilise les étudiants qui le subissent et les conduit fréquemment à oublier au fur et à mesure les sujets sur lesquels ils ont déjà été examinés.

théorème, c'est être capable d'en retrouver une démonstration; comprendre une théorie, c'est être capable d'en reconstituer la structure logique. Tout mathématicien le sait.

On n'apprend pas l'analyse ou quoi que ce soit d'autre dans un seul livre; il n'y a ni Bible, ni Evangile ni Coran en mathématiques. Le fait que l'esprit de mon exposé diffère radicalement de celui de Serge Lang, *Undergraduate Analysis* (Springer, 2nd. ed., 1997) par exemple, n'a pas pour but d'en dissuader la lecture, bien au contraire; encore moins celle des livres de E. Hairer & G. Wanner, *Analysis by Its History* (Springer, 1995), Wolfgang Walter, *Analysis 1* (Springer, 1992, en allemand) ou Reinhold Remmert, *Funktionentheorie 1* (Springer, 4. Auflage, 1995, trad. *Theory of Complex Functions*, Springer-New York, 1991), qui m'ont souvent servi et que je cite lorsque c'est le cas. Ces livres excellents proposent de nombreux exercices, de même que le *Calcul infinitésimal* (Hermann, 1968) de Jean Dieudonné, dont le style m'enthousiasme moins. Celui de Hairer et Wanner est particulièrement original par son recours délibéré à l'ordre historique plutôt qu'à l'ordre logique qu'on a ultérieurement codifié.

Je n'ai pas non plus cédé à la mode qui se répand d'agrémenter les exposés d'analyse de calculs numériques à quinze décimales sous prétexte qu'ils peuvent être utiles aux futurs informaticiens ou mathématiciens appliqués. Tout le monde sait que les mathématiciens des XVIIe et XVIIIe siècles aimaient les calculs numériques – faits à la main et non pas en appuyant sur les touches d'un gadget électronique –, notamment parce qu'ils leur permettaient de vérifier leurs résultats théoriques ou de démontrer la puissance de leurs méthodes. Cette maladie infantile de l'analyse a disparu lorsqu'au XIXe siècle on a commencé à s'intéresser à la rigueur des démonstrations et à la généralité des énoncés plutôt qu'aux formules.

Cela ne signifie pas que les calculs numériques soient devenus inutiles : grâce à l'informatique, on en fait de plus en plus, pour le meilleur et pour le pire, dans tous les domaines scientifiques ou techniques qui, de l'imagerie médicale au perfectionnement des armes thermonucléaires, utilisent des mathématiques; on en fait même dans certaines branches des mathématiques elles-mêmes où, par exemple, tracer un grand nombre de courbes peut mettre sur la voie d'un théorème général ou faire comprendre la situation topologique, sans parler de la traditionnelle théorie des nombres où l'on a toujours eu recours à l'expérimentation numérique pour imaginer ou vérifier des conjectures.

Cela signifie seulement que le but d'un exposé des *principes* de l'analyse n'est pas d'enseigner les techniques numériques. Au surplus, les sectateurs des mathématiques appliquées, de l'analyse numérique et de l'informatique font preuve dans toutes les universités du monde de tendances impérialistes beaucoup trop manifestes pour que les vrais mathématiciens se chargent de faire à leur place un travail pour lequel ils manquent généralement de goût ou de compétence.

Le lecteur innocent et beaucoup de mathématiciens confirmés seront probablement surpris de trouver dans mon livre quelques allusions très appuyées à des sujets extra-mathématiques et particulièrement aux relations entre science et armement. Cela ne se fait pas : la Science est politiquement neutre[10], même lorsque quelqu'un la laisse par mégarde tomber sur Hiroshima. Ce n'est pas non plus au programme : le métier du mathématicien est de fournir à ses étudiants ou lecteurs, sans commentaires, des instruments dont ceux-ci feront plus tard, pour le meilleur et pour le pire, l'usage qui leur conviendra.

Il me paraît plus honnête de violer ces misérables et beaucoup trop commodes tabous et de mettre en garde les innocents qui se lancent en aveugles dans des carrières dont ils ignorent tout. En raison de ses catastrophiques conséquences passées ou potentielles, la question des rapports entre science, technologie et armement concerne tous ceux qui se lancent dans les sciences ou les techniques ou les pratiquent. Elle est gouvernée depuis un demi-siècle par l'existence d'organismes officiels et d'entreprises privées dont la fonction est *la transformation systématique du progrès scientifique et technique en progrès militaire* dans la limite, souvent élastique, des capacités économiques des pays concernés.

Il serait impossible de discuter ce sujet, encore moins d'en faire l'histoire d'une façon un tant soit peu systématique, dans le cadre d'un traité de mathématiques, sauf à y ajouter des volumes supplémentaires. On peut toutefois, en quelques dizaines de pages, en donner une idée et, en particulier, montrer que la question et le sujet existent. Dans une France où les discussions sur les relations entre Science et Défense[11] sont dominées depuis

---

[10] Assertion depuis longtemps démolie, notamment dans la thèse de Jean-Jacques Salomon, *Science et Politique* (Ed. du Seuil, 1970, réédité chez Economica), et par d'innombrables études américaines, anglaises ou allemandes portant sur tel ou tel aspect du sujet. La façon la plus courante de politiser l'activité scientifique consiste à favoriser financièrement telle ou telle branche plutôt que telle autre ou à faire intervenir des scientifiques dans des conseils gouvernementaux de niveau fort élevé. Un cas d'école est l'impulsion que le gouvernement américain qui, avant 1939, ne finançait la recherche scientifique que dans des domaines comme l'agriculture ou la géologie, lui a donnée après 1945 dans tous les domaines et particulièrement en physique. La réaction américaine au Spoutnik, documentée dans Robert A. Divine, *The Sputnik Challenge* (Oxford UP, 1993), pp. 89–93 et 157–166, rentre dans le même cadre : les crédits de la NSF, le CNRS américain, jusqu'alors très limités, se sont envolés sous le prétexte, faux, que l'exploit *technique* soviétique prouvait l'infériorité de la *science* américaine. Il ne prouvait même pas celle de la technique américaine, le retard des Américains en matière de missiles résultant du fait que l'aviation avait, avant 1950, obtenu la priorité à une époque où le budget militaire était encore relativement réduit.

[11] Titre d'une association fondée en 1983 par Charles Hernu, à l'époque ministre (socialiste) des Armées et futur héros de l'affaire Greenpeace. Patronnée par la Délégation ministérielle pour l'armement (DMA), l'association organise chaque

des décennies par un épais "consensus", la chose à dire à la jeunesse est que *l'une des formes de la liberté intellectuelle est de ne pas se laisser dominer par les idées dominantes.*

Je me suis donc décidé à écrire un texte où l'on trouvera d'une part une discussion sur le thème "mathématiques pures versus mathématiques appliquées" inspirée (il vaudrait mieux dire : provoquée) par les récents mémoires de Laurent Schwartz[12], d'autre part des considérations diverses et forcément schématiques ou partielles sur le problème général; je me suis limité essentiellement à quelques questions relatives à la période postérieure à 1945 en me réservant de poursuivre peut-être le sujet dans un troisième volume. Je n'ai pas craint de mentionner bon nombre de références bibliographiques importantes – il y en a cent fois plus – qui permettront à ceux qui le désirent de compléter, de vérifier ou de discuter ce texte. Je n'ai pas le naïf espoir qu'un étudiant de vingt ans qui apprend les mathématiques pourrait se plonger dans cet océan de littérature[13]; ce ne serait même pas un

---

année un congrès où, pendant deux jours, des ingénieurs et scientifiques présentent des rapports sur les problèmes techniques de l'armement et les sciences connexes. Des centaines d'auditeurs y assistent : militaires, ingénieurs, industriels, scientifiques et, inévitablement, des politologues et métaphysiciens de la stratégie chargés de la propagande et de l'idéologie. La France est, à ma connaissance, le seul pays où ce que nombre d'historiens américains appellent maintenant le *scientific-military-industrial complex* (SMIC) ose s'exhiber aussi publiquement et sans provoquer la moindre contestation.

[12] Il va de soi que mes divergences de vue avec Schwartz ne sont motivées par aucun conflit sur le plan personnel. Schwartz et moi avons été beaucoup plus que des collègues pendant une trentaine d'années à Nancy puis à Paris et nos options politiques, sur la guerre d'Algérie notamment, ont souvent été les mêmes. Nos voies ont divergé à partir du début des années 1970 lorsqu'il a abandonné l'université pour se consacrer à l'Ecole polytechnique et lorsque j'ai en partie abandonné les mathématiques pour me reconvertir au domaine qui fait l'objet du texte terminant le volume II.

[13] Il faudrait déjà pouvoir la trouver dans les bibliothèques, universitaires ou autres, accessibles aux étudiants français; vaste programme. Au centre Jussieu, à Paris, la section "Science et Société" de la bibliothèque, que j'ai fait créer il y a vingt-cinq ans, contient la plupart des livres cités et quelques milliers d'autres, y compris dans des domaines différents; on peut aussi en trouver à la bibliothèque de recherche de La Villette. Pour les titres plus spécifiquement politiques, la Fondation nationale des sciences politiques est, à Paris, la seule source à peu près complète.
En ce qui concerne l'état des bibliothèques universitaires (BU) accessibles aux étudiants français, citons quelques chiffres anciens (la situation ne s'est sûrement pas renversée depuis lors) extraits d'un article de François Reitel, doyen de la Faculté des Lettres de Metz (*Le Débat*, n° 51, 1988), comparant les situations française et allemande en 1986. Si l'on considère les 24 universités françaises et les 28 universités allemandes créées depuis 1960, on constate que les BU françaises possèdent au total 1 869 000 volumes et les allemandes 29 843 000. En 1986, les BU (récentes ou non) allemandes ont acquis cinq fois plus de livres que les françaises. Il y a en France trois BU possédant au moins un million de volumes (dont la Sorbonne et Sainte Geneviève, trois millions chacune, avec dix à

très bon service à lui rendre que de l'y encourager. Mais ce texte trouvera peut-être des lecteurs moins jeunes n'ayant plus d'examens à subir ou de concours à réussir.

Pour ne pas encombrer l'entrée de ce livre par un discours non mathématique, j'ai préféré le rejeter à la fin du volume II. Il y sera à sa place puisqu'il part des idées divergentes de Fourier et de Jacobi sur les mathématiques.

Les nombreuses citations et références en anglais que l'on trouvera dans ce livre, et particulièrement dans le texte qui termine le vol. II, ont pour but d'encourager le lecteur à utiliser une langue absolument indispensable si l'on veut s'instruire ou s'informer dans quelque domaine que ce soit. Pour des raisons démographiques évidentes, le français ne couvre qu'une faible proportion de la littérature occidentale, et pas plus de 3% (technologie) à 7% (mathématiques) dans les sciences au plan mondial. Lire couramment l'anglais courant décuple les sources d'information et, en particulier, donne souvent accès à des ouvrages rarement traduits en français et dont le niveau de qualité n'existe pas en France parce que les productions françaises ne peuvent évidemment pas être de niveau maximum dans tous les microdomaines de l'activité intellectuelle. Lorsque j'ai commencé à faire des mathématiques sérieusement à un âge où les langues étaient le cadet de mes soucis, j'ai dû lire non seulement de l'anglais, mais aussi et au moins autant de l'allemand et même du russe, langues que j'ignorais; elles sont moins indispensables aujourd'hui qu'il y a un demi-siècle puisque l'usage de l'anglais se répand partout non seulement en raison de la prépondérance de l'Amérique, mais aussi en raison de la simplicité de l'anglais comparé à l'allemand, au russe depuis longtemps traduit en anglais, au japonais, etc. Quatre-vingt quinze pour cent de mes lectures dans le secteur "science et défense" sont en anglais même lorsqu'elles ne sont pas dues à des auteurs anglophones; dans ce secteur, le domaine français commence à peine à naître (D. Pestre, P. Mounier-Kuhn, G. Ramunni, etc.)

On n'est pas pour autant obligé d'apprécier la violence du cinéma ou la barbarie de certaines musiques que produit l'Amérique; les Américains ne diffusent pas ces productions; ils les vendent et trouvent des acheteurs (ou imitateurs) indigènes trop heureux de faire de l'argent en les diffusant

---

treize millions de volumes pour les treize universités parisiennes), et trente et une en Allemagne. Les étudiants de Metz, nous dit M. Reitel, sont des privilégiés : ils peuvent compléter les 117 000 volumes de Metz par les 1 403 000 volumes de la BU voisine de Sarrebrück, où ils disposent du prêt gratuit.

Des comparaisons avec les Etats-Unis seraient si possible encore plus éloquentes. En 1975 déjà, il existait aux USA 79 BU possédant au moins un million de volumes, dont 25 dépassant deux millions, 14 dépassant trois millions et 8 dépassant quatre millions d'après les statistiques historiques de H. Edelman et G. M. Tatum, *The Development of Collections in American University Libraries* (College and Research Libraries, mai 1976). Harvard dépasse les deux millions dès 1920. Il faudrait y ajouter d'énormes bibliothèques municipales.

à leur place dans un public jeune et le plus souvent inculte. Au demeurant, comment la Télévision remplirait-elle ses heures de programmes, comment les salles de cinéma pourraient-elles fonctionner, sans les productions américaines ? Il n'y a pas assez de main d'oeuvre en France pour substituer des médiocrités françaises aux médiocrités américaines; et aucun pays n'est capable de produire chaque jour un nouveau Macbeth ou un nouveau Bartok. On diffuse donc ce qui est disponible, ou l'on invente des "jeux" bêtifiants ...

On n'est pas non plus obligé d'apprécier la conception darwinienne des rapports économiques et sociaux qui, grâce à l'emploi de technologies directement sorties de la guerre froide et de la course aux armements, est en train de se répandre sous le nom de "mondialisation" : l'extension à la planète d'un système économique fondé sur les principes d'Adam Smith (1776) assimilés de travers par les "barons voleurs" qui, à la fin du XIXe siècle, ont édifié les grandes entreprises capitalistes américaines, et un peu revus et codifiés par la suite. Il est maintenant interdit de tirer sur les grévistes mais non de domestiquer les syndicats, de licencier des milliers d'employés pour améliorer la "compétitivité" des entreprises, d'exploiter en échange la main d'oeuvre à bas prix des pays non développés, de pousser au démantèlement de systèmes de protection sociale européens obtenus après un siècle de luttes mais jugés "trop coûteux" – ou trop à gauche ? – par les anciens élèves de la Harvard Business School et de ses imitations, d'emporter les marchés publics en distribuant des chèques à des partis politiques ou, dans le Tiers-Monde, à des gangsters au pouvoir, d'inonder celui-ci de machines à tuer sous prétexte d'en abaisser le coût unitaire pour les pays qui les produisent, etc. C'est le règne de l'argent, dont le slogan a été lancé il y a cent cinquante ans par un célèbre ministre français : *Enrichissez-vous* ! Si vous le pouvez ...

Cela dit, l'Amérique possède, notamment dans ses universités, une classe intellectuelle à ne pas confondre globalement avec les porte-parole des seigneurs de la guerre froide ou des opérateurs de Wall Street. En particulier, personne, en France, n'a de près ou de loin mis en évidence l'influence militaire sur le développement scientifique et technique depuis 1940 comme le font, depuis un quart de siècle et à l'aide d'une documentation massive, nombre d'historiens américains, notamment de la jeune génération. C'est en ne lisant que les auteurs français actuels et a fortiori en ne lisant que votre journal quotidien que vous vous laisserez dominer par les idées dominantes.

Il va de soi enfin que les informations et opinions que j'exprime sont de ma pleine et entière responsabilité. *Elles n'engagent à aucun degré Springer-Verlag.* Il se trouvera probablement des gens pour reprocher à mon éditeur de ne m'avoir pas censuré. Etant mal placé pour le faire à leur place, je préfère, quant à moi, le remercier chaleureusement de m'avoir laissé la liberté de m'exprimer. C'est une attitude que je n'aurais sûrement pas rencontrée partout et que j'apprécie à sa juste valeur.

La rédaction de la postface a été terminée au moment où ma femme se débattait entre la vie et la mort. Je l'avais aperçue le 1er octobre 1938 en entrant en classe de Mathématiques élémentaires au lycée de garçons du Havre : le lycée de jeunes filles ne proposait à ses protégées qu'une classe de Philosophie. Nous avions dix-sept ans, j'avais un visage boutonneux, des allures de paysan avec mon costume trois pièces mal coupé, l'accent correspondant et j'apprenais l'analyse – celle que j'expose dans ces livres à quelques détails près – grâce à la bibliothèque municipale du Havre, celle dont parle Sartre dans *La nausée*, avec son autodidacte qui la lisait par ordre alphabétique d'auteurs; j'ai, quant à moi, commencé par Baire ... Mon père était employé aux écritures sous un hangar du port du Havre; le père de Sonia, qui venait parfois la chercher au lycée dans son immense Vivaquatre Renault, y dirigeait, lui, la succursale locale d'une grande entreprise de transit. Elle était toujours sobrement élégante; son père, juif russe émigré en 1905 et quasiment boycotté par la *society* indigène, lui avait transmis un visage ovale vaguement mongol, un regard d'une merveilleuse douceur et des formes "pneumatiques" comme nous le découvrîmes plus tard en lisant *Brave New World*. Son caractère, égal et joyeux, n'en était pas moins fort indépendant : elle s'était révoltée contre une ou deux vieilles filles qui, au lycée de jeunes filles, avaient tenté de la normaliser[14] et s'était retrouvée pour deux ans dans une pension fort chic à la campagne. Elle allait l'été chez sa soeur, mariée à un ingénieur polonais à Gdynia (Gdansk), ou apprendre l'allemand à Heidelberg, sans que ses parents s'effraient devant la perspective de laisser leur fille de seize ou dix-sept ans voyager seule en chemin de fer sur de si longues distances.

Bref, je fus instantanément amoureux de Sonia, bien évidemment sans me déclarer; mais cela devait se voir. C'est seulement après cinq ans d'amitié que nous reconnûmes la réalité; je sortais de l'Ecole normale avec l'agrégation. Son père, arrêté en 1942, transportait alors des brouettes de ciment pour construire le mur de l'Atlantique, la déportation en Allemagne lui ayant été épargnée par le catholicisme de naissance de sa femme, blonde aryenne aux yeux bleus portant un nom flamand; Sonia n'avait pas hésité à franchir en fraude la frontière belge pour aller chercher l'indispensable certificat de baptème de sa mère. Nous décidâmes de vivre ensemble, tout au moins lorsque nous étions à Paris – ce n'était pas si courant à cette époque – et d'attendre le retour de son père pour nous marier. Elle subit en septembre 1944 le

---

[14] Etant entrée en octobre 1940 en Mathématiques spéciales au lycée (de jeunes filles) Fénelon à Paris, elle fut convoquée un jour par la directrice qui lui déclara que l'Etat ne lui versait pas une bourse d'études pour qu'elle porte des bas de soie et du rouge à lèvres. La coupable répondit qu'il y avait erreur : elle n'était pas boursière et, à cette époque, ses parents, sans être millionnaires, finançaient encore bien volontiers ses bas de soie et son rouge à lèvres. Elle décida un peu plus tard de quitter Fénelon, renonça à préparer le concours de l'Ecole normale supérieure de jeunes filles de Sèvres et s'inscrivit à l'université; on n'y inspectait pas les élèves à l'entrée.

siège du Havre auprès de sa mère; j'étais alors à dix kilomètres de là chez mes parents, entre les lignes allemandes et alliées, et, pendant une semaine, observai chaque jour les monstres quadrimoteurs britanniques tournoyant à basse altitude après avoir lâché des milliers de tonnes de bombes d'abord sur la ville, puis sur les défenses allemandes – elles n'en souffrirent guère – à la périphérie de celle-ci; Sonia et sa mère en furent quitte pour la peur, à la différence de quelques milliers d'autres havrais. Puis son père revint à pied du nord de la France dans un état qu'il n'est pas indispensable de décrire. Nous nous mariâmes à la fin d'octobre. Elle aurait pu trouver de bien meilleurs partis ...

Quelques jours avant de s'éteindre, elle m'a dit, en parlant de mon livre : Roger, je suis fière de toi, ce qui n'était fort heureusement pas dans ses habitudes. Je lui ai répondu : Attends de voir le résultat avant de te prononcer. Elle ne le verra pas et je ne sais trop ce qu'elle en aurait pensé. Je le dédie néanmoins à sa mémoire.

Table des matières du volume I

I – Ensembles et Fonctions

§1. La théorie des ensembles – §2. La logique des logiciens

Il est généralement reconnu que les mathématiciens s'occupent d'objets ou concepts à propos desquels ils démontrent des théorèmes grâce à des raisonnements logiques de préférence inattaquables. Cette dernière particularité, demeurée longtemps théorique en dehors de la théorie des nombres et de la géométrie élémentaire héritées des Grecs, a toujours effrayé la plupart des gens, habitués qu'ils sont à produire et à entendre journellement, y compris dans des activités hautement intellectuelles, des dizaines de raisonnements tous plus contestables les uns que les autres : la vie en société serait impossible si chacun devait fournir des preuves incontrovertibles de ce qu'il affirme et s'exprimer clairement et sans ambiguïté[1].

Jusqu'au XVIIe siècle, les objets mathématiques étaient des nombres, des figures géométriques, des équations ou fonctions plus ou moins directement fournies par la vie pratique, l'astronomie ou la mécanique : les triangles et les sections coniques des Grecs, les nombres entiers, fractionnaires ou irrationnels comme $\sqrt{2}$, les équations algébriques les plus simples que l'on tente parfois, comme Fermat, de résoudre en nombres entiers, les fonctions trigonométriques abondamment développées par les astronomes grecs et arabes avant les Occidentaux, les logarithmes de Neper, les paraboles de Galilée, la vitesse d'un mobile et le calcul des tangentes à une courbe qui, dans la seconde moitié du XVIIe siècle, conduisent à la notion de dérivée, le calcul de l'aire limitée par une courbe – le cercle ou la parabole chez Archimède – qui conduit à la même époque au calcul intégral, etc. Encore très primitives jusqu'aux environs de 1600, les mathématiques ont peu après explosé grâce à la création de l'analyse infinitésimale par Fermat, Descartes, Huyghens, Wallis, Cavalieri et surtout, entre 1665 et 1720 environ, par Newton, Leibniz et les Bernoulli. S'ouvre alors une époque où, grâce aux nouvelles méthodes, on résoud par le calcul une invraisemblable quantité de problèmes sans trop se préoccuper de la validité des démonstrations; le Prince des mathématiciens s'appelle alors Leonard Euler (1707–1783), l'homme qui

---

[1] Voir quelques commentaires sur ce point au n° 7 du Chap. II.

"calculait comme l'on respire" et avait suffisamment de génie non seulement pour trouver d'innombrables formules dont on continue à se servir, mais, ce qui est beaucoup plus fort, pour en donner des démonstrations presque toujours boiteuses sans pour autant que les résultats en soient incorrects; ce n'est pas à la portée de tout le monde. Cette façon de faire des mathématiques trouve son apogée au début du XIXe siècle avec Joseph Fourier et ses séries trigonométriques, sans lesquelles une bonne partie des mathématiques actuelles et de la physique seraient impossibles. Les "démonstrations" de Fourier ne sont pas seulement fausses; elles n'ont aucun sens, reposant, même s'il ne les écrit pas explicitement, sur la considération d'équations aussi absurdes que

$$1 - 3 + 5 - 7 + \ldots = 0,$$
$$1^3 - 3^3 + 5^3 - 7^3 + \ldots = 0,$$
$$1^5 - 3^5 + 5^5 - 7^5 + \ldots = 0$$

etc. Ses résultats, ici encore, sont néanmoins tous justes; sa première formule est la série des "signaux carrés" qu'utilisent tous les électriciens. Ses théorèmes généraux sur les fonctions périodiques ont été rapidement et correctement justifiés par de tout autres méthodes par des mathématiciens plus sérieux, Abel et surtout Dirichlet, les premiers à se préoccuper avec Cauchy dans les années 1820 d'introduire de la rigueur et de la précision dans l'analyse; il n'empêche que Fourier avait vu tous les résultats simples et fondamentaux et inventé une méthode que, de nos jours, on continue à exploiter dans des situations beaucoup plus générales et difficiles qu'il ne pouvait le faire.

On entre alors progressivement dans une nouvelle époque où, particulièrement en Allemagne en attendant les Français et les Italiens de la fin du XIXe siècle, l'on met systématiquement en doute tous les concepts – limites, convergence, nombres irrationnels, continuité, dérivation, intégration, etc. – qui, supposant implicitement et le plus souvent explicitement une *infinité* d'opérations, ne sont pas définis d'une façon parfaitement claire et univoque; et l'on met en doute toutes les assertions "géométriquement évidentes" mais incorrectement démontrées et parfois fausses si on les prend au pied de la lettre, comme on finit par le découvrir. De divers côtés, et notamment du côté des séries de Fourier qui réservent des surprises et continuent, en 1997, à poser des problèmes fort difficiles, on voit arriver des créatures apparemment monstrueuses : fonctions discontinues qui changent brusquement de valeur pour toutes les valeurs rationnelles de la variable, courbes continues n'admettant aucune tangente, fonctions qu'on ne sait pas intégrer non parce qu'on ne connaît pas la "formule", mais parce qu'elles échappent à toutes les définitions connues d'une intégrale, trajectoires continues qui passent par tous les points d'un carré, etc.

D'un autre côté, il existe une branche des mathématiques qui a toujours échappé à ces crises parce que l'infini n'y joue aucun rôle : l'arithmétique ou l'algèbre et particulièrement la classique théorie des nombres et celle des équations algébriques, notamment l'étude des nombres "algébriques", i.e. racines d'équations algébriques à coefficients entiers, à propos desquels on tente de généraliser des résultats classiques tels que la décomposition en produit de facteurs premiers. Carl Friedrich Gauss, qui ne faisait pas que des mathématiques, considérait l'arithmétique ainsi entendue comme "la Reine des sciences"; il est lui-même, entre 1800 et 1830, le Roi de l'arithmétique ... L'étude de ces nombres présente d'énormes difficultés méthodologiques – il faut des décennies d'efforts de la part de quelques mathématiciens de première classe avant que Dedekind ne découvre après 1870 ce qui en sera le fil directeur jusqu'à nos jours, la théorie des idéaux –, mais les résultats obtenus, si partiels et particuliers soient-ils encore, et les méthodes utilisées ne soulèvent aucun doute : tout est inattaquable sur le plan de la logique des raisonnements. On sait exactement ce dont on parle lorsqu'on démontre un théorème même si, bien sûr, on n'a pas encore découvert toute la mécanique, fort complexe, qui gouverne les propriétés de ces nombres algébriques. Les problèmes de l'arithmétique relèvent de l'art du détective; ceux que posent les fondements de l'analyse relèvent plutôt de la réflexion philosophique.

L'essentiel des développements de l'arithmétique est dû, ici encore, à des Allemands influencés par Gauss; celui-ci fonde, de facto, une dynastie qui règnera sur le sujet pendant largement un siècle. Il n'est pas surprenant que, dans ces conditions, d'autres Allemands, ou parfois les mêmes (Dedekind), élaborent peu à peu un programme auquel on finira par donner un nom : *arithmétiser l'analyse*, autrement dit, substituer des démonstrations inattaquables aux raisonnements flous ou faux des XVIIe et XVIIIe siècles, substituer des concepts parfaitement clairs aux intuitions vagues fondées sur des images géométriques trompeuses – personne ne dessinera jamais le graphe d'une fonction continue sans dérivée –, enfin, et dans toute la mesure du possible, "substituer les idées au calcul" comme, beaucoup plus tard, l'écrira N. Bourbaki dans la préface de ses *Eléments de mathématique*. Comme on le verra au début du chapitre suivant, il n'est pas nécessaire d'aller très loin pour comprendre la nécessité de cette arithmétisation : qu'est-ce que le nombre π ?

Celle-ci comporte deux aspects fondamentaux. Il y a en premier lieu l'élaboration d'une technique de manipulation systématique des approximations qui permet de donner des définitions parfaitement précises de notions telles que la convergence, la continuité, la dérivabilité, etc. Elle commence, assez vaguement encore, avec Cauchy vers 1820 et s'achève vers 1870–1880 avec Weierstrass et son usage des ε et des δ, l'*Epsilontik* comme l'appellent nos collègues allemands; au XXe siècle, on se livrera à de vastes généralisations plus ou moins abstraites dans lesquelles les ε et δ sont remplacés par la notion de "voisinage", mais les idées de base resteront les siennes et sa technique restera nécessaire et fréquemment suffisante dans l'immense majorité des branches de l'analyse. Comme nous les utiliserons du début à la fin de ce livre (à ceci près que nous appellerons habituellement r et r' ce que Weierstrass et tous les mathématiciens actuels appellent ε et δ), inutile d'en dire plus ici sinon que, dans son essence, elle consiste à démontrer des égalités en les remplaçant par des inégalités de plus en plus précises : on démontre que $a = b$ en prouvant que, pour tout entier n, on a $|a - b| < 1/10^n$. C'est la différence fondamentale entre l'analyse et l'arithmétique ou l'algèbre.

L'autre aspect, qui s'est propagé moins facilement parce qu'il constituait un bouleversement majeur des modes de pensée des mathématiciens, est l'invention par Georg Cantor (1845–1918), entre 1870 et 1890 environ, de la *théorie des ensembles* qui, en première approximation, consiste à considérer que la totalité des objets mathématiques possédant une propriété donnée constitue, en elle-même, un nouvel objet mathématique parfaitement distinct et défini et à raisonner sur ces objets; c'est l'apparition en mathématiques de "l'infini actuel", concept qui a depuis des siècles fait cogiter, et souvent divaguer, des cohortes de métaphysiciens et de théologiens – Cantor les connaît et les cite – et qui, de ce fait, soulève au début de violentes oppositions parmi les mathématiciens[2]. Cantor et Dedekind, avec lequel il coopère, s'intéressent d'abord à des ensembles de nombres réels de plus en plus compliqués – c'est, ici encore, la théorie des séries trigonométriques qui fournit à Cantor l'impulsion et les exemples initiaux, mais les corps de nombres algébriques et les "idéaux" de Dedekind, quoique beaucoup plus simples, sont, eux aussi, des ensembles de nombres[3] –, puis à des ensembles qui, aux yeux de beaucoup de mathématiciens de l'époque, relèvent davantage de la métaphysique que des mathématiques normales, critique que légitiment, au début, les paradoxes logiques auxquels on aboutit en leur appliquant sans précaution des modes de raisonnement fondés sur une extension abusive du langage ordinaire. Il faut toutefois noter qu'avant de se lancer à l'assaut des "nombres transfinis" dont, un siècle plus tard, on fait rarement usage en pratique, Cantor introduit dans l'étude des ensembles de nombres ou de points des concepts extraordinairement utiles – les ensembles ouverts ou fermés, les "points d'ac-

---

[2] L'opposition ne vient pas tellement du fait que les ensembles bizarres que construit Cantor comportent une infinité d'éléments : personne n'a d'objection à considérer une droite, un plan, une courbe comme un ensemble infini de points, ni à considérer par exemple l'intersection d'un plan et d'une surface. L'objection majeure provient du fait que les ensembles que construit Cantor supposent parfois une infinité de constructions intermédiaires supposant chacune des choix arbitraires non explicités et même non explicitables. Les mathématiciens contemporains font cela tous les jours, mais il n'en était pas de même vers 1870–1880.

[3] Dans l'anneau $\mathbb{Z}$ des entiers rationnels (i.e. de signe quelconque), un idéal est un ensemble I possédant la propriété suivante : on a $ux + vy \in I$ quels que soient $x, y \in I$ et $u, v \in \mathbb{Z}$. Un tel idéal est l'ensemble des multiples d'un entier.

cumulation", etc. – qui ne semblent pas poser de problèmes logiques[4], que beaucoup de mathématiciens découvrent alors dans leurs recherches les plus orthodoxes et qui complèteront la clarification de l'analyse entreprise par Weierstrass, dont Cantor est du reste l'élève.

S'ouvre alors une période qui voit la naissance de la logique mathématique, de la théorie des ensembles "abstraits" et des premières tentatives pour axiomatiser la totalité des mathématiques, à commencer par la théorie des nombres entiers, i.e. l'arithmétique. Fondées par Gottlob Frege et poursuivies par Giuseppe Peano, Bertrand Russell et Alfred North Whitehead, Ernest Zermelo, David Hilbert, etc., pour ne mentionner que des auteurs connus ou célèbres avant 1914, ces nouvelles théories se proposent de codifier d'une part les règles de construction des raisonnements mathématiques (opérations logiques élémentaires, emploi des "variables", construction et calcul des "propositions", etc.), d'autre part les règles de construction des objets mathématiques (nombres, fonctions, ensembles, etc.), enfin d'isoler les axiomes à partir desquels on peut édifier la totalité des mathématiques de façon parfaitement cohérente sans jamais, espère-t-on, aboutir à une contradiction interne. Les règles que l'on pose, tout en autorisant l'emploi de tous les raisonnements et objets des mathématiques standard, sont suffisamment strictes pour que les paradoxes du début soient, espère-t-on, impossibles à formuler sans les outrepasser; il s'agit en somme de barrières de sécurité au-delà desquelles on s'aventure à ses risques et périls. Ce domaine, qui a fait l'objet depuis un siècle d'un grand nombre de travaux, pose encore des problèmes très difficiles et a parfois donné lieu à d'intenses débats; la plupart des mathématiciens observent cela d'assez loin, se contentant d'une version "naïve", i.e. non strictement formalisée, de la logique et de la théorie des ensembles.

Le principal résultat de ces travaux est que *tout objet mathématique peut être considéré comme un ensemble* et même que la seule façon logiquement correcte de *définir* un objet mathématique est de dire qu'il se compose d'un ou plusieurs ensembles assujettis à des conditions explicitement énoncées. Cette méthode présente l'inconvénient de faire apparaître les objets mathématiques en apparence les plus simples, les nombres réels par exemple, comme des échafaudages extrêmement complexes d'ensembles; dans la définition, due à Dedekind et simplifiée par Peano et Russell, des nombres réels comme "coupures" que nous donnerons au début du chapitre suivant, un nombre réel, par exemple π, est *par définition* un ensemble de nombres rationnels (naïvement : l'ensemble de tous les nombres rationnels $< \pi$); un nombre rationnel x est à son tour[5] l'ensemble de tous les couples d'entiers

---

[4] Mais on découvrira cinquante ans plus tard que l'une des conjectures que Cantor et d'autres s'efforcent en vain de démontrer (l'hypothèse du continu) est en fait indémontrable et peut, au choix, être acceptée ou rejetée comme le postulat d'Euclide.

[5] Voir par exemple les §§5 et 28 de mon *Cours d'algèbre* (Hermann, 1966).

(p, q) de signe quelconque tels que $x = p/q$, $q \neq 0$; un entier n de signe quelconque est lui-même l'ensemble de tous les couples (p, q) d'entiers naturels tels que $p - q = n$; un entier naturel, enfin, est un ensemble, le nombre 3 par exemple étant un ensemble à trois éléments choisi une fois pour toutes; le nombre π devient donc un ensemble d'ensembles d'ensembles d'ensembles, au surplus infinis sauf dans le dernier cas. On pourrait ainsi, en partant des entiers naturels, établir une sorte de *hiérarchie de la complexité* dans l'univers des objets mathématiques comme le font certains logiciens. Mais il va de soi qu'à partir du moment où ces objets et les opérations auxquels on peut les soumettre ont été définis en appliquant à des objets déjà connus les opérations standard de la théorie des ensembles, on oublie leurs définitions explicites, l'extrême complexité de celles-ci en rendant la manipulation parfaitement impossible; on se borne à raisonner comme on l'a toujours fait, à un détail près : on sait exactement, ou l'on pourrait savoir si l'on y tenait, ce que signifie le symbole π qui, de ce fait, sort de la métaphysique et entre dans les mathématiques[6].

Il résulte de cette évolution historique que l'on peut envisager la théorie des ensembles de deux points de vue différents : d'une part le point de vue "naïf" des mathématiciens qui la manipulent tous les jours en se bornant à s'inspirer d'images géométriques ou physiques simples, d'autre part le point de vue "formalisé" des logiciens qui, en appliquant systématiquement des règles de raisonnement et des méthodes de construction énoncées une fois pour toutes, construisent tout à partir de rien "pour permettre à la pensée de s'élever au-dessus du vide en s'appuyant sur le vide" comme l'écrit un physicien qui s'intéresse, lui, à la cosmologie de Newton[7]. Nous nous bornerons à exposer très succinctement un point de vue intermédiaire sans utiliser le langage des logiciens, mais sans non plus laisser croire au lecteur que des définitions ou résultats intuitivement "évidents" ne nécessitent aucune justification. L'usage du langage ordinaire rend en effet intuitives des propositions que les professionnels de la logique considèrent, eux, comme n'étant nullement évidentes et que les ordinateurs ne comprennent pas pour la simple raison qu'ils n'ont pas d'intuition[8] : pour se faire comprendre d'un

---

[6] Le physicien Emilio Segre explique dans ses mémoires que, lorsqu'il était au lycée, il ne comprenait pas pourquoi son professeur de mathématiques éprouvait le besoin de définir les nombres réels à l'aide des coupures de Dedekind, la notion de nombre lui paraissant aller de soi. Cela prouve seulement qu'un prix Nobel de physique peut ne pas comprendre les mathématiques qu'il utilise durant toute sa vie ou, si l'on préfère, ne pas comprendre la différence entre la physique et les mathématiques. Voir le début du chapitre II.

[7] Loup Verlet, *La malle de Newton* (Gallimard, 1993), p. 292. Lecture hautement recommandée.

[8] Bien que l'invention de l'informatique présente quelques inconvénients pour l'humanité – demandez aux Irakiens ordinaires ce qu'ils pensent des ordinateurs de bord des missiles de croisière –, elle présente un grand avantage pour la pédagogie des mathématiques : une démonstration est totalement correcte si

engin bête mais discipliné, il faut tout lui expliquer de façon parfaitement correcte, quand bien même l'on ne désirerait recevoir par Internet que des informations[9] sur la *Silicon Valley Paedophiles Brotherhood*. Nous donnerons ensuite quelques indications, beaucoup plus sommaires, sur le langage des logiciens.

un ordinateur convenablement programmé pourrait la comprendre. Ce point de vue n'évacue aucunement le rôle de l'intuition en mathématiques; il montre seulement qu'il ne faut pas confondre une intuition et un raisonnement.

[9] Pour les informaticiens, une "information" est une suite de chiffres 0 et 1. Il est intéressant de noter qu'avant de devenir une "poubelle culturelle", comme les Chinois l'appellent, le réseau était un système militaire destiné à assurer les télécommunications américaines en cas de guerre nucléaire grâce à une interconnexion totale des bases de données et centres de calcul ou de commandement; il fut aussitôt relié à des laboratoires et départements universitaires trop heureux d'en profiter (et de faire profiter les militaires de leurs compétences), après quoi les militaires se munirent d'un système à leur usage exclusif cependant que le système "civil" passait sous la direction de la National Science Foundation, le CNRS américain, laquelle s'en est finalement retirée, etc.

Il y a une énorme littérature américaine sur l'histoire de l'informatique; les titres suivants, dus á des historiens qui citent leurs sources, sont particulièrement recommandables : Kenneth Flamm, *Creating the Computer: Government, Industry, and High Technology* (Brookings Institution, 1988), Paul Edwards, *The Closed World. Computers and the Politics of Discourse in Cold War America* (MIT Press, 1996), Arthur L. Norberg and Judy O'Neill, *Transforming Computing Technology. Information Processing for the Pentagon 1962-1986* (The Johns Hopkins UP, 1996), très sec, Thomas P. Hughes, *Rescuing Prometheus* (Pantheon Books, 1998) qui traite aussi d'autres sujets analogues (missiles, SAGE, analyse des systèmes, etc), Janet Abbate, *Inventing the Internet* (MIT Press, 1999), d'après une thèse de Ph.D., Kent Redmond and Thomas M. Smith, *From Whirlwind to Mitre. The R&D Story of the SAGE Air Defense Computer* (MIT Press, 2000), où l'on verra à quel point le développement du gigantesque réseau SAGE de défense anti-aérienne du continent américain a influencé le progrès de l'informatique et de l'électronique dans les années 1950.

§1. La théorie des ensembles

1 – Appartenance, égalité, ensemble vide

La notion d'ensemble[10] est une notion primitive en mathématiques; on ne peut pas davantage en fournir une définition qu'Euclide ne pouvait définir mathématiquement ce qu'est un point. Dans ma jeunesse, il y avait des gens pour dire qu'un ensemble est "une collection d'objets de même nature"; outre le cercle vicieux (qu'est-ce qu'une "collection" ? un ensemble ?), parler de "nature" est inutile ou ne signifie rien[11]. Certains contempteurs de l'introduction des "maths modernes" dans l'enseignement élémentaire ont été scandalisés de voir que, dans certains manuels, on a l'audace de réunir un ensemble de pommes et un ensemble de poires; mais n'importe quel enfant normal vous dira que cela donne un ensemble de fruits, voire même de choses, et s'il s'agit de compter le nombre d'éléments de la réunion, tout enfant modérément intelligent peut vous expliquer qu'il importe peu que le premier ensemble se compose de pommes plutôt que d'oranges et le second de poires plutôt que de cuillers à dessert; le fait que le musée du Louvre réunisse des collections hétéroclites – de tableaux, de sculptures, de céramique, d'orfèvrerie, de momies, etc. – n'a jamais angoissé personne. On appelle cela : acquérir le sens de l'abstraction.

Les logiciens ont de toute façon inventé depuis longtemps une méthode radicale pour éliminer les questions concernant la "nature" des objets mathématiques ou ensembles (les deux termes sont synonymes). On peut l'expliquer de façon imagée en disant qu'un ensemble est une boîte "primaire" contenant des boîtes "secondaires" n'ayant jamais deux à deux des contenus identiques, ses *éléments*, contenant à leur tour des boîtes "tertiaires" contenant elles-mêmes ... Le musée du Louvre est une collection de collections (de peintures, de sculptures, etc.), la collection de peinture étant elle-même une collection de collections volées en Italie par Bonaparte et Monge (on a malheureusement dû les rendre en 1815), léguées par des ... collectionneurs privés, achetées dans des ventes, etc.

Toute la théorie des ensembles repose sur deux sortes de relations. La *relation d'appartenance* $x \in X$ se lit "x appartient à X" ou "x est un *élément* de X"; elle signifie que x est l'une des boîtes secondaires que contient la boîte primaire X, "secondaire" signifiant : qui n'est contenue dans aucune autre boîte que X elle-même. La négation de $x \in X$ se note $x \notin X$. Pour

---

[10] Après quelques tâtonnements, Cantor a choisi le mot *Menge* (quantité, multitude, grand nombre, tapée, tas, amas, foule, cohue, populo, etc., dit mon Harrap's Weis Mattutat qui n'a pas entendu parler du sens mathématique); la traduction "ensemble" semble dûe à Henri Poincaré dans les années 1880; en anglais, *set*.

[11] Cantor définit un ensemble comme "tout rassemblement en un tout (Zusammenfassung zu einem Ganzen) M d'objets définis et séparés m de notre intuition ou de notre pensée".

exprimer qu'un objet x est un élément d'un ensemble qui est lui-même un élément de X, on pourrait écrire $x \in\in X$; au niveau suivant, on pourrait écrire $x \in\in\in X$. Ces notations ne sont pas entrées dans les moeurs, mais je les utiliserai à l'occasion dans ce chapitre. Si l'on considère que le Louvre est un ensemble dont les éléments sont sa collection de peinture, sa collection de sculpture, etc., alors la Joconde $\in\in$ le Louvre.

Il y a d'autre part la *relation d'égalité* $x = y$, qui signifie intuitivement que deux ensembles sont identiques; sa négation se note $x \neq y$. Les deux relations $\in$ et $=$ sont assujetties à des axiomes que nous énoncerons au fur et à mesure des besoins et qui permettent de construire des ensembles et des relations de plus en plus complexes.

Le premier, l'*axiome d'extension*, dit que deux ensembles A et B sont égaux (i.e., pour le mathématicien, identiques ou indiscernables) si et seulement s'ils possèdent les mêmes éléments, autrement dit si les relations $x \in A$ et $x \in B$ sont logiquement équivalentes. Dans l'interprétation d'un ensemble X comme un emboîtement de boîtes, il est donc inutile de placer dans la boîte primaire X deux boîtes secondaires A et B qui, en tant qu'emboîtements de boîtes, ont exactement la même structure : ce ne sont pas des objets mathématiquement distincts même s'ils paraissent l'être physiquement. Si par exemple vous placez dans une boîte X trois boîtes vides (ou, plus généralement, trois copies de la même boîte), vous obtenez le même ensemble que si vous n'en aviez placé qu'une seule, car l'axiome d'extension montre que deux ensembles vides sont mathématiquement identiques.

Exercice. Dessiner les boîtes ou les graphes représentant les ensembles $(2, 3)$ et $(3, 2)$. Etant donnés deux ensembles X et Y, on dit que X est *contenu dans* Y (ou que Y contient X, ou que X est une *partie* de Y) si tout élément de X est un élément de Y; notation $X \subset Y$ ou $Y \supset X$. Il est évident que si l'on a $X \subset Y$ et $Y \subset Z$, alors $X \subset Z$. La relation $X = Y$ signifie que l'on a à la fois $X \subset Y$ et $Y \subset X$.

Si l'on considère, comme on vient de le suggérer, que les mathématiques consistent essentiellement à démontrer des théorèmes sur des emboîtements plus ou moins complexes de boîtes, la boîte la plus simple que l'on puisse imaginer est la boîte vide. On a donc besoin d'un objet mathématique particulier noté $\emptyset$, l'*ensemble vide*; son existence est le second des axiomes de la théorie des ensembles[12] : il existe un ensemble $\emptyset$ tel que la relation $x \in \emptyset$ soit fausse quel que soit x.

On le rencontre dans la vie de tous les jours. Si, alors que vous voyagez en voiture dans le Far West, la police vous arrête parce que vous avez brûlé un feu rouge à l'intersection de deux routes orthogonales rigoureusement

---

[12] Certains logiciens préfèrent postuler l'existence d'un ensemble; celle de $\emptyset$ s'en déduit immédiatement grâce à l'axiome de séparation que l'on trouvera plus bas.

droites, planes et désertiques, vous pourrez toujours reconnaître que votre infraction a constitué un danger mortel pour l'ensemble, vide, des automobilistes que l'on aperçoit dans un rayon de dix miles. (Vous paierez quand même l'amende). Le 12 août 1997, la pollution atmosphérique ayant atteint à Paris un niveau trop élevé, la Police parisienne, relayée par les médias, a généreusement annoncé que les personnes résidant à Paris et parquant leurs voitures dans leur périmètre autorisé seraient gracieusement dispensées, le lendemain, de verser leur obole quotidienne de 15 F pour y avoir droit[13]; or tous les automobilistes résidant à Paris et parquant leur voiture sur la voie publique savent que l'ensemble des jours du mois d'août où cette taxe est obligatoire est vide, contrairement au reste de l'année.

La plus remarquable propriété de l'ensemble vide est que tout ce que l'on peut dire de ses éléments (et non pas de lui-même) est à la fois vrai et faux et que, de plus, il ne s'ensuit aucune catastrophe logique. Ayant informé une amie que tout homme ayant dépassé l'âge de cinq cents ans fait l'amour trois fois par jour, elle m'a répondu "c'est faux, je suis sûre que tu n'en seras pas capable"; à cet exemple typiquement féminin de logique ad hominem – il est bien connu que les femmes sont incapables de raisonner de façon impersonnelle, objective et abstraite –, j'ai évidemment répondu "si, avec toi"; elle s'est alors écriée "faux, je serai morte et je n'aime pas les vieillards" et, pour finir, a piqué une crise de nerfs lorsque je lui ai répondu que cela ne contredisait aucunement la proposition initiale. Apprendre à jongler avec les innombrables propriétés des éléments de l'ensemble vide est un excellent exercice pour développer vos capacités de raisonnement; vous pouvez notamment vous exercer à détecter, y compris probablement dans le présent traité, tous les énoncés qui, pris au pied de la lettre, sont faux parce que l'auteur a oublié de supposer qu'un ensemble est non vide : "toute fonction continue sur un ensemble compact atteint son maximum en un point de l'ensemble", "tout ensemble borné possède une borne supérieure stricte", etc.; ces énoncés sont faux si l'ensemble considéré est vide parce qu'ils affirment l'existence d'un élément de l'ensemble vide possédant certaines

---

[13] L'idée est d'encourager les automobilistes parisiens à se rendre à leur travail en empruntant les transports en communs. Il est de fait qu'en temps normal, utiliser votre voiture au lieu de la parquer dans votre rue vous fait économiser 15 F de parking et deux tickets de métro, coût de trois litres d'essence. L'obligation de verser 15 F sous peine d'une amende de 75 F si vous n'utilisez pas votre voiture pour vous rendre à votre travail avant 9 h revient donc à subventionner les pollueurs et à pénaliser ceux qui utilisent les transports en commun, ce que confirme le fait que le parking est gratuit entre 7 heures du soir et 9 heures du matin ainsi que le samedi et le dimanche, i.e. en dehors des heures ou jours de travail. On devrait enseigner le b-a-ba de la logique formelle (quelques pages de Platon y suffiraient) aux bureaucrates qui espèrent lutter contre la pollution en taxant les non-pollueurs. Ajoutons que, dans certains pays civilisés, les résidents achètent au début de l'année, moyennant une somme modique, un permis qui les dispense du racket quotidien que l'on subit à Paris.

propriétés. Les responsables de ces grossières erreurs répondent généralement qu'ils ont passé l'âge des cuistreries et font confiance au bon sens du lecteur, implicitement prié de faire, lui, confiance à la compétence de l'auteur.

L'ensemble vide est une *partie* de tout autre ensemble X : puisque $\emptyset$ ne possède aucun élément, tous ses éléments sont aussi des éléments de X. Il arrive aussi parfois que, comme tout autre ensemble, l'ensemble vide soit un *élément* d'un autre ensemble X comme on va le voir.

C'est en effet sur l'ensemble vide que l'on s'appuie pour "s'élever au-dessus du vide"; la figure 1 ci-dessous représente une boîte primaire X contenant trois boîtes secondaires A, B, C, lesquelles sont les éléments de X; A est une boîte vide et ne possède aucun élément, B est une boîte contenant une boîte vide, donc possède un élément, à savoir la boîte vide en question, et C est une boîte à deux éléments : une boîte vide et une boîte contenant une boîte vide.

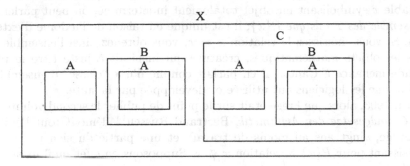

fig. 1.

La représentation ci-dessus peut faire croire au lecteur que quatre ensembles vides distincts figurent dans le schéma de X; en fait, il n'y a dans la Nature qu'un seul ensemble vide mais, comme le Saint Esprit, il est partout à la fois. On éviterait cet inconvénient en remplaçant l'imagerie des boîtes par le schéma de la relation $x \in y$; en la notant $x \to y$ pour en faciliter la représentation graphique, la figure 1 serait remplacée par celle de la page suivante. La signification des signes { et } sera donnée au n° suivant.

2 – Ensemble défini par une relation. Intersections et réunions

Dans la pratique, un ensemble est le plus souvent défini par une propriété caractéristique de ses éléments : "l'ensemble des entiers compris entre 2 et 25", "l'ensemble des points distants de 15 km d'un point donné O", "l'ensemble des nombres rationnels $< \pi$", "l'ensemble des fonctions f définies sur $\mathbb{R}$ et à valeurs dans $\mathbb{R}$", etc. Un énoncé général en apparence évident, dû à Frege,

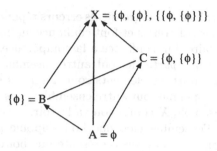

fig. 1 bis.

est que pour toute proposition ou relation $P\{x\}$ dans laquelle intervient une variable x symbolisant un objet totalement indéterminé, on peut parler de l'*ensemble des x tels que $P\{x\}$*; il est unique en raison de l'axiome d'extension. Si vous choisissez la relation $x = x$, vous obtenez ainsi l'ensemble de *tous* les objets mathématiques, créature qui inspirait à juste titre la plus grande méfiance à Cantor; il en parlait comme d'une "classe" d'ensembles, notion que les logiciens ont utilisée et développée par la suite.

En 1903, alors que Frege était sur le point de publier le second volume de ses *Grundgesetze der Arithmetik*, Bertrand Russell[14] démolit tout l'édifice de Frege, vingt ans au moins de travail, et une partie du sien propre en choisissant pour $P\{x\}$ la relation $x \notin x$. Supposons en effet qu'il existe un A tel que

---

[14] Sur Bertrand Russell, personnage hors du commun et formidable source d'idées en tous genres, voyez Ronald W. Clark, *The Life of Bertrand Russell* (Penguin Books, 1975). Une biographie beaucoup plus "savante" est en cours de publication, mais les 979 pages de Clark, dont 160 de notes, bibliographie et index, contiennent déjà quelques informations; vendu £2.95 à l'époque où il est paru, on ne pouvait pas en demander beaucoup plus ... Ne pas y chercher de la logique mathématique : Clark est un "littéraire", ne la comprend pas et ne cherche pas à faire semblant de la comprendre. C'est là un problème général en histoire des sciences : quand elle est écrite par des scientifiques qui comprennent le sujet, les aspects socio-politiques disparaissent ou se réduisent à des banalités non documentées et vice-versa. Les exceptions, par exemple le livre de Loup Verlet cité plus haut, sont rarissimes. Dieudonné résolvait ce dilemme en disant que les aspects socio-politiques n'expliquent pas les idées des scientifiques. Outre que cet énoncé n'est vrai que lorsqu'il n'est pas faux (contre-exemples évidents : les logarithmes de Neper et Briggs pour les astronomes et navigateurs, Lavoisier et la régie des poudres, Gauss et la géodésie, Liebig et les engrais azotés, Haber et la synthèse directe de l'ammoniac, von Neumann après 1937, etc.), on est en droit de ne pas s'intéresser *uniquement* aux mathématiques ou à la physique au sens strict.

(2.1)   pour tout x, $x \in A$ équivaut à $x \notin x$.

Une relation vraie pour tout x le demeurant lorsqu'on y substitue à la variable x un objet mathématique déterminé, on voit que les relations $A \in A$ et $A \notin A$ sont logiquement équivalentes : contradiction !

L'*axiome de séparation* (Ernest Zermelo, 1908) élimine le "paradoxe de Russell" : si $P\{x\}$ est une proposition et si X est un ensemble, on a le droit de parler de l'ensemble A des x *appartenant à* X qui vérifient $P\{x\}$; en langage logique[15] :

(2.2) $(x \in A) \Longleftrightarrow (P\{x\}$ & $(x \in X))$;

au lieu de se placer dans l'univers absurde de tous les objets mathématiques possibles, on se place dans un ensemble déterminé X : c'est l'un des garde-fous de la théorie[16]. En particulier, on n'a pas le droit de parler de "l'ensemble de tous les ensembles" comme on l'a fait à l'époque de Cantor, car s'il existait un tel ensemble X, la relation $x \notin x$ définirait d'après (2) un ensemble $A \subset X$ vérifiant (1), absurde. Vous pouvez bien sûr penser à la "classe", "catégorie", "totalité" des ensembles, mais ce n'est pas un ensemble au sens technique du terme.

Si X et Y sont deux ensembles, on note $X - Y$ l'ensemble des éléments de X qui n'appartiennent pas à Y; l'axiome de séparation légitime cette définition : $P\{x\}$ est ici la relation $x \notin Y$. Le cas de loin le plus fréquent est celui où $Y \subset X$; on dit alors que $X - Y$ est le *complémentaire* de Y dans X; dans ce cas, on a évidemment

$$X - (X - Y) = Y.$$

On a $X - X = \emptyset$ quel que soit X.

Si X et Y sont deux ensembles, leur *intersection* $X \cap Y$ est l'ensemble des objets appartenant à la fois à X et à Y; définition ici encore légitimée par l'axiome de séparation appliqué à X et à la relation $x \in Y$. On dit que X et Y sont *disjoints* lorsque $X \cap Y = \emptyset$.

---

[15] Le signe $\Longleftrightarrow$ représente l'équivalence logique; le signe & indique la conjonction de deux assertions; les parenthèses ont pour but de délimiter des relations. Voir la partie de ce chapitre traitant de la logique mathématique.

[16] La solution trouvée par Zermelo élimine trivialement le paradoxe de Russell puisque l'on n'a plus le droit de parler "en l'air" de l'*ensemble* des x tels que $x \notin x$: il faut spécifier au préalable qu'on se place dans un *ensemble* donné. Mais le vrai problème, résolu par Zermelo et ses successeurs, était de montrer qu'en adoptant leurs axiomes, on n'interdit rien de ce qui s'est toujours fait en mathématiques. La solution n'aurait eu aucun succès si, par exemple, elle avait rendu impossible la construction des nombres réels.

La *réunion* $A \cup B$ de deux ensembles est, intuitivement, l'ensemble des objets appartenant à A ou[17] à B. Plus généralement, considérons un ensemble X et regardons ses éléments comme étant eux-mêmes des ensembles; l'*axiome de la réunion* affirme qu'il existe un ensemble Y dont les éléments y sont caractérisés par la propriété suivante : il existe un $x \in X$ tel que $y \in x$; les logiciens l'appellent la *réunion de X*, expression que les mathématiciens s'abstiennent généralement d'employer. C'est donc l'ensemble des y tels que $y \in\in X$. Dans l'imagerie des boîtes, cela signifie que l'on a le droit de supprimer les diverses boîtes secondaires appartenant à X et de les remplacer par les boîtes tertiaires qu'elles contiennent, en éliminant les doubles emplois comme toujours.

On devrait pouvoir transformer tout cela en un jeu passionnant, voire même peut-être faire fortune en le brevetant. Les employés de Mr Gates en imagineraient immédiatement une version multicolore et parlante ("maintenant, trouves la réunion de la réunion de la réunion") pour ordinateurs multimédias. Il y aurait plusieurs niveaux de difficulté, caractérisés par le nombre maximum d'emboîtements permis : le BIB (Boxes in Boxes) pour bébés, le BIBIB (Boxes in Boxes in Boxes) etc., jusqu'au BIBIBI ... (Boxes in Boxes in Boxes in ...) de niveau $\aleph_0$. On pourrait, grâce à Internet, organiser comme en mathématiques des olympiades à l'échelle de la planète. Les parents des futurs élèves de Polytechnique, de Harvard ou de l'université Todaï de Tokyo pourraient offrir le BIBIBIB à leurs enfants dès l'âge de six ans pour les surdoués et de trois pour les sursurdoués, les ascensions infinies dans le BIBIBI ... étant réservées aux Mozart de la logique.

L'axiome de la réunion permettrait de légitimer logiquement la définition de $A \cup B$ si l'on savait qu'il existe un ensemble C dont A et B sont des éléments. L'existence de C est aussi "évidente" que l'est, en géométrie euclidienne, celle d'une droite unique joignant deux points donnés. Aussi évidente naïvement, et aussi indémontrable logiquement. On a donc besoin d'un autre axiome, l'*axiome des paires* : si A et B sont deux ensembles, il existe un ensemble C dont A et B sont les seuls *éléments*. L'ensemble C est unique en vertu de l'axiome d'extension. On le note $\{A, B\}$, ou $\{A\}$ si $A = B$; vous n'aurez pas de peine à vérifier que $\{A, B\} = \{B, A\}$. Si l'on a trois ensembles A, B, C on pose $\{A, B, C\} = \{A, B\} \cup \{C\}$, etc.

Les opérations de réunion et d'intersection possèdent des propriétés à peu près évidentes :

---

[17] En mathématiques, la conjonction "ou" n'est pas disjonctive : si P et Q sont des assertions, "P ou Q" n'exclut pas "P et Q".

$$X \cup Y = Y \cup X,$$
$$X \cup (Y \cup Z) = (X \cup Y) \cup Z,$$
$$X \cap (Y \cup Z) = (X \cap Y) \cup (X \cap Z),$$
$$X - (Y \cup Z) = (X - Y) \cap (X - Z),$$

$$X \cap Y = Y \cap X,$$
$$X \cap (Y \cap Z) = (X \cap Y) \cap Z,$$
$$X \cup (Y \cap Z) = (X \cup Y) \cap (X \cup Z),$$
$$X - (Y \cap Z) = (X - Y) \cup (X - Z),$$

A défaut de retenir par coeur ces relations, il faut être capable de les retrouver instantanément et, en particulier, avoir compris qu'aux notations près, ces règles relèvent du simple bon sens.

L'axiome de séparation élimine le paradoxe de Russell, mais il n'en reste pas moins que, si la relation $x \notin x$ a une allure très normale, la relation opposée, $x \in x$, a une allure franchement étrange : on n'a jamais vu un musée de peinture qui ferait partie de sa propre collection de tableaux et on aurait quelque peine à réaliser $x \in x$ dans le Jeu des boîtes de boîtes; il serait encore plus étrange de considérer des ensembles x, y et z tels que l'on ait à la fois $x \in y$, $y \in z$ et $z \in x$: comme le dit à peu près Suppes, "si vous ne croyez pas que c'est contraire à l'intuition, essayez d'en trouver un exemple"; il aurait pu ajouter, à la Serge Lang : si vous y parvenez, vous serez instantanément *world famous among mathematicians* parce que vous aurez démoli une théorie péniblement construite en un siècle par d'excellents ou très grands mathématiciens. Ces relations qui sentent le soufre ont été éliminées à l'aide de l'*axiome de régularité* ou de fondation (*Fundierung* en allemand) formulé par von Neumann en 1925 et simplifié par Zermelo en 1930 : il dit que si l'on considère les éléments d'un ensemble non vide A comme étant eux-mêmes des ensembles, il existe un $X \in A$ tel que $X \cap A = \emptyset$; on se rendra compte de son utilité au n° 9, mais on n'a jamais l'occasion de l'utiliser dans la pratique mathématique. Pour en déduire par exemple l'impossibilité d'une relation telle que $x \in y \in z \in x$, on applique cet axiome à l'ensemble à trois éléments $A = \{x, y, z\}$ et on en déduit une contradiction en observant que l'on a alors

$$x \in A \cap y, y \in A \cap z, z \in A \cap x,$$

donc que les intersections de A avec ses éléments sont toutes non vides. On peut également en déduire l'impossibilité d'une chaîne *descendante* illimitée telle que $x_1 \ni x_2 \ni x_3 \ni \dots$; une telle relation contredit l'axiome de régularité pour l'ensemble $A = \{x_1, x_2, x_3, \dots\}$ puisque, quel que soit p, on a $x_{p+1} \in x_p \cap A$ et donc $A \cap x \neq \emptyset$ quel que soit $x \in A$. Une chaîne descendante de relations d'appartenance conduit donc toujours à l'ensemble vide si on la poursuit suffisamment loin.

Il existe par contre des chaînes ascendantes de longueur illimitée, par exemple

$$0 \in 1 \in 2 \in 3 \in \dots$$

comme on le verra au n° suivant.

3 – Entiers naturels. Ensembles infinis

Appliquée à l'innocent ensemble vide, la formation de paires conduit à des ensembles *non vides* dont, jusqu'à ce stade de l'exposé, rien ne garantissait logiquement l'existence : tout d'abord $\{\emptyset\}$, ensemble dont l'unique élément est l'ensemble vide (boîte contenant une boîte vide), puis $\{\{\emptyset\}\}$, ensemble dont l'unique élément est l'ensemble dont l'unique élément est l'ensemble vide (boîte contenant une boîte contenant une boîte vide), etc. La relation $\emptyset \in \{\{\{\emptyset\}\}\}$ est fausse; la relation correcte est $\emptyset \in\in\in \{\{\{\emptyset\}\}\}$: $\emptyset$ appartient à un ensemble qui appartient à un ensemble qui appartient à $\{\{\{\emptyset\}\}\}$. Ces ensembles sont deux à deux distincts : la relation $\{\{\emptyset\}\} = \{\{\{\{\emptyset\}\}\}\}$ par exemple impliquerait $\{\emptyset\} = \{\{\{\emptyset\}\}\}$ d'après l'axiome d'extension, donc $\emptyset = \{\{\emptyset\}\}$ pour la même raison, donc $\{\emptyset\} \in \emptyset$, faux. Une boîte vide ne contient rien, pas même une boîte vide.

Ce type de construction fournit une définition possible des premiers objets dont s'occupent les mathématiques, à savoir les *entiers naturels*. Chez Zermelo, 1908, et conformément au programme consistant à tout ramener à la théorie des ensembles, on les définit par

(3.1) $\qquad 0 = \emptyset, \qquad 1 = \{\emptyset\}, \qquad 2 = \{\{\emptyset\}\}, \ldots ;$

il s'agit de simples abréviations[18] pour des ensembles très particuliers. Un ordinateur comprendrait, mais il faudrait vingt secondes à une machine fonctionnant à 100 Mhz pour écrire ou reconnaître le nombre 10^9, à supposer qu'un seul cycle lui suffise pour reconnaître les signes $\{$ et $\}$.

Une autre méthode pour définir les entiers, équivalente[19] à la précédente et due à J. von Neumann[20], consiste à poser

---

[18] En particulier, le signe $=$ utilisé dans ces définitions n'est pas celui de la théorie des ensembles; lorsqu'il s'agit d'introduire une définition, les logiciens (et, maintenant, certains mathématiciens) utilisent plutôt le signe $:=$, le signe : avertissant le lecteur qu'il s'agit d'introduire une abréviation ou notation nouvelle et non pas d'une relation à démontrer.

[19] La façon précise dont on définit les entiers (ou tout autre objet mathématique) n'a aucune importance aussi longtemps que les diverses définitions possibles conduisent aux mêmes théorèmes; la "nature" des objets mathématiques ne compte pas car on ne leur demande, tout au plus, que d'être des modèles d'objets réels. Pour la même raison, le symbole utilisé par les informaticiens pour désigner le nombre 15 n'a aucune importance sur le plan théorique pourvu que les ordinateurs soient programmés de façon à le comprendre.

[20] 1923; il a vingt ans et est en train de passer quelques années à apprendre la chimie à Zürich parce que son père, banquier à Budapest, désire l'orienter vers une profession plus lucrative que les mathématiques; il lit déjà Cantor et Cie depuis au moins trois ans. Cette définition des entiers, utilisée par N. Bourbaki, a beaucoup faire rire certains utilisateurs français de mathématiques à une certaine époque. Une liste, même incomplète, des activités de von Neumann à partir de 1937 – explosifs classiques, recherche opérationnelle et théorie des jeux de stratégie, bombe atomique, ordinateurs programmables, bombe H, missiles

$$(3.2) \qquad 0 = \emptyset, \qquad 1 = \{\emptyset\} = \{0\}, \qquad 2 = \{\emptyset, \{\emptyset\}\} = \{0, 1\},$$

$$3 = \{\emptyset, \{\emptyset\}, \{\emptyset, \{\emptyset\}\}\} = \{0, 1, 2\},$$

$$4 = \{\emptyset, \{\emptyset\}, \{\emptyset, \{\emptyset\}\}, \{\emptyset, \{\emptyset\}, \{\emptyset, \{\emptyset\}\}\}\} = \{0, 1, 2, 3\},$$

etc. Par exemple, 3 est l'ensemble dont les éléments sont (a) l'ensemble vide, (b) l'ensemble dont l'unique élément est l'ensemble vide, (c) l'ensemble dont les seuls éléments sont l'ensemble vide et l'ensemble dont l'unique élément est l'ensemble vide (fig. 1). On a donc $\emptyset \in 4$, $\emptyset \in\in 4$, $\emptyset \in\in\in 4$ et $\emptyset \in\in\in\in 4$. La figure 2 montre, dans l'imagerie des boîtes, les deux définitions possibles du nombre 4.

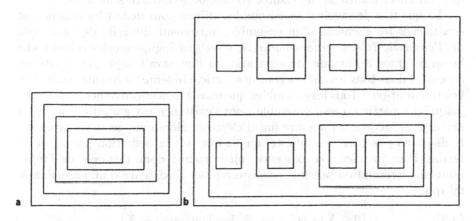

fig. 2. a) 4 selon Zermelo; b) 4 selon von Neumann

Etant donné un ensemble x, les logiciens appellent *successeur* de x l'ensemble $s(x) = x \cup \{x\}$; on a $s(x) \neq x$ car $x \notin x$. On obtient donc les entiers en appliquant à répétition cette opération à l'ensemble vide : 0 est l'ensemble vide, 1 est le successeur de 0, 2 le successeur de 1, etc. Autrement dit, si 14 est une boîte primaire contenant quatorze boîtes secondaires, 15

intercontinentaux – devrait rassurer les philistins quant à son sens du concret. Mais il n'était pas intellectuellement cynique. Laurent Schwartz, *Un mathématicien aux prises avec le siècle* (Odile Jacob, 1997), p. 288, écrit à mon sujet que je n'ai "jamais pardonné à von Neumann d'avoir abandonné les mathématiques pour créer l'informatique"; il est vrai qu'en 1947, à Nancy, nous savions vaguement, grâce à un collègue de Princeton, que von Neumann "faisait maintenant du calcul numérique" sans même savoir dans quel but; mais, en ce qui me concerne tout au moins, on en sait davantage un demi-siècle plus tard ... Sur von Neumann et l'informatique, voir William Aspray, *John von Neumann and the Origins of Modern Computing* (MIT Press, 1990).

est la boîte primaire contenant des copies conformes des quatorze boîtes secondaires que contient 14 *et* la boîte 14 elle-même, qui n'est identique à aucune des quatorze boîtes qu'elle contient. Dans ce que l'on vient d'écrire, "quatorze" est ce que connaît toute personne sachant lire, écrire et compter, tandis que 14 est le nombre mathématique ou logique défini par la méthode Zermelo ou von Neumann; un ordinateur comprend 14, mais non quatorze; pour les humains, c'est généralement l'inverse.

La définition de von Neumann semble beaucoup plus compliquée que celle de Zermelo : pour écrire explicitement le nombre 10^9, elle nécessite l'emploi de $2^{1\ 000\ 000\ 000}$ parenthèses, entier à trois cents millions de chiffres environ, et de $2^{999\ 999\ 999}$ signes $\emptyset$. Mais conformément à l'intuition, elle définit 14 à l'aide d'un ensemble à quatorze éléments. Elle présente un autre avantage, qui l'a fait adopter à peu près universellement car applicable à la construction des "ordinaux transfinis" de Cantor comme on le montrera au n° 9.

La question de savoir si les ensembles utilisés pour définir les entiers sont eux-mêmes les éléments d'un ensemble, autrement dit celle de l'existence de *l'ensemble* $\mathbb{N}$ *des entiers naturels*, n'est pas logiquement évidente; elle le serait grâce à l'axiome de séparation si l'on savait déjà qu'il existe un ensemble dont tous les entiers sont des (article indéfini) éléments, mais d'où l'obtiendrait-on ? Tous les ensembles que nous avons effectivement construits jusqu'ici à partir du seul ensemble dont l'existence est garantie a priori, à savoir $\emptyset$, possèdent un nombre fini d'éléments alors que, de toute évidence, $\mathbb{N}$ devra en posséder une infinité, quelle que soit la définition précise de ce terme. Pour justifier son existence, on introduit donc l'*axiome de l'infini* dont une formulation possible consiste à poser l'existence d'un ensemble X tel que

$$(3.3) \qquad (\emptyset \in X) \quad \text{et} \quad (x \in X \text{ implique } s(x) \in X),$$

ce qui serait évidemment le cas de $\mathbb{N}$ si l'on savait déjà que $\mathbb{N}$ existe; ce n'est pas le cas des ensembles 0, 1, 2, etc. définis ci-dessus : on a $2 \in 3$, mais la relation $s(2) \in 3$ est fausse. Un ensemble vérifiant les conditions (3) est dit *inductif*. Montrons comment construire $\mathbb{N}$ à partir de là.

Il est tout d'abord évident que toute réunion ou toute intersection d'ensembles inductifs est un ensemble inductif. Si, dans un ensemble inductif X, on considère l'intersection X_0 de tous les ensembles inductifs $X' \subset X$, on obtient donc le "plus petit" ensemble inductif contenu dans X. Si Y est un autre ensemble inductif, $X \cap Y$ est une partie inductive de X et de Y, donc contient X_0 et Y_0; Y_0 est donc une partie inductive de X, d'où $Y_0 \supset X_0$ et vice-versa, autrement dit $X_0 = Y_0$. L'ensemble X_0 défini dans tout ensemble inductif X est donc en fait le même quel que soit X; c'est, par définition, l'ensemble $\mathbb{N}$ des entiers naturels et, par la même occasion, le plus petit de "tous" les ensembles inductifs (lesquels sont trop nombreux pour être les éléments d'un ensemble).

Comme $\mathbb{N}$ est inductif et contient $\emptyset$, il contient tous les entiers naturels de von Neumann. Ceci prouve qu'ils appartiennent à un même ensemble, donc que l'on peut parler de l'ensemble E de ces entiers. Il est clair qu'il est inductif et contenu dans $\mathbb{N}$. Par suite, $E = \mathbb{N}$, de sorte que les éléments de $\mathbb{N}$ sont exactement les entiers de von Neumann.

De là résulte le principe des *démonstrations par récurrence* : pour montrer qu'une propriété $P\{n\}$, dans laquelle figure une lettre n symbolisant une "variable" indéterminée, est vraie pour tout $n \in \mathbb{N}$, on vérifie que

(i) elle est vraie pour $n = \emptyset$, i.e., en langage usuel, pour $n = 0$,

(ii) la relation $P\{n\}$ implique $P\{s(n)\}$ i.e., en langage usuel, que $P\{n\}$ implique $P\{n+1\}$.

Si tel est le cas, l'ensemble des $n \in \mathbb{N}$ vérifiant $P\{n\}$ est inductif et, étant contenu dans $\mathbb{N}$, est nécessairement égal à $\mathbb{N}$.

4 – Couples, produits cartésiens, ensembles de parties

Si a et b sont des objets mathématiques, on a $\{a, b\} = \{b, a\}$. Si, par contre, vous associez à tout point d'un plan muni d'axes de cordonnées ses deux coordonnées x et y et désignez le point correspondant par la notation classique (x, y), il est clair qu'en général on a $(x, y) \neq (y, x)$. On est ainsi amené à associer à deux objets x et y écrits dans un ordre déterminé un nouvel objet (x, y), un *couple*, la règle d'égalité de deux couples étant que l'on a

(4.1) $\qquad (x, y) = (u, v)$ si et seulement si $x = u$ et $y = v$.

On dit parfois que x et y sont les *projections* ou les *coordonnées* du couple (x, y). On définirait de même des *triplets*

$$(x, y, z) = ((x, y), z),$$

des quadruplets

$$(x, y, z, t) = ((x, y, z), t),$$

etc. Les règles d'égalité de deux tels objets sont évidentes.

L'axiome des paires permet d'introduire les couples sans sortir de la théorie des ensembles, par exemple en convenant que

(4.2) $\qquad\qquad (x, y) = \{\{x\}, \{x, y\}\},$

idée astucieuse due au Polonais Casimir Kuratowski (1921) mais qui, nous dit Suppes, se trouve déjà sous une autre forme en 1914 chez l'Américain Norbert Wiener, le "père de la cybernétique" comme, après 1950, l'appelleront des journalistes n'ayant pas entendu parler d'autre chose. La relation $(x, y) = (u, v)$, i.e.

(4.3) $$\{\{x\},\{x,y\}\} = \{\{u\},\{u,v\}\},$$

exige en effet soit $\{u\} = \{x\}$, soit $\{u\} = \{x,y\}$; dans le premier cas, on a $u = x$; dans le second, $x = y = u$; on a donc dans tous les cas $u = x$; si $x = y$, on a $\{x,y\} = \{x\}$, donc $\{\{x\},\{x,y\}\} = \{\{x\}\}$ et (3) s'écrit $\{\{x\}\} = \{\{x\},\{x,v\}\}$, ce qui implique $\{x,v\} = \{x\}$ i.e. $v = x = y$; si $x \neq y$, le second membre de (3), qui s'écrit $\{\{x\},\{x,v\}\}$ puisque $u = x$, ne peut contenir l'élément $\{x,y\} \neq \{x\}$ que si $\{x,v\} = \{x,y\}$, et comme $x \neq y$ ceci exige $v = y$. On voit en conclusion que, dans tous les cas, la condition (1) est satisfaite par la définition (2) des couples.

Exercice. Dessiner les boîtes ou les graphes représentant les ensembles $(2,3)$ et $(3,2)$.

Etant donnés deux ensembles X et Y, l'ensemble des couples (x,y) pour lesquels $x \in X$ et $y \in Y$ s'appelle le *produit cartésien* de X et Y, notation $X \times Y$. On définit plus généralement $X \times Y \times Z = (X \times Y) \times Z$, ensemble des triplets (x,y,z) avec $x \in X$, $y \in Z$, $z \in Z$, etc. Si X est un ensemble, on pose

$$X^2 = X \times X, \qquad X^3 = X \times X \times X, \text{ etc.}$$

L'existence du produit cartésien $X \times Y$ est claire lorsqu'on se place à un point de vue naïf; pour les logiciens, elle exige une démonstration. Or les éléments z de $X \times Y$ sont caractérisés par la relation $P\{z\}$ suivante : il existe un $x \in X$ et un $y \in Y$ tels que $z = \{\{x\},\{x,y\}\}$. L'existence de $X \times Y$ peut alors se déduire de l'axiome de séparation à condition de savoir d'avance que les z tels que $P\{z\}$ appartiennent à un même ensemble Z; mais c'est justement toute la question.

Au lieu de postuler axiomatiquement l'existence de $X \times Y$, les logiciens font beaucoup mieux. Dans la formule $z = \{\{x\},\{x,y\}\}$, z est un ensemble dont les éléments $\{x\}$ et $\{x,y\}$ sont des parties de la réunion $X \cup Y$. L'axiome qui va permettre de résoudre le problème affirme d'une manière générale que, *pour tout ensemble X, il existe un ensemble $\mathcal{P}(X)$ dont les éléments sont les parties de X* :

(4.4) $$Y \in \mathcal{P}(X) \Longleftrightarrow Y \subset X.$$

Si par exemple $X = \{a,b,c\}$ où a, b, c sont deux à deux distincts, $\mathcal{P}(X)$ a pour éléments

$$\emptyset, \quad \{a\}, \quad \{b\}, \quad \{c\}, \quad \{b,c\}, \quad \{a,c\}, \quad \{a,b\}, \quad \{a,b,c\}.$$

Si l'on revient au produit cartésien de X et Y, ses *éléments* z sont, d'après la définition (2) de Kuratowski, des *ensembles* dont les deux *éléments* sont des *parties* de $X \cup Y$, donc des *éléments* de $\mathcal{P}(X \cup Y)$; on a donc $z \subset \mathcal{P}(X \cup Y)$ et donc, par définition, $z \in \mathcal{P}(\mathcal{P}(X \cup Y))$. La définition (2) des couples fournit donc bien (axiome de séparation) un *ensemble*

$$X \times Y \subset \mathcal{P}(\mathcal{P}(X \cup Y)).$$

Ce raisonnement (que l'on a intérêt à oublier après l'avoir compris : la seule chose à retenir est la condition d'égalité de deux couples) peut paraître quelque peu ésotérique et abstrait, mais il a le mérite de montrer que le produit $X \times Y$ peut se construire à l'aide des opérations standard de la théorie des ensembles et, pour les logiciens, d'être en outre logiquement fondé et d'éliminer le risque de contradictions internes dans le genre du paradoxe de Russell. Il faut bien comprendre que les logiciens sont des gens encore plus bizarres que les mathématiciens : ils éprouvent le besoin de tout démontrer, y compris ce qui crève les yeux du "grand public". En matière d'électronique, celui-ci se contente d'appuyer sur les boutons des boîtes noires et de constater que "ça marche"; les professionnels cherchent à comprendre ce qui se passe à l'intérieur de celles-ci.

La construction de $\mathcal{P}(X)$ pour tout ensemble X est du reste utile dans bien d'autres circonstances. La définition des nombres réels proposée par Dedekind revient à dire, comme on le verra dès le début du Chap. II, qu'un nombre réel x est un ensemble de nombres rationnels (intuitivement : l'ensemble des $\xi \in \mathbb{Q}$ tels que $\xi < x$). C'est donc un élément de $\mathcal{P}(\mathbb{Q})$, ce qui, grâce à l'axiome de séparation, permet de parler de l'*ensemble* $\mathbb{R} \subset \mathcal{P}(\mathbb{Q})$ des nombres réels. *Après* avoir construit les nombres réels comme parties de $\mathbb{Q}$ et démontré leurs propriétés fondamentales, on oublie bien entendu cette définition en apparence compliquée.

On utilise aussi $\mathcal{P}(X)$ dans l'étude des *relations d'équivalence*. On appelle ainsi toute relation R (notée par exemple xRy) entre éléments d'un ensemble X qui satisfait aux conditions suivantes : (i) xRy et yRz impliquent xRz, (ii) xRy implique yRx, (iii) la relation xRx est vraie pour tout $x \in X$. Si $a \in X$, l'axiome de séparation permet de parler de l'ensemble $C(a)$ des $x \in X$ tels que xRa soit vraie; on l'appelle la *classe d'équivalence* de a. Il est immédiat de vérifier que $a \in C(a)$ et que deux classes $C(a)$ et $C(b)$ ne peuvent qu'être identiques ou disjointes. L'axiome de l'ensemble des parties permet de considérer les $C(a)$, $a \in X$, comme les éléments d'un nouvel ensemble, contenu dans $\mathcal{P}(X)$, qu'on note X/R et qu'on appelle le *quotient de X par la relation d'équivalence R*. Voir par exemple le court §4 de mon *Cours d'algèbre*, où l'on trouvera des exemples et aussi des applications à la construction des entiers de signe quelconque et des nombres rationnels. On note en passant que, *par construction explicite* et non pas seulement d'après la théorie générale et abstraite, un ensemble quotient est un ensemble d'ensembles.

5 – Fonctions, applications, correspondances

La notion de produit cartésien permet d'introduire la notion générale de *fonction* ou *application*, tout aussi fondamentale que celle d'ensemble et qui, on va le voir, s'y ramène comme toutes les autres. Dans l'enseignement élémentaire et dans toute l'histoire des mathématiques jusqu'au début du XIXe siècle, une fonction est donnée par une "formule" telle que $f(x) = x^2 - 3$, $f(x) = \sin x$, etc., mais à partir de Descartes, on définit souvent une fonction à partir d'une courbe dont on cherche "l'équation". Pour les scientifiques expérimentaux et les ingénieurs, une fonction est tout aussi souvent donnée par son *graphe*, lieu géométrique des points (x, y) du plan tels que $y = f(x)$ avec une fonction f que, bien souvent, on ne connaît pas vraiment.

A partir du XIXe siècle, la notion de fonction cesse d'être associée à une "formule" simple ou compliquée; l'Allemand Dirichlet parle par exemple de la fonction égale à 0 si x est un nombre rationnel et à 1 si x est irrationnel, et l'on envisagera par la suite des fonctions beaucoup plus étranges, jusqu'à ce qu'émerge la notion générale et abstraite de *fonction définie sur un ensemble X et à valeurs dans un ensemble Y*; une telle fonction f associe à tout $x \in X$ un $y = f(x) \in Y$ bien déterminé qui dépend de x selon une loi précise. Le graphe de f est alors l'ensemble des couples $(x, y) \in X \times Y$ tels que l'on ait $y = f(x)$ pour tout $x \in X$. On rencontre cela dans la vie de tous les jours : si, dans une société monogame, on désigne par H l'ensemble des hommes mariés et par F l'ensemble des femmes, la relation "y est la femme de x" est une fonction à valeurs dans F et définie dans H. Son graphe est visiblement un ensemble de . . . couples.

Si, inversement, on se donne une partie G de $X \times Y$, on obtient une fonction f dont G est le graphe à condition que G possède la propriété suivante : pour tout $x \in X$, il existe un $y \in Y$ et un seul tel que $(x, y) \in G$; on écrit alors $y = f(x)$. Cette convention permet de ramener la notion de fonction à celle d'ensemble : *par définition*, une fonction définie sur X et à valeurs dans Y *est* une partie de $X \times Y$ assujettie à la condition précédente; il n'y a plus de "formule".

En supprimant la restriction imposée à G, on obtient la notion de *correspondance* ou *relation* entre X et Y : deux éléments $x \in X$ et $y \in Y$ se correspondent par G si $(x, y) \in G$. Si l'on reprend l'exemple précédent en remplaçant H par l'ensemble de tous les hommes, mais sans supposer la société monogame, la relation "y est l'une des femmes de x" est une correspondance entre H et F. On n'exige pas l'existence pour *tout* $x \in H$ d'un $y \in F$ tel que $(x, y) \in G$, et l'on n'exige pas que cet y soit unique; les x pour lesquels existe un tel y constituent l'*ensemble de définition* de la correspondance (les propriétaires d'un harem); les y tels que l'on ait $(x, y) \in G$ pour au moins un x en constituent l'*image* ou l'*ensemble des valeurs* (les femmes de harem). Si $X = Y = \mathbb{R}$, la relation $x^2 + 3y^2 = 1$, dont le graphe G dans le plan est une ellipse, est une correspondance : son ensemble de définition est l'ensemble des x tels que $|x| \leq 1$, son image l'ensemble des y tels que $|y| \leq 1/\sqrt{3}$; cette correspondance n'est pas une fonction car un nombre réel peut avoir deux racines carrées distinctes. La formule $x < y$ est de même une correspondance (on dit plutôt : "relation" dans un cas de ce genre) dont le lecteur n'aura pas de peine à trouver le graphe.

Dans la pratique, on utilise fréquemment d'autres expressions. Au lieu de dire

soit f une fonction définie sur X et à valeurs dans Y,

on dit souvent

soit f une application de X dans Y

ou

soit une application $f : X \longrightarrow Y$.

Lorsque f est donnée par une "formule", on parle aussi, par exemple, de

l'application $x \longmapsto x^3$ de X dans Y,

à supposer que la chose ait un sens; ne pas confondre les signes $\longrightarrow$ et $\longmapsto$; l'écriture $x \longmapsto x^3$ ne désigne pas une application de l'ensemble x dans l'ensemble x^3, elle désigne la fonction ou application qui, à chaque élément x de X, associe l'élément x^3 de Y.

Observons encore qu'en mathématiques, lorsqu'on parle d'une fonction ou application f, il faut préciser l'ensemble X sur lequel f est définie et l'ensemble Y dans lequel elle prend ses valeurs. Parler sans autre précision de "la fonction x^2" n'a aucun sens[21]. L'application $x \longmapsto x^2$ de l'intervalle $0 \leq x < 1$ de $\mathbb{R}$ (ensemble des nombres réels) dans l'ensemble $\mathbb{R}$ *n'est pas* identique à l'application $x \longmapsto x^2$ de $\mathbb{R}$ dans $\mathbb{R}$: leurs graphes sont différents. Au surplus, elles n'ont pas les mêmes propriétés : dans le premier cas, l'équation $f(x) = b$, pour $b \in \mathbb{R}$ donné, possède zéro ou une solution, tandis qu'elle peut en posséder deux dans le second. Négliger ces "détails" provoque des confusions et des erreurs de raisonnement.

Si A est une partie d'un ensemble X, on appelle *fonction caractéristique* de A (relativement à X) l'application $\chi_A : X \longrightarrow \{0, 1\}$ donnée par

$$\chi_A(x) = 1 \text{ si } x \in A, \quad = 0 \text{ si } x \notin A.$$

---

[21] Les logiciens parlent toutefois de *relations fonctionnelles* sans préciser des ensembles de départ ou d'arrivée. On appelle ainsi une relation $R\{x, y\}$ entre deux "variables" x et y telle que

$$R\{x, y'\} \quad \& \quad R\{x, y''\} \text{ implique } y' = y''.$$

Si $X = \mathbb{R}$, on peut dessiner facilement son graphe si A est, par exemple, réunion d'intervalles deux à deux disjoints en nombre fini – il se compose de segments de droite horizontaux, avec des "sauts" aux extrémités des intervalles considérés –, mais vous n'y parviendrez pas si $A = \mathbb{Q}$, cas dont Dirichlet parle déjà aux environs de 1830. Le principal intérêt de ces fonctions est de transformer des relations entre ensembles en relations entre des fonctions, par exemple :

$$\chi_{A \cap B}(x) = \chi_A(x)\chi_B(x),$$
$$\chi_{A \cup B}(x) = \chi_A(x) + \chi_B(x) - \chi_A(x)\chi_B(x),$$
$$\chi_{X-A}(x) = 1 - \chi_A(x),$$

etc.

Au lieu de parler de fonctions, on parle assez souvent en mathématiques de *familles* de nombres, d'ensembles, etc. L'unique différence entre les deux notions tient aux notations employées : étant donnés deux ensembles I et X, une famille d'éléments de X *indexée par I*, notation

$$(x_i)_{i \in I},$$

consiste à associer à chaque *indice* $i \in I$ un $x_i \in X$; la notation précédente n'est donc qu'une autre façon de parler de l'application $i \longmapsto x_i$ de I dans X, i.e. de l'application $f : I \longrightarrow X$ donnée par

$$f(i) = x_i \text{ pour tout } i \in I.$$

On pourrait donc se passer entièrement de cette notion dont l'origine historique se trouve dans les suites de nombres réels

$$u_1, u_2, \ldots, u_n, \ldots$$

que l'on rencontrera dès le début du chapitre suivant, par exemple la suite

$$1, 1/2, \ldots, 1/n, \ldots ;$$

pour les analystes classiques, qui ne s'intéressaient qu'aux fonctions où la variable peut prendre toutes les valeurs réelles d'un intervalle, la notation u_n désigne le terme numéro n de la suite; mais vous pouvez sans le moindre inconvénient, et parfois avec avantage comme on le verra, écrire $u(n)$ ce qu'on écrit traditionnellement u_n et déclarer qu'une suite de nombres réels par exemple n'est rien d'autre qu'une application de l'ensemble des entiers > 0 dans l'ensemble des nombres réels.

Lorsque les termes d'une famille $(X_i)_{i \in I}$ sont regardés comme des ensembles[22], on peut définir la réunion et l'intersection

---

[22] Cette précision peut sembler superflue puisque *tous* les objets que l'on manipule en mathématiques sont des ensembles. Mais, dans la pratique, il arrive que l'on

$$\bigcup_{i \in I} X_i \quad , \qquad \bigcap_{i \in I} X_i$$

de la famille, en abrégé : $\bigcup X_i$, $\bigcap X_i$; c'est l'ensemble des x tels que l'on ait $x \in X_i$ pour au moins un $i \in I$ dans le premier cas, pour tout $i \in I$ dans le second. On retrouve les notions introduites plus haut en choisissant pour I un ensemble à deux éléments. Il y a dans le cas général des formules analogues à celles qu'on a mentionnées dans ce cas particulier; si par exemple I est lui-même réunion d'une famille d'ensembles $(I_k)_{k \in K}$, on a

$$\bigcup_{i \in I} X_i = \bigcup_{k \in K} \left(\bigcup_{i \in I_k} X_i \right)$$

(*associativité* de l'intersection ou de la réunion) : si l'on voulait regrouper en un seul hypermusée tous les tableaux appartenant aux divers musées européens, on pourrait commencer par réunir les musées de chaque pays, après quoi on regrouperait les supermusées nationaux ainsi constitués; dans cet exemple, I est l'ensemble des musées européens, K est l'ensemble des états européens et, pour chaque k, I_k est l'ensemble des musées du pays k. Toutes les formules de ce type relèvent du sens commun en dépit de leur allure abstraite et rébarbative. La seule question qu'elles posent est de savoir si une notion telle que la réunion d'une famille d'ensembles est bien encore un *ensemble*, ce qui est clair si l'on suppose que les X_i sont des parties d'un ensemble donné d'avance (et reste vrai même si on ne le suppose pas, pourvu que I et les X_i soient des *ensembles*).

Étant donnés un ensemble X, une partie A de X et une famille $(E_i)_{i \in I}$ de parties de X, on dit que les E_i recouvrent A ou forment un *recouvrement* de A lorsque $A \subset \bigcup E_i$. Par exemple, la famille des intervalles $(n-1, n+1)$ où n est un entier variant entre 0 et p, recouvre (dans $\mathbb{R}$) l'intervalle $(0, p)$.

La notion de réunion d'une famille d'ensembles intervient notamment dans la *construction d'une fonction par recollement*. Considérez par exemple dans l'intervalle $(0, 1)$ une fonction dont le graphe est une ligne brisée; elle n'est pas donnée par une "formule" unique valable partout; dans certains intervalles, ce peut être la fonction $y = 2x + 5$, dans d'autres $y = -x - 1$, etc. Plus généralement, supposons qu'un ensemble X soit réunion d'une famille d'ensembles $(X_i)_{i \in I}$ et donnons-nous pour chaque $i \in I$ une fonction f_i : $X_i \longrightarrow Y$; existe-t-il une fonction f dans X telle que f coïncide avec f_i dans chaque X_i ? Une condition évidemment nécessaire d'existence de f est que, si un $x \in X$ appartient à deux ensembles de la famille, les valeurs en x des deux fonctions correspondantes doivent être égales :

---

oublie (très consciemment) ce point, et il arrive tout aussi souvent qu'on le garde présent à l'esprit. Tout dépend du contexte. Exemple simple : I est l'ensemble des points d'un cercle et X_i est la droite (ensemble de points du plan) tangente au cercle au point $i \in I$.

$$f_i(x) = f_j(x) \quad \text{pour tout } x \in X_i \cap X_j.$$

Si inversement cette condition de compatibilité est remplie, la fonction f existe : pour définir $f(x)$ en un $x \in X$, on choisit au hasard un $i \in I$ tel que $x \in X_i$ et l'on pose $f(x) = f_i(x)$; on a fait le nécessaire pour éliminer toute ambiguïté de la définition de $f(x)$. En fait, le graphe G de f est la réunion des graphes $G_i \subset X_i \times Y \subset X \times Y$ des f_i.

La situation est particulièrement simple si l'on a une *partition* de X, i.e. une famille d'ensembles $(X_i)_{i \in I}$ deux à deux disjoints dont la réunion est X. Pour tout $x \in X$, il existe alors un et un seul $i \in I$ tel que $x \in X_i$, de sorte que l'on peut choisir les f_i arbitrairement. Si, dans $\mathbb{R}$, vous avez pour chaque entier n de signe quelconque une fonction f_n définie pour $n \leq x < n+1$ (ne pas confondre les signes $\leq$ et $<$, voir le Chap. II, n° 2), alors il existe une fonction f définie dans $\mathbb{R}$ qui, pour tout n, coincide avec f_n pour $n \leq x < n + 1$. Si par contre les f_n sont données pour $n \leq x \leq n + 1$, la fonction f n'existe que si l'on a $f_n(n + 1) = f_{n+1}(n + 1)$ pour tout n.

La notion de famille d'ensembles est liée à l'*axiome du choix*; celui-ci affirme qu'étant donnée une famille $(X_i)_{i \in I}$ de parties non vides d'un ensemble X, il existe une application $f : I \longrightarrow X$ telle que l'on ait $f(i) \in X_i$ pour tout $i \in I$. Intuitivement, on obtient f en "choisissant au hasard" un élément x_i dans chaque X_i. Cantor et autres en faisaient implicitement usage avant qu'il ne soit isolé (Zermelo, Whitehead et Russell) et, comme on l'a dit dans l'introduction de ce chapitre, beaucoup de mathématiciens protestaient contre ces "infinités de choix au hasard" n'ayant aucun sens mathématique précis et ne pouvant jamais conduire à des "formules" explicites. Il n'empêche qu'il a survécu en raison de son utilité dans toutes sortes de branches des mathématiques où, la plupart du temps, on l'utilise sans même y référer. On peut du reste mettre tout le monde d'accord en raison du fait que, par la suite, on a démontré (Paul Cohen, 1963) que l'axiome du choix est logiquement indépendant des autres axiomes de la théorie des ensembles et que si ceux-ci ne sont pas contradictoires, ce qu'on espère bien sans l'avoir jamais démontré, leur ajouter l'axiome du choix ne peut pas conduire à une contradiction. Vous pouvez donc l'adopter ou le rejeter. Il y a du reste des branches des mathématiques – l'arithmétique par exemple – que l'on peut construire sans l'utiliser.

L'axiome du choix intervient dès que l'on cherche à étendre la notion de produit cartésien au cas d'une famille quelconque $(X_i)_{i \in I}$ d'ensembles. Leur produit cartésien ne peut, raisonnablement, qu'être l'ensemble des familles $(x_i)_{i \in I}$ telles que l'on ait $x_i \in X_i$ pour tout $i \in I$. L'axiome du choix revient donc à dire qu'un produit cartésien d'ensembles non vides n'est jamais vide.

6 – Injections, surjections, bijections

Revenons aux applications en général. Si l'on a trois ensembles X, Y, Z et des applications $f : X \longrightarrow Y$ et $g : Y \longrightarrow Z$, on peut construire l'*application composée* $h : X \longrightarrow Z$ en posant

$$h(x) = g[f(x)] \text{ pour tout } x \in X.$$

Si $F \subset X \times Y$ et $G \subset Y \times Z$ sont les graphes de f et g, le graphe $H \subset X \times Z$ de h est l'ensemble des couples (x, z) possédant la propriété suivante : il existe un $y \in Y$ tel que l'on ait à la fois $(x, y) \in F$ et $(y, z) \in G$. Le fait que H soit effectivement un graphe est immédiat. L'application composée h se note $g \circ f$: on a donc

(6.1) $$(g \circ f)(x) = g[f(x)],$$

mais en fait on écrit toujours $g \circ f(x)$ au lieu de $(g \circ f)(x)$. Cette notion généralise ce que l'on fait lorsqu'on parle de la fonction sin cos x – on devrait l'écrire sin $\circ$ cos – ou, en géométrie, lorsqu'on définit le "produit" de deux homothéties, translations, etc.

Etant donnée une application $f : X \longrightarrow Y$, on a fréquemment à considérer les $x \in X$ tels que $f(x) = b$ soit un élément donné de Y. En ce qui concerne leur existence, tous les cas sont évidemment possibles. Le plus simple est celui où l'équation $f(x) = b$ possède au moins une solution quel que soit $b \in Y$; on dit alors que f est *surjective* (ou est une *surjection*). L'application $x \longmapsto x^3$ de $\mathbb{R}$ dans $\mathbb{R}$ est surjective, car tout nombre réel, quel que soit son signe, possède une racine cubique. L'application $x \longmapsto x^2$ ne l'est pas, les nombres positifs étant seuls à posséder une racine carrée dans $\mathbb{R}$.

D'une manière plus générale, si l'on remplace X par l'une de ses parties A, on est amené à introduire l'ensemble $B \subset Y$ des y tels que l'équation $f(x) = b$ possède au moins une solution dans A (et éventuellement ailleurs[23]). Cet ensemble, noté $f(A)$, s'appelle l'*image de A par f*, notion familière en géométrie élémentaire : l'image d'un cercle par une translation est un cercle. On a évidemment

(6.2) $$f(A \cup B) = f(A) \cup f(B),$$

mais

$$\text{la relation } f(A \cap B) = f(A) \cap f(B) \text{ est fausse}$$

en général, car pour $b \in f(A) \cap f(B)$, l'équation $f(x) = b$ possède au moins une solution dans A et au moins une solution dans B, mais pourquoi seraient-elles les mêmes ?

---

[23] En mathématiques, on dit ce que l'on dit et l'on ne dit pas ce que l'on ne dit pas. L'observation de cette règle dans la vie publique ou privée éviterait un grand nombre de discussions stupides. "Vous dites que les Français sont racistes. Vous croyez donc que les Chinois ne le sont pas ?"

La situation est plus simple si f est *injective* ou est une *injection*, i.e. si, quel que soit $b \in Y$, l'équation $f(x) = b$ possède au plus une solution. Il est clair que dans ce cas on a toujours $f(A \cap B) = f(A) \cap f(B)$.

A la notion d'image – on dit aussi *image directe* – est associée, en sens inverse, celle d'*image réciproque* par f d'une partie B de Y : c'est l'ensemble des $x \in X$ tels que $f(x) \in B$; notation $f^{-1}(B)$. On a cette fois

$$(6.3) \qquad f^{-1}(B' \cup B'') = f^{-1}(B') \cup f^{-1}(B''),$$
$$f^{-1}(B' \cap B'') = f^{-1}(B') \cap f^{-1}(B'');$$

dans le premier cas, il faut considérer les $x \in X$ tels que $f(x) \in B' \cup B''$, i.e. tels que $f(x) \in B'$ *ou* $f(x) \in B''$; dans le second cas, les x tels que $f(x) \in B'$ *et* $f(x) \in B''$, d'où les formules, que vous pourrez étendre au cas de la réunion ou de l'intersection d'une famille quelconque d'ensembles.

Il peut arriver qu'une application $f : X \longrightarrow Y$ soit à la fois injective et surjective; on dit alors que f est *bijective* ou est une *bijection*; cela signifie que, pour tout $b \in Y$, l'équation $f(x) = b$ possède une et une seule solution $x \in X$. L'application $x \longmapsto x^3$ de $\mathbb{R}$ dans $\mathbb{R}$ est bijective. L'application $x \longmapsto x + 1$ de $\mathbb{N}$ dans $\mathbb{N}$ est injective mais non surjective; c'est une bijection de

$$\mathbb{N} = \{0, 1, 2, 3, \ldots\} \quad \text{sur} \quad \{1, 2, 3, 4, \ldots\} = \mathbb{N} - \{0\}.$$

L'application $x \longmapsto x^2$ de $\mathbb{R}$ dans $\mathbb{R}$ n'est ni injective ni surjective; elle est bijective si l'on remplace $\mathbb{R}$ par $\mathbb{R}_+$, ensemble des nombres réels ≥ 0.

Lorsqu'une application $f : X \longrightarrow Y$ est bijective, on peut définir son *application réciproque* $f^{-1} : Y \longrightarrow X$ de la façon suivante : le graphe $G \subset Y \times X$ de celle-ci est l'ensemble des couples (y, x) tels que $(x, y) \in F$, graphe de f. Comme à chaque $y \in Y$ correspond un et un seul $x \in X$ tel que $y = f(x)$, G est bien un graphe et l'on voit que

$$(6.4) \qquad x = f^{-1}(y) \Longleftrightarrow y = f(x).$$

Il reviendrait au même de dire que l'on a

$$f^{-1} \circ f(x) = x \text{ pour tout } x \in X \quad \text{et} \quad f \circ f^{-1}(y) = y \text{ pour tout } y \in Y.$$

Si l'on note id_X l'*application identique* $x \longmapsto x$ de X dans X, on a donc

$$f^{-1} \circ f = id_X, \qquad f \circ f^{-1} = id_Y.$$

Par exemple, l'application réciproque de $x \longmapsto x^3$ dans $\mathbb{R}$ est $x \longmapsto x^{1/3}$, racine cubique de x.

Il est évident que si l'on compose des applications qui sont soit toutes injectives, soit toutes surjectives, soit toutes bijectives, on obtient encore une application de même nature : pour résoudre $g(f(x)) = c$, il faut pouvoir trouver un b tel que $c = g(b)$, puis un x tel que $b = f(x)$, d'où les résultats.

7 – Ensembles équipotents. Ensembles dénombrables

Il est "évident" que, si X est un ensemble fini – notion que nous n'avons pas encore strictement définie – et f une application injective de X dans un ensemble Y, l'image $f(X)$ comporte autant d'éléments que X. Si en particulier $Y = X$, f ne peut être injective sans être surjective; c'est cette propriété que Dedekind a utilisée pour définir les *ensembles finis*, les autres étant dits *infinis*. (Il y a d'autres façons de procéder comme on le verra). L'exemple de l'application $n \longmapsto n + 1$ de $\mathbb{N}$ dans $\mathbb{N}$ montre que $\mathbb{N}$ est infini au sens de Dedekind.

Lorsqu'il existe une bijection d'un ensemble X sur un ensemble Y, on dit que X et Y sont *équipotents* (ou ont *même puissance*, ce qui suppose définie la difficile notion de "puissance" d'un ensemble, qui généralise celle de "nombre d'éléments"; voir le n° 9); puisque la composée de deux bijections est une bijection, il est clair que si X est équipotent à Y et Y équipotent à Z, alors X est équipotent à Z.

Lorsqu'il s'agit d'ensembles finis, la notion d'équipotence est une idée familière : elle est à la base de la définition naïve des nombres entiers. Son extension aux ensembles infinis a été la première grande idée de Cantor. Vue de 1997, elle n'a pas l'air très révolutionnaire, mais lorsque Cantor a démontré que l'ensemble $\mathbb{N}$ des entiers naturels est équipotent à l'ensemble $\mathbb{Q}$ des nombres rationnels de signe quelconque, il a créé une sensation : ainsi donc, il n'y aurait pas plus de nombres rationnels p/q que d'entiers, alors qu'il y a déjà une infinité de nombres rationnels entre 0 et 1, puis entre 1 et 2, etc ?

En outre, la démonstration de Cantor eut été à la portée de n'importe qui. Tout nombre rationnel peut s'écrire d'une façon unique sous la forme p/q avec p et q sans diviseur commun (i.e. premiers entre eux) et $q > 0$. On classe alors les nombres rationnels en fonction de la valeur de $|p| + q$; comme q est positif, il n'existe qu'un nombre fini de nombres tels que $|p| + q$ ait une valeur s donnée. On écrit sur une ligne de longueur infinie les nombres tels que $s = 0$ (il n'y en a pas), puis ceux pour lesquels $s = 1$, etc.; on obtient

$$0/1, \quad 1/1, \quad -1/1, \quad 1/2, \quad -1/2, \quad 2/1, \quad -2/1, \quad 1/3, \quad -1/3, \quad 3/1, \quad -3/1,$$
$$4/1, \quad -4/1, \quad 3/2, \quad -3/2, \quad 2/3, \quad -2/3, \quad 1/4, \quad -1/4, \quad 5/1, \text{ etc.}$$

On peut de cette façon attribuer à chaque fraction irréductible $x = p/q$ un entier $n = f(x)$, son rang dans la séquence ci-dessus; d'où une bijection de $\mathbb{Q}$ sur $\mathbb{N}$ si l'on convient d'attribuer à $0/1 = 0$ le rang zéro, cqfd.

Un raisonnement analogue montrerait l'existence de bijections de $\mathbb{N}$ sur $\mathbb{N} \times \mathbb{N}$, sur $\mathbb{N} \times \mathbb{N} \times \mathbb{N}$ [classer les éléments (p, q, r) de $\mathbb{N} \times \mathbb{N} \times \mathbb{N}$ d'après la valeur de $p + q + r$], etc., ou sur $\mathbb{Q} \times \mathbb{Q}$, $\mathbb{Q} \times \mathbb{Q} \times \mathbb{Q}$, etc.

S'il existe une bijection de $\mathbb{N}$ sur un ensemble X, on dit que X est *dénombrable*. Il y a quelques théorèmes utiles sur les ensembles dénombrables; nous nous bornerons à en donner des démonstrations semi-naïves.

(1) *Toute partie Y d'un ensemble dénombrable X est finie ou dénombrable.* Pour le voir naïvement, on écrit les éléments de X sous la forme d'une suite $x_1, x_2, \ldots$, on supprime de celle-ci les $x \notin Y$ et l'on renumérote les éléments restants, i.e. ceux de Y.

(2) *L'image $Y = f(X)$ d'un ensemble dénombrable X par une application f est finie ou dénombrable.* Numérotons à nouveau les éléments de X comme on vient de le faire et posons $y'_n = f(x_n)$; on obtient ainsi tous les éléments de Y, en général plusieurs fois ou même une infinité de fois. Pour écrire une fois et une seule les éléments de Y, on procède comme suit : on pose d'abord $y_1 = y'_1$, on note y_2 le premier terme de la suite des y'_n qui soit $\neq y_1$, puis y_3 le premier terme de la suite des y'_n qui soit différent de y_1 et y_2, et ainsi de suite indéfiniment.

(3) *Le produit cartésien $X \times Y$ de deux ensembles dénombrables X et Y est dénombrable.* On l'a pratiquement établi en montrant plus haut que $\mathbb{Q}$ est dénombrable : on écrit "diagonalement" les couples (p, q) d'entiers naturels :

$$(0,0), \quad (0,1), \quad (1,0), \quad (0,2), \quad (1,1), \quad (2,0), \ldots .$$

(4) *La réunion d'une famille dénombrable d'ensembles dénombrables est dénombrable.* Soit en effet $(X_i)_{i \in I}$ une telle famille, où I est fini ou dénombrable comme les X_i. Pour chaque i, choisissons une application surjective $f_i : \mathbb{N} \longrightarrow X_i$ et définissons comme suit une application f du produit cartésien $\mathbb{N} \times I$ sur la réunion X des X_i :

$$f((n, i)) = f_i(n)$$

pour $n \in \mathbb{N}$ et $i \in I$. Pour tout $x \in X$, il existe un $i \in I$ tel que $x \in X_i$, donc un $n \in \mathbb{N}$ tel que $x = f_i(n)$. L'application f est donc surjective, et comme le produit $\mathbb{N} \times I$ est dénombrable, X l'est aussi.

(5) *Tout ensemble infini contient un ensemble dénombrable.* Si X est infini, il existe une bijection f de X sur un ensemble $Y \subset X$ distinct de X. Choisissons un $a \in X - Y$ et posons

$$x_0 = a, \quad x_1 = f(x_0), \quad x_2 = f(x_1), \ldots .$$

Si l'on a $x_p = x_q$ pour un couple d'entiers tels que $p < q$, on en déduit que $x_{p-1} = x_{q-1}$ puisque f est injective, d'où, en continuant le raisonnement, $x_0 = x_{q-p} = f(x_{q-p-1})$, impossible puisque $x_0 \notin Y = f(X)$.

(6) *Soient X et $D \subset X$ deux ensembles; supposons D dénombrable et $X - D$ infini; alors X et $X - D$ sont équipotents.* D'après le résultat précédent, $X - D$ contient un ensemble dénombrable D' et l'on a

$$X = Y \cup (D \cup D'), \quad X - D = Y \cup D'$$

où $Y = X - (D \cup D')$ est disjoint de D et D'. Il n'est pas difficile de construire une bijection g de Y sur lui même; comme D et D' sont dénombrables, il en est de même de $D \cup D'$; il existe donc aussi une bijection h de $D \cup D'$ sur D'. On obtient alors une bijection f de X sur $X - D$ en posant $f(x) = g(x)$ [par exemple $f(x) = x$] pour tout $x \in Y$ et $f(x) = h(x)$ pour tout $x \in D \cup D'$; f est évidemment injective et l'on a

$$f(X) = f[Y \cup (D \cup D')] = f(Y) \cup f(D \cup D') = Y \cup D' = X - D.$$

(7) *L'ensemble des parties* finies *d'un ensemble dénombrable* X *est dénombrable.* D'après le point (4) ci-dessus, il suffit de montrer que, pour n donné, les parties à n éléments d'un ensemble dénombrable X forment une partie dénombrable P_n de $\mathcal{P}(X)$. Mais considérons le produit cartésien X^n, ensemble des systèmes $(x_1, \ldots, x_n)$ d'éléments de X, et l'application $f : X^n \longrightarrow \mathcal{P}(X)$ qui transforme $(x_1, \ldots, x_n)$ en l'ensemble $\{x_1, \ldots, x_n\} \subset X$. Son image contient évidemment P_n; or elle est dénombrable comme X^n d'après (2) et (3); il en est donc de même de P_n puisque P_n n'est manifestement pas fini.

8 – Les différentes sortes d'infini

Puisqu'il n'existe "pas plus" de nombres rationnels que de nombres entiers, on peut aller plus loin et se demander s'il n'y aurait pas aussi "autant" d'entiers naturels que de nombres réels (rationnels ou irrationnels), ce qui permettrait de "numéroter" tous les points d'une droite. Réponse négative (Cantor, 1874).

Bornons-nous par exemple à considérer l'ensemble $X = [0, 1]$ des nombres x tels que $0 \leq x \leq 1$. Comme on le verra au Chap. II, un tel nombre s'écrit, en numération décimale, sous la forme $x = 0, x_1 x_2 x_3 \ldots$ avec des "décimales" $x_1, x_2, \ldots$ comprises entre 0 et 9; cette écriture est unique si, pour tout n, on exige que le nombre $0, x_1 \ldots x_n$ soit *strictement* inférieur à x de sorte que, par exemple, $1/4$ s'écrit $0, 2499999 \ldots$ et non $0, 2500000 \ldots$. Cela dit, considérons une application f de $\mathbb{N}$ dans X; pour tout $n \in \mathbb{N}$, désignons par a_n la n-ième décimale de $f(n)$ et, pour tout n, choisissons un entier $b_n \neq a_n$ compris entre 1 et 9. Considérons le nombre $b = 0, b_1 b_2 \ldots$ dont la n-ième décimale est b_n quel que soit n. Il appartient à X mais non, comme on va le voir, à l'image $f(\mathbb{N})$ de $\mathbb{N}$ par f, d'où le résultat : une application f de $\mathbb{N}$ dans X n'est jamais surjective, encore moins bijective.

Supposons en effet $b = f(n)$ pour un $n \in \mathbb{N}$. Puisque les décimales de b sont toutes $\neq 0$, le développement décimal $b = 0, b_1 b_2 \ldots$ ne peut pas se terminer par une suite illimitée de zéros; on a donc $0, b_1 \ldots b_p < b$ pour tout p, inégalité stricte, de sorte que ce développement décimal satisfait bien à la condition imposée plus haut. Si donc l'on avait $b = f(n)$ pour un n

particulier, la n-ième décimale b_n de b serait, par construction de b, différente de la n-ième décimale de $f(n)$, i.e. de b_n; absurde[24].

Comme l'ensemble $\mathbb{Q}$ des nombres rationnels est dénombrable, on voit que $\mathbb{R} - \mathbb{Q}$, ensemble des nombres irrationnels, est équipotent à $\mathbb{R}$ (n° 7, énoncé 6).

Lorsqu'il existe une bijection de $\mathbb{R}$, ensemble des nombres réels (géométriquement : l'ensemble des points d'une droite), sur un ensemble X, on dit que X a *la puissance du continu*. L'un des résultats les plus paradoxaux de Cantor est que $\mathbb{R} \times \mathbb{R}$ a la puissance du continu; autrement dit, il existe des applications *bijectives* de l'ensemble des points d'une droite sur l'ensemble des points d'un plan : il n'y a a "pas plus" de points dans un plan que sur une droite. Ici encore, on dispose d'une démonstration très simple[25], par exemple en utilisant la numération binaire des informaticiens; d'autres diraient "de Leibniz", mais il a inventé une machine à calculer et fut l'un des précurseurs de la logique formelle, ce qui, entre beaucoup d'autres titres, en fait un informaticien honoraire.

En numération binaire, tout nombre réel entre 0 et 1 s'écrit à l'aide d'une suite de chiffres 0 et 1, et de façon unique si l'on interdit à la suite de ne comporter que des 0 à partir d'un certain rang. Si l'on considère uniquement les chiffres égaux à 1, cela revient à mettre x sous la forme

$$x = \left(\frac{1}{2}\right)^{p_1} + \left(\frac{1}{2}\right)^{p_1+p_2} + \left(\frac{1}{2}\right)^{p_1+p_2+p_3} + \ldots$$

avec des entiers $p_1, p_2, p_3, \ldots > 0$ bien déterminés : les chiffres 1 dans l'écriture binaire "par défaut" de x sont ceux de rang $p_1, p_1 + p_2$, etc., les autres étant nuls; si par exemple on écrit $1/2$ sous la forme $0,01111\ldots$ (et non pas $0,1000\ldots$), on a $p_1 = 2$, $p_n = 1$ pour tout $n > 1$. Inversement, une telle suite d'entiers définit un nombre entre 0 et 1. Autrement dit, il existe une bijection entre l'intervalle $I = [0,1]$ et l'ensemble S des suites[26] $(p_1, p_2, \ldots)$ d'entiers > 0. Cela dit, soient (x,y) un couple d'éléments de I et $(p_1, p_2, \ldots)$, $(q_1, q_2, \ldots)$ les éléments de S correspondant à x et y; associons au couple

---

[24] La méthode de Cantor pour montrer que $\mathbb{R}$ n'est pas équipotent à $\mathbb{N}$ est très différente mais suppose quelques connaissances. Supposons que l'on puisse écrire tous les nombres réels entre 0 et 1 sous forme d'une suite $u_1, u_2, \ldots$, et construisons dans $[0,1]$ une suite d'intervalles compacts $I_1 \supset I_2 \supset I_3 \supset \ldots$ de longueurs > 0 et tels que $u_n \notin I_n$ pour tout n (si $u_n \notin I_{n-1}$, choisir $I_n = I_{n-1}$; si $u_n \in I_{n-1}$, choisir pour I_n un intervalle contenu dans I_{n-1} et ne contenant pas u_n : c'est possible puisque I_{n-1} ne se réduit pas à un seul point). Les résultats du Chap. III, n° 9 montrent que les I_n ont un point commun x; si l'on avait $x = u_n$ pour un n, on aurait $x \notin I_n$, absurde.

[25] Celle de Cantor, beaucoup plus savante, utilise la théorie classique des fractions continues.

[26] Si l'on note X l'ensemble des entiers > 0, S n'est autre que l'ensemble des applications de X dans $Y = \mathbb{N} - \{0\}$. Une application de X dans Y est une partie de $X \times Y$, i.e. un élément de $\mathcal{P}(X \times Y)$; l'ensemble S de ces applications

(x, y) le nombre $z \in I$ qui correspond à la suite $(p_1, q_1, p_2, q_2, \ldots)$ obtenue en entrelaçant les suites correspondant à x et y; on construit ainsi, comme on le voit immédiatement, une application bijective de $I \times I$ dans I (ou, vue autrement, de $S \times S$ dans S), d'où le résultat de Cantor.

On aurait tort de croire qu'il a vu tout cela immédiatement; pour commencer, il lui a fallu des années pour surmonter l'obstacle psychologique que constituait l'invraisemblance de tels résultats[27] et les réactions prévisibles de la plupart de ses contemporains. Les démonstrations fort simples que nous avons données sont venues plus tard.

Cantor, et d'autres après lui, ont longtemps cru que toute partie infinie de $\mathbb{R}$ rentre dans l'une des deux catégories que nous venons de définir, le dénombrable et la puissance du continu; on sait maintenant que cette "hypothèse du continu" n'est ni vraie ni fausse : on ne peut ni la déduire des axiomes de la théorie des ensembles inventés par les logiciens ni, si on l'adopte, en déduire une contradiction. Vous avez fort peu de chances d'avoir besoin de ce résultat très difficile : l'immense majorité des mathématiciens meurent avant de l'avoir utilisé.

C'est en démontrant ces résultats par des méthodes qui, pour élémentaires qu'elles soient, étaient totalement inconnues avant lui, que Cantor a montré qu'*il existe différentes sortes d'infini*, ce que vingt-cinq siècles de philosophes et théologiens n'avaient apparemment jamais découvert. On peut même toujours les comparer. Un théorème célèbre (Schröder, 1896 et Bernstein, 1898 – c'est déjà dans Cantor, mais sa démonstration laisse grandement à désirer) dit que si X et Y sont deux ensembles, alors il existe une injection de X dans Y (i.e. X est équipotent à une partie de Y) ou une injection de Y dans X et que, si ces deux éventualités ont lieu, X et Y sont équipotents. Une façon commode d'exprimer ce résultat consiste à attacher à tout ensemble X un symbole noté Card(X), le *cardinal* de X, en convenant que la relation Card(X) = Card(Y) signifie que X et Y sont équipotents et que la relation Card(X) < Card(Y) signifie que X est équipotent à une partie de Y, mais non à Y lui-même; le symbole Card(X) joue donc le rôle du "nom-

---

vérifie donc

$$S \subset \mathcal{P}(\mathcal{P}(X \times Y)) \subset \mathcal{P}(\mathcal{P}(\mathcal{P}(\mathcal{P}(X \cup Y)))).$$

[27] Peano a fait beaucoup mieux que Cantor un peu plus tard : si l'on représente I par un intervalle d'une droite et $I \times I$ par un carré dans le plan, Peano a construit une application de I dans $I \times I$ qui est surjective et continue. Cela revient à dire qu'un mobile qui se déplacerait dans le plan de façon *continue* peut, en un temps fini, passer par TOUS les points d'un carré. Le Hollandais J. L. E. Brouwer a ensuite complété l'énoncé : l'application f de I dans $I \times I$ peut être continue et surjective, mais non continue et bijective; le mobile est obligé de passer une infinité de fois par tous les points du carré.

bre d'éléments" de X. Le théorème de Schröder-Bernstein s'exprime alors en disant que si[28] $\aleph_1$ et $\aleph_2$ sont deux cardinaux, une et une seule des trois éventualités suivantes est vraie :

$$\aleph_1 < \aleph_2, \quad \aleph_1 = \aleph_2, \quad \aleph_2 < \aleph_1.$$

Il est facile de construire des ensembles infinis dont les cardinaux sont de plus en plus grands. Si X est un ensemble, les parties de X sont, on l'a vu plus haut, les éléments d'un nouvel ensemble $\mathcal{P}(X)$. On peut toujours construire une injection $X \longrightarrow \mathcal{P}(X)$, par exemple $x \longmapsto \{x\}$, mais X *et* $\mathcal{P}(X)$ *ne sont jamais équipotents*, résultat "évident" si X est fini[29]. Pour le voir, considérons une aplication $X \longrightarrow \mathcal{P}(X)$; elle associe à chaque $x \in X$ un ensemble $M(x) \subset X$. Soit $A \subset X$ l'ensemble des $x \in X$ tels que $x \notin M(x)$ et supposons qu'il existe un $a \in X$ tel que $A = M(a)$ [ce qui serait le cas si l'application $x \longmapsto M(x)$ de X dans $\mathcal{P}(X)$ était surjective]. Si $a \in A$, on a $a \notin M(a) = A$ par définition de A, absurde; si $a \notin A$, la relation $a \notin M(a)$ est fausse par définition de A, d'où $a \in M(a) = A$, nouvelle contradiction. Il n'existe donc pas d'application de X dans $\mathcal{P}(X)$ qui soit surjective, encore moins bijective, cqfd. Cette démonstration est due à Cantor lui-même à la formulation près.

L'illustration la plus simple, quoique peu utile pour nous, du résultat précédent s'obtient pour $X = \mathbb{N}$: *l'ensemble* $\mathcal{P}(\mathbb{N})$ *est équipotent à* $\mathbb{R}$ ou, ce qui revient au même[30], à l'intervalle $X : 0 \leq x \leq 1$ de $\mathbb{R}$. On le démontre en

---

[28] L'usage de l'écriture hébraïque pour baptiser les cardinaux remonte à Cantor et a fait croire à beaucoup de gens que celui-ci était juif; et avec un nom pareil... Son père, marchand prospère et cosmopolite, était protestant et sa mère, née Marie Böhm, catholique et d'une famille de musiciens. Leur fils était protestant, mais son lien familial avec le catholicisme "may have made it easier for him to seek, later on, support for his philosophical ideas among Catholic thinkers", nous dit sa notice dans le DSB. En fait, le père de Cantor était bien né de parents juifs mais se convertit avant la naissance (à Saint Petersbourg) du mathématicien. Les "Catholic thinkers" du DSB étaient notamment des Jésuites, nous dit Fraenkel dans sa biographie de Cantor. Leur intérêt pour ses idées n'était pas le meilleur service à lui rendre ...

Le *Dictionary of Scientific Biography* (DSB), Princeton UP, dont la publication a été dirigée par Charles Coulton Gillispie, grand spécialiste de l'histoire des sciences dans la France du XVIIIe siècle et de la Révolution, comporte une vingtaine de volumes grand format dans lesquels on peut apprendre l'essentiel, même si la qualité et l'importance des articles, rédigés par de très nombreux auteurs, varie beaucoup.

[29] Si X a n éléments, $\mathcal{P}(X)$ en a 2^n. Une partie Y de X s'obtient en effet en associant à chaque $x \in X$ le nombre 1 si $x \in Y$, le nombre 0 si $x \notin Y$. Il y a donc autant de parties de X que de façons de construire une suite de n nombres égaux à 0 ou 1, et comme on a deux choix possibles pour chacun des n termes d'une telle suite, on obtient $2 \times 2 \times \ldots \times 2$ possibilités (application : jeu de pile ou face). Plus généralement, si X a n éléments et si Y en a p, l'ensemble des applications de X dans Y possède n^p éléments (même raisonnement).

[30] Tout possesseur d'un baccalauréat peut constater que l'application $x \longmapsto x/(1 + |x|)$ est une bijection de $\mathbb{R}$ sur l'intervalle $I : -1 < x < 1$. Comme l'intervalle

associant à chaque partie A de $\mathbb{N}$ le nombre $x \in X$ dont la n-ième "décimale" binaire est égale à 1 si $n \in A$ et à 0 sinon; il faut faire attention à l'existence de nombres x possédant deux développements binaires différents $(0,1000\ldots = 0,0111\ldots)$, mais ils forment un ensemble *dénombrable* puisqu'ils sont de la forme $p/2^n$ avec p et n entiers. Le lecteur fournira les détails à titre d'exercice.

Quoi qu'il en soit, on voit que si l'on considère

$$\mathcal{P}(\mathbb{N}), \quad \mathcal{P}(\mathcal{P}(\mathbb{N})), \quad \mathcal{P}(\mathcal{P}(\mathcal{P}(\mathbb{N}))),$$

etc., on obtient des ensembles dont la "puissance" est de plus en plus grande, bien que négligeable par comparaison aux ensembles analogues construits à partir de $\mathbb{R}$. Il n'est pas conseillé de s'abîmer dans la contemplation de ces vertigineux échafaudages. On peut aussi se dispenser de lire le n° suivant qui, pour nous, est uniquement un exercice de gymnastique dans la manipulation des symboles $\in$ et $\subset$; mais si vous le lisez et en comprenez toutes les démonstrations, vous serez libéré pour le restant de vos jours de tout complexe d'infériorité à l'égard des mystères du "transfini"...

Il ne faut cependant pas croire que les ordinaux ne soient d'aucune utilité pratique en mathématiques; ils ont au contraire servi à démontrer des théorèmes indispensables en analyse fonctionnelle (théorème de Hahn-Banach pour n'en citer qu'un), en topologie générale (tout produit cartésien d'espaces compacts est compact), etc.

9 – Ordinaux et cardinaux

Les ensembles de von Neumann utilisés plus haut pour définir les entiers naturels possèdent de bien curieuses propriétés. Tout d'abord, si X est un tel ensemble, tout *élément* de X est aussi une *partie* de X; par exemple, l'élément $\{\emptyset, \{\emptyset\}, \{\emptyset, \{\emptyset\}\}\}$ de l'ensemble 4 a pour éléments $\emptyset$, $\{\emptyset\}$ et $\{\emptyset, \{\emptyset\}\}$, qui appartiennent eux-mêmes à 4. On constate aussi que si a et b sont deux éléments de X, on a soit $a \in b$, soit $a = b$, soit $b \in a$ et que la relation $a \in b$ équivaut à $(a \subset b$ et $a \neq b)$. Si a, b, c sont trois éléments de X et si l'on a à la fois $a \in b$ et $b \in c$, alors $a \in c$. On remarque enfin que si X et Y sont deux entiers définis à la von Neumann, la relation $X \leq Y$ que tout le monde connaît devient $X \subset Y$, ce qui montre en passant que les inégalités entre entiers sont réductibles à des relations d'appartenance ou d'inclusion entre ensembles. On voit aussi que si X et Y sont deux entiers de von Neumann, on a toujours $X \subset Y$ ou $Y \subset X$.

A partir de ces propriétés des ensembles (ou entiers naturels) de von Neumann, on généralise en appelant *ordinal* (sous-entendu : nombre ou ensemble) tout ensemble X possédant les propriétés suivantes :

$J : -1 \leq x \leq 1$ ne diffère de I que par un ensemble dénombrable (et même fini), il est équipotent à I, donc à $\mathbb{R}$. Reste à trouver une bijection de J sur l'intervalle $0 \leq x \leq 1$.

(O 1) la relation $x \in X$ implique $x \subset X$;

(O 2) quels que soient $a, b \in X$, on a soit $a \in b$, soit $a = b$, soit $b \in a$.

L'ordinal le plus simple est naturellement $\emptyset$, mais il y en a d'autres, à commencer par les ensembles de von Neumann, lequel a donné des ordinaux une définition un peu différente mais équivalente que l'on trouvera plus bas.

L'ensemble $\mathbb{N}$ est aussi un ordinal. Pour vérifier (O 1), on remarque que tout $x \in \mathbb{N}$ est un entier de von Neumann, de sorte que tous ses éléments en sont aussi, donc appartiennent à $\mathbb{N}$, d'où $x \subset \mathbb{N}$. Pour vérifier (O 2), on note qu'un entier de von Neumann est un élément de tous ses successeurs et que si $b \neq a$ n'est pas l'un des successeurs de a, alors a est l'un des successeurs de b (il suffit de savoir lire et compter ...).

Ces ensembles possèdent des propriétés très amusantes; comme dans la géométrie d'Euclide et pour la même raison – on construit une théorie entièrement autonome en ne sachant quasiment rien –, elles se démontrent de façon techniquement élémentaire en appliquant les définitions.

Notons d'abord que (O 1) peut encore s'écrire sous la forme

$$X \subset \mathcal{P}(X)$$

ou sous la forme

$$x \in\in X \implies x \in X$$

puisqu'un élément d'un élément de X est aussi un élément d'une partie de X, donc de X.

Par ailleurs, les trois éventualités figurant dans (O 2) s'excluent deux à deux; car $a \in b$ et $a = b$ impliquerait $a \in a$, cependant que $a \in b$ et $b \in a$ est, comme $a \in a$, interdit par le providentiel axiome de régularité de la fin du n° 2.

(1) *Toute intersection d'ordinaux est un ordinal.* Evident sur la définition.

(2) *Si X est un ordinal, $s(X) = X \cup \{X\}$ est un ordinal.* Vérification de (O 1) : $x \in s(X)$ implique soit $x \in X$, d'où $x \subset X \subset s(X)$, soit $x = X$ et donc encore $x \subset s(X)$. Vérification de (O 2) : si $a, b \in s(X)$, on a soit $a \in X$ et $b \in X$, d'où $a \in b$ ou $b = a$ ou $b \in a$ puisque X est un ordinal, soit $a \in X$ et $b \in \{X\}$, d'où $b = X$ et donc $a \in b$, soit $a, b \in \{X\}$, d'où $a = b$, cqfd.

(3) $\emptyset \in X$ *pour tout ordinal X non vide.* D'après l'axiome de régularité, il existe un $a \in X$ tel que $a \cap X = \emptyset$. Mais $a \subset X$ d'après (O 1). On a donc $\emptyset = a \cap X = a$, cqfd.

(4) *Pour $a, b \in X$, la relation $a \in b$ implique $a \subset b$.* Si en effet $x \in a$, on a soit $b \in x$, soit $b = x$, soit $x \in b$ d'après (O 2). Dans le premier cas, on aurait $x \in a \in b \in x$, impossible (axiome de régularité). Dans le second cas, on aurait $a \in b$ et $b \in a$, impossible. Par suite, $x \in a$ implique $x \in b$, d'où $a \subset b$, cqfd.

(5) Soit A une partie non vide de X; il existe un $a \in A$ tel que $a \subset x$ pour tout $x \in A$. Autrement dit : en tant qu'ensemble de parties de X, *toute*

partie non vide A de X possède un plus petit élément. D'après l'axiome de régularité, il existe en effet un $a \in A$ tel que $a \cap A = \emptyset$. Pour $x \in A$, la relation $x \in a$ impliquerait $x \in A \cap a = \emptyset$, absurde; comme $x \in a$ est impossible, on a donc soit $x = a$ soit $a \in x$, d'où $a \subset x$ dans les deux cas d'après (4), cqfd.

(6) *Tout élément Y d'un ordinal X est lui-même un ordinal.* D'après (4), $x \in Y$ implique $x \subset Y$, d'où (O 1). Si d'autre part $x, y \in Y$, on a aussi $x, y \in X$ puisque $Y \subset X$ d'après (O 1); comme X vérifie (O 2), il en est donc a fortiori de même de Y, cqfd.

(7) *Soient X et Y deux ordinaux tels que $Y \subset X$ et $X \neq Y$; alors $Y \in X$ et réciproquement.* La réciproque est évidente car elle implique $Y \subset X$ d'après (4) et $Y \neq X$ puisqu'autrement on aurait $X \in X$.

Supposons donc $Y \subset X$ et $X - Y$ non vide; $X - Y$ possède un plus petit élément b d'après (5); on va voir que $b = Y$, ce qui prouvera que $Y \in X$ (et même que $Y \in X - Y$, conformément à l'axiome de régularité).

Montrons d'abord que $b \subset Y$. Pour tout $x \in b$, on a soit $x \in X - Y$, soit $x \in Y$. Comme b est le plus petit élément de $X - Y$, la première éventualité impliquerait $b \subset x$; mais comme b est un ordinal d'après (6) et comme $x \in b$ par hypothèse, on a aussi $x \subset b$; la relation $x \in X - Y$ impliquerait donc $x = b$, impossible puisque $x \in b$. On voit donc que $x \in b$ implique $x \in Y$, d'où $b \subset Y$.

En sens inverse, pour tout $y \in Y$, on a soit $b \in y$, soit $b = y$, soit $y \in b$. Y étant un ordinal d'après (6), on a $y \subset Y$. Si $b \in y$, on a $b \in Y$, absurde puisque $b \in X - Y$. Si $b = y$, on a encore $b \in Y$ puisque $y \in Y$ implique $y \subset Y$. Le seul cas possible est donc le troisième, ce qui montre que $Y \subset b$, cqfd.

(8) *Soient X et Y deux ordinaux; on a $X \subset Y$ ou $Y \subset X$.* Soit en effet $Z = X \cap Y$, qui est un ordinal d'après (1). Si le théorème était faux, on aurait $Z \subset X$ et $Z \neq X$, donc $Z \in X$ d'après (7), et de même $Z \in Y$, d'où $Z \in X \cap Y$, i.e. $Z \in Z$, cqfd.

(9) *Soient X et Y deux ordinaux; on a soit $Y \in X$, soit $Y = X$, soit $X \in Y$.* Si en effet $Y \subset X$ on a soit $Y = X$, soit $Y \neq X$ et donc $Y \in X$ d'après (7); on achève la démonstration à l'aide de (8).

(10) *Soit a un élément d'un ordinal X; ou bien $s(a) \in X$ ou bien $s(a) = X$.* Comme $s(a) = Y$ est un ordinal d'après (2), il suffit, en vertu de (9), d'exclure l'éventualité où $X \in s(a) = a \cup \{a\}$. Mais si tel était le cas, on aurait soit $X \in a$ et donc $a \in X \in a$, impossible, soit $X = a$ et donc $a \in a$, impossible, cqfd.

Les deux éventualités $s(a) \in X$ et $s(a) = X$ peuvent fort bien se produire. La seconde est trivialement vérifiée si l'on pose $X = s(a)$ pour un ordinal a, par exemple un entier de von Neumann ou pour $a = \mathbb{N}$. Pour $X = \mathbb{N}$, la première se produit quel que soit $a \in X$.

On démontre enfin, mais c'est beaucoup plus difficile, que

(11) *Tout ensemble est équipotent à un ordinal.* Cet énoncé est équivalent à l'axiome du choix.

Ces propriétés expliquent le mot "ordinal". Considérons en effet un ordinal X et, pour $x, y \in X$, écrivons que $x < y$ si $x \in y$. On a alors les énoncés suivants, que tout le monde connaît dans le cas de $\mathbb{N}$:

(i) $x < y$ et $y < z$ implique $x < z$;

(ii) quels que soient x, y, une et une seule des relations suivantes est vraie :

$$x < y, \quad x = y, \quad y < x;$$

(iii) dans toute partie non vide A de X, il existe un a tel que l'on ait $a < x$ pour tout $x \in A$ autre que a.

(i) résulte de (7) puisque $x < y$, i.e. $x \in y$, équivaut à $x \subset y$ et $x \neq y$; (ii) et (iii) sont les propriétés (9) et (4).

Cela dit, considérons un ensemble E quelconque et, grâce à (11), choisissons un ordinal X et une bijection f de E sur X. Etant donnés deux éléments x et y de E, convenons d'écrire que

$$x < y \iff f(x) < f(y).$$

On obtient ainsi dans E une relation d'ordre[31] qui possède les propriétés (i), (ii) et (iii), ce qu'on exprime en disant que E est un ensemble *bien ordonné*. Il existe par exemple une telle relation d'ordre dans l'ensemble $\mathbb{R}$ des nombres réels; ce ne peut évidemment pas être celle que tout le monde connaît – elle ne vérifie pas (iii) : l'ensemble des nombres > 0 ne possède pas de plus petit élément, c'est l'axiome d'Archimède du Chap. II – et pour la "construire" il faudrait établir une bijection f entre $\mathbb{R}$ et un ordinal X ayant la puissance du continu. Cela reviendrait à écrire les éléments de $\mathbb{R}$ "les uns après les autres" comme on le fait traditionnellement pour les entiers naturels; on pourrait d'abord choisir une suite d'éléments de $\mathbb{R}$, puis une autre suite qui suivrait la première, puis une troisième qui suivrait la seconde, etc, et comme la réunion d'une infinité dénombrable d'ensembles dénombrables est encore dénombrable, on n'aurait pas encore épuisé $\mathbb{R}$ après avoir mis ces suites

---

[31] Dans un ensemble E, on appelle *relation d'ordre* toute relation xRy entre éléments de E telle que (a) on a xRx pour tout $x \in E$, (b) xRy et yRz impliquent xRz, (c) xRy et yRx impliquent $x = y$; il est commode de l'écrire $x \leq y$, et d'écrire $x < y$ lorsqu'en outre $x \neq y$. Exemples : les inégalités (larges) entre nombres entiers, ou entre nombres réels, la relation d'inclusion entre parties d'un ensemble. Lorsque les conditions (i) et (ii) ci-dessus sont vérifiées, on parle d'un *ordre total* – ce n'est évidemment pas le cas de l'inclusion – et d'un *bon ordre* lorsqu'en outre (iii) est vérifié. Cette dernière notion a été inventée par Cantor dont les deux articles fondamentaux sont disponibles, avec une longue et intéressante introduction historique en langage quelque peu périmé par leur traducteur britannique : Georg Cantor, *Contributions to the Founding of the Theory of Transfinite Numbers* (Open Court Publishing Cy, 1915, réimpression Dover, 1955)

"bout à bout"; il faudrait continuer *transfiniment*, comme le disait Cantor. La théorie générale montre qu'un tel ordinal X et une telle bijection existent au sens des logiciens, mais comme ce résultat repose sur l'axiome du choix (et lui est équivalent), il est hors de question d'exhiber soit X, soit f à l'aide d'un procédé raisonnablement explicite. On pense d'ailleurs bien que si, dans $\mathbb{R}$, une relation d'ordre possédant la miraculeuse propriété (iii) était facilement visible, les mathématiciens n'auraient pas attendu le XXᵉ siècle pour la découvrir. Personne ne la *verra* jamais.

Chez von Neumann, 1923, un ordinal est, par définition, un ensemble *bien ordonné* assujetti à une propriété supplémentaire dont, apparemment, persone n'avait eu l'idée avant lui :

(iv) tout $x \in X$ est l'ensemble des $y \in X$ tels que $y < x$.

Pour un ordinal défini par (O 1) et (O 2), la propriété (iv) est triviale : puisque $y < x$ équivaut à $y \in x$, elle signifie que x est l'ensemble des $y \in X$ tels que $y \in x$. Dans la définition de von Neumann, qui n'utilise ni (O 1) ni (O 2), (iv) montre que tout *élément* de X est, en tant qu'ensemble[32], une *partie* de X et, de façon précise, que $y \in x$ équivaut à $y < x$. La condition (O 1) résulte de là, et (O 2) n'est autre que la condition (ii) ci-dessus puisque $y \in x$ équivaut à $y < x$. La définition de von Neumann équivaut donc à celle que nous avons donnée.

Le fait que le successeur d'un ordinal soit encore un ordinal montre que les ensembles

$$\mathbb{N}, \quad \mathbb{N} \cup \{\mathbb{N}\}, \quad \mathbb{N} \cup \{\mathbb{N}\} \cup \{\mathbb{N} \cup \{\mathbb{N}\}\}, \text{ etc.}$$

sont des ordinaux. En réunissant la suite illimitée formée de $\mathbb{N}$ et de ses successeurs successifs, si l'on ose ainsi s'exprimer, on obtient un nouvel ordinal auquel on peut à nouveau appliquer le procédé, etc. Noter en passant que tous ces ensembles sont dénombrables, ce qui reste encore très modeste puisqu'il existe des ordinaux de toutes les puissances possibles si l'on en croit l'énoncé (11). Ce qui les distingue les uns des autres n'est pas leur cardinal, c'est l'*ordre* dans lequel sont, au moins virtuellement, écrits leurs éléments. De façon précise, considérons deux ordinaux équipotents X et Y et supposons qu'il existe une bijection f de X sur Y telle que la relation $x' < x''$ implique $f(x') < f(x'')$. Alors $X = Y$ (résultat non évident).

Cantor se borne à considérer des ensembles bien ordonnés, i.e. munis d'une relation d'ordre vérifiant (i), (ii) et (iii) et à considérer deux tels ensembles comme équivalents lorsqu'il existe une bijection du premier sur le second qui conserve l'ordre des éléments, ce qui est beaucoup plus strict que la relation d'équipotence; il n'a pas l'idée d'imposer la condition (iv), mais

---

[32] Rappelons à nouveau que, même si la chose n'est pas visible, tout objet mathématique est un ensemble . . .

associe systématiquement à tout élément x d'un ensemble bien ordonné X l'ensemble des $y \in X$ tels que $y < x$; ce n'est pas très différent car on peut montrer que, pour tout ensemble bien ordonné E, il existe un ordinal X et une bijection f de X sur E qui transforme les inégalités dans X en les inégalités dans E; en outre, X et f sont déterminés de façon unique par la relation d'ordre dans E.

La condition (iv) de von Neumann fournit donc, dans chaque classe d'équivalence d'ensembles bien ordonnés, un "étalon" parfaitement déterminé; sa définition des entiers naturels fournit de même, dans la "classe" des ensembles à quatorze éléments, un Ensemble-étalon à Quatorze Eléments, à savoir le nombre 14. Les physiciens font cela tous les jours lorsqu'ils comparent leurs mètres pliants au Mètre-étalon en Platine Irridié déposé au pavillon de Breteuil à Sèvres.

On ne s'étonnera pas que ces idées, introduites par Cantor vers 1895 dans un style quasi philosophique et très obscur, n'aient pas, sur le moment, soulevé un enthousiasme unanime parmi ses collègues; mais certains les adoptèrent immédiatement en cherchant à les clarifier et à leur donner des bases solides; dès 1900, au Congrès international des mathématiciens, David Hilbert, le plus grand mathématicien de l'époque avec Henri Poincaré, propose à ses collègues une liste, célèbre, des problèmes les plus importants et les plus difficiles de l'époque; "démontrer l'hypothèse du continu" en fait partie; et l'on connaît son avis sur la théorie des ensembles, le Paradis où Cantor nous a fait entrer et dont nous ne sortirons pas (je cite de mémoire). Ces éloges n'ont pas empêché le malheureux Cantor de passer une grande partie de ses vingt dernières années dans des établissements psychiâtriques. Toutes ses idées *formalisables* ont été adoptées, mais il n'y a pas grand'chose à retenir du détail de ses définitions et démonstrations, conçues à une époque où l'on manquait encore du langage précis, des notations commodes et de la stricte discipline logique introduites par ses ... successeurs successifs.

Les ordinaux peuvent servir à définir les cardinaux du n° 8 en tant qu'*ensembles* et non que simples symboles. On ne peut pas utiliser les ordinaux eux-mêmes puisque deux ordinaux différents peuvent fort bien être équipotents, par exemple $\mathbb{N}$ et son successeur. Mais dans un ordinal X donné, l'ensemble des ordinaux $X' \subset X$ qui sont équipotents à X possède, d'après (5), un plus petit élément X_0 (notation non standard; signalons en passant que les logiciens utilisent des lettres grecques α, β, etc. pour désigner les ordinaux et les distinguer des cardinaux hébreux); X_0 peut être X lui-même, par exemple si $X = \mathbb{N}$. Si $Y \neq X$ est un ordinal équipotent à X et si l'on suppose par exemple que $Y \subset X$ conformément à (8), on a $Y_0 \subset Y \subset X$ et donc $X_0 \subset Y_0$ par définition de X_0. Mais alors, on a $X_0 \subset Y$ et comme X_0 est équipotent à X, donc à Y, on a $Y_0 \subset X_0$ par définition de Y_0. On trouve donc finalement que $X_0 = Y_0$ toutes les fois que X et Y sont des ordinaux équipotents. Si E est un ensemble quelconque et si l'on choisit un ordinal X équipotent à E, l'ordinal X_0 correspondant ne dépend donc pas du choix de X et est équipotent à E. On peut donc convenir que, par définition, $\text{Card}(E) = X_0$; c'est l'ensemble-étalon dans la classe des ensembles équipotents à E. *Exercice.* Un ordinal X est un cardinal si et seulement si l'on a $X \subset Y$ pour tout ordinal Y équipotent à X.

Ces résultats se situent au bord du gouffre : un pas de plus et vous tombez dans la métaphysique, dans le mysticisme ou dans les contradictions, par exemple si vous parlez de "l'ensemble des ordinaux". Supposons en effet qu'un tel ensemble existe, et attribuons-lui le nom qui s'impose : Ω. Montrons que Ω est encore un ordinal. Tout $x \in \Omega$ et tout $y \in x$ étant un ordinal d'après (6) et donc un élément de Ω, on voit que $x \in \Omega$ implique $x \subset \Omega$, d'où (O 1). Si maintenant a et b sont deux éléments distincts de Ω, on a soit $a \in b$, soit $b \in a$ en vertu de (9), d'où (O 2). Pour conclure, il reste à en déduire que $\Omega \in \Omega$. *Exercice.* La réunion d'un *ensemble* d'ordinaux est un ordinal.

On a donné plus haut la définition des ensembles finis selon Dedekind : X est fini si toute injection $X \longrightarrow X$ est bijective. On en a trouvé beaucoup d'autres après lui, mais montrer l'équivalence de toutes ces définitions n'est pas toujours facile à établir, et nous ne tenterons pas de le faire. Le Polonais Alfred Tarski a par exemple caractérisé comme suit les ensembles finis en 1924 : toute famille (X_i) de parties de X possède un élément minimal, i.e. ne contenant aucun autre X_i ("preuve" : choisir un X_i dont le nombre d'éléments est minimum). $\mathbb{N}$ n'est pas fini, car si l'on désigne par X_n l'ensemble des entiers $p \geq n$, on a $X_0 = \mathbb{N} \supset X_1 \supset X_2 \supset \ldots$ avec des inclusions strictes; si $\mathbb{N}$ était fini, on devrait avoir $X_n = X_{n+1} = \ldots$ à partir d'un certain entier n.

En raison de (11), il suffirait aussi de caractériser les ordinaux finis; par exemple : un ordinal X est fini si, pour tout ordinal non vide $Y \subset X$, y compris $Y = X$, il existe un ordinal Z tel que $Y = Z \cup \{Z\}$. L'ensemble $X = \mathbb{N}$ n'est pas fini en ce sens : la condition est vérifiée pour tout Y strictement contenu dans X (car Y est un ensemble de von Neumann), mais non par $\mathbb{N}$ lui-même : si l'on avait $\mathbb{N} = Z \cup \{Z\}$, on aurait $Z \subset \mathbb{N}$ et $Z \neq \mathbb{N}$, donc Z serait un élément de $\mathbb{N}$ d'après la propriété (6), i.e. un ensemble de von Neumann, donc $s(Z) = \mathbb{N}$ aussi, et l'on aboutirait à la relation $\mathbb{N} \in \mathbb{N}$.

Notons enfin que Cantor et ses successeurs se sont beaucoup amusés à définir sur les cardinaux des opérations plus ou moins algébriques analogues à celles que l'on connaît pour les entiers naturels; on les obtient à partir des opérations de la théorie des ensembles. Par exemple, on pose par définition $\text{Card}(X) + \text{Card}(Y) = \text{Card}(X \cup Y)$ en prenant la précaution de supposer X et Y disjoints, $\text{Card}(X)\text{Card}(Y) = \text{Card}(X \times Y)$, $\text{Card}(X)^{\text{Card}(Y)} = \text{Card}(F)$ où F est l'ensemble des applications de X dans Y, etc. La formule $\text{Card}(X) + 1 = \text{Card}(X)$ caractérise les ensembles infinis et fera rêver les mystiques mais non les financiers, lesquels ne croiront jamais que, si l'on possède une fortune infinie, il ne sert à rien de continuer à l'embellir.

§2. La logique des logiciens[33]

Dans la version de la logique à peu près universellement adoptée, le matériel de base se compose des éléments suivants :

(i) des expressions que les philosophes et géomètres grecs utilisaient déjà en language clair et que l'on représente par le signe $\Longrightarrow$ ("implique", "donc", "il s'ensuit que", "il en résulte", "si ... alors", etc.), le signe $\bigvee$ qui ressemble au signe $\bigcup$ et que l'on écrit "ou" (disjonction logique non exclusive de deux assertions), enfin le signe $\neg$, "non" , négation d'une assertion ("il est faux que ..."); à ces trois signes fondamentaux s'ajoutent deux signes tout aussi utiles mais qui ne sont que des abréviations commodes :

$$P \bigwedge Q \text{ signifie : non}[(\text{non } P) \text{ ou } (\text{non } Q)],$$

$$P \Longleftrightarrow Q \text{ signifie : } (P \Longrightarrow Q) \bigwedge (Q \Longrightarrow P);$$

nous écrirons toujours P ou Q au lieu de $P \bigvee Q$, $P\&Q$ au lieu de $P \bigwedge Q$ et "non" au lieu du signe $\neg$; il y a déjà suffisamment de signes cabalistiques en mathématiques pour ne pas en rajouter;

(ii) les *quantificateurs* $\forall$ ("pour tout" ou "quel que soit") et $\exists$ ("il existe", "il y a au moins un"), tels qu'ils apparaissent dans l'énoncé suivant : pour tout nombre positif x, il existe un nombre y tel que $x = y^2$ (il en existe même généralement deux ...), ce qu'on écrit

$$(\forall x[(x \in \mathbb{R}) \ \& \ (x > 0)] \Longrightarrow \{\exists y[(y \in \mathbb{R}) \ \& \ (y^2 = x)]\});$$

par convention,

---

[33] Mes tentatives, très limitées, pour découvrir en français ou en anglais un exposé de la logique à la fois accessible et lisible sont restées infructueuses à une seule exception près : René Cori et Daniel Lascar, *Logique mathématique* (Masson, seconde édition, 1993, deux volumes), qui présente aussi l'axiomatique de la théorie des ensembles. [Voir aussi la nouvelle édition de Jean-Louis Krivine, *Théorie des ensembles* (Cassini, 2000)] Patrick Suppes, *Axiomatic Set Theory* (Van Nostrand, 1960, rééd. Dover, 1972, $ 7.95), sans se comparer à Cori et Lascar (267 + 297 F), m'a rendu grand service, mais suppose le lecteur déjà familiarisé avec les principes de base de la logique et, en fait, avec la théorie naïve et ses usages. Paul R. Halmos, *Naive Set Theory* (Van Nostrand, 1960 ou Springer, 1974) est fort lisible mais néglige complètement la logique, ce qui n'est pas nécessairement un inconvénient pour les mathématiciens. Il y a aussi les volumes de théorie des ensembles de N. Bourbaki; Cori et Lascar écrivent que la logique "n'est pas le fort" de Bourbaki, ce qui s'explique par le fait que le traité est écrit par des mathématiciens pour des mathématiciens. Comme, avant la guerre, la logique n'intéressait en France que deux personnes – Jacques Herbrand et le philosophe Jean Cavaillès – disparues prématurément (accident de montagne pour le premier, résistance et exécution pour le second), on pourrait au moins reconnaître à Bourbaki le mérite d'avoir largement diffusé le sujet en France même si les Cardinaux français de la logique en ont une conception beaucoup plus élaborée, comme il est normal.

$$(\exists xP) \qquad \text{signifie} \qquad \text{non}[\forall x(\text{non}P)];$$

(iii) des *variables* $x, y, \ldots$, $X, Y, \ldots$, $a, b, \ldots$ etc. en quantité illimitée symbolisant des objets totalement indéterminés;

(iv) des signes de ponctuation logique tels que (,), [,], etc., qui ont pour effet d'isoler les unes des autres les sous-propositions dont se compose une proposition donnée. Les logiciens professionnels en utilisent beaucoup moins que nous ne venons de le faire[34], mais ce n'est pas à eux que nous nous adressons.

En particulier, les parenthèses permettent d'indiquer clairement les domaines d'application des quantificateurs. Ce dernier point conduit à la distinction fondamentale entre *variables libres* et *variables liées* : une variable x est dite liée si elle figure dans le domaine d'application d'un quantificateur $\forall x$ ou $\exists x$, domaine d'application qui, en principe, est délimité par des parenthèses (et); une variable est dite libre si elle n'est pas liée. Bien que les logiciens professionnels n'hésitent pas à écrire des énoncés dans lesquels la même lettre x est liée dans certaines parties d'une proposition et libres dans d'autres, par exemple

$$(\forall x(x^2 > 0)) \ \& \ \left((x > 1) \Longrightarrow (x^2 > x)\right),$$

on ne peut que très fortement déconseiller cet usage au lecteur non familiarisé avec la logique; il est beaucoup plus prudent d'écrire la proposition précédente sous la forme

$$[\forall x(x^2 > 0)] \ \& \ [(y > 1) \Longrightarrow (y^2 > y)]$$

de façon à mettre en évidence le fait qu'elle se compose de deux assertions sans rapport entre elles.

L'emploi de ces symboles[35] permet de construire des "propositions" ou assertions; ce sont des séquences finies de lettres et de signes extraits de la liste ci-dessus et a priori choisis au hasard, par exemple

$$(\forall z((za)\text{ou}((\exists y)b) \Longrightarrow \text{non}(x(\exists y)x)$$

Il va de soi que, pour obtenir des séquences ayant un sens (ce qui n'est pas le cas de l'exemple ci-dessus), on doit observer un certain nombre de règles

---

[34] Les parenthèses (et) suffisent en fait comme le savent par exemple tous ceux qui ont consulté un catalogue informatisé de bibliothèque à l'aide de mots clés.

[35] Il n'entre pas dans mon programme de respecter le formalisme logique strict – j'en serais de toute façon bien incapable – en dehors des flèches d'implication et des signes "&" et "ou" qui serviront *parfois* à éliminer toute ambiguïté d'un énoncé. Il ne s'agit pas non plus d'encourager le lecteur à s'en servir à la façon de simples signes sténographiques lui permettant, comme on le voit si souvent, d'écrire du charabia au lieu de s'exprimer en français.

de syntaxe généralement évidentes. De façon précise, les seules propositions syntaxiquement correctes[36] sont celles que l'on peut obtenir par application répétée des règles ou propositions suivantes, dans lesquelles P et Q désignent des propositions ou assemblages de signes dont on sait déjà qu'ils sont syntaxiquement corrects :

(a) non P,

(b) P ou Q,

(c) $P \Longrightarrow Q$,

(d) $(\forall x(P))$ où x figure dans P en tant que variable libre.

Quelques remarques s'imposent au sujet de (d), les règles de formation (a), (b), (c) ne soulevant aucun autre problème que celui de déterminer les propositions "primitives" à partir desquelles toutes les autres sont formées à l'aide des quatre schémas précédents. Si $P\{x\}$ est une proposition ou assertion faisant intervenir une variable x représentant un objet a priori indéterminé et éventuellement d'autres variables, les expressions

$$(\forall x P\{x\}) \quad , \quad (\exists x P\{x\})$$

se lisent, la première "pour tout x, $P\{x\}$" ou "on a $P\{x\}$ pour tout x", la seconde "il existe x tel que $P\{x\}$" ou "on a $P\{x\}$ pour un x", "un x" signifiant "au moins un x". Si P fait intervenir d'autres variables $y, z, \ldots$ que x, l'assertion $(\forall x P\{x, y, z\})$ obtenue en appliquant le quantificateur $\forall x$ à P est encore une assertion dans laquelle interviennent les variables $y, z, \ldots$ mais dans laquelle x est devenu une variable liée.

Puisque les variables libres représentent des objets totalement arbitraires, vous pouvez, dans une formule ou interviennent des variables libres $y, z, \ldots$, les remplacer par d'autres variables $u, v, \ldots$ distinctes des variables, libres ou liées, autres que $y, z, \ldots$ figurant dans la proposition : les assertions $[(x > y) \Longrightarrow (x+1 > y)]$ et $[(x > z) \Longrightarrow (x+1 > z)]$ sont logiquement équivalentes; par contre, les propositions $[(x > y) \Longrightarrow (x+1 > y)]$ et $[(y > y) \Longrightarrow (y+1 > y)]$ ne le sont évidemment pas; il est clair de même que $(\exists x(x \in y))$ n'est pas équivalent à $(\exists x(x \in x))$.

Nous dirons souvent qu'une variable liée x est une variable *fantôme* parce qu'on pourrait remplacer partout la lettre x par un signe sans aucune signification logique ou mathématique, par exemple \$, %, □, etc., que l'on relierait par un trait au signe \$, % ou □ remplaçant x dans le quantificateur $\forall x$. Par exemple, il est clair que la proposition

$$[(x \in \mathbb{R}) \ \& \ (x^2 = 4) \ \& \ (y + 1 > y)]$$

---

[36] Cela ne signifie pas "vraies". La relation $1 = 2$ est syntaxiquement correcte. De même, le syllogisme "tout homme est immortel, or Socrate est un homme, donc Socrate est immortel" est parfaitement correct.

contient effectivement des "variables arbitraires" x et y, mais que dans l'assertion

$$(\exists x[(x \in \mathbb{R}) \ \& \ (x^2 = 4) \ \& \ (y+1 > y)]),$$

la variable x ne joue pas le même rôle que y; on pourrait aussi bien l'écrire

$$(\exists \overbrace{\Box[(\Box \in \mathbb{R})} \ \& \ (\Box^2 = 4) \ \& \ (y+1 > y)]$$

comme le fait Bourbaki. Dans la notation

$$X = \bigcup_{i \in I} X_i$$

utilisée pour représenter une réunion d'ensembles, la lettre i est, en dépit de l'absence d'un quantificateur visible, une variable liée; la définition précédente est en effet une façon abrégée d'écrire

$$(\forall x \{(x \in X) \iff (\exists i)[(i \in I) \ \& \ (x \in X_i)]\}).$$

Vous pouvez donc remplacer la lettre i par le signe $\Box$.

Au reste, si x était encore une variable libre dans la relation $(\forall x P\{x\})$, on pourrait à nouveau lui appliquer un quantificateur, ce qui aboutirait à des idioties telles

$$(\forall x(\exists x[(x \in \mathbb{R}) \ \& \ (x^2 = 4)]))$$

ou, en langage clair, "pour tout x, il existe un nombre réel x tel que l'on ait $x^2 = 4$"; c'est comme si vous disiez "pour tout homme, il existe un homme qui s'appelle Socrate"; des phrases de ce genre n'ont pas davantage de sens en logique qu'en langage ordinaire. C'est pour éviter ces incorrections que, dans la règle (d), on impose à x d'être une variable libre dans P : *on n'a pas le droit de quantifier deux fois de suite par rapport à la même variable* pour l'excellente raison que ce "droit" n'est pas inscrit dans la constitution de l'Empire.

Les propositions "vraies" sont alors celles que l'on obtient par application répétée des règles (a), … , (d) à partir d'un petit nombre de schémas de propositions explicitement formulés et considérés comme vrais a priori. Pour obtenir les syllogismes classiques, il suffit de poser a priori que les quatre types suivants de relations sont vraies :

$$(P \text{ ou } P) \implies P, \quad P \implies (P \text{ ou } Q), \quad (P \text{ ou } Q) \implies (Q \text{ ou } P),$$

$$(P \implies Q) \implies [(P \text{ ou } R) \implies (Q \text{ ou } R)],$$

où P, Q, R sont des assertions quelconques. On déduit facilement de là d'autres types de relations valables, par exemple que si P, Q et R sont des propositions, la proposition

$$[(P \Longrightarrow Q) \ \& \ (Q \Longrightarrow R)] \Longrightarrow (P \Longrightarrow R)$$

est vraie (même si les assertions $P \Longrightarrow Q$, $Q \Longrightarrow R$ ne le sont pas), de même que la proposition

$$\text{non}(\text{non } P) \Longleftrightarrow P$$

quelle que soit P.

En ce qui concerne les quantificateurs, le point essentiel est que si la relation $(\forall x)P\{x, y, z\}$ est vraie et si A est un objet mathématique, alors la relation $P\{A, y, z\}$ obtenue en substituant partout dans P la définition de A à la lettre x est encore vraie. Corrélativement, si $P\{A, y, z\}$ est vraie pour un certain objet A, alors la relation $(\exists x)P\{x, y, z\}$ est vraie.

Pour construire les objets – ensembles – et relations dont s'occupent les mathématiques et non pas seulement la logique, on a besoin, comme on l'a vu, des trois symboles supplémentaires = [que les logiciens ont tendance à annexer en le soumettant à l'axiome $(\forall x)(x = x))$], $\in$ et $\emptyset$ et d'un certain nombre d'axiomes, ceux que nous avons énoncés dans la première partie de ce chapitre; certains permettent de construire de nouveaux ensembles – des réunions, des couples, des ensembles d'ensembles, etc. – à partir d'ensembles et de relations données; d'autres permettent de démontrer des relations – égalité, appartenance, inclusion, etc. – entre ensembles. Comme l'usage des signes logiques et mathématiques conduit aussi bien à des assertions qu'à des ensembles, il faut disposer d'une *définition des ensembles*, à savoir par exemple:

$$X \text{ est un ensemble} \ \Longleftrightarrow \ \{(X = \emptyset) \text{ ou } [\exists x(x \in X)]\}.$$

Exposer tout cela en langage strictement formalisé comme le font les logiciens serait inutile et inutilisable. L'usage de la théorie des ensembles s'apprend en fait par la pratique, laquelle n'exige que fort peu de connaissances du sujet.

Il est maintenant temps d'entrer dans *les vraies mathématiques*, celles où l'on a l'agréable illusion de manipuler autre chose que des boîtes remplies de vide ou des boîtes remplies de boîtes remplies de vide ou ... – des mathématiques qui n'auraient jamais intéressé personne sans cette illusion et leur surprenante adéquation à la "réalité".

II – Convergence : Variables discrètes

§1. Suites et séries convergentes – §2. Séries absolument convergentes – §3. Premières notions sur les fonctions analytiques

§1. Suites et séries convergentes

0 – Introduction : qu'est-ce qu'un nombre réel?

Dans tout ce livre, nous désignerons par $\mathbb{N}$ l'ensemble des entiers "naturels", i.e. ≥ 0, par $\mathbb{Z}$ celui des entiers "rationnels" i.e. de signe quelconque, par $\mathbb{Q}$ celui des nombres rationnels (quotients de deux entiers), par $\mathbb{R}$ l'ensemble des nombres réels et par $\mathbb{C}$ celui des nombres complexes $x + iy$ avec $x, y \in \mathbb{R}$ et $i^2 = -1$, d'où $\mathbb{N} \subset \mathbb{Z} \subset \mathbb{Q} \subset \mathbb{R} \subset \mathbb{C}$.

Comme il faut espérer que le lecteur est relativement familiarisé avec $\mathbb{N}$, $\mathbb{Z}$ et $\mathbb{Q}$, nous allons plutôt insister, sans toutefois fournir tous les détails, sur la construction des nombres réels puis rappeler brièvement celle, beaucoup plus facile, de $\mathbb{C}$.

Les nombres prétendûment "réels" – il est trop tard pour changer la terminologie – ne se rencontrent pas vraiment dans la réalité physique; ils sont nés dans les cerveaux des mathématiciens. L'évènement qui a déclenché le processus est la découverte par les Pythagoriciens, au Ve siècle avant notre ère, du fait que le rapport $1/2(1 + \sqrt{5})$ entre la diagonale et le côté d'un pentagone régulier – leur insigne – et, plus tard, les nombres $\sqrt{2}$, $\sqrt{3}$, etc. ne sont pas rationnels; si par exemple on a $\sqrt{2} = p/q$ où p et q sont des entiers non tous deux pairs (sinon, simplifier!), la relation $p^2 = 2q^2$ montre que p est pair, donc que 4 divise le second membre, donc que q est pair : contradiction, l'horreur absolue! Pour les mathématiciens.

Les Grecs de cette époque, comme leurs prédécesseurs babyloniens, indiens ou égyptiens, ne connaissant que les fractions, les successeurs des Pythagoriciens, jusqu'à Euclide, furent obligés de développer une théorie fort abstruse des nombres réels (positifs) fondée sur la "mesure des grandeurs" :

dire que le nombre[1] π est le rapport cntre la longueur d'une circonférence et celle de son diamètre suppose que l'on dispose d'une définition mathématiquement exacte, et non pas cadastrale ou physique, des "longueurs"; c'est fort loin d'être évident. Comme, au surplus, les notations algébriques modernes n'étaient pas connues à l'époque, tout devait être exposé géométriquement. Les mathématiciens de la Renaissance et du XVIIe siècle ont hérité de ce point de vue fort rigoureux pour l'époque; l'invention du calcul différentiel et intégral vers 1665–1700 le fera disparaître ou passer au second plan au profit de méthodes de calcul quasi mécaniques et prodigieusement efficaces, mais dont le manque de rigueur aurait sûrement scandalisé les Grecs. Il faudra attendre la seconde moitié du XIXe siècle pour tout clarifier et simplifier en renversant la procédure : on définira d'abord les nombres réels par des procédés aussi rigoureux que ceux de l'arithmétique, après quoi l'on pourra définir avec précision ce qu'est la longueur d'une courbe, l'aire d'une surface, etc. Autrement dit, ce n'est plus la géométrie qui fonde l'analyse, mais l'inverse même si, bien sûr, la première continue à fournir des intuitions indispensables.

On a parlé plus haut de nombres "prétendûment" réels; pourquoi prétendûment? On pourrait soutenir qu'une grandeur à mesurer, disons la diagonale d'un carré ou une circonférence, est un objet éminemment réel. Mais tout provient, en dernière analyse, du désir de parvenir à une *exactitude absolue* qui existe certes dans les esprits des mathématiciens, mais non dans une réalité physique où, même sans tenir compte du caractère non euclidien de l'univers, l'on n'a jamais recontré de "points", de "droites", de "carrés" ou de "circonférences" au sens mathématique du terme. Mis à part peut-être les entiers naturels, les objets mathématiques, et pour commencer les nombres dits réels, ne sont donc jamais, au mieux, que des modèles idéalisés d'objets réels. A cela s'ajoute le fait essentiel qu'il est impossible de définir un nombre irrationnel[2] sans faire intervenir une *infinité* d'opérations arithmétiques élémentaires ou de nombres rationnels, situation qui ne se rencontre pas

---

[1] La notation π a été introduite en 1706 sans succès par un Anglais et indépendamment par Euler en 1739; comme tout le monde le lisait, l'usage s'en est alors répandu. Sur l'histoire et la construction des nombres rationnels, réels ou complexes, de π et autres sujets plus avancés, voir H.-D. Ebbinghaus et autres, *Numbers* (Springer, 1991, éd. allemande 1988), livre recommandable à tous points de vue.

[2] Les nombres réels ou complexes se divisent en deux catégories. Il y a d'abord les *nombres algébriques* qui, par définition, vérifient des équations algébriques à coefficients rationnels : les nombres rationnels, ceux qu'on en déduit par des extractions de racines (par exemple i, $\sqrt[3]{2}$, $\sqrt[7]{5}$), les racines de l'équation $x^{1848} - 3,14159 x^{1789} + 2,718 = 0$, etc. On montre facilement que leur ensemble est un *corps* intermédiaire entre $\mathbb{Q}$ et $\mathbb{C}$. Les autres sont dits *transcendants*; c'est le cas de π. L'ensemble des nombres algébriques est dénombrable, mais non l'ensemble des nombres transcendants, non plus que $\mathbb{R}$. Un procédé simple pour construire des nombres transcendants a été découvert en 1844 par Joseph Liouville : on suppose que, pour n grand, la n-ième décimale est $\neq 0$ si et seulement s'il existe

dans la "réalité" ou la "Nature" et encore moins si possible dans les sciences expérimentales.

Il est vrai que les physiciens, les ingénieurs, etc. se servent constamment du nombre π, pour ne mentionner que lui, et se dispensent de réfléchir à sa signification mathématique précise. Mais pour eux, ce sont en réalité les quatre, dix ou vingt cinq premières décimales de π qui comptent puisque leurs calculs n'ont d'autre but que de conduire à des formules vérifiables expérimentalement. L'intérêt des mathématiques pour les utilisateurs est de leur fournir des procédés systématiques pour calculer les nombres qui les intéressent avec une approximation arbitrairement élevée. A la fin du XVIIe siècle, un astronome anglais, John Machin, utilise pour calculer π avec 100 décimales exactes la formule

$$\pi/4 = 4.\arctan(1/5) - \arctan(1/239) =$$
$$= 4(1/5 - 1/3.5^3 + 1/5.5^5 - 1/7.5^7 + \dots)$$
$$- (1/239 - 1/3.239^3 + 1/5.239^5 - \dots);$$

dans celle-ci figurent deux sommes d'une infinité de termes, i.e. deux séries; on ne calcule évidemment pas leurs sommes totales : on se borne à tenir compte d'un nombre suffisamment élevé, mais fini, de termes de ces sommes. Cette formule, mathématiquement exacte si l'on sait donner un sens précis à une somme infinie, fournit un procédé systématique pour calculer autant de décimales qu'on le souhaite du nombre π. Autrement dit, c'est *le schéma d'un calcul numérique poussé à l'infini*, schéma qui, encore une fois, n'existe que dans les esprits des mathématiciens et que les "utilisateurs" peuvent toujours interrompre lorsqu'il leur a fourni les décimales utiles du résultat complet. Ceux qui se plaignent des "cuistreries" des mathématiciens n'ont rien compris au problème. Sans nous, ils traîneraient éternellement dans leurs formules une lettre π (ou, mieux encore, ses 25 premières décimales en attendant d'avoir besoin des 150 suivantes – après tout, il existe des tables de log à 100 décimales qu'on n'a probablement pas calculées pour le plaisir) sans savoir au juste ce qu'elle représente.

A l'époque actuelle, la façon la plus simple de définir les nombres réels serait de dire que ce sont des "développements décimaux illimités", comme le nombre $\pi = 3,14159\dots$. Cela suppose connues toutes les décimales du nombre π; vaste programme que certains poursuivent non dans l'espoir d'arriver au bout, bien sûr, mais dans celui, probablement aussi illusoire, de montrer que la répartition statistique des décimales de π ne résulte pas d'un processus analogue au tirage au sort : si tel était le cas, on pourrait en déduire des conjectures mathématiquement démontrables.

---

un $p \in \mathbb{N}$ tel que $n = 1.2.3\dots p = p!$. Voir par exemple Christian Houzel, *Analyse mathématique* (Belin, 1996), p. 64.

Indépendamment de ce cas particulier qui, après tout, n'a jamais arrêté personne, quelle sorte d'objet mathématique un développement décimal illimité

$$x = x_0, x_1 x_2 \ldots$$

représente-t-il? Aussi longtemps qu'on n'a pas *défini* avec clarté et précision les nombres réels et *démontré* leur *existence* en tant qu'objets mathématiques, un tel développement n'est rien d'autre qu'une suite de nombres $x_0, x_1, \ldots$, où x_0 est un entier rationnel quelconque, la "partie entière" du pseudo nombre x, et les suivants des entiers compris entre 0 et 9, les "décimales" de x; autant dire un dessin sur une bande de papier de longueur infinie. On pourrait aussi considérer la formule précédente comme une façon condensée de représenter une suite croissante de nombres décimaux[3], à savoir x_0; x_0, x_1; $x_0, x_1 x_2$; ... et convenir que, par définition, un nombre réel est un tel développement ou une telle suite croissante. Dire que c'est la *limite* d'une telle suite croissante serait un cercle vicieux parfait : il faudrait d'abord définir ce qu'est une limite, ce qui est précisément le premier but de l'analyse (et de ce chapitre), et en outre démontrer qu'elle existe, ce qui supposerait tous les problèmes résolus. Certains théologiens médiévaux "prouvaient" l'existence de Dieu en observant que c'est l'une des divines qualités figurant dans Sa définition. On n'irait pas très loin en mathématiques avec ce genre de méthode.

Cette définition des nombres réels soulève d'autres problèmes ennuyeux. Le premier est qu'il faut expliquer pourquoi, par exemple, les développements $1, 0000 \ldots$ et $0, 9999 \ldots$ définissent le même nombre 1. Le second, beaucoup plus sérieux, est qu'il faut définir la somme et le produit de deux nombres réels.

Tout le monde sait additionner ou multiplier des nombres décimaux, avec un nombre fini de chiffres non nuls. Pour la somme par exemple, on additionne les décimales de même rang en commençant par les derniers chiffres à droite et en tenant compte dans l'addition suivante du cas où la somme dépasse 9. Si l'on tente d'appliquer à des développements illimités cette règle de l'arithmétique commerciale, on se heurte à un petit obstacle : *il n'y a pas de dernier chiffre à droite*. On pourrait alors tenter de commencer par la gauche, mais chaque nouvelle addition a des chances de se répercuter sur toutes les précédentes. Bref, il y a impossibilité pratique de définir ainsi l'addition, et encore moins la multiplication; quant à prouver les règles de calcul que tout le monde espère – associativité, distributivité, etc. –, il n'y faut pas penser, sauf à se borner à un "il est évident que ..." ou à un "tout le monde sait que ..."; les mathématiques ne sont pas fondées sur des bruits de

---

[3] Un nombre décimal est le quotient d'un entier par une puissance de 10, de sorte que son écriture décimale ne comporte qu'un nombre fini de chiffres non nuls. $2/10$ est un nombre décimal, mais $2/3 = 0, 6666 \ldots$ n'en est pas un, bien que rationnel.

couloir, quelle que soit l'ancienneté de ceux-ci. Cela ne nous empêchera pas, dans la suite, d'utiliser parfois les développements décimaux pour expliquer – expliquer, et non pas démontrer – tel ou tel théorème ou démonstration, mais on ne peut rien en tirer de plus sans se livrer à des contorsions ridicules – ou à des escroqueries comme je l'ai moi-même très consciemment fait dans mon cours d'Alger en 1964 pour éviter des complications[4].

Une méthode mathématiquement correcte – il y en a d'autres – pour définir les nombres réels positifs (les nombres négatifs s'en déduisent par les procédés algébriques usuels) consiste à introduire dans l'ensemble $\mathbb{Q}_+$ des nombres rationnels ≥ 0 des ensembles particuliers, les *coupures* : une partie non vide X de $\mathbb{Q}_+$ est une coupure si elle vérifie les conditions suivantes[5] :

(a) elle est bornée supérieurement, i.e. il existe dans $\mathbb{Q}$ des nombres supérieurs à tous les $x \in X$,

(b) les relations $x \in X$ et $0 \leq y < x$ impliquent $y \in X$.

(c) pour tout élément x non nul de X, il existe un $y \in X$ tel que $x < y$.

Intuitivement, et mis à part l'ensemble $X = \{0\}$ – il vérifie (a), (b) et (c) –, une coupure est l'ensemble de tous les nombres rationnels positifs qui sont *strictement* inférieurs à un nombre réel (éventuellement rationnel) positif donné, autrement dit, l'ensemble de toutes ses approximations rationnelles positives par défaut, avec une précision que l'on ne précise pas : le nombre 10^{-123} est une approximation rationnelle par défaut du nombre π au même titre que $3,14159$.

La définition correcte des nombres réels à laquelle nous faisons allusion consiste alors à dire qu'un nombre réel positif *est* purement et simplement une coupure; autrement dit, qu'il n'y a aucune différence de nature entre un nombre réel et *l'ensemble* de tous les nombres rationnels qui lui sont strictement inférieurs. Cette définition ne fournit aucune interprétation mystique, métaphysique ou physique du nombre π par exemple, mais elle permet de raisonner rationnellement sur tous les nombres réels, fussent-ils irrationnels. Pour commencer, on peut à partir de là définir très simplement les deux opérations algébriques fondamentales et la relation d'inégalité :

(1) la somme $X + Y$ de deux coupures est l'ensemble des $z = x + y$ avec $x \in X$ et $y \in Y$;

---

[4] *Introduction à l'analyse mathématique* (Union nationale des étudiants algériens, 1964). Voir aussi *Calcul infinitésimal* dans l'*Encyclopedia Universalis*.

[5] La condition (c) est automatiquement vérifiée par toute coupure définissant un nombre irrationnel, mais si on l'omettait on trouverait que le nombre 1, par exemple, correspond à deux coupures différentes : l'ensemble des $x \in \mathbb{Q}_+$ tels que $x < 1$, et l'ensemble des $x \in \mathbb{Q}_+$ tels que $x \leq 1$. La définition adoptée ici évite de distinguer les nombres rationnels des irrationnels dans la construction de $\mathbb{R}$. La notion de coupure a, chez Dedekind, un sens un peu différent : pour lui, c'est une partition de $\mathbb{Q}$ en deux ensembles non vides X et Y tels que $x < y$ pour tout $x \in X$ et tout $y \in Y$; il y a alors un unique nombre réel "entre" X et Y. Exercice : déduire de (b) que $x < y$ si $x \in X$ et $y \notin X$, $y > 0$.

(2) le produit XY de deux coupures est l'ensemble des $z = xy$ avec $x \in X$, $y \in Y$;

(3) l'inégalité $X \leq Y$ signifie simplement que $X \subset Y$.

Explications a posteriori : (1) et (2) signifient que si a et b sont deux nombres réels positifs, alors tout nombre rationnel positif $< a + b$ (resp. ab) est la somme (resp. le produit) de deux nombres rationnels positifs respectivement $< a$ et $< b$. (3) signifie que si a et b sont deux nombres réels, l'inégalité large $a \leq b$ équivaut au fait que tout x rationnel $< a$ est aussi $< b$ (inégalités strictes).

Il faut naturellement vérifier que ces définitions conduisent bien à des ensembles vérifiant (a), (b) et (c), puis que les propriétés "évidentes" de l'addition, de la multiplication et des inégalités que tout le monde espère (voir le n° suivant) sont bien vérifiées. Il faut aussi montrer que tout nombre *rationnel* x positif peut être considéré comme un nombre *réel* : on lui associe pour cela l'ensemble $C(x)$ des $y \in \mathbb{Q}_+$ tels que $y < x$ si $x > 0$, ou bien la coupure $\{0\}$ si $x = 0$. Tout cela ne demande que les raisonnements les plus élémentaires sur les nombres rationnels, de la patience et parfois un peu d'ingéniosité. Cela fait, on peut oublier la construction passablement abstraite utilisée pour définir les nombres réels et, comme tout le monde l'a toujours fait, se borner à raisonner à partir des propriétés fondamentales qu'on énoncera au n° 1. Le seul intérêt de la construction est de prouver l'*existence* d'un objet mathématique – l'ensemble des nombres réels, contenu dans $\mathcal{P}(\mathbb{Q})$, – possédant ces propriétés (Chap. I, n° 4).

C'est une construction de type "mathématique moderne", donc beaucoup moins intuitive que d'écrire sur une bande de papier de longueur infinie une suite illimitée de chiffres et de vous déplacer toujours plus loin vers la droite dans l'espoir éternellement frustré de parvenir un jour à entrevoir le but de votre quête du Graal : le dernier chiffre à droite. Elle a du moins l'avantage d'être mathématiquement correcte, ce qui pourrait être la raison pour laquelle Richard Dedekind (1831–1916), un algébriste pur et dur (théorie des corps de nombres algébriques) qui ne confondait pas les mathématiques et la physique, l'a inventée en 1858 et publiée en 1872; on pourrait considérer que c'est la date de naissance de la modernité en mathématiques, laquelle consiste à construire à l'aide de la logique et de la théorie des ensembles *tous* les objets mathématiques et à établir à partir de là leurs propriétés.

Cette construction dépouille les nombres réels, par exemple π, de tout leur mystère : raisonner sur π revient, dans cette optique, à raisonner sur tous les nombres rationnels $< \pi$. Tous les calculateurs et en particulier les physiciens et ingénieurs l'ont toujours fait lorsqu'ils remplacent le développement décimal illimité de π par ses 25 premiers chiffres par exemple. Mais l'idée de génie de Dedekind est d'avoir vu qu'au lieu de privilégier tel ou tel procédé plus ou moins arbitraire ou artificiel d'approximation d'un nombre réel par des nombres rationnels, le plus simple était de l'identifier à la *totalité* de ses approximations rationnelles par défaut, i.e. à une partie de l'ensemble $\mathbb{Q}$ des nombres rationnels, et de s'en servir pour définir les opérations algébriques et les inégalités dans $\mathbb{R}$.

Pour la commodité du lecteur, rappelons brièvement la définition des *nombres complexes* que nous utiliserons constamment, entreprise beaucoup plus facile que de définir les nombres réels.

On croit souvent qu'ils ont été inventés pour donner des racines aux équations du second degré $ax^2 + bx + c = 0$ lorsque $b^2 - 4ac < 0$. Tel n'est pas le cas : les Italiens du XVIème siècle les ont inventés parce qu'ayant trouvé de miraculeuses formules de résolution des équations du troisième degré, ils ont découvert que ces formules, tout en faisant parfois apparaître des racines carrées de nombres négatifs – donc apparemment "impossibles" – fournissaient néanmoins une racine réelle[6] lorsque l'on portait la formule dans l'équation en calculant à la Bertrand Russell, i.e. sans savoir ce dont on parle. Ils ont ainsi été conduits à introduire des "nombres" nouveaux de la forme $a + b\sqrt{-1}$, où a et b sont des nombres usuels, et à calculer mécaniquement sur ceux-ci en tenant compte du "fait" que le carré de $\sqrt{-1}$ est égal à -1. Plus tard, Euler a introduit la convention consistant à désigner cet étrange nombre par la lettre i; il a fallu fort longtemps pour que tout le monde, et particulièrement les "utilisateurs", l'adoptent. Tout cela n'a aucun sens du point de vue adopté ici.

On pourrait certes, comme on le fait pour $\mathbb{R}$, poser axiomatiquement l'existence d'un ensemble $\mathbb{C}$ dans lequel sont donnés un élément particulier noté i et deux opérations, addition et multiplication, satisfaisant à certaines conditions :

(C 1) : $\mathbb{C}$ est un corps, autrement dit les règles de calcul algébriques (I.1) à (I.9) du n° suivant y sont valables;

(C 2) : $\mathbb{R}$ est une partie de $\mathbb{C}$, et les opérations algébriques définies dans $\mathbb{C}$ coïncident, dans $\mathbb{R}$, avec celles que l'on connaît (autrement dit, $\mathbb{R}$ est un "sous-corps" de $\mathbb{C}$);

(C 3) : on a $i^2 = -1$;

(C 4) : tout $z \in \mathbb{C}$ peut s'écrire $z = x + iy$ avec $x, y \in \mathbb{R}$.

La règle (C 4) est raisonnable car les autres montrent que la somme, le produit et le quotient de deux nombres complexes de la forme $x + iy$ sont encore du même type. Noter aussi que l'écriture $z = x + iy$ est nécessairement unique car, si tel n'était pas le cas, on trouverait, par différence, une relation de la forme $a + ib = 0$ avec a et b réels non tous les deux nuls, d'où résulterait, si $a \neq 0$, que $i = 0$, absurde, ou bien que $i = ab^{-1}$ est un nombre *réel* de carré égal à -1, tout aussi absurde.

---

[6] Une équation de degré impair à coefficients réels possède toujours au moins une racine réelle.

Tout cela a longtemps satisfait les mathématiciens et a fortiori les utilisateurs, mais n'explique pas d'où sort ce mystérieux "nombre" i. Au lieu de postuler axiomatiquement l'existence du corps $\mathbb{C}$ comme d'autres postulent celle du Créateur, il vaut mieux démystifier la situation.

La bonne méthode, inventée[7] en 1835 par William Rowan Hamilton mais qui ne se répand guère pendant un siècle, consiste à déclarer qu'un nombre complexe est un couple (a, b) de nombres réels, à *définir* les deux opérations fondamentales sur ces nombres par les formules[8]

$$(a, b) + (c, d) = (a + c, b + d)$$
$$(a, b).(c, d) = (ac - bd, ad + bc),$$

à *démontrer* sur ces formules les propriétés algébriques traditionnelles, ce qui ne nécessite que les calculs algébriques les plus simples, à *convenir* d'identifier chaque nombre réel a au couple $(a, 0)$ en vérifiant que cette convention est compatible avec les opérations d'addition et de multiplication, à *prouver* (et non pas à poser a priori) que pour le couple $(0, 1)$, que l'on convient de désigner par la lettre i, on a

$$i^2 = (0, 1)(0, 1) = (0.1 - 1.1, 0.1 + 1.0) = (-1, 0) = -1,$$

enfin à vérifier qu'avec ces conventions et notations on a toujours

$$(a, b) = a + bi, \text{ i.e. } (a, b) = (a, 0) + (0, 1)(b, 0).$$

Ceci fait, on peut oublier cette construction en apparence compliquée, mais correcte, et commencer à calculer mécaniquement comme Euler le faisait en 1750.

Il est d'usage depuis le début du XIXe siècle de représenter géométriquement un nombre complexe $x + iy$ par le point du plan (muni de coordonnées rectangulaires) de coordonnées x et y; point que, par une curieuse coïncidence, on désigne toujours par la notation (x, y). Cela permet d'introduire le *module* ou la valeur absolue

$$|x + iy| = \sqrt{x^2 + y^2}$$

d'un nombre complexe. En introduisant le *conjugué* $\bar{z} = x - iy$ du nombre $z = x + iy$, on trouve immédiatement que

---

[7] Sur l'histoire des nombres complexes, voir le chapitre de R. Remmert dans H. D. Ebbinghaus et autres, *Numbers* (Springer, 1991).

[8] Elles s'expliquent fort bien si l'on admet que le couple (a, b) devra finalement représenter le symbole $a + ib$ cherché :

$$(a + ib) + (c + id) = a + b + i(c + d),$$
$$(a + ib)(c + id) = ac + ibc + aid + i^2bd = ac - bd + i(ad + bc).$$

$$zz̄ = |z|^2, \quad \text{d'où } |z'z''| = |z'|.|z''|.$$

Ces indications sommaires – plus, bien sûr, l'habitude de manipuler des nombres complexes, laquelle s'acquiert par la pratique – suffiront à presque tous nos besoins.

1 – Opérations algébriques et relation d'ordre : axiomes de $\mathbb{R}$

Pour ceux qui ont la foi, on peut considérer les propriétés les plus fondamentales des nombres réels comme des *axiomes* que l'on admet sans se préoccuper de la "nature", concrète ou métaphysique, des objets sur lesquels on raisonne; c'est, ici encore, une démarche mathématique éminemment "moderne" : on la rencontre déjà dans la géométrie d'Euclide.

On peut classer ces axiomes en quatre groupes.

Il y a tout d'abord un groupe de formules purement algébriques relatives aux deux opérations fondamentales; elles s'appliquent aux nombres rationnels, aux nombres réels et aux nombres complexes et expriment que, muni de ces deux opérations, $\mathbb{R}$ ou $\mathbb{C}$ est, comme $\mathbb{Q}$, un *corps* commutatif comme on dit en algèbre :

(I.1) on a $x + (y + z) = (x + y) + z$ quels que soient x, y, z;

(I.2) on a $x + y = y + x$ quels que soient x, y;

(I.3) il existe un élément 0, tel que $0 + x = x$ pour tout x;

(I.4) pour tout x, il existe un y tel que $x + y = 0$;

(I.5) on a $x(yz) = (xy)z$ quels que soient x, y, z;

(I.6) on a $xy = yx$ quels que soient x, y;

(I.7) il existe un élément $1 \neq 0$ tel que $1.x = x$ pour tout x;

(I.8) pour tout $x \neq 0$, il existe un y tel que $xy = 1$;

(I.9) on a $x(y + z) = xy + xz$ quels que soient x, y, z.

Ce n'est pas le rôle d'un exposé d'analyse que de développer les conséquences de ces axiomes, mais parmi les "identités remarquables" de l'algèbre il en est une qui nous servira fréquemment, à savoir la *formule du binôme* qui généralise la relation $(x + y)^2 = x^2 + 2xy + y^2$:

$$(1.1) \qquad (x+y)^n = x^n + nx^{n-1}y/1! + n(n-1)x^{n-2}y^2/2! + $$
$$+ n(n-1)(n-2)x^{n-3}y^3/3! + \ldots + y^n$$

i.e.

$$(1.2) \qquad (x+y)^n = \sum_{p=0}^{p=n} \binom{n}{p} x^{n-p}y^p$$

où l'on a posé $0! = 1$, $p! = 1.2 \ldots p$ et

(1.3) $$\binom{s}{p} = \frac{s(s-1)\dots(s-p+1)}{p!} \qquad \text{pour } s \in \mathbb{C}, p \in \mathbb{N},$$

d'où

$$\binom{s}{p} = \begin{cases} \frac{s!}{(s-p)!p!} & \text{si } 0 \le p \le s \\ 0 & \text{si } p > s \end{cases} \qquad \text{pour } s \in \mathbb{N}.$$

La démonstration, fort simple, s'obtient en multipliant le second membre de la formule relative à l'exposant n par $x+y$ et en constatant que le résultat est la formule relative à l'exposant $n+1$ (démonstration par récurrence).

La formule du binôme s'écrit encore sous la forme

(1.4) $$(x+y)^n/n! = \sum_{p+q=n} x^p y^q / p! q!$$

où le $\sum$ est étendu à tous les couples d'entiers $p, q \in \mathbb{N}$ tels que $p+q = n$. Si l'on pose d'une manière générale

(1.5) $$x^{[n]} = x^n/n!$$

(*puissances divisées*), on a donc

(1.6) $$(x+y)^{[n]} = \sum x^{[p]} y^{[q]}.$$

Sous cette forme, la relation s'étend à une somme d'une nombre quelconque de termes; par exemple, on a

(1.7) $$(x+y+z+u)^{[n]} = \sum_{p+q+r+s=n} x^{[p]} y^{[q]} z^{[r]} u^{[s]}$$

où, ici encore, le $\sum$ signifie que l'on doit donner aux lettres p, q, r, s toutes les valeurs entières positives telles que $p+q+r+s = n$ et calculer ensuite la somme de toutes les expressions $x^{[p]} y^{[q]} z^{[r]} u^{[s]}$ correspondantes. Dans une relation telle que (6), la lettre n désigne un entier bien déterminé, tandis que les lettres $p, \dots, s$ désignent des *variables liées* ou fantômes dont la seule fonction est de servir de liaison logique entre le symbole $\sum$ et le monôme $x^{[p]} y^{[q]} z^{[r]} u^{[s]}$. On peut donc les désigner par des lettres autres que $p, \dots, s$ à condition de ne pas utiliser la lettre n qui a un sens totalement différent; une expression telle que

$$\sum_{1}^{n} x^n$$

n'a aucun sens.

Un second groupe de formules fait intervenir la *relation d'ordre* $x \le y$:

(II.1) les relations $x \leq y$ et $y \leq z$ impliquent $x \leq z$;

(II.2) la relation $\{(x \leq y) \ \& \ (y \leq x)\}$ est équivalente à $x = y$;

(II.3) quels que soient x et y, on a $x \leq y$ ou $y \leq x$;

(II.4) la relation $x \leq y$ implique $x + z \leq y + z$ quel que soit z;

(II.5) les relations $0 \leq x$ et $0 \leq y$ impliquent $0 \leq xy$.

Vient ensuite l'*axiome d'Archimède* :

(III) quels que soient $x, y > 0$, il existe un $n \in \mathbb{N}$ tel que $y < nx$.

Comme on l'a dit plus haut, on pourrait aussi bien, dans ce qui précède, remplacer $\mathbb{R}$ par l'ensemble $\mathbb{Q}$ des nombres rationnels. Le quatrième axiome, non vérifié dans $\mathbb{Q}$, caractérise les nombres réels; sous cette forme ou sous des formes équivalentes, il est indispensable pour démontrer quoi que ce soit de non trivial en analyse. On peut l'énoncer de plusieurs façons équivalentes, par exemple :

(IV) *Soit E un ensemble non vide de nombres réels. Supposons qu'il existe des nombres $M \in \mathbb{R}$ tels que $x \leq M$ pour tout $x \in E$. Alors l'ensemble de ces nombres possède un plus petit élément.*

Ce plus petit de tous les *majorants* M de E s'appelle la *borne supérieure* de E. Si par exemple E est l'ensemble des développements décimaux limités par défaut de π, ce nombre n'est autre que π lui-même. La nécessité de l'axiome (IV) deviendra claire au n° 9 si elle ne l'est pas encore à ce stade.

Si l'on définit les nombres réels à l'aide des coupures comme on l'a expliqué à la fin du n° 0, l'axiome (IV) devient, comme les autres, un théorème, au surplus quasiment trivial. Soit en effet E un ensemble de nombres réels positifs (pour simplifier) borné supérieurement. Par définition, tout $x \in E$ est une partie de $\mathbb{Q}_+$ vérifiant les conditions (a), (b) et (c) du n° 0, la relation $x \leq y$ étant, par définition, équivalente à la relation d'inclusion $x \subset y$. La borne supérieure de E n'est autre alors que la réunion u dans $\mathbb{Q}_+$ de tous les ensembles $x \in E$. Il est en effet *évident* que l'ensemble u vérifie les conditions (a), (b), (c) énoncées à la fin du n° 0, que l'on a $u \geq x$ (i.e. $u \supset x$) pour tout $x \in E$ et que l'on a $y \geq u$ (i.e. $y \supset u$) pour tout majorant y de E, i.e. pour toute coupure telle que $y \supset x$ pour tout $x \in E$; c'est même quasiment la définition d'une réunion d'ensembles : le plus petit ensemble qui les contient tous.

2 – Inégalités et intervalles

Le maniement des inégalités est tout à fait fondamental en analyse, car ce sont elles qui gouvernent les calculs d'approximation qu'on y utilise sans cesse. Nous ne les prouverons pas en détail : tout le monde les connaît, et les démonstrations, pour les sceptiques s'il s'en trouve, sont par exemple dans les *Eléments d'analyse*, vol. 1, de Dieudonné.

Précisons toutefois, pour éviter des confusions avec les manuels anglo-saxons comme on les appelle au Quai d'Orsay, que pour nous la relation $x \geq 0$ signifie que x est *positif* (sous-entendu : au sens large), tandis que la relation $x > 0$ signifie que x est *strictement positif*. Les anglophones disent *non negative* et *positive*, les Allemands disent *positiv* pour $x > 0$ et *negativ* pour $x < 0$, le nombre 0 n'étant, pour eux, ni l'un ni l'autre. En dépit des hymnes à "l'exception française", les Français finiront probablement par imiter les Américains puisque largement 60% de la production mathématique mondiale est en anglais et que l'Amérique en fournit environ 40%. Mais comme l'a remarqué un sociologue contemporain, on ne change pas la société par décret.

Le premier point essentiel est l'*inégalité du triangle*

$$(2.1) \qquad |x + y| \leq |x| + |y|,$$

valable quels que soient x et y *complexes* et évidente géométriquement (on peut aussi la démontrer ...). On peut généraliser à

$$(2.2) \qquad |x_1 + \ldots + x_n| \leq |x_1| + \ldots + |x_n|$$

et en déduire que l'on a

$$(2.3) \qquad |(x_1 + \ldots + x_n) - (y_1 + \ldots + y_n)| \leq |x_1 - y_1| + \ldots + |x_n - y_n|$$

quels que soient les x et les y complexes : si l'on désire calculer une somme de 100 nombres à $0,1$ près, il est prudent d'en calculer chaque terme à $0,001$ près.

Si l'on définit la *distance* de deux nombres complexes (ou réels !) x et y par la formule

$$d(x, y) = |x - y|$$

dont l'origine géométrique est assez claire, l'inégalité du triangle revient à dire que l'on a

$$(2.1') \qquad d(x, y) \leq d(x, z) + d(z, y)$$

quels que soient $x, y, z \in \mathbb{C}$. Il nous arrivera fréquemment d'utiliser la notation $d(a, b)$ pour préparer le lecteur aux extensions de l'analyse aux fonctions de plusieurs variables, i.e. définies dans une partie d'un espace vectoriel réel de dimension finie tel que $\mathbb{R}^p$, ou à des espaces beaucoup plus généraux (Appendice au Chap. III).

L'axiome d'Archimède peut paraître évident : on peut, comme John D. Rockefeller, amasser un milliard de dollars de 1910, à cinq grammes d'or le dollar, en économisant un dollar par jour pendant un temps suffisamment long. Mais il ne résulte pas de (I) et (II) : les mathématiciens professionnels, en général plus compétents que les amateurs comme dans tous les sports, ont depuis longtemps inventé d'étranges "corps totalement ordonnés non archimédiens" qui vérifient (I) et (II) mais non (III). On ne les rencontre pas dans les mathématiques usuelles.

Une des conséquences de (III) est que si un nombre réel x vérifie $x \leq y$ pour tout y *strictement* positif, alors on a $x \leq 0$, faute de quoi il existerait un entier n tel que $nx > 1$, d'où $x > y$ avec $y = 1/n > 0$. Autres formulations :

(III') *quels que soient $a, b \in \mathbb{R}$ avec $a < b$, il existe un $u \in \mathbb{Q}$ tel que $a < u < b$.*

(III'') *quels que soient $a \in \mathbb{R}$ et $r > 0$, il existe un $x \in \mathbb{Q}$ tel que $d(a, x) < r$.*

Prouvons d'abord (III''), qui est évident si l'on accepte l'écriture décimale des nombres réels. Sinon, on procède comme suit. Le regretté Archimède nous fournit un entier $p > 0$ tel que $1/p < r$; on peut donc se borner au cas où $r = 1/p$. L'inégalité à résoudre s'écrit $|pa - px| < 1$, i.e.

$$b - 1 < y < b + 1,$$

où $b = pa$ et où $y = px$ n'est ni plus ni moins rationnel que x. On va même montrer que, dans ce cas, on peut choisir y dans $\mathbb{Z}$. Si $b > 0$, il y a des entiers n tels que $b < n$; le plus petit d'entre eux vérifie alors $n - 1 < b < n$, d'où $b - 1 < n < b + 1$ comme on le désirait. Si $b = 0$, on prend $y = 0$. Si $b < 0$, on est ramené à résoudre $b' - 1 < y' < b' + 1$ en posant $b' = -b > 0$ et $y' = -y$. D'où (III'').

Pour établir (III'), on pose $c = (a + b)/2$, $r = (b - a)/2$, et tout $u \in \mathbb{Q}$ vérifiant $|c - u| < r$ répond à la question.

Il va de soi qu'en fait il existe toujours non seulement un, mais une infinité de nombres rationnels entre a et b : choisir un $x \in \mathbb{Q}$ entre a et b, puis un $x' \in \mathbb{Q}$ entre a et x, puis un $x'' \in \mathbb{Q}$ entre a et x', etc.

Nous aurons constamment besoin, par la suite, de parler d'*intervalles* dans l'ensemble $\mathbb{R}$ des nombres réels. Etant donnés deux nombres a et b, on désigne par

$$[a, b] \quad \text{l'intervalle} \quad a \leq x \leq b,$$
$$[a, b[\quad \text{l'intervalle} \quad a \leq x < b,$$
$$]a, b] \quad \text{l'intervalle} \quad a < x \leq b,$$
$$]a, b[\quad \text{l'intervalle} \quad a < x < b.$$

Ces intervalles (qui peuvent être vides si $a \geq b$) ne diffèrent les uns des autres que dans la mesure où ils contiennent, ou non, leurs extrémités. Il nous arrivera d'employer une notation telle que $]a, b)$ pour désigner un intervalle "ouvert à gauche" mais pouvant être ouvert ou fermé à droite, au choix. Pour tout nombre réel a, on désigne aussi par

$$[\,a, +\infty[\qquad \text{l'intervalle} \qquad a \leq x,$$
$$]\,a, +\infty[\qquad \text{l'intervalle} \qquad a < x,$$
$$]-\infty, a] \qquad \text{l'intervalle} \qquad x \leq a,$$
$$]-\infty, a[\qquad \text{l'intervalle} \qquad x < a.$$

Enfin, on désigne parfois $\mathbb{R}$ par la notation analogue $]-\infty, +\infty[$.

Les intervalles de la forme $[a, b]$, $[a, +\infty[$, $]-\infty, a]$ sont dits *fermés*; ceux de la forme $]a, b[$, avec a et b éventuellement infinis, sont dits *ouverts*, l'intervalle $\mathbb{R} =]-\infty, +\infty[$ tout entier étant à la fois ouvert et fermé. Enfin, les intervalles de la forme $[a, b]$ avec a et b finis sont dits *compacts*. On définira plus tard des ensembles ouverts, fermés et compacts beaucoup plus généraux.

En ce qui concerne la signification précise des symboles $+\infty$ et $-\infty$ utilisés ci-dessus ou ailleurs, il doit être précisé[9] que

(1) ∞ *par lui-même* n'a aucune signification, bien que *certaines phrases le contenant* signifient quelquefois quelque chose,

(2) chaque fois qu'une phrase ou notation contenant le symbole ∞ signifiera quelque chose, ce sera seulement parce que nous aurons antérieurement attaché une signification à cette phrase particulière au moyen d'une *définition spécifique*.

3 – Propriétés locales ou asymptotiques

Comme le lecteur le constatera plus tard, on a constamment besoin d'examiner des fonctions d'une variable – elle peut varier dans un intervalle de $\mathbb{R}$, ou seulement dans $\mathbb{N}$, ou dans une partie quelconque de $\mathbb{R}$ ou de $\mathbb{C}$, pour nous borner aux fonctions d'une seule variable réelle ou complexe – lorsque la variable est soit "très voisine" d'une valeur fixe a où la fonction est ou n'est pas définie, soit "très grande" i.e. "très voisine de l'infini". On aimerait bien savoir par exemple que x^2 est égal à 1 à $0,00001$ près pourvu que x soit "assez voisin" de 1, que $(2x + 1)/(x - 1)$ est égal à 2 à $0,001$ près pourvu que x soit "suffisamment grand" ou que $1/n^3$ est inférieur à 10^{-100} lorsque l'entier positif n est "assez grand"; on a aussi besoin de savoir que, pour x voisin de 0, x^3 est "négligeable" par rapport à x, que pour n très grand $10^{100}n^2 + 10^{100.000}n$ est "du même ordre de grandeur" que n^2, etc. Il est facile de donner un sens parfaitement précis à ces expressions à priori très vagues.

Le mieux est de considérer d'une façon générale une assertion $P(x)$ dans laquelle figure une lettre x (ou y, ou n, ou p, ou quoi que ce soit d'autre) censée représenter un nombre variant dans un ensemble donné E de nombres réels ou complexes; par exemple, les relations

$$\left|x^2 - 1\right| < 0,00001 \quad \text{où} \quad x \in E = \mathbb{R},$$

---

[9] Je recopie ici G. H. Hardy, *Pure Mathematics* (Cambridge University Press, 1908, Tenth ed., 1963, p. 117); il serait difficile de faire mieux.

$$|(2x+1)/(x-1) - 2| \leq 0,001 \quad \text{où} \quad x \in E = \mathbb{R} - \{1\},$$

$$1/n^3 < 1/10^{100} \quad \text{où} \quad n \in E = \mathbb{N} - \{0\},$$

$$n^2 < 10^{100}n^2 + 10^{100.000}n \leq \left(10^{100} + 1\right)n^2 \quad \text{où} \quad n \in E = \mathbb{Z}.$$

Dans le cas de $\mathbb{R}$, nous dirons alors que $P(x)$ est vraie *pour tout* $x \in E$ *positif assez grand* (ou, en abrégé, vraie pour x grand) s'il existe un nombre M tel que, pour $x \in E$, la relation $x > M$ implique $P(x)$. Définition analogue pour des x négatifs assez grands. Si l'on ne précise pas "positifs" ou "négatifs", cela signifie que $P(x)$ est vraie dès que $|x| > M$. Dans le cas de $\mathbb{C}$, où les inégalités n'ont aucun sens, on dit que $P(x)$ est vraie pour x grand s'il existe un nombre $M > 0$ tel que $|x| > M$ implique $P(x)$, autrement dit si $P(x)$ est vraie à l'extérieur d'un disque assez grand.

Etant donné un nombre $a \in \mathbb{R}$ ou $\mathbb{C}$, nous dirons de même que $P(x)$ *est vraie pour tout* $x \in E$ *assez voisin* de a ou, plus brièvement, que $P(x)$ est *vraie au voisinage de* a, s'il existe un nombre $r > 0$ tel que

(3.1) $$\{[d(a,x) < r] \ \& \ (x \in E)\} \Longrightarrow P(x);$$

en langage clair : on a $P(x)$ pour tout $x \in E$ tel que $|x - a| < r$. Autre formulation : appelons[10] *boule ouverte* de centre a tout ensemble $B(a, r)$ défini par une inégalité $d(a, x) < r$ avec un r *strictement* positif, autrement dit, dans le cas de $\mathbb{R}$, tout intervalle $]a - r, a + r[$ avec $r > 0$ et, dans le cas de $\mathbb{C}$, tout cercle ou *disque* de centre a, circonférence exclue. Alors (3.1) signifie qu'il existe une boule ouverte $B(a, r) = B$ de centre a telle que

$$x \in B \cap E \Longrightarrow P(x).$$

Le fait que nous avons choisi ici des boules "ouvertes", i.e. définies par une inégalité stricte $d(a, x) < r$, plutôt que des *boules fermées* définies par une inégalité large $d(a, x) \leq r$, n'a aucune importance : une boule ouverte de centre a et de rayon r contient toute boule fermée de même centre et de rayon $r' < r$, et vice-versa; une relation valable dans une boule ouverte sera aussi valable dans une boule fermée plus petite et vice-versa.

La plupart des auteurs, se conformant à une tradition remontant, au minimum, aux célèbres cours d'analyse de Karl Weierstrass à Berlin vers 1870, notent ε ou δ ce que nous notons r, la psychologie de cette notation étant que ces lettres sont censées désigner des nombres "très petits"; il est en effet clair que, si l'on peut vérifier que l'assertion $P(x)$ est vraie dès que $d(a, x) < 10^{-4}$, il est inutile d'examiner ce qui se passe dans la boule

---

[10] L'emploi du mot "boule" plutôt que du mot "intervalle" (cas de $\mathbb{R}$) ou du mot "disque" ou "cercle" (cas de $\mathbb{C}$) est justifié par le cas des fonctions de plusieurs variables, i.e. définies dans une partie d'un espace cartésien $\mathbb{R}^p$.

$d(a, x) < 1000$. En fait, tout cela vient probablement de ce que δ est l'initiale du mot "différence" et que ε suit δ dans l'alphabet grec; on s'en rendra compte lorsque nous définirons la continuité en a d'une fonction :

$$\text{quel que soit } \varepsilon > 0, \text{ il existe } \delta > 0 \text{ tel que}$$
$$|x - a| < \delta \Longrightarrow |f(x) - f(a)| < \varepsilon,$$

ou encore : si la différence entre x et a est assez petite, i.e. inférieure à un nombre $\delta > 0$ convenablement choisi, la différence entre $f(x)$ et $f(a)$ est aussi petite qu'on le désire, i.e. inférieure à un nombre $\varepsilon > 0$ donné d'avance. L'emploi de la lettre δ (inauguré semble-t-il par Cauchy) est donc relativement rationnel, et celui de la lettre ε (introduite par Weierstrass) s'ensuit pour une raison n'ayant probablement rien à voir avec les mathématiques.

De toute façon, r (ou ε, ou δ) pourrait aussi bien être "très grand" puisqu'on ne lui demande rien de plus que d'exister; au surplus, la notion de nombre "très petit" ou "très grand" n'a aucune valeur objective. Il n'y aurait donc aucun inconvénient à ce que le lecteur exprime, quant à lui, une préférence pour la lettre R, ou ρ, ou tout ce que l'on voudra, un signe $\square$ ou \$ par exemple : dans un énoncé tel que (1) comme dans la notation $\sum$ du n° 1, la lettre r est un fantôme, une "variable liée", qui ne joue pas d'autre rôle que de servir de *liaison logique* entre les assertions {il existe $r > 0$} et $\{|x - a| < r$ implique $P(x)\}$. Nous préférons la lettre r parce qu'elle évoque le rayon d'une boule; elle est au surplus immédiatement disponible sur tous les claviers de machine à écrire ou d'ordinateur.

On pourrait aussi se borner aux puissances de 10 et dire :

il existe un $n \in \mathbb{Z}$ tel que l'on ait $P(x)$ pour tout $x \in E$ vérifiant $|x - a| < 10^{-n}$.

En langage décimal approximatif : il existe un n tel que la propriété $P(x)$ soit vraie dès que les n premières décimales de x sont égales à celles de a. L'équivalence avec (1) se voit en observant premièrement que les puissances de 10 figurent parmi les nombres $r > 0$, deuxièmement que si (1) est vérifiée pour un r qui n'est pas une puissance de 10, elle le sera a fortiori si l'on substitue à r le nombre 10^{-n} avec n assez grand pour que $10^{-n} < r$. Il nous arrivera de temps à d'autre de donner des traductions dans ce langage.

Le point fondamental qu'il faut retenir dans ces modes d'expression est que, si l'on a des assertions $P_1(x), \dots, P_n(x)$ *en nombre fini*, et si chacune de ces assertions, prise séparément, est vraie soit au voisinage d'un point a donné, soit pour x assez grand, alors il en est de même de la conjonction logique des relations données; autrement dit, elles sont *simultanément* vraies au voisinage de a, ou pour x assez grand. En effet, il y a dans le second cas des nombres $A_1, \dots, A_n$ tels que $P_i(x)$ soit vraie pour tout $x > A_i$, de sorte que les n assertions considérées seront simultanément vraies lorsque x dépasse le plus grand des nombres A_i. Dans le premier cas, il existe des boules ouvertes $B(a, r_1), \ldots, B(a, r_n)$ de centre a dans lesquelles les assertions correspondantes sont valables; elles seront donc simultanément valables dans l'intersection de ces boules, laquelle n'est autre que la boule ouverte $B(a, r)$ ayant pour rayon le plus petit des rayons r_i des boules considérées.

On notera que, par contre, l'intersection d'une infinité de boules ouvertes de centre a (resp. d'une infinité d'intervalles de la forme $]A, +\infty[$) peut fort bien se réduire au point a (resp. être vide) : c'est le cas des boules $B(0, 1/n)$, $n \in \mathbb{N}$, en vertu de l'axiome d'Archimède. Nous démontrerons plus tard que, dans $\mathbb{R}$, toute intersection d'intervalles est encore un intervalle, éventuellement vide, mais l'intersection d'une infinité d'intervalles *ouverts* n'a aucune raison d'être encore un intervalle ouvert; les intervalles $] - 1/n, 1/n[$ fournissent un contre-exemple.

Ces notions sont particulièrement utiles lorsque l'on désire comparer les "ordres de grandeur" – expression naïve n'ayant, en soi, aucun sens mathématique précis[11] – de deux fonctions numériques $f(x)$ et $g(x)$ lorsque la variable augmente indéfiniment ou se rapproche indéfiniment d'une valeur limite a; ce qui compte alors est le rapport $|f(x)/g(x)|$, lequel peut, lorsque x tend vers l'infini ou vers a, soit prendre des valeurs aussi grandes qu'on le désire, soit rester inférieur à un nombre fixe, soit rester compris entre deux nombres strictement positifs fixes, soit se rapprocher de plus en plus de 1, soit se rapprocher de plus en plus de 0, sans parler des cas où rien de ce genre ne se produit.

Ces comparaisons s'expriment à l'aide de notations dont nous ferons fréquemment usage plus tard et qu'il importe de ne pas confondre. Il y a quatre cas à envisager.

(i) La relation

$$f(x) = O(g(x)) \quad \text{quand } x \to +\infty \text{ (ou quand } x \to a),$$

---

[11] Il n'en est pas de même en physique, où un "ordre de grandeur" signifie un facteur 10. Exemple : la puissance d'une bombe atomique est de "trois ordres de grandeur" (i.e. $10 \times 10 \times 10 = 10^3$) celle d'un explosif classique. L'un des experts du sujet prétend même que le prestige attaché à la mégatonne, ou au million de dollars, est lié au fait que les hommes ont dix doigts; Herbert York, *Race to Oblivion* (Simon & Schuster, 1970), pp. 89–90 : "We picked a one-megaton yield for the Atlas warhead for the same reason that everyone speaks of rich men as being millionaires and never as being tenmillionaires or one-hundred-thousandaires. It really was that mystical, and I was one of the mystics. Thus, the actual physical size of the first Atlas warhead and the number of people it would kill were determined by the fact that human beings have two hands with five fingers each and therefore count by tens". Le comité chargé de déterminer les caractéristiques de l'Atlas en 1953–1955 était présidé par J. von Neumann. Le livre de York est un exposé étincelant de la contribution américaine à la course aux armements avant 1970.

avec un O *majuscule*, signifie qu'il existe un nombre $M > 0$ indépendant de x tel que l'on ait $|f(x)| \leq M|g(x)|$ pour x grand (ou pour x voisin de a) au sens que nous avons donné ci-dessus à ces expressions. La notation $O(g(x))$ est utilisée pour désigner non seulement une fonction f précise, mais aussi *n'importe quelle* fonction $O(g(x))$. L'expérience montre que les ambiguïtés ainsi introduites n'ont aucune conséquence fâcheuse si l'on garde en mémoire cette convention. Par exemple, les relations $f_1 = O(g)$ et $f_2 = O(g)$ n'impliquent pas $f_1 = f_2$ en dépit de ce que l'on pourrait croire à première vue. De même, la relation évidente $O(g(x)) + O(g(x)) = O(g(x))$ – évidente car si deux fonctions sont, pour x grand, majorées par $5|g(x)|$ et $12|g(x)|$ respectivement, leur somme est majorée par $17|g(x)|$ – n'implique pas $O(g(x)) = 0$. On reviendra en détail sur ces points au Chap. VI.

On a par exemple

$$10^{100} n^2 + 10^{100.000} n = O(n^2) \text{ quand } n \to +\infty$$

car pour $n \geq 1$ (d'où $n \leq n^2$), le premier membre est inférieur à Mn^2 avec

$$M = 10^{100} + 10^{100.000};$$

ce nombre peut paraître "très grand" aux chétifs membres de l'espèce humaine, mais il est indépendant de n et l'on n'en demande pas plus.

(ii) La relation

$$f(x) \asymp g(x) \text{ quand } x \to +\infty \text{ (ou quand } x \to a)$$

signifie qu'il existe des nombres $m > 0$ et $M > 0$ tels que l'on ait

$$m|g(x)| \leq |f(x)| \leq M|g(x)|$$

pour x grand, ou pour x voisin de a. On dit alors que f et g sont *comparables* ou ont *le même ordre de grandeur* dans les conditions indiquées. Il reviendrait au même d'exiger que l'on ait à la fois $f = O(g)$ et $g = O(f)$.

Par exemple, on a

$$x + \sin x \asymp x \text{ quand } x \to +\infty$$

car le premier membre est compris entre $x - 1$ et $x + 1$, donc entre $x/2$ et $2x$ pour $x \geq 2$.

(iii) La relation

$$f(x) \sim g(x) \text{ quand } x \to +\infty \text{ (ou quand } x \to a)$$

sera définie au n° suivant, de même que

(iv) La relation

$$f(x) = o(g(x))$$

avec un o *minuscule*. Ces deux relations supposent en effet connue la notion de limite.

4 – La notion de limite. Continuité et dérivabilité

Au niveau où nous nous plaçons ici, la notion de limite s'applique aux fonctions numériques (i.e. à valeurs complexes) définies sur une partie X de $\mathbb{C}$ (et en particulier de $\mathbb{R}$) lorsque la variable $x \in X$ augmente indéfiniment ou bien se rapproche indéfiniment d'une valeur $a \in \mathbb{C}$. Si par exemple $X \subset \mathbb{R}$, la relation

$$\lim_{x \to +\infty} f(x) = u$$

signifie que, pour tout $r > 0$, on a $|f(x) - u| < r$ pour x grand, autrement dit que, pour tout $r > 0$, il existe un nombre N tel que

(4.1) $$x > N \Longrightarrow d[f(x), u] < r.$$

La limite lorsque x tend vers $-\infty$ se définit de façon analogue : remplacer la condition $x > N$ par $x < N$. (On ne fait pas d'hypothèse sur le signe de N). Dans le cas complexe où les inégalités n'ont aucun sens, il faut évidemment écrire que

$$|x| > N \Longrightarrow |f(x) - u| < r.$$

De même, la relation

$$\lim_{x \to a} f(x) = u$$

signifie que, pour tout $r > 0$, on a

(4.2) $$d[f(x), u] < r \text{ pour tout } x \in X \text{ assez voisin de } a$$

i.e. qu'il existe un nombre $r' > 0$ (dépendant de r) tel que, pour $x \in X$, la relation

(4.3) $$|x - a| < r' \text{ implique } |f(x) - u| < r.$$

Noter en passant que nous ne supposons pas $a \in X$: on peut avoir $X =]0, 1[$ et $a = 0$. Par exemple, dans $X = \mathbb{C}$, $1/z$ tend vers 0 lorsque $z \to \infty$ car l'inégalité $|1/z| < r$ est vérifiée dès que $|z| > 1/r$. De même, x^2 tend vers 4 lorsque x tend vers 2 car on a d'une part

$$|x^2 - 4| = |x - 2|.|x + 2| < 5|x - 2| \text{ pour } |x - 2| \leq 1,$$

d'autre part, $5|x - 2| < r$ pour $|x - 2| < r/5$; on a donc $|x^2 - 4| < r$ dès que $|x - 2| < r' = \text{Min}(1, r/5)$.

Nous n'aurons presque jamais, dans ce chapitre, à utiliser la notion de limite en dehors du cas des suites, i.e. des fonctions où la variable ne prend que des valeurs entières. Le cas général que nous venons de mentionner sera détaillé au Chap. III. Comme nous aurons toutefois, dans ce chapitre, occasionnellement besoin de parler de continuité et de dérivabilité, donnons dès maintenant les définitions de ces deux propriétés fondamentales.

Une fonction numérique f définie dans un ensemble $X \subset \mathbb{C}$ est dite *continue en un point a de X* si l'on a

$$\lim f(x) = f(a) \text{ lorsque } x \to a.$$

Cela signifie donc que, pour tout $r > 0$, il existe un $r' > 0$ tel que

(4.4) $\{(x \in X) \ \& \ (|x - a| < r')\} \Longrightarrow |f(x) - f(a)| < r$

ou encore que, pour tout $r > 0$, $f(x)$ est *constante à r près au voisinage de a* dans X ou encore, en langage décimal, que si l'on désire calculer $f(a)$ à 10^{-n} près, il suffit de calculer $f(x)$ pour n'importe quel $x \in X$ ayant suffisamment de décimales en commun avec a, par exemple le nombre obtenu en remplaçant par 0 toutes les décimales de a de rang suffisamment élevé; c'est ce que tous les spécialistes de calcul numérique ont toujours fait et ce que font tous les ordinateurs. Le calcul montrant, plus haut, que x^2 tend vers 4 lorsque x tend vers 2 exprime la continuité de la fonction $x \longmapsto x^2$ en $x = 2$.

Plus généralement, montrons à titre d'exercice utile que les fonctions x^n, ou, ce qui revient évidemment au même, $f(x) = x^{[n]} = x^n/n!$, sont continues dans $\mathbb{C}$. Il suffit de montrer – autre formulation de la continuité – que, pour x donné, la différence $|f(x + h) - f(x)|$ est $< r$ pour $|h|$ assez petit. Or la formule du binôme (1.6) montre que

(4.5)
$$|f(x + h) - f(x)| =$$
$$= |x^{[n-1]}h + x^{[n-2]}h^2/2! + \ldots + h^n/n!|$$
$$\leq |h|.\{|x|^{[n-1]} + |x|^{[n-2]}|h|/2! + \ldots + |h|^{n-1}/n!\}.$$

L'expression entre { } ne diffère du développement de $(|x| + |h|)^{[n-1]}$ que par la présence, dans le terme en $|h|^p$, d'un dénominateur $(p+1)!$ au lieu de $p!$; comme $(p+1)! > p!$, on en conclut que

(4.6) $|(x + h)^{[n]} - x^{[n]}| \leq |h|(|x| + |h|)^{[n-1]};$

comme $|h|$ est en facteur au second membre, la continuité en résulte puisque, pour $|h| < 1$ par exemple, le second membre est majoré par $M|h|$ où $M = (|x| + 1)^{[n-1]}$ ne dépend pas de h. L'inégalité (6) nous servira à diverses reprises à démontrer la continuité et la dérivabilité de fonctions beaucoup plus générales.

La *dérivée* d'une fonction f en un point a se définit de même comme la limite du rapport

$$\frac{f(x) - f(a)}{x - a}$$

lorsque x tend vers a en restant $\neq a$, i.e. tend vers a dans l'ensemble $X' = X - \{a\}$ obtenu en ôtant le point a de l'ensemble de définition X de f; ou encore, par la formule traditionnelle

(4.7) $$f'(a) = \lim_{h \to 0} \frac{f(a + h) - f(a)}{h}$$

où l'on doit évidemment imposer à h les conditions qui donnent un sens au quotient : $h \neq 0$ et $a + h \in X$. En pratique, X est soit un intervalle de $\mathbb{R}$ contenant a, soit, dans le cas d'une fonction d'une variable complexe, une partie de $\mathbb{C}$ contenant une boule ouverte de centre a. Ce dernier cas, sensiblement plus subtil que le premier, interviendra au n° 19 à propos des fonctions dites analytiques, mais, ici, n'est pas plus difficile à comprendre que celui des fonctions d'une variable réelle.

Calculons par exemple la dérivée de la fonction $f(x) = x^{[n]}$ pour $n \in \mathbb{N}$. D'après la formule du binôme, on a

$$f(x + h) = x^{[n]} + x^{[n-1]}h + x^{[n-2]}h^{[2]} + \dots,$$

d'où

$$[f(x + h) - f(x)]/h = x^{[n-1]} + \dots$$

où les termes non écrits représentent, pour x donné, un polynôme en h de degré $n - 1$ dont le terme indépendant de h est nul. Il est à peu près évident – et les règles de calcul les plus simples sur les limites le confirmeront si le lecteur n'en est pas encore convaincu ... – que ce polynôme tend vers 0 avec h, de sorte qu'à la limite on obtient la formule

(4.8) $$\left(x^{[n]}\right)' = x^{[n-1]}$$

ou, en notation plus traditionnelle,

(4.8 bis) $$(x^n)' = nx^{n-1}.$$

On notera que ce calcul vaut tout autant dans $\mathbb{C}$ que dans $\mathbb{R}$.

Ici encore, il est utile de préciser un peu plus le calcul précédent. Si l'on imite (5), on obtient

$$|f(x + h) - f(x) - x^{[n-1]}h| = |x^{[n-2]}h^2/2! + \dots + h^n/n!| \leq$$
$$\leq |h|^{[2]}\left\{|x|^{[n-2]} + |x|^{[n-3]}|h|/1! + \dots + |h|^{n-2}/(n-2)!\right\}$$

car $p! \geq 2!(p-2)!$, d'où l'inégalité

(4.9) $|(x + h)^{[n]} - x^{[n]} - hx^{[n-1]}| \le |h|^{[2]}\,(|x| + |h|)^{[n-2]}$

analogue à (6). Plus généralement,

(4.10) $\left|(x + h)^{[n]} - x^{[n]} - hx^{[n-1]} - \ldots - h^{[p]}x^{[n-p]}\right|$

$$\le |h|^{[p+1]}(|x| + |h|)^{[n-p-1]}.$$

La notion de limite permet aussi de définir dès maintenant les relations de comparaison

$$f(x) \sim g(x), \qquad f(x) = o(g(x))$$

que nous avons abandonnées à leur sort à la fin du n° précédent. La première – on dit alors que les fonctions $f(x)$ et $g(x)$ sont *équivalentes* à l'infini ou au voisinage du point a – signifie que le rapport $f(x)/g(x)$ tend vers 1 lorsque x tend vers la valeur limite considérée. La seconde signifie que ce même rapport tend vers 0; on dit alors que $f(x)$ est *négligeable devant* $g(x)$ dans les conditions indiquées.

La seconde relation signifie donc que, pour tout $r > 0$, on a

$$|f(x)| < r|g(x)|$$

pour x grand (ou pour x voisin de a), i.e. qu'il existe un $r' > 0$ tel que

(4.11) $|x - a| < r' \Longrightarrow |f(x)| < r|g(x)|.$

Par exemple, on a

$$x^2 = o(x) \text{ quand } x \to 0$$

car $|x| < r$ implique $|x^2| < r|x|$; on a par exemple $|x^2| < 10^{-1.000}|x|$ pour peu que $|x| < 10^{-1.000}$. Dans $\mathbb{C}$, on a de même

$$x = o(x^2) \text{ quand } x \to \infty$$

car la relation $|x| < r|x^2|$ est vérifiée dès que $|x| > 1/r$.

Quant à la relation $f \sim g$, elle se ramène à celle que nous venons de décrire. On doit en effet exprimer que, pour tout $r > 0$, on a

$$|f(x)/g(x) - 1| < r$$

pour x grand (ou voisin de a). Mais cela s'écrit

$$|f(x) - g(x)| < r|g(x)|,$$

autrement dit $f(x) - g(x) = o(g(x))$ ou encore

(4.12) $f(x) = g(x) + o(g(x))$:

$f(x)$ est somme de $g(x)$ et d'une fonction négligeable devant g lorsque x tend vers la valeur considérée. Ici comme dans le cas de la notation $O(g(x))$, la notation $o(g(x))$ est utilisée pour désigner n'importe quelle fonction négligeable devant $g(x)$. Certains auteurs introduisent des indices pour éviter de confondre des fonctions en fait distinctes $o_1(g)$, $o_2(g)$, etc.

On a par exemple

$$x^2 + x \sim x^2 \text{ quand } |x| \to \infty$$

car nous avons vu plus haut que $x = o(x^2)$.

Autre exemple, dire qu'une fonction f définie au voisinage d'un point a possède en a une dérivée signifie qu'il existe une constante c telle que l'on ait

(4.13) $f(a + h) = f(a) + ch + o(h)$ quand $h \to 0$;

cette relation signifie en effet que, pour tout $r > 0$, on a

$$|f(a + h) - f(a) - ch| < r|h|,$$

i.e.

$$\left| \frac{f(a + h) - f(a)}{h} - c \right| < r,$$

pour $|h|$ assez petit, autrement dit que f possède en a une dérivée $f'(a) = c$. On a par exemple

$$\sin x = x + o(x) \sim x \text{ quand } x \to 0$$

car le rapport $\sin x / x$ tend vers la dérivée de la fonction sinus pour $x = 0$, i.e. vers $\cos 0 = 1$.

5 – Suites convergentes : définition et exemples

Revenons au sujet principal de ce chapitre : les suites convergentes. Comme on l'a dit en exposant la théorie des ensembles, une *suite* d'éléments d'un ensemble E est une fonction définie pour tout entier $n \geq 1$ (ou, plus généralement, pour tout $n \in \mathbb{Z}$ assez grand) et à valeurs dans E; la valeur de cette fonction pour $x = n$ devrait s'écrire par exemple $f(n)$, mais la tradition dit qu'il vaut mieux la noter u_n et employer la notation (u_n) pour désigner la succession des valeurs $u_1, u_2, \ldots$ des termes de la suite. Cela n'interdit quand même pas d'utiliser la notation fonctionnelle $u(n)$ lorsqu'elle s'avère plus commode, notamment pour les dactylos, catégorie à laquelle appartiennent depuis longtemps les mathématiciens[12]. Cela rappelé, on dit qu'une suite (u_n) de nombres complexes *converge* ou est *convergente* s'il existe un nombre u, la *limite* de la suite, tel que, pour tout $r > 0$, on ait

(5.1) $d(u, u_n) < r$ pour tout n assez grand,

autrement dit si, pour tout $r > 0$, il existe un entier N (dépendant généralement de r, faute de quoi on aurait $u_n = u$ pour tout n assez grand) tel que l'on ait

(5.1') $|u - u_n| < r$ pour tout $n > N$.

Cette définition n'est qu'un cas particulier de la notion générale définie au début du n° 4 : X est ici l'ensemble des $n \in \mathbb{Z}$ pour lesquels u_n a un sens.

Il suffirait évidemment de vérifier (1) pour des nombres r de la forme $1/p$, ou $1/10^p$ ou, si l'on est voué à la numération binaire, $1/2^p$, puisqu'on peut toujours choisir p de telle sorte que, par exemple, $1/10^p < r$. Si la suite est à termes réels, cela semble indiquer que, pour tout n sufisamment grand, le développement décimal d'ordre p de u_n est identique à celui de u. Quoique l'idée soit juste, la formulation n'est pas entièrement correcte à cause des bizarreries de la numération : la suite dont les termes successifs sont

$$0,9 \quad 1,1 \quad 0,99 \quad 1,01 \quad 0,999 \quad 1,001 \quad \text{etc.}$$

converge visiblement vers 1, mais contredit l'hypothèse de "stabilité asymptotique" des développements décimaux d'ordre donné des termes de la suite.

Dans le cas où tous les u_n sont réels, on peut représenter la suite (u_n) par un graphe en forme de ligne brisée (figure 1) joignant les différents points (n, u_n) du plan. La convergence de u_n vers u signifie alors que ce graphe est "asymptote" à l'horizontale $y = u$ du plan (non par définition des limites – on n'a aucun besoin de recourir à la géométrie pour ce faire – mais, bien au contraire, par définition des asymptotes). Une remarque analogue s'applique au cas d'une fonction $f(x)$ définie pour $x \in \mathbb{R}$ assez grand et tendant vers une limite lorsque x augmente indéfiniment : le fait que la fonction $1/x$ tend vers 0 à l'infini montre que son graphe est asymptote à l'axe des x.

Lorsqu'une suite (u_n) tend vers une limite u, on exprime ce fait en écrivant

$$\lim_{n \to \infty} u_n = u \quad \text{ou} \quad \lim_{n = +\infty} u_n = u$$

---

[12] En fait, comme on peut faire faire n'importe quoi à la plupart des scientifiques en les mettant au défi de prouver leurs capacités, l'emploi de traitements de texte mathématiques très sophistiqués a même transformé beaucoup de mathématiciens en typographes quasi (répétons : quasi) professionnels bénévoles – pour le plus grand profit des vrais professionnels ainsi déplacés ...

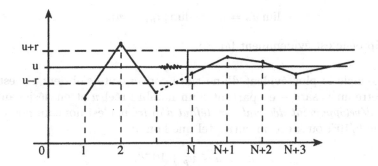

fig. 1.

ou même simplement $\lim u_n = u$. Les admonitions de Hardy quant à la signification du symbole ∞ s'appliquent ici à plein. D'autre part, et comme la lettre r au n° précédent, la lettre n n'est, dans ces notations, qu'un fantôme auquel on peut substituer n'importe quel autre signe à condition de le faire partout; on pourrait fort bien écrire

$$\lim_{\$\to\infty} u(\$) = u,$$

les mathématiques n'en seraient pas changées; il est par contre interdit de conserver le premier signe $\$$ et de remplacer le second par le signe $\mathcal{L}$ puisque des lettres différentes représentent à priori des variables indépendantes les unes des autres : on aurait alors $\lim u(\mathcal{L}) = u(\mathcal{L})$, sauf lorsqu'on le spécifie par une relation telle que $\mathcal{L} = f(\$)$.

Il est clair sur la définition que *pour qu'une suite (u_n) tende vers une limite u, il faut et il suffit que la suite de terme général $u - u_n$ tende vers* 0, ce que l'on peut écrire sous la forme

$$u_n = u + o(1) \quad \text{quand } n \to +\infty$$

puisque le symbole $o(1)$ représente n'importe quelle suite ou fonction négligeable devant la fonction constante 1, i.e. tendant vers 0.

D'autre part, si $u_n = v_n + iw_n$ est une suite à termes complexes, les inégalités

$$|v_n - v|, \ |w_n - w| \le |u_n - (v + iw)| \le |v_n - v| + |w_n - w|$$

montrent que

$$\lim(v_n + iw_n) = v + iw \Longleftrightarrow (\lim v_n = v) \ \& \ (\lim w_n = w).$$

L'inégalité $\big||u_n| - |u|\big| \le |u_n - u|$ montre d'autre part que, pour des suites réelles ou complexes,

$$\lim u_n = u \Longrightarrow \lim |u_n| = |u|.$$

La réciproque est évidemment fausse.

L'exemple le plus évident d'une suite convergente s'obtient – c'est fort loin d'être un hasard – en partant d'un nombre réel u et en désignant par u_p son *développement décimal par défaut d'ordre p*; c'est donc un nombre de la forme $k/10^p$, où k est un entier tel que l'on ait

$$u_p < u \le u_p + 10^{-p};$$

avec cette définition, le développement décimal par défaut du nombre 1 est $0, 9999$ &c. On a alors

$$d(u, u_n) \le 10^{-p} \text{ pour tout } n \ge p,$$

de sorte que u est la limite des u_n. Cet exemple rend clair le fait qu'on ne peut définir les nombres réels sans utiliser d'une façon ou d'une autre la notion de limite. Il montre aussi que si l'on tentait de limiter à $\mathbb{Q}$ le domaine de l'analyse, il existerait des multitudes de suites qui ne convergeraient pas à cause du fait que leur limite est irrationnelle.

On a dit plus haut que, lorsqu'une suite (u_n) de nombres réels converge vers une limite u, les décimales du nombre u_n ont une forte tendance à se stabiliser lorsque n augmente indéfiniment. On pourrait en déduire qu'une méthode expérimentale commode pour décider de la convergence, ou pour calculer la limite, d'une suite est d'en examiner numériquement un assez grand nombre de termes. Cela peut réserver quelques surprises aux modernes calculateurs automatisés.

Si l'on considère par exemple la suite de terme général

$$u_n = (1 + 1/n)^n,$$

qui, on le verra plus tard, converge vers le nombre

$$e = 2, 71828\ 18284\ 590\ldots,$$

base des logarithmes néperiens, on constate que

$$u_4 = 2, 44141\ldots, \quad u_{64} = 2, 69734\ldots, \quad u_{1024} = 2, 71696\ldots,$$

ce qui indique que u_n se rapproche très lentement de sa valeur limite et qu'il faudrait choisir des valeurs énormes de n pour obtenir ne serait-ce qu'une dizaine de décimales du nombre e; fort heureusement, la suite de terme général

$$1 + 1/2! + 1/3! + \ldots + 1/n!$$

converge, elle aussi, vers e, mais avec une rapidité prodigieuse puisque le terme $1/(n+1)!$ qu'on ajoute à u_n pour obtenir u_{n+1} devient très vite microscopique.

Autre exemple de suite lentement convergente,

$$u_n = 1/1.2 + 1/3.4 + 1/5.6 + \ldots + 1/(2n-1)2n$$
$$= 1 - 1/2 + 1/3 - 1/4 + \ldots + 1/(2n-1) - 1/2n.$$

On savait déjà à la fin du XVIIe siècle que pour en calculer la limite, à savoir $\log 2$, avec 9 décimales exactes, ce qui est une précision fort modeste, il faudrait choisir $n > 10^8$; voir le n° 13 sur les séries alternées.

La suite

$$u_n = 1 + 1/2 + 1/3 + \ldots + 1/n,$$

est, elle, divergente ou, ce qui revient au même pour une suite croissante, ses termes augmentent au delà de toute limite comme on le verra au n° 7. On constate cependant qu'en choisissant un indice n aussi hyperastronomique que 10^{100}, on ne trouve encore qu'une valeur de l'ordre de 230, résultat qui, numériquement, serait parfaitement compatible avec l'hypothèse, fausse, que la suite converge vers 231.

On se doute bien que les mathématiciens comme Newton, Stirling ou Euler qui se sont occupés à obtenir ces estimations numériques disposaient de méthodes plus ... intellectuelles que celle qui consisterait à faire tourner pendant un temps indéterminé (les experts l'estimeront à notre place) les "hectares d'ordinateurs" de la *National Security Agency* américaine, au risque de compromettre la dite sécurité pour des amusettes de mathématiciens. Ils ont déjà bien du mal à trouver deux nombres premiers p et q lorsque le produit pq qu'on se borne à leur fournir comporte une centaine de chiffres.

Pour conclure ces généralités, observons que la définition des limites suppose connue la limite à obtenir. Il est toutefois possible de décider de la convergence d'une suite sans en connaître d'avance la limite. On remarque pour cela que si l'on a $d(u, u_n) < r/2$ pour tout $n > N$, on aura aussi, d'après l'inégalité du triangle,

$$d(u_p, u_q) < r \text{ dès que } p > N \text{ et } q > N.$$

Nous montrerons au chapitre suivant que cette condition nécessaire de convergence est aussi suffisante; c'est le *critère général de convergence de Cauchy*, que Bolzano connaissait avant lui et que ni l'un ni l'autre n'ont vraiment démontré. On peut rendre le résultat fort vraisemblable en choisissant des nombres r de la forme 10^{-n}; si la numération décimale ne présentait pas les bizarreries auxquelles on a déjà fait allusion, l'inégalitéprécédente montrerait qu'à partir d'un certain rang, les n premiers chiffres des termes de la suite ne changent plus, ce qui mettrait la convergence en évidence.

Donnons maintenant quelques exemples de suites convergentes; les premiers sont quasiment triviaux, mais les suivants nous serviront abondamment par la suite.

Exemple 1. La suite "constante" $u, u, u, \ldots$ converge vers u.

Exemple 2. On a

(5.2) $$\lim 1/n = 0,$$

car la relation $|1/n| < r$ s'écrit $nr > 1$ et est vérifiée pour n grand d'après l'axiome d'Archimède.

Exemple 3. On a

$$\lim \frac{n}{n+1} = 1$$

car $|1 - n/(n+1)| = 1/(n+1)$ tend vers 0 d'après l'exemple précédent.

Exemple 4. La suite $u_n = (-1)^n + 1/n$ ne converge pas; ses termes d'ordre pair tendent vers 1, ses termes d'ordre impair vers -1.

Notons à ce propos que si une suite (u_n) converge vers une limite u, toute *suite partielle* que l'on peut en extraire converge aussi vers u. Une telle suite s'obtient en choisissant une suite croissante d'entiers p_1, p_2, etc. et en ne conservant dans la suite initiale que les termes correspondant à ce choix. La convergence résulte du fait évident que $p_n \geq n$ pour tout n.

Par exemple, la suite de terme général $1/n^3$ tend vers 0, car elle est extraite de la suite de l'exemple 2.

Exemple 5. Si q est un nombre complexe, on a

(5.3) $$\lim q^n = 0 \text{ si } |q| < 1.$$

On doit montrer que, quel que soit $r > 0$, on a $|q^n| < r$ pour n grand. En remplaçant q par $|q|$, on se ramène au cas où $q \geq 0$, voire même $q > 0$ puisque le cas où $q = 0$ est trivial. Comme on suppose $q < 1$, on a $1 = q + t$ avec $t > 0$. Dans la formule du binôme

$$1 = (q + t)^{n+1} = q^{n+1} + (n+1)q^n t + \ldots,$$

tous les termes sont positifs, d'où résulte que $(n+1)q^n t < 1$ ou que

$$0 < q^n < 1/t(n+1).$$

Le second membre tend évidemment vers 0, donc aussi q^n.

Pour $q = 1$, la limite est évidemment 1. Pour toutes les autres valeurs possibles de q, la suite est divergente. Supposons en effet que $\lim q^n = u$ existe pour un nombre $q \in \mathbb{C}$. La suite de terme général q^{n+1} converge aussi vers u comme suite partielle. Mais $q^{n+1} = q.q^n$, et il est évident sur la définition que, pour toute suite convergente, la relation,

$$\lim u_n = u \text{ implique } \lim q.u_n = q.u$$

quel que soit $q \in \mathbb{C}$, car si $q \neq 0$, seul cas non trivial,

$$|qu_n - qu| < r \iff |u_n - u| < r/|q|,$$

relation vérifiée pour n grand puisque $r/|q| > 0$. Revenant à la suite considérée, on doit donc avoir $qu = u$, i.e. soit $q = 1$, cas trivial, soit $u = 0$, ce qui ne saurait être le cas pour $|q| \geq 1$ puisqu'on a alors $|q^n| \geq 1$ pour tout n. Il y a donc bien divergence en dehors des cas $|q| < 1$ et $q = 1$.

Exemple 6. Montrons que l'on a

$$(5.4) \qquad \lim z^n/n! = \lim z^{[n]} = 0$$

quel que soit $z \in \mathbb{C}$. En passant aux valeurs absolues, on peut se borner au cas où $z > 0$. Notant u_n le terme général, on remarque d'abord que, pour $n > p$, on a

$$u_n = \frac{z^p z^{n-p}}{p!(p+1)\ldots n} = u_p \cdot \frac{z}{p+1}\cdots\frac{z}{n}.$$

Choisissons alors pour p la partie entière de $10z$, d'où $p \leq 10z < p+1$, et ne faisons plus varier p. On a $z/q < 1/10$ pour $q \geq p+1$, et la relation ci-dessus montre que l'on a

$$u_n \leq u_p/10^{n-p} = 10^p u_p/10^n \text{ pour tout } n > p,$$

d'où $u_n < r$ dès que n est assez grand pour que l'on ait $10^n > 10^p u_p/r$, cqfd.

Exemple 7. En posant $x^{1/n} = \sqrt[n]{x}$, on a

$$(5.5) \qquad \lim x^{1/n} = 1 \text{ pour tout } x > 0.$$

Supposons d'abord $x > 1$, d'où $x^{1/n} = 1 + x_n$ avec $x_n > 0$. Dans la formule du binôme

$$x = (1 + x_n)^n = 1 + n.x_n + \cdots,$$

tous les termes sont > 0, d'où $0 < x_n < (x-1)/n$ et donc $\lim x_n = 0$, ce qui prouve (5). Le cas où $x = 1$ est trivial. Si $0 < x < 1$, on pose $x = 1/y$

avec $y > 1$, d'où $x^{1/n} = 1/y^{1/n}$. Il resterait à montrer que, d'une manière générale,

$$\lim u_n = u \neq 0 \text{ implique } \lim 1/u_n = 1/u,$$

ce que nous ferons un peu plus loin.

Cet exemple intervient dans la construction par Neper puis Briggs, Kepler, etc. des premières tables de logarithmes. La relation fondamentale $\log(xy) = \log x + \log y$ montre que $\log(x^p) = p . \log x$, d'où

$$\log(x^{1/n}) = \log(x)/n.$$

Supposons $x > 1$ et posons comme plus haut

(5.6) $x^{1/n} = 1 + x_n$, d'où $0 < x_n < (x - 1)/n < x/n$.

On a alors $\log x = n \log(1 + x_n)$, d'où

$$\log(x)/nx_n = \log(1 + x_n)/x_n.$$

Lorsque n augmente indéfiniment, le second membre est de la forme $\log(1 + h)/h$ où h tend vers 0. Si l'on suppose que la fonction log, qui vérifie évidemment $\log 1 = 0$, est très "régulière", le plus simple, pour ne pas encombrer inutilement les calculs, est de supposer que

$$\log(1 + h) \sim h \text{ quand } h \to 0$$

(ou bien $\sim Mh$ où M est une constante si l'on s'intéresse, comme Briggs, aux logarithmes à base 10), autrement dit, que la fonction log admet en $x = 1$ une dérivée[13] égale à 1. Dans ces conditions, $\log(1 + x_n)/x_n$ tend vers 1 par définition de la dérivée, donc aussi $\log(x)/nx_n$ et comme $\log x$ ne dépend pas de n, on voit finalement que $\log x = \lim nx_n$. Compte-tenu de la définition (6) de x_n, on obtient ainsi la formule fondamentale

(5.7) $$\log x = \lim n(x^{1/n} - 1).$$

---

[13] C'est le point crucial pour obtenir la formule (7). Neper, que ses tables occupent de 1590 environ à sa mort en 1617 et Briggs, qui transforme celles-ci en log à base 10 à partir de 1615 environ, ne raisonnaient pas en termes de "dérivées" pour l'excellente raison que celles-ci n'apparaissent, et d'une façon encore assez floue, qu'une vingtaine d'années plus tard chez Fermat et Descartes à propos du calcul des tangentes à une courbe. Mais Neper imagine un point se déplaçant sur un segment de droite à une vitesse inversement proportionelle à sa distance x à l'origine du segment, et la notion de "vitesse instantanée" ne diffère en rien de celle de dérivée par rapport au temps. Le lecteur aura intérêt à ne pas croire que des notions et idées qui, aujourd'hui, paraissent suffisamment simples pour qu'on puisse les enseigner chaque année à des centaines de milliers de jeunes gens sur la Terre sont nées tout armées dans quelques cerveaux géniaux, comme Athena dans celui de Jupiter ...

Elle semble due à l'astronome Halley (1695), bien que les idées essentielles soient déjà dans Neper et Briggs.

Pour éviter toute confusion, insistons sur le fait qu'à ce stade de l'exposé, la formule (7) n'est, par elle-même, ni une définition ni une construction de la fonction log. Nous avons seulement montré que, *s'il existe* une fonction log vérifiant $\log(xy) = \log x + \log y$ et telle que $\log(1 + x) \sim x$ quand x tend vers 0, alors elle est donnée par la relation (7). Mais nous n'avons encore prouvé ni l'existence de la fonction log, ni la convergence de la suite (7). Ce sera l'objet du théorème 3 du n° 10.

En fait, et comme nous le verrons plus tard, $\log(1+u)$ est, pour $0 < u < 1$, compris entre $u - u^2/2$ et u. Comme

$$\log x = n.\log(1 + x_n),$$

on a donc

$$(5.8) \qquad 0 < nx_n - \log x < nx_n^2/2 < x^2/2n,$$

la dernière inégalité résultant de (6). Autrement dit, l'erreur commise en remplaçant $\log x$ par nx_n est $< x^2/2n$ dès que $x_n < 1$. Il ne reste plus, modeste entreprise, qu'à effectuer les calculs numériques.

Comme il n'existe aucun moyen pratique d'extraire numériquement (à la main ...) des racines n-ièmes en dehors du cas où n est une puissance de 2 – il suffit alors d'extraire des racines carrées successives –, on se borne aux entiers n de la forme 2^p. Dans ce cas, l'erreur donnée par (8) est majorée par $x^2/2^{p+1}$.

Neper, Briggs après sa mort puis Kepler se proposent, entre autres choses, de calculer avec 7 ou 14 décimales exactes les log des mille premiers entiers; à partir de là, on trouvera ceux d'un grand nombre de valeurs fractionnaires de x puisque $\log(p/q) = \log p - \log q$. (Ce sont en fait surtout les log des fonctions trigonométriques qui les intéressent, mais c'est encore un autre problème). Il va de soi par ailleurs qu'ils ne calculent pas directement tous ces log; il suffit, pour commencer, de calculer ceux des nombres *premiers* 2, 3, 5, 7, 11, 13, etc. et même dans ce cas il y a des "trucs" pour limiter le travail, qui reste considérable pour nous exprimer avec modération.

Le premier candidat est $x = 2$. Il faut en extraire p racines carrées successives en choisissant p et en effectuant les calculs avec suffisamment de décimales pour que l'on ait une chance d'obtenir la précision demandée. Dans ce cas particulier, l'erreur est inférieure à $2^2/2^{p+1} = 2^{-p+1}$ et s'ajoute à celles que l'on commet en extrayant les p racines carrées successives de 2. Pour obtenir le résultat avec 14 décimales, il est donc prudent de choisir p de telle sorte que $2^{-p+1} < 10^{-15}$, i.e. $2^p > 2.10^{15}$. Or on a $2^9 = 512 < 10^3 < 2^{10} = 1024$, d'où $2^{50} > 10^{15} > 2^{45}$, ce qui indique la nécessité de choisir pour p un nombre compris entre 45 et 50, autrement dit d'extraire au moins 45 racines carrées successives de 2 en s'arrangeant pour avoir 15 décimales exactes au bout du compte. On peut limiter le travail à l'aide de la remarque suivante.

On sait en effet, et l'on savait déjà à l'époque, que l'on a

$$1 + u/2 - u^2/8 < (1+u)^{1/2} < 1 + u/2 \text{ pour } 0 < u < 1$$

(élever tout au carré), de sorte que pour u petit, l'erreur commise en remplaçant la racine carrée de $1 + u$ par $1 + u/2$ est inférieure à $u^2/8 = u^2/2^3$; l'erreur est donc $< 2^{-50}$ dès que $u < 2^{-24}$. Or, dans le calcul des x_n, on a

$$1 + x_{n+1} = (1 + x_n)^{1/2} \quad \text{et} \quad x_n < 2^{-n-1} < 2^{-24}$$

dès que $n > 25$. On voit donc qu'après avoir extrait les 24 ou 25 premières racines carrées successives de 2 avec 15 décimales exactes, on peut admettre que $(1+u)^{1/2} = 1 + u/2$ pour $p > 25$. Autrement dit, on ne doit calculer que les 25 premières racines carrées avec 15 décimales exactes, ce qui n'est encore pas à la portée de tout le monde.

Dans le cas des log à base 10, Briggs commence par extraire 54 racines carrées successives de 10, ce qui lui fournit le nombre[14]

$$1,00000\ 00000\ 00000\ 12781\ 91493\ 20032\ 35 = 1 + h$$

et permettrait de calculer le nombre M tel que $\log_{10}(1+h) \sim Mh$ puisque

$$1 = \log_{10}(10) = 2^{54}\log_{10}(1+h) \sim 2^{54}Mh.$$

Pour calculer $\log_{10} 2$ par exemple, il extrait à nouveau 54 racines carrées de 2, trouve

$$1,00000\ 00000\ 00000\ 03847\ 73979\ 65583\ 10 = 1 + h'$$

et comme

$$\log_{10} 2 = 2^{54}\log_{10}(1+h') \sim 2^{54}Mh',$$

il trouve finalement

$$\log_{10} 2 = h'/h = 0,30102\ 99956\ 63881\ 2.$$

Ceci fait, vous recommencez avec 3, 5, 7, etc. On se doute bien que l'on a inventé plus tard, comme on le verra, des procédés meilleur marché.

On reviendra sur tout cela à propos des fonctions logarithmiques.

---

[14] Voir E. Hairer et G. Wanner, *Analysis by Its History* (Springer-New York, 1996), p. 30, qui reproduit aussi en facsimile la page où Briggs aligne ses 54 racines carrées successives de 10 et leurs logarithmes.

Exemple 8. On a

$$(5.9) \qquad\qquad \lim n^{1/n} = 1.$$

Posons $n^{1/n} = 1 + x_n$ avec évidemment $x_n > 0$. La formule du binôme

$$n = (1 + x_n)^n = 1 + n.x_n + \frac{1}{2}n(n-1)x_n^2 + \dots,$$

dont tous les termes sont > 0, montre que $x_n^2 < 2/(n-1)$, expression qui tend vers 0. Pour tout $r > 0$, on a donc $x_n^2 < r^2$ pour n grand, donc $0 < x_n < r$, de sorte que x_n tend vers 0, cqfd. (Une suite qui tend vers 0 est $< r^2$ ou r^{624} pour n grand car $r^2 > 0$).

6 – Le langage des séries

Sans différer sur le fond de celui des suites, le langage des *séries* est fréquemment d'un emploi plus commode, notamment parce que beaucoup de fonctions individuelles peuvent se représenter plus naturellement par des séries que par des suites; celles-ci n'interviennent guère avant Cauchy.

Le problème fondamental est de *donner un sens à une somme comportant une infinité de termes*, moyennant bien sûr des conditions raisonnables; on ne se propose pas d'expliquer ce que pourrait bien signifier la somme $1 - 2 + 3 - 4 + 5 - \dots$, encore moins la somme de tous les nombres réels[15], car il est prudent de se borner à des sommes ne comportant qu'une infinité *dénombrable* de termes. Les termes d'une telle somme peuvent, par hypothèse, se mettre sous la forme d'une suite $u_1, u_2, \dots$. Le plus souvent, ils sont donnés d'avance sous cette forme, mais il y a aussi des cas où il serait parfaitement artificiel d'ordonner en une suite les termes de la somme. Vous considérez par exemple dans le plan cartésien $\mathbb{R}^2$ le "réseau" $\mathbb{Z}^2$ des points à coordonnées entières, et vous vous intéressez à la somme des inverses des puissances k-ièmes des distances de l'origine aux points du réseau, i.e. vous désirez donner un sens à la somme des nombres $1/(m^2 + n^2)^{k/2}$, où m et n sont des entiers rationnels non tous deux nuls. On sait bien que $\mathbb{Z}^2$ est dénombrable, mais il n'existe aucune bijection privilégiée, naturelle ou évidente de $\mathbb{N}$ sur $\mathbb{Z}^2$. Cela pose, dans ce cas, le problème de définir la somme "en vrac" des termes de la série. On l'étudiera plus tard (n° 12), et nous nous bornerons pour le moment, à tort peut-être, à la situation traditionnelle d'une somme dont les termes sont donnés sous la forme d'une suite ordonnée.

Pour obtenir une *série simple*, ou série tout court sauf mention explicite du contraire, on part donc d'une suite (u_n) de nombres complexes. La somme

---

[15] Il y aura peut-être d'ingénieux innocents pour observer que, chaque nombre réel étant neutralisé par son opposé, la somme en question est "évidemment" 0 ...

totale des u_n ne pouvant raisonnablement se définir qu'à l'aide d'un procédé d'approximation ne faisant intervenir que des sommes d'un nombre fini de termes – les seules que nous connaissons à ce stade de l'exposé –, il est naturel de considérer les nombres

$$s_1 = u_1$$
$$s_2 = u_1 + u_2$$
$$s_3 = u_1 + u_2 + u_3$$

etc. On les appelle les *sommes partielles ordonnées*, ou sommes partielles tout court lorsqu'aucune confusion n'est à craindre, de la série de terme général u_n et l'on dit que celle-ci est *convergente* lorsque $\lim s_n = s$, *somme de la série considérée*, existe. On écrit alors

$$s = \sum_{n=1}^{\infty} u_n, \qquad \text{ou } s = u_1 + u_2 + \ldots,$$

ou simplement $s = \sum u_n$. On a donc, par définition,

$$(6.1) \qquad s = \lim(u_1 + \ldots + u_n).$$

La notation $u_1 + u_2 + \ldots$ qu'utilisaient tous les Fondateurs est maintenant totalement désuète, mais le lecteur la trouvera peut-être, au début, plus agréable que l'autre.

Si la convergence d'une série se réduit à celle d'une suite, inversement la relation

$$u_n = u_1 + (u_2 - u_1) + \ldots + (u_n - u_{n-1})$$

ramène la convergence d'une suite à celle d'une série.

Certaines personnes semblent croire qu'il est contraire aux principes d'une saine pédagogie d'introduire les séries dès le début d'un enseignement d'analyse. Au risque de traumatiser le lecteur, observons que le développement décimal illimité

$$x = x_0, x_1 x_2 \ldots$$

d'un nombre réel signifie que celui-ci est limite de la suite dont les termes sont

$$s_0 = x_0$$
$$s_1 = x_0 + x_1/10 = x_0, x_1$$
$$s_2 = x_0 + x_1/10 + x_2/100 = x_0, x_1 x_2$$

etc., autrement dit que l'on a

(6.2) $$x = x_0 + x_1/10 + x_2/100 + \ldots = \sum_{n=0}^{\infty} x_n/10^n.$$

Considérons par exemple le nombre

$$2/15 = 0,13333333333333\ldots,$$

selon l'arithmétique commerciale. D'après ce qui précède, le second membre est la somme de la série $1/10 + 3/100 + 3/1000 + \ldots$, vraisemblablement égale à

(6.3) $$1/10 + 3.10^{-2}(1 + 1/10 + 1/100 + \ldots),$$

de sorte que tout revient à calculer la somme de la *série géométrique*

$$1 + q + q^2 + \ldots$$

pour $q = 1/10$. Or ses sommes partielles sont, pour $q \neq 1$, les nombres

$$1 + q + q^2 + \ldots + q^n = \frac{1 - q^{n+1}}{1 - q} = \frac{1}{1 - q} - \frac{q^{n+1}}{1 - q}.$$

Lorsque n augmente indéfiniment, q^{n+1} tend vers 0 si $|q| < 1$ (n° 5, exemple 5), donc aussi $q^{n+1}/(1 - q)$ d'après les règles les plus élémentaires que l'on trouvera au n° 8. On en déduit que

(6.4) $$1 + q + q^2 + \ldots = \sum_{n \in \mathbb{N}} q^n = \frac{1}{1 - q} \quad \text{si } |q| < 1.$$

En particulier,

$$1 + 1/10 + 1/100 + \ldots = \frac{1}{1 - 1/10} = 10/9.$$

On trouve donc pour la série (3) la valeur $1/10 + 3.10^{-2}.10/9$ et il reste à vérifier que ce résultat est bien la fraction $2/15$ de départ.

En remplaçant q par $-q$ dans (4), on trouve la formule

(6.5) $$1 - q + q^2 - q^3 + \ldots = \sum_{n=0}^{\infty}(-1)^n q^n = \frac{1}{1 + q};$$

déjà connue de Viète, Newton et Mercator, les deux derniers s'en servant vers 1665 pour calculer l'aire d'un segment d'hyperbole. Les mathématiciens du XVIIe siècle, en premier lieu Newton, obtenaient ces séries par un procédé très différent, la division de 1 par $1 + q$ selon les puissances *croissantes* de q;

on procède comme on le ferait en arithmétique commerciale si q était égal à $1/10$:

$$
\begin{array}{r|l}
1 & 1+q \\
-q & \overline{1-q+q^2-q^3} \\
\quad +q^2 & \\
\qquad -q^3 & \\
\end{array}
$$

etc., avec des "restes" successifs égaux à $-q$, q^2, $-q^3$, ... Un procédé meilleur marché consiste à constater que

$$(1+q)(1-q+q^2-q^3+\ldots) =$$
$$= (1-q+q^2-q^3+\ldots) + (q-q^2+q^3-\ldots) = 1.$$

On fera attention au fait que ces formules supposent $|q| < 1$ car dans l'autre cas, le terme q^{n+1} figurant dans le calcul de la somme partielle ne tend vers aucune limite (n° 5, exemple 5), de sorte que la série géométrique est divergente. Autrement, on pourrait aussi bien supposer $q = 1$ dans (5) et obtenir ainsi la relation

$$1 - 1 + 1 - 1 + 1 - 1 + \ldots = 1/2$$

qui, pour fascinante qu'elle soit - Jakob Bernoulli la "découvre" en 1696 et d'autres s'y sont laissés prendre avant ou après cette date –, n'a aucun sens : les sommes partielles de la série du premier membre étant alternativement $1, 0, 1, 0, \ldots$, on ne voit pas comment elles pourraient converger! L'absurdité atteindrait des hauteurs encore plus extravagantes si l'on faisait $q = 2$ dans (4); on "découvrirait" ainsi que $1 + 2 + 4 + 8 + 16 + 32 + \ldots = -1$, exemple que Niclaus I Bernoulli produit en 1743 dans une lettre à Euler pour le détourner des séries divergentes[16].

Les séries conduisent à des formules bien plus étranges, telles que

$$1 + 1/2^2 + 1/3^2 + 1/4^2 + \ldots = \pi^2/6,$$
$$1 + 1/2^4 + 1/3^4 + 1/4^4 + \ldots = \pi^4/90,$$
$$1 + 1/2^6 + 1/3^6 + 1/4^6 + \ldots = \pi^6/945,$$

$$\cot x = \frac{1}{x} + 2x \sum_{n=1}^{\infty} \frac{1}{x^2 - n^2\pi^2},$$

---

[16] Moritz Cantor, *Vorlesungen über Geschichte der Mathematik* (Teubner, vol. III, 1901), p. 691. Euler n'est pas convaincu; il croit que toute série, même divergente, a un sens caché et, en fait, est le premier à calculer sur les "séries formelles" dont on parlera au n° 22. Mais ce ne sont pas des séries de *nombres*.

formule valable pour tout x qui n'est pas un multiple de π; elles sont toutes dues à Euler (1707–1783), comme le développement

$$\sin x = x \prod_{n=1}^{\infty} \left(1 - x^2/n^2\pi^2\right),$$

valable pour tout $x \in \mathbb{R}$, de la fonction sinus en *produit infini*[17].

On a dit plus haut que beaucoup de fonctions élémentaires (et une infinité d'autres) peuvent se représenter commodément par des séries et tout particulièrement par des *séries entières* de la forme

$$a_0 + a_1 x + a_2 x^2 + \ldots = \sum a_n x^n,$$

où les a_n sont des coefficients numériques; c'est Newton qui, le premier, en a fait systématiquement usage pour résoudre toutes sortes de problèmes; il explique qu'elles jouent en analyse un rôle analogue à l'écriture décimale en arithmétique, ce que la relation (2) ci-dessus confirme, et que les deux techniques peuvent s'utiliser de la même façon, ce qui est quelque peu optimiste. A défaut de pouvoir les justifier à ce stade de l'exposé, donnons quelques exemples de séries entières remarquables qui, dans ce chapitre, nous servirons fréquemment de matériel expérimental afin d'illustrer l'intérêt de théorèmes dont, autrement, le lecteur ne verrait pas la nécessité :

$$\sin x = x - x^3/3! + x^5/5! - x^7/7! + \ldots \quad \text{quel que soit } x,$$
$$\cos x = 1 - x^2/2! + x^4/4! - x^6/6! + \ldots \quad \text{quel que soit } x,$$
$$e^x = 1 + x/1! + x^2/2! + x^3/3! + \ldots \quad \text{quel que soit } x,$$
$$\log(1 + x) = x - x^2/2 + x^3/3 - x^4/4 + \ldots \quad \text{pour } -1 < x \leq 1,$$
$$(1 + x)^s = 1 + sx + s(s-1)x^{[2]} + s(s-1)(s-2)x^{[3]} + \ldots$$
$$\text{pour } |x| < 1$$

pour tout exposant s réel, par exemple $s = 1/2$, premier cas traité par Newton; c'est la célèbre "formule du binôme de Newton" qui, pour $s \in \mathbb{N}$, se réduit à la formule algébrique connue puisque le coefficient de x^n est alors visiblement nul pour tout $n > s$; voir le Chap. IV, n° 11. Ces formules furent découvertes par Newton (1642–1727) lorsqu'en 1665–67 la "Grande Peste" qui ravageait la région de Londres, voyez Samuel Pepys et Daniel de Foe, l'obligea à retourner à la campagne de son adolescence où, entre autres occupations, il découvrit la décomposition de la lumière blanche et la

---

[17] Etant donnée une suite de nombres (u_n) tous $\neq 0$, on dit que le produit infini des u_n converge si les produits partiels $p_n = u_1 \ldots u_n$ tendent vers une limite *non nulle*; il est pour cela nécessaire que $\lim u_n = 1$. La théorie se ramène facilement à celle des séries grâce à la fonction log, qui transforme un produit en une somme (Chap. IV, n° 17). On montrera au n° 21 comment Euler a découvert sa formule.

première idée de la loi de la gravitation universelle, les travaux des champs ne l'attirant pas particulièrement.

Pratiquement, toutes les fonctions que l'on rencontre en analyse *classique* sont représentables par des séries entières ou, si nécessaire, par des séries comportant en outre un nombre fini de termes de degré négatif comme

$$1/x^2(1-x) = x^{-2} + x^{-1} + 1 + x + x^2 + \dots,$$

ou par des séries de ce type où la variable est une puissance fractionnaire de x, comme dans la relation

$$(x - x^2)^{1/2} = x^{1/2} - x^{3/2}/2 - x^{5/2}/8 - x^{7/2}/16 - 5x^{9/2}/128 - \dots$$

que Newton déduit de sa série du binôme pour $s = 1/2$. Ce fait a conduit les mathématiciens à étudier systématiquement à partir du XIXe siècle – il y a un peu plus tôt une tentative de Lagrange qui n'aboutit à rien puisqu'il se borne aux fonctions d'une variable réelle – les *fonctions analytiques* d'une variable *complexe*, que l'on peut définir comme suit. Considérons une fonction f à valeurs complexes définie dans une partie G *ouverte* de $\mathbb{C}$, i.e. telle que, pour tout $a \in G$, G contienne un disque ouvert $d(a, z) < r$ de centre a et de rayon $r > 0$. La fonction f est alors dite analytique si, pour tout $a \in G$, il existe une série entière

$$c_0(a) + c_1(a)(z - a) + c_2(a)(z - a)^2 + \dots = \sum c_n(a)(z - a)^n$$

dont les coefficients dépendent de a et qui (i) converge pour $|z-a|$ assez petit, (ii) a pour somme $f(z)$ au voisinage de a, d'où nécessairement $c_0(a) = f(a)$. Prenons par exemple la fonction $f(z) = 1/z$, définie dans l'ouvert $z \neq 0$. Pour $a \neq 0$, on peut écrire que

$$\frac{1}{z} = \frac{1}{a - (a - z)} = \frac{1}{a} \frac{1}{1 - (a - z)/a} = \sum_{n \in \mathbb{N}} (a - z)^n / a^{n+1}$$

à condition que l'on ait $|(a - z)/a| < 1$, i.e. $|z - a| < |a|$; la fonction $1/z$ est donc représentée par la série entière en $z - a$ que l'on vient d'écrire dans le plus grand disque de centre a ne contenant pas – ce qui est normal – le point $z = 0$. On a ici $c_n(a) = (-1)^n / a^{n+1}$.

Comme, le premier, Cauchy (1789–1857) l'a observé en leur consacrant trente ans de travail avant d'y voir clair, ces fonctions possèdent des propriétés extraordinaires qui ont mobilisé à un moment ou à un autre quasiment tous les mathématiciens du XIXe siècle et une bonne partie de leurs successeurs, lesquels ont notamment généralisé aux fonctions de plusieurs variables complexes.

7 – Les merveilles de la série harmonique

Revenons à la théorie élémentaire des suites convergentes. On dit qu'une suite (v_n) est *extraite* d'une suite (u_n) s'il existe une suite strictement croissante d'entiers $p_1, p_2, \ldots$ telle que l'on ait[18]

$$v(n) = u(p_n) \text{ pour tout } n.$$

Par exemple, la suite $(1/n^2)$ est extraite de la suite $(1/n)$.

Si une suite (u_n) converge vers une limite u, toute suite extraite de (u_n) converge vers u. Avec les notations ci-dessus, on a en effet $p_n \geq n$ pour tout n puisque $p_n > \ldots > p_1 \geq 1$; la relation

$$d(u, u_n) < r \text{ pour tout } n > N$$

implique donc $d(u, v_n) < r$ pour tout $n > N$, cqfd.

Ce résultat trivial se traduit utilement en langage de séries. Pour extraire une suite de la suite des sommes partielles s_n d'une série $u(n)$, on choisit comme plus haut une suite d'entiers p_n et on considère la suite dont les termes sont

$$s(p_1) = u(1) + \ldots + u(p_1), \qquad s(p_2) = u(1) + \ldots + u(p_2),$$

etc. Ce sont manifestement les sommes partielles de la série dont les termes successifs sont

$$v_1 = u(1) + \ldots + u(p_1), \qquad v_2 = u(p_1 + 1) + \ldots + u(p_2),$$

$$v_3 = u(p_2 + 1) + \ldots + u(p_3), \ldots$$

autrement dit, de la série que l'on obtient en groupant les termes de la série initiale par blocs de p_1, $p_2 - p_1$, $p_3 - p_2$, ... termes comme s'il s'agissait d'une somme finie. On voit donc que, si la série initiale converge, il en est de même de la nouvelle, les deux séries ayant la même somme. C'est une extension de l'associativité de l'addition : on a

$$u(1) + u(2) + u(3) + \ldots$$
$$= [u(1) + \ldots + u(p_1)] + [u(p_1 + 1) + \ldots + u(p_2)] + \ldots$$

comme s'il s'agissait de sommes finies pour peu que le *premier* membre converge. On fera en effet attention au fait que si une série devient convergente *après* groupement de ses termes, il ne s'ensuit pas qu'elle l'était déjà *avant*

---

[18] L'écriture fonctionnelle $u(n)$ montre qu'une suite partielle n'est qu'un cas particulier de la notion générale de composition des applications : on compose $n \mapsto p_n$ et $n \mapsto u_n$.

cette opération : la série $(1 - 1) + (1 - 1) + \dots$ n'a aucun mérite à être convergente, mais la série $1 - 1 + 1 - 1 + \dots$ est divergente. Cette difficulté ne se présente pas pour les séries *à termes positifs* comme on le verra au n° 12.

L'artifice précédent peut servir à prouver la divergence d'une série, par exemple de la *série harmonique*

$$1 + 1/2 + 1/3 + \dots .$$

Si en effet elle était convergente, il en serait de même de la série

$$1/2 + (1/3 + 1/4) + (1/5 + 1/6 + 1/7 + 1/8) + \dots$$

obtenue en effectuant des groupements de 1, 2, 4, 8, 16,... termes dans la série initiale (on omet le premier terme qui ne joue évidemment aucun rôle dans la question). Or le premier groupe de termes a une valeur $\geq 1/2$, le second, somme de deux termes supérieurs à 1/4, est dans le même cas, le troisième également puisque somme de quatre termes supérieurs à 1/8, etc. On trouve donc, pour la nouvelle série, des sommes partielles successivement supérieures à 1/2, 1, 3/2, etc.; d'où la divergence de la nouvelle série et donc de la série harmonique. Ce genre de raisonnement sera généralisé au n° 12 ("critère de condensation de Cauchy").

Il existe beaucoup de variantes de la démonstration précédente; elles ont parfois donné lieu, historiquement, à des dérapages spectaculaires[19] de nature à rendre prudents les lecteurs qui abordent le sujet. Peu après 1650, l'Italien Pietro Mengoli observe que l'on a toujours

$$\frac{1}{n-1} + \frac{1}{n} + \frac{1}{n+1} > \frac{3}{n};$$

en groupant les termes de la série harmonique, on obtient alors

$$1 + (1/2 + 1/3 + 1/4) + (1/5 + 1/6 + 1/7) + \dots > 1 + 3/3 + 3/6 + \dots =$$
$$= 1 + 1 + (1/2 + 1/3 + 1/4) + (1/5 + 1/6 + 1/7) + (1/8 + \dots >$$
$$> 1 + 1 + 3/3 + 3/6 + \dots = 1 + 1 + 1 + (1/2 + 1/3 + 1/4) + \dots >$$

etc., ce qui montre que la prétendue somme s de la série est supérieure à n'importe quel entier. Au lieu de faire preuve d'une telle ingéniosité, Mengoli aurait pu se borner à observer que la première de ses inégalités lui fournit la relation déjà assez louche $s > s + 1$.

Quarante ans plus tard, Johann Bernoulli utilise une idée analogue. Il part de la relation

$$1/1.2 + 1/2.3 + 1/3.4 + \dots = 1,$$

---

[19] Je les trouve dans Cantor, *Vorlesungen* ..., vol. III, notamment pp. 94–96.

évidente puisqu'elle s'écrit[20]

$$(1 - 1/2) + (1/2 - 1/3) + \ldots = 1,$$

et remarque alors que l'on a

$$1/2 + 1/3 + 1/4 + \ldots = 1/1.2 + 2/2.3 + 3/3.4 + \ldots =$$
$$= (1/1.2 + 1/2.3 + 1/3.4 + \ldots) + (1/2.3 + 1/3.4 + \ldots) + (1/3.4 + \ldots) =$$
$$= 1 + (1 - 1/2) + (1 - 1/2 - 1/6) + (1 - 1/2 - 1/6 - 1/12) + \ldots =$$
$$= 1 + 1/2 + 1/3 + 1/4 + \ldots,$$

d'où, pour la "somme" s de la série, la relation $s = 1 + s$. Aussitôt Jakob Bernoulli, son frère aîné, observe que la somme partielle

$$1/(a + 1) + \ldots + 1/a^2$$

possède $a^2 - a$ termes tous supérieurs à $1/a^2$, donc a une valeur supérieure à $1 - 1/a$, d'où résulte que $1/a + \ldots + 1/a^2 > 1$. A partir de là, il est facile d'extraire de la série harmonique des groupements de termes supérieurs à n'importe quel entier. Jakob Bernoulli observe à cette occasion qu'une série dont les termes tendent vers 0 – condition évidemment *nécessaire* de convergence puisque $u_n = s_n - s_{n-1}$ est différence de deux suites qui tendent vers la même limite – peut fort bien être divergente.

Le fait d'avoir mis en évidence les absurdes merveilles de la série harmonique n'empêche pas Jakob, quelques années plus tard, de poser froidement

$$A = 1/1 + 1/2 + 1/3 + \ldots,$$

d'en déduire que l'on a

$$A - 1 - 1/2 = 1/3 + 1/4 + \ldots$$

puis, par soustraction, que

$$3/2 = 2/1.3 + 2/2.4 + 2/3.5 + \ldots,$$

ce qui lui fournit une "nouvelle démonstration" d'une formule, juste celle-là, obtenue par Leibniz en 1682 :

$$1/1.3 + 1/2.4 + 1/3.5 + \ldots = 3/4.$$

En posant de même $E = 1/1 + 1/3 + 1/5 + \ldots$ (la série diverge), d'où bien sûr $E - 1 = 1/3 + 1/5 + \ldots$, il obtient par différence et division par 2 une autre formule juste de Leibniz :

[20] La relation en question est évidente si l'on calcule comme s'il s'agissait d'une somme finie puisque les termes autres que le premier se détruisent "visiblement" deux à deux. Mais la démonstration correcte consiste à remarquer que la somme des n premiers termes, à savoir $1 - 1/n$, tend vers 1 puisque $1/n$ tend vers 0.

$$1/1.3 + 1/3.5 + 1/5.7 + \ldots = 1/2.$$

Ces calculs n'ont aucun sens. Les règles usuelles du calcul algébrique ont été inventées pour calculer des sommes *finies* i.e. ne comportant qu'un nombre fini de termes; il est parfois légitime de les appliquer aux séries convergentes et presque toujours, comme on le verra plus tard, aux séries *absolument* convergentes qu'on introduira au n°15, non parce qu'elles sont évidentes, mais parce que les mathématiciens du XIXe siècle ont *démontré* les théorèmes généraux indispensables.

Le même Jakob Bernoulli donnera en 1692 un autre exemple d'acrobatie sans filet. Il part des relations

$$1/1 + 1/2 + 1/4 + 1/8 + \ldots = 2/1,$$
$$1/3 + 1/6 + 1/12 + 1/24 + \ldots = 2/3$$
$$1/5 + 1/10 + 1/20 + 1/40 + \ldots = 2/5$$

qui s'obtiennent en divisant par 1, 3, 5, ... la relation

$$1 + 1/2 + 1/2^2 + 1/2^3 + \ldots = 2$$

obtenue en faisant $q = 1/2$ dans la somme (6.4) d'une série géométrique. Cela fait, Bernoulli ajoute membre à membre ces relations comme s'il s'agissait d'un nombre fini de sommes finies. On obtient au premier membre la série harmonique $\sum 1/n$ pour la raison que tout entier n s'écrit d'une façon et d'une seule comme produit d'une puissance de 2 et d'un nombre impair, donc figure une fois et une seule parmi les premiers membres. On trouve donc, par cet ingénieux procédé, la formule

$$1 + 1/2 + 1/3 + \ldots = 2(1 + 1/3 + 1/5 + \ldots)$$

d'où "évidemment"

$$1/2 + 1/4 + 1/6 + \ldots = 1 + 1/3 + 1/5 + \ldots$$

en dépit du fait que chaque terme du premier membre est strictement inférieur au terme correspondant du second. On pourrait du reste pousser le paradoxe encore plus loin en faisant passer le second membre dans le premier; on obtiendrait ainsi la formule

$$1/1.2 + 1/3.4 + 1/5.6 + \ldots = 0,$$

particulièrement miraculeuse puisque les termes du premier membre sont tous > 0. On verra au n° 18, corollaire du théorème 13, comment l'on peut justifier ce type d'opération moyennant des hypothèses qui ne sont pas vérifiées dans le cas précédent.

On aurait tort de rire des Bernoulli. Même si, comme la plupart de leurs contemporains, ils éprouvaient un penchant excessif pour la virtuosité, ils n'avaient pas derrière eux trois siècles de mathématiciens ayant totalement éliminé les difficultés inhérentes à la conception et à la manipulation des séries; ils étaient en train *d'inventer le sujet à partir de rien* ou presque. Cette famille protestante, qui quitte Anvers pour Francfort puis Bâle lorsque les sbires du supercatholique Philippe II répriment la révolte des Pays-Bas vers la fin du XVIe siècle, produit huit mathématiciens – les deux frères Jakob (1654–1705) et Johann (1667–1748), le fils Nikolaus (1687–1759) d'un frère des deux précédents, trois fils de Johann, Nikolaus II (1695–1726), Daniel (1700–1782) et Johann II (1710–1790) et deux fils de celui-ci, Johann III (1744–1807) et Jakob II (1759–1789) – connus ou célèbres, sans parler de leurs activités de physiciens, juristes, médecins, hellénisants, etc; voir leurs notices dans le DSB. Tout le XVIIIe siècle calcule comme eux, notamment Euler, le Bach des mathématiques, élève de Johann, et l'on verra encore Fourier obtenir vers 1807 des résultats prodigieux en manipulant des séries beaucoup plus outrageusement divergentes que celles des Bernoulli.

Après ces exemples et ceux que nous exposerons plus loin dans ce chapitre, on comprendra peut être mieux pourquoi les mathématiciens du XIXe siècle et encore plus du XXe, fatigués des démonstrations fausses, par de grands mathématiciens, de théorèmes généralement justes (il y a sûrement aussi d'innombrables théorèmes faux produits par de moindres seigneurs, mais ils ne passent pas à la postérité), ont fini par poser, au moins implicitement, les principes de base suivants :

(i)   *toute assertion qui n'est pas intégralement démontrée est potentiellement fausse et n'est, au mieux, qu'une conjecture intéressante,*

(ii) *utiliser une assertion non complètement démontrée pour en prouver d'autres augmente exponentiellement les risques d'erreur,*

(iii) *c'est à l'auteur d'une assertion qu'incombe la charge de la démontrer*

même si ses collègues ne se privent pas, à l'occasion, de le faire à sa place ou de la démolir. Il y a naturellement des conjectures que l'on cherche à démontrer pendant des dizaines, voire centaines, d'années : grand théorème de Fermat, conjectures de Goldbach et de Riemann, etc. Mais formuler ou démontrer de pareilles hypothèses n'est pas à la portée de tout le monde...

L'observation de ces principes a conduit à la formidable discipline intellectuelle que les mathématiciens se sont progressivement imposée depuis un siècle. Elle ne se rencontre à peu près nulle part ailleurs à ce degré. En physique, les théoriciens prennent fréquemment de grandes libertés avec les mathématiques, les intuitions géniales suffisant; les expérimentaux, eux, exigent la reproductibilité de leurs expériences, ce qui, dans la Big Science, peut mener loin, tout en travaillant parfois sur des hypothèses pouvant se révéler fausses. Les vrais historiens tentent d'observer les règles des mathématiciens, mais les inévitables lacunes de leur information, la nécessité de contrôler des documents parfois truqués et de les interpréter objectivement rendent la chose difficile. Et imaginez la carrière d'un homme politique qui appliquerait ces règles.

Exemple d'assertion tombant directement sous le coup des principes (i), (ii) et (iii) : c'est grâce aux armes nucléaires que la Troisième guerre mondiale a pu être évitée. Répétée ad nauseam pendant des décennies sans la moindre preuve vérifiée (on invoque Munich, ou bien le régime, l'impérialisme et les armements soviétiques, ou bien le précédent de Pearl Harbor alors que la politique étrangère et militaire des Soviétiques a toujours été radicalement différente de celle des Nazis ou des Japonais d'avant 1939, etc.), cette assertion néglige toutes sortes d'arguments qui ne vont pas dans le même sens.

(1) Nucléaire ou pas, les horreurs des deux guerres mondiales et l'imprévisibilité à peu près totale de ce genre d'entreprise pourraient avoir suffi à dissuader les amateurs moins fous qu'Adolf Hitler; voyez l'enthousiasme des dirigeants francais, britanniques et soviétiques face à Hitler avant septembre 1939 déjà; l'URSS n'est entrée dans la guerre qu'après avoir été attaquée par les Nazis; les USA ont attendu Pearl Harbor et une déclaration de guerre de Hitler. A l'exception des USA, qui sortent de la guerre beaucoup plus puissants qu'ils ne l'étaient à son début et, comparativement, sans grandes pertes humaines (300.000 morts – la guerre de Sécession en a fait le double – contre vingt millions en URSS, sept en Allemagne, etc.), tous les belligérants sont ruinés ou démolis à un point jusqu'alors inimaginable; comme l'écrit depuis Moscou le diplomate américain George Kennan, il faut le voir pour le croire.

(2) On reconnaît aux USA dès 1947 que le conflit Est-Ouest se situe à un niveau beaucoup plus idéologique que territorial. Le programme théorique des Soviétiques met beaucoup plus l'accent sur l'aide aux révolutions internes dans le Tiers Monde que sur les conquêtes militaires; leur occupation de l'Europe centrale est, du point de vue de leur stratégie, justifiée initialement par une éventuelle résurrection du péril allemand (tout aussi redoutée des Francais) et, plus tard, pour leur fournir une défense ou base de départ avancée en cas de guerre contre l'OTAN. La première priorité des Soviétiques a toujours été de sauvegarder leur régime : pas d'aventurisme, sauf sous Khrouchtchev qui en perd son poste. Celle des Américains depuis 1945 est de conserver leur *preponderance of power* comme l'appelle Leffler, leur influence sur le monde non communiste et une supériorité technologique maximisant les pertes d'un éventuel adversaire tout en minimisant les leurs. La guerre du Pacifique coûte cent quatre mille morts aux Américains mais neuf cent mille au moins aux Japonais. Les guerres de Corée et du Vietnam font quelques dizaines de milliers de morts américains dans chaque cas, mais deux ou trois

millions de Coréens et de Chinois et autant dans la population in-
dochinoise; ils ne sont pas tous dûs aux Américains – tous les belligérants se comportent en sauvages – mais l'énorme supériorité des
armements américains en explique une grande partie. La guerre en
Irak coûte la vie à 147 ou 148 Américains et peut-être à 100.000
Irakiens.

(3) C'est la bombe d'Hiroshima qui a instantanément convaincu
les Soviétiques que l'Amérique constituait pour eux une "menace
mortelle" et les a engagés dans une course frénétique et ruineuse aux
armes nucléaires. On sait maintenant que, dès la fin d'août 1945, le
Pentagone avait une liste de plusieurs douzaines de cités et zones
industrielles soviétiques à atomiser en cas de guerre[21]. Adressé notamment au chef du Manhattan Project, le plan de 1945 et ceux,
beaucoup plus apocalyptiques, qui l'ont suivi indiquaient clairement
le désir des militaires d'être en mesure à l'avenir de dévaster l'URSS
si nécessaire.

Du point de vue politique, il n'était évidemment pas question d'exé-
cuter pareil plan en 1945. En fait, la production des bombes, qui aurait atteint six par mois à la fin de l'année si la guerre avait continué,
cesse en pratique avec celle-ci : la plupart des participants au projet
retournent à la vie civile, on supprime des installations trop coû-
teuses et on améliore les autres sans grande urgence, cependant que
les équipes scientifiques réduites restées sur place préparent les per-
fectionnements ultérieurs (miniaturisation et thermonucléaire) avec
l'aide de consultants universitaires. Le résultat est que l'Amérique
de 1947 ne possède que treize bombes, à la grande stupéfaction du
président Trumann lui-même qui compte sur son *winning weapon*
pour appuyer sa politique; les Soviétiques, probablement mieux in-
formés, n'en sont pas pour autant passés à l'offensive, sinon sur le
plan diplomatique...

En fait, la politique de *containment* de l'URSS inaugurée vers 1947 à
l'inspiration de Kennan ne met vraiment l'accent sur les armements
nucléaires qu'après la première explosion soviétique d'août 1949, l'ef-
fort principal concernant, auparavant, l'aéronautique et notamment
la production ou le développement des bombardiers stratégiques B-
36, B-47 et B-52. Prévu dès 1947 par Kennan, l'effondrement final ou
le *gradual mellowing* du régime soviétique, comme il appelait cela,
devait être causé par des problèmes internes.

(4) La création en janvier 1947 d'une nouvelle structure administra-
tive, l'Atomic Energy Commission sous contrôle civil, et l'accéléra-

---

[21] Edward Zuckerman, *The Day After World War III* (Avon Books, 1987), pp.
181-183, qui renvoie p. 368 à un mémorandum du général Norstad, et Richard
Rhodes, *Dark Sun. The Making of the Hydrogen Bomb* (Simon & Schuster,
1995), pp. 23-24, qui cite les archives du Manhattan Project.

tion de la guerre froide feront, grace à des investissements industriels massifs en 1948-1955, passer le stock à 298 en 1950, 2.280 en 1955, 12.305 en 1959 (chiffres officiels) et à 32.500 environ en 1967, pour diminuer ensuite progressivement. Le stock soviétique, estimé à 200 en 1955 et à 1.050 en 1959, dépasse largement le maximum américain à la fin des années 1970 (*Bulletin of the Atomic Scientists*, 12/1993). L'étude de Stephen I. Schwartz et autres, *Atomic Audit. The Cost and Consequences of U.S. Nuclear Weapons since 1940* (Brookings Inst. Press, 1998, 680 p.), où l'on ne trouve pas seulement des chiffres, estime le coût minimum pour les seuls USA de la course aux armements nucléaires à 5.821 milliards de dollars de 1996 (PNB francais de l'année : 1.280), dont 409 pour les armes nucléaires au sens strict, le reste couvrant les vecteurs, la défense anti-aérienne puis anti-missiles, les satellites, etc.

Cette multiplication des armes nucléaires et de leurs vecteurs dans les deux camps ne pouvait que puissamment contribuer à accentuer leurs sentiments d'insécurité et leur hostilité mutuelle, comme en témoignent les innombrables allusions à la "menace soviétique" chez les Occidentaux et notamment en France (elle visait en premier lieu les citoyens soviétiques eux-mêmes, particulièrement sous Staline...), ainsi que les témoignages récents d'atomistes russes désirant protéger leur pays du "péril américain", non négligable au début des années[22] 1950 et considéré, à tort ou à raison, comme très sérieux à l'époque Reagan.

(5) La crise de loin la plus grave de la guerre froide a été déclenchée par l'installation clandestine à Cuba en 1962 d'armes nucléaires soviétiques en réponse aux armes américaines en Europe, notamment des missiles en Turquie, et aux préparatifs d'invasion de Cuba. Certains prétendent que l'issue pacifique de la crise a prouvé l'efficacité de la "dissuasion". Outre qu'il n'y aurait pas eu de crise de Cuba de cette ampleur en l'absence d'armes nucléaires, on connaît depuis

---

[22] A cette époque qui suit la première explosion soviétique d'aout 1949, on voit une partie de la presse et de nombreuses personnalités américaines civiles ou militaires préconiser une attaque préventive pendant que les Russes ne disposent pas encore d'un stock de bombes; par exemple, notre collègue von Neumann (logique et théorie des ensembles, espaces de Hilbert, théorie des jeux, théorie de l'implosion pour la bombe de Nagasaki, ordinateurs programmables, bombe H, missiles), à l'époque l'un des plus influents conseillers scientifiques du Pentagone, aurait dit : *If you say why not bomb them tomorrow, I say why not today. If you say today at five o'clock, I say why not one o'clock*, si l'on en croit *Life*, 25/2/1957, à l'occasion de sa mort. Mais ni Truman ni Eisenhower n'étaient disposés à prendre ce risque, comme, entre autres historiens, l'explique lumineusement Marc Trachtenberg, *History and Strategy* (Princeton UP, 1991), dans un chapitre intitulé *A "Wasting Asset": American Strategy and the Shifting Nuclear Balance, 1949-1954*.

quelques années quelques informations nouvelles. Au plus fort de la
crise, sur le point d'être arrêté, le célèbre colonel Penkowski, qui
a communiqué aux Américains une masse d'informations sur les
armements de son pays, aurait envoyé à la CIA un message codé
l'informant d'une attaque soviétique imminente; compte-tenu de sa
personnalité, les deux employés de la CIA qui reçurent le message
auraient décidé de ne pas le transmettre plus haut (information impossible à confirmer mais publiée par Raymond Garthoff, auteur d'é-
tudes massives sur les relations américano-soviétiques). On sait que
les Soviétiques laissèrent à Cuba, outre 40.000 hommes et non 10.000
comme le croyait la CIA, des armes nucléaires tactiques dont le com-
mandant soviétique local était autorisé à se servir en cas de débar-
quement américain; cette hypothèse aurait fort bien pu se réaliser
si Khrouchtchev avait attendu quelques jours de plus avant de jeter
l'éponge : imaginez la réaction américaine en pareil cas. On sait
que, dans les deux camps, les chefs militaires protestèrent violem-
ment contre l'issue de la crise : ils étaient pour l'invasion immédiate
aux USA – tout était prêt – et contre la "capitulation" en URSS.
Au plus fort de la crise, le chef du Strategic Air Command prit
sur lui d'envoyer en clair aux B-52 chargés de bombes qui volaient
en permanence vers l'URSS l'ordre de se mettre en état d'alerte
quasi maximum, la Marine américaine harcelant les sous-marins soviétiques même dans le Pacifique. Le secrétaire à la Défense d'alors,
Robert McNamara, est devenu par la suite le principal avocat d'une
abolition totale des armes nucléaires.
(6) L'équilibre des forces entre les deux camps a longtemps été considéré comme fort précaire. En bonne logique, il aurait suffi à chaque
camp de posséder une centaine d'armes nucléaires basées sur des
sous-marins pour immobiliser l'autre; le fait que cette stratégie n'ait
pas été adoptée indique que personne ne faisait confiance aux armes
nucléaires en tant que telles pour garantir la dissuasion, en dépit du
fait qu'on n'a pas encore trouvé les moyens de s'en protéger. Pour
ne mentionner qu'un détail significatif, c'est pour limiter les dégâts
d'une éventuelle attaque soviétique contre les télécommunications
et centres stratégiques que Paul Baran, à la Rand Corporation, a
inventé en 1964-5 le *packet switching* d'où sortiront l'Arpanet et
Internet.
Le maintien de l'équilibre des forces a donc, en fait, justifié une
course aux innovations technologiques, presque toujours nées en
Amérique et toujours répliquées plus ou moins fidèlement en URSS,
course destinée à assurer qu'aucun des deux protagonistes ne dis-
poserait d'une supériorité suffisante pour le tenter d'écraser l'autre
sans prendre de risques dits "inacceptables" (20 à 30% de la population et 60% de l'industrie en moins...). Cela sous-entendait qu'en

dépit des armes nucléaires destinées à garantir la paix, chacun des
deux protagonistes attribuait à l'autre, à tort ou à raison, la tenta-
tion d'attaquer sans préavis. En ce qui concerne d'éventuelles opérations terrestres en Europe, l'URSS s'est constamment donnée les
moyens, fort coûteux, de déclencher une offensive massive, l'OTAN
s'étant, elle, donnée très tôt les moyens, principalement nucléaires
parce que plus économiques, de la stopper (pour les années 1950,
voir les mémoires du général Gallois), après quoi les Soviétiques ont
adopté à leur tour les armes nucléaires "tactiques". L'invention par
les Américains des missiles à têtes multiples (MIRV) et la course
à la précision, officiellement justifiées par la nécessité de détruire
les missiles ennemis avant leur départ, aurait, en cas de crise aiguë,
obligé chaque camp à tirer le premier pour ne pas détruire des si-
los vides, comme, à l'époque, n'ont pas manqué de le souligner des
physiciens américains fort compétents en la matière et opposés à
cette stratégie dont l'existence dans les deux camps de sous-marins
quasi invulnérables renforçait l'absurdité.
(7) Une explication qui n'exclut pas la précédente consiste à penser
qu'il s'agissait en réalité d'une course à la banqueroute dont le gagnant serait le perdant. L'économie occidentale, ou même seulement
américaine, a toujours représenté au bas mot trois fois l'économie
soviétique (dix fois en 1945 selon Kennan). En termes de PNB, la
course aux armements a nécessairement pesé beaucoup plus lourd
sur l'économie soviétique que sur l'américaine pendant toute la période (Souton, p. 666, parle de 20 à 40% contre 4 à 6% aux USA).
La course aux armements aura donc contribué à donner raison à
Kennan (qui, opposé aux délires nucléaires, se retira rapidement
et pour la vie à l'Institute for Advanced Study de Princeton...) et
à confirmer l'inefficacité réelle ou supposée du système socialiste,
assiégeant assiégé depuis sa naissance. Au surplus, elle dispensait les
Etats-Unis d'entretenir une vaste armée de terre qui eût été beaucoup plus coûteuse.
Tout en faisant, grâce à la guerre de Corée, monter le budget militaire à 10% environ du PNB américain – évolution préconisée, trois
mois avant le déclenchement de la guerre, par un National Security
Council fort conscient de l'immense supériorité industrielle américaine -, le président Eisenhower a, pour protéger l'économie américaine, toujours refusé d'aller plus loin parce que, comme il l'a dit à
l'époque, la confrontation risquait de durer jusqu'á la fin du siècle. Il
y a une quinzaine d'années, on prétendait encore sérieusement qu'il
était économiquement impossible, à l'Ouest, de fabriquer 3.000 tanks
lourds par an comme, nous disait-on, le faisaient les Soviétiques. Il
est vrai qu'à cette époque, les pays de l'OTAN n'étaient capables
que de produire à peine plus de vingt millions d'automobiles par an

et quelques centaines de milliers de poids lourds, machines agricoles et engins de toutes sortes...

Ajoutons que les documents, notamment soviétiques et francais, qui seraient indispensables à une compréhension véritable de la situation restent encore largement inaccessibles. Les seules certitudes sont que l'hostilité idéologique entre les USA et l'URSS date de 1917 (pas de relations diplomatiques avant 1933) et non de 1945; qu'après 1945 les deux camps ont, comme la France et l'Allemagne avant 1914, constamment perfectionné leurs armements et leurs plans de guerre; que les armes nucléaires ont, dans les deux camps, probablement contribué à renforcer le recul instinctif devant la catastrophe; mais que leur existence aurait pu, en cas de crise aiguë, la précipiter en raison de la réduction drastique des délais de réaction disponibles et du fait qu'auprès d'elles, "*les camps de concentration et la chambre à gaz font figure de procédés artisanaux*" (Pierre Sudreau, *L'enchaîne-ment*, Plon, 1967, p. 209, par un gaulliste non orthodoxe). Quant à imaginer une version réaliste de ce qu'aurait été l'histoire sans armes nucléaires, l'exercice n'a aucun sens : l'histoire n'est pas une science expérimentale.

Dans un siècle, la théorie dominante sera peut-être que c'est malgré les armes nucléaires que la Troisième guerre mondiale a été évitée jusqu'à présent (attendre avant de se prononcer sur l'avenir). C'est ce que certains politologues ou historiens suggèrent depuis un cer-tain temps, par exemple Michael McGwire, *Deterrence: the problem – not the solution* (International Affairs, 1986, pp. 55–70). Soutou était, lui aussi, assey sceptique John Mueller, *Retreat from Dooms-day. The Obsolescence of Major War* (Basic Books, 1989) et John Keegan, *The Second World War* (Penguin Books, 1990, pp. 594–595) invoquent l'expérience des deux guerres mondiales. D'autres pensent que les armes nucléaires n'ont servi à rien de ce point de vue, ce qui est sûrement le cas des francaises qui, sous de Gaulle, avaient prin-cipalement pour mission militaire de transformer un éventuel conflit classique en guerre nucléaire. S'ils ont raison, le succès de la dissua-sion nucléaire serait dû au fait qu'il n'y avait personne à dissuader ou bien, comme le dit Mueller, que la vraie dissuasion, c'était Detroit : l'énorme supériorité industrielle américaine, nucléaire ou pas.

On peut, en français, apprécier l'étendue du sujet dans Pierre Grosser, *Les temps de la guerre froide* (Bruxelles, Ed. Complexe, 1996), qui cite presque tout ce qui est dans le domaine public mais se borne à de très courtes généralités en ce qui concerne la course aux armements et ses rapports avec le progrès scientifique et tech-nique. Il en est de même du superbe livre de Georges-Henri Sou-ton, *La guerre de Cinquante ans. Les relations Est–Ouest 1943–1990* (Paris, Fayard, 2001). La plupart des autres auteurs français, particulièrement les experts en stratégie, se sont bornés pendant des décennies à sonner le tocsin pour un incendie [l'invasion de l'Europe] qui ne s'est jamais produit tout en jetant fréquemment de l'huile sur le feu. Citons, dans l'immense littérature américaine, quelques livres sérieux : Daniel Yergin, *Shattered Peace. The Origins of the Cold War and the National Security State* (Houghton Mifflin, 1977, trad. *La Paix saccagée*, éd. Complexe, 1990), George F. Kennan, *The Nuclear Delusion* (Pantheon Books, 1982, trad. *Le mirage nucléaire*, Maspero), Fred Kaplan, *The Wizards of Armageddon* (Simon & Schuster, 1983) sur l'histoire de la stratégie nucléaire américaine, McGeorge Bundy, *Danger and Survival. Choices About the Bomb in the First Fifty Years* (Vintage, 1990), Samuel R. Williamson, Jr and Steven L. Rearden, *The Origins of U.S. Nuclear Strategy, 1945–1953* (St. Martin's Press), Melvin Leffler, *A Preponderance of Power. National Security, the Truman Administration, and the Cold War* (Stanford UP, 1992) et *The Specter of Communism. The United States and the Origins of the Cold War, 1917–1953* (Hill and Wang, 1994), John Lewis Gaddis, *We Know Now. Rethinking Cold War History* (Oxford UP, 1997). Pour un exposé équilibré et facile à lire, voir Martin Walker, *The Cold War and the Making of the Modern World* (Vintage, 1994), par un journaliste britannique qui a couvert le sujet mais ne semble pas, lui non plus, avoir observé que les merveilles de la high tech sont l'une des principales contributions de la guerre froide à la construction du monde contemporain et que, dans ce domaine aussi, les enfants héritent des gènes de leurs parents.

Revenons aux mathématiciens. Comme dans toute communauté très hiérarchisée et obéissant à des règles strictes, la discipline leur est depuis une cinquantaine d'années imposée de toute façon par l'existence d'une sorte de service d'ordre. Avant de publier un article, et pas seulement bien sûr en mathématiques, toute revue sérieuse le soumet maintenant à des spécialistes, les "referees" ou "gate keepers of Science" comme les a appelés un jour un sociologue ou, si l'on préfère un terme français, les sentinelles de la Science. Ceux-ci ne manquent pas d'en détecter les faiblesses et tout particulièrement, c'est normal, lorsque les résultats annoncés sont si importants que certains des "referees" peuvent enrager de ne les avoir pas trouvés eux-mêmes avant l'auteur; ce système a contribué à grandement améliorer le niveau des publications. Au surplus, tous les auteurs d'articles scientifiques envoient maintenant à leurs collègues des "preprints" (sur papier ou "virtuels") qui arrivent six ou douze mois avant l'article imprimé. Cela rend service aux collègues et les dispense de continuer dans la même voie s'ils s'y trouvaient – on assure ainsi doublement sa priorité –, mais peut aussi conduire ceux-ci à critiquer plus ou moins sévèrement les articles qu'ils reçoivent. Tout le monde ne réagit pas comme Legendre, le grand expert de la théorie des fonctions elliptiques sous la Révolution et l'Empire qui, sur ses vieux jours, vers 1825, apprenant les résultats d'Abel et de Jacobi qui révolutionnent totalement le sujet, se réjouit d'un pareil "bond en avant" et se borne à se plaindre que ces jeunes gens nés avec le siècle avancent trop vite pour qu'à soixante dix ans il puisse encore espérer les suivre ...

C'est ce qui est arrivé il y a quelques années à Andrew Wiles avec sa démonstration, sept ans de travail, du "grand théorème de Fermat" vers lequel des générations de mathématiciens louchaient depuis quelque trois siècles, comme des générations d'alpinistes vers l'Everest avant Edmund Hillary. On pense bien que les referees chargés des preprints de Wiles se sont, toutes affaires cessantes, précipités sur l'objet dans l'espoir ou la crainte, selon le degré de générosité de la personne considérée, d'y trouver des lacunes ou erreurs comme cela avait toujours été le cas dans le passé; il y avait effectivement une erreur de calcul qui, apparemment, faussait tout. Mais Wiles a tout rectifié un an plus tard avec l'aide de l'un des refereees; ceux des gate keepers qui enrageaient d'avoir raté leur "première" alors qu'ils en étaient fort proches en ont donc été pour leurs espoirs. Quant à ce qui se serait passé pour Wiles si sa démonstration avait été irrécupérable, il vaut mieux n'y pas penser puisqu'on en a vu récemment un exemple à propos d'un autre Everest. Certaines des autorités les plus prestigieuses ont décidé que l'auteur – par ailleurs brillant et, c'est le moins que l'on puisse dire, ne manquant pas de courage – de cette démonstration fausse utilisant d'autres mathématiques que les leurs "n'était pas du niveau requis" pour la réussir. Eux non plus, jusqu'à preuve du contraire ...

On peut aussi méditer l'affaire récente de la "mémoire de l'eau" à l'occasion de laquelle un biologiste français par ailleurs réputé, ayant publié une théorie révolutionnaire reposant sur des expériences difficiles ou impossibles à reproduire, s'est fait expulser avec la dernière brutalité de la "communauté" par des douzaines de pontifes de la physique et de la biologie agitant les spectres de l'irrationalité, de l'homéopathie et de la fraude et prétendant que ses publications étaient susceptibles de "nuire à l'image de la science française". Comme si celle-ci dépendait des travaux d'un seul homme, et comme si la "science américaine" avait été discréditée lorsqu'un biologiste maquilla ses souris en noir et blanc pour prouver la justesse de sa théorie! Citons à ce sujet l'opinion de Robert Hutchins[23] en 1963 :

> There have been very few scientific frauds. This is because a scientist
> would be a fool to commit a scientific fraud when he can commit frauds
> every day on his wife, his associates, the president of the university, and

---

[23] Cité dans Daniel S. Greenberg, *The Politics of American Science* (Penguin Books, 1969, titre américain initial : *The Politics of Pure Science*, American Library, 1967). Greenberg a collaboré à la grande revue *Science*, qu'il a dû quitter en raison de ses points de vue irrespectueux. Son livre mérite encore d'être lu.

the grocer ... A scientist has a limited education. He labours on the topic
of his dissertation, wins the Nobel prize by the time he is 35, and suddenly
has nothing to do ... He has no alternative but to spend the rest of his
life making a nuisance of himself.

L'auteur de cette déclaration s'est évidemment laissé entraîner par son
goût du paradoxe; il faut toutefois noter qu'il a présidé l'université de
Chicago avant, pendant et après la guerre et, à ce titre, a pu se livrer à
quelques observations ...

Et Euler? Ses oeuvres complètes – plus précisément, celles qu'il avait
préparées lui-même en vue d'une éventuelle publication –, en cours d'édition en Allemagne puis en Suisse depuis 1911, doivent comporter environ 80
volumes in-4°, dont 29 de mathématiques sans parler de la mécanique, de
l'hydraulique, de l'astronomie, de la physique mathématique, de l'optique,
de la théorie du navire et de la navigation, de la géodésie, de l'artillerie, des
mathématiques financières et des *Lettres à une princesse d'Allemagne sur
divers sujets de physique et de philosophie* fort diffusées, destinées à l'édu-
cation d'une nièce de Frédéric II[24], lequel aurait mieux fait de confier cette
lourde tâche à des gens comme Diderot, d'Alembert ou Voltaire qui lui inspi-
raient considérablement plus de sympathie qu'Euler et son calvinisme (son
père était pasteur à Bâle[25], et ce sont les mathématiques qui finirent par dissuader le jeune Euler de l'imiter sans pour autant changer ses idées). Il y a
aussi, en plus de ces 80 volumes, une énorme correspondance dont l'essentiel
reste à publier. Il perd un oeil en 1738 et est aveugle à partir de 1771, mais
continue à travailler au même rythme.

Euler ne publiait pas tout ce qu'il écrivait, à beaucoup près (560 livres et
articles durant sa vie, mais il y en a environ 300 autres), notamment parce
qu'il écrivait trop pour les capacités de l'époque; une légende peut-être apoc-
ryphe mais significative veut que, lorsqu'un éditeur venait lui demander un
papier, il lui tendait celui du haut sur la pile de ses dernières productions.
Avec de pareilles moeurs et des démonstrations géniales mais un peu ou très
fausses comme on le verra à diverses occasions, il aurait de sacrés ennuis de
nos jours. A ceci près que, de nos jours, il eût été éduqué par des mathématiciens plus "sérieux" que Johann Bernoulli et se serait conformé aux règles
de la corporation comme, à son époque, il se conforma dans sa vie privée

---

[24] "Le Roi m'appelle "mon professeur", et je suis le plus heureux des hommes"
(Hairer-Wanner, p. 159). Cela ne dura du reste pas très longtemps, Frédéric II
appréciant beaucoup plus les capacités d'administrateur de l'Académie d'Euler
que ses mathématiques "inutiles".

[25] Aux XVIIe et XVIIIe siècles, et même encore aux XIXe, beaucoup de scientifiques et plus généralement d'intellectuels sont, dans les pays protestants,
des fils de pasteurs, sans doute parce que ceux-ci sont des gens instruits. Le
phénomène correspondant se rencontre plus rarement dans les pays catholiques,
mais comme l'instruction y est presque totalement monopolisée par les écoles
religieuses, les résultats ne sont pas très différents jusqu'aux abords de la Révolution.

à celles qu'il avait absorbées dans la société puritaine de Bâle. Il y avait heureusement, principalement en France, des gens pour faire avancer autre chose que les mathématiques, l'hydraulique et l'artillerie.

8 – Opérations algébriques sur les limites

Il est indispensable de savoir ce qui se passe lorsqu'on effectue des opérations algébriques simples sur des suites qui tendent vers des limites. La théorie se réduit du reste à fort peu de choses.

Théorème 1. *Soient (u_n) et (v_n) deux suites convergentes, de limites u et v. Alors les suites $(u_n + v_n)$ et $(u_n v_n)$ convergent vers $u + v$ et uv. Si $v \neq 0$, on a $v_n \neq 0$ pour n grand, et la suite (u_n/v_n), définie pour n grand, converge vers u/v.*

Autrement dit, on a

$$\lim(u_n + v_n) = \lim u_n + \lim v_n,$$
$$\lim(u_n v_n) = (\lim u_n).(\lim v_n),$$
$$\lim(u_n/v_n) = (\lim u_n)/(\lim v_n) \text{ si } \lim v_n \neq 0.$$

On peut aussi additionner des séries – considérer les sommes partielles :

$$\sum(u_n + v_n) = \sum u_n + \sum v_n.$$

Venons-en à la démonstration du théorème 1.

Cas d'une somme. Il suffit d'écrire que

$$|(u_n + v_n) - (u + v)| \leq |u_n - u| + |v_n - v|;$$

pour n assez grand, chacune des deux dernières différence est $< r/2$; le premier membre est donc $< r$, cqfd.

Cas d'un produit. Il repose sur le lemme suivant (continuité de l'application $(x, y) \mapsto xy$ de $\mathbb{C}^2$ dans $\mathbb{C}$) :

Lemme. *Soient u et v des nombres complexes. Pour tout $r > 0$, il existe un nombre $r' > 0$ tel que les relations*

(8.1) $|u' - u| < r'$ & $|v' - v| < r'$ *impliquent* $|u'v' - uv| < r$.

On a en effet

$$u'v' - uv = (u' - u)(v' - v) + v(u' - u) + u(v' - v).$$

Les deux premières inégalités (1) impliquent donc

$$|u'v' - uv| < r'^2 + ar' \text{ où } a = |u| + |v|.$$

Pour $r' < 1$, le second membre est $< (1+a)r'$. Le premier sera donc $< r$ pour peu que l'on choisisse $r' < \min(1, r/(1+a))$, cqfd.

Pour déduire de là le cas du théorème 1 qui nous intéresse ici, il suffit de remplacer u' et v' par u_n et v_n; les deux conditions de (1) sont alors vérifiées pour tout n assez grand, et la troisième relation fournit le résultat. (Ici comme toujours, on utilise le fait que si deux relations sont *séparément* valables pour n grand, elles le sont aussi *simultanément*).

Cas d'un quotient. Etant donné que $u_n/v_n = u_n \times 1/v_n$, il suffit d'examiner $1/v_n$ et d'appliquer ensuite le résultat relatif à un produit.

Le fait qu'on a $v_n \neq 0$ pour n grand est clair : pour n grand, on a par exemple $|v_n - v| < |v|/2$ puisque le second membre est > 0; il s'ensuit que $|v_n| > |v|/2 > 0$.

Pour imiter le raisonnement utilisé précédemment, posons $v_n = v'$. Il faut évaluer

$$|1/v' - 1/v| = |v' - v|/|vv'|.$$

Pour n grand, le numérateur du second membre est $< r'$. Or on vient de voir que le dénominateur est *supérieur* à $|v|^2/2$. Le second membre est donc $< 2r'/|v|^2$, résultat $< r$ pour peu que l'on ait $r' < r|v|^2/2$, cqfd.

Le théorème 1 permet de calculer facilement un grand nombre de limites, à vrai dire très simples. Par exemple, la suite de terme général

$$w_n = \frac{n^2 - 1}{3n^2 + n + 1} = \frac{1 - 1/n^2}{3 + 1/n + 1/n^2}$$

tend vers $1/3$ car $1/n$ et $1/n^2$ tendent vers 0, de sorte que les deux termes de la fraction tendent vers 1 et 3 respectivement.

Plus généralement, soient

$$f(x) = a_p x^p + a_{p-1} x^{p-1} + \ldots + a_0,$$
$$g(x) = b_p x^p + b_{p-1} x^{p-1} + \ldots + b_0$$

deux polynômes de même degré p [NB : lorsqu'on dit que f est de degré p, cela signifie que $a_p \neq 0$]. Alors[26]

---

[26] La relation ci-dessous subsiste, avec la même démonstration, si, dans $f(x)/g(x)$, on fait tendre x vers l'infini par valeurs non nécessairement entières. On se borne essentiellement dans ce chapitre aux limites dans lesquelles la variable prend des valeurs "discrètes". Le chapitre suivant montrera que beaucoup de résultats s'étendent au cas des variables "continues" (au sens où, en physique, on parle du "spectre discret" et du "spectre continu" d'une source lumineuse : le premier se compose de "raies" isolées et de largeur nulle, le second de "bandes" lumineuses de largeur non nulle).

$$\lim_{n \to \infty} f(n)/g(n) = a_p/b_p.$$

La démonstration est la même que ci-dessus : on divise les deux membres de la fraction par n^p et l'on remarque que $1/n$ et toutes ses puissances tendent vers 0 lorsque n augmente indéfiniment.

Outre ces règles de calcul algébrique, il existe une opération simple qui transforme une suite convergente en une autre. Soit (u_n) une suite qui converge vers u et soit f une fonction numérique définie au voisinage de u, sauf peut-être en u, et telle que $f(x)$ tende vers une limite v lorsque x tend vers u. Alors $f(u_n)$ tend vers v. Pour tout $r > 0$, il y a en effet un $r' > 0$ tel que $|x - u| < r'$ implique $|f(x) - v| < r$; or on a $|u_n - u| < r'$ pour n grand, d'où $|f(u_n) - v| < r$ pour n grand.

Si en particulier une fonction f est continue en un point a, alors

$$(8.2) \qquad \lim u_n = a \Longrightarrow \lim f(u_n) = f(a),$$

résultat fondamental bien qu'à peu près trivial (i.e. résultant directement des définitions).

§2. Séries absolument convergentes

9 – Suites croissantes. Borne supérieure d'un ensemble de nombres réels

Faisons tout d'abord quelques remarques sur les passages à la limite dans les inégalités, essentielles pour comprendre l'axiome (IV) du n°1.

Il est d'abord évident que si une suite de nombres positifs pour n grand converge, sa limite est encore positive; le lecteur fournira les ε et les N nécessaires à une démonstration en règle ... Il suit de là que

$$(9.1) \qquad a \leq u_n \leq b \text{ pour tout } n \text{ grand} \implies a \leq \lim u_n \leq b,$$

comme on le voit en considérant les suites $u_n - a$ et $b - u_n$. De même,

$$(9.2) \qquad u_n \leq v_n \text{ pour tout } n \text{ grand} \implies \lim u_n \leq \lim v_n$$

puisque la suite $v_n - u_n$ est à termes positifs pour n grand.

En d'autres termes, les inégalités *larges* se conservent par passage à la limite.

Il n'en est pas de même des inégalités *strictes* : on a $1/n > 0$ pour tout n, mais $\lim 1/n = 0$. Un passage à la limite transforme des inégalités strictes en inégalités larges, sauf preuve explicite du contraire : l'inégalité $1/n > -2$ est conservée à la limite car il existe un nombre $r > 0$ tel que l'on ait $1/n > -2 + r$ pour tout n, de sorte que la limite est $\geq -2 + r > -2$.

Ces résultats, bien que triviaux, vont nous ramener à l'axiome (IV) de $\mathbb{R}$ mentionné au n° 1 de ce chapitre. Considérons pour cela une suite *croissante*

$$(9.3) \qquad u_1 \leq u_2 \leq \ldots \leq u_n \leq u_{n+1} \leq \ldots$$

de nombres réels. Pour qu'elle converge, il est évidemment nécessaire que, croissante ou pas, il existe un nombre positif M tel que $|u_n| \leq M$ pour tout n, i.e. que la suite soit *bornée*. Dans le cas qui nous occupe, cela signifie l'existence de nombres M qui *majorent* la suite, i.e. vérifient $M \geq u_n$ pour tout n, avec une inégalité large essentielle pour ce qui suit. On dit aussi que M est un *majorant* de la suite donnée et que celle-ci est *majorée* par M, ou majorée tout court si l'on ne désire pas préciser M, ou encore *bornée supérieurement*.

Supposons alors que la suite (3) converge vers une limite u. D'après la propriété (1) ci-dessus, la relation

$$(9.4) \qquad u_p \leq M \text{ pour tout } p \text{ implique } u \leq M.$$

Comme on a d'autre part $u_p \leq u_n$ pour tout $n \geq p$, on voit de même, en passant à la limite sur n, que l'on a aussi

(9.5) $u_p \leq u$ pour tout p.

La relation (4) montre que tout majorant est $\geq u$ et (5) que u est l'un de ces majorants; conclusion :

> (9.6) *Si une suite croissante (u_n) converge, l'ensemble de ses majorants possède un plus petit élément, à savoir la limite de la suite donnée.*

Réciproquement :

> (9.7) *Soit (u_n) une suite croissante et bornée. Supposons que l'ensemble de ses majorants possède un plus petit élément u. Alors u_n converge vers u.*

Donnons-nous en effet un nombre $r > 0$. Puisque u est le plus petit nombre qui majore la suite, le nombre $u - r$ ne la majore pas. Il y a donc un indice p tel que $u - r < u_p$. Comme la suite est croissante, on a encore $u - r < u_n$ pour tout $n \geq p$. Mais puisque u majore la suite, on a finalement

(9.8) $u - r < u_n \leq u$ pour tout $n \geq p$,

ce qui établit (7).

Nous sommes ici au pied du mur. Lorsqu'une "grandeur", comme on appelait cela autrefois, augmente *constamment* mais non de façon *illimitée*, i.e. reste en deçà d'une certaine valeur finie, le bon sens – la chose du monde la mieux partagée selon un philosophe et mathématicien qui ne croyait qu'à ce qu'il pouvait démontrer ou vérifier lui-même –, le bon sens, donc, indique que cette grandeur doit nécessairement s'accumuler vers une *limite*. En termes mathématiques : toute suite croissante bornée supérieurement converge.

Par exemple, le bon sens indique que la suite

$$3 \quad 3,1 \quad 3,14 \quad 3,141 \quad 3,1415 \quad 3,14159 \ldots$$

doit bien converger vers quelque chose. Hélas, ce quelque chose n'est pas rationnel, de sorte que le bon sens ne servirait à rien si nous ne connaissions que $\mathbb{Q}$. Cela ne détruirait aucune des banalités que nous avons déjà établies dans ce chapitre puisqu'elles ne reposent que sur les axiomes (I), (II) et (III) communs à $\mathbb{Q}$ et à $\mathbb{R}$, y compris (6) et (7); mais on voit bien que pour aller plus loin, on a besoin d'un axiome spécifique à $\mathbb{R}$ sous peine d'avoir à démontrer des théorèmes faux tels que : "toute suite croissante et bornée de nombres rationnels converge vers une limite rationnelle" ou, ce qui ne vaudrait guère mieux, sous peine d'être incapable d'attribuer une limite à la quasi totalité des suites convergentes que l'on rencontre en analyse.

C'est évidemment l'axiome (IV) du n° 1 qui nous manque. Il affirme que, si un ensemble non vide $E \subset \mathbb{R}$, par exemple l'ensemble des nombres de la forme u_n dans ce qui précède, est borné supérieurement, alors l'ensemble des nombres qui le majorent, ses majorants, possède un plus petit élément, sa *borne supérieure*. Cela rend le théorème suivant évident en raison de (7) :

Théorème 2. *Pour qu'une suite croissante de nombres réels converge, il faut et il suffit qu'elle soit majorée. Sa limite est alors le plus petit nombre qui la majore, i.e. la borne supérieure de l'ensemble de ses termes.*

Le point crucial que masque cet énoncé est le postulat que, parmi tous les majorants de la suite donnée, *il existe* un nombre inférieur à tous les autres.

Enoncé analogue pour les suites décroissantes : une telle suite converge si et seulement si elle est *minorée*, i.e. s'il existe des nombres m inférieurs à tous ses termes. Sa limite est alors le *plus grand* de ces *minorants* i.e. la *borne inférieure* de l'ensemble de ses termes.

Pour clarifier les idées du lecteur, il est indispensable d'introduire ou de reprendre plus systématiquement que nous ne l'avons fait quelques définitions très faciles et d'usage constant.

On dit qu'un ensemble $E \subset \mathbb{R}$ est *borné supérieurement* ou *majoré* s'il existe un nombre M tel que $x \leq M$ pour tout $x \in E$; on dit alors que M *majore* E, ou est un *majorant* de E, ou que E est *majoré par* M. Définitions analogues des ensembles *bornés inférieurement* ou *minorés* et des nombres qui *minorent* l'ensemble, etc. Enfin, on dit qu'un ensemble $E \subset \mathbb{C}$ est *borné* s'il existe un nombre $M \geq 0$ tel que $|x| \leq M$ pour tout $x \in E$.

Soit $E \subset \mathbb{R}$ un ensemble borné supérieurement et soient M et M' deux majorants de E. Si $M < M'$, la relation $\{x \in E \Longrightarrow x \leq M\}$ est évidemment plus précise que la relation analogue relative à M'. Par exemple, il n'est pas sans intérêt de savoir que, dans l'espèce humaine, tout le monde meurt avant d'avoir atteint l'âge de 500 ans, mais pour éviter des surprises il vaut mieux savoir qu'en fait on meurt avant 250 ans. Cette information n'étant pas encore, semble-t-il, la meilleure possible, on a envie de trouver un âge aussi petit que possible avant lequel tout le monde meurt. Ce serait la *borne supérieure* exacte de la vie humaine. D'où la notion de borne supérieure d'un ensemble $E \subset \mathbb{R}$ borné supérieurement : c'est un nombre $u = \sup(E)$ vérifiant les deux conditions suivantes :

(SUP 1)   *on a $x \leq u$ pour tout $x \in E$*, i.e. u majore E;

(SUP 2)   *on a $u \leq M$ pour tout autre majorant M de E.*

Autrement dit, $\sup(E)$ est *le plus petit majorant de E.*

On pourrait remplacer (SUP 2) par

(SUP 2')   *pour tout $r > 0$, il existe un $x \in E$ tel que $u - r < x$.*

Si en effet u est le plus petit majorant possible, le nombre $u - r$ ne majore pas E, d'où l'existence de x. Si inversement (SUP 2') est vérifié, alors tout M majorant E majore, quel que soit $r > 0$, un $x > u - r$, donc majore

$u - r$ quel que soit $r > 0$, donc majore u (axiome d'Archimède modifié), d'où (SUP 2).

(SUP 2') signifie aussi que u *est limite d'une suite d'éléments de E* : choisir des $x_n \in E$ tels que $u - 1/n < x_n$.

Comme on l'a vu plus haut, la difficulté pour prouver qu'une suite croissante tend vers une limite disparaît à partir du moment où l'*existence* de la borne supérieure est établie. Le problème est résolu par l'axiome (IV) du n° 1 que la plupart des auteurs appellent le "théorème" de Bolzano parce que celui-ci, le premier semble-t-il, l'a plus ou moins clairement formulé en 1817. Il ne l'a pas démontré, sans doute parce qu'il lui paraissait trop évident et, en réalité, parce que personne n'avait encore à son époque une idée suffisamment claire de la notion de nombre réel pour en fournir une démonstration en règle. Situation peu surprenante : si vous désirez *démontrer* un tel "théorème", vous devez vous appuyer sur d'autres résultats antérieurs; or ce ne sont évidemment pas les axiomes (I), (II) et (III) du n° 1 qui ont la moindre chance d'y suffire puisque, si tel était le cas, ils démontreraient que le théorème de Bolzano est valable dans $\mathbb{Q}$; l'invention des nombres réels serait alors parfaitement superflue. Si donc l'on désire faire de l'existence des bornes supérieures un *théorème*, il faut disposer soit d'un *axiome* valable dans $\mathbb{R}$ mais non dans $\mathbb{Q}$, comme font ceux qui préfèrent l'axiome des "intervalles emboîtés" (pour nous, un théorème du Chap. III), soit d'une construction rigoureuse de $\mathbb{R}$, par exemple celle que fournissent les coupures de Dedekind dont nous avons parlé dans l'introduction et à la fin du n° 1.

Il peut toutefois être intéressant de montrer que le soit-disant théorème de Bolzano, qui implique trivialement le théorème 2, en est inversement une conséquence, de sorte que le théorème 2 aurait aussi bien pu nous servir d'axiome (IV).

"Théorème" de Bolzano (1817). *Toute partie non vide E de $\mathbb{R}$ bornée supérieurement possède une borne supérieure et une seule.*

L'unicité est claire : on ne voit pas comment un ensemble de nombres, les majorants de E, qui possède un plus petit élément pourrait en posséder deux qui ne seraient pas les mêmes puisque chacun d'eux est censé être inférieur à l'autre. Paul Klee a représenté un jour deux bureaucrates nus se faisant face et se saluant l'échine *à l'horizontale*, car chacun d'eux croit que l'autre est d'un rang supérieur au sien. Cela n'empêche pas certains auteurs, y compris autrefois celui-ci, de fournir une démonstration en règle de l'unicité de la borne supérieure. Prouvons maintenant son existence.

Soit M un majorant de E. Il existe des entiers $n \in \mathbb{Z}$ qui majorent E, par exemple ceux qui dépassent M. Il existe aussi des entiers qui ne majorent pas E car E est non vide; ils sont tous $< M$, de sorte qu'on peut considérer le plus grand d'entre eux, soit u_0. Il ne majore pas E, mais $u_0 + 1$ majore E, faute de quoi u_0 ne serait pas le plus grand possible.

Parmi les nombres $u_0 + n/10$, où n est un entier ≥ 0, soit u_1 le plus grand de ceux qui ne majorent pas E; on a $n \leq 9$ pour ce nombre puisque $u_0 + 10/10$ majore E. On a $u_0 \leq u_1$, u_1 ne majore pas E, mais $u_1 + 1/10$ majore E.

Soit de même u_2 le plus grand des nombres de la forme $u_1 + n/100$ qui ne majorent pas E. On a $n \leq 9$ puisque $u_1 + 10/100$ majore E, $u_1 \leq u_2$, u_2 ne majore pas E, mais $u_2 + 1/100$ majore E.

En poursuivant indéfiniment la construction, on obtient une suite croissante de nombres u_n possédant les propriétés suivantes : (i) u_n ne majore pas E, (ii) $u_n + 1/10^n$ majore E. Comme on a $u_n \leq M$ pour tout n, la suite u_n tend vers une limite u *en vertu du théorème 2*. Montrons que u satisfait aux conditions (SUP 1) et (SUP 2') qui caractérisent la borne supérieure de E.

Pour tout $x \in E$, on a $x \leq u_n + 1/10^n$ quel que soit n puisque le second membre majore E. Or il converge vers u. Les remarques du début de ce n° montrent alors que $x \leq u$, d'où (SUP 1).

Comme u_n ne majore pas E, il y a pour tout n un $x_n \in E$ tel que $u_n < x_n$. On a aussi $x_n \leq u_n + 1/10^n$ puisque le second membre majore E. Par suite, $\lim x_n = u$, d'où (SUP 2'), ce qui achève la démonstration.

C'est à dessein que nous avons, dans la démonstration précédente, utilisé des nombres décimaux. Elle consiste à construire les développements décimaux limités successifs $u_0, u_1, u_2, \ldots$ de u. De façon précise, si l'on écrit le développement décimal illimité *par défaut* de chaque $x \in E$ sous la forme

$$x = x_0, x_1 x_2 \ldots$$

avec une partie entière x_0 et des décimales $x_1, x_2, \ldots$ comprises entre 0 et 9, on obtient u_0, u_1, etc. par le procédé suivant : u_0 est la valeur maximum que prend x_0 lorsque que x varie dans E; u_1 a pour partie entière u_0 et sa première décimale (les suivantes sont nulles) est la valeur maximum de x_1 lorsque x décrit l'ensemble E_0 des $x \in E$ tels que $x_0 = u_0$; le développement décimal de u_2 commence comme celui de u_1, mais comporte une décimale de plus, à savoir la valeur maximum de x_2 lorsque x décrit l'ensemble $E_1 \subset E_0 \subset E$ des $x \in E$ tel que $x_0, x_1 = u_1$, et ainsi de suite. Autrement dit, on considère les $x \in E$ dont la partie entière est maximum, puis, *parmi ceux-ci*, ceux dont la première décimale est maximum, puis, parmi ceux-ci, ceux dont la seconde décimale est maximum, etc. En poursuivant indéfiniment la construction on trouve les décimales successives de la borne supérieure cherchée de E.

Cette construction permettrait de prouver le théorème "sans rien savoir" à condition d'admettre que *n'importe quel* développement décimal illimité correspond effectivement à un nombre réel; mais cela revient à admettre soit l'axiome (IV) du n° 1, soit le théorème 2 qui, on vient de le voir, lui est équivalent. Les raisonnements les plus ingénieux ne vous permettront jamais d'y échapper. C'est bien au contraire l'axiome (IV) qui justifie la représentation décimale des nombres réels.

La notion de borne supérieure s'applique aussi au cas d'une *famille* (u_i), $i \in I$, de nombres réels – autrement dit, aux notations près, d'une application de l'ensemble I dans $\mathbb{R}$; la borne supérieure de l'ensemble E des u_i ($x \in E \iff$ il existe un i tel que $x = u_i$) se note

$$\sup_{i \in I} u_i$$

ou simplement $\sup(u_i)$ si aucune ambiguïté n'est à craindre. C'est le plus petit nombre qui majore tous les u_i ou encore, parmi les nombres qui les majorent, celui qui, pour tout $r > 0$, peut être approché à r près par l'un au moins des u_i.

Cette notion est utile pour formuler l'*associativité des bornes supérieures* : supposons que l'ensemble d'indices I soit la réunion d'une famille (I_j) d'ensembles indexés par un ensemble J quelconque et non nécessairement disjoints; pour tout $j \in J$, soit M_j la borne supérieure de la famille partielle (u_i), $i \in I_j$; alors la borne supérieure M de la famille totale (u_i), $i \in I$, est égale à celle de la famille (M_j), $j \in J$, des bornes supérieures partielles, ce qu'on exprime en écrivant que

$$(9.9) \qquad \sup_{i \in I} u_i = \sup_{j \in J} \left(\sup_{i \in I_j} u_i \right).$$

La démonstration est facile. Tout d'abord M, majorant tous les termes de la famille totale, majore tous ceux de chaque famille partielle et donc aussi tous les M_j. Mais il existe, pour tout $r > 0$, un $u_i > M - r$; on a $i \in I_j$ pour un $j \in J$, d'où $M_j \geq u_i$ pour cet indice j et a fortiori $M_j \geq M - r$, cqfd.

10 – La fonction $\log x$. Racines d'un nombre positif

Le théorème 2 permet de démontrer immédiatement un certain nombre de résultats dont nous aurons de toute façon besoin; ce n° et le suivant leur seront consacrés.

Exemple 1. Considérons, pour $x \geq 0$, la suite

$$(10.1) \qquad u_n = 1 + x/1! + x^2/2! + \ldots + x^n/n!.$$

Elle est évidemment croissante. Pour montrer qu'elle est bornée, on remarque que, pour tout nombre $z \in \mathbb{C}$, la suite $(z^n/n!)$ est bornée (n° 5, exemple 6). Pour $z = 2x$, on a donc $(2x)^n/n! \leq M$, d'où $x^n/n! \leq M/2^n$ et donc

$$u_n \leq M(1 + 1/2 + \ldots + 1/2^n) \leq 2M$$

d'après le calcul, au n° 6, de la somme d'une progression géométrique, cqfd.

Ce raisonnement montre donc que la série

$$(10.2) \qquad \exp x = \sum x^n/n! = \sum x^{[n]} = \lim u_n$$

converge pour $x \geq 0$. En fait, elle converge pour tout $x \in \mathbb{C}$ comme on le verra au n° 14.

Exemple 2. Considérons, toujours pour $x \geq 0$, la suite

$$(10.3) \qquad y_n = (1 + x/n)^n.$$

La formule du binôme

$$y_n = 1 + n(x/n)/1! + n(n-1)(x/n)^2/2! + n(n-1)(n-2)(x/n)^3/3! + \ldots$$
$$+ n(n-1)\ldots(n-n+2)(n-n+1)(x/n)^n/n!$$

montre que

$$(10.4) \qquad y_n = 1 + x + \left(1 - \frac{1}{n}\right) x^{[2]} + \left(1 - \frac{1}{n}\right)\left(1 - \frac{2}{n}\right) x^{[3]} + \ldots$$
$$+ \left(1 - \frac{1}{n}\right)\ldots\left(1 - \frac{n-1}{n}\right) x^{[n]}.$$

Le coefficient de $x^{[p]} = x^p/p!$ est compris entre 0 et 1 quel que soit p, d'où

$$(10.5) \qquad (1 + x/n)^n \leq 1 + x + x^{[2]} + \ldots + x^{[n]} \leq \exp x \text{ pour } x \geq 0,$$

ce qui nous ramène à l'exemple précédent à condition de montrer que la suite est croissante.

Or y_n et y_{n+1} sont des polynômes en x de degrés n et $n+1$, à coefficients tous positifs. Puisque l'on suppose $x > 0$, tous leurs termes sont positifs. Le second possède un terme de plus que le premier. Dans les coefficients des puissances de x, le facteur $1 - p/n$ augmente lorsqu'on passe de n à $n+1$, donc aussi les produits de tels facteurs puisqu'ils sont tous positifs. Le coefficient de $x^{[p]}$ dans y_{n+1} est donc supérieur à son coefficient dans y_n, cqfd.

On a en fait

$$(10.6) \qquad \lim(1 + x/n)^n = \exp x$$

quel que soit $x \geq 0$ (et même, on le verra plus tard, quel que soit $x \in \mathbb{C}$). La relation (4) rend cette formule *vraisemblable* et, pour Euler et ses contemporains, la rendait évidente. Lorsque n augmente, le coefficient de $x^{[p]}$ dans (4) tend en effet vers 1, le p-ième terme de (4) tend donc vers le

p-ième terme de la série $\exp x$ et comme on peut passer à la limite dans une somme de suites convergentes (n° 8, théorème 1), le résultat s'ensuit ...

Hélas, le minable théorème 1 du n° 8 relatif à une somme de limites suppose que l'on a des suites convergentes *en nombre fini et fixe*. Le second membre de (4) comporte bien un nombre fini de termes, mais ce nombre augmente indéfiniment avec n et ce "détail" interdit de conclure[27]. Considérons en effet l'exemple suivant :

$$1 = 1$$
$$1/2 + 1/2 = 1$$
$$1/3 + 1/3 + 1/3 = 1$$

etc. Tous les termes de la 10^{100}-ième somme sont égaux à 0 à 10^{-100} près, mais 10^{100} erreurs de l'ordre de grandeur de 10^{-100} ne fournissent pas nécessairement une meilleure approximation que 10 erreurs de l'ordre de 1/10. Dans cet exemple, le p-ième terme de la n-ième somme tend vers 0 quel que soit p lorsque n augmente indéfiniment, de sorte qu'en raisonnant comme Euler on pourrait en déduire que le total de la n-ième somme tend lui aussi vers 0. Or il est égal à 1 quel que soit n.

Nous rencontrerons par la suite d'autres cas où Euler passe d'office à la limite dans une suite de séries convergentes comme si la chose allait de soi. Or il est pour le moins difficile d'imaginer qu'il ne connaissait pas le contre-exemple particulièrement trivial que nous venons d'exhiber et qui relève des "merveilles de la série harmonique". Conclusion? La plus charitable est qu'il disposait de méthodes numériques pour confirmer ses intuitions[28] et que, ne disposant par contre pas des méthodes inventées au XIXe siècle pour justifier ses calculs, il préférait (avec raison) aller de l'avant plutôt que de s'abstenir de publier des formules si belles (et exactes) que tous ses contemporains se bornaient à les admirer sans se poser de questions et sans lui en poser : si "Euler dit que ...", c'est sûrement vrai. On rencontre la même réaction de nos jours, non plus à propos de théorèmes ou de formules, mais de conjectures.

---

[27] On peut se tirer d'affaire "sans rien savoir", comme le fait Houzel, *Analyse mathématique* (Belin, 1996), pp. 72–75, à l'aide de trois pages de calculs astucieux sur les coefficients du binôme. Trop difficile à dactylographier.

[28] Voir dans Hairer et Wanner, *Analysis by Its History* (Springer, 1995), p. 25, une table numérique des valeurs de $(1 + 1/n)^n$ et $1 + 1/1! + \ldots + 1/n!$ pour $n \leq 28$. La seconde suite fournit, pour $n = 28$, les 29 premières décimales de la limite $e = \exp 1 = 2,718\ldots$, alors que la première, pour $n = 28$, est égale à $2,671$. Le recours au calcul numérique brutal pour vérifier la formule (14) supposerait donc passablement de travail. Une méthode plus pratique, pour l'époque, eût consisté à utiliser une table de logarithmes – il en existait à 20 décimales depuis longtemps. On a en effet $\log[(1 + x/n)^n] = n.\log(1 + x/n)$, de sorte que, pour $x < 1$ par exemple, il devrait être possible de calculer sans mal le premier membre avec 10 décimales exactes pour $n = 10^6$ et d'en déduire une bien meilleure approximation de $(1 + x/n)^n$ que le calcul bête.

Nous pouvons maintenant justifier ce que nous avons dit au n° 5, exemple 7, à propos des logarithmes :

Théorème 3. *Pour tout $x > 0$, la suite de terme général $n(x^{1/n} - 1)$ tend vers une limite $f(x)$. La fonction f est dérivable, strictement croissante et vérifie*

$$(10.7) \qquad f(xy) = f(x) + f(y), \qquad f'(x) = 1/x.$$

Supposons d'abord $x > 1$ et posons

$$(10.8) \qquad u_n = n(x^{1/n} - 1),$$

d'où $u_n > 0$. On a

$$(10.9) \qquad x = (1 + u_n/n)^n \quad \text{pour tout } n.$$

Or on a vu dans l'exemple 2 que, pour tout $u > 0$, la suite $(1 + u/n)^n$ est croissante. Pour $u = u_n$, on a donc

$$x = (1 + u_n/n)^n < [1 + u_n/(n+1)]^{n+1},$$

d'où, en utilisant (9) pour n et $n + 1$,

$$x = [1 + u_{n+1}/(n+1)]^{n+1} < [1 + u_n/(n+1)]^{n+1}.$$

Puisque, pour $u, v > 0$ et $m \geq 1$, la relation $u^m < v^m$ implique $u < v$, on en déduit que $u_{n+1} < u_n$. La suite (8) est donc décroissante et comme tous ses termes sont > 0, elle tend vers une limite $f(x)$ comme annoncé.

Pour $0 < x < 1$, on pose $x = 1/y$, d'où

$$n(x^{1/n} - 1) = n(1 - y^{1/n})/y^{1/n}.$$

Le facteur $y^{1/n}$ (Exemple 7, n°5) tend vers 1 et $n(1 - y^{1/n})$ converge vers $-f(y)$ d'après ce que l'on vient d'établir, d'où à nouveau la convergence.

Pour établir la première relation (7), on observe que

$$f(xy) - f(x) - f(y) = \lim n\left[(xy)^{1/n} - x^{1/n} - y^{1/n} + 1\right] =$$
$$= \lim n(x^{1/n} - 1)(y^{1/n} - 1)$$

puisque $(xy)^{1/n} = x^{1/n}y^{1/n}$. Or $n(x^{1/n} - 1)$ tend vers $f(x)$ et $y^{1/n} - 1$ vers 0. Le second membre tend donc vers 0, d'où (7). Noter que (7) implique $f(1) = 0$ et $f(1/x) = -f(x)$.

Pour établir la dérivabilité de f et la formule $f'(a) = 1/a$, on observe d'abord que

$$f(a + h) - f(a) = f(1 + h/a)$$

en vertu de la première formule (7), d'où

$$\frac{f(a+h) - f(a)}{h} = \frac{1}{a} \frac{f(1+h/a)}{h/a} = \frac{1}{a} \frac{f(x) - f(1)}{x - 1}$$

en posant $x = 1 + h/a$. Comme $h/a = k$ tend vers 0 en même temps que h, il suffit donc, pour montrer que $f'(a) = 1/a$, d'établir que $f(x)/(x-1)$ tend vers 1 lorsque x tend vers 1, i.e. que f possède au point 1 une dérivée égale à 1.

Considérons d'abord le rapport $(x-1)/u_n$. En posant $x^{1/n} = y$, on trouve

$$(x - 1)/u_n = (y^n - 1)/n(y - 1) = \left(1 + y + \ldots + y^{n-1}\right)/n.$$

Que y soit < 1 ou > 1, les n nombres y^k dont on calcule la moyenne arithmétique appartiennent tous à l'intervalle fermé d'extrémités 1 et $y^n = x$, donc aussi leur moyenne $(x - 1)/u_n$. Le rapport $u_n/(x - 1)$ appartient donc pour tout n à l'intervalle fermé d'extrémités 1 et $1/x$. Il en est donc de même de sa limite $f(x)/(x - 1)$. Comme $1/x$ tend vers 1 lorsque x tend vers 1, le rapport $f(x)/(x - 1)$ tend donc alors vers 1. D'où l'existence de la dérivée et la seconde relation (7).

Le petit calcul précédent montre en fait que l'on a

(10.10) $1 - 1/x = (x - 1)/x \leq f(x) \leq x - 1$ pour tout $x > 0$

car $f(x)$ et $x - 1$ sont toujours de même signe.

Il reste à vérifier que la fonction f est strictement croissante, i.e. que $0 < x < x'$ implique $f(x) < f(x')$. Mais on a alors $x' = xy$ avec $y > 1$ et donc $f(x') = f(x) + f(y)$. Il suffit donc de montrer que

(10.11) $y > 1 \Longleftrightarrow f(y) > 0,$

ce qui résulte de (10), cqfd.

Ces résultats, qui seront repris en détail et par d'autres méthodes au Chap. IV, sont à rapprocher des remarques suivant l'exemple 7 du n° 5. On est ainsi amené à définir le *logarithme népérien* par la formule

(10.12) $\log x = \lim n(x^{1/n} - 1) = \lim u_n.$

Les formules (7) s'écrivent alors

(10.13) $\log(xy) = \log x + \log y,$ $\log' x = 1/x$

où $\log'$ désigne la dérivée de la fonction log. La relation (10) appliquée à y/x montre que l'on a

$$\frac{1}{y} < \frac{\log y - \log x}{y - x} < \frac{1}{x} \qquad \text{pour } 0 < x < y.$$

Comme on le verra plus tard, les fonctions log et exp sont réciproques l'une de l'autre. Autrement dit, on a

(10.14) $$\exp(\log x) = x, \qquad \log\big(\exp y\big) = y$$

quels que soient $x > 0$ et $y \in \mathbb{R}$. On peut rendre dès maintenant ces relations *vraisemblables*. Pour n grand, $y = \log x$ est "à peu près" égal à $n(x^{1/n} - 1)$ et $\exp(y)$ "à peu près" égal à $(1 + y/n)^n$ d'après (6), "donc" à

$$\left[1 + n(x^{1/n} - 1)/n\right]^n = x,$$

"cqfd". De même, $x = \exp(y)$ est "à peu près" égal à $(1 + y/n)^n$ d'après (6), "donc" $x^{1/n}$ "à peu près" égal à $1 + y/n$, "donc" $n(x^{1/n} - 1)$ "à peu près" égal à y, nouveau "cqfd" entre guillemets.

Ces raisonnements ne paraissent évidents que lorsqu'on n'a pas compris les problèmes qu'ils posent : il n'existe en analyse aucun théorème *général* permettant de les légitimer sous la forme, due à Halley et Euler, que nous venons de leur donner. Le raisonnement correct consisterait à écrire que, par exemple,

$$\log\big(\exp(x)\big) = \lim_{n\to\infty} n\big\{\exp(x)^{1/n} - 1\big\} =$$
$$= \lim_{n\to\infty} n\left\{\left[\lim_{m\to\infty}(1 + x/m)^m\right]^{1/n} - 1\right\}$$

avec des variables fantômes m et n *indépendantes l'une de l'autre*. Sous cette forme, le sophisme – car c'en est un – apparaît clairement : il consiste à prétendre que, lorsqu'on a une suite double $u(m,n)$ dont les termes dépendent de deux entiers, en l'espèce

$$u(m,n) = n\big\{\left[(1 + x/m)^m\right]^{1/n} - 1\big\},$$

on a le droit de confondre

$$\lim_{n\to\infty}\left[\lim_{m\to\infty} u(m,n)\right] \qquad \text{et} \qquad \lim_{n\to\infty} u(n,n).$$

Mais si l'on choisit $u(m,n) = m/(m + n)$, on a $\lim_m u(m,n) = 1$ pour tout n, donc aussi $\lim_n\left[\lim_m u(m,n)\right] = 1$, alors que $\lim_n u(n,n) = 1/2$.

Une méthode plus raisonnable pour prouver (14) utilise également le fait – que nous n'avons toujours pas démontré – que l'on a

$$\exp(x) = \lim(1 + x/n)^n.$$

Comme la fonction $\log x$ est dérivable et donc continue, on a, d'après la relation (8.2) qui termine le n° 8,

$$\log \exp(x) = \lim \log \left[(1 + x/n)^n \right] = \lim n. \log(1 + x/n) =$$
$$= x. \lim \frac{\log(1 + x/n) - \log 1}{x/n} \; ;$$

comme x/n tend vers 0, le rapport tend vers la dérivée de la fonction log en $x = 1$, i.e. vers 1, d'où l'on conclut que $\log \exp(x) = x$. Nous remplacerons ces démonstrations à l'eau de rose par des raisonnements corrects au Chap. IV et même, occasionnellement, plus tôt (Chap. III, n° 2).

Quoi qu'il en soit, ces calculs montrent qu'il ne serait pas inutile d'établir le résultat suivant, autre exemple d'application du théorème 2 :

Exemple 3. Soit p un entier non nul. Tout nombre réel a > 0 possède une et une seule racine p-ième positive.

Autrement dit, l'équation $x^p = a$ possède une racine $x > 0$ unique. On supposera $a > 0$ et $p > 0$, puisque le cas où $p < 0$ s'y ramène en raison de l'identité $x^{-p} = 1/x^p$.

Tout d'abord, il existe un $x_1 > 0$ tel que $x_1^p > a$ puisque, pour x grand, on a $x^p > x > a$. Cela fait, nous allons construire une suite de nombres $x_n > 0$ à l'aide des relations

$$px_2 = (p - 1)x_1 + a/x_1^{p-1}, \qquad px_3 = (p - 1)x_2 + a/x_2^{p-1},$$

et d'une manière générale

$$(10.15) \qquad x_{n+1} = \frac{1}{p} \left[(p - 1)x_n + a/x_n^{p-1} \right].$$

Nous allons voir que cette suite de nombres positifs est décroissante, donc tend vers une limite qui sera la racine p-ième cherchée de a.

Comme on passe de $x_n = x$ à $x_{n+1} = y$ par la formule

$$(10.16) \qquad y = \frac{1}{p} \left[(p - 1)x + a/x^{p-1} \right] = \left[(p - 1) x^p + a \right] / px^{p-1},$$

il suffit d'établir que, pour $x > 0$, la relation $x^p > a$ implique $y < x$ ainsi que $y^p > a$ de façon à pouvoir appliquer ce résultat à répétition : on aura alors $x_1 < x_0$, puis $x_2 < x_1$, etc. Or on a

$$(10.17) \qquad x - y = \frac{x^p - a}{px^{p-1}} > 0,$$

d'où $y < x$. Par ailleurs on a

$$x^p - y^p = (x - y)\left(x^{p-1} + \ldots + y^{p-1}\right) < px^{p-1}(x - y)$$

puisque $x^k y^h < x^{k+h}$ et $x - y > 0$. En utilisant (17), on trouve donc $x^p - y^p < x^p - a$, d'où $y^p > a$ comme annoncé.

Nous voyons donc bien que les x_n tendent en décroissant vers une limite x. La relation (15) montre alors que l'on a

$$x = \frac{1}{p}\left[(p-1)x + a/x^{p-1}\right],$$

relation équivalente à $x^p = a$. Quant à l'unicité de la racine, elle résulte du fait que la fonction $x \mapsto x^p$ est strictement croissante, cqfd.

Dans le cas où $p = 2$, la relation (15) s'écrit

$$2x_{n+1} = x_n + a/x_n.$$

Si l'on prend $a = 2$ et si l'on choisit $x_1 = 3/2$, on trouve $x_2 = 17/12$ puis

$$x_3 = (17/12 + 24/17)/2 = (289 + 288)/24.17 =$$
$$= 1 + 24/60 + 51/60^2 + 10/60^3 + \ldots$$

en numération sexagésimale. On a trouvé un jour cette valeur sur une tablette babylonienne du 18ème siècle avant notre ère. Par ailleurs, un texte indien[29] pouvant dater du sixième siècle avant notre ère fournit sans explication la valeur $1 + 1/3 + 1/3.4 - 1/3.4.34$, soit $1,4142157$ pour la racine carrée de 2, égale à $1,4142136\ldots$ Par une coïncidence aussi surprenante qu'inattendue, on a

$$x_3 = \frac{17.17 + 12.24}{24.17} = \frac{2.17.17 - 1}{2.3.4.17} = 17/3.4 - 1/3.4.34 =$$
$$= (12 + 4 + 1)/3.4 - 1/3.4.34 = 1 + 1/3 + 1/3.4 - 1/3.4.34.$$

---

[29] Tröpfke, *Geschichte der Elementar Mathematik*, vol. III, p. 172 renvoie pour le calcul indien à un article de L. F. Rodet dans le Bulletin de la Société Mathématique de France (vol. 7, 1879). Voir aussi A. P. Juschkevitsch, *Geschichte der Mathematik im Mittelalter* (Moscou, 1961, trad. Teubner, 1964), p. 100, qui expose systématiquement les activités mathématiques des pays indiens et arabes au Moyen Age. Les Babyloniens, qui utilisaient la numération sexagésimale, ont fait l'objet de travaux impressionnants de la part d'Otto Neugebauer; le problème n'est pas seulement de repérer et de déchiffrer les tablettes traitant de mathématiques (ou, aussi souvent, d'astronomie), il est aussi de les interpréter. Notons enfin que les historiens des Mathématiques ou de l'Astronomie occidentaux – Montucla au XVIIIe siècle, Delambre au début et Moritz Cantor à la fin du XIXe – n'ont pas attendu la décolonisation pour s'occuper des Arabes et des Indiens avec les moyens dont ils disposaient à leur époque. On sait aussi depuis longtemps qu'à l'époque de Newton, des Japonais étaient, de leur côté, en train de faire des découvertes fort proches des siennes. Les raisons pour lesquelles toutes ces avancées se sont transformées en un énorme retard sur les Occidentaux peuvent faire l'objet de toutes sortes de théories et ne sont sûrement pas les mêmes au Japon, qui s'est volontairement isolé pour échapper à une éventuelle colonisation, que dans les pays arabes du Moyen Orient ou d'Asie Centrale.

11 – Qu'est-ce qu'une intégrale?

La notion d'*intégrale* est un exemple particulièrement frappant et fondamental d'application de l'axiome (IV); il n'est pas difficile de l'introduire ici sans attendre le Chap. V.

Notons d'abord que l'on peut énoncer comme suit l'axiome (IV) :

> (IV bis) *Soient E et F deux ensembles non vides de nombres réels. Supposons tout $u \in E$ inférieur à tout $v \in F$. Alors il existe un nombre w tel que l'on ait $u \leq w \leq v$ quels que soient $u \in E$ et $v \in F$. Pour que w soit unique, il faut et il suffit que, pour tout nombre $r > 0$, il existe un $u \in E$ et un $v \in F$ tels que $v - u < r$.*

Il est en effet clair que E est borné supérieurement, donc possède une borne supérieure m, et que F est borné inférieurement, donc possède une borne inférieure M. Comme tout $v \in F$ majore E, on a $m \leq v$. Par suite, m minore F, d'où $m \leq M$ (ce qui justifie les notations ...). Tout $w \in [m, M]$ répond alors à la question. Enfin, pour que w soit unique, il faut et il suffit que $m = M$; or on peut toujours trouver un $u \in E$ et un $v \in F$ qui soient aussi voisins qu'on le désire de m et M, d'où le second point.

Ceci fait, revenons aux intégrales. Le problème est le suivant : on a sur un intervalle compact $I = [a, b]$ une fonction $f(x)$ à valeurs réelles (pour simplifier) et l'on désire donner un sens à la mesure

$$m(f) = \int_a^b f(x)dx$$

de l'aire comprise entre l'axe des x, le graphe de f et les verticales $x = a$ et $x = b$, étant entendu que l'on compte positivement les aires situées au-dessus de l'axe des x et négativement les autres afin d'obtenir la relation de linéarité $m(\alpha f + \beta g) = \alpha m(f) + \beta m(g)$ quelles que soient les constantes α et β.

Le cas le plus simple est celui où f est une *fonction étagée* ou *en escalier*, i.e. où l'on peut partager I en un nombre fini d'intervalles $I_1, \ldots, I_p$ deux à deux disjoints et de nature quelconque – certains des I_k peuvent se réduire à un seul point – sur chacun desquels la fonction f est constante. Le graphe de f a donc l'allure de la figure 2 et si, pour tout k, on désigne par $m(I_k)$ la longueur de l'intervalle I_k et par c_k la valeur, constante, de f sur I_k, "il est clair" que

(11.1) $$m(f) = \sum c_k . m(I_k)$$

puisque "tout le monde sait" que l'aire d'une réunion de rectangles deux à deux disjoints est la somme des aires de ceux-ci. Pour éviter ces recours au folklore, il vaut mieux prendre (1) comme *définition* de l'aire considérée dans le cas qui nous occupe.

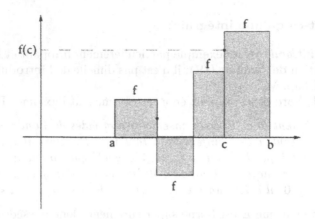

fig. 2.

Considérons maintenant le cas général d'une fonction non étagée réelle. Nous supposerons qu'elle est *bornée* sur l'intervalle I, i.e. qu'il existe un nombre $M > 0$ tel que l'on ait $|f(x)| \leq M$ pour tout $x \in I$. Nous pouvons alors considérer d'une part les fonctions étagées φ telles que $\varphi(x) \leq f(x)$ pour tout x, d'autre part les fonctions étagées ψ telles que $\psi(x) \geq f(x)$. Le bon sens indique que les intégrales des fonctions φ, f et ψ doivent vérifier la relation

$$m(\varphi) \leq m(f) \leq m(\psi).$$

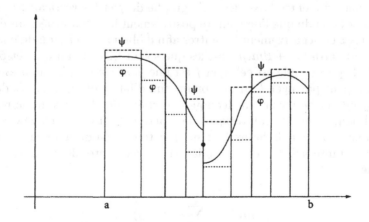

fig. 3.

On est ainsi conduit à définir de la façon suivante deux ensembles E et F de nombres réels : l'ensemble E des nombres $u = m(\varphi)$, où φ est n'importe quelle fonction étagée $\leq f$, et l'ensemble F des nombres $v = m(\psi)$, où ψ est n'importe quelle fonction étagée $\geq f$. Pour donner un sens à l'intégrale $m(f)$ cherchée, il *suffit* que les ensembles E et F satisfassent aux conditions de l'axiome (IV bis).

Il est évident géométriquement (et l'on peut démontrer facilement) que l'on a $u \leq v$ quels que soient $u \in E$ et $v \in F$. Le point crucial est donc l'existence, pour tout $\varepsilon > 0$, de deux fonctions étagées φ et ψ encadrant f et telles que $m(\psi) - m(\varphi) < \varepsilon$. Une méthode bon marché pour s'en assurer consiste à faire sur f l'hypothèse suivante : *quel que soit $r > 0$, il existe une fonction étagée φ telle que l'on ait*

$$(11.2) \qquad \varphi(x) \leq f(x) \leq \varphi(x) + r \text{ pour tout } x \in I;$$

on dit alors que f est une *fonction réglée* sur l'intervalle I. Si en effet on choisit alors $\psi(x) = \varphi(x) + r$, l'aire algébrique $m(\psi) - m(\varphi)$ comprise entre les graphes de φ et ψ se compose de rectangles de hauteur r ayant pour bases les divers intervalles I_k sur lesquels la fonction φ est constante. Comme les I_k sont deux à deux disjoints, la somme de leurs longueurs est la longueur $b - a$ de I, de sorte que l'on a

$$(11.3) \qquad m(\psi) - m(\varphi) = (b - a)r < \varepsilon$$

si $r < \varepsilon/(b - a)$. La seconde condition de l'axiome (IV bis) est donc bien vérifiée.

La linéarité de $m(f)$ revient aux deux propositions suivantes : (i) on a $m(cf) = cm(f)$ pour toute constante $c \in \mathbb{R}$; (ii) on a $m(f+g) = m(f)+m(g)$ quelles que soient f et g réglées. (i) est évident pour une fonction étagée et l'on passe de là au cas général grâce à (3). L'additivité se montre de même en observant que, si l'on a dans I deux fonctions étagées φ' et φ'', on peut toujours partager I en intervalles sur chacun des desquels φ' et φ'' sont constantes : d'où (ii) trivialement pour f et g étagées, le cas général s'ensuivant à la limite.

Exemple 1. Supposons que l'on veuille calculer l'aire $L(a, b)$ comprise entre l'axe des x, la courbe $y = 1/x = f(x)$ et les verticales d'abscisses $a > 0$ et $b > a$. Choisissons un entier n, posons $q = (b/a)^{1/n}$, d'où $b = aq^n$, et partageons l'invervalle $[a, b]$ à l'aide des points $a = aq^0, aq, aq^2, \ldots, aq^n = b$. Considérons la fonction étagée φ qui, entre aq^k et aq^{k+1}, est égale à $1/aq^{k+1}$; elle est $\leq f$ puisque f est décroissante et l'on a

$$m(\varphi) = (aq - a)/aq + (aq^2 - aq)/aq^2 + \ldots + (aq^n - aq^{n-1})/aq^n =$$
$$= n(q - 1)/q = n(c^{1/n} - 1)/c^{1/n} \text{ où } c = b/a.$$

Si l'on remplace φ par la fonction étagée $\psi \geq f$ qui, entre aq^k et aq^{k+1}, est égale à $1/aq^k$, de sorte que $\psi(x) = q\varphi(x)$ pour tout x, on trouve

$$m(\psi) = qm(\varphi) = n(c^{1/n} - 1).$$

On a donc

$$n(c^{1/n} - 1) \leq L(a, b) \leq n(c^{1/n} - 1)/c^{1/n}.$$

Quant n augmente indéfiniment, le premier membre tend vers $\log c$ et le troisième aussi puisque le dénominateur $c^{1/n}$ tend vers 1. On a ainsi démontré que la fonction $1/x$ est intégrable et que

(11.4)
$$\int_a^b dx/x = \log b - \log a \qquad (0 < a < b).$$

Exemple 2. La même méthode, en un peu moins simple, s'applique au calcul de l'intégrale entre $x = a > 0$ et $x = b > a$ de la fonction $f(x) = x^s$, où $s \in \mathbb{Z}$, $s \neq -1$ (le cas où $s = -1$ vient d'être traité et est fort différent). On utilise la même subdivision de $[a, b]$ et les mêmes définitions de φ et ψ que plus haut, à ceci près bien sûr que les valeurs de φ et ψ dans (aq^k, aq^{k+1}) doivent être maintenant celles que prend $f(x)$ aux extrémités[30], i.e. $(aq^k)^s = a^s q^{sk}$ et $(aq^{k+1})^s$. On a maintenant

$$m(\varphi) = \sum_{0 \leq k < n} (aq^{k+1} - aq^k) a^s q^{sk} = (q - 1)a^{s+1} \sum_{0 \leq k < n} q^{(s+1)k} =$$

$$= (q - 1)a^{s+1} \left[1 + q^{s+1} + \ldots + q^{(s+1)(n-1)} \right] = (q - 1)a^{s+1} \frac{q^{n(s+1)} - 1}{q^{s+1} - 1}$$

$$= \frac{q - 1}{q^{s+1} - 1} \left[(aq^n)^{s+1} - a^{s+1} \right] = \frac{q - 1}{q^{s+1} - 1} \left(b^{s+1} - a^{s+1} \right)$$

puisque $aq^n = b$. L'aire cherchée est, d'autre part, inférieure à $m(\psi)$, nombre que l'on obtient en remplaçant $f(aq^k)$ par $f(aq^{k+1}) = q^s f(aq^k)$ dans les calculs précédents. de sorte que $m(\psi) = q^s m(\varphi)$.

Lorsque n augmente indéfiniment, $q = (b/a)^{1/n}$ tend vers 1, de sorte que le rapport $(q^{s+1} - 1)/(q - 1) = (q^{s+1} - 1^{s+1})/(q - 1)$ tend, par définition, vers la dérivée de la fonction $x \mapsto x^{s+1}$ en $x = 1$, i.e. vers[31] $s + 1$; son inverse tend donc vers $1/(s + 1)$, de sorte que

$$\lim m(\varphi) = (b^{s+1} - a^{s+1})/(s + 1).$$

Comme $m(\psi) = q^s m(\varphi)$ tend vers la même limite puisque q tend vers 1, on a finalement

---

[30] Ce choix suppose f croissante, i.e. $s > 0$. On laisse au lecteur le soin de permuter les lettres φ et ψ pour $s < 0$.

[31] On l'a vu pour $s \in \mathbb{N}$ au n° 4, mais le résultat subsiste pour $s \in \mathbb{Z}$ et même $s \in \mathbb{R}$, de sorte que le calcul et le résultat s'appliquent à ce dernier cas.

(11.5) $$\int_a^b x^s dx = \frac{b^{s+1} - a^{s+1}}{s+1}$$

pour $s \in \mathbb{Z}$ (en fait, $s \in \mathbb{R}$) différent de -1 et $0 < a < b$ (et en fait quels que soient a et b si $s \in \mathbb{N}$). La méthode ci-dessus est dûe à Fermat qui, curieusement, ne l'a pas appliquée au cas $s = -1$.

Les notions d'intégrale et de dérivée sont, en analyse classique, reliées par le "théorème fondamental du calcul intégral" : *si f est continue*, alors (i) toute fonction F telle que $F' = f$ vérifie

(11.6) $$\int_a^x f(t)dt = F(x) - F(a)$$

quel que soit x, (ii) si, inversement, on utilise (6) pour définir une fonction F – peu importe la valeur qu'on lui attribue en a –, alors on a $F' = f$. L'exemple 2 confirme le point (ii); l'exemple 1 et le point (ii) impliquent la formule $\log' x = 1/x$ du n° 10, théorème 3. (A suivre).

12 – Séries à termes positifs

Après cette anticipation du Chap. V, notons quelques applications immédiates du théorème 2 aux séries.

Théorème 4. *Pour qu'une série à termes positifs* converge, *il faut et il suffit que ses sommes partielles soient majorées. La somme de la série est alors le plus petit nombre positif qui les majore.*

C'est clair puisqu'elles forment une suite croissante.

Si par exemple on a deux séries $\sum u_n$ et $\sum v_n$ à termes positifs, si la seconde converge et si l'on $u_n \leq v_n$ pour tout n (ou seulement pour tout n assez grand), la première converge aussi puisque ses sommes partielles sont inférieures à celles de la seconde.

Le théorème 4 montre aussi que *si, dans une série $\sum u(n)$ à termes positifs, on effectue des groupements de termes*

$$[u(1) + \ldots + u(p_1)] + [u(p_1 + 1) + \ldots + u(p_2)] + \ldots$$

la série initiale et la nouvelle série $\sum v(n)$ sont simultanément convergentes ou divergentes. On sait déjà que la convergence de la première série implique celle de la seconde sans aucune hypothèse de positivité. Pour établir la réciproque, on observe que la somme partielle $u(1) + \ldots + u(n)$ de la première est majorée par la somme partielle

$$v(1) + \ldots + v(n) = u(1) + \ldots + u(p_n)$$

de la seconde en raison du fait que celle-ci contient davantage de termes, tous positifs, que la première. Si donc les sommes partielles de la seconde série sont majorées, il en est de même de celles de la série initiale, cqfd. On montrera plus loin que l'on peut même effectuer des groupements d'une infinité de termes et permuter arbitrairement les termes de la série sans rien changer au résultat, ce qui est "évident" aussi longtemps que l'on n'a pas compris la différence entre l'algèbre (sommes finies) et l'analyse (sommes infinies).

Nous avons dit au début du n° 6 que le problème fondamental de la théorie des séries était de donner un sens à la somme d'une famille infinie $(u(i))_{i \in I}$ de nombres réels ou complexes indexée par un ensemble I *dénombrable* quelconque, par exemple $I = \mathbb{N} \times \mathbb{N} = \mathbb{N}^2$, ou $\mathbb{N} \times \mathbb{N} \times \mathbb{N} = \mathbb{N}^3$, etc. Les raisonnements précédents vont déjà nous permettre de traiter le cas d'une somme de nombres positifs.

Une méthode "évidente" pour donner un sens à l'expression

$$(12.1) \qquad \sum_{i \in I} u(i)$$

consisterait à choisir une bijection $f : \mathbb{N} \longrightarrow I$, à poser

$$v(n) = u(f(n))$$

et à déclarer que la somme (1) est, par définition, égale à la somme de la série des $v(n)$. Cela suppose établi que le résultat est indépendant du choix de f, et comme deux bijections f et g de I sur $\mathbb{N}$ diffèrent l'une de l'autre par une bijection de $\mathbb{N}$ sur $\mathbb{N}$, i.e. par une *permutation* de $\mathbb{N}$, cela reviendrait à montrer que la somme d'une série convergente à termes positifs est indépendante de l'ordre de ses termes. C'est effectivement le cas, mais on peut en fait procéder directement, i.e. sans choisir une bijection particulière de $\mathbb{N}$ sur I.

Inspirons-nous du cas où $I = \mathbb{N}$. La somme de la série est alors la borne supérieure de l'ensemble de ses sommes partielles, i.e. le *plus petit* nombre qui les majore. Mais il s'agit des sommes partielles *ordonnées* et non pas des *sommes partielles en vrac*

$$(12.2) \qquad s(F) = \sum_{i \in F} u(i)$$

obtenues en additionnant les termes de la série dont l'indice appartient à une partie finie quelconque F de l'ensemble d'indices $I = \mathbb{N}$. Si toutefois vous additionnez les termes d'indice 1515, 1793, 1870, 1914 et 1954, le fait que la série soit à termes positifs montre que le résultat est $\leq u(1) + u(2) + \ldots + u(1953) + u(1954)$. Un nombre qui majore toutes les sommes partielles ordonnées majore donc aussi toutes les sommes partielles en vrac et réciproquement puisque les sommes partielles ordonnées figurent parmi les sommes partielles en vrac.

Nous aurions donc aussi bien pu définir la somme d'une série à termes positifs comme étant la borne supérieure de l'ensemble de ses sommes partielles en vrac.

Il est maintenant facile de définir directement la somme (sous-entendu : totale) "en vrac" (1) dans le cas général où l'ensemble I, tout en étant identifiable à $\mathbb{N}$ – choisir une bijection –, ne lui est pas identifié : ce sera *la borne supérieure*[32] *de l'ensemble de ses sommes partielles en vrac* (2). Si, comme on l'a suggéré plus haut, on choisit au hasard une bijection f de $\mathbb{N}$ sur I, ce qui transforme la somme (1) en la série classique des $u(f(n))$ et, par conséquent, les sommes partielles en vrac (2) de la série (1) en celles de cette série, il est clair que (i) la famille des $u(i)$ a une somme en vrac finie si et seulement si la série des $u(f(n))$ est convergente, (ii) la somme en vrac (1) est égale à la somme $\sum u(f(n))$ au sens du n° 6. Il n'y a donc aucune différence entre la convergence en vrac et la convergence au sens classique de la série obtenue en ordonnant d'une façon arbitraire les termes de la famille $(u(i))_{i \in I}$.

Ce résultat en fournit immédiatement un autre : soumettre les termes d'une série à termes positifs à une permutation quelconque, i.e. remplacer $u(i)$ par $u(f(i))$ où $f : I \longrightarrow I$ est bijective, ne modifie pas sa somme, pour la raison que cette opération ne change évidemment pas *l'ensemble* des sommes partielles en vrac[33] de la série; elle se borne à les permuter. Autrement dit, *la règle de commutativité de l'addition s'applique intégralement aux séries convergentes à termes positifs,* qu'elles soient indexées par $\mathbb{N}$ ou par un ensemble dénombrable I quelconque. On verra bientôt qu'elle s'applique aussi plus généralement aux séries "absolument convergentes" et à elles seules.

Revenons aux séries classiques indexées par $\mathbb{N}$. En généralisant le raisonnement utilisé par Cauchy pour établir la divergence de la série harmonique (n° 7), on obtient alors le résultat suivant :

Critère de condensation de Cauchy. *Soit $\sum u(n)$ une série dont les termes tendent vers 0 en décroissant et posons $v(n) = 2^n . u(2^n)$. Alors la série donnée est de même nature que la série $\sum v(n)$.*

---

[32] Cela suppose cette borne supérieure finie. Dans le cas contraire, il est naturel de considérer que celle-ci est le symbole $+\infty$ comme on l'expliquera au n° 17.

[33] L'ensemble E des sommes partielles en vrac est défini comme suit : $x \in E$ si et seulement s'il existe un F tel que $x = s(F)$. Définition analogue pour l'ensemble des éléments d'une suite, d'une famille (u_i) quelconque, des valeurs d'une fonction, etc. Dans le cas d'une famille $(u_i)_{i \in I}$ par exemple, c'est donc l'image de I par l'application $i \mapsto u_i$. La notion de borne supérieure, appliquée aux termes d'une suite ou aux sommes partielles d'une série, ne fait en réalité intervenir que l'*ensemble* de ces termes.

Le raisonnement du n° 7 montre en effet que l'on a

$$(12.3) \qquad v(n)/2 = 2^{n-1} u(2^n)$$
$$\leq u(2^{n-1}) + u(2^{n-1} + 1) + \ldots + u(2^n - 1) =$$
$$= w(n) \leq 2^{n-1} u(2^{n-1}) = v(n-1)$$

puisque le bloc considéré comporte $2^n - 2^{n-1} = 2^{n-1}$ termes dont les valeurs sont toutes comprises entre $u(2^{n-1})$ et $u(2^n)$. La relation $v(n) \leq 2w(n) \leq 2v(n-1)$ montre que la série $\sum v(n)$ est de même nature que la série $\sum w(n)$ que l'on obtiendrait en groupant les termes de la série $\sum u(n)$ par blocs de 2^n termes; or on vient de voir qu'on ne modifie pas la convergence ou la divergence d'une série à termes positifs en y effectuant des groupements de termes arbitraires.

Théorème 5. *La série $\sum 1/n^k$ converge pour $k > 1$ et diverge pour $k \leq 1$.*

Pour $k = 1$, il s'agit de la série harmonique déjà élucidée. Pour $k < 1$, on a $n^k < n$, donc $1/n^k > 1/n$, d'où la divergence à plus forte raison. Pour $k > 1$, le critère de condensation conduit à la série de terme général

$$v(n) = 2^n . 1/(2^n)^k = 1/2^{n(k-1)} = q^n$$

où $q = 1/2^{k-1}$ est < 1 puisque l'on a

$$a^b > 1 \text{ pour } a > 1 \text{ et } b > 0.$$

La convergence de la série géométrique, voir (6.4), entraîne alors celle de la série considérée[34], cqfd.

Considérons maintenant la série de terme général

$$u(n) = 1/n . (\log n)^k,$$

où $n \geq 2$ puisque $\log 1 = 0$. La seule chose à savoir est que $\log x > 0$ pour $x > 1$, que $\log xy = \log x + \log y$ pour $x, y > 0$, de sorte que la fonction $\log$ est croissante[35], enfin que $\log(x^n) = n . \log x$ d'après la formule précédente. On a maintenant

$$v(n) = 2^n / 2^n (\log 2^n)^k = c/n^k$$

où la constante $c = 1/(\log 2)^k$ importe peu. Conclusion : la série converge si et seulement si $k > 1$. Le lecteur s'amusera ensuite à traiter la série

$$u(n) = 1/n . \log n . (\log \log n)^k,$$

---

[34] La démonstration vaut non seulement pour k entier, mais aussi pour k réel quelconque si l'on admet que les règles de calcul sur les exposants entiers s'étendent sans modification formelle aux exposants réels. On le montrera au chapitre IV.
[35] Tout $x' > x$ est de la forme xy avec $y > 1$, d'où $\log x' = \log x + \log y > \log x$.

puis la série

$$u(n) = 1/n.\log n.\log\log n.(\log\log\log n)^k$$

et ainsi de suite indéfiniment. On écrit $\log\log x$ ce que l'on devrait écrire $\log(\log(x))$, etc.

Quant à la série $\sum 1/\log n$, elle est évidemment divergente puisqu'il est de notoriété publique que $\log n$ est inférieur à n [voir du reste (10.10)] et même, on le verra, $o(n)$ lorsque n augmente indéfiniment.

Il y aura peut-être des lecteurs pour se demander : pourquoi 2^n plutôt que 3^n? Parce que Cauchy a choisi 2^n, bien sûr; il aurait aussi bien pu, dans l'énoncé de son critère, choisir p^n avec un entier $p > 1$ quelconque, attendu qu'entre p^n et p^{n+1} il y a $(p-1)p^n$ entiers, de sorte que les inégalités (3) restent valables dans ce cas avec des modifications triviales. En fait, Cauchy avait sûrement observé que le critère en p^n s'applique exactement aux mêmes séries que le critère en 2^n et qu'en conséquence il valait mieux laisser à d'autres, si par extraordinaire il s'en trouvait, la gloire d'une futile généralisation.

Le théorème 5 admet des généralisations aux séries multiples, lesquelles permettent de comprendre l'utilité de la "convergence en vrac" introduite plus haut. Considérons par exemple la somme

$$(12.4) \qquad \sum_{(m,n)\in\mathbb{Z}^2-\{0\}} 1/(m^2+n^2)^{k/2} = \sum u(m,n)$$

à laquelle on a fait allusion au n° 6. Sa ressemblance avec la série

$$(12.5) \qquad \sum_{n=1}^{\infty} 1/n^k = \frac{1}{2}\sum_{n\in\mathbb{Z}-\{0\}} 1/(n^2)^{k/2}$$

du théorème 5 est suffisamment frappante pour que l'on espère une réponse analogue. Plutôt que d'exposer dès maintenant la méthode générale que l'on trouvera un peu plus loin, considérons pour tout entier $p \geq 1$ l'ensemble $F_p \subset I = \mathbb{Z}^2 - \{0\}$ des couples (m,n) tels que $|m| + |n| = p$. Il y en a $4p$, sauf erreur ou omission (figure !). Pour un tel couple, on a

$$p^2/4 \leq m^2 + n^2 \leq 2p^2$$

puisque chacun des deux entiers $|m|$, $|n|$ est $\leq p$ et que l'un des deux est $\geq p/2$; la somme partielle correspondant à F_p vérifie donc la relation

$$(12.6) \qquad 4p/2^{k/2}p^k = m/p^{k-1} \leq s(F_p) \leq 4p2^k/p^k = M/p^{k-1}$$

avec des constantes $m, M > 0$ indépendantes de p et dont les valeurs précises importent peu. Comme l'ensemble d'indices I est réunion des ensembles

F_p deux à deux disjoints, on peut présumer   associativité ... – que la convergence de (4) est gouvernée par celle de la série classique $\sum s(F_p)$.

Justifions d'abord ce point. Soit F une partie finie quelconque de I. C'est la réunion des ensembles $F \cap F_p$, lesquels sont deux à deux disjoints et même vides à part un nombre fini d'entre eux puisque F est finie. On a donc $s(F) = \sum s(F \cap F_p) \leq \sum s(F_p)$ puisque tous les $u(i)$ sont positifs. La convergence de la série des $s(F_p)$ montre alors l'existence d'un nombre qui majore toutes les sommes partielles $s(F)$, à savoir

$$(12.7) \qquad\qquad s' = \sum s(F_p);$$

il y a donc bien convergence en vrac de la somme (4), avec une somme totale $s \leq s'$. Inversement, les sommes partielles ordonnées

$$s(F_1) + \ldots + s(F_n) = s\left(F_1 \cup \ldots \cup F_n\right)$$

de la série $\sum s(F_p)$ sont des sommes partielles en vrac $s(F)$ particulières; si donc (4) converge en vrac et a pour somme s, la série des $s(F_p)$ converge et a une somme $s' \leq s$, d'où finalement $s = s'$.

Tout revient donc bien à décider de la convergence de la série classique (7). Cela résulte de la comparaison (6) avec la série $1/p^{k-1}$ puisque les $s(F_p)$ [resp. les sommes partielles de (7)] sont, à des facteurs près indépendants de p, minorées et majorées par les termes (resp. les sommes partielles) de la série $\sum 1/p^{k-1}$. Le théorème 5 nous fournit alors la condition de convergence, à savoir $k > 2$.

Le lecteur pourra traiter facilement le cas de la somme[36]

$$\sum 1/\left(m^2 + n^2 + p^2\right)^{k/2}$$

où, cette fois, la sommation est étendue à $\mathbb{Z}^3 - \{0\}$, ou de la somme

$$\sum 1/\left(3m^2 + 5n^2\right)^{k/2},$$

etc. Le principe est toujours le même et consiste à effectuer des groupements de termes adaptés au problème. Ces sommes, où le terme général dépend de deux, trois, ... entiers, s'appellent des *séries doubles, triples*, etc. Elles font peur aux débutants à cause de leurs "déluges d'indices". Mais il n'y en a pas plus, sous la forme générale (1), que dans la théorie classique et lorsqu'on est obligé, comme nous venons de le faire, de tout expliciter et de se retrouver dans $\mathbb{Z}^2$ ou $\mathbb{N}^7$, on a l'occasion de se familiariser avec les principes de la théorie élémentaire des ensembles exposés au Chap. I.

---

[36] Une méthode particulièrement simple pour traiter la série à deux variables consiste à remarquer, avec Weierstrass, que $m^2 + n^2 \geq 2|mn|$, d'où une majoration par le produit des séries $\sum 1/|m|^{s/2}$ et $\sum 1/|n|^{s/2}$ et donc la conditions $s > 2$. Mais cette méthode ne convient pas aux séries à plus de deux variables.

13 – Séries alternées

Le théorème 4 permet d'élucider une classe de séries qui, tout en étant convergentes, ne possèdent généralement pas la propriété de commutativité que l'on vient d'établir pour les séries à termes positifs.

Considérons par exemple la *série harmonique alternée*

$$(13.1) \qquad\qquad 1 - 1/2 + 1/3 - 1/4 + \dots$$

et, tout d'abord, ses sommes partielles d'ordre impair

$$s_1 = 1,$$
$$s_3 = 1 - (1/2 - 1/3),$$
$$s_5 = 1 - (1/2 - 1/3) - (1/4 - 1/5),$$

etc. Comme on a $1 \geq 1/2 \geq 1/3 \geq \dots$, il est clair qu'elles décroissent tout en restant positives, car on a aussi, par exemple,

$$s_5 = (1 - 1/2) + (1/3 - 1/4) + 1/5.$$

Elles convergent donc vers une limite $s \geq 0$.

Les sommes d'ordre pair

$$s_{2n} = s_{2n-1} - 1/2n$$

convergent aussi vers s puisque $1/2n$ tend vers 0. Il est alors clair que la série (1) converge et a pour somme s.

Ces raisonnements, dûs à Leibniz comme le théorème suivant, s'étendent immédiatement aux *séries alternées* de la forme

$$u_1 - u_2 + u_3 - \dots,$$

où les u_n sont tous positifs.

Théorème 6. *Toute série alternée dont les termes tendent vers 0 et décroissent en valeur absolue est convergente.*

En effet, les sommes partielles

$$s_{2n+1} = u_1 - (u_2 - u_3) - \dots - (u_{2n} - u_{2n+1})$$

décroissent et sont positives puisque l'on a

$$s_{2n+1} = s_{2n} + u_{2n+1} \geq s_{2n} = (u_1 - u_2) + \dots + (u_{2n-1} - u_{2n}) \geq 0.$$

Par suite s_{2n+1} tend vers une limite $s \geq 0$, qui est aussi la limite des s_{2n} puisque u_{2n+1} tend vers 0, d'où la convergence de la série.

On notera que si les s_{2n+1} décroissent, les s_{2n}, par contre, augmentent; on a donc

(13.2)
$$s_{2p} \le s \le s_{2q+1}$$

quels que soient p et q. Pour $p = q = n$, cette relation s'écrit soit

$$s_{2n+1} - u_{2n} \le s \le s_{2n+1},$$

soit

$$s_{2n} \le s \le s_{2n} + u_{2n+1}.$$

On en déduit que l'on a

(13.3)
$$|s - s_r| \le u_{r+1}$$

quel que soit r. Autrement dit, *l'erreur commise en remplaçant la somme totale par une somme partielle est, en valeur absolue, inférieure au premier terme négligé.* Elle n'est pas non plus beaucoup plus petite, car la relation

$$s - s_r = (u_{r+1} - u_{r+2}) + (u_{r+3} - u_{r+4}) + \dots$$

montre que l'on a aussi

(13.4)
$$|s - s_r| \ge u_{r+1} - u_{r+2}.$$

Si l'on considère par exemple la série

$$1 - 1/3 + 1/5 - 1/7 \dots,$$

pour laquelle $u_n = 1/(2n - 1)$, d'où $u_{r+1} - u_{r+2} = 2/(2r + 1)(2r + 3)$, on a

$$2/(2r + 1)(2r + 3) \le |s - s_r| \le 1/(2r + 1).$$

Si l'on veut calculer s avec 20 décimales exactes, il faut donc calculer s_r avec la même précision pour un entier r tel que

$$2/(2r + 1)(2r + 3) < 10^{-20},$$

i.e. tel que $(2r + 1)(2r + 3) > 2.10^{20}$, ce qui exige $(2r + 3)^2 > 2.10^{20}$, donc $2r + 3 > 1,4.10^{10}$; il faut donc calculer environ sept milliards de termes de la série et leur somme, le tout avec 20 décimales exactes. Comme les erreurs ont une forte tendance à s'ajouter et comme 10^{-20} est à peu près égal à $7.10^9.10^{-31}$, les calculs doivent être effectués avec 31 décimales exactes. Exercice : calculer sans machine $1/1234567898$ avec 31 décimales exactes (en fait 21, puisque le résultat commence visiblement par dix chiffres 0).

On comprendra donc l'hilarité – évènement rarissime, paraît-il – qui dut s'emparer de Newton lorsqu'en 1676, à l'occasion d'un bref échange de correspondance avec Leibniz (1646–1716) – échange au cours duquel chacun s'efforce très visiblement de montrer qu'il en sait davantage que l'autre, tout particulièrement Newton qui a plusieurs années d'avance mais n'a rien *publié* –, Leibniz lui fit part d'un procédé en quelque sorte mécanique pour calculer un nombre arbitrairement élevé de décimales de π, à savoir justement la formule (non évidente à ce niveau de l'exposé)

$$\pi/4 = 1 - 1/3 + 1/5 - 1/7 + \ldots .$$

Newton qui, une dizaine d'années plus tôt, s'était amusé – on s'amuse comme l'on peut et il s'en excuse auprès de Leibniz en invoquant sa jeunesse – à calculer $\log(1 + x)$ avec une cinquantaine de décimales à l'aide de la série analogue $x - x^2/2 + x^3/3 - \ldots$, *mais seulement pour des valeurs de x très voisines de* 0 et non pas, par exemple, pour $x = 1$, cas désespéré, répondit à Leibniz qu'il faudrait un millier d'années de travail pour calculer par sa méthode les vingt premières décimales de π et qu'au surplus sa formule était déjà connue en 1671 de son compatriote James Gregory. A noter, curieuse coïncidence, qu'en 1673 Leibniz avait présenté à la Royal Society anglaise et à l'Académie des sciences de Paris sa machine à calculer, inspirée de celle de Pascal et capable d'effectuer non seulement des additions et soustractions comme celle-ci, mais aussi des multiplications et divisions; Leibniz la perfectionnera pendant des décennies à grands frais, mais bien sûr ce n'était pas encore l'ordinateur central du *Strategic Air Command* américain capable d'organiser mathématiquement (?) une attaque laissant 400 millions de cadavres[37] sur le terrain, plus ceux qui ne sont pas visés, y compris, selon

---

[37] Voir dans Desmond Ball et Jeffrey Richelson, eds., *Strategic Nuclear Targeting* (Cornell University Press, 1986) les articles de David Alan Rosenberg et Desmond Ball sur le (seul et unique) plan de guerre américain de 1960, notamment pp. 35–36 et 62 pour l'ampleur de l'attaque : au minimum 1.400 bombes d'une puissance totale de 2.100 mégatonnes sur 650 objectifs multiples, au maximum 3.500 armes sur 1.050 objectifs multiples dont 151 centres industriels-urbains. Le plan estime que l'attaque maximum ferait entre 360 et 425 millions de morts du rideau de fer à la Chine inclusivement. L'opération prendrait vingt quatre heures et, en théorie, serait lancée au cas où les préparatifs d'une attaque soviétique seraient détectés. Les Soviétiques avaient à l'époque beaucoup moins de moyens d'atteindre les USA, mais comme l'a remarqué beaucoup plus tard un ancien conseiller du président Kennedy, McGeorge Bundy, qui a vécu la crise de Cuba en 1962, une seule bombe sur une seule grande ville serait déjà une catastrophe inimaginable.
    Les plans soviétiques, analysés dans le même ouvrage par un membre des services de renseignement américains, mettaient beaucoup plus l'accent sur la destruction des forces militaires et d'un certain nombre d'industries et de moyens de transports vitaux en évitant de dévaster inutilement l'Europe dont les ressources seraient indispensables à la reconstruction de l'URSS après la "victoire"; les vents d'ouest prédominants commanderaient aussi une certaine

un amiral américain, les marins de la flotte du Pacifique qui seraient trop occupés à se débarrasser des retombées radioactives pour chasser les sous-marins soviétiques.

Après cette incursion dans le domaine des additions psychopathologiques – un humoriste français avait, dès les années 1930, remarqué que si les képis des militaires de haut rang sont entourés de plusieurs galons, c'est pour empêcher leurs crânes d'exploser –, revenons aux additions mathématiques pour montrer que la propriété de commutativité établie plus haut pour les séries à termes positifs ne s'applique plus lorsque, dans une série convergente à termes réels, la série des termes positifs (et donc aussi celle des termes négatifs) diverge, comme c'est le cas pour la série harmonique alternée; cela revient évidemment à dire que la série $\sum |u_n|$ diverge. En fait, on peut même, en réordonnant les termes d'une telle série, la transformer en une série *divergente*.

Prenons par exemple le cas d'une série alternée. La série

$$(13.5) \qquad u_1 + u_3 + u_5 + \dots$$

de ses termes positifs étant divergente, il y a un indice $2p - 1$ pour lequel la somme des termes d'indice $\leq 2p-1$ de (5) dépasse $10+u_2$. Pour construire la nouvelle série, on écrit tout d'abord les termes d'indice $\leq 2p - 1$ de (5), puis le terme $-u_2$, ce qui fournit une nouvelle somme partielle encore > 10, puis les termes d'indice $2p + 1, \dots$ de la série (5) jusqu'à ce que l'on obtienne, en un rang $2q - 1$, une somme partielle supérieure à $100 + u_4$; on écrit ensuite le terme $-u_4$, d'où une somme partielle encore > 100, puis les termes d'indice $2q + 1, \dots$ de (5) jusqu'à ce que l'on obtienne une somme partielle $> 1000 + u_6$, puis le terme $-u_6$, d'où une nouvelle somme partielle > 1000, et ainsi de suite indéfiniment. Il est clair que, de cette façon, on réordonne la série initiale de telle sorte que les nouvelles sommes partielles prennent des valeurs arbitrairement grandes, ce qui exclut la convergence.

Le premier exemple historiquement connu (Dirichlet, 1837), est celui de la série alternée où $u_n = 1/n^{1/2}$; elle devient divergente si on l'écrit sous la forme

---

modération, de même qu'il ne serait pas indiqué d'exterminer les populations que l'on désire convertir au socialisme ... L'objectif assigné dans les années 1960 par le général de Gaulle aux armes nucléaires françaises était de pouvoir, à terme, éliminer environ 60 millions de citoyens et 50% du potentiel industriel soviétiques.

Voir aussi Roger Godement, "Aux sources du modèle scientifique américain" (*La Pensée*, n° 201, 203 et 204, 1978/79) où l'on verra par exemple qu'en 1958, un ordinateur "scientifique" IBM 704 – n'importe quel PC actuel est plus puissant – était chargé de contrôler environ 3.000 avions répartis sur 70 bases. Ces usages ont puissamment contribué à lancer l'industrie informatique, Internet y compris, et le rôle qu'elle joue maintenant dans le secteur civil n'a aucunement fait disparaître son autre face, bien au contraire puisque le secteur militaire profite maintenant largement du secteur civil. On ignore ce que Pascal et Leibniz en auraient pensé.

$$u_1 + u_3 - u_2 + u_5 + u_7 - u_4 + u_9 + u_{11} - u_6 + \ldots ;$$

si en effet elle était encore convergente, elle le resterait si l'on en groupait les termes de trois en trois; or la somme

$$1/(4n-3)^{1/2} + 1/(4n-1)^{1/2} - 1/(2n)^{1/2}$$

est, pour n grand, positive (exercice!) et du même ordre de grandeur que $1/n^{1/2}$; d'où la divergence.

La raison de ce phénomène est simple : ce n'est pas parce que les termes de la série donnée tendent vers 0 suffisamment vite qu'elle converge – si tel était le cas, la série $\sum |u_n|$ convergerait –, c'est parce que les termes, lorsqu'on les additionne *dans l'ordre prescrit*, changent de signe assez souvent pour que la décroissance des sommes négatives compense miraculeusement la croissance des sommes positives. Ces compensations peuvent disparaître lorsque l'ordre des termes est bouleversé. Une construction analogue à la précédente montrerait (Riemann) que, quel que soit $s \in \mathbb{R}$, on peut réordonner les termes de façon à obtenir une série convergente de somme s. Autrement dit, si la série $\sum u_n$ converge sans qu'il en soit de même de la série $\sum |u_n|$, sa somme ne peut pas être définie autrement qu'à l'aide de ses sommes partielles ordonnées $u_1 + \ldots + u_n$. Pour cette raison, certains auteurs préfèrent parler de séries *semi-convergentes*.

14 – Séries absolument convergentes classiques

Lorsqu'une série $\sum u(n)$ est *absolument convergente*, i.e. lorsque la série $\sum |u(n)|$ converge, le problème de la commutativité ne se pose pas : la série est une combinaison de séries convergentes à termes positifs.

La meilleure façon de le voir consiste à associer à tout $x \in \mathbb{R}$ les nombres positifs x^+ et x^- définis comme suit :

$$x^+ = \sup(x, 0) = x \ (\text{si } x \geq 0) \ \text{ou } 0 \ (\text{si } x \leq 0),$$
$$x^- = \sup(-x, 0) = 0 \ (\text{si } x \geq 0) \ \text{ou } -x \ (\text{si } x \leq 0),$$

d'où

$$x = x^+ - x^-, \qquad |x| = x^+ + x^-.$$

En appliquant cet artifice aux termes d'une série $\sum u(n)$ réelle, on la fait apparaître comme différence de deux séries à termes positifs dont la somme est la série $\sum |u(n)|$; comme $u(n)^+$ et $u(n)^-$ sont $\leq |u(n)|$, il est clair que la série des $|u(n)|$ converge si et seulement s'il en est ainsi de ces deux séries à termes positifs. Pour une série à termes complexes, on peut appliquer la méthode aux parties réelles et imaginaires $v(n)$ et $w(n)$ de ses termes; on a alors

$$(14.1) \qquad u(n) = v(n)^+ - v(n)^- + iw(n)^+ - iw(n)^-,$$

avec quatre séries à termes positifs qui convergent toutes si et seulement si la série des $u(n)$ est absolument convergente. Il est clair que, plus généralement, toute combinaison linéaire de séries absolument convergentes est absolument convergente puisque

$$|a + b + c + \ldots| \le |a| + |b| + |c| + \ldots.$$

Une série absolument convergente est donc convergente tout court et comme la commutativité vaut pour chacune des séries $v(n)^+$, etc. figurant dans (1), elle vaut pour la série donnée. On a au surplus

$$(14.2) \qquad \left| \sum u(n) \right| \le \sum |u(n)|$$

comme on le voit en passant à la limite sur l'inégalité analogue relative aux sommes partielles des deux membres.

Exemple 1. La série exponentielle

$$(14.3) \qquad \exp(z) = \sum_{n=0}^{\infty} z^n / n! = \sum z^{[n]}$$

converge absolument pour tout $z \in \mathbb{C}$ et sa somme est une fonction continue de z.

Nous avons montré au n° 10, exemple 1, qu'elle converge pour $z > 0$, d'où la convergence absolue dans le cas général puisque

$$|z^n / n!| = |z|^n / n!.$$

La continuité de la fonction exp résulterait instantanément des théorèmes généraux du n° 19 sur les séries entières, mais nous en aurons besoin plus bas, de sorte que nous allons recourir, pour l'établir, à une méthode artisanale particulièrement simple et qui, généralisée, servira aussi au n° 19. Pour cela, observons que l'on a

$$| \exp(z + h) - \exp z | \le \sum \left| (z + h)^{[n]} - z^{[n]} \right|;$$

or on a montré, voir (4.6), que l'on a

$$\left| (z + h)^{[n]} - z^{[n]} \right| \le |h| \, (|z| + |h|)^{[n-1]}$$

quels que soient $h, z \in \mathbb{C}$. Il vient donc

$$| \exp(z+h) - \exp z | \leq |h| \sum (|z| + |h|)^{[n-1]} = |h| \exp(|z| + |h|),$$

d'où la continuité puisque, pour $|h| < 1$ par exemple, le second membre est $< M|h|$ où $M = \exp(|z| + 1)$, donc est $< r$ dès que $|h| < r/M$.

Exemple 2. Nous savons d'après le n° 6, ou saurons plus tard, que

$$\sin x = x - x^3/3! + x^5/5! - \ldots,$$
$$\cos x = 1 - x^2 + x^4/4! - \ldots.$$

Ces deux séries sont absolument convergentes quel que soit $x \in \mathbb{C}$. Si en effet on remplace leurs termes par les valeurs absolues de ceux-ci, on obtient la série des termes de degré impair ou pair de la série exponentielle pour $z = |x|$. Comme celle-ci converge, il en est de même des deux séries considérées.

La ressemblance avec la série exponentielle aura sans doute frappé le lecteur. Elle avait tellement frappé Euler qu'il eut l'idée vers 1740 de calculer

$$\exp(ix) = 1 + ix + (ix)^{[2]} + (ix)^{[3]} + (ix)^{[4]} + (ix)^{[5]} + \ldots$$
$$= (1 - x^{[2]} + x^{[4]} - \ldots) + i(x - x^{[3]} + x^{[5]} - \ldots)$$

et d'en conclure que

(14.4) $$\exp(ix) = \cos x + i. \sin x$$

pour $x \in \mathbb{R}$. Cette découverte ne lui aura sûrement pas coûté plus de travail qu'à nous – il "suffisait" de penser aux exponentielles imaginaires ... – puisqu'il connaissait les trois séries en cause et que, comme on l'a déjà dit, "il calculait comme l'on respire". Il n'en reste pas moins que la relation précédente joue en analyse un rôle hors de proportion avec son apparente trivialité.

La formule (4) repose toutefois sur les développements en séries entières des fonctions trigonométriques. Il est malheureusement quasi impossible de les justifier rigoureusement aussi longtemps qu'on ne dispose que de la définition géométrique traditionelle des sinus et cosinus : il faudrait déjà comprendre ce qu'est un angle ou la longueur d'un arc de cercle puisque la définition d'un angle en dépend, il faudrait aussi savoir que la longueur totale d'une circonférence de rayon 1 est mesurée par le mystérieux nombre 2π, et bien d'autres choses encore appartenant notamment à la théorie de l'intégration. Evidemment les fondateurs de l'analyse ne s'embarrassaient pas d'une telle rigueur, parfaitement inaccessible à leur époque, et c'est ce qui leur a permis d'avancer. Mais nous ne sommes plus au XVIIe siècle et la bonne réponse à ces questions consistera, comme on le fera au n° 14 du Chap. IV, à *définir* les fonctions $\sin x$ et $\cos x$ par leurs séries entières et à en *déduire* les propriétés élémentaires que tout le monde attend : formules d'addition, dérivées, relation $\cos^2 x + \sin^2 x = 1$, nombre π, etc.

Exemple 3. Considérons la série $\sum z^n / n^2$. On a $|u_n| \leq 1/n^2$ si $|z| \leq 1$; comme la série $\sum 1/n^2$ converge, la série $\sum |u_n|$ vérifie au moins aussi bien l'hypothèse du théorème 4 que la seconde. Elle est donc absolument convergente pour $|z| \leq 1$. Nous montrerons plus loin qu'elle diverge pour $|z| > 1$ à l'aide de quelques critères simples.

Exemple 4. Considérons une série entière $\sum a_n z^n$ et supposons qu'elle converge absolument pour $z = u$. Comme on a $|a_n z^n| \leq |a_n u^n|$ pour $|z| \leq |u|$, on en conclut que la série converge encore absolument pour $|z| \leq |u|$. La notion fondamentale de *rayon de convergence* d'une série entière, due à Cauchy, s'obtient par un raisonnement analogue. Considérons en effet l'ensemble E des nombres $r \geq 0$ pour lesquels la suite de terme général $|a_n| r^n$ est *bornée*; désignons par R soit la borne supérieure de E si E est borné, soit le symbole $+\infty$ dans le cas contraire (n° 17). Alors *la série $\sum a_n z^n$ converge absolument pour $|z| < R$ et diverge pour $|z| > R$* (on ne peut rien dire a priori quant à ce qui se passe aux points de la circonférence limite $|z| = R$: tout est possible).

Le second point est évident puisqu'alors les termes de la série ne sont pas bornés, donc ne tendent pas vers 0. Pour établir le premier, on note que, par définition d'une borne supérieure, il existe un $r \in E$ tel que $|z| < r < R$, d'où $|z| = qr$ avec $q < 1$; posant $M = \sup(|a_n| r^n)$, on a alors $|a_n z^n| = q^n |a_n r^n| \leq M q^n$, d'où la convergence absolue puisque $q < 1$.

Ces petits calculs montrent un peu plus : les coefficients d'une série entière à rayon de convergence $R > 0$ ne peuvent pas croître plus vite qu'une progression géométrique. Autrement dit, il y a toujours des constantes M et q positives telles que l'on ait

(14.5) $$|a_n| \leq M q^n \quad \text{pour tout } n$$

ou, dans le langage du n° 3,

$$a_n = O(q^n), \qquad n \to +\infty.$$

C'est évident puisque, pour tout $r < R$, la suite $(a_n r^n)$ est bornée (et même tend vers zéro), de sorte qu'il suffit de prendre $q = 1/r$ pour obtenir (5). Inversement, si les a_n vérifient une relation (5), on a $R > 0$ puisqu'alors la série converge absolument pour $q|z| < 1$. L'existence d'une relation (5) *caractérise* donc les séries entières à rayon de convergence > 0 ou, comme on les appelle dangereusement, les *séries entières convergentes*.

"Dangereusement" car d'aucuns croiront que l'on appelle ainsi les séries qui convergent quel que soit $z \in \mathbb{C}$. Tel n'est pas le cas; on leur demande seulement de ne pas diverger-quel-que-soit $z \neq 0$, ce qui est fort différent. Ces séries interviennent partout en analyse classique. Les autres n'interviennent jamais car on ne peut rien en faire; voir toutefois les "séries formelles" du n° 22.

Il est évident qu'à l'intérieur de son cercle de convergence, la somme $f(z) = \sum a_n z^n$ d'une série entière est limite d'une suite de polynômes en z, à savoir les sommes partielles de la série. On peut préciser un peu plus ce résultat en se plaçant dans un disque de rayon r *strictement* inférieur au rayon de convergence R de la série. On a en effet alors $|z^{n+1+p}| \leq |z|^{n+1} r^p$ quel que soit $p \geq 0$, d'où

$$|f(z) - a_0 - a_1 z - \ldots - a_n z^n| \leq |z|^{n+1} (|a_{n+1}| + |a_{n+2}| r + \ldots) ;$$

comme la somme $\sum_p |a_{n+p}| r^p = M$ est convergente – elle ne diffère de la série $\sum |a_p r^p|$ que par quelques termes au début et un facteur r^n –, on trouve une inégalité

(14.6) $|f(z) - a_0 - a_1 z - \ldots - a_n z^n| \leq M |z|^{n+1}$ pour $|z| \leq r$.

Avec les notations du n° 3, cela implique

(14.7) $f(z) = a_0 + a_1 z + \ldots + a_n z^n + O(z^{n+1})$ quand $z \to 0$,

mais (6) est un peu plus précis puisque valable non seulement pour r "petit", mais même pour tout $r < R$ (et donc pour tout r fini si $R = +\infty$, cas de la série exp par exemple). La constante M de (6) dépend de n et de r; il est généralement impossible de trouver un M pour lequel (6) serait valable dans le disque de convergence tout entier : c'est déjà faux pour la série $\sum z^n$. Voir le n° 8 du Chap. III.

15 – Convergence en vrac : cas général

Après cette incursion dans le classique – la notion de convergence absolue n'est cependant pas antérieure à Cauchy et c'est avant tout Weierstrass qui l'a systématiquement exploitée – venons-en à celle de convergence en vrac pour une somme de nombres complexes $\sum u(i)$, où l'indice i varie dans un ensemble dénombrable I quelconque. Elle permet d'éclairer la notion de série absolument convergente et, en fait, s'y ramène; mais elle est indispensable pour d'autres raisons. Montrons d'abord comment on peut la définir d'une façon analogue à celle du n° 12.

Supposons d'abord les $u(i) \geq 0$. La somme[38] $s = s(I)$ est, par définition, la borne supérieure des sommes partielles en vrac

(15.1) $$s(F) = \sum_{i \in F} u(i)$$

étendues à une partie finie quelconque F de I. On peut donc, pour tout nombre $r > 0$, choisir F de telle sorte que l'on ait

---

[38] Nous utilisons la notation $s(F)$ pour toute partie F de I, finie ou non, à condition bien entendu que la somme ait un sens ou, dans le cas d'une somme de termes *positifs*, de convenir que $s(F) = +\infty$ si la somme ne converge pas en vrac.

(15.2) $$s(I) - r \leq s(F) \leq s(I).$$

Mais comme les $u(i)$ sont positifs, il est clair que

(15.3) $$G \supset F \Longrightarrow s(F) \leq s(G) \leq s(I);$$

on voit donc que, pour toute partie finie G de I,

(15.4) $$G \supset F \Longrightarrow |s(G) - s(I)| \leq r.$$

L'analogie avec la définition classique est visible : au lieu d'être indexées par un entier n, les sommes partielles en vrac sont indexées par une partie finie F quelconque de l'ensemble I, la relation d'ordre $q > p$ est remplacée par l'inclusion $G \supset F$ et la relation (4) remplace la définition classique

$$q \geq p \Longrightarrow |s_q - s| \leq r.$$

La généralisation aux sommes de nombres complexes est alors évidente. La somme des $u(i)$ sera dite *convergente en vrac* s'il existe un nombre $s = s(I)$ possédant la propriété suivante : pour tout $r > 0$, il existe une partie finie F de I vérifiant (4). Dans le cas où tous les $u(i)$ sont positifs, cela signifie, on l'a vu, qu'il existe un nombre réel M qui majore toutes les sommes partielles en vrac. Nous allons montrer que, dans le cas général, la convergence en vrac de la somme des $u(i)$ *équivaut* à celle de la somme des $|u(i)|$, i.e. au fait que les sommes partielles (en vrac – il n'y en a pas d'autres) de la seconde série sont bornées supérieurement.

Remarquons auparavant que, la convergence en vrac ne supposant choisie aucune façon particulière d'écrire les éléments de I sous forme d'une suite, une permutation des $u(i)$ ne change rien à la situation : ici encore, il y a *commutativité totale de l'addition*.

Comme dans le cas classique, une somme à termes complexes converge en vrac si et seulement s'il en est ainsi des sommes obtenues en remplaçant les termes par leurs parties réelles et imaginaires : remplacer $s(F)$, $s(G)$ et $s(I)$ par leurs parties réelles ou imaginaires dans (4).

Il est aussi à peu près évident que si deux séries $\sum u(i)$ et $\sum v(i)$ indexées par le même ensemble I convergent en vrac et ont pour sommes s et t, la série des $w(i) = u(i) + v(i)$ converge en vrac vers $s + t$. Si, en effet, il existe pour tout $r > 0$ des parties finies F' et F'' de I telles que la somme en vrac étendue à G de la première (resp. seconde) série soit égale à s (resp. t) à r près dès que $G \supset F'$ (resp. $G \supset F''$), il est clair que si $G \supset F = F' \cup F''$, la somme des $w(i)$, $i \in G$, sera égale à $s + t$ à $2r$ près, cqfd[39].

---

[39] C'est l'analogue des propriétés valables "pour n assez grand" du n° 3 : dans le cas présent, il s'agit d'une assertion impliquant une partie finie G de I et qui est valable dès que celle-ci *contient* une partie F convenablement choisie. Ne pas confondre avec : "dès que G contient suffisamment d'éléments de I". Si

Il résulte immédiatement de là que les séries à termes complexes se ramènent aux séries à termes réels comme dans le cas classique. Examinons donc celles-ci pour montrer qu'on peut même, en fait, se ramener à des familles ou sommes en vrac à *termes positifs*.

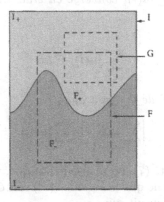

fig. 4.

Si tous les $u(i)$ sont réels (et, on peut le supposer, $\neq 0$), on peut partager I en deux ensembles disjoints : l'ensemble I_+ des i tels que $u(i) > 0$ et l'ensemble I_- des i tels que $u(i) < 0$. Choisissons une partie finie F de I vérifiant (4), par exemple pour $r = 1$. F est réunion des ensembles disjoints $F \cap I_+ = F_+$ et $F \cap I_- = F_-$. Soit alors G une partie finie quelconque de I_+. Comme $G \cup F_+$ contient davantage de termes $u(i)$, tous positifs, que G, on a

$$s(G) \leq s(G \cup F_+) = s(G \cup F) - s(F_-)$$

puisque $G \cup F$ est réunion des ensembles disjoints $G \cup F_+$ et F_-. Mais l'inégalité (4) s'applique à $G \cup F \supset F$ et implique

$$s(G \cup F) \leq s(I) + 1.$$

Portant dans le résultat précédent, on en déduit que l'on a

$$s(G) \leq s(I) + 1 - s(F_-)$$

pour *toute* partie finie G de I_+. Le second membre étant indépendant de G, il s'ensuit que la série des $u(i)$, $i \in I_+$, converge en vrac (n° 12). Puisqu'on

par exemple vous désirez calculer la somme de la série $1 + 1/2! + 1/3! + \ldots$ à $0, 1$ près et si vous en additionnez dix milliards de termes choisis au hasard en oubliant d'y faire figurer le premier terme de la série, vous n'obtiendrez pas le résultat ...

peut aussi bien raisonner sur I_- que sur I_+, on voit que chacune des sommes étendues à I_+ et à I_- converge en vrac. La réciproque étant évidente, on obtient donc le résultat suivant :

Théorème 7. *Pour qu'une série* $\sum u(i)$, $i \in I$, *converge en vrac, il faut et il suffit que la série* $\sum |u(i)|$ *converge en vrac, i.e. qu'il existe un nombre* $M \geq 0$ *tel que l'on ait*

$$(15.6) \qquad\qquad \sum_{i \in F} |u(i)| \leq M$$

pour toute partie finie F de I. On a alors

$$(15.7) \qquad\qquad \left| \sum u(i) \right| \leq \sum |u(i)|.$$

Pour établir l'inégalité (7), on utilise le fait que, pour tout $r > 0$, il existe une partie finie F de I telle que la somme $s(F)$ soit égale à r près à la somme totale $s(I)$ des $u(i)$; il s'ensuit que

$$|s(I)| \leq |s(F)| + r \leq \sum_{i \in F} |u(i)| + r \leq \sum_{i \in I} |u(i)| + r,$$

d'où le résultat.

Ce théorème montre que, pour la convergence *en vrac*, il n'y a aucune différence entre la convergence tout court et la convergence absolue : c'est la différence majeure avec la notion classique. Pour cette raison, on parle souvent de familles *absolument sommables* au lieu de convergence en vrac et, dans la pratique, on se borne à dire que la série des $u(i)$ est *absolument* ou *commutativement convergente*; la terminologie dépend des auteurs. Bien qu'il existe des séries importantes qui ne rentrent pas dans ce schéma – on les rencontre par exemple dans la théorie des séries de Fourier à une variable, sans parler des séries alternées à la Leibniz –, la convergence en vrac suffit dans la grande majorité des cas parce que c'est l'analogue "discret", en beaucoup plus simple, de la théorie moderne de l'intégration, laquelle pourrait se définir comme une théorie de la convergence en vrac pour des sommes "continues", i.e. indexées par les points d'un intervalle de $\mathbb{R}$ ou quelque chose d'analogue, un cube de $\mathbb{R}^3$ par exemple. Ces deux théories permettent de calculer de façon quasi algébrique et on n'utilise pratiquement rien d'autre à l'heure actuelle en analyse pour la raison que les séries simples *ordonnées*, et encore moins les séries semi-convergentes, n'interviennent que très rarement en dimension supérieure à 1. La série de Riemann à deux variables m et n étudiée au n° 12 est typique à cet égard.

Corollaire. *[inégalité de Cauchy-Schwarz pour les séries] Soient* (u_i) *et* (v_i) *deux familles de nombres complexes telles que les séries* $\sum |u_i|^2$

et $\sum |v_i|^2$ convergent en vrac. Il en est alors de même de la série $\sum u_i \bar{v}_i$ et l'on a

$$\left| \sum u_i \bar{v}_i \right|^2 \leq \sum |u_i|^2 \cdot \sum |v_i|^2.$$

L'inégalité, où l'on remplacera les u et les v par leurs modules, est en effet valable si l'on se borne à sommer sur une partie finie F de l'ensemble I d'indices (Chap. III, Appendice). Elle est à plus forte raison valable si l'on somme sur F au premier membre et sur I au second. Les carrés des sommes partielles de la série $\sum |u_i \bar{v}_i|$ sont donc bornés supérieurement par le second membre de la relation à établir, cqfd.

Pour terminer provisoirement cette étude de la convergence en vrac – il reste à prouver la loi d'associativité de l'addition, n° 18 –, revenons aux séries absolument convergentes classiques du n° précédent. Par définition, la série $\sum |u(n)|$ converge; elle vérifie donc (6), de sorte que la série $\sum u(n)$ donnée converge en vrac et vice-versa. Il n'y a donc, pour les séries ordonnées classiques, aucune différence entre la convergence en vrac et la convergence absolue du n° 14.

Il faut toutefois montrer que la définition classique de la somme

$$s = \lim \big(u(1) + \ldots + u(n) \big)$$

fournit le même résultat que la définition (4) de la somme en vrac $s(\mathbb{N})$, en supposant que la série commence par un terme u_0. Pour cela, choisissons un nombre $r > 0$ ainsi qu'une partie finie F de $\mathbb{N}$ vérifiant (4). Comme F est finie, l'ensemble $F_n = \{0, 1, \ldots, n\}$ contient F pour n assez grand. On a donc $|s(F_n) - s(\mathbb{N})| \leq r$ pour n grand. Mais $s(F_n)$, somme des n premiers termes de la série, est égale à s à r près pour n grand; d'où $|s - s(\mathbb{N})| \leq 2r$, cqfd.

Finalement, considérons une famille absolument sommable $(u(i))$, $i \in I$, et choisissons une bijection f de $\mathbb{N}$ sur I. Les sommes en vrac de la famille donnée et celles de la série $\sum u(f(n))$ sont évidemment les mêmes, ainsi que celles qu'on obtient en remplaçant les $u(i)$ par leurs valeurs absolues. Il s'ensuit que la série $\sum u(f(n))$ est absolument convergente et possède la même somme que la famille donnée. Si, inversement, une bijection de $\mathbb{N}$ sur I transforme la famille $(u(i))$ en une série absolument convergente, il est clair que la famille donnée est absolument sommable. Ceci montre qu'*il n'y a en fait aucune différence de nature entre la convergence en vrac générale et la convergence absolue classique.*

L'intérêt de la convergence en vrac apparaîtra plus loin lorsqu'après en avoir établi l'associativité, nous l'appliquerons aux séries multiples pour lesquelles le choix d'une bijection f ne fournit aucun résultat, sauf miracle[40]. Pour le moment, nous allons revenir aux aspects les plus classiques, pour ne pas dire les plus éculés, de la théorie traditionnelle des séries.

16 – Relations de comparaison. Critères de Cauchy et d'Alembert

Etant données deux suites numériques (u_n) et (v_n), on dit que la première est *dominée* par la seconde s'il existe un nombre $M \geq 0$ tel que l'on ait $|u_n| \leq M.|v_n|$ pour n grand, ce qu'on exprime en écrivant (fin du n° 3) que

$$(16.1) \qquad u_n = O(v_n) \qquad \text{quand } n \to +\infty.$$

On dit d'autre part que les suites (u_n) et (v_n) sont *du même ordre de grandeur* à l'infini si l'on a à la fois $u_n = O(v_n)$ et $v_n = O(u_n)$, ce qu'on écrit

$$(16.2) \qquad u_n \asymp v_n \qquad \text{quand } n \to +\infty.$$

Cela signifie qu'il existe des nombres $m > 0$ et $M > 0$ tels que l'on ait

$$(16.3) \qquad m.|v_n| \leq |u_n| \leq M.|v_n| \qquad \text{pour } n \text{ grand.}$$

En termes de marine : pour n grand, les deux rapports u_n/v_n et v_n/u_n restent au large de 0.

Ces définitions vont nous fournir des principes de comparaison entre séries, à vrai dire quasi triviaux mais fort utiles néanmoins :

Théorème 8. *Soient $\sum u_n$ et $\sum v_n$ deux séries à termes complexes.*

(PC 1) Si $u_n = O(v_n)$ et si la série $\sum v_n$ est absolument convergente, il en est de même de la série $\sum u_n$.

(PC 2) Si $u_n \asymp v_n$ et si l'une des deux séries est absolument convergente, il en est de même de l'autre.

Si en effet l'on a $|u_n| \leq M.|v_n|$ pour n grand et si les sommes partielles de la série $\sum |v_n|$ sont bornées, il en est évidemment de même de celles de la série $\sum |u_n|$, d'où (PC 1). Le second énoncé s'obtient à partir du premier en échangeant les rôles des deux séries.

Corollaire. *Pour qu'une série $\sum u_n$ soit absolument convergente, il* suffit *qu'il existe un nombre q tel que*

$$u_n = O(q^n), \qquad 0 \leq q < 1,$$

---

[40] Peu surprenant. Si vous soumettez les termes d'une série géométrique, par exemple, à une permutation arbitraire, vous aurez beaucoup de mal à démontrer la convergence de la nouvelle série en n'utilisant que ses sommes partielles ordonnées – sauf à reconstituer une démonstration ad hoc du théorème général.

ou qu'il existe un nombre s tel que

$$u_n = O(1/n^s), \qquad s > 1.$$

Dans le cas de séries *à termes positifs*, on peut aller un peu plus loin :

(16.4)   si $u_n \asymp q^n$, la série converge si $q < 1$ et diverge si $q \geq 1$;

(16.5)   si $u_n \asymp 1/n^s$, la série converge si $s > 1$ et diverge si $s \leq 1$.

Cela résulte de (PC 2).

Le Théorème 8 n'est d'aucune utilité en dehors du domaine des séries absolument convergentes : la série $\sum 1/n$ diverge et la série alternée $\sum (-1)^n/n$ converge bien que (PC 2) soit vérifié dans ce cas. Dans des cas de ce genre, il faut évidemment tenir compte des signes des termes ou, dans le cas complexe, de leurs arguments. La relation

$$u_n \sim v_n$$

permet d'aller un peu plus loin; elle signifie par définition (n° 4) que

(16.6) $\lim u_n/v_n = 1, \quad \lim v_n/u_n = 1, \quad u_n = v_n w_n$ avec $\lim w_n = 1$,

ces trois relations étant visiblement équivalentes[41]. Comme une suite qui tend vers 1 est bornée et reste au large de 0, cette relation implique $u_n \asymp v_n$.

Théorème 9. *Soient $\sum u_n$ une série à termes > 0 et $\sum v_n$ une série à termes complexes telles que l'on ait $u_n \sim v_n$ pour n grand;*

(i) si la série $\sum u_n$ converge, la série $\sum v_n$ est absolument convergente;
(ii) si la série $\sum u_n$ diverge, il en est de même de la seconde.

Le cas (i) résulte de (PC 1). Dans le cas (ii), considérons la série $\sum w_n$ où $w_n = \mathrm{Re}(v_n)$. Comme $\mathrm{Re}(v_n/u_n) = w_n/u_n$ tend vers 1 au même titre que v_n/u_n et comme $u_n > 0$, on a aussi $w_n > 0$ pour n grand, de sorte que les séries $\sum u_n$ et $\sum w_n$ sont simultanément convergentes ou divergentes. Mais si $\sum w_n$ diverge, il en est à plus forte raison de même de $\sum v_n$, cqfd.

Par exemple, pour une série à termes complexes,

(16.7) $u_n \sim c/n^s \Longrightarrow \begin{cases} \text{convergence absolue si } s > 1, \\ \text{divergence si } s \leq 1. \end{cases}$

Supposons par exemple $u_n = f(n)/g(n)$ où f et g sont des polynômes de degrés p et q. On a

---

[41] Cela suppose évidemment que, pour n grand, u_n et v_n ne s'annulent jamais. Cuistrerie inutile : on ne rencontre jamais d'autre cas dans la pratique.

$$u_n = \frac{a_p n^p (1 + ?/n + \ldots + ?/n^p)}{b_q n^q (1 + ?/n + \ldots + ?/n^q)} = c n^{p-q} \frac{1 + \cdots}{1 + \cdots}$$

avec $c = a_p/b_q \neq 0$ et des coefficients numériques ? dont les valeurs importent peu. La seconde fraction tendant vers 1, il est clair que, pour n grand, on a $u_n \sim c n^{p-q}$; par suite,

$$\sum f(n)/g(n) \begin{cases} \text{converge absolument si } d°(g) \geq d°(f) + 2 \\ \text{diverge si } d°(g) \leq d°(f) + 1. \end{cases}$$

Ainsi, la série $\sum (n^2 + 3in - 5)/(n^4 - 2i)$ est absolument convergente, cependant que la série $\sum (n^2 + 3in - 5)/(n^3 - 2i)$ est divergente.

Nous avons vu plus haut qu'une série $\sum u_n$ dont les termes vérifient une relation de la forme $u_n = O(q^n)$ avec $0 < q < 1$ est absolument convergente. Il y a deux critères classiques, dûs respectivement à d'Alembert, l'homme de l'Encyclopédie et des Lumières, athée militant, et à Cauchy, le polytechnicien ultra-légitimiste et ultra-catholique de la Restauration, qui permettent d'effectuer cette comparaison de façon quasi mécanique. Comme, en pratique, ils s'appliquent fréquemment aux mêmes séries, les lecteurs de gauche pourront préférer d'Alembert et ceux de droite, Cauchy :

Théorème 10. *Soit $\sum u_n$ une série à termes complexes. Supposons soit que le rapport $|u_{n+1}/u_n|$ (d'Alembert), soit que $|u_n|^{1/n}$ (Cauchy) tende vers une limite q lorsque $n \to \infty$. Alors la série est absolument convergente si $q < 1$ et divergente si $q > 1$.*

Si en effet $\lim |u_{n+1}/u_n| = q < 1$ et si l'on choisit un nombre q' tel que $q < q' < 1$, on a $|u_{n+1}/u_n| < q'$ pour n grand, disons pour $n > p$. On a alors $|u_{p+r}| < q'|u_{p+r-1}| < q'^2|u_{p+r-2}| < \ldots < q'^r|u_p|$ pour tout $r > 1$ et donc $|u_n| < M q'^n$ pour n grand, avec une constante $M = |u_p|/q'^p$ (poser $n = p + r$). Comme $q' < 1$, la série géométrique $\sum q'^r$ converge, d'où la convergence absolue de la série donnée. Le raisonnement est encore plus simple dans le cas de Cauchy : on a $|u_n|^{1/n} < q'$ pour n grand, i.e. $|u_n| < q'^n$, et l'on conclut comme précédemment.

Si $q > 1$, on choisit cette fois q' de telle sorte que $1 < q' < q$. On a encore les mêmes inégalités, mais avec des signes $>$ au lieu de signes $<$ puisque, pour n grand, les expressions de d'Alembert et de Cauchy sont $> q'$. Mais alors l'inégalité $|u_n| > M q'^n$ prouve non seulement que la série diverge, mais que $|u_n|$ augmente indéfiniment, cqfd.

A titre d'exemples, considérons les séries entières suivantes :

(a) $\sum z^n/n!$; on a ici $|u_{n+1}/u_n| = |z|/(n+1)$ comme le montre une ligne de calcul; le rapport tend donc vers 0 quel que soit z, d'où la convergence absolue de la série exponentielle; le rayon de convergence (n° 14, exemple 4) est $+\infty$.

(b) $\sum z^n/n^s$; le rapport de d'Alembert, égal à $|z|/(1+1/n)^s$, tend vers $|z|$; il y a donc convergence absolue pour $|z| < 1$ et divergence pour $|z| > 1$; le rayon de convergence est $R = 1$. Noter que l'expression de Cauchy, égale à $|z|.n^{1/n}$, tend aussi vers $|z|$ (n° 5, exemple 8). Noter aussi que, pour $|z| = 1$, on ne peut rien dire, de sorte que la série de Riemann $\sum 1/n^s$ ne rentre pas dans le champ d'application du très faible Théorème 10.

(c) $\sum n^2 z^n$; l'expression de Cauchy, à savoir $|z|(n^{1/n})^2$, tend encore vers $|z|$; mêmes conclusions.

(d) $\sum n! z^n$; le rapport de d'Alembert, à savoir $(n+1)|z|$, augmente indéfiniment pour $z \neq 0$. La série est toujours divergente, sauf bien sûr pour $z = 0$. Le rayon de convergence est nul.

Ces critères traditionnels sont d'un emploi tellement commode que l'on a souvent tendance à croire qu'une "petite" modification des hypothèses du Théorème 10 n'a aucune importance, comme si un théorème obéissait aux mêmes lois de stabilité que le balancier d'une pendule. En réalité, un théorème bien construit ressemble à un balancier en équilibre vertical orienté vers le haut : une petite impulsion et tout s'écroule. Exemples :

(a) la série $1/n$: le rapport de d'Alembert, $n/(n + 1)$, tend vers 1 et la série diverge;

(b) la série $1/n^2$: le rapport, $n^2/(n+1)^2$, tend vers 1 et la série converge;

(c) la série

$$1/2^2 + 1/1^2 + 1/4^2 + 1/3^2 + \dots$$

déduite de la précédente en permutant les termes de deux en deux : le rapport de d'Alembert tend encore vers 1 mais est alternativement > 1 et < 1, et la série converge (comparer ses sommes partielles à celles de la série $1/n^2$, ou appliquer brutalement le n° 11).

(d) la série $\sin n/2^n$: elle est absolument convergente car dominée par la série $1/2^n$, mais le rapport de d'Alembert, à savoir $|\sin(n + 1)/2\sin n|$, ne tend vers aucune limite et, en fait, oscille aléatoirement entre 0 et $+\infty$.

Il y a bien sûr des critères plus subtils, applicables au cas où le rapport de d'Alembert tend vers 1 par valeurs < 1 (la série est *évidemment* divergente s'il est > 1 pour n grand). Le plus célèbre, dû à Gauss, suppose une relation de la forme

$$u_{n+1}/u_n = 1 - s/n + O(1/n^2) \qquad \text{quand } n \to +\infty;$$

si les u_n sont positifs, la série converge pour $s > 1$ et diverge pour $s \leq 1$. On y reviendra au Chap. VI.

Contentons-nous pour le moment d'illustrer le théorème par la *série du binôme de Newton*

$$(16.8) \qquad N_s(z) = 1 + sz + s(s-1)z^2/2! +$$
$$+ s(s-1)(s-2)z^3/3! + \ldots = \sum_{n=0}^{\infty} \binom{s}{n} z^n,$$

où z et s sont complexes et où la notation utilisée pour le coefficient de z^n se comprend d'elle-même. Elle se réduirait au développement du polynôme $(1+z)^s$ pour $s \in \mathbb{N}$ et c'est en extrapolant ce cas et celui où $2s$ est entier que Newton a été conduit à sa série par un processus relevant davantage de la divination que des mathématiques standard. On a ici $u_3/u_2 = (s-2)z/3$ et plus généralement

$$u_{n+1}/u_n = (s-n)z/(n+1)$$

Le rapport tend donc vers $-z$, d'où résulte que (1) *converge absolument pour* $|z| < 1$ *et diverge pour* $|z| > 1$. Et pour $|z| = 1$? Plus difficile; voir le Chap. VI, série hypergéométrique.

La convergence d'une *suite* (u_n) de nombres complexes étant équivalente à celle de la *série* $\sum(u_n - u_{n+1})$, tout critère de convergence applicable aux séries fournit un critère pour les suites. Le plus évident résulte du Théorème 4 sur les séries à termes positifs :

Théorème 11. *Pour qu'une suite* (u_n) *de nombres complexes converge, il suffit que* $\sum |u_n - u_{n+1}| < +\infty$.

Ce théorème s'applique notamment dans le cas où l'on a une majoration de la forme $|u_n - u_{n+1}| < Mq^n$ avec $0 < q < 1$, ou bien $< M/n^k$ avec $k > 1$, où M est une constante positive.

A titre d'illustration, considérons un intervalle $I \subset \mathbb{R}$, une application $f : I \longrightarrow I$, et proposons-nous de résoudre dans I l'équation

$$(16.9) \qquad\qquad f(x) = x.$$

La *méthode d'itération* consiste à choisir au hasard un $x_0 \in I$, puis à considérer les points

$$(16.10) \qquad\qquad x_1 = f(x_0), \qquad x_2 = f(x_1), \ldots$$

Les figures ci-après expliquent ce qui peut se produire.

Théorème 12. *Soient I un intervalle fermé, f une application de I dans I et supposons qu'il existe un nombre positif $q < 1$ tel que l'on ait*

$$(16.11) \qquad\qquad |f(x) - f(y)| \le q|x - y|$$

quels que soient $x, y \in I$. Alors l'équation $f(x) = x$ possède une et une seule solution dans I et la suite (10) converge vers celle-ci quel que soit x_0.

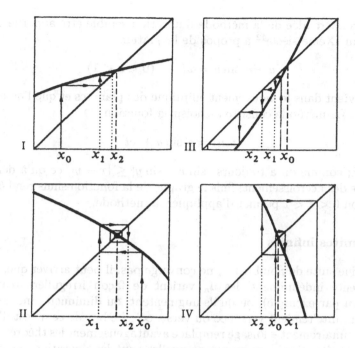

fig. 5. Walter, *Analysis* 1, p. 314

Posons en effet $M = |x_1 - x_0|$ et appliquons (11) à répétition en y remplaçant x et y par x_p et x_{p-1}; il vient

$$|x_n - x_{n-1}| \leq q|x_{n-1} - x_{n-2}| \leq \ldots \leq q^{n-2}|x_2 - x_1| \leq Mq^{n-1}.$$

Comme $q < 1$, la suite (x_n) converge vers une limite x d'après le théorème 11. Comme $|f(x) - f(x_n)| \leq q|x - x_n|$, la suite de terme général $f(x_n)$ converge vers $f(x)$. Mais $f(x_n) = x_{n+1}$ converge vers x. On a donc $f(x) = x$.

Si y vérifie aussi $f(y) = y$, on a

$$|x - y| = |f(x) - f(y)| \leq q|x - y|$$

et donc $x = y$ puisque $q < 1$, cqfd.

Dans la pratique, le théorème s'applique aux fonctions possédant partout une dérivée $f'(x)$ telle que $|f'(x)| \leq q$ quel que soit x; le théorème des accroissements finis (Chap. III, n° 16) montre en effet que, quels que soient x et y, il existe un z entre x et y tel que

$$f(x) - f(y) = (x - y)f'(z),$$

d'où (11). Il existe beaucoup d'autres méthodes d'approximation des racines d'une équation; la première vraiment efficace a été découverte par Newton vers 1665 et peut se trouver partout.

La première idée de la méthode d'itération semble être apparue chez les Arabes au IXème siècle[42] à propos de l'équation

$$u - e.\sin u = \omega t \qquad (0 < e < 1)$$

qui intervient dans le mouvement elliptique des planètes et que l'on attribue à Kepler. La méthode consiste à choisir la fonction

$$f(u) = e.\sin u + \omega t$$

et $I = \mathbb{R}$; comme on a toujours $|\sin x - \sin y| \le |x - y|$, ce qu'à défaut du théorème des accroissements finis le graphe de la fonction sinus rend évident, la relation $0 < e < 1$ permet d'appliquer la méthode.

17 – Limites infinies

Lorsqu'une suite de nombres u_n ne converge pas, il peut arriver que, lorsque n augmente indéfiniment, les u_n varient de façon irrégulière (cas de la suite $\sin n$ par exemple), ou qu'ils augmentent, ou diminuent, indéfiniment, autrement dit "tendent vers $+\infty$ ou vers $-\infty$". Le but de ce n° est d'étudier ce cas sommairement – l'usage remplace avantageusement les théorèmes dans ce type de situation – en montrant quelles sont les opérations algébriques sur les suites qui conduisent à des résultats prévisibles. On ne considère dans ce qui suit que des suites de nombres réels.

Tout d'abord, on écrira que

$$\lim u_n = +\infty$$

lorsque, pour tout nombre A, on a $u_n > A$ pour n assez grand; la relation

$$\lim u_n = -\infty$$

signifie de même que l'on a $u_n < A$ pour n assez grand. Evidemment, on a tendance à choisir pour A des nombres "très grands" positifs dans le premier cas (ou très grands négatifs dans le second) puisque si l'on peut vérifier que $u_n > 10^{100.000}$ pour n assez grand, il est inutile de se donner la peine de vérifier qu'on a aussi $u_n > -10^{123} \ldots$ Mais, à strictement parler, la définition ne fait aucune hypothèse sur A.

Considérons par exemple une suite (u_n) croissante; dire que, quel que soit A, on a $u_n > A$ pour n grand revient évidemment à dire que la suite

---

[42] Sauf si l'on découvre un jour que, par exemple, les Indiens la connaissaient avant les Arabes. Les questions de priorité étant parfois difficiles à élucider lorsqu'il s'agit du XXe siècle, il est fortement conseillé de faire preuve de prudence en ce qui concerne des époques sur lesquelles on ne dispose que d'informations très fragmentaires, faute de quoi le militant de la cause court le risque de se trouver un jour dans la situation de l'Arroseur arrosé.

n'est pas majorée, autrement dit qu'elle diverge. On pourrait donc dire que
toute suite croissante converge, éventuellement vers $+\infty$.

Cette remarque permet aussi d'exprimer par la relation

$$\sum u_n < +\infty$$

le fait qu'une série à termes positifs converge et à lui attribuer la somme
$+\infty$ dans le cas contraire; on exprime de même la convergence absolue en
écrivant que

$$\sum |u_n| < +\infty.$$

Ce sont là de pures conventions de langage ou d'écriture à ne pas confondre
avec des théorèmes; relire Hardy, fin du n° 2. On peut les appliquer aux
séries en vrac (anglais : in bulk) $\sum_{i \in I} u(i)$.

Les règles de calcul applicables aux limites finies s'étendent dans une
certaine mesure aux limites infinies.

(I)   Si l'on a $\lim u_n = +\infty$ et $v_n \geq u_n$ pour n grand, alors on a $\lim v_n = +\infty$. Evident.

(II)   Si l'on a $\lim u_n = +\infty$, alors $\lim c.u_n = +\infty$ ou $-\infty$ selon que c est > 0 ou < 0. Evident.

(III)   La relation $\lim u_n = +\infty$ implique $\lim 1/u_n = 0$. Evident. La réciproque est vraie si $u_n > 0$ pour n grand. Cela provient du fait que, si u_n est > 0 pour n grand, la relation $1/u_n < r$ équivaut à $u_n > 1/r$.

(IV)   Si l'on a $\lim u_n = +\infty$ et si v_n tend vers une limite finie ou vers $+\infty$, alors $\lim(u_n + v_n) = +\infty$. Il suffirait même que la suite (v_n) soit bornée inférieurement : si en effet l'on a $v_n > B$ pour tout n, la relation $u_n + v_n > A$ est vérifiée dès que $u_n > A - B$, donc pour n grand.

On ne peut par contre rien dire lorsque u_n et v_n tendent respectivement
vers $+\infty$ et $-\infty$, comme le montrent des exemples triviaux : n^2 tend vers
$+\infty$, $-n$ tend vers $-\infty$, mais $n^2 - n$ tend vers $+\infty$; n^2 tend vers $+\infty$, $-2n^2$
tend vers $-\infty$, mais $n^2 - 2n^2$ tend vers $-\infty$; n tend vers $+\infty$, $-n + \sin n$ tend
vers $-\infty$, mais $\sin n$ ne tend vers aucune limite. D'où un grand mystère qui
a mystifié nombre de mystiques méditant sur l'infini: *la différence* $(+\infty) -$
$(+\infty)$, que d'aucuns écrivaient $\infty - \infty$, *est dépourvue de sens* bien que l'on
puisse toujours prétendre que les relations

$$(+\infty) - 10^{100.000.000} = +\infty, \quad (+\infty) + (+\infty) = +\infty,$$

$$(-\infty) + (-\infty) = -\infty, \quad (+\infty) - (-\infty) = +\infty$$

ont un sens et sont mêmes exactes si l'on précise ce qu'elles signifient :
nouveau retour à Hardy ...

(V) Si $\lim u_n = +\infty$ et si v_n tend vers $+\infty$ ou vers une limite *strictement* positive, alors $\lim u_n v_n = +\infty$. En effet, il y a un nombre $m > 0$ tel que l'on ait $v_n > m$ pour n grand, donc $u_n v_n > m.u_n$ puisque tout est > 0 pour n grand, et il reste à appliquer les règles (I) et (II) – ou à écrire que $u_n > A/m$ implique $u_n v_n > A$.

L'énoncé (V) reste valable, avec un changement de signe dans la limite, si v_n tend vers $-\infty$ ou vers une limite finie strictement négative.

Si par contre v_n tend vers 0, tout est possible : $n^2.1/n$ tend vers $+\infty$; $n^2.1/3n^2$ tend vers $1/3$; $n^2.1/n^3$ tend vers 0; et $n^2. \sin n/n^2$ ne tend vers aucune limite. D'où un nouveau mystère : *le produit* $0.\infty$ *est dépourvu de sens*, de même évidemment que le soit-disant quotient ∞/∞ comme le montrent les exemples précédents. On ne peut rien en tirer si l'on ne dispose pas d'hypothèses beaucoup plus précises sur le comportement des suites u_n et v_n lorsque n augmente indéfiniment. C'est l'un des buts de la théorie des développements asymptotiques du Chap. VI.

18 – Convergence en vrac : associativité

Comme on l'a vu au n° 12 à propos de la somme $\sum 1/(m^2 + n^2)^{k/2}$, il peut être commode, pour décider de la convergence d'une telle expression, d'y effectuer des groupements de termes qui ne se réduisent pas au procédé simpliste, décrit au n° 12, où l'on groupe dans l'ordre naturel les termes d'une série indexée par $\mathbb{N}$. Nous allons maintenant montrer que ce type d'opération est permis sans aucune restriction lorsqu'on l'applique à des sommes qui convergent en vrac.

Partons pour cela d'une famille $(u(i))$, $i \in I$, où I est dénombrable. Grouper les termes de la somme $\sum u(i)$ consiste à effectuer une *partition*

$$(18.1) \qquad\qquad I = \bigcup_{j \in J} I_j$$

de I en ensembles I_j deux à deux disjoints (de façon à éviter de répéter plusieurs fois les termes de la famille donnée), indexés par un ensemble J nécessairement fini ou dénombrable comme I et les I_j, et à calculer la somme $s(I)$ de tous les $u(i)$ en additionnant les sommes partielles $s(I_j)$ correspondant aux divers ensembles I_j. L'associativité s'exprime alors comme suit :

Théorème 13. *Soient* $(u(i))$, $i \in I$, *une famille de nombres complexes indexée par une ensemble dénombrable* I *et* $I = \bigcup I_j$, $j \in J$, *une partition de* I. *Pour que la famille donnée converge en vrac il faut et il suffit que les conditions suivantes soient remplies :*

(i)   chacune des familles partielles $(u(i))$, $i \in I_j$, *converge en vrac;*
(ii) la famille des sommes

(18.2)
$$S(I_j) = \sum_{i \in I_j} |u(i)|$$

converge en vrac.

Si ces conditions sont remplies, chacune des sommes

(18.3)
$$s(I_j) = \sum_{i \in I_j} u(i)$$

converge en vrac, la somme des $s(I_j)$ converge en vrac et l'on a

(18.4)
$$s(I) = \sum_{i \in I} u(i) = \sum_{j \in J} s(I_j) = \sum_{j \in J} \left(\sum_{i \in I_j} u(i) \right).$$

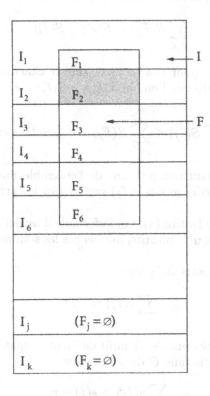

fig. 6.

Dans ce qui suit, nous utiliserons la lettre s pour désigner les sommes partielles de la famille des $u(i)$ et la lettre S pour désigner celles de la famille des $|u(i)|$.

Pour prouver la nécessité de (i), on remarque que les sommes partielles $S(F)$ correspondant à toutes les parties finies F de I sont bornées supérieurement par définition de la convergence en vrac d'une somme à termes positifs. Il en est donc de même des $S(F)$ pour lesquelles F est contenu dans un I_j donné ou plus généralement dans une partie quelconque E de I; mais c'est précisément la condition pour que la somme des $u(i)$, $i \in E$, converge en vrac (n° 15), d'où (i).

Pour prouver que la famille des sommes partielles (2) ou (3) est sommable, il suffit de le faire pour (2) puisqu'on a

$$|s(I_j)| \leq S(I_j)$$

(n° 15, théorème 7). Soit G une partie finie de J, choisissons pour chacun des éléments j de G un ensemble fini $F_j \subset I_j$ et soit F la réunion, finie, de ces F_j. Puisque les F_j sont, comme les I_j, deux à deux disjoints, on a

$$(18.5) \qquad \sum_{j \in G} S(F_j) = S(F) \leq S(I);$$

d'autre part on peut, pour tout $r > 0$, choisir chacune des $n = \mathrm{Card}(G)$ parties F_j de telle sorte que l'on ait $S(F_j) \geq S(I_j) - r/n$; pour un tel choix, on a évidemment

$$(18.6) \qquad \sum_{j \in G} S(I_j) \leq \sum_{j \in G} S(F_j) + r \leq S(I) + r;$$

le dernier membre étant indépendant de l'ensemble fini $G \subset J$, la somme des $S(I_j)$ et a fortiori celle des $s(I_j)$ convergent en vrac, ce qui prouve la nécessité de (ii).

Reste à prouver l'identité (4), i.e. la formule d'associativité. Faisons-le en supposant d'abord les $u(i)$ positifs, auquel cas les sommes notées s et S sont identiques.

La relation (6) montre déjà que

$$(18.7) \qquad \sum_{i \in J} s(I_j) \leq s(I).$$

Pour établir l'inégalité opposée, il suffit de montrer que, pour tout $r > 0$, on peut trouver une partie finie G de J telle que

$$(18.8) \qquad \sum_{j \in G} s(I_j) \geq s(I) - r.$$

Pour cela, choisissons une partie finie F de I telle que l'on ait $s(F) \geq s(I) - r$ et soit G l'ensemble, évidemment fini, des $j \in J$ tels que $F_j = F \cap I_j$ soit non vide. Comme les I_j et donc les F_j sont deux à deux disjoints, on a

$$s(I) - r \leq s(F) = \sum_{j \in G} s(F_j) \leq \sum_{j \in G} s(I_j) \leq \sum_{j \in J} s(I_j),$$

ce qui prouve (4) dans le cas où les $u(i)$ sont tous positifs.

Dans le cas où les $u(i)$ sont complexes, on peut appliquer la formule (14.1) pour décomposer la famille donnée en familles à termes positifs, comme on l'a remarqué à la fin du n° 15; on peut appliquer la formule d'associativité à chacune de ces quatre familles, d'où le résultat pour la famille des $u(i)$, cqfd.

Corollaire. *Soit $\sum u(i,j)$ $(i \in I, j \in J)$ une série double. Pour qu'elle converge en vrac, il faut et il suffit que l'on ait*

$$(18.9) \qquad \sum_i \sum_j |u(i,j)| < +\infty;$$

on a alors

$$(18.10) \qquad \sum_i \sum_j u(i,j) = \sum_j \sum_i u(i,j) = \sum_{(i,j) \in I \times J} u(i,j) = \text{etc.}$$

On applique le théorème dans le cas où l'ensemble d'indices est $I \times J$ en utilisant la partition de celui-ci soit par les "horizontales" (j donné), soit par les "verticales" (i donné), le signe etc. qui termine la relation précédente signifiant que vous pouvez utiliser toute autre partition de $I \times J$, raisonnable ou non. On présume que le lecteur généralisera de lui-même aux séries triples, quadruples, etc. Le cas le plus important est évidemment celui où $I = J = \mathbb{N}$, mais ce n'est pas le seul à se présenter dans la pratique.

Exemple 1. Reprenons la somme

$$(18.11) \qquad \sum_{(m,n) \in \mathbb{Z}^2 - \{0\}} 1/(m^2 + n^2)^{k/2} = \sum u(m,n)$$

déjà étudiée au n° 12. Une façon possible de partitionner $I = \mathbb{Z}^2 - \{0\}$, où 0 désigne le couple $(0,0)$, consisterait à grouper tous les termes pour lesquels m a une valeur donnée, i.e. tous les points du réseau $\mathbb{Z}^2$ situés sur une même verticale du plan. La convergence en vrac reviendrait alors à la relation

$$(18.12) \qquad \sum_{m \in \mathbb{Z}} \sum_{n \in \mathbb{Z}} 1/(m^2 + n^2)^{k/2} < +\infty$$

puisque tous les termes sont positifs; il va de soi qu'on exclut le couple $(0,0)$. La convergence de la série en n est claire pour $k > 1$ puisque, pour m donné, on a manifestement $(m^2 + n^2)^{k/2} \asymp |n|^k$; mais la somme, qu'on ne connaît pas, dépend de m d'une façon trop peu évidente pour que (12) soit utilisable ici. On pourrait aussi échanger les rôles de m et n, i.e. inverser l'ordre des sommations dans (12), mais on n'en serait pas plus avancé pour autant ...

Une partition plus naturelle consisterait à grouper tous les couples (m, n) pour lesquels $m^2 + n^2$ a une valeur donnée $p \geq 1$. Il n'y en a qu'un nombre fini puisqu'on a alors $|m|, |n| \leq p$. Soit $N(p)$ ce nombre; la somme partielle correspondante est évidemment égale à $N(p)/p^{k/2}$, de sorte qu'au lieu de vérifier (12) on pourrait tout aussi bien vérifier que

$$(18.13) \qquad \sum N(p)/p^{k/2} < +\infty,$$

ce qui nous ramènerait au cas d'une série simple; pour que cette méthode soit utilisable, il faudrait connaître sinon la valeur exacte, tout au moins un ordre de grandeur de $N(p)$ pour p grand. Ce n'est malheureusement pas évident[43]. Au lieu de considérer les couples (m, n) se trouvant sur une circonférence donnée de centre 0, on pourrait aussi grouper ceux pour lesquels $|m| + |n|$ a une valeur donnée p, d'où maintenant une autre traduction de la convergence en vrac :

$$(18.14) \qquad \sum_{p=1}^{\infty} \sum_{|m|+|n|=p} u(m, n) = \lim_{p \to \infty} \sum_{|m|+|n| \leq p} u(m, n) < +\infty.$$

On pourrait imaginer toutes sortes d'autres groupements de termes plus ou moins bizarres, par exemple grouper entre eux les termes situés sur une même hyperbole équilatère $m^2 - n^2 = p$, mais un tel groupement ne serait pas non plus très adapté à la situation.

Comme on l'a vu au n° 12 en utilisant des raisonnements ad hoc, c'est la version (14) qui est le mieux adaptée au problème. Les termes tels que $|m|+|n|$ ait une valeur donnée p ont tous le même ordre de grandeur, à savoir $1/p^k$, et il y en a $4p$. On est ainsi ramené à la série de Riemann $\sum 1/p^{k-1}$, d'où la condition de convergence $k > 2$.

Exemple 2 (multiplication des séries absolument convergentes). Considérons deux familles absolument sommables (u_i), $i \in J$ et (v_j), $j \in J$ et la famille $(u_i v_j)$ des produits, indexée par le produit cartésien $I \times J$; elle est encore absolument sommable et l'on a

$$\sum_{(i,j) \in I \times J} u_i v_j = \sum_{i \in I} u_i . \sum_{j \in J} v_j$$

comme en algèbre usuelle. Cela résulte immédiatement du corollaire ci-dessus puisqu'en posant $S = \sum |v_j|$, la somme des $|u_i v_j|$ pour i donné est égale à $S|u_i|$, terme général d'une série absolument convergente par hypothèse. On reviendra sur cet exemple au n° 22 à propos des séries entières, mais l'exemple suivant va nous en fournir immédiatement une autre application.

---

[43] Le calcul de $N(p)$ est un problème d'arithmétique fort intéressant. La première remarque à faire est que $N(p)$ est fréquemment nul. On a $N(p) = 4(n'_p - n''_p)$ où n'_p (resp. n''_p) est le nombre de diviseurs de p de la forme $4k + 1$ (resp. $4k + 3$).

Exemple 3 (produit de convolution sur un groupe discret). Considérons l'ensemble $L^1(\mathbb{Z})$ des fonctions $f : \mathbb{Z} \longrightarrow \mathbb{C}$ telles que

$$(18.15) \qquad \|f\|_1 = \sum |f(n)| < +\infty$$

et, pour deux telles fonctions, définissons leur *produit de convolution* $f \star g = h$ par la formule

$$(18.16) \qquad h(n) = \sum f(n-p)g(p) = f \star g(n)$$

où la notation $f \star g(n)$ désigne la valeur en n de la fonction $f \star g$. La série converge en vrac car (15) montre que les nombres $|f(n)|$ sont bornés supérieurement – en fait, ils tendent vers 0 à l'infini –, de sorte qu'à un facteur constant près le terme général de (16) est, en module, inférieur à celui de la série (15) relative à g.

Si l'on effectue sur les termes de (16) la permutation $p \mapsto n-p$, qui transforme $n-p$ en p et ne modifie pas la somme de la série, on trouve $h(n) = \sum f(p)g(n-p)$, d'où la commutativité

$$(18.17) \qquad f \star g = g \star f$$

du produit. Montrons maintenant que $f \star g \in L^1(\mathbb{Z})$ et même que

$$(18.18) \qquad \|f \star g\|_1 \leq \|f\|_1 \cdot \|g\|_1.$$

Pour cela, considérons la série double de terme général $f(p)g(q)$, indexée par $\mathbb{Z} \times \mathbb{Z}$. D'après l'exemple 2, elle converge en vrac et l'on a

$$(18.19) \qquad \sum |f(p)g(q)| = \sum |f(p)| \sum |g(q)| = \|f\|_1 \cdot \|g\|_1.$$

Or on peut effectuer dans la série $\sum |f(p)g(q)|$ tous les groupements de termes souhaités et, par exemple, grouper les termes en fonction de la valeur de l'entier $p + q = n$. On trouve alors

$$\sum |f(p)g(q)| = \sum_n \sum_p |f(p)g(n-p)|;$$

puisque

$$|f \star g(n)| \leq \sum_p |f(p)g(n-p)|,$$

on en déduit que la série $\sum |f \star g(n)|$ converge en vrac et que

$$\sum |f \star g(n)| \leq \sum |f(p)g(q)|,$$

d'où (18) en vertu de (19).

Le produit de convolution ne faisant pas sortir de l'ensemble $L^1(\mathbb{Z})$ où il est défini, on peut (et l'on doit . . .) se demander s'il est *associatif*, i.e. si l'on a

(18.20)
$$f \star (g \star h) = (f \star g) \star h$$

quelles que soient $f, g, h \in L^1(\mathbb{Z})$. Pour le montrer, remarquons d'abord que (16) s'écrit encore, aux notations près,

(18.21)
$$f \star g(s) = \sum_{q+r=s} f(q)g(r).$$

On a donc

$$f \star (g \star h)(n) = \sum_{p+s=n} f(p)g \star h(s) = \sum_{p+s=n} f(p) \sum_{q+r=s} g(q)h(r) =$$
$$= \sum_{p+s=n} \sum_{q+r=s} f(p)g(q)h(r);$$

mais la série triple $\sum f(p)g(q)h(r)$ converge en vrac et l'expression que l'on vient d'obtenir n'est autre, d'après le théorème d'associativité, que la somme partielle de celle-ci relative à tous les systèmes d'entiers (p, q, r) tels que $p + q + r = n$, somme partielle dans laquelle on a groupé les termes pour lesquels $q + r$ a une valeur donnée s. Autrement dit, on a

(18.22)
$$f \star (g \star h)(n) = \sum_{p+q+r=n} f(p)g(q)h(r).$$

Un calcul similaire fournirait le même résultat pour $(f \star g) \star h(n)$, mais on peut aussi raisonner en sens inverse et, dans (22), grouper ensemble tous les termes pour lesquels $p + q$ a une valeur donnée s; on trouve

$$\sum_{r+s=n} h(r) \sum_{p+q=s} f(p)g(q) = \sum_{r+s=n} h(r)f \star g(s) = (f \star g) \star h(n),$$

d'où l'associativité.

Il est évident que la somme de deux fonctions de $L^1(\mathbb{Z})$ est encore dans $L^1(\mathbb{Z})$ et que le produit de convolution est distributif par rapport à l'addition :

$$(f + g) \star h = f \star h + g \star h.$$

Autrement dit, $L^1(\mathbb{Z})$ est un *anneau commutatif*, comme on appelle cela en algèbre. Cet anneau possède un élément unité, à savoir la fonction

$$e(n) = 1 \text{ si } n = 0, \quad = 0 \text{ si } n \neq 0$$

comme le montre un calcul trivial.

L'anneau $L^1(\mathbb{Z})$ intervient dans la théorie des séries de Fourier absolument convergentes. Dans celle-ci, on considère des séries de la forme

$$(18.23) \qquad \sum f(n)u^n = \hat{f}(u)$$

où $f \in L^1(\mathbb{Z})$ et où u est une variable complexe telle que $|u| = 1$, de sorte que la série converge absolument. Si $f, g \in L^1(\mathbb{Z})$, on a alors

$$\hat{f}(u)\hat{g}(u) = \sum_{p,q \in \mathbb{Z}} f(p)g(q)u^{p+q}$$

et, en groupant les termes pour lesquels $p + q$ a une valeur donnée n,

$$\hat{f}(u)\hat{g}(u) = \sum_n u^n \sum_{p+q=n} f(p)g(q);$$

d'où la formule

$$(18.24) \qquad \hat{f}(u)\hat{g}(u) = \widehat{f \star g}(u).$$

Ces calculs peuvent se généraliser considérablement. Il faut pour cela savoir ce qu'est un *groupe*, à savoir un ensemble G dans lequel on a défini une "multiplication" $G \times G \longrightarrow G$, généralement notée $(x, y) \mapsto xy$, qui doit vérifier les trois conditions suivantes : (i) associativité, i.e. $(xy)z = x(yz)$, (ii) existence d'un "élément neutre" e tel que $ex = xe = x$ pour tout x, (iii) existence, pour tout x, d'un "inverse" y tel que $xy = yx = e$ (on le note x^{-1}). On ne suppose pas la commutativité $xy = yx$; lorsqu'elle est vérifiée, on note souvent $x + y$ le produit xy ("somme") et $-x$ l'inverse ("opposé") de x; c'est le cas de $\mathbb{Z}$, des groupes additifs $\mathbb{Q}, \mathbb{R}, \mathbb{C}$, des espaces cartésiens $\mathbb{R}^p$, etc. Les ensembles $\mathbb{Q}^\star, \mathbb{R}^\star$ et $\mathbb{C}^\star$, munis de la multiplication usuelle, constituent aussi des groupes commutatifs, de même que l'ensemble $\mathbb{T}$ des nombres complexes u tels que $|u| = 1$ (cercle unité de $\mathbb{C}$). L'ensemble $\mathbb{Z}$, privé de 0 et muni de la multiplication usuelle, n'est pas un groupe : les mathématiques seraient appréciablement simplifiées (plus de nombres rationnels ni de nombres réels, plus de convergence, etc.) si l'on pouvait trouver un $x \in \mathbb{Z}$ tel que $2x = 1$.

L'exemple le plus simple d'un groupe non commutatif s'obtient en considérant un ensemble X et l'ensemble $\mathfrak{S}(X)$ des applications bijectives $X \longrightarrow X$, i.e. des permutations de X, le "produit" de deux telles permutations étant l'application composée (Chap. I); si X est fini à n éléments, on sait que $\mathfrak{S}(X)$ possède $n!$ éléments. L'algèbre linéaire fournit d'autres exemples de groupes non commutatifs : le groupe $GL_n(K)$ des matrices $n \times n$ *inversibles* à coefficients dans un corps K, par exemple $\mathbb{Q}, \mathbb{R}$ ou $\mathbb{C}$, ou même à coefficients dans un anneau tel que $\mathbb{Z}$, par exemple l'ensembles des matrices

$$\begin{pmatrix} a & b \\ c & d \end{pmatrix} \text{ avec } a, b, c, d \in \mathbb{Z}, \quad ad - bc = \pm 1,$$

les matrices "orthogonales" à coefficients dans K, les matrices "unitaires" à coefficients dans $\mathbb{C}$, etc. Les exemples intéressants sont innombrables.

Ceci dit, considérons un groupe G quelconque (non muni d'une "topologie" ou, comme on dit, "discret") et désignons par $L^1(G)$ l'ensemble des fonctions $f : G \longrightarrow \mathbb{C}$ telles que

$$(18.25) \qquad \qquad \|f\|_1 = \sum_{x \in G} |f(x)| < +\infty.$$

Pour deux telles fonctions, posons

(18.26)

$$f \star g(x) = \sum_{yz=x} f(y)g(z) = \sum_{z \in G} f(xz^{-1})g(z) = \sum_{y \in G} f(y)g(y^{-1}x)$$

comme dans (21). *Tout* ce qu'on a dit du produit de convolution dans $\mathbb{Z}$ s'étend à ce cas – sauf la formule $f \star g = g \star f$ si G n'est pas commutatif – et avec exactement les mêmes démonstrations car, pour $a \in G$ donné, les applications $x \mapsto ax$ et $x \mapsto xa$ sont des *permutations* de l'ensemble G; mais il faut éviter d'utiliser la commutativité de la multiplication. Pour prouver par exemple l'associativité du produit de convolution, on part de la série

$$\sum_{xyz=u} f(x)g(y)h(z)$$

étendue à tous les systèmes d'éléments de G tels que xyz ait une valeur donnée $u \in G$; elle converge en vrac comme somme partielle d'un produit de trois séries absolument convergentes; on peut donc en grouper les termes ad libitum. Si vous les groupez en fonction de la valeur du produit yz, vous trouvez la valeur au point $u \in G$ de $f \star (g \star h)$; si vous les groupez en fonction de la valeur du produit xy, vous trouvez la valeur en u de $(f \star g) \star h$, cqfd.

Moralité : *la convergence en vrac permet d'appliquer aux sommes infinies les règles de calcul valables pour les sommes finies.* Il n'y a plus de problèmes de convergence car on sait d'avance que tout converge.

§3. Premières notions sur les fonctions analytiques

19 – La série de Taylor

Rappelons d'abord qu'étant donnés un ensemble *ouvert*[44] $G \subset \mathbb{C}$ et une fonction numérique f définie dans G, on dit que f est analytique dans G si, pour tout $a \in G$, on a un développement en série

$$f(z) = \sum_{n \geq 0} f_n(a)(z - a)^n$$

valable pour $|z - a|$ assez petit, avec des coefficients $f_n(a)$ qui dépendent nécessairement de a et de f. Le premier exemple d'une fonction analytique est alors fourni par le théorème suivant :

Théorème 14. *La somme d'une série entière $f(z) = \sum a_n z^n$ de rayon de convergence $R > 0$ est analytique dans le disque $D : |z| < R$.*

Il s'agit de montrer que, pour tout $a \in D$, la somme $f(z)$ est représentée par une série entière en $z - a = h$ au voisinage de a et même, on va le voir, pour $|h| < R - |a|$, i.e. dans *le plus grand disque ouvert de centre a contenu dans D.*

Calculons d'abord formellement en utilisant, pour simplifier les calculs, les puissances divisées $z^{[n]} = z^n/n!$ du n° 1. Toute série entière peut alors s'écrire sous la forme

$$(19.1) \qquad f(z) = \sum c_n z^{[n]} = c_0 + c_1 z/1! + c_2 z^2/2! + \ldots$$

avec des coefficients numériques c_n. En utilisant la formule du binôme du n° 1, on a, si $|a|$ et $|a + h|$ sont $< R$,

$$f(a + h) = \sum c_n (a + h)^{[n]} = \sum_{n \in \mathbb{N}} c_n \sum_{0 \leq p \leq n} a^{[n-p]} h^{[p]} =$$

$$= \sum_{(p,n) \in I} c_n a^{[n-p]} h^{[p]}$$

où $I \subset \mathbb{N} \times \mathbb{N}$ est l'ensemble des couples (p, n) tels que $0 \leq p \leq n$. Le théorème 13 montre que, *si* cette somme converge en vrac, on peut en grouper arbitrairement les termes. Il s'impose alors de considérer la partition (I_p) de I où, pour chaque $p \in \mathbb{N}$, I_p désigne l'ensemble des couples (n, p), $n \in \mathbb{N}$: la somme partielle sera le produit de $h^{[p]}$ par la série entière $\sum_{n \geq p} c_n a^{[n-p]} = f_p(a)$ et $f(z) = f(a + h)$ sera donc, pour a donné, une série entière en $h = z - a$.

---

[44] Rappelons la définition : pour tout $a \in G$, il existe un disque ouvert $B(a, r)$ tel que $B(a, r) \subset G$.

Pour prouver la convergence en vrac de la somme que l'on vient d'obtenir, on utilise une autre partition (J_n) de I, obtenue en groupant ensemble tous les couples (n, p) pour lesquels n (et non plus p) a une valeur donnée. D'après le théorème 13, tout revient à vérifier que si l'on remplace le terme général de la somme précédente par sa valeur absolue, alors (i) pour n fixé, la somme sur p de ses termes converge (évident : c'est une somme finie), (ii) la somme sur n des sommes sur p converge. Mais la somme sur p est visiblement égale à $|c_n| (|a| + |h|)^{[n]}$ – il suffit de "remonter" le calcul –, de sorte que tout revient à prouver la convergence de la série

$$\sum |c_n| (|a| + |h|)^{[n]} = \sum |c_n| u^{[n]}$$

où $u = |a| + |h|$. Par définition du rayon de convergence R, c'est le cas pour $|u| < R$, i.e. pour $|h| < R - |a|$.

La somme considérée convergeant en vrac, on peut donc la calculer à l'aide de la partition (I_p), autrement dit permuter l'ordre des sommations relativement à n et p, cqfd.

Notant z ce que nous venons de noter a, on voit donc que, moyennant les condition $|z| < R$ et $|h| < R - |z|$, on a une relation de la forme

$$(19.2) \qquad f(z + h) = \sum_{p \geq 0} f_p(z) h^{[p]} = f_0(z) + f_1(z) h/1! + f_2(z) h^2/2! + \ldots$$

avec des coefficients $f_0(z) = f(z)$ et, pour $p > 0$,

$$(19.3) \qquad f_p(z) = \sum_{n \geq p} c_n z^{[n-p]} = c_p + c_{p+1} z/1! + c_{p+2} z^2/2! + \ldots.$$

En remplaçant n par $n + p$, cette relation s'écrit encore

$$(19.3') \qquad f_p(z) = \sum_{n \geq 0} c_{n+p} z^{[n]},$$

ce qui met en évidence la loi de formation de ces séries à partir de la série $\sum c_n z^{[n]}$ donnée : on déplace les coefficients c_n vers la gauche.

Ces formules peuvent s'interpréter d'une façon beaucoup plus frappante. Nous avons montré au n° 4, équ. (4.8), que, dans $\mathbb{C}$, la fonction $z^{[n]}$ possède une dérivée (au sens complexe) égale à $z^{[n-1]}$, et donc une dérivée p-ième égale à $z^{[n-p]}$. La série (3) se déduit donc de la série entière initiale (1) en remplaçant chacun des monômes qui la constituent par sa dérivée p-ième; autrement dit, on passe de f à f_p en appliquant à la *série entière* $f(z)$ la règle de calcul traditionnelle des dérivées d'un *polynôme*. Encore un virage dangereux : ne pas généraliser à des séries quelconques de fonctions dérivables dans $\mathbb{R}$ ...

Pour clarifier la situation, convenons d'appeler par définition *série dérivée* d'une série entière la série définie par la formule

(19.4) $$f'(z) = \sum c_{n+1} z^{[n]} = c_1 + c_2 z + c_3 z^{[2]} + \dots$$

$$\text{si } f(z) = \sum c_n z^{[n]} = c_0 + c_1 z + c_2 z^{[2]} + \dots$$

ou, avec des notations plus traditionnelles,

(19.4') $$f'(z) = \sum n a_n z^{n-1} = a_1 + 2a_2 z + 3a_3 z^2 + \dots$$

$$\text{si } f(z) = \sum a_n z^n = a_0 + a_1 z + a_2 z^2 + a_3 z^3 + \dots ;$$

formellement, on l'obtient en remplaçant chaque monôme z^n par sa "dérivée" nz^{n-1}, ce qui fait disparaître le terme constant c_0 et remplace $z^{[n]} = z^n/n!$ par $z^{[n-1]} = z^{n-1}/(n-1)!$. La série $f'(z)$ est donc le terme $f_1(z)$ dans (3). Or le raisonnement de convergence en vrac utilisé plus haut montrant que les séries (3) convergent en vrac, i.e. absolument, pour tout z tel que $|z| < R$ [remplacer a par 0 et h par z dans (2)], on voit déjà que la série dérivée converge pour $|z| < R$; elle diverge pour $|z| > R$ comme la série donnée en raison des facteurs entiers dans (4'), qui ne peuvent que diminuer ses chances de converger. Autrement dit, *la série f et sa dérivée f' ont le même rayon de convergence*[45]. Comme d'autre part la fonction $f'(z)$ est, comme $f(z)$, somme d'une série entière, f' est, comme f, *analytique* i.e. développable en série entière en $z - a$ au voisinage de tout point a du disque de convergence $|z| < R$.

En itérant la loi (4) de passage de f à f', on trouve des dérivées successives définies ou données par

$$f''(z) = \sum c_{n+2} z^{[n]} = c_2 + c_3 z/1! + c_4 z^2/2! + \dots ,$$
$$f'''(z) = \sum c_{n+3} z^{[n]} = c_3 + c_4 z/1! + c_5 z^2/2! + \dots ,$$

et d'une manière générale

(19.5) $$f^{(p)}(z) = \sum_{n \geq 0} c_{n+p} z^{[n]} \text{ si } f(z) = \sum c_n z^{[n]}$$

ou, au choix,

(19.5') $$f^{(p)}(z) = \sum_{n \geq p} n(n-1)\dots(n-p+1) a_n z^{n-p}$$

$$\text{si } f(z) = \sum a_n z^n;$$

---

[45] Démonstration directe : si $|z| < R$, rayon de convergence, il existe un $q < 1$ tel que $|a_n z^n| = O(q^n)$, d'où $n a_n z^{n-1} = O(nq^n)$, et il reste à vérifier que $\sum nq^n < +\infty$ pour $q < 1$, évident d'après les critères de Cauchy et d'Alembert.

les coefficients que nous avons notés plus haut $f_p(z)$ ne sont donc autres que les séries dérivées $f^{(p)}(z)$ de f et en revenant à (2), on trouve donc finalement

$$(19.6) \qquad f(z+h) = \sum_{p \geq 0} f^{(p)}(z)h^{[p]} = f(z) + f'(z)h/1! + f''(z)h^2/2! + \ldots$$

pour $|h| < R - |z|$, en convenant de poser $f^{(0)} = f$. C'est la célèbre *formule de* (Brook) *Taylor* (1715) pour les séries entières, d'ailleurs plus ou moins connue dès 1691 de Newton qui ne l'exploite pas davantage que sa série exponentielle, ainsi que de Johann Bernoulli qui l'a publiée en remplaçant f par sa primitive en 1694 (M. Cantor, III, pp. 229 et 383) et que l'on pourrait très facilement vérifier algébriquement lorsque f se réduit à un polynôme en z. Si, en particulier, on remplace dans (6) z par 0 et h par z, on trouve la *formule de MacLaurin*

$$(19.6') \qquad f(z) = \sum f^{(p)}(0)z^{[p]} = f(0) + f'(0)z/1! + f''(0)z^2/2! + \ldots$$

On verra plus tard (Chap. V, n° 18) qu'il existe un résultat analogue, mais avec un nombre fini de termes et un "reste" que l'on peut évaluer, pour les fonctions d'une variable *réelle* possédant des dérivées (au sens usuel) jusqu'à un certain ordre et beaucoup plus générales que celles pouvant être représentées par des séries entières.

Enfin, l'algorithme qui fait passer de la série f à la série f' peut s'inverser; on obtient ainsi les *séries primitives*

$$F(z) = c + a_0 z + a_1 z^2/2 + a_2 z^3/3 + \ldots$$

de f, avec une constante c arbitraire, le même rayon de convergence et la relation $F' = f$ qui "justifie" la terminologie pour ceux qui ont appris que la primitive, au sens élémentaire, de la fonction x^n est $x^{n+1}/(n+1)$; voir le n° 11.

Comme on l'a déjà dit, c'est Newton qui, le premier, a fait systématiquement usage des séries entières pour résoudre toutes sortes de problèmes. Le plus grand mathématicien du siècle suivant, Euler, s'en sert aussi abondamment. Mais ni Newton, ni Euler n'élaborent une quelconque théorie générale des séries entières et c'est Lagrange (1736–1813) qui, dans sa *Théorie des fonctions analytiques* (1797), fonde celle-ci afin, dit-il, de libérer l'analyse des quantités infiniment petites, des limites, des "fluxions" (dérivées) à la Newton, etc. et de transformer l'analyse "infinitésimale" en une analyse "algébrique". C'est lui qui introduit la notation $f'(x)$ et le mot "dérivée" pour les fonctions analytiques; il démontre les formules de Taylor et MacLaurin comme nous l'avons fait plus haut, mais sans trop se préoccuper de questions de convergence ni se placer dans $\mathbb{C}$. L'idée de Lagrange que toutes les fonctions utiles ou intéressantes sont, en dehors de points isolés, analytiques[46] était vouée à l'échec, mais sa théorie prépare celle de Cauchy et des fonctions analytiques d'une variable *complexe* qui va révolutionner toute l'analyse classique au XIXe siècle.

Nous avons défini plus haut la "série dérivée" d'une série entière f à l'aide d'un algorithme algébrique. La terminologie est justifiée en raison du fait que $f'(z)$ est aussi la limite, au sens du n° 4, du rapport

$$\frac{f(z+h) - f(z)}{h} = f'(z) + h\left[f''(z)/2! + f'''(z)h/3! + \dots\right]$$

lorsque $h \in \mathbb{C}$ tend vers 0. L'expression entre [ ] est en effet une série entière convergente; sa somme est donc, en module, majorée par un nombre fixe M pour $|h|$ assez petit (voir la fin du n° 14). La relation précédente montre donc que l'on a

(19.7)
$$\left|\frac{f(z+h) - f(z)}{h} - f'(z)\right| \leq M|h|$$

pour $|h|$ assez petit, résultat $< r$ dès que $|h| < r' = r/M$; c'est exactement la définition d'une limite pour des fonctions définies dans une partie de $\mathbb{C}$.

On pourrait démontrer directement ce résultat sans passer par la série double qui nous a servi plus haut. Il suffit pour cela de partir de la relation (4.9)

$$\left|(z+h)^{[n]} - z^{[n]} - hz^{[n-1]}\right| \leq |h|^{[2]} \left(|z| + |h|\right)^{[n-2]}.$$

En remplaçant, dans (7), $f(z)$ par $\sum c_n z^{[n]}$, $f(z+h)$ par l'expression analogue en $z+h$ et $f'(z)$ par sa définition (4), il est clair, puisque $h^{[2]}/h = h/2$, que le premier membre de (7) est majoré par

$$\frac{1}{2}|h| \sum |c_n| \left(|z| + |h|\right)^{[n-2]};$$

si l'on a démontré directement que les séries f' et f'' ont le même rayon de convergence R que f, la série que l'on vient d'obtenir converge pour $|z| + |h| < R$ et l'on retrouve la majoration (7).

Ce raisonnement montre en passant qu'au voisinage d'un point a donné, une fonction f ne peut pas être représentée par deux séries entières différentes en $z - a$. Si en effet $f(a+h) = \sum c_n(a)h^{[n]}$ pour $|h|$ assez petit, on a

---

[46] Ce qui est généralement faux des fonctions d'une variable réelle, si dérivables soient-elles, parce que, comme Cauchy l'a remarqué le premier, la fonction $f(x)$ égale à $\exp(-1/x^2)$ pour $x \neq 0$ et à 0 pour $x = 0$ possède en $x = 0$ des dérivées successives toutes nulles comme on le montrera plus tard; la formule de MacLaurin montrerait alors que f est identiquement nulle. En fait, on peut construire sur $\mathbb{R}$ des fonctions indéfiniment dérivables ayant en $x = 0$ des dérivées successives arbitrairement données (Chap. V, n° 29).

d'abord $f(a) = c_0(a)$; ensuite, la fonction $f'(z) = \lim[f(z+h) - f(z)]/h$ est nécessairement donnée par la série dérivée $c_n(a)h^{[n-1]}$ comme le montre le raisonnement précédent, d'où $c_1(a) = f'(a)$. En itérant le résultat, on trouve successivement $c_2(a) = f''(a)$, $c_3(a) = f'''(a)$, etc., ce qui détermine les coefficients de la série : ce sont des valeurs en a des *fonctions* $f, f', f'', \ldots$ définies comme limites de quotients et non plus comme sommes des séries obtenues à l'aide de l'algorithme de la dérivation, bien que les résultats soient les mêmes.

Propriété en apparence banale des fonctions analytiques, l'existence de dérivées au sens du n° 4 a des conséquences énormes que Cauchy a vues le premier. Disons seulement pour le moment qu'elle implique une relation simple entre les dérivées de $f(x + iy) = f(x, y)$ par rapport aux variables *réelles* x et y. Celles-ci sont définies, comme pour toute fonction de plusieurs variables réelles, par les formules[47]

$$(19.9) \qquad f'_x(x, y) = \lim \frac{f(x + u, y) - f(x, y)}{u},$$

$$f'_y(x, y) = \lim \frac{f(x, y + v) - f(x, y)}{v}$$

lorsque u et v tendent vers 0 par valeurs *réelles* : on fixe toutes les variables sauf celle par rapport à laquelle on dérive; il n'y a pas de quoi en faire des dissertations. Mais si, dans (7), on fait tendre h, à priori complexe, vers 0 par valeurs *réelles* $h = u$, on trouve la première limite (9) puisque

$$f(z + h) = f(x + u, y),$$

d'où $f'_x = f'(z)$. Si par contre on fait tendre h vers 0 par valeurs *imaginaires pures*, $h = iv$ avec v réel, le rapport (7) définissant $f'(z)$, qui tend encore vers $f'(z)$ et dans lequel on a maintenant

$$f(z + h) = f(x, y + v),$$

tend vers f'_y/i à cause du facteur i dans le dénominateur iv. Comparant les résultats, on trouve donc la relation

$$(19.10) \qquad if'_x = f'_y \qquad \text{ou} \quad iD_1f = D_2f,$$

et même

---

[47] La notation f'_x, ou $\partial f/\partial x$, bien que (ou parce que ...) traditionnelle, présente l'inconvénient majeur d'attribuer le même nom à la variable x et au symbole indiquant que l'on dérive par rapport à celle-ci. Il serait de beaucoup préférable d'utiliser les notations f'_1 et f'_2, ou D_1f et D_2f, comme on le fait de plus en plus souvent et comme nous le ferons, afin d'indiquer que l'on dérive par rapport à la *première* et *seconde* variable, quelles que soient les lettres utilisées pour désigner celles-ci.

(19.10') $f' = D_1 f = -iD_2 f.$

Cauchy a montré qu'elle *caractérise* les fonctions $f(x, y)$ qui sont analytiques comme fonctions de z. Comme nous ne le savons pas encore, et pour éviter des confusions, nous utiliserons exclusivement, jusqu'au Chap. VII, le mot *holomorphe* pour désigner les fonctions définies dans des ensembles *ouverts* $U \subset \mathbb{C}$ et y possédant des dérivées partielles $D_1 f$ et $D_2 f$ *continues*[48] vérifiant (10); toute fonction analytique f est donc holomorphe (les dérivées partielles de f sont continues car proportionnelles à la fonction analytique f'), mais nous ne savons pas encore que la réciproque est valable. Nous démontrerons à l'occasion des théorèmes s'appliquant, dans certains cas, aux fonctions holomorphes et, dans d'autres, aux fonctions analytiques. *Après* le Chap. VII, les adjectifs "holomorphe" et "analytique" deviendront strictement synonymes pour nous comme ils le sont pour tout le monde et les théorèmes déjà obtenus s'appliqueront aux deux cas puisqu'en réalité ils n'en font qu'un.

Si l'on pose $f = u + iv$ avec des fonctions u et v à valeurs réelles, d'où $D_1 f = D_1 u + iD_1 v$, etc., (10) se traduit par les deux formules

(19.10") $D_1 u = D_2 v, \qquad D_2 u = -D_1 v.$

Par exemple, la fonction $f(z) = \mathrm{Re}(z) = x$ n'est pas holomorphe : on a ici $u'_x = 1$ et $v'_y = 0$. La fonction $f(x, y) = x^2 y^3 + ix^4 y^2$ non plus : on a $D_1 f(x, y) = 2xy^3 + 4ix^3 y^2$, $D_2 f'(x, y) = 3x^2 y^2 + 2ix^4 y$ et la relation de Cauchy n'est évidemment pas vérifiée. Parler de la dérivée $f'(z)$ d'une telle fonction *n'a aucun sens*, tout simplement parce que le rapport $[f(z + h) - f(z)]/h$ qui la définit ne tend pas vers une limite lorsque h tend vers 0 dans $\mathbb{C}$; il converge lorsque h tend vers 0 par valeurs réelles, ou bien imaginaires pures, ou bien en restant sur une droite d'origine 0, etc., mais ces limites partielles sont généralement différentes les unes des autres alors qu'elles sont identiques pour une fonction holomorphe[49]. Le fait qu'une fonction de deux variables

---

[48] hypothèse théoriquement superflue, mais on ne risque rien en l'adoptant.

[49] Soit $g(z)$ une fonction définie pour $z \neq 0$ et qui tend vers une limite u lorsque $z \in \mathbb{C}$ tend vers 0 au sens du n° 4. Soit $h(t)$ une fonction définie au voisinage de 0 dans $\mathbb{R}$, à valeurs complexes, continue en $t = 0$ et telle que $h(0) = 0$, $h(t) \neq 0$ pour $t \neq 0$. Alors la fonction composée $g(h(t))$, définie pour $t \neq 0$ assez petit, tend vers u lorsque t tend vers 0. Cela résulte des théorèmes généraux du Chap. III, mais peut se vérifier immédiatement : pour tout $r > 0$, il y a un $r' > 0$ tel que $|z| < r'$ implique $|f(z) - u| < r$, puis un $r'' > 0$ tel que $|t| < r''$ implique $|h(t)| < r'$, et donc $|g(h(t)) - u| < r$, cqfd. Cela dit, vous pouvez, dans le rapport $[f(a + z) - f(a)]/z$ qui définit la dérivée en a d'une fonction analytique, remplacer z par $h(t)$ et faire tendre t vers 0 pour calculer la dérivée $f'(a)$. Par exemple, $h(t) = ct$ où $c \in \mathbb{C}$ est une constante (droite issue de l'origine), $h(t) = t(\cos t + i\sin t)$ (spirale), $h(t) = t(\cos 1/t + i\sin 1/t)$ (autre spirale, qui effectue des rotations de plus en plus serrées autour de 0 lorsque t tend vers 0), etc.

réelles x et y puisse être considérée comme une fonction de $z = x + iy$ est une pure trivialité : un nombre complexe est un couple de nombres réels. Si "régulière" que soit $f(x, y)$ en tant que fonction des deux variables réelles x et y, elle n'a aucune raison d'être une fonction analytique de z. Un tour de passe-passe ensembliste n'a jamais démontré quelque vrai théorème que ce soit : principe de conservation de l'énergie intellectuelle en mathématiques.

On peut comprendre la difficulté en considérant une fonction polynômiale en x et y. On peut donc, par définition, l'écrire sous la forme d'une somme finie

$$f(x, y) = \sum a(p, q) x^{[p]} y^{[q]}$$

avec des coefficients numériques $a(p, q)$. On a évidemment

$$D_1 f(x, y) = \sum a(p, q) x^{[p-1]} y^{[q]} = \sum a(p+1, q) x^{[p]} y^{[q]},$$
$$D_2 f(x, y) = \sum a(p, q) x^{[p]} y^{[q-1]} = \sum a(p, q+1) x^{[p]} y^{[q]}.$$

La relation de Cauchy exige donc

$$ia(p+1, q) = a(p, q+1)$$

puisque les coefficients de $x^p y^q$ doivent être les mêmes dans if'_x et f'_y. Mais cette relation implique

$$a(p, q) = ia(p+1, q-1) = i^2 a(p+2, q-2) = \ldots = i^q a(p+q, 0).$$

Si donc l'on pose $a(n, 0) = a_n$, on a $a(p, q) = i^q a_{p+q}$ et par suite

$$f(x, y) = \sum a_{p+q} x^{[p]} (iy)^{[q]} = \sum_n a_n \sum_{p+q=n} x^{[p]} (iy)^{[q]} = \sum_n a_n (x + iy)^{[n]}$$

d'après la formule algébrique du binôme; par suite, $f(z) = \sum a_n z^{[n]}$. En conclusion, *un polynôme en x et y vérifie l'équation de Cauchy si et seulement si c'est un polynôme en $z = x + iy$*, ce qui démontre le théorème de Cauchy dans un cas si particulier qu'il en est quasiment trivial. N'importe quel polynôme en x et y est un polynôme en z et $\bar{z}$ puisque $x = (z + \bar{z})/2$, $y = (z - \bar{z})/2i$, mais ce n'est généralement pas un polynôme en z.

Pour obtenir le Baccalauréat série mathématiques, on apprenait en 1939 que les dérivées successives de la fonction $1/(1 - x) = (1 - x)^{-1}$ sont

$$(1 - x)^{-2}, \ 2(1 - x)^{-3}, \ 2.3(1 - x)^{-4}, \ldots, p!(1 - x)^{-p-1}, etc.$$

Il s'agissait de fonctions d'une variable réelle, mais le Seigneur, s'il est subtil, n'est pas méchant, comme l'a dit Albert Einstein dans un autre contexte, et sûrement pas assez pour avoir décidé que ces formules ne sont plus valables dans le domaine complexe; au reste, la dérivée $f'(z)$ d'une fonction analytique de $z \in \mathbb{C}$ coïncide, pour $z \in \mathbb{R}$, avec sa dérivée au sens élémentaire du terme, notamment parce qu'on a vu plus haut que $f'_x = f'$; cela permet de calculer les dérivées complexes de $1/(1-z)$ en dérivant par rapport à x la fonction $1/(1-x-iy)$. Nous pouvons alors dériver terme à terme ad libitum la formule

$$(19.11) \qquad (1-z)^{-1} = 1 + z + z^2 + z^3 + \ldots + z^n + \ldots \, (|z| < 1)$$

et obtenir successivement

$$(19.12) \qquad (1-z)^{-2} = 1 + 2z + 3z^2 + 4z^3 + \ldots + (n+1)z^n + \ldots,$$

$$(19.13) \qquad 2(1-z)^{-3} = 2 + 2.3z + 3.4z^2 + \ldots + (n+1)(n+2)z^n + \ldots$$

et d'une manière générale

$$(p-1)!(1-z)^{-p} = \sum (n+1)(n+2)\ldots(n+p-1)z^n = \sum (n+p-1)! z^{[n]},$$

d'où, puisque $(n+p-1)! = (p-1)! p(p+1)\ldots(p+n-1)$, la formule

$$(19.14) \qquad (1-z)^{-p} = \sum p(p+1)\ldots(p+n-1)z^{[n]}.$$

En posant $-p = s$ et en remplaçant z par $-z$, il vient

$$(19.15) \qquad (1+z)^s = \sum s(s-1)\ldots(s-n+1)z^{[n]}.$$

Si s était un entier positif, le coefficient de z^n serait nul pour $n \geq s+1$ puisqu'il contiendrait $s - s = 0$ en facteur; la formule précédente se réduirait à la formule algébrique du binôme rappelée au n° 1. Le résultat obtenu montre que, pour s entier négatif, celle-ci reste valable à condition :

(i) d'écrire ses coefficients sous la forme ci-dessus, et non pas sous la forme $s!/n!(s-n)!$: elle n'a aucun sens en dehors du cas où $s \in \mathbb{N}$ et Newton, qui ne la connaissait fort heureusement pas – elle l'aurait conduit dans une voie sans issue –, ne s'en est jamais servi, se contentant de la forme (15) qui a un sens quel que soit $s \in \mathbb{C}$,

(ii) de remplacer la somme finie de l'algèbre par une série infinie,

(iii) de ne pas oublier que la formule obtenue n'est valable que pour $|z| < 1$ puisqu'ailleurs la série est divergente comme on l'a vu au n° 16 à propos de la série du binôme de Newton, laquelle est identique à (15) à ceci près que, chez Newton, l'exposant s peut être rationnel.

La formule (15) n'est donc que le cas particulier pour $s \in \mathbb{Z}$ de la série de Newton. Le vrai problème, plus difficile, que nous résoudrons au Chap. IV, est de prouver (15) pour tout exposant $s \in \mathbb{R}$ ou même $\mathbb{C}$, au moins pour z réel entre -1 et 1; le résultat que nous venons d'obtenir est un petit premier pas dans cette direction.

Une autre méthode pour établir (15) consisterait à vérifier qu'en multipliant par $1 + z$ la série (15) relative à s, on obtient la série relative à $s + 1$. Cela revient manifestement à vérifier la célèbre relation

$$(19.16) \qquad \binom{s}{p} + \binom{s}{p-1} = \binom{s+1}{p}$$

entre coefficients du binôme, laquelle, pour $s \in \mathbb{N}$, explique le non moins célèbre "triangle de Pascal". On ne prête qu'aux riches : il était connu en Occident largement un siècle avant Pascal, par exemple chez l'Allemand Stifel (1486–1567) et l'Italien Tartaglia (1500–1557), et chez les Arabes, Indiens et Chinois un ou deux siècles plus tôt; mais évidemment ils n'ont pas écrit d'aussi édifiantes *Pensées*. En fait, la contribution de Pascal – et de Fermat – est d'avoir mis les coefficients du binôme en relation avec le calcul des combinaisons et permutations (d'où la naissance du calcul des probabilités) et d'avoir fourni une démonstration en règle, par récurrence, de la relation (16) pour $s \in \mathbb{N}$.

Pour montrer l'utilité de la formule de MacLaurin, *supposons* que la fonction $\sin x$ soit, pour $x \in \mathbb{R}$, somme d'une série entière en x. Il est alors facile de calculer celle-ci par la formule de Maclaurin : les dérivées successives de $\sin x$ sont $\cos x$, $-\sin x$, $-\cos x$, etc ... et leurs valeurs pour $x = 0$ sont $1, 0, -1, 0, 1, 0$, etc. Puisque $\sin 0 = 0$, la seule série entière ayant une chance de représenter $\sin x$ est donc

$$(19.17) \qquad s(x) = x - x^3/3! + x^5/5! - \ldots = x - x^{[3]} + x^{[5]} - \ldots,$$

i.e. celle que nous avons annoncée au n° 6. Tout cela, on le voit, est très cohérent, ce qui, en mathématiques, est généralement bon signe. Mais nous n'avons toujours pas *démontré* que cette série représente effectivement $\sin x$, raison pour laquelle nous appelons sa somme $s(x)$. Et d'ailleurs, qu'est-ce que $\sin x$? Jusqu'à nouvel ordre, un dessin sur une feuille de papier !

Un calcul similaire montrerait que la seule série entière susceptible de représenter $\cos x$ est

$$(19.18) \qquad c(x) = 1 - x^2/2! + x^4/4! - \ldots = 1 - x^{[2]} + x^{[4]} - \ldots$$

Les deux séries que l'on vient d'obtenir étant manifestement convergentes quel que soit x comme la série exponentielle $\sum x^{[n]}$, on peut calculer leurs séries dérivées premières en appliquant la règle générale (4). Le calcul le plus bête montre alors que

$$(19.19) \qquad s'(x) = c(x), \qquad c'(x) = -s(x),$$

ce qui renforce la "cohérence". Nous montrerons au Chap. IV comment déduire toutes les propriétés des fonctions trigonométriques soit de (17) et (18), soit de (19), soit des formules d'addition.

En 1693 Leibniz, qui commence à s'intéresser à l'emploi des séries pour intégrer des équations différentielles, i.e. pour découvrir les fonctions dont les dérivées satisfont à une relation donnée – vaste programme –, applique la méthode à la fonction $\sin x$ en utilisant le fait que $\sin'' x + \sin x = 0$. Si l'on suppose que $\sin x = \sum a_n x^n$, d'où $\sin'' x = \sum n(n-1)a_n x^{n-2}$, on obtient la relation $a_n = a_{n-2}/n(1-n)$ qui, compte tenu des formules évidentes $a_0 = 0$ ($\sin 0 = 0$) et $a_1 = 1$ ($\sin x \sim x$ pour x petit), redonne immédiatement le résultat trouvé, mais non rendu public, par Newton (M. Cantor, III, p. 198); Leibniz, lui, publie, ce qui bien entendu énerve prodigieusement les Anglais.

Le théorème 14 a une conséquence importante à propos des *zéros d'une fonction analytique*, i.e. des points a où $f(a) = 0$; en algèbre, on appelle cela les racines de l'équation $f(z) = 0$. Soit f une fonction analytique dans un ouvert G de $\mathbb{C}$ et, pour un $a \in G$, reprenons la formule de Taylor

$$f(a+h) = f'(a)h + f''(a)h^2/2! + \dots$$

où l'on omet le terme $f(a)$ puisqu'il est nul. Deux cas sont possibles.

(i) *Toutes* les dérivées $f^{(p)}(a)$ sont nulles. Il est clair qu'alors on a $f(z) = 0$ pour tout z tel que $|z - a| < R$, où R est le rayon du disque dans lequel la formule précédente est valable.

(ii) Il existe un entier p tel que l'on ait

$$f(a) = f'(a) = \dots = f^{p-1}(a) = 0, \quad f^{(p)}(a) \neq 0.$$

On dit alors que a est un *zéro d'ordre p* de f. La situation est opposée à celle du cas (i) : il existe une disque ouvert de centre a dans lequel a est le seul zéro de f *(principe des zéros isolés)*. On a en effet

(19.20) $f(a+h) = f^{(p)}(a)h^{[p]}[1 + ?h + ?h^2 + \dots]$

avec des coefficients numériques notés ? car leurs valeurs importent peu. Pour $|h|$ petit, la somme $?h + \dots$ est, en module, $\leq M|h|$ avec une constante $M > 0$, car c'est le produit de h par une série entière convergente. Comme il existe un nombre $r > 0$ tel que l'on ait $M|h| < 1/2$ pour $|h| < r$, la somme entre [ ] est en module $> 1/2$ pour $|h| < r$, de sorte que $f(a+h)$ ne peut, dans le disque $D(a,r)$, s'annuler ailleurs qu'au point a, cqfd.

Une conséquence immédiate de ce résultat est que *si des zéros deux à deux distincts de f tendent vers un point $a \in G$, alors f est nulle au voisinage de a*, car tout disque de centre a contient alors une infinité de zéros de f.

20 – Le principe du prolongement analytique[50]

Le cas (i) ci-dessus donne lieu à un résultat a priori curieux : si toutes les dérivées de f sont nulles en a, alors la fonction f est *identiquement*

---

[50] Ce n° ne nous servira que de façon épisodique avant le Chap. VII et sa lecture n'est pas indispensable pour le moment.

nulle dans G – et non pas seulement au voisinage de a – moyennant une hypothèse de " connexité" sur G. Cette propriété de "rigidité" des fonctions analytiques leur est tout à fait particulière; dans $\mathbb{R}$ (ou dans n'importe quel espace cartésien), une fonction aussi "lisse" qu'on peut le souhaiter, i.e. possédant des dérivées d'ordre arbitrairement élevé par rapport aux variables *réelles* dont elle dépend, peut fort bien s'annuler dans un ouvert sans être identiquement nulle : cas de $f(x) = \exp(-1/x^2)$ pour $x > 0$, $= 0$ pour $x \leq 0$ (l'existence de toutes les dérivées successives en 0 n'est pas évidente; voir le Chap. IV, n° 5). Formulation équivalente : si deux fonctions f et g analytiques dans un ouvert connexe G coïncident au voisinage d'un point a de G ou, ce qui revient au même, ont des dérivées successives égales en a, elles sont égales dans G tout entier.

Soit en effet f une fonction analytique dans G et supposons f et toutes ses dérivées nulles en $a \in G$, i.e. f nulle au voisinage de a d'après la formule de Taylor. Soit $b \in G$ et supposons tout d'abord que le segment de droite $[a, b]$ soit tout entier dans G. Nous allons montrer qu'on a aussi $f(z) = 0$ au voisinage de b.

Le segment $[a, b]$ est l'ensemble des nombres complexes de la forme

$$z(t) = a + t(b - a) = (1 - t)a + tb, \qquad 0 \leq t \leq 1,$$

les points a et b correspondant à $t = 0$ et $t = 1$. Soit $E \subset [0, 1] = I$ l'ensemble des t possédant la propriété suivante : la fonction f est nulle dans un disque de centre $z(t)$. L'ensemble E n'est pas vide : il contient 0 puisque $z(0) = a$. Soit $u \leq 1$ la borne supérieure de E; tout revient à montrer que $u \in E$ et que $u = 1$.

Notons d'abord que si E contient un $t \in I$, il contient aussi tous les $t' \in I$ assez voisins de t : si en effet f est nulle dans un disque ouvert D de centre $z(t)$, on a évidemment (continuité) $z(t') \in D$ pour t' voisin de t et par suite f est nulle dans toute disque ouvert de centre $z(t')$ contenu dans D.

Si d'autre part un $t \in I$ est limite d'une suite de points $t_n \in E$, on a encore $t \in E$, car dans le cas contraire les t_n seraient distincts de t et l'on serait en contradiction avec le principe des zéros isolés établi à la fin du n° précédent. [Nous venons de montrer que E est à la fois ouvert et fermé dans I].

Revenons maintenant à la borne supérieure u de E. C'est une limite de points de E, de sorte que $u \in E$. Tout $t \in I$ assez voisin de u appartient donc aussi à E. Si l'on avait $u < 1$, il y aurait donc dans E des $t > u$, impossible puisque $u = \sup(E)$. On a donc $u = 1$, et comme $z(u) = b$ la fonction f est nulle au voisinage de b dans $\mathbb{C}$, cqfd.

Ce raisonnement suppose que l'on puisse joindre a à b par un segment de droite tout entier contenu dans G, ce qui n'est évidemment pas toujours le cas. Mais il subsisterait si l'on pouvait joindre a à b par une ligne brisée toute entière dans G et formée d'un nombre fini de segments de droite $[a, c_1], [c_1, c_2], \dots, [c_n, b]$: f étant nulle au voisinage de a, elle l'est aussi au

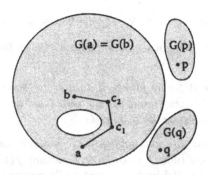

fig. 7.

voisinage de c_1; étant nulle au voisinage de c_1, elle l'est aussi au voisinage de c_2; etc.

L'ensemble $G(a)$ des $b \in G$ pouvant être ainsi joints à a dans G est *ouvert*. G contient en effet un disque $D(b)$ de centre b, de sorte que si l'on peut joindre a à b dans G on peut aussi joindre a à tout $c \in D(b)$ en ajoutant le segment $[b, c]$ au chemin allant de a à b.

L'ensemble $G'(a)$ des $b \in G$ qu'on ne peut pas joindre à a de cette façon est lui aussi ouvert. Soit en effet $D(b)$ un disque de centre b contenu dans G; si l'on pouvait joindre le point a à un $c \in D(b)$ par un chemin dans G, il suffirait de le compléter par le segment $[c, b]$ pour joindre a à b, absurde. $G'(a)$ contient donc $D(b)$.

En résumé, nous avons partagé l'ouvert G en deux ouverts disjoints $G(a)$ et $G'(a)$, le premier non vide puisque $a \in G(a)$. Lorsque $G(a) = G$, on dit que l'ouvert G est *connexe*. On peut alors, sans sortir de G, joindre deux points quelconques b et c de G par une ligne brisée : on va d'abord de b au point a puis de celui-ci au point c. Il est clair que cette propriété caractérise les ouverts connexes : on a $G(a) = G$ quel que soit $a \in G$. Dans le cas général, $G(a)$, qui est évidemment connexe, s'appelle *la composante connexe* de a dans G ou, si l'on ne précise pas le point a, *une* composante connexe de G. La figure 7 montre un ouvert G possédant trois composantes connexes. On peut encore définir comme suit les ouverts connexes : il est impossible de partitionner G en deux ouverts (disjoints, comme dans toute partition) *non vides*.

Pour formuler commodément les résultats obtenus, il est utile d'introduire la notion de *point isolé* d'un ensemble dans $\mathbb{C}$: cela signifie qu'il existe un disque ouvert ayant ce point pour centre et ne contenant aucun autre point de l'ensemble que le point considéré; on retrouvera cette notion au Chap. III à propos des limites. Elle permet en particulier de définir les *zéros isolés* d'une fonction analytique f : ce sont les points isolés de l'ensemble $Z(f)$ des zeros de f, i.e. les points a possédant la propriété suivante : il existe un $r > 0$ tel que

$$|z - a| < r \quad \& \quad f(z) = 0 \Longleftrightarrow z = a.$$

Cela fait, il est clair que nous avons démontré à la fin du n° précédent le résultat suivant :

Théorème 15. *Soient f une fonction analytique dans un ouvert G de $\mathbb{C}$ et a un zéro de f dans G. Ou bien a est un zéro isolé de f, ou bien f est nulle dans la composante connexe de a dans G.*

Formulation équivalente *en supposant G connexe* : ou bien tous les points de $Z(f)$ sont isolés, ou bien $f = 0$. Si la fonction $f(z) = \mathrm{Re}(z)$ était analytique dans $\mathbb{C}$, elle serait identiquement nulle car ses zéros ne sont manifestement pas isolés. Noter que les zéros d'une fonction analytique dans un ouvert connexe G de $\mathbb{C}$ peuvent toutefois s'accumuler sur la frontière de G; exemple : $G = \mathbb{C} - \{0\}$, $f(z) = \sin(1/z)$, qui s'annule en tous les points $1/n\pi$, lesquels convergent vers $0 \notin G$. Il existe des fonctions f définies et analytiques pour $|z| < 1$ et telles qu'il existe une infinité de zéros de f au voisinage de tout point du cercle frontière $|z| = 1$ (les "fonctions automorphes" d'Henri Poincaré par exemple).

Corollaire (Principe du prolongement analytique). *Soient f et g deux fonctions analytiques dans un ouvert* connexe *G de $\mathbb{C}$. Supposons qu'il existe des points a_n de G deux à deux distincts convergeant vers une limite $a \in G$ et tels que l'on ait*

$$f(a_n) = g(a_n)$$

pour tout n. On a alors $f(z) = g(z)$ quel que soit $z \in G$.

Il est clair en effet qu'alors le point a est un zéro non isolé de la fonction $f - g$. On fera attention au fait que la limite doit appartenir à G.

Le théorème 15 est trivialement faux pour des ouverts non connexes : prendre pour G la réunion de deux disques ouverts disjoints et pour f la fonction égale à 0 dans le premier et à 1 dans le second.

Bien que les résultats précédents concernent les fonctions définies dans des ouverts de $\mathbb{C}$, ils s'appliquent aussi à une classe de fonctions définies dans un intervalle I de $\mathbb{R}$. Une telle fonction f, à valeurs éventuellement complexes, est dite *analytique-réelle* (ou analytique tout court si aucune confusion n'est possible avec les fonctions *analytiques-complexes* du n° 19) si, pour tout $a \in I$, elle est représentée dans un intervalle de centre a par une série entière en $x - a$; c'est la même définition que dans le cas de $\mathbb{C}$, à ceci près que la variable ne prend que des valeurs réelles.

En réalité, il n'y a guère de différence entre les deux notions : pour qu'une fonction $f(x)$ définie dans un intervalle $I \subset \mathbb{R}$ soit analytique-réelle, il faut et il suffit qu'il existe dans $\mathbb{C}$ un ouvert G contenant I et une fonction $g(z)$ définie et analytique-complexe dans G tels que l'on ait

$$f(x) = g(x) \text{ pour tout } x \in I.$$

La condition est évidemment suffisante. Pour en montrer la nécessité, on part du fait que, pour tout $a \in I$, il existe une série entière convergente $g_a(z) = \sum c_n(a)(z - a)^n$ et un disque ouvert $D(a) \subset \mathbb{C}$ de centre a tels que (i) g_a converge dans $D(a)$, et éventuellement ailleurs, (ii) $g_a(x) = f(x)$ pour tout $x \in I \cap D(a)$. Soit alors G la réunion de tous les disques ouverts $D(a)$. C'est évidemment un ouvert de $\mathbb{C}$. Il est connexe : si $u \in D(a)$ et $v \in D(b)$, on peut joindre u à v dans G en suivant le rayon $[ua]$, le segment $[ab]$ de I et le rayon $[bv]$ de $D(b)$. Si par ailleurs $D(a)$ et $D(b)$ se rencontrent, on a

(20.1) $$g_a(z) = g_b(z)$$

dans $D(a) \cap D(b)$ en vertu du principe de prolongement analytique puisque (1) est vraie dans $I \cap D(a) \cap D(b)$, intervalle de $\mathbb{R}$ non réduit à un point, alors que l'ensemble $D(a) \cap D(b)$ est visiblement connexe (fig. 8).

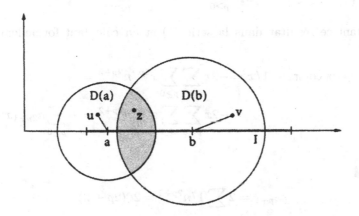

fig. 8.

Ceci établi, on définit la fonction g dans G en posant $g(z) = g_a(z)$ pour tout $a \in I$ tel que $z \in D(a)$. Bien que le point a puisse être choisi de beaucoup de façons différentes pour z donné, il n'y a aucune ambiguïté dans la définition en raison de[51] (1). Il est clair que g est analytique-complexe dans chaque $D(a)$, donc dans G, et que $g = f$ dans I, cqfd.

---

[51] Plus généralement : soient E un ensemble, (E_i) une famille quelconque de parties de E ayant E pour réunion et, pour chaque i, soit g_i une fonction à valeurs quelconques définie sur E_i. Pour qu'il existe dans E une fonction g telle que $g = g_i$ dans E_i pour tout i, il faut et il suffit que l'on ait $g_i = g_j$ dans $E_i \cap E_j$ quels que soient i et j. Chap. I, p. 24.

21 – La fonction $\cot x$ et les séries $\sum 1/n^{2k}$

Admettons la relation d'Euler

$$(21.1) \qquad \pi \cot \pi x = \frac{1}{x} + 2x \sum_{n=1}^{\infty} \frac{1}{x^2 - n^2} = \sum_{n \in \mathbb{Z}} \frac{x}{x^2 - n^2}$$

signalée à la fin du n° 6 (à ceci près qu'on a maintenant remplacé x par πx pour éliminer les encombrants facteurs π^2), valable pour tout $x \in \mathbb{R}$ non entier *et que nous n'avons pas encore établie*. Supposons $|x| < 1$, d'où $x^2/n^2 < 1$ quel que soit n. On peut alors écrire, en utilisant la série géométrique pour $1/(1-u)$,

$$(21.2) \qquad \frac{1}{x^2 - n^2} = \frac{-1}{n^2} \cdot \frac{1}{1 - x^2/n^2} =$$
$$= \frac{-1}{n^2} \sum_{p \geq 0} x^{2p}/n^{2p} = - \sum_{p \geq 0} x^{2p}/n^{2p+2}.$$

En portant ce résultat dans la série (1) et en calculant formellement, on obtient

$$(21.3) \qquad \pi \cot \pi x - 1/x = -2x \sum_{n \geq 1} \sum_{p \geq 0} x^{2p}/n^{2p+2} =$$
$$= -2x \sum_{p \geq 0} \sum_{n \geq 1} x^{2p}/n^{2p+2} = - \sum_{p \geq 0} a_{2p+1} x^{2p+1}$$

avec

$$(21.4) \qquad a_{2p+1} = 2 \sum 1/n^{2p+2} = 2\zeta(2p+2)$$

en posant, comme Riemann,

$$\zeta(s) = \sum_{1}^{\infty} 1/n^s.$$

Si l'on connaît (Chap. VI) un moyen de calculer directement ces coefficients, i.e. de représenter la fonction $\cot x - 1/x$ par une série entière en x, à savoir

$$(21.5) \qquad \cot x - 1/x = -x/3 - x^3/45 - \dots$$

comme on le verra à la fin du n° suivant, il en résultera que

$$\pi \cot \pi x - 1/x = -\pi^2 x/3 - \pi^4 x^3/45 - \dots = -2 \sum \zeta(2p+2) x^{2p+1}$$

et donc que

$$a_1 = \pi^2/3, \qquad a^3 = \pi^4/45, \ldots.$$

On aura ainsi calculé les sommes

$$\zeta(2) = \sum 1/n^2 = a_1/2 = \pi^2/6, \qquad \zeta(4) = \sum 1/n^4 = a_3/2 = \pi^4/90,$$

etc. dont nous avons déjà fourni les bizarres valeurs à la fin du n° 6.

Tout revient donc à vérifier que la permutation des sommations par rapport à n et p effectuée dans (3) est justifiée et, pour cela, que la série double en n et p y figurant converge en vrac. Comme tous les termes sont de même signe, il est inutile de passer à leurs valeurs absolues. D'après le théorème 13 ou son corollaire, il suffit de montrer que (i) la sommation sur p converge pour tout n, (ii) la sommation sur n des sommes sur p converge. Le point (i) est clair car la somme sur p n'est autre que la série géométrique (2), laquelle converge puisque $|x| < 1$. En remplaçant la série relative à p par sa somme, on trouve évidemment le premier membre de (2) – nous sommes en train de "remonter" les calculs – de sorte que (ii) revient à la convergence absolue de la série figurant dans (1); c'est clair puisque son terme général est du même ordre de grandeur que $1/n^2$. Tout est donc justifié, et il ne reste plus, pour achever les calculs, qu'à calculer directement les a_p, i.e. la formule (5), ce que nous ferons à la fin du n° suivant en utilisant les séries entières représentant $\sin x$ et $\cos x$. Il faudrait aussi, nous allions l'oublier, prouver la formule (1), ce qui peut se faire soit par un raisonnement élémentaire mais que l'on peut juger trop ingénieux, soit par un raisonnement utilisant les séries de Fourier (Chap. VII) mais quasi immédiat, soit par la théorie générale des fonctions analytiques[52].

Le lecteur remarquera peut être que

$$2x/(x^2 - n^2) = 1/(x - n) + 1/(x + n),$$

en conséquence de quoi (1) semble s'écrire

$$(21.6) \qquad \pi \cot \pi x = \sum_{n \in \mathbb{Z}} \frac{1}{x - n},$$

car le terme $n = 0$ fournit $1/x$ et l'on retrouve le $\sum$ de (1) en groupant les termes n et $-n$. La nouvelle formule est bien plus belle que (1). Elle ne présente qu'un défaut : la série du second membre, si on la considère comme une somme en vrac, *diverge*, faute de quoi la série partielle $\sum_{n>0} 1/(x - n)$ serait convergente, ce qui n'est évidemment pas le cas puisque son terme général est, pour x réel, de signe constant pour n grand et équivalent au

---

[52] Voir Walter, *Analysis I*, pp. 181–182 pour la démonstration élémentaire et Remmert, *Funktionentheorie 1* (Springer, 1995), pp. 258–270 pour une démonstration utilisant un peu de théorie générale et des calculs astucieux, dûs à Eisenstein, sur les séries de la forme $\sum 1/(z + n)^k$.

signe près à $1/n$. Dommage, car (6) met en évidence la périodicité du premier membre : remplacer x par $x+1$ revient à remplacer n par $n-1$, i.e. à effectuer une permutation sur les termes du second membre, ce qui, tout le monde le sait, ne change pas la valeur d'une somme (sauf peut-être, hélas, lorsqu'elle ne converge pas absolument ...). Mais on peut ajouter $1/n$ au terme général pour $n \neq 0$; cela ne change pas la somme puisque ces termes additionnels disparaissent lorsqu'on groupe les termes en n et en $-n$, et la nouvelle série devient absolument convergente puisque son terme général

$$u_n(x) = 1/(x - n) + 1/n = x/n(x - n)$$

est de l'ordre de grandeur de $1/n^2$. La périodicité, qui n'est plus tout à fait aussi évidente pour ce nouveau choix du terme général, s'obtient comme suit. Notons $f(x)$ la somme de la série des $u_n(x)$. Lorsqu'on remplace x par $x+1$, $u_n(x)$ est remplacé par

$$1/(x + 1 - n) + 1/n = 1/[x - (n - 1)] + 1/(n - 1) + [1/n - 1/(n - 1)],$$

de sorte qu'on a

$$u_n(x + 1) = u_{n-1}(x) - 1/n(n - 1);$$

ce calcul suppose n différent de 0 et de 1; si $n = 0$ ou 1, on observe que $u_0(x + 1) = 1/(x + 1) = u_{-1}(x) + 1$, et que $u_1(x + 1) = 1/x + 1 = u_0(x) + 1$. Finalement, on voit que

$$f(x + 1) = u_{-1}(x) + 1 + u_0(x) + 1 + \sum [u_{n-1}(x) - 1/n(n - 1)]$$

où le $\sum$ est étendu à tous les $n \in \mathbb{Z}$ autres que 0 et 1. Comme la série de terme général $1/n(n - 1)$ converge, l'expression précédente s'écrit

$$\sum u_{n-1}(x) + 2 - \sum 1/n(n - 1)$$

où le premier $\sum$ est étendu à *tous* les $n \in \mathbb{Z}$, donc a pour somme $f(x)$ car on a effectué une permutation $n \longrightarrow n - 1$ dans l'ensemble d'indices $\mathbb{Z}$, et où le second $\sum$ évite les valeurs $n = 0$ et $n = 1$. Pour montrer que $f(x+1) = f(x)$, il reste alors à vérifier que

$$2 = \sum 1/n(n - 1)$$
$$= \ldots + 1/3.4 + 1/2.3 + 1/1.2 + 1/2.1 + 1/3.2 + 1/4.3 + \ldots$$
$$= 2(1/1.2 + 1/2.3 + 1/3.4 + \ldots),$$

ce qui nous ramène à Johann Bernoulli et aux merveilles de la série harmonique. On a donc, en changeant les notations,

$$(21.7) \qquad \pi \cot \pi x = \frac{1}{x} + \sum_{n \in \mathbb{Z}, n \neq 0} \left(\frac{1}{x-n} + \frac{1}{n} \right).$$

Comme le lecteur est probablement au courant des propriétés élémentaires des dérivées, il aura peut être aussi l'idée non moins ingénieuse de dériver terme à terme la somme (6) ou (7); la dérivée de la fonction $\cot x$ étant $-1/\sin^2 x$ et celle de $1/(x-a)$ étant $-1/(x-a)^2$, on obtient ainsi une autre formule remarquable :

$$(21.8) \qquad \frac{1}{\sin^2 x} = \sum_{x \in \mathbb{Z}} \frac{1}{(x-n\pi)^2}.$$

Elle est parfaitement exacte pour tout $x \in \mathbb{C}$ non multiple de π (à condition de définir $\sin z$ pour $z \in \mathbb{C}$ par la série entière) et met en évidence la périodicité de la fonction sinus ainsi que les points où elle s'annule. Mais la "démonstration" que nous venons d'en donner n'en est pas (encore) une : il est évident que la dérivée d'une somme *finie* de fonctions dérivables est la somme de leurs dérivées, mais nous avons ici affaire à une somme *infinie*. Weierstrass a montré d'une manière générale que ce type d'opération est justifié lorsqu'il s'agit de fonctions *analytiques* d'une variable complexe (Chap. VII) ou bien, dans le cas réel, lorsque la série des *dérivées*, et non pas seulement celle des fonctions données, converge "uniformément" (Chap. III, n° 17).

Exercice. Déduire de (8) la série "entière" de $1/\sin^2 x$ en imitant le passage de (1) à (3).

Notons enfin qu'Euler utilise une méthode très différente pour calculer les sommes $\sum 1/n^2$, etc. Il part du développement en produit infini de la fonction $\sin x$ signalé à la fin du n° 6 ou, ce qui revient au même, de la formule

$$(21.9) \qquad \prod \left(1 - x^2/n^2\right) = \sin(\pi x)/\pi x = 1 - \pi^2 x^2/3! + \pi^4 x^4/5! - \dots$$

et calcule le premier membre comme s'il s'agissait d'un produit fini, i.e. en choisissant au hasard un terme dans chaque facteur, en effectuant le produit de ces termes, en groupant les termes correspondant à une même puissance de x et en additionnant le tout. [On peut justifier ce raisonnement en notant que le produit infini (9) est la limite de ses produits partiels, que ceux-ci sont des polynômes dont les coefficients se calculent par la méthode que l'on vient d'indiquer, et en passant à la limite]. On trouve d'abord le produit de tous les nombres 1. Si, dans le produit, on choisit partout le nombre 1 sauf dans le n-ième facteur, on trouve une contribution égale à $-x^2/n^2$, et toute autre façon d'effectuer le produit fournit un terme de degré > 2; d'où $\sum 1/n^2 = \pi^2/3!$. Le coefficient de x^4 s'obtient en choisissant partout le facteur 1 sauf dans les facteurs p et q, ce qui fournit une contribution x^4/p^2q^2; on a donc

$$\pi^4/5! = \sum_{p<q} 1/p^2q^2,$$

la condition $p < q$ assurant qu'on ne compte pas deux fois le même terme. L'identité

$$\left(\sum x_i\right)^2 = \sum x_i^2 + 2\sum_{i<j} x_i x_j$$

montre alors que

$$\sum 1/n^4 = (\pi^2/6)^2 - 2\pi^4/5! = \pi^4/90,$$

etc. Il va de soit qu'Euler ne s'embarrasse pas de justifications; des résultats aussi extraordinaires suffisaient amplement à son bonheur. Il pouvait du reste sans doute les contrôler numériquement, ayant découvert des méthodes fort efficaces et ingénieuses pour calculer des séries telles que celles qui nous occupent ici.

Son argument pour "démontrer" en 1734 la relation (9) consiste à observer que si une équation algébrique de degré n

(21.10) $$P(x) = a_0 + a_1 x + \ldots + a_n x^n = 0$$

possède n racines $x_1, \ldots, x_n$ distinctes, réelles ou complexes, alors le premier membre de (10) est identique au polynôme $a_n(x - x_1)\ldots(x - x_n)$, assertion parfaitement exacte, facile à démontrer[53] et que les candidats au Baccalauréat sont même censés connaître pour $n = 2$. Il en résulte que

$$a_0 = (-1)^n a_n x_1 \ldots x_n$$

(pour $n = 2$, produit c/a des racines du trinôme $ax^2 + bx + c$), donc que

$$P(x) = (-1)^n a_0 (x - x_1) \ldots (x - x_n)/x_1 \ldots x_n =$$
(21.11) $$= a_0(1 - x/x_1) \ldots (1 - x/x_n)$$

si $a_0 \neq 0$. Or "l'équation algébrique de degré infini"

---

[53] Si, pour $u \in \mathbb{C}$ donné, on calcule $P(y + u)$, on trouve un polynôme en y dont le terme indépendant de y, valeur pour $y = 0$, est $P(u)$. Si donc $P(u) = 0$, $P(y + u)$ est divisible par y. Si $P(u) = 0$ et si l'on pose $x = y + u$, on en déduit $P(x) = (x - u)Q(x)$ où Q est un polynôme, avec $d^\circ(Q) = d^\circ(P) - 1$. Si $v \neq u$ est une autre racine de P, on a $Q(v) = 0$, d'où $P(x) = (x - u)(x - v)R(x)$, etc. Ce raisonnement suppose les n racines de P distinctes, faute de quoi les facteurs $x - u$, $x - v$, etc. devraient être répétés ("ordre de multiplicité" d'une racine).

$$(21.12) \qquad \sin x/x = 1 - x^2/3! + x^4/5! - \cdots = 0,$$

comme Euler l'appelle avec un aplomb caractéristique – personne avant ou après lui n'a jamais rencontré ce genre d'objet en algèbre –, a pour racines les points où la fonction $\sin(x)/x$ s'annule, i.e. $n\pi$, $n \neq 0$. [La fonction $\sin z$ n'a fort heureusement pas de racines complexes non réelles ...]. Comme le premier terme a_0 est égal à 1, la formule générale (11) montre "évidemment" que le "polynôme de degré infini" (12) est identique au produit de toutes les expressions de la forme $1 - x/n\pi$; en remplaçant x par πx et en groupant les termes n et $-n$ vous obtenez (9) avec la plus grande facilité[54].

La Providence était manifestement du côté d'Euler – la Providence, et une formidable intuition des formules justes – puisque son raisonnement pourrait tout aussi bien démontrer que n'importe quelle autre série entière partout convergente admet un développement en produit infini mettant en évidence les points où elle s'annule; c'est archifaux notamment, mais pas uniquement, lorsque la série ne s'annule jamais : cas de l'exponentielle, exemple d'une "équation algébrique de degré infini" n'ayant aucune racine. La théorie des fonctions analytiques fournit ici encore des théorèmes généraux (Weierstrass, Chap. VII), mais beaucoup moins simples que les idées d'Euler; il a du reste donné plus tard, dans son *Introductio in Analysin Infinitorum* de 1748, une démonstration qui, sans être parfaitement correcte, est du moins récupérable (Chap. IV, n° 18) car fondée sur une idée juste (et fort ingénieuse).

22 – Multiplication des séries. Composition des fonctions analytiques. Séries formelles

Soient (u_i), $i \in I$ et (v_j), $j \in J$ deux familles absolument sommables et considérons la famille des produits $u_i v_j$, indexée par le produit cartésien $I \times J$. Comme on l'a vu au n° 18, exemple 2, la famille produit converge en vrac et sa somme est le produit de celles des deux séries données :

$$(22.1) \qquad \sum_{(i,j) \in I \times J} u_i v_j = \left(\sum_{i \in I} u_i \right) \cdot \left(\sum_{j \in J} v_j \right).$$

A titre d'application, considérons deux séries $\sum u_n$ et $\sum v_n$ absolument convergentes au sens du n° 14 et donc convergeant en vrac comme on l'a vu au n° 15. Notant U et V leurs sommes, on a donc

$$(22.2) \qquad UV = \sum u_p v_q$$

---

[54] Moritz Cantor, *Vorlesungen* ..., vol. III, pp. 658–659. On jugera de l'influence d'Euler au fait que, plus de soixante dix ans plus tard, Fourier reproduit sa démonstration dans ses travaux sur les séries trigonométriques sans émettre le plus léger doute quant à sa validité. Il est vrai qu'avec ses séries grossièrement divergentes, il était mal placé pour contester Euler ....

où le second membre est la somme d'une série double qui, elle aussi, converge en vrac. Groupons-en les termes d'après la valeur de $p + q = n$ (associativité ! voir aussi l'exemple 3 du n° 18, beaucoup plus général). On obtient la formule algébriquement évidente (à ceci près qu'il ne s'agit pas d'algèbre[55] ...)

$$(22.3) \qquad \sum u_n . \sum v_n = \sum w_n \quad \text{où} \quad w_n = u_0 v_n + u_1 v_{n-1} + \ldots + u_n v_0.$$

La principale application de cette formule est le

Théorème 16. *Soient $f(z) = \sum a_n z^n$ et $g(z) = \sum b_n z^n$ deux séries entières qui convergent absolument pour $|z| < R$. On a alors*

$$(22.4) \qquad f(z) g(z) = \sum c_n z^n \quad \text{avec} \quad c_n = a_n b_0 + \ldots + a_0 b_n$$

et la série $\sum c_n z^n$ converge absolument pour $|z| < R$.

Autrement dit, *la règle de multiplication des polynômes s'applique aux séries entières*, à condition bien sûr de se placer en un point z où les deux séries sont absolument convergentes, i.e. à l'intérieur du plus petit des disques de convergence des deux séries données. Elle s'applique aussi plus généralement aux *séries de Laurent*

$$f(z) = \sum a_n z^n$$

où cette fois l'on somme sur tous les $n \in \mathbb{Z}$; étant la somme d'une série entière en z et d'une série entière en $1/z$, une telle série ne converge, en général, que dans une couronne circulaire (éventuellement vide : cas de la série $\sum z^n$ où l'on somme sur $\mathbb{Z}$) définie par des inégalités $0 \leq R' < |z| < R''$; elle y converge absolument comme c'est le cas des séries entières dans leur disque de convergence, et pour la même raison : comparaison avec des séries géométriques. On reprendra ce point au Chap. VII. Si donc l'on a deux séries de Laurent convergeant dans la même couronne non vide, on peut les multiplier en vrac puis grouper les termes :

$$\sum a_n z^n \sum b_n z^n = \sum c_n z^n \quad \text{avec} \quad c_n = \sum a_p b_q$$

où la série est étendue à tous les couples (p, q) tels que $p + q = n$: on retrouve le produit de convolution dans $\mathbb{Z}$ du n° 18, à ceci près que les séries $\sum a_n$ et $\sum b_n$ peuvent ne pas être absolument convergentes bien que la série définissant leur produit de convolution le soit comme on vient de le voir. Ces séries interviennent dans l'étude des fonctions analytiques au

---

[55] Il s'agit si peu d'algèbre que, si l'on applique la règle à des séries non absolument convergentes, on peut obtenir une série divergente comme Cauchy l'a montré en choisissant $u_n = v_n = (-1)^{n+1}/n$. On a $|w_n| > 2n/(n-1)$, expression qui tend vers 2 et non pas vers 0. Dugac, p. 19.

voisinage d'un point singulier isolé; exemple : la fonction $\exp(z + 1/z)$, dont le développement en série de Laurent utilise le résultat suivant (le fait qu'il s'agisse d'un "corollaire" ne doit pas faire oublier son caractère fondamental) :

Corollaire 1 (formule d'addition de la série exponentielle). *On a*

$$(22.5) \qquad \exp(x).\exp(y) = \exp(x + y),$$

quels que soient $x, y \in \mathbb{C}$.

Puisqu'on a d'une manière générale $\exp(z) = \sum z^{[n]}$, le terme w_n de (3) est en effet alors égal à la somme des produits $x^{[p]}y^{[q]}$ pour tous les couples d'entiers $p, q \geq 0$ tels que $p + q = n$; mais ceci n'est autre, d'après la formule du binôme du n° 1, que $(x + y)^{[n]}$; comme il n'y a pas de problème de convergence, le résultat s'ensuit. En fait, le corollaire consiste à passer à la limite sur n dans la formule

$$\sum_{0 \leq m \leq n} (x + y)^{[m]} = \sum_{p+q \leq n} x^{[p]} y^{[q]}$$

qui résulte de la formule du binôme.

Corollaire 2. *Le produit de deux fonctions f et g définies et analytiques dans un ouvert G de $\mathbb{C}$ est analytique dans G et on a*

$$(fg)' = f'g + fg'.$$

Les fonctions données f et g sont en effet, par hypothèse, représentées au voisinage de tout $a \in G$ par des séries entières en $z - a$; il en est donc de même de leur produit.

Pour montrer que la fonction dérivée de fg se calcule par la formule "évidente" – que l'on pourrait établir directement, y compris pour les fonctions holomorphes, en définissant les dérivées par passage à la limite –, on remarque qu'au voisinage d'un $z \in G$, f et g sont données par la formule de Taylor (19.6)

$$f(z + h) = f(z) + f'(z)h + f''(z)h^2/2! + \dots,$$
$$g(z + h) = g(z) + g'(z)h + g''(z)h^2/2! + \dots.$$

Puisque ces séries entières en h convergent et représentent les premiers membres pour $|h|$ assez petit, on a

$$f(z + h)g(z + h) = c_0(z) + c_1(z)h + c_2(z)h^2/2! + \dots$$

où les coefficients $c_n(z)$ sont donnés par le théorème 16. En particulier, on a

$$c_1(z) = f(z)g'(z) + f'(z)g(z),$$

et comme $c_1(z)$ est nécessairement la dérivée au point z de la fonction fg d'après la formule de Taylor pour celle-ci, le résultat s'ensuit.

Evidemment le lecteur voudra savoir si le *quotient* de deux fonctions analytiques est encore analytique ou, ce qui revient au même d'après le théorème précédent, si l'inverse $1/f(z)$ d'une fonction analytique est encore analytique. C'est exact pourvu, comme toujours, que l'on ne divise pas par 0.

Mais il y a beaucoup mieux. Posons $g(z) = 1/z$, fonction analytique dans l'ouvert $z \neq 0$ de $\mathbb{C}$ comme nous le savons depuis le n° 6. On a $1/f(z) = g[f(z)]$. On est ainsi amené à se demander beaucoup plus généralement si l'on obtient encore une fonction analytique en composant deux fonctions analytiques, par exemple $\cos(\sin z)$ où, dans $\mathbb{C}$, on définit $\sin z$ et $\cos z$ par les séries entières apparues plusieurs fois déjà dans ce chapitre. Ici encore la réponse est affirmative et la démonstration, une fois de plus, utilise le théorème d'associativité, mais dans un cas où l'ensemble d'indices est sensiblement plus compliqué que $\mathbb{N}$ ou $\mathbb{N} \times \mathbb{N}$. C'en est même la seule difficulté, les calculs à effectuer étant, comme disent les Anglais, pedestrian.

Théorème 17. *Soient U et V deux ouverts de $\mathbb{C}$, f une fonction analytique définie dans U et à valeurs dans V et g une fonction analytique définie dans V. Alors la fonction composée $h(z) = g[f(z)]$ est analytique dans U et on a $h'(z) = g'[f(z)].f'(z)$.*

Considérons un $a \in U$ et le point $b = f(a)$ de V. Au voisinage de b, $g(z)$ est une série entière en $z - b = Y$, de sorte que $h(z)$ s'obtient en substituant $f(z)$ à z dans celle-ci; on obtient ainsi une série entière en $f(z) - b = f(z) - f(a)$. Comme $f(z)$ est, à son tour, une série entière en $z - a = X$ dont le terme constant est $f(a)$, la différence $f(z) - f(a)$ est une série entière *sans terme constant* en X.

La situation est donc la suivante : nous avons deux séries entières convergentes (i.e. convergeant ailleurs qu'à l'origine) en des variables X et Y, la première en X sans terme constant, et nous désirons montrer qu'en substituant la première à la variable Y dans la seconde, en calculant bêtement et en groupant les termes contenant une même puissance de X, nous trouvons encore une série entière *convergente*. On peut aussi supposer la seconde série sans terme constant puisque ce n'est sûrement pas lui qui posera le moindre problème.

Soient donc – nous revenons à la notation traditionnelle z pour la variable –

(22.6) $f(z) = a_1 z + a_2 z^2 + \ldots, \qquad g(z) = b_1 z + b_2 z^2 + \ldots$

les séries données et calculons d'abord formellement.

On a

$$(22.7) \qquad h(z) = g[f(z)] = \sum b_p \left(\sum a_n z^n \right)^p .$$

Or la formule de multiplication des séries, qui se généralise évidemment à plus de deux facteurs, montre que

$$(22.8) \qquad \left(\sum_{n>0} a_n z^n \right)^p = \sum a_{n_1} a_{n_2} \ldots a_{n_p} z^{n_1+n_2+\ldots+n_p}$$

où l'on somme sur toutes les familles $(n_1, \ldots, n_p)$ de p entiers > 0 choisis au hasard (pour $p = 2$, ce sont des couples au sens de la théorie des ensembles) : pour multiplier p sommes les unes par les autres, on choisit au hasard un terme dans chaque somme, on les multiplie et l'on additionne tous les produits ainsi obtenus; on a choisi ici le terme n° n_1 de la première somme, le terme n° n_2 de la seconde, etc. En notant I l'ensemble des entiers $n \geq 1$, la série précédente, produit de p séries absolument convergentes pour $|z|$ assez petit – mais peu importe pour le moment –, est donc une somme en vrac où l'indice varie dans le produit cartésien $I \times \ldots \times I = I^p$, avec p facteurs.

Portant ce résultat dans (7) et continuant à calculer formellement, on trouve donc que

$$(22.9) \qquad h(z) = \sum_{p, n_1, \ldots, n_p > 0} b_p a_{n_1} \ldots a_{n_p} z^{n_1 + \ldots + n_p};$$

le terme général dépendant à la fois de l'entier p et d'un élément de I^p, il s'agit donc d'une somme en vrac étendue à l'ensemble

$$J = I \cup I^2 \cup \ldots \cup I^p \cup \ldots$$

réunion de tous les produits cartésiens I^p. Ceux-ci sont deux à deux disjoints car on ne voit pas comment une suite de 3 entiers pourrait être aussi une suite de 7 entiers. J est donc l'ensemble de tous les "arrangements" $(n_1, \ldots, n_p)$ d'un nombre quelconque d'entiers > 0. Pour clarifier les notations, nous devrions poser

$$(22.10) \qquad u_j = b_p a_{n_1} \ldots a_{n_p} z^{n_1 + \ldots + n_p} \quad \text{si } j = (n_1, \ldots, n_p) \in J.$$

Si la somme (9) *converge en vrac*, nous pouvons y effectuer des groupements de termes ad libitum, en particulier grouper ensemble tous les termes contenant une même puissance de z, disons z^k; on trouve évidemment de la sorte une série entière $\sum c_k z^k$ avec

$$(22.11) \qquad c_k = \sum_{\substack{p, n_1, \ldots, n_p > 0 \\ n_1 + \ldots + n_p = k}} b_p a_{n_1} \ldots a_{n_p},$$

somme étendue à l'ensemble, évidemment *fini*, des systèmes $(n_1, \ldots, n_p)$ d'un nombre quelconque d'entiers > 0 vérifiant $n_1 + \ldots + n_p = k$.

[On notera en passant que, le terme général de (11) ne changeant pas si l'on permute les indices $n_1, \ldots, n_p$, chaque terme figure en réalité plusieurs fois dans la somme si les n_i ne sont pas tous égaux entre eux. De même, dans l'identité $(\sum x_i)^2 = \sum x_i x_j$, les termes pour lesquels $i \neq j$ figurent deux fois car les couples (i,j) et (j,i) sont distincts. Mais peu importe; on se borne ici à calculer bêtement; introduire des factorielles ou coefficients binomiaux dans (11) serait la meilleure façon de n'y rien voir].

Reste à prouver la convergence en vrac de (9). L'hypothèse de convergence des séries données exprime que leurs coefficients sont dominés par des progressions géométriques (n° 14, exemple 4) et c'est ce qui va sauver la situation. On peut même supposer qu'il existe un $r > 0$ et une constante $M > 0$ tels que l'on ait à la fois[56]

$$(22.12) \qquad |a_n| < Mr^n \quad \text{et} \quad |b_n| < Mr^n$$

pour tout n. Les termes de la somme en vrac (9) sont alors, en module, majorés par ceux de la somme analogue que l'on obtiendrait en y remplaçant partout a_n et b_n par Mr^n – c'est la *méthode des majorantes* de Weierstrass, applicable à beaucoup d'autres situations – et z par $|z|$. Tout revient donc à établir la convergence en vrac de la nouvelle somme, laquelle est à termes positifs. Or celle-ci n'est autre que

$$(22.13) \qquad \sum M^{p+1} r^{p+n_1+\ldots+n_p} |z|^{n_1+\ldots+n_p} = \sum M^{p+1} r^p u^{n_1+\ldots+n_p}$$

où l'on a posé $u = r|z|$ et où l'on somme sur le même ensemble J d'indices qu'en (9). Pour prouver que (13) converge pour $|z|$ assez petit, on va appliquer le théorème d'associativité en groupant ensemble les termes correspondant à une même valeur de p, autrement dit en utilisant la partition de J formée des produits cartésiens I^p introduits plus haut. Tout revient alors à vérifier que (i) la somme des termes de (13) pour lesquels p est fixé converge, (ii) la somme relativement à p de ces sommes partielles converge.

Pour p donné, on obtient, au facteur $M^{p+1} r^p$ près, la série

$$(22.14) \qquad \sum u^{n_1+\ldots+n_p} = \sum u^{n_1} \ldots u^{n_p} = \left(\sum u^{n_1}\right) \ldots \left(\sum u^{n_p}\right)$$

en vertu de la formule générale de multiplication

$$\sum a_i \sum b_j \sum c_k \ldots = \sum a_i b_j c_k \ldots$$

pour la convergence en vrac; comme on l'a vu au début de ce n°, ce calcul formel sera justifié si chacune des séries simples figurant au dernier membre de (14) est convergente (rappelons que tout, ici, est à termes positifs).

---

[56] Choisir r de telle sorte que les deux séries convergent pour $|z| = 1/r$; on a alors des majorations $|a_n| r^{-n} < M'$ et $|b_n| r^{-n} < M''$, de sorte que $M = \max(M', M'')$ répond à la question.

Comme il s'agit de la même progression géométrique multipliée p fois par elle-même, la condition cherchée est donc $|u| < 1$, i.e.

(22.15) $$|z| < 1/r.$$

Le point (i) ci-dessus est donc établi modulo la condition (15).

Reste à établir que la somme sur tous les p converge. D'après (14), celle-ci n'est autre que

$$\sum M^{p+1} r^p \left(\sum u^n\right)^p = M \sum \left(Mr \sum u^n\right)^p.$$

Elle converge donc pour peu que l'on ait $Mr \sum u^n < 1$. Mais comme, dans (14), tous les n_i sont > 0, la série $\sum u^n$ est une progression géométrique sans terme constant; sa somme est donc égale à $u/(1-u)$. La série ci-dessus converge donc si $Mru/(1-u) < 1$, i.e. si $u < 1/(1+Mr)$. Comme on a posé plus haut $u = r|z|$, tout est justifié pourvu que z vérifie à la fois (15) et $|z| < 1/r(1+Mr)$, autrement dit pour z assez petit.

Il reste le calcul de la dérivée de la fonction composée.

Newton vous aurait expliqué que, pour le faire sans gaspiller d'énergie, vous écrivez

$$f(z) = a_1 z + \dots, \qquad g(z) = b_1 z + \dots$$

où les termes non écrits sont de degré > 1 en z. On a donc

$$h(z) = a_1(b_1 z + \dots) + \dots$$

avec le même commentaire. Donc $h(z) = a_1 b_1 z + \dots$, et comme $h'(0)$ est nécessairement le coefficient de z, on on obtient

$$h'(0) = f'(0)g'(0) = f'(0)g'[f(0)].$$

Le cas général où l'on se place en un point a de U et au point $b = f(a)$ de V s'y ramène immédiatement : au voisinage de a, $f(z) - f(a)$ est une série sans terme constant en $X = z - a$, le coefficient de X étant $f'(a)$ d'après la formule de Taylor; au voisinage de b, $g(z)$ est une série en $Y = z - b$, le coefficient de Y étant $g'(b) = g'[f(a)]$. Par suite, la série en X obtenue en substituant à Y la série en X qui représente $f(z) - f(a)$ a pour coefficient de $X = z - a$ le nombre $f'(a)g'[f(a)]$, cqfd.

L'inventeur des séries entières, Newton, connaissait évidemment tous ces résultats, plus précisément les utilisait constamment dans ses calculs comme si la chose allait de soi sans qu'il soit nécessaire de se préoccuper de convergence et encore moins de formuler des théorèmes généraux. Il est par exemple capable de calculer le quotient de deux séries entières par la méthode de division applicable aux fractions décimales[57], x jouant le rôle de $1/10$ comme on l'a mentionné plus haut pour le quotient $1/(1+q)$. Il est capable d'inverser une série entière[58], i.e. de déduire d'une relation

$$y = x + a_2 x^2 + a_3 x^3 + \dots$$

une relation

$$x = y + b_2 y^2 + b_3 y^3 + \dots$$

et, par exemple, de découvrir la série exponentielle en inversant la série logarithmique, ou la série du sinus en inversant celle de Arcsin.

Pour l'étude des courbes algébriques planes, i.e. définies par une relation polynomiale entre x et y, il est capable, pour tout point (a, b) de la courbe, de calculer des séries entières en $x - a$ (ou, si nécessaire, en une puissance fractionnaire de $x - a$) commençant par b et qui, substituées à y, vérifient l'équation de la courbe; elles permettent d'étudier la courbe au voisinage du point (a, b) et d'en déterminer les points singuliers (points multiples où se croisent plusieurs branches de la courbe, points de rebroussement, etc.) ou les asymptotes.

Il l'explique sur l'exemple $y^3 + y + xy - 2 - x^3 = 0$, qui représente une courbe plane du troisième degré. Pour $x = 0$, l'équation possède entre autres la solution $y = 1$. Newton pose alors $y = 1 + p$, où p est une série entière commençant par un terme en x; substituant dans l'équation initiale, les termes constants s'éliminent nécessairement et on trouve une équation $4p + x + \dots = 0$, où les termes non écrits ne contiennent, compte-tenu de p, que des puissances ≥ 2 de x; par suite, $p = -x/4 + q$ où la série q commence par un terme en x^2; on substitue alors dans l'équation en p et on trouve une équation $4q - x^2/16 + \dots = 0$ où les termes non écrits contiennent tous au moins x^3. On a par suite $q = x^2/64 + r$ où r commence par un terme en x^3 et ainsi de suite indéfiniment. Newton trouve ainsi, dans l'exemple considéré,

$$y = 1 - x/4 + x^2/64 + 131x^3/512 + 509x^4/16384 + \dots$$

---

[57] *I am amazed that it has occured to no one (if you except N. Mercator with his quadrature of the hyperbola) to fit the doctrine recently established for decimal numbers in similar fashion to variables, especially since the way is then open to more striking consequences.* Première page de la traduction anglaise du manuscrit de Newton mentionné plus loin. Pour la division, il faut élargir un peu la définition des séries entières en admettant un nombre fini de puissances négatives de z :

$$1/(z^2 - z^3) = z^{-2} + z^{-1} + 1 + z + \dots$$

Après tout, l'arithmétique usuelle ne se borne pas à considérer des nombres de partie entière nulle.

[58] Il y a bien entendu un théorème général, mais il est arrivé deux siècles plus tard.

et détaille complètement les calculs en les disposant d'une manière fort élégante[59].

Le seul ennui est que ces calculs formels ne prouvent rien quant à la convergence des séries obtenues, dont Newton, de toute façon, n'exhibe jamais que les premiers termes. Ici comme ailleurs, c'est le XIXe siècle et tout particulièrement Weierstrass qui inventera des méthodes pour majorer a priori, *sans les calculer explicitement*, les coefficients des séries obtenues et montrer qu'elles convergent ailleurs que pour $x = 0$; c'est ce que l'on a fait pour démontrer le théorème 17. On ne voit du reste pas, dans l'exemple que l'on vient de présenter en suivant Newton, comment l'on pourrait "sans rien savoir" se faire une idée de la convergence avec des coefficients d'une telle complexité numérique et n'obéissant à aucune loi générale visible de formation.

Le plus beau est que *dans ce contexte*, le problème de la convergence n'a guère d'intérêt. La théorie des courbes (ou surfaces, ou ...) *algébriques*, i.e. définies par des équations polynômiales entre les coordonnées, est du domaine de l'algèbre pour l'excellente raison qu'elle a un sens si l'on remplace $\mathbb{R}$ ou $\mathbb{C}$ par n'importe quel corps commutatif, comme le XXe siècle l'a découvert. Même si les séries obtenues par Newton étaient intégralement divergentes, autrement dit se réduisaient à des séries formelles, ses calculs conserveraient un sens *algébrique*, de sorte que sa méthode est en fait applicable (et appliquée) à un corps quelconque : les quatre opérations de l'algèbre suffisent à la mettre en oeuvre. C'est en somme de l'algèbre pour ordinateurs à ceci près que les machines ne savent pas où aller si on ne le leur dit pas pour commencer; c'est l'une des nombreuses différences entre ce qu'ils appellent l'intelligence artificielle et ce qu'on appelait autrefois l'intelligence tout court et qu'il faudrait peut-être appeler maintenant l'intelligence naturelle pour éviter des confusions, à supposer qu'il y ait un risque de confusion...

Nous venons de parler de "séries formelles"; qu'est-ce qu'une *série formelle* à coefficients dans un corps K quelconque ? C'est une expression de la forme $\sum a_n X^n$ avec des coefficients $a_n \in K$ dépendant d'un indice $n \in \mathbb{Z}$, mais *nuls pour n négatif assez grand*; la soit-disant "série" ne contient donc qu'un nombre fini de puissances négatives de la soit-disant "variable" X et elle doit en contenir si l'on veut pouvoir écrire quelque chose comme

$$1/X^3(1 - X) = X^{-3} + X^{-2} + \ldots.$$

Une telle "série" n'a a priori aucun sens : il est possible d'en donner un à certaines sommes infinies dans $\mathbb{R}$ ou $\mathbb{C}$, mais parfaitement impossible dans

---

[59] Voir, au vol. III, pp. 32–225, de l'édition complète des *Mathematical Papers* par D. T. Whiteside, le "tract" *De Methodis Serierum et Fluxionum* de 1670–1671 où Newton expose systématiquement ses découvertes, notamment pp. 55–57 pour l'exemple en question. Whiteside reproduit le texte latin et une traduction anglaise de 1710.

un corps où l'on ne dispose pas d'une notion de limite. On se tire d'affaire en considérant - c'est l'idée de Hamilton pour définir les nombres complexes – qu'une série formelle n'est rien d'autre qu'une famille (a_n) d'éléments du corps K et en *définissant* la somme et le produit de deux telles séries par les formules naturelles :

$$(a_n) + (b_n) = (a_n + b_n),$$

$$(a_n).(b_n) = (c_n) \quad \text{où} \quad c_n = \sum_{p+q=n} a_p b_q;$$

encore un produit de convolution ... Le fait que les a_n et b_n soient nuls pour $n < 0$ grand assure que la définition de c_n ne fait intervenir qu'une somme finie, donc ayant un sens dans n'importe quel corps. Avec ces définitions de la somme et du produit, les séries formelles constituent un nouveau *corps* commutatif, i.e. vérifient les axiomes (I) du n° 1 : exercice d'algèbre élémentaire ne demandant qu'un peu de patience. Si le corps K vous paraît trop abstrait, abstrayez-vous de K et calculez sans chercher à comprendre la signification concrète des lettres : elles n'en ont aucune, c'est, ici encore, de la mécanique pour ordinateurs.

La notation $\sum a_n X^n$ peut alors se justifier – ou plutôt s'expliquer – comme suit. Tout d'abord, on identifie chaque $a \in K$ à la série formelle dont tous les coefficients sont nuls sauf $a_0 = a$. La lettre X désigne la série formelle dont tous les coefficients sont nuls sauf $a_1 = 1$. En appliquant les règles de calcul ci-dessus, on constate alors que, pour tout $n \in \mathbb{Z}$, la série X^n a tous ses coefficients nuls sauf $a_n = 1$, de sorte que le produit $a_n X^n$ est la série dont tous les termes sont nuls sauf le n-ième, égal à a_n. La loi d'addition montre alors qu'une série formelle ne comportant qu'un nombre *fini* de coefficients non nuls n'est autre que la somme des séries $a_n X^n$ pour les n tels que $a_n \neq 0$; on appelle généralement cela un polynôme en X et X^{-1} ... On étend alors cette écriture au cas général en restant conscient du fait qu'il s'agit d'une pure convention facilitant les calculs – on peut en effet alors calculer sur ces "séries" comme si c'étaient des polynômes en X et X^{-1} – et non d'un théorème dans le genre "limite des sommes partielles", expression n'ayant aucun sens en algèbre. Le premier mathématicien à utiliser consciemment des séries formelles (à coefficients dans $\mathbb{C}$) est, tout naturellement, Euler qui, bien sûr, n'a que faire des justifications et explications qui précèdent : il calcule.

On peut considérer une série entière [ou soit-disant telle, i.e. avec éventuellement des termes de degré négatif en nombre fini – cf. cot x] comme une série formelle à coefficients dans $\mathbb{C}$, mais la différence entre l'algèbre et l'analyse tient au fait que les séries formelles qui ne convergent que pour $x = 0$, par exemple $\sum n!x^n$, ne présentent aucun intérêt *en analyse* comme on l'a déjà noté au n° 15, exemple 4. Le miracle tient au fait que toutes les opérations raisonnables – et pas uniquement algébriques à beaucoup près, voyez pour commencer la dérivation – que l'on effectue, dans $\mathbb{C}$, sur des séries formelles *convergentes*, i.e. ayant un rayon de convergence > 0, conduisent encore à des séries *convergentes*.

Il faut quand même faire preuve de prudence. Si par exemple vous calculez, à la Newton, l'expression $1/\cos z$ en y remplaçant $\cos z$ par sa série entière, vous trouvez encore une série entière convergente d'après le théorème 17. Mais alors que celle de $\cos z$ converge quel que soit z, la nouvelle série ne convergera tout au plus (et, en fait, exactement) que dans le plus grand disque de centre 0 ne contenant aucun zéro de la fonction $\cos z$, autrement dit pour $|z| < \pi/2$. Pareil résultat ne pourrait pas s'établir si l'on se bornait à examiner les coefficients passablement compliqués, d'où π est absent, de la série obtenue; il y faut la théorie générale des fonctions analytiques : si une fonction f est analytique dans un ouvert G de $\mathbb{C}$, alors pour tout $a \in G$ la série de Taylor de f en a converge et représente f dans le *plus grand* disque ouvert de centre a contenu dans G; on le montrera au Chap. VII. Pour la fonction $1/\cos z$, G est l'ensemble des $z \in \mathbb{C}$ où $\cos z \neq 0$, d'où le rayon de convergence si l'on sait que, dans $\mathbb{C}$ comme dans $\mathbb{R}$, la série ne s'annule qu'aux points $z = (2k+1)\pi/2$.

La méthode de Newton, sous sa forme la plus simple, permet de calculer les coefficients de la formule (21.4), i.e. de justifier la série (21.5) de la fonction $\cot x$, à condition de postuler l'existence d'une telle formule – ce détail n'aurait arrêté ni Newton ni ses successeurs pendant 150 ans – et d'admettre les développements en série des fonctions sinus et cosinus déjà mentionnés.

Le premier point ne fait pas de difficulté. On a en effet

$$\cot x = \cos x / \sin x = (1 - x^2/2! + \ldots)/x(1 - x^2/3! + \ldots),$$

de sorte que $x. \cot x$ est le quotient de deux séries entières commençant par 1. Le théorème 17 a précisément été introduit pour montrer que ce quotient est lui-même une série entière convergeant pour $|x|$ assez petit et dont le terme constant est évidemment égal à 1.

Posons alors

$$(22.16) \qquad \cot x = 1/x - c_1 x - c_3 x^3 - c_5 x^5 - \ldots ;$$

le terme $1/x$ est indispensable d'après ce que l'on vient de remarquer; les exposants sont nécessairement impairs pour une raison évidente. Avec les notations (21.4) on a donc

$$(22.17) \qquad \pi^{2p+2} c_{2p+1} = a_{2p+1} = 2 \sum 1/n^{2p+2} = 2\zeta(2p+2).$$

Le problème est alors de calculer les c_i pour que l'on ait, en bloquant avec $\cot x$ le monôme x en facteur dans $\sin x$,

(22.18)
$$\left(1 - x^2/3! + x^4/5! - x^6/7! + \ldots\right)\left(1 - c_1 x^2 - c_3 x^4 - c_5 x^6 - \ldots\right) =$$
$$= 1 - x^2/2! + x^4/4! - x^6/6! + \ldots.$$

Comme le premier membre de (18) est égal à

(22.19) $$1 - \left(c_1 + 1/3!\right)x^2 + \left(-c_3 + c_1/3! + 1/5!\right)x^4 -$$
$$- \left(c_5 - c_3/3! + c_1/5! + 1/7!\right)x^6 - \ldots$$

on trouve évidemment[60] les relations

$$c_1 + 1/6 = 1/2, \qquad \text{d'où } c_1 = 1/3,$$
$$-c_3 + 1/3.3! + 1/5! = 1/4!, \qquad \text{d'où } c_3 = 1/45,$$
$$c_5 - 1/45.3! + 1/3.5! + 1/7! = 1/6!, \qquad \text{d'où } c_5 = 2/945,$$

de sorte que $\sum 1/n^6 = a_5/2 = \pi^6 c_5/2 = \pi^6/945$ d'après (17). Le lecteur peut poursuivre les calculs ad libitum; c'est ce que Newton aurait fait pour se distraire de ses arc-en-ciels en chambre. En fait, il existe une formule de récurrence pour calculer les c_p de proche en proche : il suffit de calculer bêtement le terme en x^{2p} du produit (18). Cela nous mènerait trop loin pour le moment et notamment vers les étranges nombres de Bernoulli (Jakob) dont il sera question au Chap. VI et qui, à la surprise générale, ont refait surface il y a quelques dizaines d'années dans des problèmes de topologie algébrique n'ayant aucun rapport proche ou lointain avec les mathématiques d'Euler.

23 – Les fonctions elliptiques de Weierstrass

Pour terminer ce chapitre par une "prime au lecteur" courageux, nous allons revenir à la formule générale d'associativité pour la convergence en vrac ou absolue et l'illustrer à l'aide d'un exemple qui ne nous servira à rien pour le moment mais qui, à la différence des traditionnels exercices de gymnastique, présente un intérêt mathématique considérable.

Les séries du genre $\sum 1/\left(m^2 + n^2\right)^{k/2}$, qui interviennent en théorie des nombres, interviennent aussi sous une forme voisine en théorie des fonctions elliptiques d'une variable complexe, l'une des grandes inventions du XIXe

---

[60] A condition de savoir que deux séries entières ayant la même somme ont les mêmes coefficients. Par différence, il suffit de montrer que si $\sum a_n z^n = 0$ pour tout z assez petit, alors $a_n = 0$ pour tout n. C'est le principe des "zéros isolés" pour les fonctions analytiques, exposé au n° 19 ou 20.

siècle, plus que jamais à l'ordre du jour en mathématiques "pures" après sa fusion avec la théorie des nombres algébriques, la géométrie algébrique, etc. Les "utilisateurs" se servent depuis longtemps des parties les plus calculatoires de la théorie, notamment pour calculer numériquement des intégrales de fonctions en apparence très élémentaires (racines carrées de polynômes de degré 3 ou plus) mais dont les primitives ne sont pas connues, plus précisément ne sont pas exprimables à l'aide des fonctions élémentaires. C'est du reste l'origine historique des fonctions elliptiques au XVIIIᵉ siècle aussi bien en mathématiques qu'en mécanique (oscillations d'un pendule simple[61]), et comme on leur trouve des quantités d'applications intéressantes à la mécanique, à la physique, etc., elles sont à l'honneur dans les cours d'analyse de l'Ecole polytechnique pendant la seconde moitié du XIXᵉ siècle, ce qui devait quelque peu dépasser le niveau de la plupart des futurs artilleurs[62] ... Les développements actuels, beaucoup plus proches de la géométrie algébrique et de la théorie des nombres que de l'analyse, sont difficilement accessibles à la plupart des mathématiciens professionnels qui n'en sont pas spécialistes. Ils ne sont donc vraisemblablement pas davantage à la portée des utilisateurs et, de toute façon, ont depuis longtemps passé de très loin le stade des calculs numériques au sens usuel tout en incorporant parfois des calculs arithmétiques que les machines peuvent faciliter.

Les fonctions elliptiques sont des fonctions *analytiques* définies dans $\mathbb{C}$, sauf en des points isolés où elles possèdent des *pôles*[63], et qui sont *doublement*

---

[61] Voir par exemple C. Houzel, *Analyse mathématique* (Paris, Belin, 1997), pp. 290–302.

[62] Jacobi les enseigne aussi à Koenigsberg dès 1830, Liouville au Collège de France en 1850, Weierstrass à Berlin avant et après 1870, etc. Mais l'assistance à ces cours est libre et il n'y a pas d'examen final. Adolf Kneser, qui a suivi les cours de Weierstrass à Berlin dans les années 1880, parle en 1925 des "deux cents jeunes gens" qui suivaient d'un bout à l'autre les cours de Weierstrass sur les fonctions elliptiques "en pleine connaissance du fait qu'elles n'intervenaient à l'époque dans aucun examen d'Etat, éclatant témoignage de l'esprit scientifique de ce temps"; Remmert, *Funktionentheorie 1*, p. 336. Il n'y avait pas, à cette époque, d'examens internes dans les universités allemandes; on préparait à la sortie des examens d'Etat conduisant aux "professions".

[63] On démontre (Chap. VII) qu'une fonction $f(z)$ définie et analytique au voisinage d'un point a sauf au point a lui-même est représentée au voisinage de a par une série de Laurent, i.e. de la forme $f(z) = \sum a_n(z-a)^n$ avec, en général, une infinité de termes non nuls de degrés négatifs [exemple : $\cos z.\sin(1/z)$, analytique pour $z \neq k\pi$]. Lorsqu'il n'y en a qu'un nombre fini, on dit que f possède un pôle en a et, de façon précise, un *pôle d'ordre p* si

$$f(z) = a_{-p}(z-a)^{-p} + a_{-p+1}(z-a)^{-p+1} + \dots$$

avec $a_{-p} \neq 0$; rapport évident avec les séries formelles du n° 22. Par exemple, la fonction $\cot \pi z$ possède un pôle d'ordre 1 en chacun des points $n \in \mathbb{Z}$. Noter qu'alors la fonction g donnée par $g(z) = (z-a)^p f(z)$ pour $z \neq a$, $g(a) = a_{-p}$, est analytique dans tout un voisinage de a, y compris et même tout particulièrement

périodiques[64] : il existe deux nombres $\omega_1, \omega_2 \in \mathbb{C}$ tels que l'on ait (l'usage de la lettre u au lieu de z est traditionnel)

$$f(u + n_1\omega_1 + n_2\omega_2) = f(u)$$

quels que soient u et $n_1, n_2 \in \mathbb{Z}$; la théorie n'a d'intérêt que si le rapport ω_1/ω_2 n'est pas réel. L'une des méthodes pour construire explicitement de telles fonctions consiste à considérer pour tout $k \in \mathbb{N}$ la série

$$(23.1) \qquad f_k(u) = \sum 1/(u - \omega)^k$$

étendue à l'ensemble L des périodes $\omega = n_1\omega_1 + n_2\omega_2$. Supposons qu'elle converge en vrac et calculons $f_k(u+\omega')$, où ω' est une période. Cela revient à remplacer ω par $\omega - \omega'$ dans le terme général. Mais comme la somme ou la différence de deux périodes est encore une période, l'application $\omega \mapsto \omega - \omega'$ est, pour ω' donné, une permutation de l'ensemble L. D'où $f_k(u+\omega') = f_k(u)$ à la satisfaction générale.

Reste le problème de la convergence en vrac ou absolue qui, seule, permet de justifier ce trop facile calcul formel. Il faut évidemment éliminer le terme $(u-\omega)^{-k}$ si $u = \omega$ est une période. Plaçons-nous alors dans un disque $|u| < R$ avec $R > 0$. Il n'y a qu'un nombre fini de périodes telles que $|\omega| \leq 2R$ (voir la figure 9) et les termes correspondants de la série n'influent ni sur sa convergence ni sur son analyticité. Pour les autres, on a $|\omega| > 2R > 2|u|$; la relation

$$|\omega| - |u| \leq |u - \omega| \leq |\omega| + |u|$$

montre alors que

$$|\omega|/2 \leq |u - \omega| \leq 3|\omega|/2.$$

Tout revient donc à décider de la convergence en vrac des *séries d'Eisenstein* (1823–1852 : tuberculose comme Abel et Riemann)

$$(23.2) \qquad G_k(L) = \sum 1/\omega^k = \sum 1/ (n_1\omega_1 + n_2\omega_2)^k$$

de 1847, où l'on somme sur toutes les périodes $\omega \in L$, 0 exclu évidemment. Elles sont nulles pour k impair, mais ce sont les séries $\sum 1/|\omega|^k$ qui nous intéressent ici.

Pour cela, considérons dans le plan complexe, pour tout $n \in \mathbb{N}$, le parallélogramme P_n de centre 0 formé des points de la forme $t_1\omega_1 + t_2\omega_2$ avec des

---

au point a. Autrement dit, $f(z) = g(z)/(z - a)^p$ où g est une série entière en $z - a$.

[64] La construction de telles fonctions est immédiate si l'on omet l'hypothèse d'analyticité : la fonctions $f(z) = \cos x + \sin y$ admet les périodes 2π et $2\pi i$. Mais elle n'est pas analytique

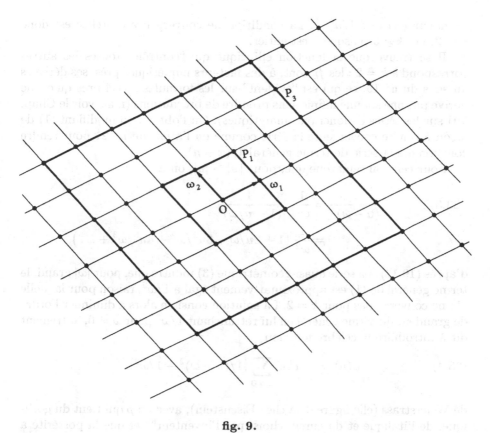

fig. 9.

"coordonnées" t_1 et t_2 réelles vérifiant soit $|t_1| = n$ et $|t_2| \leq n$, soit $|t_1| \leq n$ et $|t_2| = n$ ou, pour nous faire comprendre d'un ordinateur physique ou biologique,

$$(((|t_1| = n) \text{ and } (|t_2| \leq n)) \text{ or } ((|t_1| \leq n) \text{ and } (|t_2| = n))).$$

Soit $L_n \subset L$ l'ensemble, fini, des périodes telles que $\omega \in P_n$. Les "coordonnées" t_1 et t_2 des ω étant entières, il est clair que L_n contient $8n$ éléments. Quel est leur ordre de grandeur?

Comme le montre la figure ci-dessus, le parallélogramme P_n se déduit de P_1 par l'homothétie de centre 0 et de rapport n. Il est clair que l'intérieur de P_1 contient un disque de centre 0 et de rayon $r > 0$ et que P_1 est contenu dans un disque de centre 0 et de rayon $R > 0$. La distance à l'origine de tout point u de P_1 est donc comprise entre r et R. Par homothétie, la distance à l'origine de tout point de P_n est comprise entre nr et nR, d'où $nr < |\omega| < nR$ pour toute période $\omega \in L_n$. Dans (2), la somme partielle $S(L_n)$ des modules est donc comprise entre $8n/(nR)^k$ et $8n/(nr)^k$, i.e. est du même ordre de grandeur ($\asymp$) que $1/n^{k-1}$. La condition de convergence cherchée est donc $k > 2$, i.e. $k \geq 3$ puisque k est entier.

Il se trouve que la fonction elliptique qui "contrôle" toutes les autres correspond à $k = 2$: les f_k sont, à des facteurs numériques près, ses dérivées au sens du n° 19, ce qui est "évident" sur les formules à ceci près qu'on ne dérive pas une somme infinie sans prendre de précautions (mais voir le Chap. VII sur les séries de fonctions analytiques). On l'obtient en modifiant (1) de façon à rendre convergente la série comme on l'a fait au n° 21 pour rendre convergente la série de terme général $1/(x - n)$.

Pour cela, on remarque que, pour $|\omega| > |u|$, on a

$$(23.3) \qquad \frac{1}{(u-\omega)^2} = \frac{1}{\omega^2} \cdot \frac{1}{(1-u/\omega)^2}$$
$$= \frac{1}{\omega^2}\left(1 + 2u/\omega + 3u^2/\omega^2 + 4u^3/\omega^3 + \dots\right)$$

d'après (19.12). La série quasi-géométrique (3) montre que, pour $|\omega|$ grand, le terme général de (1) est approximativement égal à $1/\omega^2$, raison pour laquelle (1) ne converge pas pour $k = 2$. La solution consiste alors à diminuer l'ordre de grandeur du terme général en lui retranchant $1/\omega^2$ pour $\omega \neq 0$, autrement dit à introduire la célèbre fonction

$$(23.4) \qquad \wp(u) = 1/u^2 + \sum_{\omega \neq 0}\left[1/(u-\omega)^2 - 1/\omega^2\right]$$

de Weierstrass (elle figure déjà chez Eisenstein), avec un p qui tient du gothique, de l'italique et du cursif, choisi par l'inventeur[65] et que la postérité a retenu. La formule (3) ci-dessus montre que, pour $|u/\omega| < 1/2$ par exemple, i.e. pour "presque tous" les $\omega \in L$, ensemble des périodes, le terme général de (4) est du même ordre de grandeur que $1/\omega^3$, d'où la convergence.

De façon précise, plaçons-nous comme plus haut dans un disque $|u| < R$ et, pour décider de la convergence de la série, éliminons de la série les termes en nombre fini pour lesquels $|\omega| \leq R$. Pour tout u tel que $|u| < R$, il existe alors un nombre $q < 1$ tel que l'on ait $|u/\omega| < q$ dans les termes conservés; la différence

$$(23.5) \qquad 1/(u-\omega)^2 - 1/\omega^2 = \omega^{-2}\left[2u/\omega + 3(u/\omega)^2 + \dots\right] =$$
$$= \sum_n \omega^{-2}(n+1)(u/\omega)^n$$

est donc majorée en module par

---

[65] Son biographe dans le DSB nous dit qu'au cours de ses quatorze années d'enseignement secondaire, il eut à enseigner les mathématiques, la physique, l'allemand, la botanique, la géographie, l'histoire, la gymnastique "and even calligraphy".

$$|\omega|^{-2}|u/\omega|(2 + 3q + 4q^2 + \ldots) = M|\omega|^{-3}$$

où $M < +\infty$ ne dépend pas de ω. Il reste à constater que la série $\sum |\omega|^{-3}$ converge, ce que nous avons établi plus haut. La périodicité de la fonction est moins évidente que dans le cas des fonctions (1); nous l'obtiendrons plus bas, quoiqu'un raisonnement direct serait possible.

On notera qu'en vertu du théorème général d'associativité (sommer sur n puis sur ω), ce raisonnement prouve en fait la convergence en vrac de la somme

$$(23.6) \qquad \sum_{|\omega|>R} \sum_{n>0} (n+1)\omega^{-2}(u/\omega)^n;$$

Nous pouvons donc permuter les $\sum$ figurant dans (6); dans le disque $|u| < R$, la fonction $\wp(u)$ est alors la somme de la fonction $1/u^2$, des fonctions $1/(u-\omega)^2 - 1/\omega^2$ pour les ω en nombre fini telles que $|\omega| \leq R$, enfin d'une série entière en u convergeant dans $|u| < R$. La fonction $\wp$ est donc, dans le disque considéré, somme d'une série entière et d'un nombre fini de fonctions analytiques possédant chacune un pôle double en une période de module $< R$. Comme R est arbitraire, l'analyticité de la fonction $\wp$ en dehors des points du réseau des périodes s'ensuit.

On peut en particulier, dans ce qui précède, choisir

$$R = \inf |\omega|,$$

le inf portant sur les périodes non nulles, de sorte que R est le rayon du plus grand disque ouvert de centre 0 ne contenant aucune période non nulle. La somme (6) est alors étendue à toutes les périodes non nulles, de sorte que, dans le disque considéré, on a

$$(23.7) \qquad \wp(u) = 1/u^2 + \sum_{\omega \neq 0, n>0} (n+1)\omega^{-2}(u/\omega)^n.$$

Il s'ensuit que

$$\wp(u) = 1/u^2 + a_1 u + a_2 u^2 + \ldots$$

avec

$$(23.8) \qquad a_n = (n+1)\sum 1/\omega^{n+2} = (n+1)G_{n+2}(L),$$

la série étant étendue aux périodes non nulles. Sa somme est en fait nulle pour n impair puisqu'alors les termes ω et $-\omega$ se neutralisent, de sorte qu'on a pour la fonction $\wp$ un développement en série

$$(23.9) \qquad \wp(u) = 1/u^2 + a_2u^2 + a_4u^4 + a_6u^6 + \dots$$

dont les coefficients sont les sommes $3\sum 1/\omega^4$, $5\sum 1/\omega^6$, ... Cette formule est valable pour $|u| < R$, i.e. dans le plus grand disque ouvert de centre 0 ne contenant aucune période non nulle, mais évidemment pas au-delà à cause de la présence sur la circonférence $|u| = R$ d'au moins une période, i.e. d'un pôle de $\wp$.

On pourrait de même développer les séries (1) pour $k \geq 3$ dans le même disque. On a par exemple

$$f_3(u) = \sum(u-\omega)^{-3} = u^{-3} - \sum \omega^{-3}(1-u/\omega)^{-3} =$$
$$= u^{-3} - \frac{1}{2}\omega^{-3}\sum(n+1)(n+2)(u/\omega)^n$$
$$= 1/u^3 + \sum b_n u^n$$

avec

$$b_n = -\frac{1}{2}(n+1)(n+2)\sum 1/\omega^{n+3} = -(n+1)a_{n+1}/2$$

d'après (8). On a cette fois $b_n = 0$ pour n pair, autrement dit,

$$-2f_3(u) = -2/u^3 + 2a_2u + 4a_4u^3 + 6a_6u^5 + \dots$$

En comparant avec (9), on voit donc que, pour $|u| < R$, on a

$$(23.10) \qquad -2f_3(u) = \wp'(u),$$

fonction dérivée de $\wp(u)$ au sens de la théorie des fonctions analytiques. Puisque la dérivée du terme général de (4) est $-2/(u-\omega)^3$ d'après toutes les règles de calcul traditionnelles, le résultat confirme que pour déduire (10) de (4) il suffirait de dériver terme à terme par rapport à u la série[66] qui définit $\wp(u)$. Et puisque f et $\wp'$ sont analytiques dans l'ouvert *connexe* $G = \mathbb{C} - L$, (10) est valable dans tout G (n° 20).

Quoiqu'il en soit, (10) permet de montrer la périodicité de $\wp(u)$, non évidente sur sa définition contrairement au cas de $f_3(u)$. (10) montre en effet que $\wp'(u+\omega) = \wp'(u)$, de sorte que la fonction

$$g(u) = \wp(u+\omega) - \wp(u),$$

analytique dans G, a une dérivée nulle. La formule de Taylor montre alors qu'elle est constante au voisinage de chaque point de G, donc dans G (principe du prolongement analytique). On a donc une relation

---

[66] On a montré au n° 19 que l'on peut dériver terme à terme une série *entière*, mais il s'agit ici d'une série dont le terme général, quoiqu'analytique, n'est pas une puissance de u.

$$\wp(u + \omega) = \wp(u) + c(\omega)$$

avec des constantes $c(\omega)$. Si l'on prend pour ω l'une des périodes de base ω_1, ω_2, il est clair que $\omega/2$ n'est pas une période, ce qui légitime la formule

$$\wp(\omega/2) = \wp(-\omega/2) + c(\omega).$$

Or la fonction $\wp$ est visiblement paire. On a donc $c(\omega) = 0$ dans ce cas, ce qui suffit.

Quoique nous ne puissions pas le justifier entièrement ici, nous ne saurions cacher au lecteur la propriété fondamentale de la fonction $\wp$: elle vérifie l'équation différentielle

$$(23.11) \qquad \wp'(u)^2 = 4\wp(u)^3 - 20a_2\wp(u) - 28a_4,$$

où a_2 et a_4 sont les coefficients (8). La démonstration en est très simple à un "détail" près. En utilisant les séries entières trouvées ci-dessus pour $\wp$ et $\wp' = -2f_3$, on constate par un petit calcul à la Newton que, dans la différence entre les deux membres de (11), les puissances négatives de u ainsi que les termes constants s'éliminent. Cela signifie que cette différence, qui a priori n'est analytique que dans $\mathbb{C}$ privé des périodes, n'a pas de pôle en $u = 0$ et, en fait, est nulle pour $u = 0$. Mais cette différence est évidemment une fonction tout aussi doublement périodique que $\wp$ et $\wp'$ et elle ne peut avoir davantage de pôles que ceux de $\wp$ et $\wp'$, i.e. les périodes; si donc 0 n'est pas un pôle, les autres périodes n'en seront pas non plus. Autrement dit, la différence est une fonction elliptique qui est holomorphe ou analytique *dans tout* $\mathbb{C}$ *sans exception* aucune; elle est en outre *bornée dans* $\mathbb{C}$, car (périodicité) elle prend les mêmes valeurs dans $\mathbb{C}$ que dans le parallélogramme *compact* construit sur ω_1 et ω_2. Il reste alors à invoquer – c'est le "détail" – un théorème général de Joseph Liouville (Chap. VII) disant qu'une telle fonction est nécessairement constante et donc nulle si sa série entière autour de $u = 0$ n'a pas de terme constant.

Exercice. Mis à part quelques puissances négatives de u, chacun des deux membres de (11) est une série entière en u^2 dont les coefficients se calculent en principe à l'aide des coefficients a_n de $\wp(u)$. En écrivant que ces deux séries entières sont identiques, on obtient ainsi des relations algébriques étranges entre les a_n, i.e. entre les séries d'Eisenstein $G_{2k}(L)$. Faites, à la Newton, le calcul pour les coefficients de u^2 de u^4.

L'équation (11) permet d'intégrer les racines carrées de polynômes du troisième degré *si* l'on sait que l'on peut toujours choisir le réseau des périodes de telle sorte que les coefficients a_2 et a_4 prennent des valeurs données d'avance[67]. Exact, mais fort loin d'être évident.

---

[67] Il faut exclure le cas, qui se traite élémentairement, où le polynôme $4X^3 - 20a_2X - 28a_4$ possède une racine double. Pour un polynôme noté $X^3 + pX + q$,

On écrit traditionnellement (11) sous la forme

(23.12) $$\wp'(u)^2 = 4\wp(u)^3 - g_2\wp(u) - g_3$$

où les coefficients

(23.13)

$$g_2 = 60 \sum_{\omega \in L} 1/\omega^4 = 60G_4(L), \quad g_3 = 140 \sum_{\omega \in L} 1/\omega^6 = 140G_6(L)$$

dépendent du réseau L des périodes et où l'on exclut $\omega = 0$ de la sommation.

Etant donné que l'on a d'une manière générale

$$\mathrm{Im}(z) > 0 \Longleftrightarrow \mathrm{Im}(1/z) < 0$$

pour tout $z \in \mathbb{C}$ non réel, on peut toujours supposer que la base ω_1, ω_2 de L vérifie $\mathrm{Im}(\omega_2/\omega_1) > 0$, au besoin en permutant les deux périodes; posant

(23.14) $$z = \omega_2/\omega_1, \quad \text{d'où } \mathrm{Im}(z) > 0,$$

il est clair que l'on a d'une manière générale

(23.15) $$G_k(L) = \sum 1/\omega^k = \omega_1^{-k} \sum 1/(cz+d)^k$$

où la sommation est – changement de notation – étendue à tous les couples $(c, d) \in \mathbb{Z}^2$ autres que $(0, 0)$. En posant

(23.16) $$G_k(z) = \sum 1/(cz+d)^k$$

pour $\mathrm{Im}(z) > 0$ et k pair > 2, on a donc

(23.17) $$g_2 = 60\omega_1^{-4}G_4(z), \qquad g_3 = 140\omega_1^{-6}G_6(z).$$

Il est non moins clair sur les définitions que la fonction $\wp$ de Weierstrass et sa dérivée $\wp'$ dépendent du réseau L de façon analogue à la relation (15) à condition d'y remplacer la variable u par $\omega_1 u$. Il est donc inutile d'étudier les réseaux de période généraux; il suffit d'étudier les fonctions elliptiques admettant pour périodes 1 et z, avec $\mathrm{Im}(z) > 0$.

L'étude de (11) revient alors à celle de l'équation différentielle

$$\wp'(u)^2 = 4\wp^3(u) - 60G_4(z)\wp(u) - 140G_6(z)$$

pour z donné, $\mathrm{Im}(z) > 0$, où la fonction $\wp$ est donnée par

---

cela signifie $4p^3 + 27q^2 = 0$ (écrire qu'il existe une racine commune à celui-ci et à sa dérivée).

$$\wp(u) = 1/u^2 + \sum \left[\frac{1}{(u - cz - d)^2} - \frac{1}{(cz + d)^2} \right] ,$$

la sommation étant étendue à tous les couples (c, d) d'entiers rationnels non simultanément nuls.

Tout est donc gouverné par les propriétés des séries d'Eisenstein (16). C'est la théorie des *fonctions modulaires* qui, depuis un siècle et demi, a donné lieu à des recherches passionnantes (pour ceux qu'elles passionnent) et à d'énormes généralisations qui se poursuivent sans discontinuer, Bien qu'elle utilise maintenant les méthodes et les résultats les plus "modernes", c'est l'un des plus spectaculaires couronnements de l'analyse classique. On en donnera une idée au Vol. III.

III – Convergence : Variables continues

§1. Le théorème des valeurs intermédiaires – §2. Convergence uniforme – §3. Bolzano-Weierstrass et critère de Cauchy – §4. Fonctions dérivables – §5. Fonctions dérivables de plusieurs variables

§1. Le théorème des valeurs intermédiaires

1 – Valeurs limites d'une fonction. Ensembles ouverts ou fermés

La notion de valeur limite d'une fonction définie sur un ensemble $X \subset \mathbb{C}$ ne se composant pas nécessairement d'entiers a déjà été introduite au n° 4 du Chap. II, mais ne nous a guère servi jusqu'à présent. Nous allons, dans ce chapitre, tout reprendre et développer.

(a) *Limite pour $x \to +\infty$*. On suppose ici que $X \subset \mathbb{R}$ n'est pas borné supérieurement. On dit alors que $f(x)$ tend vers une limite u lorsque x tend vers $+\infty$ si, pour tout $r > 0$, on a

$$(1.1) \qquad d[u, f(x)] < r \quad \text{pour tout } x \in X \text{ assez grand,}$$

i.e. pour $x > N$ où N dépend en général de r. On utilise la notation

$$u = \lim_{\substack{x \to +\infty \\ x \in X}} f(x)$$

en omettant "$x \in X$" lorsqu'aucune ambiguïté n'est possible.

Par exemple, quel que soit l'entier $n > 1$, on a

$$\lim_{x \to +\infty} 1/x^n = 0$$

car on a $1/x^n < 1/x$ pour $x > 1$, d'où $|1/x^n| < r$ pour $x > \max(1, 1/r)$.

(b) *Limite pour $x \to -\infty$*. Définition quasiment identique. En langage décimal : pour tout $n \in \mathbb{N}$, il existe un $p \in \mathbb{N}$ tel que

$$(1.2) \qquad (x \in X) \ \& \ (x < -10^p) \Longrightarrow d[u, f(x)] < 10^{-n}.$$

(c) *Limite pour* $x \to a \in \mathbb{C}$; c'est le cas de loin le plus important. On exige cette fois que, pour tout $r > 0$, on ait

$$(1.3) \qquad |u - f(x)| < r \quad \text{pour tout } x \in X \text{ assez voisin de } a,$$

i.e. qu'il existe un $r' > 0$ tel que, pour tout $x \in X$,

$$(1.4) \qquad d(a, x) < r' \Longrightarrow d[u, f(x)] < r.$$

On écrit alors

$$u = \lim_{\substack{x \to a \\ x \in X}} f(x).$$

C'est, dans le cas complexe, ce type de situation que nous avons rencontré au Chap. II, n° 19 pour montrer que la somme $f(z)$ d'une série entière est dérivable en tout point a du disque de convergence D : on a dans ce cas $X = D - \{a\}$, la fonction à considérer est le quotient de $f(z) - f(a)$ par $z - a$ (qui n'a pas de sens pour $z = a$) et la valeur limite lorsque z tend vers a est la somme $f'(a)$ de la série entière dérivée.

Avant d'aller plus loin, faisons quelques remarques essentielles.

En premier lieu, on n'impose pas et l'on n'interdit pas au point a d'appartenir à l'ensemble X sur lequel la fonction est définie. Il peut arriver, dans le cas où la fonction f est définie dans un ensemble E contenant a, que l'on étudie le comportement de f dans l'ensemble $X = E - \{a\}$ obtenu en ôtant a de X, ou dans l'ensemble X des $x \in E$ tels que $x > a$, etc. Il faut alors le préciser dans la notation, par exemple de la façon suivante :

$$\lim_{\substack{x \to a, x \neq a \\ x \in E}} \qquad \text{ou} \qquad \lim_{\substack{x \to a, x > a \\ x \in E}} ;$$

le second cas, qui intervient notamment dans la théorie de l'intégration et dans celle des séries de Fourier, suppose que l'on se place dans $\mathbb{R}$ puisqu'il n'y a pas d'inégalités entre nombres complexes non réels.

En second lieu, il faut noter que la notion de convergence lorsque $x \in X$ tend vers un point a suppose une hypothèse sur a. Relativement à X, les points de $\mathbb{R}$ (ou de $\mathbb{C}$ selon le cas considéré) se répartissent en effet en deux ensembles disjoints :

(i) Il se peut tout d'abord qu'il existe une boule B de centre a et de rayon $R > 0$ telle que $B \cap X$ soit *vide*, auquel cas on dit que a est *extérieur* à X dans $\mathbb{R}$ (ou $\mathbb{C}$); dans ce cas, la relation (4) est trivialement vérifiée quels que soient u et r dès que $r' < R$ car il n'y a rien à vérifier. Cela montre que si l'on prenait la définition au pied de la lettre, une fonction définie sur $X = (0, 1)$ pourrait, lorsque $x \in X$ tend vers 2, converger indifféremment vers 1815, vers π ou vers -10^{123}; absurde. Il faut donc exclure de la définition les points extérieurs à X.

Il est important de comprendre que si les points extérieurs à X sont évidemment "en dehors" de X, la réciproque est inexacte : si X est l'intervalle $[0, 1[$, le point 1 est en dehors de X mais ne lui est extérieur ni dans $\mathbb{R}$ ni dans $\mathbb{C}$; dans cet exemple, les points de $\mathbb{R}$ (resp. $\mathbb{C}$) extérieurs à I sont ceux qui vérifient soit $x < 0$, soit $x > 1$, avec des inégalités strictes (resp. les mêmes *et* les points non réels). Pour un intervalle quelconque I, les points de $\mathbb{R}$ (ou de $\mathbb{C}$) extérieurs à I sont ceux qui n'appartiennent pas à l'intervalle *fermé* ayant les mêmes extrémités que I. Dans $\mathbb{C}$, les points extérieurs à une boule de centre a et de rayon R sont ceux qui vérifient l'inégalité stricte $|z - a| > R$.

(ii) Il se peut qu'au contraire *toute* boule B de centre a rencontre X; on dit alors que a est *adhérent* à X. Dans ce cas, la limite u, si elle existe, est unique car si $f(x)$ tend à la fois vers u et v, alors, quel que soit $r > 0$, il existe un $x \in X$ vérifiant les deux inégalités $d[u, f(x)] < r$ et $d[v, f(x)] < r$ puisque chacune d'elle est séparément vérifiée au voisinage de a; d'où $|u - v| < 2r$ et finalement $u = v$. Voir le n° 3 du Chapitre II.

Tout $x \in X$ est évidemment adhérent à X, mais la réciproque est fausse : les points adhérents à une boule quelconque sont ceux de la boule *fermée* correspondante. Dans le cas général, il y a quel que soit n un $x_n \in X$ tel que $d(a, x_n) < 1/n$, ce qui montre qu'un point adhérent à X, sans nécessairement appartenir à X, est *limite d'une suite de points de X*. La réciproque est évidente puisqu'alors toute boule $B(a, r)$ contient $x_n \in X$ pour n grand. Un ensemble X contenant tous ses points adhérents est dit *fermé*, ce qui justifie la terminologie adoptée au Chap. II, n° 2 pour les intervalles et les boules; dans le cas général, l'ensemble des points adhérents à X s'appelle l'*adhérence* (ou la *fermeture*) de X et se note souvent $\bar{X}$. Pour des parties de $\mathbb{R}$, il n'y a pas lieu de distinguer entre "fermé dans $\mathbb{R}$" et "fermé dans $\mathbb{C}$" : les points adhérents sont les mêmes. L'ensemble vide est ouvert et fermé.

Si un point a est extérieur à un ensemble $X \subset \mathbb{R}$ (resp. $\mathbb{C}$), le complémentaire $Y = \mathbb{R} - X$ (resp. $\mathbb{C} - X$) de X contient une boule ouverte de $\mathbb{R}$ (resp. $\mathbb{C}$) de centre a; on dit alors que a est *intérieur* à Y dans $\mathbb{R}$ (resp.

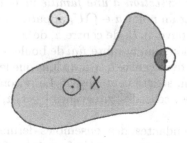

fig. 1.

$\mathbb{C}$), ou intérieur tout court si aucune confusion n'est possible. Les points intérieurs dans $\mathbb{R}$ à un intervalle (a, b) sont ceux qui vérifient $a < x < b$, avec des inégalités strictes; mais ils ne sont évidemment pas intérieurs dans $\mathbb{C}$ à l'intervalle en question. Dans $\mathbb{C}$, les points intérieurs à une boule B de centre a et de rayon R sont ceux de la boule *ouverte* de mêmes centre et rayon. Il est en effet clair que si un point z est sur la circonférence limite, toute boule ouverte de centre z rencontre à la fois B et $\mathbb{C} - B$; il ne leur est donc ni intérieur ni extérieur, tout en étant adhérent aussi bien à B qu'à $\mathbb{C} - B$. Ce raisonnement s'étend à un ensemble X quelconque : au partage des points de $\mathbb{R}$ (resp. $\mathbb{C}$) en points extérieurs et points adhérents à X correspond un partage des points adhérents à X en points intérieurs et *points frontières* de X (ou du complémentaire de X : ce sont *visiblement* les mêmes). Si l'on choisit pour X une circonférence $d(a, x) = R$, tous les points de X en sont des points frontières et tous les $z \notin X$ lui sont extérieurs; aucun point n'est intérieur à X et l'on a $\bar{X} = X$.

Si tous les points d'un ensemble lui sont intérieurs, on dit que l'ensemble est *ouvert*; cette définition, ici encore, concorde avec celle du Chap. II lorsqu'il s'agit d'intervalles ou de boules, et avec celle que nous avons donnée à propos des fonctions analytiques dès le n° 6 et au n° 19 : un ouvert G de $\mathbb{C}$ doit, quel que soit $a \in G$, contenir une boule ouverte de centre a. On fera attention au fait que, contrairement à la notion d'ensemble fermé, celle d'ensemble ouvert n'est pas la même dans $\mathbb{R}$ que dans $\mathbb{C}$: une "boule" dans $\mathbb{R}$ est un intervalle, ce n'est pas une boule dans $\mathbb{C}$. L'intervalle $]0, 1[$ est ouvert dans $\mathbb{R}$ mais non dans $\mathbb{C}$.

Par définition, un ensemble $X \subset \mathbb{R}$ (resp. $\mathbb{C}$) est fermé si et seulement si tout point du complémentaire Y de X dans $\mathbb{R}$ (resp. $\mathbb{C}$) est extérieur à X, i.e. intérieur à Y dans $\mathbb{R}$ (resp. $\mathbb{C}$); autrement dit, *le complémentaire dans $\mathbb{R}$ (resp. $\mathbb{C}$) d'un ensemble fermé dans $\mathbb{R}$ (resp. $\mathbb{C}$) est ouvert dans $\mathbb{R}$ (resp. $\mathbb{C}$) et réciproquement.*

Ces ensembles possèdent d'autres propriétés importantes et faciles à établir. Tout d'abord, *la réunion d'une famille quelconque (U_i) d'ensembles ouverts est un ensemble ouvert* : car un point $a \in \bigcup U_i$ appartient à un U_i, lequel contient une boule de centre a nécessairement contenue dans la réunion. D'autre part, *l'intersection d'une famille* finie *d'ensembles ouverts est un ensemble ouvert*; car un point $a \in \bigcap U_i$ appartient à chaque U_i, ensemble qui contient une boule ouverte B_i de centre a, de sorte que $\bigcap U_i \supset \bigcap B_i$; or il est clair que l'intersection d'un nombre *fini* de boules ouvertes de centre a est encore une boule ouverte de centre a. Rappelons que le rayon d'une boule ouverte est, par définition, strictement positif. Le raisonnement s'écroule pour une intersection infinie : celle des intervalles $] - 1/n, 1/n[$ est réduite à $\{0\}$ (axiome d'Archimède).

Propriétés correspondantes des ensembles fermés : *toute intersection d'ensembles fermés (F_i) est un ensemble fermé; la réunion d'un nombre fini d'ensembles fermés est un ensemble fermé*. Dans le premier cas, le complémentaire de l'intersection est la réunion des complémentaires, ouverts, des F_i, donc est un ouvert. Dans le second cas, le complémentaire de la réunion est l'intersection des complémentaires, ouverts.

Après ces exercices de gymnastique ensembliste, revenons aux valeurs limites d'une fonction. Une première propriété est que *si $f(x)$ tend vers une limite u lorsque $x \in X$ tend vers a, alors, pour toute suite de points $x_n \in X$, la relation*

$$(1.5) \qquad \lim x_n = a \text{ implique } \lim f(x_n) = u.$$

Pour tout $r > 0$, il y a en effet un $r' > 0$ tel que, pour $x \in X$, l'inégalité $d(x, a) < r'$ implique $d[f(x), u] < r$; mais pour n grand on a $d(x_n, a) < r'$ et donc $d[f(x_n), u] < r$, cqfd.

On peut montrer réciproquement que si, pour toute suite $x_n \in X$ convergeant vers a, $f(x_n)$ converge vers une limite qui, à priori, dépend de la suite considérée, alors la dite limite en est en réalité indépendante et $f(x)$ tend vers celle-ci lorsque $x \in X$ tend vers a. Cette réciproque est rarement utilisée, mais comme elle peut obliger le lecteur à réviser ses idées sur la logique socratique, ce qui peut toujours servir, donnons-en la démonstration.

Le fait que la limite soit toujours la même est immédiat : si $f(x_n)$ tend vers u, si $f(y_n)$ tend vers v et si l'on désigne par (z_n) la suite

$$x_1, y_1, x_2, y_2, \dots$$

obtenue en entrelaçant les deux suites données, laquelle tend vers a comme les deux suites choisies, la suite $f(z_n)$ ne peut converger que si $u = v$. Reste à montrer que $f(x)$ tend vers cette limite u commune à toutes les suites considérées. On raisonne par l'absurde en supposant cette assertion fausse. Or la relation $\lim f(x) = u$ exprime que {*pour tout $r > 0$, il existe un $r' > 0$*} possèdant une certaine propriété. Si tel n'est pas le cas, c'est qu'*il existe* un $r > 0$ tel que, *pour tout $r' > 0$*, la propriété en question soit fausse. Celle-ci dit que les relations $x \in X$ et $|x - a| < r'$ impliquent $|f(x) - u| < r$. La négation de cette propriété signifie qu'*il existe* un $x \in X$ vérifiant $|x - a| < r'$ *sans* vérifier $|f(x) - u| < r$, donc vérifiant $|f(x) - u| \geq r$.

Appliquant ce raisonnement à $r' = 1, 1/2, 1/3$, etc, on trouve une suite de points $x_n \in X$ vérifiant

$$|x_n - a| < 1/n \text{ et } |f(x_n) - u| \geq r \text{ pour tout } n.$$

Autrement dit, contrairement à l'hypothèse, il existe une suite $x_n \in X$ qui converge vers a mais pour laquelle $f(x_n)$ ne converge pas vers u, cqfd.

Un second type de propriétés des limites concerne ce qui se passe lorsqu'on effectue des opérations algébriques simples sur des fonctions tendant vers des limites. Il faudrait distinguer plusieurs cas; nous nous bornerons au cas d'une variable réelle qui augmente indéfiniment, les énoncés et démonstrations étant pratiquement identiques dans les autres, que l'on se place dans $\mathbb{R}$ ou dans $\mathbb{C}$. La théorie se réduit du reste à rien puisque les idées essentielles, si l'on peut parler d'idées, ont déjà été exposées dans le cas des suites.

Théorème 1. *Soient f et g des fonctions numériques définies sur un ensemble $X \subset \mathbb{R}$ non borné supérieurement et supposons que $f(x)$ et $g(x)$ tendent vers u et v lorsque $x \in X$ augmente indéfiniment. Alors $f(x) + g(x)$ et $f(x)g(x)$ tendent respectivement vers $u+v$ et uv. Si $v \neq 0$, on a $g(x) \neq 0$ pour x grand et la fonction $f(x)/g(x)$ tend vers u/v.*

Les démonstrations sont celles du théorème 1 du chap. II, n° 8 : on remplace u_n et v_n par $f(x)$ et $g(x)$ et "pour n grand" par "pour x grand" ou, dans le cas où x tend vers un a fini, par "pour x assez voisin de a". En particulier, remarque importante, on note que si la limite v de g est $\neq 0$, on a $g(x) \neq 0$ pour tout $x \in X$ assez voisin de a car, au voisinage de a, on a

$$d[v, g(x)] < |v|/2$$

et donc $|g(x)| \geq |v|/2 > 0$.

2 – Fonctions continues

Soit f une fonction numérique définie dans un ensemble $X \subset \mathbb{C}$ (il est inutile, pour la continuité, de préciser si l'on se place dans $\mathbb{R}$ ou dans $\mathbb{C}$). A quelle condition $f(x)$ tend-elle vers une limite u lorsque $x \in X$ tend vers un $a \in X$?

Si c'est le cas, on peut, pour tout $r > 0$, trouver un $r' > 0$ tel que, pour $x \in X$, la relation $d(a, x) < r'$ implique $d[u, f(x)] < r$. Comme $a \in X$ et comme $d(a, a) = 0 < r'$, on aura donc $d[u, f(a)] < r$ pour tout $r > 0$. *La limite ne peut donc être que $f(a)$.*

Il reste à exprimer la relation

$$\lim_{x \to a} f(x) = f(a),$$

ce qui, d'après la définition des limites, signifie que *pour tout $r > 0$, on a $d[f(a), f(x)] < r$ pour tout $x \in X$ suffisamment voisin de a*, ou encore qu'il existe un $r' > 0$ tel que, en langage logique relativement correct – il y manque des "quantificateurs" $\forall$ et $\exists$ de mirliton dont on fera grâce au lecteur –, l'assertion suivante soit vraie :

(2.1) $\{(x \in X) \ \& \ (|x - a| < r')\} \implies \{|f(x) - f(a)| < r\}.$

Si tel est le cas, on dit que f est *continue au point a*. Si f est continue en tout point $a \in X$, on dit simplement que f est *continue dans X*.

Si la notion de continuité est un simple cas particulier de celle de valeur limite définie au n° précédent, inversement celle-ci se ramène immédiatement à la continuité : pour que f, définie sur ensemble X, tende vers u lorsque $x \in X$ tend vers un $a \notin X$, il faut et il suffit que la fonction g donnée sur l'ensemble $X' = X \cup \{a\}$ par $g(x) = f(x)$ pour tout $x \in X$ et $g(a) = u$ soit continue en a; cela résulte directement des définitions.

Notons que, si la notion de valeur limite lorsque $x \in X$ tend vers a est absurde si a est extérieur à X, celle de continuité n'a pas d'intérêt si a est un *point isolé* de X, i.e. s'il existe une boule $B(a, R) = B$ telle que $B \cap X = \{a\}$; dans ce cas en effet, le seul et unique point de X suffisamment voisin de a est a lui-même; $f(x)$ n'a donc aucun mérite à être arbitrairement voisin de $f(a)$ lorsque $x \in X$ tend vers a (i.e. est égal à a).

La continuité peut s'exprimer en langage décimal : pour calculer $f(a)$ à 10^{-n} près, il suffit de connaître un nombre suffisamment élevé de décimales de a. C'est la raison pour laquelle les "utilisateurs" ont un faible marqué pour les fonctions continues (et, en fait, beaucoup plus que continues). La fonction de Dirichlet égale à 1 pour x rationnel et à 0 pour x irrationnel ne se prête pas au calcul numérique bien qu'elle ait paru fort intéressante aux fondateurs de la théorie des ensembles, qui en ont inventé de beaucoup plus bizarres encore[1]; on en trouve aujourd'hui dans le commerce de l'informatique de bonnes approximations sous le nom de "fractales".

On peut traduire cette définition fondamentale dans un autre langage encore. Disons qu'une fonction définie sur un ensemble M (et éventuellement ailleurs) est *constante à r près dans M* si l'on a

$$d[f(x'), f(x'')] \leq r \quad \text{quels que soient } x', x'' \in M.$$

La continuité en a peut alors s'exprimer en disant que *pour tout* $n \in \mathbb{N}$, *il existe une boule ouverte B de centre a telle que f soit constante à* 10^{-n} *près dans* $X \cap B$. La condition est évidemment suffisante puisqu'elle montre en particulier que, pour tout n, on a $|f(x) - f(a)| \leq 10^{-n}$ pour tout $x \in X$ assez voisin de a. Si inversement f est continue en a, on a $|f(x) - f(a)| \leq r/2$ pour tout $x \in X \cap B$, où B est une boule bien choisie de centre a, d'où $|f(x') - f(x'')| \leq r$ quels que soient $x', x'' \in X \cap B$. On a vu par exemple au

---

[1] Soit f une fonction définie sur un intervalle I et à valeurs complexes. Si f est continue, on peut considérer le point $f(t)$ de $\mathbb{C}$ comme un mobile se déplaçant dans le plan en fonction du temps, ce qui suggère l'idée naïve que la "trajectoire" est une courbe bien régulière "à une dimension". En 1890, un astucieux Italien, Giuseppe Peano, par ailleurs l'un des créateurs de la logique mathématique, construisit assez facilement une trajectoire qui passe par *tous* les points d'un carré, autrement dit, une application $I \longrightarrow I \times I$ *continue et surjective*; "bijective" est impossible. L'effet sur les mathématiciens ne fut pas moins sensationnel que celui de la fonction continue sans dérivée de Weierstrass évoqué plus loin. Voir Hairer et Wanner, *Analysis by* ..., pp. 289 et 296 (dessins).

Chap. II (n° 4, 10, 14) que les fonctions x^n $(n \in \mathbb{N})$ et $\exp x$ sont continues dans $\mathbb{C}$ et que la fonction $\log x$ est continue (et même dérivable) dans $\mathbb{R}_+^*$. Le théorème 1 fournit immédiatement le résultat suivant :

Théorème 2. *Soient f et g des fonctions numériques définies sur un ensemble $X \subset \mathbb{C}$ et a un point de X où f et g sont continues. Alors les fonctions*

$$f + g : x \longmapsto f(x) + g(x) \quad et \quad fg : x \longmapsto f(x)g(x)$$

sont continues en a. Si $g(a) \neq 0$, on a $g(x) \neq 0$ au voisinage de a et la fonction $f/g : x \mapsto f(x)/g(x)$, définie pour $g(x) \neq 0$, est continue en a.

Première conséquence : dans $\mathbb{R}$, *toute fonction rationnelle $h(x) = p(x)/q(x)$*, où p et q sont des polynômes, *est continue quel que soit x* [on élimine évidemment les points où $q(x) = 0$]. En effet, les fonctions constantes et la fonction $x \mapsto x$ n'ont aucun mérite à être continues; il en est donc de même de tout monôme ax^n, donc de tout polynôme, donc de tout quotient de polynômes.

On a un énoncé analogue dans $\mathbb{C}$. Il est clair en effet que les fonctions $\mathrm{Re}(z)$ et $\mathrm{Im}(z)$ sont continues dans $\mathbb{C}$ puisque, par exemple,

$$|\mathrm{Re}(z) - \mathrm{Re}(a)| = |\mathrm{Re}(z - a)| \leq |z - a|.$$

Posant $z = x + iy$, il en est donc de même des fonctions $z \mapsto x^p y^q$ quels que soient $p, q \in \mathbb{N}$, donc aussi de toute fonction de z pouvant s'exprimer à l'aide d'un polynôme à coefficients dans $\mathbb{C}$ en les deux variables réelles x et y, donc aussi de toute fonction de la forme $h(z) = p(x,y)/q(x,y)$ où p et q sont polynômiales. Mais ici les points à exclure, définis par l'équation $q(x,y) = 0$, ne sont plus nécessairement en nombre fini comme dans le cas de $\mathbb{R}$: la fonction $x^2/(x^2 - y^2 - 1)$ n'est définie qu'en dehors de l'hyperbole équilatère $x^2 - y^2 = 1$.

Cet exemple présente toutefois l'intérêt de nous montrer que le quotient p/q est défini dans une partie *ouverte* de $\mathbb{C}$. C'est là un fait parfaitement général : *si f est une fonction définie et continue dans $\mathbb{R}$ (resp. $\mathbb{C}$), alors la relation $f(x) \neq 0$ définit une partie ouverte de $\mathbb{R}$ (resp. $\mathbb{C}$)*. Si en effet $f(a) \neq 0$, on a encore $f(x) \neq 0$ au voisinage de a comme on l'a vu à l'occasion du théorème 2; le point a est donc intérieur à l'ensemble $f \neq 0$.

Plus généralement : *pour tout ouvert V de $\mathbb{R}$ (resp. $\mathbb{C}$), l'image réciproque $f^{-1}(V) = U$ est ouverte dans $\mathbb{R}$ (resp. $\mathbb{C}$)*. Pour $a \in U$ et $b = f(a) \in V$, il existe en effet une boule ouverte $B(b,r) \subset V$; comme f est continue, il existe une boule ouverte $B(a,r')$ que f applique dans $B(b,r)$; on a donc $B(a,r') \subset U$, cqfd. Ce résultat reste valable pour une fonction définie sur un ensemble quelconque $X \subset \mathbb{R}$ (par exemple) à condition d'appeler *ouverte dans X* toute partie U de X possédant la propriété suivante : pour tout $a \in U$, U contient tous les $x \in X$ (et non pas de $\mathbb{R}$ ou $\mathbb{C}$) assez voisins de a. Tout cela se généralise immédiatement (et se clarifie) dans le cadre des "espaces métriques" décrit en appendice.

Autre classe de fonctions continues dans $\mathbb{C}$, les *fonctions analytiques*. Cela résulte immédiatement, comme on l'a vu au Chap. II, n° 19, de la formule de Taylor

$$f(a+h) - f(a) = h[f'(a) + f''(a)h/2! + \ldots],$$

valable pour tout $|h|$ assez petit [ou même simplement de la définition des fonctions analytiques : $f(a+h)$ est une série entière en h, peu importent ses coefficients] et du fait que, dans tout disque de rayon strictement inférieur à son rayon de convergence, une série entière est bornée; on a donc une majoration de la forme

$$|f(a+h) - f(a)| \leq M|h| \text{ pour } |h| \text{ assez petit,}$$

d'où évidemment la continuité.

Toute opération algébrique raisonnable, i.e. excluant les divisions par 0, effectuée sur des fonctions continues fournit encore une fonction continue (théorème 2). Une autre opération aussi importante, quoique non algébrique, possède la même propriété :

Théorème 3. *[continuité des fonctions composées] Soient X et Y deux parties de $\mathbb{C}$, a un point de X, b un point de Y, f une application de X dans Y telle que $f(a) = b$ et g une application de Y dans $\mathbb{C}$. Supposons f continue au point a et g continue au point b. Alors la fonction composée*

$$h = g \circ f : x \longmapsto g[f(x)]$$

est continue en a.

Démonstration immédiate : pour tout $r > 0$, il y a un $r' > 0$ tel que l'on ait $|g(y) - g(b)| < r$ pour $|y - b| < r'$, puis un $r'' > 0$ tel que l'on ait $|f(x) - f(a)| < r'$ pour $|x - a| < r''$. Il est alors clair que $|x - a| < r''$ implique $|h(x) - h(a)| < r$, cqfd.

Si par exemple on sait que les fonctions $\sin x$ et $\cos x$ sont continues dans $\mathbb{R}$, on peut en déduire qu'il en est de même de la fonction $\sin(\cos x)$.

Exemple 1. La fonction $f(x) = \log[\exp(x)]$ est continue dans $\mathbb{R}$. Ce résultat trivial a néanmoins une conséquence importante. On a en effet

$$f(x+y) = \log[\exp(x+y)] = \log[\exp(x)\exp(y)] = \log[\exp(x)] + \log[\exp(y)],$$

autrement dit $f(x+y) = f(x) + f(y)$. Il en résulte d'abord que

$$f(x+0) = f(x) + f(0) \text{ d'où } f(0) = 0,$$

donc que $0 = f(x-x) = f(x) + f(-x)$, d'où $f(-x) = -f(x)$. Par ailleurs, on a $f(nx) = f(x + \ldots + x) = nf(x)$ pour $n \in \mathbb{N}$, puis pour $n \in \mathbb{Z}$ car

$f(-nx) = -f(nx) = -nf(x)$. Ceci montre aussi que $f(x/n) = f(x)/n$ pour $n \neq 0$, d'où $f(px/q) = pf(x)/q$ pour $p, q \in \mathbb{Z}$, $q \neq 0$. En posant $f(1) = a$, on a donc $f(x) = ax$ pour tout $x \in \mathbb{Q}$. Mais comme f est continue, cette relation subsiste lorsque $x \in \mathbb{Q}$ tend vers une limite[2] quelconque dans $\mathbb{R}$. Conclusion : il existe une constante $a = \log[\exp(1)]$ telle que l'on ait

$$\log[\exp(x)] = ax \quad \text{pour tout } x \in \mathbb{R}.$$

Ce raisonnement, hélas, ne peut pas montrer que $a = 1$ puisqu'il s'appliquerait aussi bien à la fonction $3\log[\exp(x)]$.

Mais nous savons que, par définition, $\log t = \lim n(t^{1/n} - 1)$, d'où $\log[\exp(x)] = \lim n\left[\exp(x)^{1/n} - 1\right]$. Or la formule d'addition de la fonction exponentielle montre que l'on a $\exp(x) = \exp(n.x/n) = \exp(x/n)^n$ quel que soit $x \in \mathbb{R}$ et donc

$$\log[\exp(x)] = \lim n[\exp(x/n) - 1].$$

La série entière $\exp(t) = 1 + t + t^2/2! + \ldots$ montre d'autre part que $\exp(t) - 1 \sim t$ quand t tend vers 0. Par suite, on a $\exp(x/n) - 1 \sim x/n$; le rapport, qui tend vers 1, entre les deux membres de cette relation étant égal à $n[\exp(x/n) - 1]/x$, on en déduit que

$$\lim n[\exp(x/n) - 1] = x,$$

d'où la relation cherchée

(2.3) $\log[\exp(x)] = x$ pour tout $x \in \mathbb{R}$.

Comme les fonctions log et exp sont injectives, on peut tout aussi bien écrire (3) sous la forme

(2.3') $\exp(\log y) = y$ pour tout $y \in \mathbb{R}$, $y > 0$.

On reprendra tout cela en détail au Chap. IV.

La plupart des fonctions que l'on rencontre – ou que les Fondateurs ont rencontrées – dans les débuts de l'analyse sont continues et même beaucoup plus, parce qu'elles sont données par des "formules" quasi-algébriques ou d'origine géométrique, mécanique ou physique, par des séries entières, etc. Cela explique que la notion même de continuité n'ait pas été explicitement isolée avant Bolzano et Cauchy aux environs de 1820. Au surplus, on ne

---

[2] Plus généralement, soient f et g deux fonctions définies et continues dans l'adhérence $\bar{X}$ d'un ensemble X et supposons $f = g$ dans X; alors $f = g$ dans $\bar{X}$. Car si des $x_n \in X$ tendent vers $x \in \bar{X}$, $f(x_n)$ et $g(x_n)$, qui sont égaux, tendent vers $f(x)$ et $g(x)$ respectivement.

désire pas traumatiser l'innocent néophyte avec des horreurs qu'il n'a encore jamais vues.

Mais il n'est pas nécessaire d'aller très loin pour en trouver. Pour tester leurs appareils, les électroniciens essaient de leur faire reproduire des *signaux carrés*, i.e. une fonction représentée par un graphe du type ci-dessous :

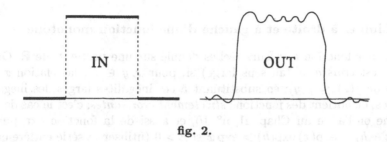

fig. 2.

Comme nous le verrons à propos des séries de Fourier, les "signaux carrés" sont intervenus par la première fois dans un problème très différent et, à l'époque, encore fort théorique : la propagation de la chaleur, plus précisément l'évolution de la température d'un anneau circulaire métallique dont les deux moitiés sont initialement à des températures différentes, disons $-273°$ et $+3000°$ centigrades pour le réalisme du problème. La première série qu'exhibe Fourier dans son *Mémoire sur la propagation de la chaleur* de 1809 est

$$(2.4) \quad \cos x - \cos 3x/3 + \cos 5x/5 - \ldots = \begin{cases} +\pi/4 \text{ pour } |x| < \pi/2 \\ 0 \qquad \text{pour } |x| = \pi/2 \\ -\pi/4 \text{ pour } \pi/2 < |x| < \pi \end{cases}$$

dont le lecteur tracera aisément le graphe complet en observant que le premier membre est de période 2π; ce sont précisément les signaux carrés. Au point de vue électronique, le signal s'obtient en superposant une fréquence fondamentale et tous ses harmoniques impairs, avec des décalages de phase et des intensités indiquées par les signes et les coefficients de la formule.

Observons en passant une conséquence apparemment étrange de la série de Fourier précédente : *une série dont les termes sont des fonctions partout continues d'une variable réelle x et partout convergente peut avoir pour somme une fonction discontinue.* Nous reviendrons aux n° 5 et 6 sur ce problème fort important. Bornons-nous pour le moment à remarquer que la formule de Fourier suppose sa série convergente; la démonstration, malheureusement, n'en est pas entièrement évidente. Nous la donnerons à la fin du n° 11 car elle a provoqué l'un des premiers efforts pour fonder l'analyse sur des bases solides et s'applique à de nombreuses séries analogues.

La plupart des ingénieurs et techniciens qui utilisent la série en question ne se posent pas le problème : le résultat fait partie du folklore de la profession au même titre que les dangers des courants alternatifs. Les revues de "haute-fidélité" parlent quelquefois sans explications de l'influence néfaste des "harmoniques impairs" sur la fidélité de la hi-fi : cela impressionne les chalands au même titre que la mystérieuse "puissance RMS" (round mean square) définie par une intégrale que nous rencontrerons à propos, ici encore, des séries de Fourier.

3 – Limites à droite et à gauche d'une fonction monotone

Soit f une fonction à valeurs réelles définie sur une partie X de $\mathbb{R}$. On dit que f est *croissante* (au sens large) si, pour $x, y \in X$, la relation $x \leq y$ implique $f(x) \leq f(y)$; en substituant à ces inégalités larges des inégalités strictes, on obtient des fonctions *strictement croissantes*; c'est le cas de $\log x$ comme on l'a vu au Chap. II, n° 10, et aussi de la fonction exp puisque $\exp(x + h) = \exp(x)\exp(h) > \exp x$ si $h > 0$ (utiliser la série entière en h). On définit de même les fonctions décroissantes ou strictement décroissantes. Lorsqu'une fonction est soit croissante, soit décroissante sans que l'on précise davantage, on dit qu'elle est *monotone*. Lorsque X est un intervalle, il arrive que l'on puisse décomposer X en intervalles partiels de telle sorte que la fonction f, sans être monotone sur X tout entier, le soit dans chacun de ces intervalles partiels; on dit alors que f est *monotone par morceaux* dans X. C'est le cas de toutes les fonctions élémentaires dont on demande aux futurs bacheliers de tracer le graphe sur du papier millimétré, mais la contemplation de ces dessins, d'autant moins réalistes qu'ils sont plus artistiques, ne saurait donner une idée du niveau de complexité que peut atteindre une fonction monotone; on trouvera au Chap. V, n° 32 un exemple d'une fonction croissante qui est discontinue en tous les points de $\mathbb{Q}$ et continue ailleurs.

Cela dit, considérons une fonction réelle définie et croissante dans une partie X de $\mathbb{R}$ et soit c un point adhérent à X; notons E l'ensemble des $x \in X$ tels que $x < c$ (inégalité stricte) et bornons-nous à considérer f dans E en supposant E non vide et c encore adhérent à E. Lorsque $x \in E$ tend vers c en restant donc $< c$, les valeurs prises par $f(x)$ augmentent (au sens large); les raisonnements du chap. II, n° 9 suggèrent donc que $f(x)$ tend vers une valeur limite, éventuellement $+\infty$. Si l'on raisonne comme au chap. II, on est amené à considérer tous les nombres M qui majorent $f(x)$ pour tout $x < c$ et à montrer que $f(x)$ converge vers le plus petit de ces nombres (ou vers $+\infty$ s'il n'en existe aucun), à savoir $u = \sup(f(E)) \leq +\infty$, borne supérieure de l'ensemble $f(E)$ des valeurs prises par f dans E; c'est effectivement le cas. Si u est fini, il existe en effet quel que soit $r > 0$ un $c' \in E$ tel que $f(c') > u - r$; on a $c' < c$ d'où, comme au chap. II,

$$u - r < f(x) \leq u \text{ pour tout } x \in X \text{ tel que } c' < x < c,$$

i.e. pour tout $x \in E$ assez voisin de c. On voit donc bien que f tend vers u. Le cas où $u = +\infty$ est encore plus évident : quel que soit $M \in \mathbb{R}$, il y a dans E un $c' < c$ tel que $f(c') > M$, d'où $f(x) > M$ pour $c' < x < c$. En conclusion :

Théorème 4. *Soient X une partie de $\mathbb{R}$, f une fonction à valeurs réelles définie et croissante dans X et c un point adhérent à l'ensemble E des $x \in X$ tels que $x < c$. Alors $f(x)$ tend vers une limite lorsque $x \in X$ tend vers c en restant $< c$ et l'on a*

$$(3.1) \qquad \lim_{x \to c, x < c} f(x) = \sup(f(E)) \leq +\infty.$$

Le théorème précédent s'applique principalement au cas où X est un intervalle, mais nous l'utiliserons au chapitre suivant dans le cas où $X = \mathbb{Q}$ pour définir les exposants réels. Le fait que l'on ait exclu le point c de E est essentiel. Si en effet on avait choisi pour E l'ensemble des $x \in X$ tels que $x \leq c$, dire que $f(x)$ tend vers une limite lorsque $x \in E$ tend vers c signifierait que la restriction de f à l'ensemble E est *continue* au point c comme on l'a vu au début du n° 2 ou, si l'on préfère, que $f(x)$ tend vers $f(c)$ lorsque x tend vers c en restant $< c$; on dit alors que f est *continue à gauche* au point c. Mais cela n'a aucune raison de se produire : considérer dans $X = [0,1]$ la fonction égale à 0 pour $x < 1/2$ et à 1 pour $x \geq 1/2$ et prendre $c = 1/2$: lorsque x tend vers $1/2$ en restant dans $[0, 1/2[$, elle tend vers $0 \neq f(c)$, mais elle n'a aucune limite lorsque x tend vers $1/2$ dans l'intervalle fermé $[0, 1/2]$. Les signaux carrés sont dans le même cas.

Nous avons supposé, dans le théorème précédent, que x tend vers c en restant $< c$; il y a un énoncé analogue relatif au cas où x reste $> c$, en remplaçant E par l'ensemble des $x \in X$ tels que $x > c$ (ce qui suppose c adhérent à cet ensemble, i.e. limite de points de X tous $> c$).

Indépendamment du théorème 4, il arrive fréquemment qu'étant donnée une fonction *monotone ou non* définie dans un ensemble $X \subset \mathbb{R}$ dont a et b sont les bornes inférieure et supérieure, on s'intéresse à ce qui se passe au voisinage d'un point $c \in \ ]a, b[$, en sorte que les deux cas sont alors à envisager si c est adhérent aux deux parties de X définies par $x < c$ et $x > c$ (cas d'un intervalle ou de $\mathbb{Q}$, par exemple). Dans le premier cas, la limite, si elle existe, de $f(x)$ lorsque x tend vers c en restant strictement inférieur à c se note traditionnellement

$$(3.2') \qquad f(c - 0) = \lim_{x \to c, x < c} f(x),$$

la limite lorsque x tend vers c en restant strictement supérieur à c se désignant de même par

$$(3.2'') \qquad f(c + 0) = \lim_{x \to c, x > c} f(x).$$

Les nombres $f(c-0)$ et $f(c+0)$ s'appellent les *valeurs limites à gauche* et à *droite* de f au point c. Ces limites existent toujours si f est monotone, même si elle n'est pas définie au point c lui-même (cas de $X = \mathbb{Q}$: c peut être un nombre irrationnel). Elles existent aussi lorsqu'elle est définie et continue au point c, et en fait il est clair que les égalités

$$f(c - 0) = f(c) = f(c + 0)$$

caractérisent la continuité de f au point c.

Si f est *monotone*, on a $f(x) \leq f(y)$ pour $x < c < y$ si f est croissante, et $f(x) \geq f(y)$ si f est décroissante; on a alors, dans le premier cas,

$$f(c - 0) \leq f(c + 0),$$

et l'inégalité inverse dans le second. En effet, pour tout $y > c$, le nombre $f(y)$ majore $f(x)$ quel que soit $x < c$; il majore donc la borne supérieure $f(c - 0)$ des $f(x)$; mais alors $f(c - 0)$ minore $f(y)$ quel que soit $y > c$, donc minore aussi la borne inférieure $f(c + 0)$ de ces $f(y)$. Si, au surplus, f est définie au point c (cas où X est par exemple un intervalle), la relation $x < c < y$ implique $f(x) \leq f(c) \leq f(y)$, d'où l'on conclut, par le même raisonnement, que

$$f(c - 0) \leq f(c) \leq f(c + 0).$$

La figure 3 (ou les signaux carrés de Fourier au point $x = \pi/2$) montre que ces trois nombres peuvent fort bien être différents.

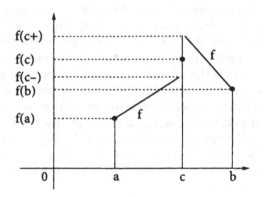

fig. 3.

C'est Dirichlet qui, en essayant de prouver les formules de Fourier, a introduit ces notions en 1829 pour n'importe quelle sorte de fonctions; mais évidemment les valeurs limites à gauche et à droite n'existent pas toujours en dehors du cas des fonctions monotones ou continues.

Il s'impose d'invoquer ici à nouveau les mânes de G. H. Hardy : les notations $c + 0$ et $c - 0$ ne désignent pas le nombre c; si tel était le cas, on pourrait en effet en déduire des corollaires quant à l'équilibre mental des mathématiciens. Elles n'ont aucun sens par elles-mêmes et leur seule légitimité est de figurer dans le contexte où elles viennent d'apparaître. Certaines personnes ont récemment inventé les notations $f(c+)$ et $f(c-)$, notamment pour ne pas "traumatiser" les chers petits qui, paraît-il, pourraient croire que si l'on écrit $c+0$ plutôt que c, ce doit être parce que dans les Mathématiques Transcendantes, comme on les appelait parfois à l'époque romantique, $c+0$ n'est pas toujours égal à c. Mais en présence de la notation $f(c+)$, les mêmes demanderont : c plus quoi ?; on sera obligé de leur répondre : c plus rien, d'où la question suivante : alors, pourquoi ce signe $+$?, et le dialogue s'achèvera dans l'hilarité générale. Le seul avantage que l'on peut accorder à la notation $f(c+)$ est qu'elle se dactylographie plus rapidement que $f(c+0)$. Les notations mathématiques sont ce qu'elles sont : de pures conventions d'écriture[3].

Ajoutons que l'une et l'autre de ces notations présentent l'inconvénient de suggérer irrésistiblement que la fonction f est définie au point c. Cette hypothèse n'est aucunement nécessaire comme on l'a vu plus haut et comme on le verra au chapitre suivant lorsque nous définirons les exposants réels. Dans ce dernier cas, on suppose définie l'expression $a^x = f(x)$ pour a réel > 0 et $x \in \mathbb{Q}$ – c'est une fonction croissante de x si $a > 1$, décroissante si $a < 1$ – et l'on cherche à définir a^x pour $x \in \mathbb{R}$ de telle sorte que la nouvelle fonction, définie sur $\mathbb{R}$, soit encore monotone comme sa restriction à $\mathbb{Q}$. La méthode consiste à observer que, pour $x \notin \mathbb{Q}$, le nombre a^x cherché doit être compris entre $f(x-0)$ et $f(x+0)$, puis à prouver que ces deux valeurs limites sont égales, ce qui détermine a^x sans aucune ambiguïté.

4 – Le théorème des valeurs intermédiaires

L'axiome d'existence des bornes supérieures fournit une caractérisation très simple des intervalles qui va nous servir bientôt :

Théorème 5. *Pour qu'un ensemble $I \subset \mathbb{R}$ soit un intervalle, il faut et il suffit que*

$$\{(x \in I) \ \& \ (y \in I) \ \& \ (x < z < y)\} \Longrightarrow z \in I.$$

La nécessité de la condition est claire. Pour montrer qu'elle est suffisante, considérons les bornes inférieure et supérieure, éventuellement infinies, de I. Quel que soit le nombre z vérifiant $\inf(I) < z < \sup(I)$, avec des inégalités *strictes*, il existe, par définition, des éléments x et y de I tels que $x < z$ et $z < y$. On a donc $z \in I$ d'après l'hypothèse de l'énoncé. Et comme on a de toute façon $\inf(I) \leq z \leq \sup(I)$ quel que soit $z \in I$, l'ensemble I ne peut être que l'un des intervalles d'extrémités $\inf(I)$ et $\sup(I)$, cqfd.

---

[3] Dans cet ordre d'idées, notons que certains auteurs écrivent $x \to c_-$ ce que nous écrivons $x \to c, x < c$. On pourrait aussi écrire $x \to c - 0$.

Corollaire. *Toute intersection d'intervalles est un intervalle.*

Si en effet on a $x < z < y$ où x et y appartiennent à l'intersection I, donc à chacun des intervalles donnés, z leur appartient aussi, donc appartient aussi à I; il reste à appliquer le théorème 5.

Il va de soi que l'intersection en question peut fort bien être vide : les intervalles $(0, 1)$ et $(2, 3)$ n'ont rien en commun.

A partir de ces résultats, on obtient facilement l'une des propriétés les plus importantes des fonctions continues :

Théorème 6. (Bolzano, 1817) *Soit f une fonction à valeurs réelles, définie et continue dans un intervalle I. Alors l'image $f(I)$ de I par f est un intervalle.*

D'après le théorème 5, tout revient à établir le résultat suivant : *soient u, v, w trois nombres réels tels que $u < w < v$; supposons qu'il existe un $x \in I$ tel que $u = f(x)$ et un $y \in I$ tel que $v = f(y)$. Alors il existe un $z \in I$ tel que $w = f(z)$.*

Supposons pour fixer les idées que $x < y$ et considérons l'ensemble E des $t \in I$ tels que l'on ait à la fois

$$t \leq y \qquad \text{et} \qquad f(t) \leq w.$$

Cet ensemble n'est pas vide – il contient x puisque $f(x) = u < w$ – et il est majoré par y. Soit $z = \sup(E) \leq y$.

Comme z est limite de points $t \in E$ vérifiant $f(t) \leq w$ et comme f est continue, on a $f(z) \leq w$. Comme $w < v$, on a $z \neq y$ et donc $z < y$. Pour $z < t < y$, on a $f(t) > w$ puisqu'autrement on aurait $t \in E$ et donc $t \leq z$. Puisque f est continue au point z, on a donc $f(z) \geq w$. D'où, finalement, $f(z) = w$, cqfd.

L'énoncé classique du Théorème 6 consiste à dire que si, dans I, la fonction f prend des valeurs < 0 et des valeurs > 0, alors l'équation $f(x) = 0$ a une racine dans I. C'est par exemple le cas, pour $I = \mathbb{R}$, si f est un polynôme de degré impair. Le rapport entre $f(x)$ et son terme de plus haut degré tend en effet vers 1 lorsque $|x|$ augmente indéfiniment comme on l'a vu – c'est de toute façon évident – au chap. II, n° 8, de sorte que pour $|x|$ grand, $f(x)$ a le signe de son terme de plus haut degré. Conclusion "évidente géométriquement" :

Corollaire. *Toute équation algébrique à coefficients réels et de degré impair possède une racine réelle.*

Mais la conséquence la plus importante du théorème 6 est la suivante :

Théorème 7. *Soient f une fonction à valeurs réelles définie et strictement monotone dans un intervalle I et $J = f(I)$ l'image de I par f. Les propriétés*

suivantes sont alors équivalentes : (i) f est continue, (ii) J est un intervalle.
L'application g : J → I réciproque de f est alors continue et strictement
monotone.

Le fait que (i) ⟹ (ii) a été établi plus haut, de sorte qu'il suffit de
montrer que (ii) ⟹ (i). Soit $b = f(a)$ un point de J, avec $a \in I$. Donnons-
nous un $r > 0$; tout revient à prouver qu'il existe un $r' > 0$ tel que, pour
$y \in J$, la relation $|y - b| < r'$ implique $|g(y) - a| < r$. Supposons f croissante
pour fixer les idées.

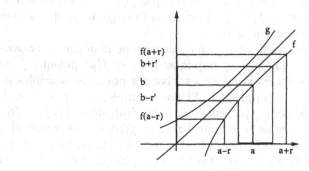

fig. 4.

Supposons d'abord que a ne soit pas une extrémité de I (ou, ce qui revient
au même puisque f est strictement monotone, que b ne soit pas une extrémité
de J). Si l'on suppose r assez petit, ce qui est loisible, I contient l'intervalle
fermé $[a - r, a + r]$, de sorte que J contient de même $[f(a - r), f(a + r)]$.
Comme f est strictement croissante, on a $f(a - r) < f(a) = b < f(a + r)$,
de sorte qu'il y a un $r' > 0$ tel que $f(a - r) < b - r' < b + r' < f(a + r)$. Il
est clair qu'alors $b - r' < y < b + r'$ implique $a - r < x = g(y) < a + r$, d'où
le résultat.

Le cas où b est une extrémité de J se traite de même à des détails près :
on substitue à l'intervalle $[a - r, a + r]$ soit l'intervalle $[a - r, a]$, soit l'intervalle
$[a, a + r]$.

Le théorème 7 possède une variante utile :

Théorème 7 bis. *Soient f une fonction à valeurs réelles définie et con-*
tinue dans un intervalle I et J = f(I) l'intervalle image. Les propriétés
suivantes sont équivalentes : (i) f est injective, (ii) f est strictement mono-
tone. L'application g : J → I réciproque de f est alors continue.

Il suffit de montrer que (i) implique (ii), car l'implication (ii) ⟹ (i) est
évidente; et si f est strictement monotone et continue, le théorème 7 montre
qu'il en est de même de g. Le fait que J soit un intervalle est le théorème de
Bolzano.

Montrons d'abord que, quels que soient $a, b \in I$, l'image par f de l'intervalle d'extrémités a et b est l'intervalle d'extrémités $f(a)$ et $f(b)$, autrement dit que, pour tout c situé entre a et b, $f(c)$ est situé entre $f(a)$ et $f(b)$. ("Entre" signifie soit $a \leq c \leq b$, soit $b \leq c \leq a$).

Supposons, pour fixer les idées, $a < b$ et $f(a) < f(b)$ – l'égalité est exclue par (i); tout revient à montrer que

$$a < c < b \Longrightarrow f(a) < f(c) < f(b).$$

Si $f(c) < f(a) < f(b)$, l'image de $[c, b]$, qui est un intervalle puisque f est continue, contient $f(a)$, d'où un $u \in [c, b]$ tel que $f(a) = f(u)$, contrairement à (i). Si $f(a) < f(b) < f(c)$, $f(b)$ est dans l'image de $[a, c]$, nouvelle contradiction par le même raisonnement.

Ce point préliminaire établi, et a et b étant comme ci-dessus, montrons que f est croissante, i.e. que $x < y$ implique $f(x) < f(y)$ puisque f est injective. Le plus simple est d'examiner les diverses positions possibles du couple x, y relativement au couple a, b. Si par exemple $x < y < a < b$, alors a est entre x et b, donc $f(a)$ entre $f(x)$ et $f(b)$, donc $f(x) < f(a)$ puisque $f(a) < f(b)$, et comme y est entre x et a, $f(y)$, qui est entre $f(x)$ et $f(a)$, est $> f(x)$. Si, autre cas possible, $a < x < b < y$, on sait déjà que $f(a) < f(x) < f(b)$, or $f(b)$ est entre $f(x)$ et $f(y)$ puisque b est entre x et y, d'où $f(b) < f(y)$ et donc $f(x) < f(y)$. Etc.

Exemple 1. Plaçons-nous dans l'intervalle $I = \mathbb{R}_+$ et considérons la fonction $f(x) = x^n$, où n est un entier ≥ 1. Elle est continue, strictement croissante, à valeurs ≥ 0, prend la valeur 0 pour $x = 0$ et tend vers $+\infty$ lorsque x augmente indéfiniment. L'intervalle $J = f(I)$ ne peut donc être que $\mathbb{R}_+$. On retrouve ainsi beaucoup plus facilement un résultat déjà démontré (Chap. II, n° 10, exemple 3), et même plus : *Tout nombre réel positif possède une et une seule racine n-ième positive quel que soit l'entier $n \geq 1$ et celle-ci est fonction continue de x.* Comme $x^{p/q} = (x^p)^{1/q}$, on en conclut que, plus généralement, la fonction $x^{p/q}$ est continue pour $x > 0$ quels que soient $p, q \in \mathbb{Z}$, $q \neq 0$.

Exemple 2. Le même raisonnement s'applique à la fonction $\exp(x)$. Si l'on se place dans $\mathbb{R}$, la fonction est continue (somme d'une série entière) et à valeurs[4] > 0. Elle prend d'autre part des valeurs aussi voisines de 0 ou aussi grandes qu'on le désire : on a $\exp(n) = \exp(1)^n > 2^n$ pour $n \in \mathbb{N}$ et $\exp(-n) = 1/\exp(n) < 1/2^n$. Il résulte de là que l'image de $\mathbb{R}$ ne peut être que l'ensemble $\mathbb{R}_+^*$ de tous les nombres réels strictement positifs. La fonction étant strictement croissante, donc injective, l'équation

$$x = \exp y$$

---

[4] On a vu au Chap. II, n° 22, que $\exp(x + y) = \exp(x)\exp(y)$; il en résulte d'abord que $\exp(x) = \exp(x/2)^2 > 0$ quel que soit $x \in \mathbb{R}$. Comme il est clair que $\exp y > 1$ pour $y > 0$, la fonction est en outre strictement croissante.

possède donc, pour tout $x > 0$, une et une seule solution $y \in \mathbb{R}$. Comme on l'a déjà dit à plusieurs reprises, l'application réciproque n'est autre que la fonction $\log y$ (exemple 1 du n° 2). Il est courant de *définir* de cette façon la fonction logarithme.

Exemple 3. Il est "bien connu" que, dans l'intervalle $[-\pi/2, \pi/2]$, la fonction $\sin x$ est continue et strictement croissante; elle applique donc cet intervalle sur l'intervalle $[-1, 1]$, d'où la possibilité de définir l'application continue

$$\arcsin x : [-1, 1] \longrightarrow [-\pi/2, \pi/2].$$

La même méthode permettrait de définir les fonctions

$$\arccos x : [-1, 1] \longrightarrow [0, \pi],$$
$$\arctan x : \mathbb{R} \longrightarrow] - \pi/2, \pi/2[.$$

§2. Convergence uniforme

5 – Limites de fonctions continues

Lorsqu'une suite ou une série de fonctions $f_n(x)$ converge en tout point x d'un ensemble X sur lequel elles sont définies, on dit qu'elle *converge simplement*; c'est en apparence la notion la plus faible possible de convergence pour une suite de fonctions, mais on en a inventé de bien plus faibles et subtiles, notamment pour les besoins de la théorie de l'intégration.

La série des signaux carrés soulève, comme on l'a vu à la fin du n° 2, un problème sérieux qui ne se pose pas pour les sommes finies : celui de trouver des conditions assurant qu'une suite $f_n(x)$ de fonctions définies et *continues* sur un ensemble $X \in \mathbb{R}$ et convergeant simplement a encore pour limite une fonction *continue* sur X. La réponse est facile à trouver et repose sur deux principes qu'il vaut mieux énoncer en langage naïf :

(a) *Si deux fonctions f et g sont presque égales en un point a et si elles sont presque constantes au voisinage de a, elles sont presque égales au voisinage de a;*

(b) *Si f et g sont presque égales au voisinage de a et si g est presque constante au voisinage de a, alors f est presque constante au voisinage de a.*

On pourrait aussi proposer au lecteur un exercice préliminaire plus concret.

Deux automobilistes en Giganes Spitzenracer 11.2 W24 192valve descendent l'autoroute du Soleil en se suivant à quelques longueurs de distance sur la voie qui correspond à leurs convictions politiques. N'ayant jamais entendu dire que l'ensemble des vitesses autorisées (resp. tolérées) sur une autoroute française a théoriquement 130 (resp. 180) kmh pour borne supérieure relativement stricte, l'automobiliste de tête roule en permanence à 220 kmh à 20 kmh près. Le second s'arrange pour que les vitesses des deux véhicules restent égales à 10 kmh près. Que peut-on dire des variations de sa vitesse ?

Revenant au problème posé, supposons que $\lim f_n(x) = f(x)$ existe pour tout $x \in X$ et que f soit continue en $a \in X$. Choisissons un $r > 0$ et considérons un n assez grand pour que l'on ait

$$(5.1) \qquad d\,[f(a), f_n(a)] < r.$$

Comme f est continue en a, on a

$$(5.2) \qquad d[f(a), f(x)] < r \quad \text{au voisinage de } a.$$

Comme f_n est continue en a, on a de même

$$(5.3) \qquad d\,[f_n(a), f_n(x)] < r \quad \text{au voisinage de } a.$$

En raisonnant à partir de $r/3$ et en utilisant l'inégalité du quadrilatère, on obtient donc – principe (i) ci-dessus – l'énoncé suivant :

(5.4)   *Pour tout $r > 0$ et tout n assez grand, on a*

$$d\,[f(x), f_n(x)] < r \ \textit{au voisinage de } a.$$

Cela signifie, de façon plus précise, que pour tout n grand, il existe un $r'_n > 0$ tel que, pour $x \in X$,

$$d(x, a) < r'_n \Longrightarrow d\,[f(x), f_n(x)] < r.$$

Supposons inversement cette condition réalisée quel que soit $r > 0$ et montrons qu'alors f est continue en a. Choisissons un n assez grand pour que $f(x)$ et $f_n(x)$ soient égaux à r près au voisinage de a et en particulier au point a. Comme f_n est continue, $f_n(x)$ et $f_n(a)$ sont égaux à r près au voisinage de a. L'inégalité du quadrilatère – principe (ii) ci-dessus – montre alors que l'on a $d[f(a), f(x)] < 3r$ au voisinage de a dans X, cqfd.

Lorsque la condition (4) est vérifiée, on dit que la convergence de la suite (f_n) vers f est, au point a, *localement uniforme* (terminologie dangereuse en raison du risque de confusion avec la notion plus forte d'une suite qui converge uniformément dans un voisinage fixe de $a\ldots$). C'est la condition nécessaire et suffisante de continuité en a de la fonction limite f, mais elle n'est guère maniable et on utilise dans la pratique deux propriétés plus simples, quoique plus restrictives que (4).

Il y a d'abord et principalement la *convergence uniforme*(sous-entendu : globale) dans X. Elle signifie que, pour tout $r > 0$, il existe un entier N, ne dépendant que de r, tel que

(5.5) $\{(n > N) \ \& \ (x \in X)\} \Longrightarrow d\,[f(x), f_n(x)] < r.$

La condition (4) est alors vérifiée pour tout $a \in X$ et pour tout $n > N$ sans qu'il soit nécessaire d'imposer la moindre limitation à $d(x, a)$: r'_n ne joue plus aucun rôle, autrement dit vous pouvez, pour $n > N$, le choisir ad libitum. On en a rencontré un exemple au Chap. II, à la fin du n° 14 : si une série entière $\sum a_n z^n$ a un rayon de convergence $R > 0$, alors pour tout $\rho < R$ il existe des constantes positives M et $q < 1$ telles que, pour tout n, on ait

$$|f(z) - s_n(z)| < Mq^n$$

dans le disque $X : |z| \leq \rho$, où s_n désigne la n-ième somme partielle de la série. Comme q^n tend vers 0, on a donc

$$|f(z) - s_n(z)| < r \ \text{pour tout } z \in X$$

pourvu que n soit assez grand, i.e. dès que n dépasse un entier N *indépendant de $z \in X$.*

Un autre cas simple, mais beaucoup moins fréquemment utilisé, est celui où les fonctions f_n sont *équicontinues au point a*; cela signifie que, pour tout $r > 0$, il existe un $r' > 0$ tel que

$$(5.6) \qquad d(x, a) < r' \Longrightarrow d[f_n(a), f_n(x)] < r \text{ pour tout } n.$$

Si en effet cette condition est vérifiée, un passage à la limite, pour x et a fixés, quand n augmente indéfiniment montre que[5]

$$d(x, a) < r' \Longrightarrow d[f(a), f(x)] \leq r,$$

d'où la continuité de f en a sans même utiliser les raisonnements conduisant à (4).

Si l'on convient de dire qu'une famille de fonctions définies dans X est *équicontinue dans X* si elle est équicontinue en tout point de X, on obtient donc finalement le résultat suivant :

Théorème 8. *Soit (f_n) une suite de fonctions définies et continues sur une partie X de $\mathbb{C}$ et supposons que $\lim f_n(x) = f(x)$ existe pour tout $x \in X$. Pour que f soit continue dans X, il suffit que l'une des deux conditions suivantes soit réalisée : (i) la suite donnée converge uniformément dans X; (ii) les fonctions f_n sont équicontinues dans X.*

L'expérience montre que d'innombrables étudiants ont, au début, beaucoup de mal à comprendre la notion, fondamentale, de convergence uniforme. C'est pourtant simple : en supposant les fonctions à valeurs réelles, elle signifie que pour tout $r > 0$, on a

$$f(x) - r < f_n(x) < f(x) + r \text{ quel que soit } x \in X$$

pour tout n assez grand. Ou encore : pour tout n assez grand, le graphe de f_n est *tout entier* situé dans la bande de plan de hauteur $2r$ comprise entre les graphes des fonctions $f(x) + r$ et $f(x) - r$ (fig. 5).

La difficulté, apparemment, est de nature logique : on a ici une proposition $P_N(x)$, à savoir l'implication

$$(n > N) \Longrightarrow \{|f(x) - f_n(x)| < r\},$$

qui dépend à la fois de N et de x [elle ne dépend pas de n, car nous avons très consciemment omis le signe $(\forall n)$ qui devrait y figurer et transforme n en une variable fantôme]. La convergence simple, non uniforme, exige que

$$\text{pour tout } x, \text{il existe } N \text{ tel que } P_N(x);$$

la convergence uniforme demande que

---

[5] On utilise le fait que si l'on a $|u_n| < r$ pour tout n, alors $|\lim u_n| \leq r$ avec une inégalité large.

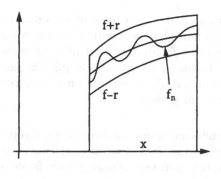

fig. 5.

il existe N tel que, pour tout $x, P_N(x)$.

C'est un problème de permutation entre les opérateurs logiques "pour tout" et "il existe".

Cela se rencontre dans la vie quotidienne. Les deux assertions

$$\text{pour tout } x \in H, \text{il existe } y \in F \text{ tel que } C(x, y)$$

$$\text{il existe } y \in F \text{ tel que } C(x, y) \text{ pour tout } x \in H$$

ne sont pas équivalentes : même si tout homme possédait une femme, il ne s'ensuivrait pas qu'il existe un femme appartenant à tous les hommes (ou l'inverse, pour rester politiquement correct).

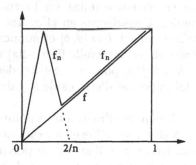

fig. 6.

Comme on l'a vu en démontrant le théorème précédent, la convergence uniforme n'est qu'une condition *suffisante* pour assurer la continuité de la fonction limite (on verra au Chap. V, n° 10 qu'elle est aussi nécessaire lorsque la suite des f_n est *croissante* : théorème de Dini). La figure 6 montre une suite de fonctions continues sur l'intervalle $[0, 1]$ qui, tout en convergeant vers la fonction continue $x \mapsto x$, ne converge pas uniformément. Il est visible que les f_n ne sont pas non plus équicontinues au point $x = 0$ puisque, pour réaliser l'inégalité $|f_n(x) - f_n(0)| < r$, il est nécessaire de supposer $|x| < r/n$ (ou de se placer au voisinage de $x = 1$, ce qui n'a pas de rapport avec le problème). Pour r donné, il n'y a donc aucun $r' > 0$ qui convienne à toutes les fonctions f_n au voisinage de $x = 0$.

La convergence uniforme intervient dans de nombreux théorèmes d'approximation de fonctions très générales par des fonctions beaucoup plus simples. Certains de ces résultats peuvent s'énoncer très facilement, mais leurs démonstrations ne sont pas à notre portée à ce stade de l'exposé.

Il y a d'abord le célèbre théorème d'approximation de Weierstrass : *toute fonction numérique f définie et continue sur un intervalle compact I est la limite d'une suite de polynômes qui converge vers f uniformément dans I.* Autrement dit, pour tout $r > 0$, il existe un polynôme $p(x)$ tel que l'on ait $|f(x) - p(x)| < r$ *pour tout* $x \in I$. Weierstrass préférait énoncer son théorème à l'aide d'une série de polynômes, mais cela revient évidemment au même. On l'établira au Chap. V, n° 28.

Pour énoncer le second résultat, également dû à Weierstrass, appelons *polynôme trigonométrique* de période 2π toute fonction de la forme

$$p(x) = c_0 + a_1 \cos x + b_1 \sin x + \ldots + a_n \cos nx + b_n \sin nx$$

où $c_0, \ldots, b_n$ sont des constantes complexes en nombre fini. Alors *toute fonction définie, continue et de période 2π dans $\mathbb{R}$ est limite uniforme dans $\mathbb{R}$ d'une suite de polynômes trigonométriques*[6].

On remarquera que ce second résultat en fournit immédiatement un autre, analogue au premier. Considérons en effet une fonction f définie et continue sur un intervalle compact $I = [a, b]$ et supposons $b < a + 2\pi$ (inégalité stricte). Considérons dans l'intervalle $[b, a + 2\pi]$ une fonction continue g égale à $f(b)$ pour $x = b$ et à $f(a)$ pour $x = a + 2\pi$; définissons une fonction périodique h sur $\mathbb{R}$ en lui imposant d'être égale à f dans I et à g entre b et $a + 2\pi$ (figure 7).

La fonction h est visiblement continue en tout point de $\mathbb{R}$. Si l'on applique le théorème précédent à h et si l'on se borne à examiner ce qui se passe dans I, on voit donc que, pour tout $r > 0$, il existe un polynôme trigonométrique p tel que l'on ait $|f(x) - p(x)| < r$ pour tout $x \in I$. Mais l'hypothèse faite sur I est essentielle puisque les polynômes trigonométriques sont de période 2π; si par exemple I est l'intervalle $[a, a + 3\pi]$, on aura $p(x + 2\pi) = p(x)$ pour $a \leq x \leq a + \pi$, de sorte que toute fonction qui, sur I, est limite uniforme ou même simple de polynômes trigonométriques doit posséder la même propriété, ce qui n'est évidemment pas le cas en général.

---

[6] Ce résultat *ne dit pas* que toute fonction périodique continue soit la somme d'une série de Fourier; c'est faux.

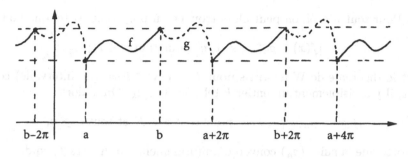

fig. 7.

De même, le premier théorème de Weierstrass ne s'applique pas dans le cas d'un intervalle I non compact. *Si I est non borné, une limite uniforme f de polynômes p_n ne peut être qu'un polynôme.* Pour n grand, on a en effet $|f(x) - p_n(x)| < 1$ pour tout x, donc $|p_m(x) - p_n(x)| < 2$ pour m et n grands; le polynôme $p_m - p_n$ est donc borné à l'infini, donc est constant dans $\mathbb{R}$ et en particulier dans I; il en est donc de même, pour n grand donné, de $\lim_m p_m - p_n = f - p_n$, d'où $f = p_n + Cte$.

Si $I = (a, b)$ est borné, on ne peut, comme on le verra au Chap. V à propos de la continuité uniforme, approcher par des polynômes que des fonctions ayant des valeurs limites en a et b, ce qui ramène au cas des fonctions continues sur l'intervalle compact $[a, b]$. Dans $I =]0, 1]$, la fonction $\sin(1/x)$ n'est pas une limite uniforme de polynômes : elle oscille trop rapidement entre -1 et 1 au voisinage de 0. Si du reste on pouvait trouver un polynôme $p(x)$ tel que $\sin(1/x)$ soit, pour tout $x \in I$, égal à $p(x)$ à $1/10$ près par exemple, et si l'on observe que p, étant continue dans l'intervalle fermé $[0, 1]$ (et même dans $\mathbb{R}$), est constante à $1/10$ près au voisinage de 0, il s'ensuivrait que $\sin(1/x)$ est constante à $2/10$ près au voisinage de 0; faux.

Dans tous les cas, on peut toutefois obtenir une approximation *uniforme sur tout intervalle compact* contenu dans I, mode de convergence (*convergence compacte*, en abrégé) beaucoup plus répandu que la convergence uniforme. [Par exemple, dans son disque de convergence $D : |z| < R$, les sommes partielles $s_n(z)$ d'une série entière convergent vers la somme totale $f(z)$ uniformément sur tout compact $K \subset D$, car K est contenu dans un disque $|z| \leq r$, avec $r < R$, dans lequel, on l'a vu plus haut, la convergence est uniforme. (Le lecteur peut se borner aux valeurs réelles de z en attendant d'avoir lu le n° 9 sur les ensembles compacts généraux, i.e. fermés et bornés).]

Pour le voir, on note d'abord qu'il existe une suite croissante d'intervalles compacts I_n de réunion I :

$$I_n = [a, n] \text{ si } I = [a, +\infty[, \quad a \text{ fini},$$
$$= [a + 1/n, n] \text{ si } I =]a, +\infty[, \quad a \text{ fini},$$
$$= [a + 1/n, b - 1/n] \text{ si } I =]a, b[, \quad a \text{ et } b \text{ finis},$$

etc. Pour tout $n \in \mathbb{N}$, on peut alors trouver un polynôme p_n tel que l'on ait

$$|f(x) - p_n(x)| < 1/n \quad \text{pour tout } x \in I_n;$$

c'est le théorème de Weierstrass pour I_n. Si $K \subset I$ est (un intervalle) compact, il y a visiblement un entier k tel que $K \subset I_k$. On a alors

$$|f(x) - p_n(x)| < 1/n \quad \text{pour tout } x \in K \text{ et tout } n \geq k,$$

de sorte que la suite (p_n) converge uniformément sur K vers f, cqfd.

La figure 8 montre un exemple de convergence compacte dans $\mathbb{R}$ sans pour autant que les f_n convergent uniformément sur $\mathbb{R}$.

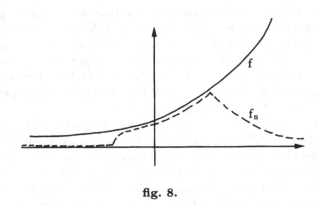

fig. 8.

6 – Un dérapage de Cauchy

Il est intéressant d'observer[7] que, dans son *Cours d'analyse* (1821) de l'Ecole polytechnique, Cauchy, qui tente de fonder l'analyse sur des bases rigoureuses, "démontre" néanmoins que toute limite simple de fonctions continues est encore continue. La figure 9 "confirme" le "théorème" : la fonction limite vaut 0 pour $x = 0$ et 1 pour $x > 0$. En fait, Cauchy s'intéresse à une série de fonctions continues, mais cela revient au même puisqu'il introduit la somme totale $s(x)$ de la série, ses sommes partielles $s_n(x)$ et le "reste" $r_n(x) = s(x) - s_n(x)$. Il raisonne comme suit :

> *Considérons les accroissements que reçoivent ces trois fonctions, lorsqu'on fait croître x d'une quantité infiniment petite α [pour Cauchy, cela signifie que α tend vers 0]. L'accroissement de s_n sera, pour toutes les valeurs possibles de n, une quantité infiniment petite;*

---

[7] Pour tout ce qui suit, voir Paul Dugac, *Sur les fondements de l'Analyse de Cauchy à Baire* (thèse de doctorat, université Pierre et Marie Curie, 1978).

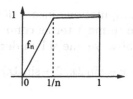

fig. 9.

et celui de r_n deviendra insensible en même temps que r_n, si l'on attribue à n une valeur très considérable. Par suite, l'accroissement de la fonction s ne pourra être qu'une quantité infiniment petite.

On a ici un excellent exemple des erreurs auxquelles l'emploi d'un langage vague peut conduire un mathématicien de première classe, Cauchy n'écrivant pas, tout au moins dans ce passage, d'inégalités précises. La première ambiguïté se situe au point où il prétend que *l'accroissement de s_n sera, pour toutes les valeurs possibles de n, une quantité infiniment petite.* Si Cauchy veut dire par là que, pour *chaque n*, $s_n(x+\alpha) - s_n(x)$ tend vers 0 avec α, il a parfaitement raison puisque ses s_n, sommes finies de fonctions continues, sont continues. Si par contre il veut dire que, pour $|\alpha| < \delta$, on a $|s_n(x+\alpha) - s_n(x)| < \varepsilon$ pour *tous* les n à la fois, autrement dit que la famille des s_n est équicontinue, l'argument est faux même si la fonction limite est continue comme on l'a vu plus haut.

La seconde erreur consiste à prétendre que *l'accroissement de r_n deviendra insensible en même temps que r_n, si l'on attribue à n une valeur très considérable*; comme on a, pour x donné, $|r_n(x)| < \varepsilon$ pour $n > N(x)$ – c'est la convergence simple –, l'argument de Cauchy revient à dire que, pour $|\alpha| < \delta$, on a $|r_n(x+\alpha)| < \varepsilon$ pour tout $n > N(x)$, ce qui est la convergence uniforme locale mentionnée au début du n° précédent; celle-ci *résulte* de la continuité de la fonction limite, propriété qu'on ne saurait utiliser pour établir la continuité de celle-ci ...

C'est seulement en 1853 que Cauchy rectifiera son "théorème" de 1821 en utilisant fort correctement, sans la nommer, la convergence uniforme. Mais son erreur fut rapidement détectée. Le jeune mathématicien norvégien Abel, qui séjourne à Paris, fournit dans une lettre à un ami de 1825 (publiée en 1839 dans ses Oeuvres complètes), nous dit Dugac, le contre-exemple de la série

$$(6.1) \qquad \sin x - \sin 2x/2 + \sin 3x/3 - \ldots = \begin{cases} x/2 \text{ si } |x| < \pi, \\ 0 \quad \text{ si } |x| = \pi; \end{cases}$$

c'est l'une de celles que Fourier exhibe au début de sa *Théorie analytique de la chaleur*, après là série des signaux carrés qu'Abel aurait tout aussi bien pu utiliser et que Cauchy, à Paris où vit encore Fourier, aurait dû connaître ou qu'il a oubliée. On voit aussi Abel, dans la même lettre, pester contre les

séries divergentes et les manipulations inconsidérées de séries de fonctions
que, par exemple, on dérive terme à terme comme s'il s'agissait de sommes
finies (voir le n° 17); Abel observe que si l'on dérive la formule

$$(6.2) \qquad x/2 = \sin x - \sin 2x/2 + \sin 3x/3 - \dots,$$

on obtient la relation

$$(6.3) \qquad 1/2 = \cos x - \cos 2x + \cos 3x - \dots,$$

≪*résultat absolument faux, car la série est divergente*≫. C'est évident pour
certaines valeurs de x : pour $x = \pi/2$ par exemple, on trouve la "formule"

$$1/2 = 1 - 1 + 1 - 1 + \dots,$$

que nous avons déjà rencontrée. Il en est de même plus généralement pour
x commensurable à π puisqu'alors figurent parmi les multiples de x une
infinité de multiples entiers de π pour lesquels les termes correspondants de
(3) sont égaux à 1 ou −1. Le cas où x n'est pas commensurable à π est
encore pire, les valeurs des $\cos nx$ se répartissant au hasard[8] entre −1 et 1.
Tant qu'à faire, Abel aurait pu rendre la situation encore plus ridicule en
dérivant trois fois la relation (2) et en y faisant $x = 0$; on trouverait alors
que $0 = 1 - 4 + 9 - 16 + \dots$ C'est pourtant ce que fait Fourier : mais au lieu
de partir de la relation (3) qu'il cherche à établir, il part d'une série avec des
coefficients a_n a priori indéterminés et, en la dérivant ad libitum pour $x = 0$,
obtient pour les calculer des équations linéaires à une infinité d'inconnues
(!) entre les a_n, de sorte qu'il n'a jamais à écrire les extravagantes relations
que, pour *vérifier* la justesse de ses calculs, il aurait obtenues en donnant
à ces a_n les valeurs explicites 1, 1/3, etc. qu'il a finalement trouvées après
des calculs acrobatiques; ce doit être le record absolu de la prestidigitation
mathématique. Ses résultats n'en sont pas moins corrects pour autant.

En 1822, un jeune Allemand, Gustav Peter Lejeune Dirichlet (1805–1859)
ou Dirichlet tout court, déjà passionné de mathématiques, arrive comme Abel
à ce qui est alors la ville-lumière des mathématiques et de la physique[9]. Un an
plus tard, il a la chance de trouver un emploi fort confortable de précepteur
chez le général Fay[10], compagnon d'armes de Napoléon. Il y rencontre la

---

[8] Voir dans Hairer et Wanner, *Analysis by Its History*, p. 41, une curieuse représentation graphique des valeurs de la fonction $n \mapsto \sin n$ en échelle logarithmique pour n.

[9] Voir Amy Dahan-Dalmedico, *Mathématisations : Augustin-Louis Cauchy et l'école française* (Paris, Blanchard, 1992) et I. Grattan-Guinness, *Convolutions in French Mathematics*, 1800–1840 (Birkhauser Verlag, 3 vol., 1990).

[10] qui meurt en 1825. Dirichlet retourne en Allemagne en 1826, obtient à Breslau un poste qui ne l'intéresse pas, arrive à Berlin en 1828 où il enseignera pendant un quart de siècle des mathématiques banales à l'académie militaire, obtient en même temps un poste puis une chaire à l'université de Berlin que, fatigué de ses 13 heures de cours hebdomadaires mal payées, il quitte en 1855 pour succéder à Gauss à Göttingen. DSB.

"société" parisienne et notamment Fourier dont les travaux l'impressionnent aussi bien par leurs résultats époustouflants que par la fantaisie de leurs démonstrations. Il cherche, lui aussi, à édifier la théorie de Fourier sur des bases solides, tout particulièrement au voisinage des points où la somme est discontinue, ce qui tombe en plein dans le "théorème" de Cauchy et la série des signaux carrés de Fourier. On trouvera son principal résultat (1829), devenu classique, au Chap. VII; il justifie complètement la relation (2) et les formules de Fourier.

L'aspect *rétrospectivement* le plus extraordinaire de ces controverses est que, tout occupés qu'ils soient par la nécessité de débarrasser l'analyse de son flou artistique, ni Cauchy, ni Abel, ni Dirichlet, i.e. trois des plus grands mathématiciens du XIXème siècle, n'ait apparemment eu l'idée d'utiliser l'exemple incomparablement plus simple que nous avons fourni plus haut, que l'on pourrait varier ad libitum et qui a maintenant acquis le statut de tarte à la crème. Le fait qu'ils ne tracent jamais le graphe d'une fonction y est peut-être pour quelque chose : ce sont les premiers, Abel et Dirichlet beaucoup plus que Cauchy, qui tentent de *fonder l'analyse sur des raisonnements aussi rigoureux que ceux de l'arithmétique* et non pas sur des intuitions géométriques; sans pour autant dispenser leurs utilisateurs de démonstrations "arithmétiques", les dessins sont parfois utiles. Mais l'explication la plus probable est que, tout en commençant à avoir conscience de l'extrême généralité de la notion de fonction – Dirichlet en donne la première bonne définition générale –, ils sont encore prisonniers de celles de leurs prédécesseurs. Ce sont celles que l'on peut représenter par des formules algébriques (polynômes et fractions rationnelles) ou par des séries entières. Tout le XIXe siècle, à la suite de Cauchy, en construira la théorie (fonctions analytiques dans $\mathbb{C}$) mais, à l'autre extrémité du spectre qui va de l'hyper-normalité à la superpathologie, il introduira aussi en analyse des fonctions "bizarres" non continues, non dérivables, non représentables par des formules simples ou des séries entières, voire même réfractaires à toute théorie de l'intégration, etc. Habitués qu'ils sont encore aux calculs de virtuoses et aux belles formules de leurs prédécesseurs, ils ne voient pas les choses simples qui crèvent les yeux de nos contemporains. Etrange? Non. Les nouvelles idées n'entrent pas plus instantanément dans le folklore des mathématiciens que dans celui de toute autre corporation intellectuelle.

Enfin, il faut observer que Cauchy n'est pas le seul ni le premier à avoir eu ces idées; mais on ne prête qu'aux riches. A partir de 1817, dans des travaux assez obscurs, très en avance sur son temps par leur esprit et redécouverts plus tard – certains n'ont pas été connus avant 1930 –, Bernhard Bolzano (1781–1848), prêtre et professeur de "science des religions" à Prague[11] de

---

[11] Wolfgang Walter, *Analysis* I (Springer, 1992) nous dit que la chaire de Bolzano fut fondée par l'Empereur d'Autriche "pour combattre l'influence de plus en plus puissante de la libre-pensée des Lumières" (en allemand, l'Aufklärung). Bolzano, devenu le principal porte-parole de l'Aufklärung en Bohème, fut révoqué en 1819.

1805 à 1819, y publie en allemand (ou ne publie pas) la plupart des idées que l'on attribue à Cauchy – définition précise de la convergence et première idée du critère général dont il sera question au n° 10, entre autres – avec, ici encore, des démonstrations qui laissent à désirer; il croit encore en 1835 au théorème faux de Cauchy sur les limites de fonctions continues. Les idées et même les formulations de Cauchy sont si proches de celles de Bolzano qu'en 1975 I. Grattann-Guinness a tenté, en comparant les textes, de prouver que Cauchy avait plagié Bolzano, théorie réfutée par Hans Freudenthal (notamment dans sa superbe notice du DSB sur Cauchy) et peu vraisemblable compte-tenu de l'obscurité entourant à l'époque les activités de Bolzano: il n'est pas, à beaucoup près, un professionnel à temps plein intégré à la "communauté mathématique internationale". Il semble en particulier avoir été le premier à réfléchir à la notion de borne supérieure d'un ensemble; il montre qu'on peut l'approcher indéfiniment par des nombres rationnels, mais, hélas, n'en prouve pas l'existence, ce qui était de toute façon impossible aussi longtemps qu'on ne disposait pas d'une définition précise des nombres réels. Ces idées, que l'on rencontre aussi à la même époque chez Gauss, étaient manifestement dans l'air du temps mais le problème, résolu par Dedekind à partir de 1858, bloque les tentatives pour arithmétiser l'-analyse aussi longtemps que l'on parle de nombres dont on n'a pas compris la nature.

Tout cela pose le fort difficile problème de caractériser par des propriétés internes – nature des discontinuités – les fonctions qui sont des limites simples de fonctions continues. Il a été résolu par René Baire dans sa thèse de doctorat (1899) en utilisant des techniques extraordinairement subtiles de théorie des ensembles dans $\mathbb{R}$, lesquelles – y compris le simple énoncé du résultat – dépassent de beaucoup le niveau du présent exposé; les méthodes de Baire ont ensuite donné lieu à d'abondants travaux français (Borel, Lebesgue, Denjoy), puis ont suscité, entre les deux guerres, des travaux russes et polonais plus généraux ou analogues et souvent utiles. Le lecteur se consolera de ne pas connaître le célèbre théorème de Baire sur les limites de fonctions continues en lisant ce qu'à juste titre Dieudonné en écrit à Dugac en 1976 :

> avec le recul du temps il est bien clair aujourd'hui que la plus grande partie
> de ces travaux [de Baire, Borel, Lebesgue et Denjoy] n'a abouti qu'à une

---

Voir Jan Sebestik, *Logique et mathématiques chez Bernard Bolzano* (Paris, Vrin, 1992) où l'on verra notamment que Bolzano avait déjà des idées sur la théorie des ensembles mais, trop philosophe, manquait visiblement du langage propre à les exprimer mathématiquement, B. Bolzano, *Les paradoxes de l'infini* (Paris, trad. Seuil, 1993) et François Rivenc et Philippe de Rouilhan, *Logique et fondements des mathématiques. Anthologie* (1850–1914) (Paris, Payot, 1992).

impasse; il en reste essentiellement le "théorème de Baire[12]" et l'intégrale de Lebesgue, deux outils fondamentaux de toute l'analyse; mais tout le reste, pour le moment tout au moins, est à ranger dans les pièces de musée; je n'ai jamais vu de problème (non fabriqué *ad hoc*) où le fameux théorème sur les fonctions "ponctuellement discontinues" [i.e. la caractérisation par Baire des limites simples de fonctions continues] intervienne quelque part.

Oui. Mais avant la guerre, à la bibliothèque municipale du Havre fort bien fournie en mathématiques (à 17 ans, les auteurs français me suffisaient), ses très belles *Leçons sur les théories générales de l'analyse* (première édition en 1908), enseignées à Dijon, ont décidé de ma vocation. Essayez de les découvrir dans celle de votre ville : ce serait un meilleur test pour son niveau culturel que les romans policiers et de science-fiction ou les bandes dessinées pour enfants ou "adultes" que l'on trouve en quantité, dans la Ville Lumière, à la branche de la bibliothèque municipale proche de mon domicile.

7 – La distance de la convergence uniforme

Lorsqu'il s'agit de suites numériques, la convergence de u_n vers u s'exprime par la relation $\lim d(u_n, u) = 0$. Le but de ce n° est de montrer que la convergence uniforme d'une suite de fonctions peut s'exprimer sous la forme $\lim d(f_n, f) = 0$ en définissant convenablement la "distance" de deux fonctions.

Auparavant, nous allons reprendre les définitions relatives aux bornes supérieures (Chap. II, n° 9) pour les appliquer aux fonctions à valeurs numériques. Il s'agira de simples traductions.

Soit f une fonction définie sur un ensemble E quelconque[13] et à valeurs *réelles*. L'image $f(E)$, ensemble des nombres $f(x)$ où $x \in E$, est une partie de $\mathbb{R}$ dont la borne supérieure, finie ou infinie, s'appelle la *borne supérieure de f dans E* et se note

$$(7.1) \qquad \sup_{x \in E} f(x) = \sup(f(E));$$

---

[12] Disons qu'un ensemble $X \subset \mathbb{R}$ est *partout dense* dans un ensemble $Y \subset \mathbb{R}$ si tout point de Y est adhérent à X (donc limite de points de X, exemple $\mathbb{Q}$ dans $\mathbb{R}$). Alors l'intersection d'une famille *dénombrable* d'ensembles *ouverts* partout denses dans $\mathbb{R}$ est encore partout dense dans $\mathbb{R}$. En passant aux complémentaires, on obtient l'énoncé suivant : si F_n est une suite d'ensembles fermés ne contenant aucun point intérieur, il en est de même de leur réunion. Il y a des formulations différentes ou applicables à des espaces beaucoup plus généraux que $\mathbb{R}$. Voir Dieudonné, *Eléments d'analyse*, vol. 2, Chap. XII, n° 16.

[13] Etre "quelconque" ou "arbitraire" – certains plaisantins parlent même d'objets "arbitraires et par ailleurs quelconques" – n'est pas une propriété, c'est l'absence totale de quelqu'hypothèse que ce soit, et en particulier de l'hypothèse $E \subset \mathbb{R}$, totalement inutile pour ce qui suit.

c'est, aux notations près, la notion de borne supérieure d'une famille (u_i) de nombres réels (Chap. II, n° 9, fin).

Elle est finie si et seulement si f est, par définition, *bornée supérieurement*; c'est alors *le* nombre $u \in \mathbb{R}$ vérifiant

(SUP 1) on a $f(x) \leq u$ quel que soit $x \in E$,

(SUP 2) on a $u \leq M$ pour tout nombre M qui *majore* f,

i.e. tel que $f(x) \leq M$ quel que soit $x \in E$.

Comme au Chap. II, n° 9, on peut remplacer (SUP 2) par

(SUP 2') pour tout $r > 0$, il existe un x tel que $f(x) > u - r$.

Il se peut même qu'il existe un $a \in E$ où $f(a) = u$, auquel cas f possède en a un *maximum absolu*, mais en général un tel point n'existe pas[14] : la fonction x dans $E = [0, 1[$ a pour borne supérieure 1, mais on a $x < 1$ pour tout $x \in E$. Toutefois, il existe toujours une suite (x_n) de points de E telle que

$$(7.2) \qquad\qquad \lim f(x_n) = \sup f(x);$$

il suffit de choisir x_n de telle sorte que $f(x_n) > u - 1/n$, ce que permet (SUP 2').

On a des définitions et notations analogues pour le cas des bornes inférieures. Lorsque la borne supérieure est infinie, la condition (SUP 1) est vide et (SUP 2') signifie que, pour tout $A \in \mathbb{R}$, il y a dans E un point x où $f(x) > A$.

Si deux applications $f, g : E \longrightarrow \mathbb{R}$ sont bornées supérieurement ou inférieurement, il en est évidemment de même de la fonction $f + g$ et l'on a, avec ou sans ces hypothèses, les inégalités

$$(7.3') \qquad\qquad \sup(f(x) + g(x)) \leq \sup f(x) + \sup g(x),$$

$$(7.3'') \qquad\qquad \inf(f(x) + g(x)) \geq \inf f(x) + \inf g(x).$$

Si en effet on pose $\sup f(x) = A$ et $\sup g(x) = B$, on a $f(x) \leq A$ et $g(x) \leq B$ pour tout x, d'où $f(x) + g(x) \leq A + B$ et (3').

Si en outre f et g sont à valeurs positives et bornées supérieurement, l'application fg est, elle aussi, bornée supérieurement, car on peut multiplier membre à membre des inégalités entre nombres *positifs*.

Ces définitions n'ont pas de sens pour des fonctions à valeurs complexes. Dans ce cas, on peut, pour tout ensemble E sur lequel f est définie, définir le nombre positif

---

[14] On montrera toutefois au n° 9 que si f est une fonction à valeurs réelles définie et *continue* sur un intervalle *compact* I, alors il existe un $a \in I$ où $f(a)$ est maximum.

$$(7.4) \qquad \|f\|_E = \sup_{x \in E} |f(x)| \leq +\infty,$$

norme uniforme de f dans E. Si f est *bornée dans* E, i.e. s'il existe des nombres $M \geq 0$ tels que $|f(x)| \leq M$ pour tout $x \in E$ ou, ce qui revient au même, si $\|f\|_E < +\infty$, cette norme est donc le plus petit M possible. On peut donc toujours, et généralement avec avantage, remplacer une majoration de la forme

$$|f(x)| \leq M \quad \text{pour tout } x \in E$$

par $\|f\|_E \leq M$: les deux relations sont strictement équivalentes et la seconde est plus concise.

Il est clair que si f et g, à valeurs complexes, sont bornées, il en est de même de $f + g$ et de fg; on a alors

$$(7.5) \qquad \|f + g\|_E \leq \|f\|_E + \|g\|_E,$$

$$(7.6) \qquad \|fg\|_E \leq \|f\|_E . \|g\|_E$$

puisque les seconds membres majorent $|f(x) + g(x)|$ et $|f(x)g(x)|$ quel que soit x. Il est encore plus évident que l'on a

$$\|c.f\|_E = |c| . \|f\|_E$$

pour toute constante $c \in \mathbb{C}$. La formule d'associativité des bornes supérieures établie à la fin du n° 9 du Chap. II se traduit comme suit : si f est une fonction numérique définie sur la réunion $E = \bigcup E_i$, $i \in I$, d'une famille quelconque d'ensembles, alors

$$\|f\|_E = \sup_{i \in I} \|f\|_{E_i}.$$

Lorsque f et g sont des fonctions à valeurs complexes définies sur E, on définit leur *distance uniforme* sur E par

$$(7.7) \qquad d_E(f,g) = \|f - g\|_E = \sup |f(x) - g(x)|.$$

Le premier membre de (7), s'il est fini (par exemple si f et g sont bornées, condition non nécessaire), est donc le plus petit nombre $M \geq 0$ tel que l'on ait

$$(7.8) \qquad |f(x) - g(x)| \leq M \text{ quel que soit } x \in X.$$

L'inégalité (5) montre que, si f, g et h sont trois fonctions bornées sur E, on a

(7.9) $$d_E(f, g) \le d_E(f, h) + d_E(h, g).$$

Il est par ailleurs clair que l'on a toujours $d_E(f, g) \ge 0$ et que cette distance ne peut être nulle que si $f = g$: on doit exprimer que 0 majore tous les nombres $|f(x) - g(x)|$.

La convergence uniforme sur E d'une suite de fonctions (f_n) vers une fonction limite f peut se traduire immédiatement à l'aide de cette notion. On ne changerait évidemment rien à la situation en remplaçant dans (5.5) l'inégalité stricte par une inégalité large. Mais dire que, pour un n donné, on a $d[f(x), f_n(x)] \le r$ quel que soit $x \in E$ revient à dire que $d_E(f, f_n) \le r$. Comme, pour tout $r > 0$, cette relation doit être vérifiée pour n assez grand, on en conclut que *la convergence uniforme sur E équivaut à la relation*

(7.10) $$\lim d_E(f, f_n) = 0$$

analogue à celle qui exprime la convergence d'une suite de nombres. Cet énoncé, pour trivial qu'il soit, nous servira constamment.

On en déduit facilement, comme dans le cas des suites numériques, des règles de calcul algébriques sur la convergence uniforme; leur emploi permet souvent d'éviter des calculs explicites.

(R 1) *Si deux suites (f_n) et (g_n) convergent uniformément vers f et g, la suite $(f_n + g_n)$ converge uniformément vers $f + g$.*

On a en effet $d_E(f_n + g_n, f + g) \le d_E(f_n, f) + d_E(g_n, g)$.

(R 2) *Si deux suites (f_n) et (g_n) convergent uniformément vers f et g et si les fonctions limites f et g sont bornées, la suite $(f_n g_n)$ converge uniformément vers fg.*

Pour le voir, on utilise l'identité

$$f_n g_n - fg = (f_n - f)(g_n - g) + f(g_n - g) + g(f_n - f),$$

d'où, d'après (5) et (6) et en omettant les indices E,

$$\|f_n g_n - fg\| \le \|f_n - f\| . \|g_n - g\| + \|f\| . \|g_n - g\| + \|g\| . \|f_n - f\|;$$

il suffit donc que $\|f\|$ et $\|g\|$ soient finis pour que le premier membre tende vers 0.

L'hypothèse que f et g sont bornées est essentielle comme le montre le contre-exemple suivant. On prend $E = [0, +\infty[$, $f_n(x) = x + 1/n$ et $g_n(x) = 1/n$, d'où $f(x) = x$, $d(f_n, f) = 1/n$, $g(x) = 0$ et $d(g_n, g) = 1/n$. La fonction $f_n(x)g_n(x) = x/n + 1/n^2$ converge simplement vers $0 = f(x)g(x)$ mais non uniformément car elle n'est pas même bornée dans E.

(R 3) *Si une suite de fonctions f_n converge uniformément sur E vers une fonction limite f et si* $\inf |f(x)|$ *est strictement positif, la suite* $(1/f_n)$ *converge uniformément vers* $1/f$. On a en effet

$$|1/f_n(x) - 1/f(x)| = |f_n(x) - f(x)|/|f_n(x)|.|f(x)| \leq$$
$$\leq d_E(f_n, f)/|f_n(x)|.|f(x)|,$$

de sorte que pour *majorer* le résultat il faut *minorer* le dénominateur de cette fraction. S'il existe un nombre $m > 0$ tel que $|f(x)| \geq m$ quel que soit $x \in E$, la relation $\|f_n - f\| < m/2$, valable pour n grand, montre que l'on a

$$|f_n(x)| \geq m/2 \text{ pour tout } x \in E$$

si n est assez grand, d'où $d_E(1/f_n, 1/f) \leq 2d_E(f_n, f)/m^2$ pour n grand, cqfd. La règle (R 3) exige que la fonction limite f reste "uniformément au large de zéro" pour n grand ou, ce qui revient au même, *que la fonction* $1/f$ *soit bornée*. Même si f et les f_n ne s'annulent jamais, la convergence uniforme de f_n vers f n'implique aucunement celle de $1/f_n$ vers $1/f$. Si l'on prend par exemple $E = [1, +\infty[$ et $f_n(x) = 1/x + 1/nx$, on a $f(x) = 1/x$ et $d(f_n, f) = \sup |1/nx| = 1/n$, de sorte que f_n converge uniformément vers f; mais

$$1/f(x) - 1/f_n(x) = x/(n+1)$$

ne converge pas *uniformément* vers 0 et n'est pas même bornée dans E.

8 – Séries de fonctions continues. Convergence normale

La notion de convergence uniforme s'applique aux séries de fonctions en considérant leurs sommes partielles : si $s(x) = \sum u(n, x)$, la convergence uniforme signifie par définition que, pour $p \in \mathbb{N}$ donné et pour tout n assez grand, la somme partielle $s_n(x) = u(1, x) + \ldots + u(n, x)$ est égale à $s(x)$ à 10^{-p} près pour *tout* $x \in X$, ensemble dans lequel les fonctions $x \mapsto u(n, x)$ sont définies; cela signifie aussi que le "reste" $r_n(x)$ de la série converge uniformément vers 0.

Un cas particulièrement simple est celui d'une *série normalement convergente* de fonctions $u(n, x)$, notion abondamment utilisée par Weierstrass mais dont Remmert, *Funktionentheorie 1*, p. 84, attribue la définition explicite et le nom à Baire, *Leçons sur les théories générales de l'analyse*, que je n'ai pas relues depuis plus d'un demi-siècle et dont, apparemment, j'avais oublié les détails : on suppose qu'il existe une série *convergente* à termes positifs $\sum v(n)$ *dont les termes sont indépendants de* x et telle que l'on ait

(8.1) $|u(n, x)| \leq v(n)$ quels que soient $n \in \mathbb{N}$ et $x \in E$.

On peut exprimer cette définition d'une façon beaucoup plus frappante. En notation $u_n(x)$, la relation précédente équivaut en effet, d'après la définition même des normes uniformes, à

$$(8.2) \qquad \|u_n\|_E \leq v(n).$$

La convergence normale implique donc

$$(8.3) \qquad \sum \|u_n\|_E < +\infty$$

et en fait lui est équivalente puisque l'on a $|u_n(x)| \leq \|u_n\|_E$ pour tout $x \in E$, de sorte que la série de terme général $v(n) = \|u_n\|_E$ convient à la définition initiale. L'avantage de (3) est de ne faire intervenir aucune série $\sum v(n)$ particulière, mais la définition initiale est souvent plus commode en pratique.

Ceci dit, il est tout d'abord clair que la série $\sum u(n, x)$ converge absolument pour tout x. D'autre part, on a

$$|s(x) - s_n(x)| = |u(n+1, x) + \ldots| \leq v(n+1) + \ldots,$$

et comme la différence entre la somme totale et la n-ième somme partielle de la série $\sum v(n)$ est $< r$ pour $n > N$, on en déduit qu'il en est de même de $|s(x) - s_n(x)|$ *quel que soit* $x \in E$; d'où la convergence uniforme de $s_n(x)$ vers $s(x)$, avec

$$(8.4) \qquad d_E(s_n, s) \leq v(n+1) + \ldots.$$

Noter aussi la relation

$$(8.5) \qquad \left\| \sum u_n \right\|_E \leq \sum \|u_n\|_E$$

qui résulte du fait que, pour tout x, on a

$$\left| \sum u_n(x) \right| \leq \sum |u_n(x)| \leq \sum \|u_n\|_E.$$

Conséquence, qui sera généralisée au n° 13 :

Théorème 9. *La somme d'une série normalement convergente de fonctions continues est continue*[15].

Exemple 1. Une *série trigonométrique*

$$(8.6) \qquad c_0 + \sum_{n=1}^{\infty} a_n \cdot \cos nx + \sum_{n=1}^{\infty} b_n \cdot \sin nx$$

---

[15] La définition de la convergence normale et le théorème 9 s'étendent de façon évidente aux sommes indexées par un ensemble dénombrable d'indices I quelconque. Voir n° 18.

dont les coefficients vérifient

$$\sum (|a_n| + |b_n|) < +\infty$$

a pour somme une fonction continue sur $\mathbb{R}$ [ce qui, on le notera, n'est aucunement le cas de la série des signaux carrés du n° 2 que l'on va réexaminer
au n° 11]. On démontre (chap. VII) que les séries de Fourier des fonctions
périodiques *admettant une dérivée partout continue* sont dans ce cas, bien
que cette condition ne soit pas nécessaire[16].

Exemple 2. Considérons, pour $s > 1$ non nécessairement entier, la série de
Riemann

$$\zeta(s) = \sum 1/n^s.$$

Comme a^s est fonction croissante de s pour tout $a > 1$, on a

$$1/n^s \leq 1/n^\sigma \text{ pour } s \geq \sigma$$

et comme la série $\sum 1/n^\sigma$ converge pour $\sigma > 1$, on en déduit que la série
converge normalement dans tout intervalle $[\sigma, +\infty[$ avec $\sigma > 1$, inégalité
stricte. Les fonctions a^s étant continues, la fonction zêta l'est donc aussi
pour $s > 1$. Elle possède des propriétés plus spectaculaires, mais cela nous
mènerait trop loin.

On notera que, par contre, la série de Riemann ne converge pas normalement dans l'intervalle $X =]1, +\infty[$. On a en effet $1/n^s < 1/n$ pour tout $s > 1$
et il est clair (ou le deviendra au Chap. IV) que $1/n^s$ tend pour tout n vers
$1/n$ lorsque $s \to 1 + 0$; on a donc ici $\|u_n\|_X = 1/n$, ce qui interdit la relation
(3).

*Exemple 3. Toute série entière qui converge dans un disque de rayon $R > 0$
converge normalement dans tout disque de rayon strictement inférieur à R.*

---

[16] La théorie dont nous exposerons au Chap. VII les aspects les plus élémentaires associe à chaque fonction périodique réglée une série trigonométrique
dont les coefficients vérifient une relation sensiblement plus faible, à savoir
$\sum(|a_n|^2 + |b_n|^2) < +\infty$, ce qui est par exemple le cas de la série des signaux
carrés. La théorie complète, valable pour les fonctions "de carré intégrable" au
sens de l'intégrale de Lebesgue, ne va pas plus loin. Pour dépasser ce type de
séries, il faut utiliser les "distributions" de L. Schwartz (Chap. V), sortes de
fonctions généralisées auxquelles on peut attribuer des séries de Fourier dont les
coefficients ne croissent pas plus vite qu'une puissance de n comme on le verra
au Chap. VII.

Mettons en garde le lecteur : à côté d'aspects élémentaires très simples, la
théorie des séries trigonométriques présente des aspects très subtils qui dépassent
de loin le cadre des séries absolument ou uniformément convergentes; on ne les
utilise heureusement pas dans la plupart des domaines de l'analyse, bien qu'ils
occupent toujours des spécialistes et donnent lieu à des travaux fort intéressants.

Soit en effet $r < R$. Nous savons depuis le Chap. II que la série donnée $f(z) = \sum a_n z^n$ converge absolument pour $|z| = r$; comme on a $|a_n z^n| \leq |a_n r^n| = v(n)$ pour $|z| \leq r$, la convergence normale s'ensuit et, incidemment, à nouveau la continuité de la somme; mais on en sait bien davantage !

L'hypothèse $r < R$ est essentielle. Considérons par exemple la série géométrique $\sum z^n$ qui converge pour $|z| < 1$ vers la fonction $s(z) = 1/(1-z)$. Nous allons montrer que la série ne converge pas normalement, ni même uniformément, dans le disque $|z| < 1$. S'il en était ainsi, on pourrait en effet trouver un n tel que l'on ait

$$|s(z) - s_n(z)| \leq 1$$

dans tout le disque $|z| < 1$. Le polynôme $s_n(z) = 1 + z + \ldots + z^n$ étant, en valeur absolue, majoré par $n + 1$ pour $|z| < 1$, on devrait donc avoir $|s(z)| \leq n + 2$, i.e. $|1 - z| \geq 1/(n+2)$ pour $|z| < 1$; impossible au voisinage de $z = 1$. Comme au surplus $|s(z) - s_n(z)| = |z|^{n+1}/|1 - z|$, il est clair que, pour n donné, le premier membre augmente indéfiniment lorsque $|z|$ tend vers 1, donc n'est pas même borné dans $|z| < 1$.

Si l'on se limite provisoirement aux valeurs réelles de z et si l'on remarque que tout intervalle compact, donc fermé, contenu dans $X =\ ]-1, +1[$ est en fait contenu dans un intervalle $[-q, +q]$ avec $q < 1$, on a donc obtenu une série de fonctions continues qui, sans converger uniformément dans l'intervalle *ouvert* X, converge uniformément dans tout intervalle *compact* contenu dans X. Phénomène très fréquent, valable pour toute série entière et qui suffit néanmoins à assurer la continuité de la somme de la série. Elle est en fait continue dans $[-1, 1[$ puisqu'égale à $1/(1 - z)$; l'exemple suivant en fournira une meilleure raison dans un cas plus intéressant.

Exemple 4. Considérons pour x réel la série

$$(8.7) \qquad L(x) = x - x^2/2 + x^3/3 - \ldots = \sum_{n \geq 1} (-1)^{n+1} x^n / n$$

qui, on le verra (n° 16, exemple 1), a pour somme la fonction $\log(1 + x)$. Elle converge absolument pour $|x| < 1$ puisque son terme général est, en valeur absolue, majoré par celui de la série géométrique correspondante. Elle converge aussi pour $x = 1$ puisqu'on a alors la série harmonique alternée $\sum (-1)^{n+1}/n$. Enfin, elle diverge pour $x = -1$ (série harmonique). Montrons que *sa somme est continue dans l'intervalle* $]-1, 1]$ *où elle est définie*.

Il n'y a aucun problème pour $|x| < 1$ puisqu'il s'agit d'une série entière dont le rayon de convergence est évidemment 1. Pour examiner ce qui se passe lorsque x tend vers 1, plaçons nous dans $[0, 1]$. La série est alors alternée à termes décroissants. Notant $L_n(x)$ la n-ième somme partielle de la série, le résultat général du Chap. II, n° 13 nous dit alors que l'on a

$$(8.8) \qquad |L(x) - L_n(x)| \leq x^{n+1}/(n + 1) \leq 1/(n + 1) \quad \text{pour } 0 \leq x \leq 1.$$

Par conséquent, $L_n(x)$ converge *uniformément* vers $L(x)$ dans cet intervalle, d'où la continuité dans l'intervalle *fermé* $[0, 1]$ et donc dans $\,]-1, 1]$ comme annoncé. *Si l'on sait* que la fonction $\log(1 + x)$ est continue pour $x > -1$ et est représentée par la série (7) pour $|x| < 1$ (inégalité stricte), on peut donc passer à la limite lorsque $x \to 1 - 0$, d'où

$$(8.9) \qquad\qquad 1 - 1/2 + 1/3 - 1/4 + \ldots = \log 2.$$

Il va sans dire que cette formule n'est pas plus adaptée au calcul numérique de $\log 2$ que la formule de Leibniz pour $\pi/4$ qui suscita l'ironie de Newton.

Il faut aussi remarquer que, si la série (7) converge *uniformément* dans $[0, 1]$, nous n'avons pas prouvé qu'elle *y* converge *normalement*, car c'est évidemment faux : une série à termes positifs qui majore les modules des termes de (7) quel que soit $x \in [0, 1]$ doit, pour $x = 1$, majorer la série harmonique et n'a donc aucune chance de converger.

Exemple 5. Considérons la série des signaux carrés. Elle ne peut évidemment pas converger uniformément dans l'intervalle $[0, \pi]$ puisque sa somme $s(x)$ est discontinue en $x = \pi/2$; au reste, si vous considérez la partie du plan comprise entre les graphes de $s(x)+r$ et $s(x)-r$, avec par exemple $r = \pi/12$, vous obtenez la réunion des trois ensembles suivants :

(i) $\qquad\qquad 0 \leq x < \pi/2, \qquad \pi/6 < y < \pi/3,$

(ii) $\qquad\qquad\qquad x = \pi/2, \qquad |y| < \pi/12,$

(iii) $\qquad \pi/2 < x \leq \pi, \qquad -\pi/3 < y < -\pi/6.$

Comment un graphe situé tout entier dans cette bande pourrait-il bien passer de la bande (i) à la bande (iii) à travers (ii) tout en restant *continu*? Un simple

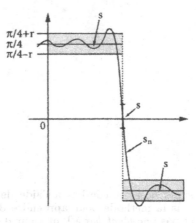

fig. 10.

dessin suffira à faire comprendre le problème, qui donne lieu à un "phénomène de Gibbs" que les électroniciens appellent l'*overshoot*. En attendant de lire le chapitre de ce livre consacré aux séries de Fourier, le lecteur pourra s'exercer à tracer les graphes des premières sommes partielles de la série; cet exercice ne suppose que des connaissances élémentaires sur les dérivées et les fonctions trigonométriques et met le phénomène très visiblement en évidence[17]. Quant à la convergence de la série, que les critères simplistes du Chap. II ne suffisent pas à ilucider, elle sera établie au n° 11.

Exemple 6. Considérons pour $k \geq 3$ la série

$$f_k(z) = \sum (z - \omega)^{-k}$$

de Weierstrass (Chap. II, n° 23). Comme on l'a fait alors, supposons que z reste dans un disque $D : |z| \leq R$, de rayon fini et ôtons de la série les termes, en nombre fini, pour lesquels $|\omega| < 2R$. On a alors évidemment $|z-\omega| \geq |\omega|/2$ pour tout $z \in D$ et tout ω. Par suite, la série est, dans D, dominée au facteur 2^k près par la série $\sum 1/|\omega|^k$ dont nous avons vu qu'elle converge. La série f_k est donc normalement convergente dans D (abstraction faite des termes pour lesquels $|\omega| < 2R$).

---

[17] On peut aussi, bien sûr, tracer ces courbes à l'aide de programmes informatiques, mais ce n'est pas la méthode pour apprendre des mathématiques; les mathématiques ne sont pas une *black box* à l'intérieur de laquelle se produisent des phénomènes qu'on ne cherche pas à comprendre.

§3. Bolzano-Weierstrass et critère de Cauchy

9 – Intervalles emboîtés, Bolzano-Weierstrass, ensembles compacts

Le but de ce n° est de préparer la démonstration du critère général de convergence de Cauchy que l'on établira au n° suivant. Mais ces résultats préliminaires sont, par eux mêmes, tout aussi importants.

Tout repose sur le résultat suivant :

Théorème 10. *Soit $(K_p)_{p \in I}$ une famille quelconque[18] d'intervalles compacts non vides. Supposons que, quels que soient $p, q \in I$, il existe un $r \in I$ tel que $K_r \subset K_p \cap K_q$. Alors l'intersection des K_p est un intervalle* compact *non vide.*

Posons en effet $K_p = [a_p, b_p]$ avec a_p et b_p finis. L'intersection des K_p est évidemment l'ensemble des $x \in \mathbb{R}$ tels que l'on ait

$$a_p \leq x \leq b_p \quad \text{quel que soit } p \in I.$$

Si l'on pose $a = \sup a_p$ et $b = \inf b_p$, la relation précédente équivaut à $a \leq x \leq b$ par définition des bornes supérieure et inférieure d'une famille de nombres réels. Il reste à prouver que l'intervalle compact $[a, b]$, intersection des K_p comme on vient de le voir, est non vide, i.e. que $a \leq b$.

Mais le fait que, quels que soient p et q, l'intersection $K_p \cap K_q$ soit non vide – elle contient un K_r – montre que l'on a $a_p \leq b_q$. Puisque b_q majore tous les a_p, il majore aussi leur borne supérieure a. Puisque a minore tous les b_q, il minore aussi leur borne inférieure b, d'où $a \leq b$, cqfd. Comparez à la démonstration du Théorème 5 ou, plus loin, à la seconde démonstration du théorème 13 (critère de Cauchy).

Corollaire 1 (Principe des intervalles emboîtés). *Soit $I_1 \supset I_2 \supset \dots$ une suite* décroissante *d'intervalles compacts non vides. L'intersection des I_n est un intervalle compact non vide.*

Evident; l'ensemble d'indices du théorème 10 est ici $\mathbb{N}$.

Corollaire 2. *Soit $(J_i)_{i \in I}$ une famille infinie d'intervalles compacts non vides. Pour que l'intersection des J_i soit non vide, il faut et il suffit que, quels que soient $i_1, \dots, i_n \in I$, l'intersection des J_i correspondants soit non vide.*

La condition de l'énoncé est évidemment nécessaire.

Pour montrer qu'elle est suffisante, posons

---

[18] Le fait d'appeler p, q, r les éléments de I n'indique pas qu'il s'agit de nombres entiers : un ensemble quelconque est un ensemble quelconque.

$$K_F = \bigcap_{i \in F} J_i$$

pour toute partie F *finie* de I. Par hypothèse, les K_F sont, comme les J_i, des intervalles compacts non vides. Si de plus F' et F'' sont deux parties finies de I et si $F = F' \cup F''$, on a (associativité des intersections)

$$K_F = \bigcap_{i \in F' \cup F''} J_i = \bigcap_{i' \in F'} J_{i'} \cap \bigcap_{i'' \in F''} J_{i''} = K_{F'} \cap K_{F''},$$

de sorte que la famille des K_F, indexée par l'ensemble de toutes les parties finies de I, satisfait à l'hypothèse du théorème 10. L'intersection de tous les K_F, i.e. de tous les J_i, est donc un intervalle compact non vide, cqfd.

Si par exemple on a une famille dénombrable (J_n), l'hypothèse de l'énoncé signifie que $J_1 \cap \ldots \cap J_n = I_n$ est non vide quel que soit n, car toute partie finie de $\mathbb{N}$ est contenue dans un ensemble $\{1, \ldots, n\}$. Dans ce cas, le corollaire 2 résulte directement du précédent.

Corollaire 3 (théorème de Bolzano–Weierstrass). *De toute suite bornée de nombres complexes, on peut extraire une suite partielle convergente.*

Examinons d'abord le cas d'une suite $u(n)$, $n \in \mathbb{N}$, à termes réels, donc contenue dans un intervalle compact I de rayon r. Partageons I en deux intervalles compacts égaux (ils ont un point commun, mais peu importe) et, pour chacun d'eux, considérons l'ensemble des $n \in \mathbb{N}$ tels que $u(n)$ lui appartienne. On obtient ainsi deux parties de $\mathbb{N}$ ayant $\mathbb{N}$ pour réunion. L'une d'elles au moins, soit $\mathbb{N}_1$, est un ensemble infini; notons I_1 celle des deux moitiés de I qui contient les $u(n)$ correspondant à $\mathbb{N}_1$. Ceci fait, partageons à nouveau I_1 en deux intervalles compacts égaux; le raisonnement précédent montre que, pour l'une de ces deux moitiés, soit I_2, l'ensemble $\mathbb{N}_2$ des $n \in \mathbb{N}_1$ tels que $u(n) \in I_2$ est infini. Ceci fait, partageons à nouveau I_2 en deux moitiés égales, etc.

On définit ainsi une suite *décroissante* d'intervalles *compacts* non vides $I_k \subset I$ et une suite *décroissante* de parties *infinies* $\mathbb{N}_k$ de $\mathbb{N}$ vérifiant les conditions suivantes :

(i)   on a $u(n) \in I_k$ pour tout $n \in \mathbb{N}_k$;
(ii) I_k est de rayon $r/2^k$

où r est le rayon de I. D'après le Corollaire 1 ci-dessus, les I_k ont un point commun u, évidemment unique en raison de (ii).

Notons p_1 le plus petit élément de $\mathbb{N}_1$. Tout élément de $\mathbb{N}_2$ est $\geq p_1$ puisque $\mathbb{N}_2 \subset \mathbb{N}_1$; puisque $\mathbb{N}_2$ est infini, il contient des nombres strictement supérieurs à p_1; notons $p_2 > p_1$ le plus petit d'entre eux. D'une manière générale, notons p_k le plus petit des nombres de $\mathbb{N}_k$ qui est $> p_{k-1}$. Enfin, posons $v(k) = u(p_k)$, suite extraite de la suite donnée.

La relation (i) ci-dessus montre que $v(k) \in I_k$ pour tout k, donc vérifie $|v(k) - u| < r/2^k$. La suite partielle $v(k)$ converge donc vers u, ce qui termine la démonstration pour les suites réelles.

Le passage aux suites complexes $u(n) = v(n) + i.w(n)$ est immédiat : on extrait de la suite des $v(n)$ une suite partielle $v(p_n)$ convergente, puis on procède de même sur la suite $w(p_n)$ – et non pas sur la suite $w(n)$ complète. A l'aide de deux extractions successives de suites partielles, on parvient ainsi à faire converger les parties réelle et imaginaire de la suite donnée, donc aussi celle-ci, cqfd.

Exercice : démontrer directement le théorème de BW en utilisant les développements décimaux des nombres réels.

Le théorème de BW conduit à l'une des notions les plus fondamentales de toute l'analyse, celle de *partie compacte* de $\mathbb{C}$; on appelle ainsi tout ensemble $K \subset \mathbb{C}$ qui est à la fois *borné et fermé*. Les ensembles compacts possèdent, et sont les seuls à posséder, la propriété de BW : *de toute suite de points de K, on peut extraire une suite partielle qui converge vers un point de K.* Démonstration en deux temps :

(i) Toute suite de points de K est, comme K, bornée; on peut donc en extraire une suite convergente; la limite de celle-ci appartient à K d'après la définition même des ensembles *fermés* donnée au n° 1 : on ne peut pas sortir de K par passage à la limite.

(ii) Supposons inversement qu'un ensemble $K \subset \mathbb{C}$ possède la propriété en question. Tout d'abord, K est borné, faute de quoi on pourrait, pour tout n, trouver un $u_n \in K$ tel que $|u_n| > n$; il serait alors impossible d'extraire une suite convergente de la suite ainsi obtenue. D'autre part, K est fermé, car si une suite $u(n) \in K$ converge vers une limite $u \in \mathbb{C}$, on peut par hypothèse en extraire une suite qui converge vers une limite *appartenant à* K; celle-ci ne peut être que u, d'où $u \in K$, cqfd.

Le principe des intervalles emboîtés s'étend à toute suite décroissante d'ensembles compacts non vides $K_n \subset \mathbb{C}$. Il suffit de choisir un $u(n) \in K_n$ pour tout n et d'extraire de la suite $u(n)$ une suite partielle convergente $v(n) = u(p_n)$. Puisque l'on a $K_i \supset K_{i+1} \supset \ldots$ et $p_i \geq i$, on a $v(n) \in K_{p(n)} \subset K_n \subset K_i$ pour tout $n > i$, de sorte que la limite des $v(n)$ appartient à chaque K_i, cqfd.

Il n'est pas même vraiment nécessaire, dans l'énoncé ci-dessus, de supposer que les K_n décroissent; il suffit que les intersections partielles $K_1 \cap K_2 \cap \ldots \cap K_n = H_n$ soient non vides. Celles-ci décroissent et sont encore compactes puisque toute intersection, finie ou non, d'ensembles fermés est encore fermée comme on l'a vu au n° 1. Il reste alors à appliquer l'énoncé précédent aux H_n.

Nous retrouverons les ensembles compacts plus tard, à l'occasion de la théorie de l'intégration notamment. Notons pour le moment le résultat fondamental suivant :

Théorème 11. *Soient K une partie compacte de $\mathbb{C}$ et f une application continue de K dans $\mathbb{C}$. Alors l'image $f(K)$ de K par f est compacte.*

Il suffit de montrer que $f(K)$ possède la propriété de BW. Mais soit $y(n)$ une suite de points de $f(K)$; choisissons des $x(n) \in K$ tels que $y(n) = f(x(n))$; puisque K est compact, il existe une suite partielle $x(p_n)$ qui converge vers un $x \in K$; il est clair qu'alors la suite des $y(p_n)$ converge vers $y = f(x) \in f(K)$, cqfd.

Corollaire. *Soit f une fonction à valeurs réelles définie et continue dans une partie compacte K de $\mathbb{C}$. Il existe alors des points $a, b \in K$ tels que l'on ait*

$$f(a) \leq f(x) \leq f(b) \text{ pour tout } x \in K.$$

L'image $f(K)$ est en effet une partie compacte de $\mathbb{R}$. Elle est bornée, de sorte que $u = \inf(f(K))$ et $v = \sup(f(K))$ sont finis. $f(K)$ étant fermée contient u et v. Il existe donc des points $a, b \in K$ où l'on a $f(a) = u$ et $f(b) = v$, cqfd.

Le corollaire précédent, exprimant que f possède dans K un minimum et un maximum absolus, peut se généraliser au cas de fonctions continues à valeurs complexes : *pour que l'équation $f(x) = w$ possède, pour $w \in \mathbb{C}$ donné, une solution exacte $x \in K$, il suffit que, pour tout $n \in \mathbb{N}$, elle possède une solution à 10^{-n} près*, i.e. qu'il existe un $x_n \in K$ tel que $|f(x_n) - w| < 10^{-n}$. Si en effet il en est ainsi, w est adhérent à $f(K)$, donc lui appartient puisque $f(K)$ est compact et donc fermé.

Théorème 12. *Soit f une fonction à valeurs complexes définie, continue et injective dans un ensemble compact $K \subset \mathbb{C}$. Alors l'application réciproque $g : f(K) \to K$ de f est continue.*

Soit $b = f(a)$ un point de $H = f(K)$, donnons-nous un $r > 0$ et considérons l'ensemble K' des $x \in K$ tels que $d(a, x) \geq r$. Il est fermé et borné comme K, donc compact. Par suite, $H' = f(K')$ est une partie compacte de $\mathbb{C}$ (en fait de H) et en particulier fermée. Comme f est injective, H' ne contient pas b, de sorte qu'il existe un $r' > 0$ tel que la boule $B(b, r')$ ne rencontre pas H'. Il est clair qu'alors

$$f(x) \in B(b, r') \implies x \in B(a, r),$$

cqfd.

10 – Le critère général de convergence de Cauchy

Théorème 13 (critère général de convergence de Cauchy pour les suites). *Pour qu'une suite (u_n) de nombres complexes converge, il faut et il suffit que, pour tout $r > 0$, on ait*

(10.1) $d(u_p, u_q) < r$ *pour p et q assez grands.*

Première démonstration. On utilise le théorème de BW. D'après celui-ci, il existe une suite partielle $u(p_n)$ qui converge vers une limite u. Pour $r > 0$ donné, on a donc $|u(p_n) - u| < r$ pour n grand. Mais comme $p_n \geq n$, on a aussi, par hypothèse, $|u(p_n) - u(n)| < r$ dès que n est assez grand. On a donc $|u(n) - u| < 2r$ pour n grand, cqfd.

Seconde démonstration. Remarquons tout d'abord que, si la suite donnée vérifie (1), il en est de même des suites formées à l'aide des parties réelles et imaginaires des u_n. On peut donc se borner au cas d'une suite de nombres réels.

Pour tout $n \in \mathbb{N}$, désignons par E_n l'ensemble des u_p pour lesquels $p \geq n$, i.e. $E_n = \{u_n, u_{n+1}, \dots\}$. Ces E_n forment une suite décroissante de parties non vides de $\mathbb{R}$. La condition (1) montre par ailleurs que la suite (u_n) et donc aussi les ensembles E_n sont bornés. Posons

$$a_n = \inf E_n, \qquad b_n = \sup E_n, \qquad I_n = [a_n, b_n].$$

Les I_n sont donc des intervalles compacts.

Puisque $E_n \supset E_{n+1}$, tout nombre qui majore (resp. minore) E_n majore (resp. minore) E_{n+1}. On a donc

$$a_n \leq a_{n+1} \leq b_{n+1} \leq b_n$$

et par suite $I_n \supset I_{n+1}$. Le principe des intervalles emboîtés montre alors l'existence d'un $u \in \mathbb{R}$ appartenant à tous les I_n. C'est la limite cherchée de la suite (u_n).

Donnons-nous en effet un $r > 0$ et supposons qu'on ait (1) pour $p, q > N$. Par définition de E_N, on a alors $|x - y| < r$ quels que soient $x, y \in E_N$, d'où $|a_N - b_N| \leq r$ puisque les bornes inférieure et supérieure d'un ensemble sont aussi des limites d'éléments de celui-ci. Comme $u \in I_N$, on a donc $|u - x| \leq r$ pour tout $x \in I_N$ et en particulier pour tout $x \in E_N$. D'où $|u - u_n| \leq r$ dès que $n > N$, cqfd.

Exemple 1. Considérons dans le plan un ensemble fermé F et, pour tout $x \in \mathbb{C}$, soit

$$d(x, F) = \inf_{z \in F} d(x, z) = \inf |x - z|$$

la distance de x à F. Tout d'abord, c'est une fonction continue de x. Pour tout $r > 0$, il existe en effet un $z \in F$ tel que $d(x, z) \leq d(x, F) + r$, d'où, pour tout $y \in \mathbb{C}$,

$$d(y, z) \leq d(y, x) + d(x, F) + r$$

et donc $d(y, F) \leq d(y, x) + d(x, F) + r$; puisque r est arbitraire, on en déduit que $d(y, F) \leq d(x, F) + d(y, x)$ ainsi que l'inégalité obtenue en permutant x et y; d'où finalement la relation

$$|d(x, F) - d(y, F)| \leq d(x, y)$$

qui prouve la continuité, que F soit ou non fermé.

Lorsque F est *fermé*, il existe toujours quel que soit x au moins un $a \in F$ où l'on a $d(x, a) = d(x, F)$, i.e. un point à la distance minimum de F. C'est évident si $d(x, F) = 0$: il y a alors des $a_n \in F$ tels que $d(a_n, x)$ tende vers 0, de sorte que x est adhérent à F et donc dans F. Si $d(x, F) = d > 0$, considérons l'intersection K de F et de la boule fermée $B(x, 2d)$; c'est un ensemble fermé et borné, donc compact. Par définition d'une borne inférieure, il existe quel que soit n un $a_n \in F$ tel que $d(x, a_n) < d + 1/n$, de sorte que $a_n \in K$ pour n grand; d'après BW, on peut extraire de la suite (a_n) une suite partielle convergeant vers un $a \in K$, et comme $\lim d(x, a_n) = d$ il est clair que $d(x, a) = d$, cqfd puisque F contient K.

Le point a n'a en général aucune raison d'être unique. Mais il existe un cas particulier important où le critère de Cauchy suffit à prouver à la fois *l'existence et l'unicité* de a, à savoir le cas où l'ensemble fermé F est *convexe*, i.e. tel que, quels que soient $a, b \in F$, le segment de droite $[a, b]$ joignant a à b soit contenu dans F.

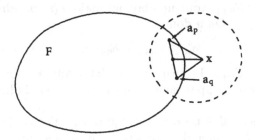

fig. 11.

Pour le voir, on part de l'identité

$$|u + v|^2 + |u - v|^2 = 2(|u|^2 + |v|^2),$$

facile à démontrer en écrivant que $|z|^2 = z\bar{z}$ pour tout $z \in \mathbb{C}$. On en déduit que $|u - v|^2/4 = (|u|^2 + |v|^2)/2 - |(u + v)/2|^2$. Cela dit, considérons un $x \in \mathbb{C}$ et, pour tout n, choisissons un $a_n \in F$ tel que $d(x, F)^2 \leq d(x, a_n)^2 \leq d(x, F)^2 + 1/n$. Comme F est convexe, il contient le point $\frac{1}{2}(a_p + a_q)$ quels que soient p et q; en faisant $u = x - a_p$ et $v = x - a_q$ dans ce qui précède, on obtient

$$|a_p - a_q|^2/4 = \left(|x - a_p|^2 + |x - a_q|^2\right)/2 - \left|x - \frac{1}{2}(a_p + a_q)\right|^2 \leq$$

$$\leq d(x, F)^2 + \frac{1}{2}(1/p + 1/q) - d(x, F)^2$$

puisque $\left|x - \frac{1}{2}(a_p + a_q)\right|^2 \geq d(x, F)^2$. D'où $|a_p - a_q|^2 \leq \frac{1}{2}(1/p + 1/q) < r$ pour p et q grands. Le critère de Cauchy est donc vérifié et la suite (a_n) converge vers une limite $a \in F$ puisque F est fermé, avec évidemment $d(x, a) = \lim d(x, a_n) = d(x, F)$. Les identités précédentes montrent immédiatement l'unicité de a : remplacer u et v par $x - a$ et $x - b$ où $a, b \in F$ sont à la distance minimum de x.

Ce résultat et sa démonstration s'étendent aux espaces cartésiens $\mathbb{R}^p$ (où BW est encore utilisable) et même aux "espaces de Hilbert" de dimension infinie auxquels, par contre, le théorème de BW ne s'étend pas. Dans l'espace euclidien usuel à trois dimensions, on sait par exemple que si F est un plan ou une droite, le point de F à la distance minimum de x n'est autre que la projection orthogonale de x sur F.

Le critère de Cauchy s'étend naturellement aux fonctions d'une variable "non discrète" :

Théorème 13'. *Soient X une partie de $\mathbb{C}$, a un point adhérent à X et f une fonction numérique définie sur X. Pour que f tende vers une limite lorsque $x \in X$ tend vers a, il faut et il suffit que, pour tout $r > 0$, il existe un $r' > 0$ tel que, pour $x', x'' \in X$,*

(10.2) $$x', x'' \in B(a, r') \Longrightarrow d[f(x'), f(x'')] < r.$$

Si u est la valeur limite de f en a, on a alors $d[f(x), u] \leq r$ pour $d(a, x) < r'$.

On a un énoncé analogue lorsque, $X \subset \mathbb{R}$ n'étant pas borné supérieurement, on fait tendre x vers $+\infty$: pour tout $r > 0$, il doit exister un M tel que

$$\{(x' > M) \ \& \ (x'' > M)\} \Longrightarrow |f(x') - f(x'')| < r.$$

La démonstration du théorème 13' est pratiquement identique à celle du critère de Cauchy pour les suites; on pourrait du reste déduire celui-ci du théorème 13' en choisissant $X = \mathbb{N}$ et $f(x) = u_n$ pour $x = n$. La condition (2) signifie alors en effet que l'on a $|u_p - u_q| < r$ pour p et q assez grands. Mais le plus simple est de déduire le théorème 13' du théorème 13. Pour cela, on choisit une suite de points $x_n \in X$ tendant vers a; avec les notations de (2), la boule (ouverte ou fermée, peu importe) $B(a, r')$ de centre a et de rayon r' contient x_p et x_q pour p, q grands, d'où

(10.3) $$d[f(x_p), f(x_q)] < r;$$

les points $f(x_n)$ forment donc une suite de Cauchy, donc tendent vers une limite u. Mais pour $x \in B(a, r')$ et n assez grand pour que $x_n \in B(a, r')$, $f(x)$ est égal à $f(x_n)$ à r près, donc égal à u à $2r$ près, d'où la convergence. L'inégalité $d[f(x), u] \leq r$ pour $d(x, a) < r'$ s'obtient en observant qu'on a

$d[f(x), f(y)] < r$ pour tout $y \in B(a, r')$ et en passant à la limite[19] lorsque y tend vers a.

Il y a enfin un critère de Cauchy relatif à la convergence uniforme. On utilise pour cela la notion de distance de deux fonctions définie au n° 7 :

$$(10.4) \qquad d_X(f, g) = \sup_{x \in X} |f(x) - g(x)|.$$

Théorème 13". *Soient X un ensemble et (f_n) une suite de fonctions numériques définies sur X. Pour qu'elle converge uniformément dans X, il faut et il suffit que, pour tout $r > 0$, il existe un entier N tel que l'on ait*

$$(10.5) \qquad d_X(f_p, f_q) < r \text{ quels que soient } p, q > N.$$

La nécessité de la condition est évidente : par définition, la convergence uniforme vers f signifie que $d_X(f_n, f)$ tend vers 0, et comme l'inégalité du triangle s'applique aussi bien à la distance d_X qu'à la distance usuelle dans $\mathbb{C}$, l'inégalité (5) s'obtient exactement comme dans le cas classique d'une suite de nombres.

Suffisance : comme on a, quel que soit x,

$$|f_p(x) - f_q(x)| \leq d_X(f_p, f_q) < r \text{ pour } p, q > N,$$

le théorème 13 montre que $\lim f_n(x) = f(x)$ existe pour tout $x \in X$, avec en outre $|f(x) - f_n(x)| \leq r$ pour $n > N$. Comme N ne dépend pas de x, on en conclut que $d_X(f, f_n) \leq r$ pour tout $n > N$, d'où la convergence uniforme (sans la moindre hypothèse sur X).

L'idée de base des théorèmes 13, 13' et 13" est toujours la même : pour que $f(x)$ converge lorsque x tend vers une limite a finie ou non, il faut et il suffit que, pour tout $r > 0$, la fonction $f(x)$ soit *constante à r près au voisinage de a*.

La seconde démonstration du théorème 13 repose sur l'axiome (IV) du chap. II, mais le théorème lui est en fait équivalent, i.e. permet d'en donner une démonstration ou, ce qui revient au même comme on l'a vu alors, de démontrer directement le théorème 2 du Chap. II, n° 9 relatif aux suites croissantes. Soit en effet (u_n) une suite croissante bornée supérieurement. Il y a un indice p tel que $u_p + 1$ majore la suite, faute de quoi il existerait un $u_q > u_p + 1$, puis un $u_r > u_q + 1 > u_p + 2$, etc., et la suite ne serait pas bornée. Pour la même raison, il existe un indice $q > p$ tel que $u_q + 1/10$ majore la suite, puis un indice $r > q$ tel que $u_r + 1/100$ majore la suite, etc. Pour

---

[19] Les remarques du début du n° 9 du Chap. II sur les limites d'inégalités s'appliquent évidemment aussi aux fonctions plus générales que des suites.

$i, j > r$, u_i et u_j sont compris entre u_r et $u_r + 1/100$, d'où $|u_i - u_j| < 1/100$, ce qui est le critère de Cauchy pour $1/100$. Etc. La suite croissante donnée converge donc grâce au théorème 13.

On pourrait aussi utiliser directement le théorème de BW, puisqu'il assure l'existence d'une suite partielle convergente; il est clair que la suite totale, étant croissante, ne peut que converger vers la même limite.

Le théorème 13 permettrait aussi de montrer instantanément que tout développement décimal illimité correspond effectivement à un nombre réel : à partir du rang p, tous les développements limités qu'on en déduits sont en effet égaux à 10^{-p} près, de sorte que la suite de ces développements limités vérifie trivialement le critère de Cauchy.

Inversement, dans le cas d'une suite quelconque, celui-ci revient à dire que, pour tout p, les u_n d'indice assez grand sont égaux entre eux à 10^{-p} près; si la numération décimale ne présentait pas les bizarreries déjà notées au chap. II, on en déduirait que, pour n assez grand, le développement décimal d'ordre p de u_n serait indépendant de n, ce qui rendrait le critère de Cauchy évident pour ceux qui croient a priori, et à tort, qu'un développement décimal illimité représente "évidemment" un nombre réel. On a déjà fait cette remarque à la fin du n° 4 du Chap. II.

C'est peut-être la raison pour laquelle Bolzano et Cauchy semblent avoir considéré leur critère comme trop évident pour mériter une démonstration, mais il est trop tard pour les interroger. Il se pourrait aussi qu'ils n'en aient pas vu l'importance puisqu'en fait ils s'en sont fort peu servi (pour ce qui est de Cauchy, voir la démonstration du théorème 14 ci-dessous); ce sont leurs successeurs qui l'ont exploité.

Quoi qu'il en soit, ces remarques montrent que nous aurions pu choisir le théorème 13 comme axiome (IV) de $\mathbb{R}$. Ce serait d'autant plus justifié que, contrairement à la notion de borne supérieure, il a un sens dans tout espace métrique et, contrairement à la méthode des coupures, permet d'étendre à ce cas général la construction de $\mathbb{R}$ à partir de $\mathbb{Q}$.

On peut en effet, comme Georg Cantor l'a fait en 1872 et un Français beaucoup moins célèbre, Charles Méray, en 1869, utiliser les suites de Cauchy pour *définir* les nombres réels à partir de $\mathbb{Q}$. Méray remarque que les deux propositions de base de l'analyse, jusqu'alors considérées comme des "axiomes", sont (i) le théorème de convergence des suites croissantes, (ii) le critère de Cauchy. Il décide alors – comme Cantor – de répartir en classes les suites de Cauchy formées de nombres rationnels en considérant comme équivalentes deux suites (u_n) et (v_n) telles que $u_n - v_n$ tende vers 0, et de *définir* un nombre irrationnel comme étant une telle classe : par exemple, $\sqrt{2}$ sera la classe de toutes les suites de Cauchy rationnelles > 0 telles que $\lim u_n^2 = 2$. Professeur à Dijon où il expose ces idées à des étudiants sortant du lycée, Méray publie en 1872 un *Nouveau précis d'analyse infinitésimale* – il sera grandement augmenté après 1894 – qui, tout en contenant sa construction des nombres réels, fonde toute l'analyse sur les séries entières (il intro-

duit le terme, ainsi que l'expression "rayon de convergence") en prétendant
qu'on ne rencontre rien d'autre d'intéressant ou d'utile en mathématiques ou
en physique, idée de Lagrange déjà. Opinion qui, à cette époque tardive, ne
risque pas de faire l'unanimité puisqu'une grande partie de la corporation est
au contraire en train de se lancer dans les fonctions continues sans dérivées,
les bizarres ensembles de nombres réels de Cantor, les fonctions partout discontinues que l'on parviendra néanmoins à intégrer grâce à Emile Borel et
Henri Lebesgue à la fin du siècle, etc. et que les physiciens commencent à rencontrer partout des fonctions non analytiques, par exemple dans la théorie
de la propagation des ondes, en attendant mieux, ou pire, au siècle suivant.
Comme au surplus Méray, qui ne lit guère ses contemporains, a son langage
à lui et n'a pas, à beaucoup près, le génie inventif d'un Weierstrass ou d'un
Cantor, son influence est négligeable et c'est à celui-ci qu'on attribue, même
en France, sa construction des nombres réels[20]. D'aucuns reprochent aussi à
son *Précis* d'exiger de la part d'étudiants sortant du lycée des capacités d'abstraction qu'ils ne possèdent pas et une rupture brutale avec les habitudes,
ce à quoi Méray réplique que "ce n'est pas [sa] faute si elles sont mauvaises
au point de rendre une rupture nécessaire[21]" (en 1872 . . .).

On voit bien que toutes ces idées – coupures à la Dedekind, suites croissantes, bornes supérieures, développements décimaux, suites de Cauchy,
intervalles emboîtés, BW, etc. – s'imbriquent les unes dans les autres et

---

[20] Exemple du "Matthew Effect in Science" étudié par le fondateur de l'école américaine de sociologie des sciences, Robert K. Merton, dans un article où, analysant
le système des "récompenses" (reward system) attribuées aux scientifiques, il
aboutit à la même conclusion que Saint Mathieu : "car à celui qui a il sera
donné et il sera dans l'abondance : mais de celui qui n'a pas on retirera même
ce qu'il a" (je retraduis la traduction américaine, ma connaissance des Evangiles
ne me permettant rien de mieux). Merton se base sur la distribution des prix
Nobel, sur la façon dont sont cités les auteurs d'articles écrits en coopération,
sur des interviews de scientifiques soulignant que les nouvelles idées sont d'autant plus facilement acceptées et reconnues comme telles qu'elles émanent de
grands scientifiques, etc. Voir *Science*, vol. 159, 5/1/1968 ou le recueil d'articles
de Robert K. Merton, *The Sociology of Science* (U. of Chicago Press, 1973).
Cette discipline nouvelle, qui s'est beaucoup développée récemment, ne plaît
pas toujours aux scientifiques, radicalement allergiques aux commentaires non
uniformément admiratifs sur leurs activités et encore plus si possible à se voir
soumis aux mêmes méthodes d'enquête que les tribus amazoniennes ou les "white
collars" de la General Motors, la théorie générale étant que les scientifiques sont
seuls à pouvoir comprendre et juger leurs propres activités . . . Voir par exemple
Bernard Barber, *Science and the Social Order* (Macmillan/Free Press, 1952),
W. O. Hagstrom, *The Scientific Community* (Basic Books, 1965), D. Crane, *In-
visible Colleges* (Chicago UP, 1972), J. R. Cole & S. Cole, *Social Stratification
in Science* (Chicago UP, 1973), Harriet A. Zuckerman, *Scientific Elite : Studies
of Nobel Laureates in the United States* (Chicago UP, 1974), Bruno Latour &
Steve Woolgar, *Laboratory Life* (Sage Publications, 1979, trad. *La vie de labora-
toire* (REF)), etc. Il existe même au moins une revue, *Social Studies of Science*,
entièrement consacrée au sujet.

[21] Voir la thèse de Dugac, pp. 81–88.

consistent à répéter toujours la même chose sous diverses formes, quite à choisir, dans la pratique, l'énoncé le plus directement utilisable. Quand on a compris ces idées, on a effectué un énorme bond en avant dans la compréhension de l'analyse : on est passé de Newton et Euler, 1665–1750, à Dedekind, Weierstrass, Cantor, etc. Il n'y a pas lieu de vous inquiéter si vous ne les assimilez pas instantanément et complètement : il a fallu tout le XIXe siècle et les réflexions d'une bonne douzaine de mathématiciens de niveau maximum pour les élaborer et bien davantage encore pour leur donner, au XXe siècle, la forme à peu près parfaite et l'énorme généralité qu'elles ont acquises aujourd'hui.

11 – Le critère de Cauchy pour les séries : exemples

Le critère de Cauchy s'applique aux séries $\sum u_n$; il suffit de l'appliquer à la suite des sommes partielles s_n de la série. Comme on a

$$s_q - s_p = u_{p+1} + \ldots + u_q \text{ pour } p \leq q,$$

on obtient donc l'énoncé suivant :

Théorème 14 (Cauchy). *Pour qu'une série $\sum u_n$ soit convergente, il faut et il suffit que, pour tout nombre $r > 0$, il existe un entier N tel que l'on ait*

$$(11.1) \qquad |u_p + \ldots + u_q| < r \text{ dès que } N < p \leq q.$$

Comme le premier membre de (2) est inférieur à l'expression analogue relative à la série *à termes positifs* $\sum |u_n|$, la convergence de celle-ci implique à plus forte raison (1), donc la convergence de la série initiale. On retrouve ainsi, avec Cauchy, le fait que *toute série absolument convergente est convergente*, mais avec une toute autre démonstration.

Le critère de Cauchy permet aussi d'établir des résultats plus subtils que le théorème de Leibniz relatif aux séries alternées.

Théorème 15 (Dirichlet). *[Dirichlet] Soient $\sum u_n$ une série dont les sommes partielles sont bornées et (v_n) une suite de nombres positifs qui tendent vers 0 en décroissant. Alors la série $\sum u_n v_n$ converge.*

Posons pour cela

$$s_n = u_1 + \ldots + u_n, \qquad t_n = u_1 v_1 + \ldots + u_n v_n;$$

pour $p < q$ on a (poser $s_{p-1} = 0$ si $p = 1$)

$$u_p v_p + \ldots + u_q v_q = (s_p - s_{p-1})v_p + \ldots + (s_q - s_{q-1})v_q =$$
$$= -s_{p-1}v_p + s_p(v_p - v_{p+1}) + \ldots + s_{q-1}(v_{q-1} - v_q) + s_q v_q.$$

Comme on a $v_n \geq v_{n+1} \geq 0$, il vient donc

$$|u_p v_p + \ldots + u_q v_q| \leq |s_{p-1}|v_p + |s_p|(v_p - v_{p+1}) + \ldots$$
$$+|s_{q-1}|(v_{q-1} - v_q) + |s_q|v_q.$$

Par hypothèse, on a $\sup |s_n| = M < +\infty$, d'où

$$(11.2) \qquad |u_p v_p + \ldots + u_q v_q| \leq$$
$$\leq M\left[v_p + (v_p - v_{p+1}) + \ldots + (v_{q-1} - v_q) + v_q\right] = 2Mv_p;$$

comme v_p tend vers 0, le premier membre est $< \varepsilon$ pour p grand, d'où le critère de Cauchy pour $\sum u_n v_n$, cqfd.

En 1826, Abel se borne à établir l'inégalité (2) pour $p = 1$ sans supposer que la suite décroissante v_n tend vers 0 ni en tirer de conséquence quant à la convergence de la série, mais c'est évidemment le point essentiel. Dans ce cas plus général, on obtient encore la conclusion du théorème de Dirichlet en renforçant l'hypothèse faite sur la série des u_n. En effet, v_n tend en tout état de cause vers une limite $v \geq 0$ de sorte que, si les sommes partielles de la série $\sum u_n$ sont bornées, la série $\sum u_n(v_n - v)$ converge d'après le théorème 15. Pour en déduire la convergence de $\sum u_n v_n$ il suffit alors de supposer la série des u_n convergente. Finalement :

Théorème 15' (Abel). *Soient $\sum u_n$ une série convergente et (v_n) une suite décroissante de nombres positifs. Alors la série $\sum u_n v_n$ converge.*

On remarquera que si les sommes partielles de la série $u_1 + u_2 + \ldots$ sont bornées, il en est de même, pour tout p, de celles de la série $u_p + u_{p+1} + \ldots$ puisqu'elles ne diffèrent des précédentes que par le nombre $u_1 + \ldots + u_{p-1}$, fixe pour p donné; les calculs précédents s'appliquent donc à la série "tronquée" $u_p v_p + \ldots$ même si les $v_n \geq 0$ décroissent sans nécessairement tendre vers 0, hypothèse qui n'intervient que pour passer de (2) au critère de Cauchy pour $\sum u_n v_n$. Posant

$$(11.3) \qquad M_p = \sup_{n \geq p} |u_p + \ldots + u_n|$$

et appliquant le cas particulier $p = 1$ de (2) à la série tronquée, on trouve donc

$$(11.4) \qquad |u_p v_p + \ldots + u_q v_q| \leq 2M_p v_p.$$

Cette majoration étant, pour p donné, valable quel que soit $q > p$, on peut passer à la limite et obtenir ainsi, dans les hypothèses de Dirichlet, l'inégalité

$$(11.5) \qquad \left|\sum_{n \geq p} u_n v_n\right| \leq 2M_p v_p.$$

Elle peut servir à prouver la convergence uniforme de certaines séries de fonctions :

Corollaire 1 (Abel[22]). *Soit $\sum a_n x^n$ une série entière de rayon de convergence fini $R > 0$ et convergeant pour $x = R$. Alors la série converge uniformément dans l'intervalle $[0, R]$ (et, en fait, sur tout compact contenu dans $]-R, R]$); sa somme est continue dans $]-R, R]$.*

Posons $x = Ry$, $u_n = a_n R^n$ et $v_n = y^n$, avec $0 \leq y \leq 1$. La série $\sum u_n$ étant convergente, ses sommes partielles sont bornées; les v_n sont positifs et décroissent, même pour $y = 1$. Comme $u_n v_n = a_n x^n$, on a donc d'après (5)

$$\left| \sum_{n \geq p} a_n x^n \right| \leq 2 M_p y^p \quad \text{où} \quad M_p = \sup_{n \geq p} |a_p R^p + \ldots + a_n R^n|.$$

Comme la série des $u_n = a_n R^n$ converge, on a $|u_p + \ldots + u_n| < \varepsilon$ pour p et n grands et donc $M_p \leq \varepsilon$ pour $p > N$; comme $y^p \leq 1$, on voit que

$$p > N \Longrightarrow \left| \sum_{n \geq p} a_n x^n \right| \leq 2\varepsilon \quad \text{pour tout } x \in [0, R],$$

ce qui signifie que la différence entre la somme totale et les sommes partielles de la série entière converge vers 0 uniformément sur $[0, R]$, cqfd.

Ce résultat s'applique par exemple à la série $x - x^2/2 + x^3/3 - \ldots$ de $\log(1 + x)$, mais la méthode utilisée dans ce cas au n° 8, exemple 4 exige sensiblement moins d'ingéniosité que le théorème de Dirichlet ou son corollaire.

Corollaire 2. *Soit (v_n) une suite de nombres positifs qui tendent vers 0 en décroissant. Alors la série $\sum v_n z^n$ converge dans l'ensemble*

$$(11.6) \qquad\qquad X : |z| \leq 1, \quad z \neq 1$$

et, pour tout nombre $r > 0$, uniformément dans l'ensemble

$$(11.7) \qquad\qquad X(r) : |z| \leq 1, |1 - z| \geq r;$$

sa somme est continue dans X.

Comme on a $|z| \leq 1$ et $z \neq 1$, on a en effet

$$|1 + z + \ldots + z^{n-1}| = |(1 - z^n)/(1 - z)| \leq 2/|1 - z|$$

quel que soit n, d'où la convergence dans X par le théorème de Dirichlet (faire $u_n = z^n$). De plus, l'inégalité (2) montre, à la limite, que le reste

---

[22] Il y a un résultat analogue dans le domaine complexe; voir Remmert, *Funktionentheorie 1*, p. 94.

$r_p(z)$ de la série est, en module, majoré par $4v_p/|1-z|$; si l'on se place dans l'ensemble $X(r)$, ce qui revient à ôter du disque *fermé* $|z| \leq 1$ un voisinage du point 1 où la situation tourne à la catastrophe si la série des v_n diverge, on a donc

$$|r_n(z)| \leq 4v_p/r$$

dans $X(r)$ pour tout $n > p$, d'où

$$\|r_n\|_{X(r)} \leq 4v_p/r.$$

Or, pour r donné, le second membre est arbitrairement petit pour p grand, cqfd.

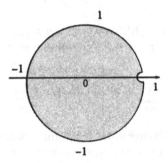

fig. 12.

Exercice : montrer que tout compact $K \subset X$ est contenu dans un $X(r)$ et en déduire que la série converge uniformément sur K.

Exemple 1. Le théorème 15 s'applique à certaines séries de Fourier[23], par exemple à la série des signaux carrés $\cos x - \cos 3x/3 + \cos 5x/5$ etc. déjà considérée au n° 9, exemple 5. En choisissant

$$u_n = (-1)^{n-1}\cos(2n-1)x, \qquad v_n = 1/(2n-1),$$

tout revient à montrer que les sommes

$$(11.8) \qquad \cos x - \cos 3x + \cos 5x - \ldots + (-1)^{n-1}\cos(2n-1)x$$

sont bornées. Or la célèbre formule $2\cos a.\cos b = \ldots$ montre que l'on a

---

[23] Peu surprenant. Dirichlet arrive à Paris en 1822 (il a 17 ans), y reste quatre ans et est de ce fait au courant des travaux de Fourier et des premières recherches de Cauchy sur les fondements de l'Analyse. Il démontrera en 1829 le premier résultat général sur la convergence des séries de Fourier.

$$2\cos x. \cos x = 1 + \cos 2x, \quad 2\cos x. \cos 3x = \cos 2x + \cos 4x, \text{ etc.;}$$

en multipliant la somme (8) par $2\cos x$, on trouve donc, grâce à l'alternance des signes, que

$$\cos x - \cos 3x + \cos 5x - \ldots + (-1)^{n-1}\cos(2n-1)x =$$
$$= \left[1 + (-1)^{n-1}\cos 2nx\right]/2\cos x,$$

d'où

(11.9) $$\left|\cos x - \cos 3x + \ldots + (-1)^{n-1}\cos(2n-1)x\right| \le 1/|\cos x|$$

quel que soit n, à condition bien sûr que $\cos x \ne 0$, i.e. que x ne soit pas un multiple impair de $\pi/2$. Le théorème 15 montre alors que la série converge en dehors de ces valeurs (elle n'a pas de mérite à converger aussi pour ces valeurs exclues ...) et que son reste $r_p(x) = s(x) - s_p(x)$ vérifie, d'après (2) et $v_p = 1/(2p-1)$,

(11.10) $$|r_p(x)| \le 2/(2p-1)|\cos x|.$$

Dans un ensemble K où $|\cos x|$ reste *supérieur* à un nombre > 0 fixe, on obtient donc une majoration par $1/p$ à une facteur près *indépendant de* $x \in K$: d'où la convergence uniforme dans K, donc en particulier – mais cela revient pratiquement au même –, dans tout intervalle de la forme $[-\pi/2 + \delta, \pi/2 - \delta]$ ou $[\pi/2 + \delta, 3\pi/2 - \delta]$ avec $\delta > 0$. La figure annexée à l'exemple 5 du n° 8 correspond donc à la réalité : quels que soient δ et $r > 0$, la somme partielle d'ordre n est, pour tout n assez grand, partout égale à r près à la somme totale entre 0 et $\pi/2 - \delta$, de même qu'entre $\pi/2 + \delta$ et π. Mais comme la somme totale passe de $\pi/4$ à $-\pi/4$ lorsqu'on traverse $\pi/2$, la fonction est obligée, quel que soit n, de décroître brutalement dans l'intervalle $[\pi/2 - \delta, \pi/2 + \delta]$ pour rester continue.

On peut généraliser aux séries de la forme $\sum a_n \cos nx$ ou $a_n \sin nx$. Dans le premier cas, on observe, grâce à nouveau à la trigonométrie du Baccalauréat, preuve que celle-ci n'est pas entièrement inutile, que

(11.11) $$2\sin(x/2). (\cos x + \cos 2x + \ldots + \cos nx) =$$
$$= \sin(n + \frac{1}{2})x - \sin(x/2),$$

d'où

$$|\cos x + \ldots + \cos nx)| \le 1/|\sin(x/2)|.$$

Si les a_n tendent vers 0 en décroissant, le théorème 15 et l'inégalité (2) montrent que la série converge uniformément dans tout ensemble K où $|\sin(x/2)|$

reste supérieur à un nombre > 0 fixe, donc dans tout ensemble *compact* ne contenant aucun multiple de 2π : dans un tel intervalle, x reste en effet au large des points où $\sin(x/2)$ s'annule comme le graphe de cette fonction le fera comprendre immédiatement (ou parce que, si tel n'était pas le cas, l'un des points où $\sin x/2$ s'annule serait adhérent à K, donc appartiendrait à K puisqu'un compact est fermé).

Dans le cas des séries $\sum a_n \sin nx$, on utilise l'identité

$$(11.12) \qquad 2\cos(x/2).(\sin x + \sin 2x + \ldots + \sin nx) =$$
$$= \sin(n + \frac{1}{2})x - \sin(x/2)$$

et cette fois c'est la relation $|\cos x/2| \geq m > 0$ qui, vérifiée dans un compact K, entraîne la convergence uniforme dans K. En résumé :

Corollaire 3. *Soit (a_n) une suite décroissante de nombres positifs tendant vers 0. Alors la série $\sum a_n \cos nx$ (resp. $\sum a_n \sin nx$) converge uniformément dans tout ensemble compact ne contenant aucun multiple* pair *(resp* impair*) de π et sa somme est continue en dehors de ces points.*

On peut retenir ces conditions en observant que, dans le premier cas, on a $\cos nx = 1$ si $x = 2k\pi$, alors que la série $\sum a_n$ n'a aucune raison de converger. Pour $x = (2k+1)\pi$, on a $\cos nx = (-1)^n$ et l'on obtient une série alternée convergente. Dans le cas de la série des signaux carrés, les a_n tendent encore vers 0 mais avec des signes alternés; le lecteur n'aura pas de peine à formuler une variante du corollaire 3 dans ce cas.

12 – Limites de limites

Considérons, sur un ensemble $X \subset \mathbb{C}$, une suite de fonctions $u_n(x)$ qui converge uniformément sur X vers une fonction limite $u(x)$. Nous avons vu au n° 5 que, si toutes les u_n sont continues en un point a de X, il en est de même de u. On pourrait exprimer ce résultat par la relation

$$(12.1) \qquad \lim_{x \to a} \lim_{n \to +\infty} u_n(x) = \lim_{n \to +\infty} \lim_{x \to a} u_n(x).$$

On peut généraliser :

Théorème 16. *Soient X une partie de $\mathbb{C}$, a un point adhérent à X et $u_n(x)$ une suite de fonctions numériques définies dans X. Supposons que*

(i) $u_n(x)$ tend vers une limite c_n lorsque x tend vers a,
(ii) $u_n(x)$ converge uniformément dans X vers une limite $u(x)$.

Alors $u(x)$ tend vers une limite c lorsque $x \in X$ tend vers a et l'on a $c = \lim c_n$, i.e. la relation (1).

Si $a \in X$, l'hypothèse (i) signifie simplement que les u_n sont continues au point a, cas déjà examiné. Supposons donc $a \notin X$ et considérons dans l'ensemble $X' = X \cup \{a\}$ les fonctions v_n données par

$$v_n(x) = u_n(x) \text{ si } x \in X, \qquad v_n(x) = c_n \text{ si } x = a.$$

L'hypothèse (i) signifie que les v_n sont continues au point a de X' comme on l'a remarqué au n° 2. La relation (1) sera donc une conséquence du théorème sur les limites uniformes de fonctions continues si nous montrons que les v_n convergent vers une fonction limite uniformément dans X', et non pas seulement dans X.

Il suffit pour cela qu'elles vérifient le critère de Cauchy pour la convergence uniforme. Or l'hypothèse (ii) montre que, pour tout $r > 0$, il existe un entier N tel que

$$p, q > N \implies d_X(u_p, u_q) = d_X(v_p, v_q) \le r.$$

Lorsque $x \in X$ tend vers a, $|u_p(x) - u_q(x)|$ tend, pour p et q donnés, vers $|c_p - c_q| = |v_p(a) - v_q(a)|$, qui est donc $\le r$. On a donc en fait $d_{X'}(v_p, v_q) \le r$, cqfd.

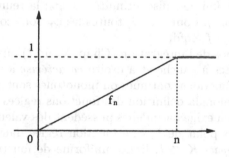

fig. 13.

Lorsque l'hypothèse de convergence uniforme n'est pas vérifiée, la conclusion du théorème précédent peut être en défaut, ce qui est bon signe pour le théorème. La figure 13 fournit un exemple : la suite $u_n(x)$ converge simplement vers 0 lorsque $n \to +\infty$, alors que, pour n donné, $u_n(x)$ tend vers 1 quand $x \to +\infty$; dans ce cas, le premier membre de (1) est égal à 0 et le second à 1.

Donnons une application du théorème 16 essentielle pour la théorie de l'intégration que nous avons esquissée au Chap. II, n° 11. Nous avons dit alors qu'une fonction φ définie dans un intervalle borné I de $\mathbb{R}$ est *étagée* si l'on peut partager I en un nombre fini d'intervalles disjoints (de nature quelconque, certains pouvant se réduire à un point) dans chacun desquels la fonction est constante, de sorte que le graphe de φ se réduit à un nombre fini de segments de droite horizontaux et éventuellement de points isolés. Et nous avons dit qu'une fonction f définie sur un intervalle borné $I = (u, v)$ est *réglée* si elle est limite *uniforme* dans I de fonctions étagées [voir la relation (11.2) du Chap. II], ce qui permet de donner immédiatement un sens à l'intégrale de f sur I.

Corollaire. *Soit f une fonction numérique définie sur un intervalle borné I de $\mathbb{R}$. Supposons que, pour tout $r > 0$, il existe dans I une fonction étagée φ telle que l'on ait $|f(x) - \varphi(x)| < r$ pour tout $x \in I$ (i.e. que f soit réglée). Alors f possède des valeurs limites à droite et à gauche en tout point de I et l'ensemble de ses points de discontinuité est dénombrable.*

Il suffit de remarquer qu'une fonction étagée possède des valeurs limites à gauche et à droite en tout point $a \in I$ et d'appliquer le théorème précédent en remplaçant I par l'ensemble X des $x \in I$ tels que $x < a$ (ou $x > a$). Démonstration directe : pour toute fonction étagée φ, il existe un intervalle de la forme $]a, a'[$ avec $a' > a$ dans lequel φ est constante; la fonction f du corollaire est donc, quel que soit $r > 0$, constante à r près dans un intervalle du même type, d'où l'existence de $f(a+)$ par le critère de Cauchy.

Soient (φ_n) une suite de fonctions étagées convergeant uniformément vers f et D_n l'ensemble, fini, des discontinuités de φ_n; la réunion D des D_n est dénombrable (Chap. I). Pour $a \notin D$, toutes les φ_n sont continues en a; il en est donc de même de f, cqfd.

On verra à propos de l'intégration (Chap. V, n° 7) que, pour I *compact*, l'existence des limites à gauche et à droite *caractérise* les fonctions réglées. En particulier, les fonctions continues ou monotones sont réglées. Pour cette raison, on étendra alors la définition des fonctions réglées au cas d'un intervalle quelconque I en exigeant qu'elles possèdent des valeurs limites à droite et à gauche en tout point de I. Une fonction réglée dans I sera donc, sur tout intervalle *compact* $K \subset I$, limite uniforme de fonctions étagées, mais non nécessairement dans I tout entier. Encore la convergence compacte ...

13 – Passage à la limite dans une série de fonctions

Les résultats du n° précédent peuvent se traduire en termes de séries de fonctions. Le théorème 16 fournit alors le résultat suivant :

Théorème 17. *[passage à la limite sous le sign $\sum$] Soient T une partie de $\mathbb{C}$, a un point adhérent à T et $\sum u(n, t)$ une série de fonctions définies dans T. Supposons que*

(i) *la fonction $t \mapsto u(n, t)$ tende pour tout n vers une limite $u(n)$ lorsque t tend vers a,*

(ii) *la série $\sum u(n, t)$ converge normalement dans T.*

Alors la somme $s(t)$ de la série donnée tend vers une limite lorsque t tend vers a et l'on a

$$(13.1) \qquad \lim_{t \to a} \sum_N u(n, t) = \sum_N \lim_{t \to a} u(n, t) = \sum u(n),$$

la série $\sum u(n)$ étant de plus absolument convergente.

L'existence d'une série convergente à termes positifs $\sum v(n)$ telle que l'on ait $|u(n, t)| \le v(n)$ quels que soient n et t montre que l'on a aussi, à la limite, $|u(n)| \le v(n)$, d'où la convergence absolue de la série des limites $u(n)$.

Quant à la relation (1), on l'obtient en observant que la suite des sommes partielles $s_n(t) = u(1, t) + \ldots + u(n, t)$ converge *uniformément sur T* vers $s(t)$ (n° 8, théorème 9), de sorte que (Théorème 16)

$$\lim_{t \to a} \lim_{n\infty} s_n(t) = \lim_{n\infty} \lim_{t \to a} s_n(t);$$

au premier membre, la limite pour $n\infty$ n'est autre, par définition, que la somme totale $s(t)$ de la série $\sum u(n, t)$; au second membre, la limite pour $t \to a$ n'est autre que la somme *partielle* s_n de la série des limites, de sorte que la limite pour $n\infty$ est la somme *totale* s de celle-ci, cqfd.

On peut aussi démontrer directement ce théorème. Tout d'abord, la convergente absolue de la série $\sum u(n)$ est évidente comme on l'a vu plus haut; notons s sa somme. Pour tout t et tout $p \in \mathbb{N}$, on a alors

$$|s(t) - s| \le \sum_{n \le p} |u(n, t) - u(n)| + \sum_{n > p} |u(n, t) - u(n)| \le$$

$$\le \sum_{n \le p} |u(n, t) - u(n)| + 2 \sum_{n > p} v(n).$$

Donnons-nous un $r > 0$. Pour p assez grand, $v(p+1) + v(p+2) + \ldots$ est $< r$, de sorte que le second terme est $< 2r$ quel que soit t. Un tel p étant choisi, chacun des p termes de la première somme est $< r/p$ pour t assez voisin de a, de sorte que la dite somme est elle-même $< r$ pour t assez voisin de a. Au total, la différence $|s(t) - s|$ est donc $< 3r$ pour tout $t \in T$ assez voisin de a, cqfd.

Il est clair que si X est une partie de $\mathbb{R}$ non bornée supérieurement, on peut tout aussi bien choisir $a = +\infty$ dans les énoncés précédents moyennant les conventions usuelles : remplacer ≪t assez voisin de a≫ par ≪t assez grand≫.

Comme l'ensemble T du théorème 17 est seulement assujetti à être une partie de $\mathbb{C}$ – ceci pour donner un sens à l'expression ≪lorsque $t \in T$ tend vers a≫ –, on peut choisir $T = \mathbb{N}$. Au lieu d'une série $\sum u(n, t)$ dont le terme général dépend d'un "paramètre" $t \in T$, on a une série $u(n, p)$ dont le terme général dépend de la variable de sommation n et d'un entier $p \in \mathbb{N}$.

Puisque l'on va passer à la limite, et non pas sommer, sur p, il est naturel de considérer que l'on est en présence d'une "suite de séries" et de désigner en conséquence par $u_p(n)$ le terme général de la série n° p. Nous énoncerons le résultat lorsque nous en aurons besoin au Chap. IV, n° 12, mais le lecteur n'aura pas de peine à le formuler dès maintenant.

Les notations du théorème 17 sont choisies de façon à mettre en évidence l'analogie qu'il présente avec les théorèmes de "passage à la limite sous le signe $\int$" ou de "convergence dominée" de la théorie de l'intégration. Ceux-ci disent, approximativement, que si l'on a une fonction $f(x,t)$ définie dans $I \times T$, où I est un intervalle quelconque et T une partie de $\mathbb{R}$ ou $\mathbb{C}$, si la fonction $x \mapsto f(x,t)$ est absolument intégrable dans I quel que soit $t \in T$, si elle converge simplement vers une fonction limite $\tilde{f}(x)$ lorsque $t \in T$ tend vers une limite a *et s'il existe* une fonction intégrable $g(x)$ à valeurs positives qui vérifie

$$|f(x,t)| \le g(x) \text{ quels que soient } x \text{ et } t,$$

alors on a

$$\lim_{t \to a} \int_I f(x,t)dx = \int_I \tilde{f}(x)dx.$$

C'est l'analogue de la convergence normale lorsqu'on remplace les séries, sommes de termes dépendant d'une variable "discrète", par des intégrales, qui sont (ou prétendent être chez Leibniz) des sommes de termes dépendant d'une variable "continue" : la variable d'intégration x joue le rôle de l'indice de sommation n, l'intégrale étendue à I remplace la somme étendue à $\mathbb{N}$, la notion de fonction "absolument intégrable" remplace celle de série absolument convergente, enfin l'existence d'une fonction intégrable $g(x)$ qui "domine" toutes les $f(x,t)$ joue le rôle de la convergence normale.

§4. Fonctions dérivables

14 – Dérivées d'une fonction

Nous n'avons pas encore vraiment introduit dans ce livre la notion de dérivée d'une fonction d'une variable réelle, sinon de façon très schématique au Chap. II, n° 4, mais nous nous en sommes servi au Chap. II à propos des séries entières et des fonctions exponentielle et trigonométriques. Il est temps de l'examiner de plus près.

Rappelons d'abord ce qu'est une dérivée. Pour cela, on considère une fonction f à valeurs numériques définie dans un intervalle[24] $I \subset \mathbb{R}$ ne se réduisant pas à un seul point. Etant donné un $a \in I$, on se propose d'examiner le comportement de $f(a + h)$ lorsque h tend vers 0 en supposant implicitement, dans tout ce qui suit, que $a + h$ reste dans I. Si f est continue au point a, $f(a + h)$ tend vers $f(a)$, autrement dit, la fonction f est "à peu près constante" au voisinage de a comme on l'a surabondamment expliqué au n° 2.

Mais au lieu d'approcher f au voisinage de a par la fonction *constante* $x \mapsto f(a)$, on peut chercher à l'approcher par une fonction un peu moins simpliste, par exemple une fonction *linéaire* de la forme $g(x) = cx + d$.

Le moins que l'on puisse demander est que celle-ci soit égale à f au point a, d'où la condition $ca + d = f(a)$. On a alors

$$(14.1) \qquad g(x) = c(x - a) + f(a),$$

d'où

$$(14.2) \qquad g(a + h) = ch + f(a).$$

Il reste à choisir la constante c la meilleure possible.

Or l'erreur commise en remplaçant f par g est donnée par

$$f(a + h) - g(a + h) = f(a + h) - f(a) - ch = h\left[\frac{f(a + h) - f(a)}{h} - c\right].$$

Pour la minimiser, on est conduit à choisir c de telle sorte que le coefficient de h soit le plus petit possible et même, ce qui serait encore mieux, tende vers 0 avec h. Cela signifie que nous devons choisir

$$(14.3) \qquad c = \lim_{\substack{h \to 0 \\ h \neq 0}} \frac{f(a + h) - f(a)}{h}.$$

---

[24] ou plus généralement dans une partie ouverte X de $\mathbb{R}$ puisqu'au voisinage de l'un de ses points, un ouvert est un intervalle. Par exemple, pour le cas d'une fraction rationnelle $f(x)/g(x)$, X est l'ensemble des $x \in \mathbb{R}$ où $g(x) \neq 0$.

Lorsque cette limite existe – ce n'est pas, à beaucoup près, toujours le cas –, on dit que c est la *dérivée* de f en a, notée $f'(a)$; la meilleure façon d'approcher f au voisinage de a par une fonction linéaire consiste alors à choisir la fonction

$$(14.4) \qquad\qquad y = f'(a)(x - a) + f(a);$$

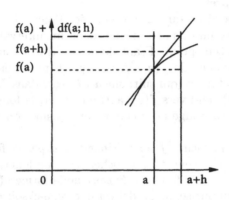

fig. 14.

c'est la *fonction linéaire tangente à f en a*, ainsi appelée parce que (4) est l'équation de la droite tangente au graphe de f au point $(a, f(a))$ du plan. Sa partie homogène en $h = x - a$ s'appelle la *différentielle* de f en a; elle dépend à la fois du point $a \in I$ et d'une variable auxiliaire $h \in \mathbb{R}$, d'où la notation $df(a)$ pour désigner la *fonction* $h \mapsto f'(a)h$ et la notation

$$(14.5) \qquad\qquad df(a; h) = f'(a)h$$

pour désigner la valeur de celle-ci en h. Cette façon de présenter les dérivées et différentielles est déjà essentiellement dans Weierstrass.

Si par exemple $f(x) = x$, on a $f'(a) = 1$, de sorte que la différentielle de f est la fonction $h \mapsto h$; autrement dit[25], on a

---

[25] A strictement parler, on devrait donner une fois pour toutes un nom à la *fonction identique* $x \mapsto x$; la notation naturelle serait de poser $i(x) = x$, mais noter i une fonction n'ayant aucun rapport avec le nombre complexe du même nom comporterait des risques. On pourrait alors la noter id, ce qui conduirait à des formules intéressantes telles que $id \circ id = id$, $id' = 1$, $d(id)(a, h) = h$, etc … Pour éviter ces folies, on note $dx(a)$ ce qu'on devrait noter $d(id)(a)$. C'est un "abus de notation" que l'on se permet pour d'autres fonctions; personne n'a jamais noté $d(\sin)(x)$ la différentielle de la fonction sinus en un point x; on la note simplement $d\sin x$.

(14.6) $dx(a; h) = h$

quels que soient a et h réels. En comparant avec (5), on voit donc que

(14.7) $df(a; h) = f'(a)dx(a; h)$

pour toute fonction f dérivable en a; de façon plus condensée :

(14.8) $df(a) = f'(a)dx(a)$,

produit de la *fonction* linéaire $dx(a)$, i.e. $h \mapsto h$, par la *constante* (relative-ment à h) $f'(a)$; et comme en fait la différentielle $dx(a)$ ne dépend pas de a, autant l'appeler dx tout court et obtenir la formule

(14.9) $df(a) = f'(a)dx$,

voire même, si f est dérivable quel que soit $x \in I$,

(14.10) $df(x) = f'(x)dx$ ou simplement $df = f'(x)dx$.

D'où l'écriture traditionnelle

(14.11) $f'(x) = df/dx$

des dérivées; elle n'a aucun sens dans ce cadre puisque df et dx sont des fonctions et non pas des nombres, mais tout le monde l'utilise non seulement pour obéir à la tradition, mais aussi et surtout en raison de sa commodité qui ne s'est pas encore démentie au niveau élémentaire.

L'inventeur des notations dx, df et df/dx, à savoir Leibniz[26], un métaphy-sicien, les interprétait de toute autre façon; il n'y a pas, chez lui, de variable h ni de fonctions linéaires. Pour Leibniz et ceux qui l'ont suivi jusqu'à Cauchy au moins, le symbole dx représentait un "accroissement infiniment petit" de la variable x et df la "partie principale", proportionnelle à dx, de l'accroissement

$$f(x + dx) - f(x)$$

[26] Voir G. W. Leibnitz, *Naissance du calcul différentiel*, mémoires traduits et an-notés par Marc Parmentier (Paris, Vrin, 1989 ou 1995). Noter en passant l'usage purement français de l'orthographe Leibnitz, avec un t "justifié" par la phoné-tique allemande. Avec ce genre de convention, le nom du chancelier Kohl devrait s'orthographier Coal en anglais. Sur l'histoire des dérivées de Galilée à Cauchy, voir l'excellent résumé de Walter, *Analysis 1*, pp. 221–240. Le classique de H. G. Zeuthen, *Geschichte der Mathematik im 16. und 17. Jahrhundert* (Teubner, 1903 ou Johnson Reprint Co., 1966) est encore fort utilisable et pèse beaucoup moins lourd que les *blockbusters* (bombes de dix tonnes développées à la fin de la guerre, par extension : livre de 800 pages trouvant néanmoins 200.000 lecteurs aux USA si le sujet s'y prête) de Moritz Cantor, utiles par l'abondance des détails.

de f au point x. Ces notions, qui reposent sur des "infiniments petits" que personne n'a jamais pu définir, ont fait inutilement cogiter et divaguer beaucoup trop de gens pour qu'on leur attribue maintenant un autre rôle que celui d'une explication historique de la notation différentielle. Newton, esprit positif en ce qui concerne les mathématiques, l'astronomie, la physique, l'émission de la monnaie et, dans une moindre mesure, la Bible et l'alchimie, ne les appréciait pas car "elles ne se rencontrent pas dans la Nature".

Mais il y a en fait un équivalent du dx de Leibniz dans sa *Méthode des séries et des fluxions*, rédigée en latin en 1671 et qui ne sera publiée, et en traductions seulement, qu'en 1739 en Angleterre et en 1740 en France par Buffon, ceci afin de légitimer la gloire posthume du grand homme quelque peu éclipsée par celle de Leibniz et des Bernoulli, lesquels n'attendaient pas vingt ou cinquante ans pour publier[27]. Pour le comprendre, il faut savoir qu'il n'y a chez Newton qu'une variable indépendante : le temps, idée apparemment suggérée par Isaac Barrow et conçue à une époque où les notions de variable indépendante et de fonction[28] étaient encore fort mal comprises, sauf en mécanique et en astronomie où, précisément, tout dépend du temps. Celui-ci n'apparaît jamais explicitement dans les formules de Newton tout en y étant constamment présent. Toutes les autres variables, les *fluentes*, sont des fonctions du temps, de sorte que pour Newton l'équation $x^2 + y^2 = a^2$ représente un point se déplaçant en fonction a priori quelconque du temps

---

[27] Newton, au moins initialement, n'est pas entièrement responsable de ces retards. Ce n'est apparemment pas sa faute si ses premiers papiers ne furent pas publiés dans les *Transactions* de la Royal Society; ses efforts, quelques années plus tard, pour trouver un éditeur pour sa *Méthode* échouent : les éditeurs possibles ont été échaudés par les pertes subies sur les livres de Wallis et Mercator, livres qui, on s'en doute, sont fort loin d'être des best-sellers. Par ailleurs, la publication par Newton d'un compte-rendu de ses expériences sur la décomposition de la lumière blanche lui vaut de violentes attaques des partisans de la théorie de Descartes (voir Loup Verlet, *La malle de Newton*, Chap. II et III). Profondément allergique aux polémiques et à la "contestation", Newton en conçoit une profonde méfiance à l'égard des prises de position publiques; ce sont ses élèves ou disciples anglais qui exposeront ses travaux mathématiques avec une quarantaine d'années de retard. Newton ne fera que deux grandes exceptions en faveur de ses *Principia* (1687) et de son *Opticks* (1704); il expose dans le premier les résultats de ses recherches en astronomie. C'est le livre qui en fera le héros des philosophes français du XVIIIe siècle (et des scientifiques, français ou pas) en dépit du fait que son but proclamé était de prouver la Divine perfection de la Création. En présentant sa *Mécanique Céleste* à Napoléon qui s'étonne de n'y pas voir mentionné le nom de Dieu, Laplace lui répondra que son livre prouve au contraire l'inutilité d'y avoir recours. L'argument standard – s'il faut un Créateur pour expliquer la "Création", comment expliquer l'existence d'un Créateur qui n'aurait pas été créé ? – reste évidemment valable.

[28] Le mot est introduit par Leibniz en 1694, mais c'est Jakob Bernoulli qui lui donne son sens actuel en 1698 dans des situations très particulières. L'idée qu'une fonction consiste à associer arbitrairement un nombre y à chaque nombre x d'un intervalle, sans autre condition, attend le XIXe siècle et Dirichlet, qui invente la fonction égale à 1 pour x rationnel et à 0 sinon.

sur une circonférence de rayon a. Le passage crucial de son manuscrit est le suivant[29] :

> Les moments des quantités fluentes (c'est-à-dire, les parties infiniment petites dont elle s'accroissent pendant chaque période de temps infiniment petite) sont proportionnels à leurs vitesses d'écoulement. Pour cette raison, si le moment de l'une quelconque d'entre elles, disons x, est exprimé par le produit de sa vitesse[30] $\dot{x}$ et d'une quantité infiniment petite o (c'est-à-dire, par $\dot{x}o$), les moments des autres, $v, y, z[\dots]$, seront exprimés par $\dot{v}o, \dot{y}o, \dot{z}o, [\dots]$ de telle sorte que $\dot{v}o, \dot{x}o, \dot{y}o$ et $\dot{z}o$ soient dans les mêmes rapports que $\dot{v}, \dot{x}, \dot{y}$ et $\dot{z}$.
>
> Puisque les moments (disons, $\dot{x}o$ et $\dot{y}o$) des quantités fluentes (x et y, disons) sont les additions infiniment petites dont ces quantités augmentent pendant chaque intervalle de temps infiniment petit, il s'ensuit qu'après un intervalle de temps infiniment petit ces quantités x et y deviendront $x + \dot{x}o$ et $y + \dot{y}o$.

Et Newton d'expliquer que, si l'on a une relation entre x et y, on peut y substituer $x + \dot{x}o$ et $y + \dot{y}o$ et calculer algébriquement. Dans la relation

$$x^3 - ax^2 + axy - y^3 = 0;$$

par exemple, on obtient

$$\left(x^3 + 3\dot{x}ox^2 + 3\dot{x}^2o^2x + \dot{x}^3o^3\right) - \left(ax^2 + 2a\dot{x}ox + a\dot{x}^2o^2\right) +$$
$$+ \left(axy + a\dot{x}oy + a\dot{y}ox + a\dot{x}\dot{y}o^2\right) - \left(y^3 + 3\dot{y}oy^2 + 3\dot{y}^2o^2y + \dot{y}^3o^3\right) = 0.$$

Mais par hypothèse $x^3 - ax^2 + axy - y^3 = 0$, et quand ces termes sont effacés *et le reste divisé par o*, on obtient une relation que le lecteur peut facilement écrire en calculant le plus bêtement du monde comme le fait Newton lui-même. Dans celle-ci figurent des termes ne contenant pas o et des termes qui le contiennent :

> mais puisque o est supposé être infiniment petit de telle sorte qu'il soit capable d'exprimer les moments des quantités, les termes qui l'ont en facteur seront équivalents à rien relativement aux autres. Je les élimine donc et il reste

$$3\dot{x}x^2 - 2a\dot{x}x + a\dot{x}y + a\dot{y}x - 3\dot{y}y^2 = 0.$$

---

[29] D. T. Whiteside, *The Mathematical Papers of Isaac Newton* (Cambridge UP), III, p. 79–81. Les passages entre ( ) sont dans Newton.

[30] En fait, Newton note p, q, r ce qu'à partir de 1691 il notera $\dot{x}$, $\dot{y}$, $\dot{z}$. La notation moderne f' ou x', a été inventée par Lagrange. L'usage par Newton du terme "moment" pour désigner un accroissement infinitésimal d'une fluente est inspiré par le terme analogue relatif au temps : une durée infiniment petite (c'est son o). Newton n'explique naturellement pas ce qu'il faut entendre par $\dot{x}$, bien que tout le monde puisse le comprendre intuitivement.

Et Newton a ainsi obtenu, à partir d'une relation entre ses fluentes x et y, fonctions du temps, une relation entre x, y et leurs dérivées $\dot{x}$ et $\dot{y}$ par rapport au temps, qu'il appelle leurs *fluxions*, i.e., comme il l'a expliqué plus haut, leurs "vitesses d'écoulement dans le temps". Ce que Newton désigne par o et $\dot{x}o$ serait noté dt et $x'(t)dt$ par Leibniz [à ceci près que Leibniz utilise la notation dx et non pas la notation moderne $x'(t)dt$] et pourrait donner lieu à un calcul identique aux notations près. On a depuis longtemps, et peut être à tort, remplacé ces calculs heuristiques mais fort suggestifs par des règles permettant de calculer les dérivées d'une combinaison algébrique quelconque de fonctions, mais la méthode actuelle n'est pas nécessairement plus rapide à partir du moment (au sens naïf, et non pas au sens où Newton l'emploie dans la citation précédente!) où l'on a compris ces idées de Newton ou, ce qui revient au même, celles de Leibniz. Tout cela est théoriquement incorrect car (i) les quantités infiniment petites «ne se rencontrent pas dans la Nature», Newton dixit beaucoup plus tard pour faire enrager Leibniz, (ii) l'accroissement $x(t + h) - x(t)$ correspondant à un accroissement h "petit", mais non infiniment petit, de t n'est pas rigoureusement proportionnel à h. Mais cela fonctionne néanmoins parfaitement si l'on prend un peu de précautions.

On peut en effet plus facilement le comprendre de la façon suivante. Dans la formule (3), la différence entre le second membre et c tend vers 0 avec h. En multipliant tout par h, on a donc une relation

$$(14.12) \qquad f(a + h) = f(a) + f'(a)h + o(h) \quad \text{quand } h \to 0,$$

où le symbole $o(h)$, avec un o *minuscule* comme chez Newton curieusement – mais ici c'est le h multipliant $f'(a)$ qui joue le rôle de son o –, désigne (Chap. II, n° 4) une fonction dont tout ce que l'on peut dire est que

$$(14.13) \qquad \lim o(h)/h = 0,$$

autrement dit telle que, pour tout $r > 0$, il existe un $r' > 0$ pour lequel

$$(14.14) \qquad |h| < r' \Longrightarrow |o(h)| < r|h|.$$

Inversement, la relation

$$f(a + h) = f(a) + ch + o(h) \quad \text{quand } h \to 0,$$

où c est une constante, prouve que f admet en a une dérivée égale à c; en effet, la relation précédente s'écrit encore

$$\frac{f(a + h) - f(a)}{h} - c = o(h)/h$$

avec un second membre qui, par définition, tend vers 0, comme on l'a déjà expliqué au Chap. II, n° 4.

Comme celles de Newton, ces notations pourraient servir pour déduire d'une relation entre deux fonctions $x(t)$ et $y(t)$ une relation entre leurs dérivées. Prenons par exemple la relation $x^2 + y^2 = 1$. En y remplaçant $x(t)$ par $x(t+h)$, i.e. par $x(t) + x'(t)h + o(h)$, et $y(t)$ par $y(t+h) = \ldots$, on trouve manifestement [en écrivant $x, x', \ldots$ au lieu de $x(t)$, $x'(t), \ldots$] une relation

$$0 = 2xx'h + 2yy'h + \ldots$$

où les ... désignent des termes contenant $o(h)$ ou même $o(h)^2$ en facteur. En divisant tout par h, il reste une relation de la forme

$$0 = 2xx' + 2yy' + \quad \text{des termes qui tendent vers 0 avec } h.$$

On a donc $2xx' + 2yy' = 0$ puisque ces termes sont indépendants de h.

La méthode de Newton est un peu plus simple car, chez lui, les deux termes $x'(t)h + o(h)$ sont condensés en un seul $\dot{x}o$; cela revient à éliminer d'office le terme résiduel $o(h)$ et à remplacer dans les équations x par $x+x'h$, y par $y+y'h$, etc.

Chez Leibniz, on remplacerait x et y par $x + x'dt$ et $y + y'dt$ (en fait par $x + dx$ et $y + dy$), on effectuerait le même calcul pour obtenir à la fin, après simplification par dt, une relation $0 = 2x.dx/dt + 2y.dy/dt$ plus des termes contenant dt, i.e. "infiniment petits" et que par conséquent on peut éliminer.

Il resterait à comprendre ce qui, dans le point de vue de Newton, joue le rôle de la dérivée d'une fluente y par rapport à une autre fluente x dont elle dépend, $y = f(x)$. C'est le rapport entre un "accroissement infiniment petit" de x et l'accroissement correspondant de y, i.e. entre ce que Newton note $\dot{x}o$ et $\dot{y}o$ et Leibniz dx et dy; on a donc

$$f'(x) = \dot{y}o/\dot{x}o = \dot{y}/\dot{x},$$

relation dont la ressemblance avec la notation dy/dx de Leibniz montre assez à quel point leurs idées étaient voisines, pour ne pas dire identiques. D'où une cinquantaine d'années de querelles de priorité, Leibniz lui-même et ses disciples étant beaucoup plus courtois que les partisans anglais de Newton qui accusent le premier de plagiat – à tort comme on le sait depuis que des historiens ont examiné les masses de papiers personnels de Leibniz qui dormaient dans d'obscurs recoins de bibliothèques depuis deux siècles. Ceux de Newton furent phagocytés par les descendants de celui qui en avait hérité, à savoir un Comte de Portsmouth dont la mère, ayant épousé un Lord Lymington, était la fille d'une nièce de Newton pratiquement adoptée par le grand homme lorsqu'il s'installa à Londres et à laquelle il avait confié le soin de son *establishment*; elle avait, elle, épousé en 1717 John Conduitt, M.P., et Newton vécut avec eux jusqu'à sa mort, de sorte qu'ils héritent de ses papiers et les transmettent à leur fille qui les transmet à Portsmouth.

Conduitt était l'adjoint et fut le successeur de Newton à la *Mint*, la Monnaie britannique que Newton, quittant Cambridge, dirigea à partir de 1695 pour y organiser, avec une efficacité et une intégrité redoutables, la refonte totale de la monnaie d'argent réduite à la moitié de sa valeur par les artistes de la lime. En 1872, après un incendie, la famille Portsmouth donna à Cambridge les papiers scientifiques de Newton, en désordre et souvent endommagés. La plupart des autres (théologie, histoire, alchimie, etc.) furent vendus aux enchères et dispersés dans les années 1930. Certains acheteurs, y compris des bibliothèques, refusent de les communiquer. Par contre, l'économiste et ex-mathématicien John Maynard Keynes en acheta une partie et les ressuscita en les donnant à Cambridge.

Les calculs de Newton peuvent se comprendre autrement et d'une façon ultra moderne en introduisant ce qu'on appelle les *nombres duaux*. Pour définir les nombres complexes, on introduit un mystérieux symbole i tel que $i^2 = -1$ et on calcule en conséquence sur les expressions de la forme $a + ib$ avec $a, b \in \mathbb{R}$. Les nombres duaux sont de même des expressions $a + b\underline{o}$, où a et b sont des nombres réels (ou même complexes) sur lesquels on calcule à la façon habituelle, mais en imposant au symbole $\underline{o}$ de vérifier la relation $\underline{o}^2 = 0$, pas plus ni moins étrange que $i^2 = -1$. On a donc

$$(a + b\underline{o}) + (c + d\underline{o}) = (a + c) + (b + d)\underline{o},$$
$$(a + b\underline{o})(c + d\underline{o}) = ac + (ad + bc)\underline{o},$$

ce qui permettrait de définir correctement, i.e. sans recours au symbole $\underline{o}$, un nombre dual comme un couple (a, b) de nombres complexes, les règles de calcul sur ces couples résultant de façon évidente des formules ci-dessus. Tout fonctionne parfaitement à ceci près que, contrairement aux nombres complexes, les nombres duaux ne constituent pas un corps puisque $\underline{o}^2 = 0$.

Si l'on a un polynôme $f(x) = \sum a_n x^n$ à coefficients complexes, on peut alors définir sa "valeur" pour tout nombre dual $x + h\underline{o}$ en appliquant bêtement la formule qui définit f. Or on a

$$(x + h\underline{o})^n = x^n + nx^{n-1}h\underline{o} + \ldots = x^n + nx^{n-1}h\underline{o}$$

puisque les termes non écrits contiennent $\underline{o}^2$ en facteur. Il vient donc

$$f(x + h\underline{o}) = \sum a_n(x^n + nx^{n-1}h\underline{o}) = f(x) + f'(x)h\underline{o}$$

où f' est la dérivée usuelle de f.

C'est exactement ce que Newton faisait constamment en calculant sur ses $x + \dot{x}o$ – ne pas confondre son o avec le nôtre, et ne pas confondre le nôtre avec l'expression $o(h)$ – conformément aux règles strictes du calcul algébrique usuel et en supprimant ensuite dans les résultats tous les termes contenant au moins o^2 en facteur. La différence est que, pour nous, le symbole $\underline{o}$ représente non pas un "accroissement infiniment petit" du temps comme le o de Newton, mais un élément d'un anneau dans lequel on calcule conformément à des règles prescrites à l'avance.

Cet artifice, qui permettrait d'algébriser la notion de dérivée, a été développé dans les années 1950 par André Weil dans un cadre incomparablement plus général et difficile – les "prolongements infinitésimaux d'ordre supérieur des variétés différentielles" – dans un travail, malheureusement non publié, où il note ε (pourquoi pas ?) ce que nous notons $\underline{o}$. Je n'ai pas eu l'idée de lui demander si c'était la lecture de Newton qui l'avait inspiré; connaissant son goût prononcé pour l'histoire des mathématiques, la réponse ne fait guère de doute.

Le lecteur peut s'amuser à introduire, dans le même esprit, un autre symbole $\underline{o}$ qui ne vérifierait par exemple que la relation $\underline{o}^4 = 0$, des "nombres" $x + h_1\underline{o} + h_2\underline{o}^2 + h_3\underline{o}^3$ à coefficients dans $\mathbb{C}$ et, pour un polynôme, à calculer sa "valeur" sur un tel nombre en fonction de ses dérivées au point x comme on l'a fait plus haut dans le cas des nombres duaux. Le lecteur sachant ce qu'est le quotient d'un anneau par un idéal constatera que les systèmes de ce genre ne sont autres que les quotients de $\mathbb{C}[X]$, anneau des polynômes à une variable et à coefficients complexes, par l'idéal des multiples de X^2 dans le premier cas, de X^4 dans le second et de X^p dans le cas général. La seconde personne à donner une définition parfaitement correcte des nombres complexes (la première est Hamilton), à savoir Cauchy en 1847, les construisait déjà en considérant le quotient de $\mathbb{R}[X]$ par l'idéal des polynômes multiples de $X^2 + 1$, méthode des plus recommandable en raison des vastes généralisations, inconnues de Cauchy, dont elle est susceptible, notamment aux extensions algébriques des corps commutatifs. Voir Serge Lang, *Algebra*, entre beaucoup d'autres références possibles.

Comme on l'a déjà dit (Chap. II, n° 11), il existe entre les notions de dérivée et d'intégrale les relations les plus étroites : si l'on a une fonction continue f dans un intervalle I et si, pour un $a \in I$, on désigne par $F(x)$ l'intégrale de f étendue à l'intervalle d'extrémités a et x, alors $F'(x) = f(x)$; c'est le "théorème fondamental" du calcul intégral (Chap. V). Considérons par exemple pour $x > 0$ la fonction $f(x) = 1/x$. Nous avons démontré au Chap. II, n° 11 que, pour $0 < a < b$, on a

$$\int_a^b f(x)dx = \log b - \log a.$$

Prenons $b = a + h$, avec $h > 0$ pour simplifier. Entre a et b, $f(x)$ reste comprise entre $1/(a+h)$ et $1/a$; comme l'intervalle $(a, a+h)$ est de longueur h, l'intégrale est donc comprise entre $h/(a + h)$ et h/a, d'où

$$1/(a + h) \leq [\log(a + h) - \log a]/h \leq 1/a.$$

Lorsque h tend vers 0, les termes extrèmes convergent vers $1/a$. Calcul analogue lorsque h tend vers 0 par valeurs négatives. On obtient donc la relation

(14.15) $$\log' x = 1/x$$

du Chap. II, n° 10, que nous démontrerons autrement au Chap. IV et qu'au Chap. II, n° 5 nous avons admise, pour $x = 1$, pour obtenir ou suggérer la formule

$$\log x = \lim n \left(x^{1/n} - 1 \right).$$

15 – Règles de calcul des dérivées

Si $f'(a)$ existe pour tout $a \in I$, on dit que f est *dérivable dans I*; l'application $f' : x \mapsto f'(x)$ est alors la *fonction dérivée* de f. Il se peut que celle-ci soit à nouveau dérivable, d'où la notion de *dérivée seconde $f'' = (f')'$*, et ainsi de suite. Si l'on peut poursuivre sans obstruction, on dit que f est *indéfiniment dérivable* ou *de classe C^∞* dans I. Plus généralement, f est dite *p fois continûment dérivable* ou *de classe C^p* dans I si les fonctions dérivées $f', f'', \dots, f^{(p)}$ existent et sont continues dans I. Il y a des notions plus subtiles, mais celles-là suffisent dans la grande majorité des cas.

Les dérivées obéissent à des règles de calcul simples que le lecteur connaît sûrement déjà.

(D1) *Si f et g sont dérivables en a, il en est de même de leur somme $s(x) = f(x) + g(x)$ et l'on a $s'(a) = f'(a) + g'(a)$.*

On a en effet

$$(15.1) \qquad \begin{aligned} f(a + h) &= f(a) + f'(a)h + o(h), \\ g(a + h) &= g(a) + g'(a)h + o(h), \end{aligned}$$

avec deux fonctions $o(h)$ qui ne sont pas les mêmes. En additionnant ces relations, on trouve

$$s(a + h) = s(a) + ch + o(h) + o(h)$$

où $c = f'(a) + g'(a)$. Reste à montrer que

$$(15.2) \qquad o(h) + o(h) = o(h),$$

résultat évident puisqu'en divisant les deux membres par h on est ramené à montrer que la somme de deux fonctions qui tendent vers 0 tend elle-même vers 0. D'où (D 1).

Du point de vue de Newton et avec ses notations : si l'on a deux fluentes x et y et leur somme z, à l'accroissement infiniment petit o du temps correspondent pour x et y des accroissements $\dot{x}o$ et $\dot{y}o$ et donc, pour z, un accroissement $\dot{z}o = \dot{x}o + \dot{y}o = (\dot{x} + \dot{y})o$, d'où $\dot{z} = \dot{x} + \dot{y}$ en divisant par o. La beauté de l'argument est qu'il escamote la preuve – très facile certes – de l'*existence* de la dérivée de z; on se borne à la *calculer*, comme toujours chez Newton et ses successeurs pendant 150 ans.

(D2) *Si f et g sont dérivables en a, il en est de même de leur produit $p(x) = f(x)g(x)$ et l'on a $p'(a) = f'(a)g(a) + f(a)g'(a)$.*

On part à nouveau des relations (1) que l'on multiplie membre à membre :

$$p(a + h) = p(a) + ch + f(a)o(h) + g(a)o(h) + f'(a)g'(a)h^2 +$$
$$+ f'(a)ho(h) + g'(a)ho(h) + o(h)o(h)$$

où cette fois c a la valeur indiquée pour $p'(a)$. Compte tenu de (2), qui s'étend au cas d'une somme finie quelconque, il reste à vérifier que le produit d'une fonction $o(h)$ par une constante est encore $o(h)$, que

$$h^2 = o(h),$$

que $ho(h) = o(h)$ [et même $= o(h^2)$] et que $o(h)o(h) = o(h)$ [et même $= o(h^2)$], ce qui est clair.

En style newtonien : au temps $t + o$, la fluente $z = xy$ devient

$$z + \dot{z}o = (x + \dot{x}o)(y + \dot{y}o) = z + (x\dot{y} + \dot{x}y)o + \dot{x}\dot{y}o^2,$$

d'où

$$\dot{z}o = (x\dot{y} + \dot{x}y)o + \dot{x}\dot{y}o^2$$

et on obtient le résultat cherché $\dot{z} = x\dot{y} + \dot{x}y$ en simplifiant par o et en négligeant le terme "infiniment petit" $\dot{x}\dot{y}o$. Personne n'avait eu ce genre d'idées avant lui et son calcul est plus rapide que le nôtre ...

Le lecteur de la remarque du n° précédent sur les nombres duaux peut interpréter comme suit la règle (D2). Etant donnée une fonction f dérivable au point a, définissons la "valeur" de f en un nombre dual $a + h\underline{o}$ comme étant le nombre dual

$$f(a) + f'(a)h\underline{o} = f(a + h\underline{o})$$

déjà trouvé dans le cas d'un polynôme [ne pas confondre avec la fonction linéaire tangente $h \mapsto f(a) + f'(a)h$: les valeurs de celle-ci sont des nombres ordinaires]. On a alors

$$p(a + h\underline{o}) = f(a + h\underline{o})g(a + h\underline{o}).$$

Autrement dit, la valeur d'un produit (ou d'une somme, ou d'un quotient) de deux fonctions est le produit (ou ...) de leurs valeurs.

(D3) *Si f et g sont dérivables en a et si $g(a) \neq 0$, il en est de même de leur quotient $q(x) = f(x)/g(x)$ et l'on a*

$$q'(a) = \frac{f'(a)g(a) - f(a)g'(a)}{g(a)^2}.$$

En fait il suffit de faire la démonstration pour $f(x) = 1$ et d'appliquer ensuite (D2) au produit de f par $1/g$. Notons d'abord que g, étant dérivable et donc continue[31], est $\neq 0$ au voisinage de a dans son intervalle de définition de g. Cela dit, la seconde relation (1) montre que

$$(15.3) \quad \frac{1}{g(a+h)} - \frac{1}{g(a)} = \frac{1}{g(a)+ch+o(h)} - \frac{1}{g(a)} =$$
$$= \frac{-ch+o(h)}{g(a)^2 + cg(a)h + o(h)} =$$
$$= c'h\frac{1+o(h)/h}{1+c''h+o(h)}$$

où l'on a posé $c = g'(a)$, $c' = -g'(a)/g(a)^2$, $c'' = c/g(a)$ et où l'on a simplifié les calculs en tenant compte du fait que le produit d'une fonction $o(h)$ par une constante est à nouveau $o(h)$. Or la formule

$$\frac{1}{1-x} = 1 + x + \frac{x^2}{1-x}$$

montre que

$$(15.4) \quad \frac{1}{1+c''h+o(h)} = 1 - [c''h+o(h)] + \frac{h^2[c''+o(h)/h]^2}{1+c''h+o(h)}.$$

Considérons la fraction figurant au second membre. Son numérateur est visiblement $o(h)$ en raison du facteur h^2 et du fait que l'expression entre [ ] tend vers c'', donc est $O(1)$. Son dénominateur tend vers 1, donc est en valeur absolue *supérieur* à 1/2 pour $|h|$ assez petit. La fraction elle-même est donc, pour $|h|$ assez petit, *inférieure* à 2 fois son numérateur, donc est $o(h)$. Le premier membre de (4) est donc de la forme $1 - c''h + o(h)$.

Portant ce résultat dans (3), on trouve donc

$$\frac{1}{g(a+h)} - \frac{1}{g(a)} = c'h\,[1 - c''h + o(h)] = c'h + o(h)$$

avec $c' = -g'(a)/g(a)^2$, ce qui termine la démonstration.

Chez Newton :

$$1/(x + \dot{x}o) = 1/x \times 1/(1 + \dot{x}o/x) = 1/x - \dot{x}o/x^2 + \ldots,$$

de sorte que pour $y = 1/x$ on trouve $\dot{y} = -\dot{x}/x^2$. Ici encore, beaucoup plus rapide!

---

[31] Si g est dérivable en a, on a visiblement, d'après (5) et (7), une majoration de la forme

$$|f(a+h) - f(a)| \le \big(|f'(a)| + r\big)\,.|h|$$

pour $|h| < r'$, d'où la continuité et même plus. Ce résultat trivial ne mérite sûrement pas un théorème en bonne et due forme.

Les trois règles de calcul précédentes ont une conséquence évidente pour les fonctions qui, dans un intervalle I, sont partout dérivables, ou de classe C^p ($p \leq +\infty$) : toute opération algébrique raisonnable (i.e. excluant la division par 0, laquelle restreint l'ensemble dans lequel le résultat est défini) transforme des fonctions de ce type en fonctions du même type. Par exemple, toute fonction rationnelle $f(x)/g(x)$, où f et g sont des polynômes, est C^∞ dans l'ensemble où $g(x) \neq 0$. Il est d'autre part évident que la dérivation $f \mapsto f'$ transforme les fonctions de classe C^p en fonctions de classe C^{p-1}, et en particulier les fonctions de classe C^∞ en fonctions de classe C^∞. Si l'on note $C^p(I)$ l'ensemble des fonctions de classe C^p dans un intervalle I de $\mathbb{R}$, on voit donc que la dérivation peut être considérée comme une application

$$D : C^p(I) \longrightarrow C^{p-1}(I).$$

Bel exemple d'une fonction ou application définie sur un ensemble considérablement plus vaste que $\mathbb{R}$, à savoir un "espace fonctionnel".

Dans cet ordre d'idées, notons

$$D^2 : C^p(I) \longrightarrow C^{p-2}(I), \qquad D^3 : C^p(I) \longrightarrow C^{p-3}(I), \text{ etc.}$$

les applications obtenues en dérivant $2, 3, \ldots$ fois des $f \in C^p(I)$ et considérons un entier $n \leq p$. Une *formule de Leibniz* dit que, pour f et g dans $C^p(I)$, on a

(15.5) $\quad D^n(fg) = D^n(f).g + nD^{n-1}(f).D(g)/1! + \ldots +$
$$+ n(n-1)\ldots(n-k+1)D^{n-k}(f)D^k(g)/k! + \ldots + f.D^n(g),$$

formule analogue à celle qui permet de calculer $(x+y)^n$ et où figurent les mêmes coefficients du binôme[32]. Elle se démontre de la même façon que celle-ci : on suppose la formule établie pour $n-1$ et on dérive les deux membres pour obtenir la formule relative à n; il suffit de tenir compte de la relation

$$\binom{n-1}{k-1} + \binom{n-1}{k} = \binom{n}{k}$$

entre coefficients du binôme. On a par exemple

$$(fg)''' = f'''g + 3f''g' + 3f'g'' + g'''.$$

Après ces règles de calcul algébriques, il existe deux formules très différentes relatives à la composition des applications dérivables et à l'application

---

[32] En introduisant les "dérivations divisées" $D^{[n]} = D^n/n!$, la formule de Leibniz s'écrit sous la forme $D^{[n]}(fg) = \sum D^{[p]}(f)D^{[n-p]}(g)$. Non encore entré dans les mœurs.

réciproque d'une fonction dérivable.

(D 4) (Règle de dérivation des fonctions composées) *Soient I et J deux intervalles de* $\mathbb{R}$, f *une application de I dans J, g une application de J dans* $\mathbb{C}$ *et* $c(x) = g[f(x)]$ *l'application composée de I dans* $\mathbb{C}$. *Supposons f dérivable en* $a \in I$ *et g dérivable en* $f(a) = b \in J$ *Alors c est dérivable en a et l'on a*

$$c'(a) = g'(b)f'(a) = g'[f(a)].f'(a).$$

Reprenons la relation

$$f(a + h) = f(a) + f'(a)h + o(h)$$

et posons $k = f'(a)h + o(h)$, d'où $f(a + h) = f(a) + k = b + k$. Il est clair que k tend vers 0 avec h. On a

$$c(a + h) = g[f(a + h)] = g(b + k) = g(b) + g'(b)k + o(k) =$$
$$= c(a) + g'(b)[f'(a)h + o(h)] + o(k).$$

Le terme $g'(b)o(h)$ est $o(h)$. Comme on a d'autre part

$$k = h[f'(a) + o(h)/h]$$

et comme, dans cette relation, le facteur entre [ ] tend, par définition de $o(h)$, vers $f'(a)$ lorsque h tend vers 0, on a, pour $|h|$ petit, $|k| \leq M|h|$ pour une constante $M > 0$. Toute fonction $o(k)$ est donc aussi[33] $o(h)$, notamment le dernier terme du développement de $c(a + h)$. Il vient finalement

$$c(a + h) = c(a) + g'(b)f'(a)h + o(h),$$

cqfd.

Exemple 1. Comme nous croyons savoir que la dérivée de la fonction $\log x$ est $1/x$ d'après (14.15) ou le Chap. II, n° 10, théorème 3, et comme il n'est pas très difficile de constater, en appliquant les formules générales du Chap. II, n° 19, que celle de la fonction $\exp x = \sum x^{[n]}$ est $\sum x^{[n-1]} = \exp x$, on voit que la dérivée de la fonction $\log(\exp x)$ est $1/\exp x \times \exp x = 1$, ce qui ne contredit pas la relation $\log(\exp x) = x$ que nous avons établie au n° 2, exemple 1. Nous y avions d'abord montré que $\log(\exp x) = ax$ avec une mystérieuse constante a; le raisonnement précédent montrerait donc

---

[33] Si l'on a $|k| < 10^{100}|h|$ pour $|h|$ assez petit, il suffit, pour réaliser $|\varphi(k)| < 10^{-1000}|h|$, de s'arranger pour que $|\varphi(k)|$ soit $< 10^{-1100}|k|$, ce qui est le cas pour $|k| < r'$, donc pour $|h| < r = 10^{-100}r'$. Plus généralement : si $\theta = O(\psi)$ et si $\psi = o(\varphi)$, alors $\theta = o(\varphi)$. Voir les règles générales du Chap. VI, n° 1, qui ne supposent que les définitions.

maintenant que $a = 1$. Le Chap. IV la confirmera par d'autres méthodes, tous les chemins menant à cette formule fondamentale; on finira même par en faire un théorème ...

Une conséquence évidente de la règle (D 4) appliquée à répétition est que si f et g sont de classe C^p dans I et J, la fonction composée $c = g \circ f$ est encore de classe C^p dans I.

La règle suivante complète le théorème 7 du n° 4 relatif à l'inverse d'une application continue et strictement monotone :

(D 5) *Soient f une application continue et strictement monotone d'un intervalle $I \subset \mathbb{R}$ sur un intervalle $J \subset \mathbb{R}$ et $g : J \longrightarrow I$ l'application réciproque de f. Supposons la fonction f dérivable en un point $a \in I$. Pour que g possède une dérivée au point $b = f(a)$, il faut et il suffit que $f'(a) \neq 0$. On a alors $g'(b) = 1/f'(a)$.*

La condition est nécessaire, car la relation $g[f(x)] = x$ montre, d'après la règle précédente, que l'on doit avoir

$$g'(y)f'(x) = 1 \qquad \text{si } y = f(x),$$

ce qui interdit à f' de s'annuler et fournit la valeur éventuelle de g'. Reste à montrer que la condition $f'(a) \neq 0$ assure inversement l'existence de $g'(b)$.

Il faut montrer que le rapport $[g(b+k) - g(b)]/k$ tend vers $1/f'(a)$ lorsque k tend vers 0. Pour cela, posons

$$g(b+k) = a + h \quad \text{i.e. } h = g(b+k) - g(b) = p(k),$$

d'où $b + k = f(a+h)$. Lorsque k tend vers 0, $h = p(k)$ fait de même puisque g est continue. Or la relation

(15.6) $k = (b+k) - b = f(a+h) - f(a) = f'(a)h + o(h)$

montre que le rapport $k/h = k/p(k)$ tend vers la limite $f'(a)$ *non nulle* lorsque k (et donc h) tend vers 0. Par suite, $p(k)/k$ tend vers $1/f'(a)$. Mais $p(k)/k = [g(b+k) - g(b)]/k$, cqfd.

Exemple 2. Prenons $I = [-\pi/2, \pi/2]$ et $f(x) = \sin x$, fonction dont le lecteur sait sûrement qu'elle est continue, strictement croissante dans I (mais non dans $\mathbb{R}$), applique I sur $J = [-1, 1]$ et admet partout une dérivée donnée par $f'(x) = \cos x$; on justifiera tout cela au Chap. IV par des méthodes beaucoup plus rigoureuses que celle consistant à contempler un dessin sur une feuille de papier comme Newton, n'ayant pas le choix, le faisait.

L'application réciproque $g : J \longrightarrow I$, qui s'écrit traditionnellement $g(y) = \arcsin y$, est donc dérivable en tout point $y = \sin x$ où $\cos x \neq 0$, i.e. pour

$-1 < y < 1$ (inégalités strictes). Sa dérivée au point $y = \sin x$ est donnée par

$$g'(y) = 1/\cos x = 1/(1 - \sin^2 x)^{1/2} = 1/(1 - y^2)^{1/2}$$

puisque $\cos x > 0$ dans I. En échangeant les lettres x et y, il vient donc

(15.7) $\arcsin'(x) = 1/(1 - x^2)^{1/2}$ pour $-1 < x < 1.$

Par contre, la fonction n'est pas dérivable pour $x = -1$ ou $+1$ puisqu'au point correspondant de I, la dérivée de $\sin x$ s'annule. Le graphe de g, symétrique par rapport à la première bissectrice de celui de f, possède bien une tangente en ces deux points, mais elle est verticale, ce qui signifie que le rapport $[g(1+k) - g(1)]/k$ tend vers l'infini. On pourrait élargir la notion de dérivée pour couvrir ce genre de situation, mais les faibles avantages d'une telle généralisation seraient très inférieurs à ses inconvénients.

Exemple 3. Considérons la fonction $f(x) = \exp x$ dans $I = \mathbb{R}$, d'où $f'(x) = f(x)$ comme on l'a observé plus haut; d'après le n° 4, exemple 2, elle applique $\mathbb{R}$ sur $\mathbb{R}_+^*$ et admet une réciproque g. Comme $\exp' x = \exp x$ est partout non nulle, la fonction réciproque g est dérivable et l'on a $g'(y) = 1/\exp' x$ si $y = \exp x$, ce qui s'écrit aussi $g'(y) = 1/y$. Surprenant ?

Pour conclure ces généralités sur les dérivées, faisons encore quelques remarques sur les notations.

Tout d'abord, les règles de calcul peuvent se mettre sous la forme

(15.8) $d(f + g) = df + dg, \ \ d(fg) = gdf + fdg, \ \ d(1/g) = -dg/g^2.$

La seconde relation par exemple signifie qu'au point x, la différentielle $h \mapsto dp(x; h)$ de la fonction produit $p = fg$ est donnée par

$$dp(x; h) = g(x)df(x; h) + f(x)dg(x; h);$$

c'est donc, pour x donné, une identité entre fonctions linéaires de la variable auxiliaire h et non entre fonctions de x.

Le théorème de dérivation des fonctions composées s'écrit de même sous une forme très simple. Posons $y = f(x)$ et $z = g(y) = h(x)$. On a

$$dz = g'(y)dy \text{ et } dy = f'(x)dx, \text{ d'où } dz = g'(y)f'(x)dx$$

et donc $h'(x) = g'[f(x)]f'(x)$ puisque $dz = h'(x)dx$. Chez Leibniz and Co. on écrivait tout simplement la séduisante formule $dz/dx = dz/dy.dy/dx$; il vaut mieux ne pas l'appliquer trop mécaniquement car elle n'indique pas en quels points les dérivées doivent être calculées. Ce sont des formules de ce genre qui, ne se trouvant pas sous une forme aussi commode chez Newton, ont fait le succès du système de Leibniz en dispensant les usagers de réfléchir, mais non, même de nos jours, d'écrire parfois des bêtises.

On peut aussi utiliser pour les différentielles et dérivées secondes, ... une écriture analogue à df ou dy/dx, mais c'est sensiblement plus subtil et, en fait, trop subtil et inutile pour avoir eu dans la théorie élémentaire des fonctions d'une seule variable réelle un succès durable autrement que sous la forme d'une notation commode. Pour cela, on considère la fonction linéaire $df(x) : h \mapsto df(x; h)$ comme étant elle-même une fonction de x, à savoir $df : x \mapsto df(x)$; quoique les valeurs de cette fonction ne soient pas des nombres[34], on peut calculer sa différentielle $d(df)(a)$ en un point a, que l'on notera naturellement $d^2 f(a)$; pour l'obtenir, on calcule

$$(15.9) \qquad df(a + k) - df(a),$$

expression qui désigne la fonction

$$(15.10) \qquad h \mapsto df(a + k; h) - df(a; h) = f'(a + k)h - f'(a)h;$$

lorsque k tend vers zéro, on a

$$(15.11) \qquad f'(a + k) - f'(a) = f''(a)k + o(k),$$

de sorte que (9) est somme des deux fonctions suivantes de h : (i) la fonction $h \mapsto f''(a)kh$, (ii) une fonction $o(k)h = o(kh)$. On trouve ainsi que la différentielle $d^2 f(a)$, qui fait intervenir la variable k par le premier signe d et la variable h par le second, est donnée par

$$(15.12) \qquad d^2 f(a) : (h, k) \longmapsto f''(a)hk = f''(a)dx(a; h)dx(a; k)$$

d'après (14.6) ou, en abrégé, $d^2 f(a) = f''(a)dx(a)^2$ [à ceci près que le carré usuel d'une fonction de h est une fonction de h et non pas du couple (h, k)...]. D'où l'écriture $d^2 y/dx^2$ de Leibniz pour désigner la dérivée seconde de $y = f(x)$. Une autre explication de la notation consisterait à écrire que la dérivée seconde est df'/dx, et comme $f' = dy/dx$ on trouve "évidemment" $d^2 y/dx^2$. A ce compte, il serait considérablement plus clair de noter une fois pour toutes D l'opérateur[35] de dérivation d/dx, i.e. l'application $f \mapsto f'$, et $D^2 = D \circ D$ l'application $f \mapsto f''$, comme on l'a déjà dit plus haut.

---

[34] Pour les lecteurs qui connaissent les débuts de l'algèbre linéaire, ce sont des formes linéaires sur $\mathbb{R}$ considéré comme espace vectoriel réel de dimension 1. Leur ensemble, muni des opérations algébriques évidentes (addition, produit par un scalaire $c \in \mathbb{R}$) est à son tour un espace vectoriel de dimension 1. On a toujours tendance à le confondre avec $\mathbb{R}$ parce qu'une forme linéaire sur $\mathbb{R}$, i.e. une fonction $h \mapsto ch$, est caractérisée par un nombre $c \in \mathbb{R}$. Mais un nombre réel n'est pas une fonction définie sur $\mathbb{R}$.

[35] Le mot "opérateur", qui s'emploie aussi en algèbre ("opérateur linéaire") et ailleurs en analyse ("opérateur de Laplace" par exemple) est synonyme des mots "fonction" et "application", à ceci près qu'on utilise fréquemment des "opérateurs" sans préciser les ensembles où ils sont définis ou prennent leurs valeurs.

Tout cela n'est pas très clair à ce niveau – on ne peut rien y comprendre sans se placer au minimum dans le cadre des espaces vectoriels de dimension finie –, mais on peut se consoler en sachant que les contemporains et successeurs de Leibniz n'y ont rien compris non plus. D'où l'abondance des polémiques et dissertations philosophiques sur le sujet jusqu'à l'apparition au XXᵉ siècle des mathématiques "modernes", des fonctions à valeurs vectorielles définies dans une partie de $\mathbb{R}^n$, des fonctions linéaires et multilinéaires, etc. Ce point de vue est exposé avec la concision habituelle au vol. I, Chap. VIII, §12 des *Eléments d'analyse* de Dieudonné, dans Serge Lang, *Analysis I*, Chap. XVI (même remarque), et dans beaucoup d'autres ouvrages.

16 – Le théorème des accroissements finis

Quoique la notion de dérivée ait été transformée en un formidable instrument de calcul par Newton, Leibniz et leurs successeurs, elle apparaît auparavant, ne serait-ce qu'implicitement, chez Descartes, Fermat et Cavalieri. Chez Fermat, elle est liée à la recherche des maxima et minima d'une fonction, ce qui se comprend immédiatement puisque, si l'on a $f(x) \leq f(c)$ pour tout x ou même seulement au voisinage de c, le rapport $[f(c+h) - f(c)]/h$ qui, à la limite, définit la dérivée en c, est ≤ 0 pour $h > 0$ et ≥ 0 pour $h < 0$ assez petit : il ne peut donc tendre que vers 0 à condition que f soit définie au voisinage de c, et non pas seulement à droite ou à gauche de c.

Or nous avons vu plus haut (n° 9, corollaire du théorème 12) que si l'on a sur un intervalle *compact* $K = [a, b]$ une fonction f continue et à valeurs réelles, il existe effectivement dans K un point où la fonction est maximum (resp. minimum). Cela ne suffit pas à prouver que, si f est dérivable dans K, sa dérivée s'annule en ces points : si f est monotone, par exemple linéaire, elle atteint son minimum et son maximum aux extrémités de K et le raisonnement précédent s'effondre. Pour éliminer cette objection, il suffit de supposer que $f(a) = f(b)$; si en effet l'on désigne par c' (resp. c'') un point de K où f est maximum (resp. minimum), et si ces deux points sont les extrémités de K, la fonction est partout comprise entre $f(a)$ et $f(b) = f(a)$, donc constante, auquel cas il n'est pas difficile de démontrer que sa dérivée s'annule quelque part. Si donc f n'est pas constante, l'un au moins des points c', c'' est *intérieur* à K, et le raisonnement standard s'applique : f' s'annule quelque part entre a et b et même en un point c *intérieur* à K.

Lorsque $f(a) \neq f(b)$, on peut se ramener au cas précédent en remplaçant $f(x)$ par $g(x) = f(x) + ux$, où u est une constante étudiée pour que $g(a) = g(b)$. Ceci s'écrit $f(a) + ua = f(b) + ub$, d'où

$$g(x) = f(x) - [f(b) - f(a)]x/(b - a).$$

Comme on a $g'(x) = f'(x) - [f(b) - f(a)]/(b-a)$, nous obtenons finalement le résultat suivant

Théorème 18 (accroissements finis). *Soit f une fonction* réelle *définie et dérivable dans un intervalle I. Quels que soient $a, b \in I$, il existe un $c \in \,]a, b[$ tel que l'on ait*

(16.1) $$f(b) - f(a) = (b-a)f'(c).$$

L'interprétation géométrique est évidente : il existe un point d'abscisse c où la tangente au graphe de f est parallèle à la "corde", de pente $[f(b) - f(a)]/(b-a)$, joignant les points du graphe d'abscisses a et b. Si dans (1) on pose $b = a + h$, on trouve la relation

(16.1') $$f(a + h) = f(a) + f'(a + th)h$$

où t (traditionnellement noté θ) est un nombre compris entre 0 et 1 et dépendant bien entendu de a et h; comparez avec la relation $f(a + h) = f(a) + f'(a)h + o(h)$. Un aspect curieux de (1') est que, lorsque h tend vers 0, le terme $f'(a + th)$ tend vers $f'(a)$; puisque $0 < t < 1$, ce serait évident si f' était continue au point a, mais on ne fait pas cette hypothèse; cela montre que les points $a + th$ qui interviennent dans (1'), par exemple pour $h = 1/n$, ne sont pas répartis au hasard ...

On peut remarquer à ce sujet que si f' n'est pas continue, ce n'est pas non plus une fonction *très* sauvage – juste assez pour dépasser de très loin l'imagination des gens qui ne sont pas des experts dans la théorie des ensembles à la Cantor (Georg) et à la Baire : en supposant pour simplifier f définie et dérivable dans tout $\mathbb{R}$, la fonction f' est en effet une *limite simple de fonctions continues*, à savoir des

$$f_n(x) = n[f(x + 1/n) - f(x)].$$

Relire la fin du n° 6.

On peut généraliser la formule (1) en modifiant un peu le raisonnement. Au lieu de chercher une fonction de la forme $f(x) + ux$ prenant les mêmes valeurs en a et b, choisissons une fonction dérivable quelconque $g(x)$ et considérons la fonction $f(x) + ug(x) = h(x)$. On a $h(a) = h(b)$ si $u = -[f(b) - f(a)]/[g(b) - g(a)]$. Comme $h'(x) = f'(x) + ug'(x)$ et comme h' s'annule en un point $c \in \,]a, b[$, on a $f'(c) + ug'(c) = 0$, d'où la formule

(16.1'') $$\frac{f(b) - f(a)}{g(b) - g(a)} = \frac{f'(c)}{g'(c)}$$

qui, pour $g(x) = x$, se réduit au théorème 18.

Il n'y a aucun résultat analogue à (1) pour une fonction à valeurs complexes : il y a bien un c' pour sa partie réelle et un c'' pour sa partie imaginaire, mais pourquoi seraient-ils égaux? On remplace dans ce cas la formule (1) par une inégalité – voir plus loin – au moins aussi utile dans la pratique. Auparavant, notons les conséquences les plus importantes du théorème 18.

Corollaire 1. *(i) Soit f une fonction à valeurs complexes définie et dérivable dans un intervalle I; si $f'(x) = 0$ pour tout $x \in I$, alors f est constante dans I. (ii) Soient f et g des fonctions à valeurs complexes définies et dérivables dans un intervalle I; si $f'(x) = g'(x)$ pour tout $x \in I$, alors $f(x) = g(x) + C$ où C est une constante.*

(i) est évident d'après (1) dans le cas d'une fonction à valeurs réelles; le cas complexe s'y ramène en considérant les parties réelles et imaginaires de f. (ii) s'obtient en appliquant (i) à $f - g$.

Exemple 1. Nous n'ignorons plus depuis (14.15) ou le théorème 3 du Chap. II, n° 10 que $\log' x = 1/x$, de sorte qu'en posant $f(x) = \log(1 + x)$ on a

$$(16.2) \qquad f'(x) = 1/(1 + x) = 1 - x + x^2 - x^3 + \ldots$$

si $|x| < 1$. Considérons la série primitive (Chap. II, n° 19)

$$(16.3) \qquad g(x) = x - x^2/2 + x^3/3 - x^4/4 + \ldots$$

de la précédente, qui converge dans le même disque. D'après le Chap. II, n° 19, nous savons que g est dérivable et que $g'(x)$ est la série dérivée de (3), i.e. précisément (2). On a donc $g'(x) = \log'(1 + x)$, d'où $\log(1 + x) = g(x)$ puisque les deux membres sont visiblement nuls pour $x = 0$. On obtient ainsi la formule

$$(16.4) \qquad \log(1 + x) = x - x^2/2 + x^3/3 - x^4/4 + \ldots,$$

valable pour $-1 < x \leq 1$ (voir le n° 8, exemple 4). Cette démonstration repose sur l'apparent subterfuge consistant à confondre la *série* dérivée d'une série entière, au sens purement formel introduit au Chap. II, n° 19, avec la *fonction* dérivée de sa somme, définie par passage à la limite. Mais on a montré au Chap. II que, dans le cas de séries entières convergentes, ces deux sens du mot "dérivée" étaient identiques à l'intérieur du disque de convergence et, en particulier, de l'intervalle de convergence dans $\mathbb{R}$.

Exemple 2. Cherchons les fonctions $f(x)$ définies et dérivables sur un intervalle I et qui sont proportionnelles à leur dérivée :

$$f'(x) = cf(x)$$

où $c \in \mathbb{C}$ est une constante donnée. La série $\exp x = \sum x^{[n]}$ vérifie trivialement la relation $\exp' x = \exp x$, de sorte que la fonction $\exp(cx)$ satisfait à la condition imposée à f. Comme la fonction exponentielle ne s'annulle jamais, la fonction $g(x) = f(x)/\exp(cx) = f(x)\exp(-cx)$ est dérivable dans I. On a

$$g'(x) = f'(x)\exp(-cx) - cf(x)\exp(-cx) = 0.$$

Par suite g est constante, de sorte que les seules solutions du problème sont les fonctions proportionnelles à $\exp(cx)$.

Corollaire 2. *Soit f une fonction à valeurs réelles définie et dérivable dans un intervalle I; pour que f soit croissante dans I, il faut et il suffit que $f'(x) \geq 0$ pour tout $x \in I$; pour qu'elle soit strictement croissante, il suffit que $f'(x) > 0$ pour tout $x \in I$. Si $f'(x) > 0$ dans I et si f est de classe C^p dans I, l'application réciproque $g : f(I) \to I$ est de classe C^p.*

Le fait que $f'(x) \geq 0$ si f est croissante est évident. Il est également clair (théorème 18) que f est strictement croissante si $f'(x) > 0$, donc que f applique alors bijectivement I sur un intervalle $J = f(I)$ avec une application réciproque $g : J \to I$ dérivable d'après la règle (D 5) du n° 15. De plus, en des points correspondants $x \in I$ et $y = f(x) \in J$, on a

$$g'(y) = 1/f'(x) = 1/f'[g(y)],$$

de sorte que g est de classe C^1 si f l'est; si f est de classe C^2, donc $1/f'$ de classe C^1, la formule précédente montre qu'il en est de même de g', de sorte que g est de classe C^2, et ainsi de suite.

Noter que la dérivée d'une fonction strictement croissante peut fort bien s'annuler de place en place, cas de la fonction x^3 dans $\mathbb{R}$ par exemple.

La formule (1) a une conséquence importante lorsque la dérivée f' est *bornée* dans I. On a en effet alors $|f'(c)| \leq \|f'\|_I$, borne supérieure dans I des nombres $|f'(x)|$, d'où

(16.5) $$|f(b) - f(a)| \leq \|f'\|_I.|b - a|$$

quels que soient $a, b \in I$. C'est l'*inégalité de la moyenne*, expression qui ne prend son sens que dans la théorie de l'intégration (Chap. V, n° 12). On notera qu'en réalité ce n'est pas la norme uniforme de f' sur I qui intervient réellement; c'est celle de f' sur l'intervalle compact $[a, b]$, laquelle est finie si, par exemple, f' est continue (n° 9, théorème 11).

Ce raisonnement suppose f à valeurs réelles, mais le résultat s'étend aux fonctions à valeurs complexes grâce à l'artifice suivant.

Supposons que l'on désire prouver qu'un nombre complexe donné u est de module $\leq A$, où $A > 0$ est donné. Si tel est le cas, on a $|zu| \leq A|z|$ pour tout $z \in \mathbb{C}$ et donc

$$(16.6) \qquad |\mathrm{Re}(zu)| \le A|z| \qquad \text{pour tout } z \in \mathbb{C}.$$

Si inversement cette condition est réalisée, elle s'applique à $z = \bar{u}$, d'où $|u| \le A$ puisque $\mathrm{Re}(u\bar{u}) = \mathrm{Re}(|u|^2) = |u|^2$.

Ce point établi, revenons à une fonction complexe et partout dérivable f dans un intervalle I et posons $u = f(b) - f(a)$. Pour $z \in \mathbb{C}$, on a

$$|\mathrm{Re}(zu)| = |\mathrm{Re}\{z[f(b) - f(a)]\}| = |\mathrm{Re}[zf(b)] - \mathrm{Re}[zf(a)]|.$$

La fonction $f_z(x) = \mathrm{Re}[zf(x)]$ est dérivable comme f et on a

$$f_z'(x) = \mathrm{Re}[zf'(x)],$$

d'où $|f_z'(x)| \le |zf'(x)| \le M|z|$ où $M = \|f'\|_I$. Comme f_z est à valeurs réelles, le théorème 18 montre que l'on a

$$|\mathrm{Re}(zu)| = |f_z(b) - f_z(a)| \le M(b-a)|z|$$

quel que soit $z \in \mathbb{C}$. On a donc $|u| \le M(b-a)$. En résumé :

Corollaire 3. *Soit f une fonction à valeurs complexes définie et dérivable dans un intervalle I. Supposons f' bornée sur tout compact $K \subset I$. On a alors*

$$(16.7) \qquad |f(b) - f(a)| \le \|f'\|_K (b-a)$$

quels que soient les points $a, b \in I$, où $K = [a, b]$.

Les hypothèses restant celles du corollaire 3, choisissons un $u \in \mathbb{C}$ quelconque et appliquons (7) à la fonction $g(x) = f(x) - ux$. On trouve :

Corollaire 4. *Dans les hypothèses du corollaire 3, on a*

$$(16.8) \qquad |f(b) - f(a) - u(b-a)| \le (b-a) \sup_{a \le x \le b} |f'(x) - u|$$

quels que soient $a, b \in I$ et $u \in \mathbb{C}$.

On peut par exemple choisir $u = f'(a)$, $b = a + h$, d'où

$$(16.9) \qquad |f(a+h) - f(a) - f'(a)h| \le |h|. \sup_{0 \le t \le 1} |f'(a+th) - f'(a)|,$$

ce qui, si f' est *continue* en a, précise le $o(h)$ qui devrait figurer au second membre si l'on supposait seulement l'existence de $f'(a)$.

L'inégalité de la moyenne est valable pour une classe beaucoup plus vaste de fonctions : il suffit de supposer que f est continue et que l'ensemble des $x \in I$ où $f'(x)$ n'existe pas est *dénombrable*. Comme le problème est directement lié à la construction d'une "primitive" f d'une fonction réglée

g, i.e. d'une fonction telle que l'on ait, au choix, soit $f'(x) = g(x)$ "sauf exceptions", soit

$$f(x) - f(a) = \int_a^x g(t)dt,$$

il vaut mieux renvoyer au Chap. V ces subtilités inutiles au point où nous en sommes.

17 – Suites et séries de fonctions dérivables

Les analystes classiques, Euler notamment mais aussi Fourier largement un demi-siècle plus tard, semblent avoir cru que, si une suite ou série de fonctions dérivables converge, on peut, en la dérivant terme à terme comme s'il s'agissait d'une somme finie, obtenir encore une suite ou série convergente. La série des signaux carrés du même Fourier met cette conjecture en défaut; sa somme n'est pas dérivable ni même continue pour $x = \pi/2$ et de plus, la dériver indéfiniment conduirait, comme on va le voir, à des résultats abracadabrants. Fourier cherche en effet à mettre la fonction périodique égale à 1 pour $|x| < \pi/2$ et à -1 pour $\pi/2 < |x| < \pi$ sous la forme d'une série $a_1 \cos x - a_3 \cos 3x + a_5 \cos 5x - \ldots$, avec des coefficients à déterminer. Pour cela, il fait $x = 0$ dans la série donnée et toutes celles qu'on obtient en la dérivant terme á terme ad libitum; il trouve ainsi les relations

$$\begin{aligned} a_1 - \quad a_3 + \quad a_5 - \ldots &= 1 \\ a_1 - 3^2 a_3 + 5^2 a_5 - \ldots &= 0 \\ a_1 - 3^4 a_3 + 5^4 a_5 - \ldots &= 1 \end{aligned}$$

etc.. D'où un système d'une infinité d'équations linéaires à une infinité d'inconnues pour déterminer les coefficients. Pour le résoudre, Fourier le simplifie en remplaçant, pour n donné, les inconnues $MATH$, etc. par 0; en se bornant aux n premières équations, il obtient un système plus orthodoxe qu'il résoud explicitement par des calculs á la portée d'un bon candidat à l'Ecole polytechnique actuelle. Il fait ensuite tendre n vers l'infini dans ses formules et, grâce au développement de π en produit infini (formule de Wallis), trouve finalement, au facteur $4/\pi$ près, la série $\cos x - \cos(3x)/3 + \cos(5x)/5 - \ldots$ des signaux carrés. Mais s'il avait voulu vérifier le résultat de ses calculs, il aurait dû porter ces valeurs dans son système infini d'équations linéaires et aurait ainsi obtenu des formules

$$\begin{aligned} 1 - \quad 1/3 + \quad 1/5 - \quad 1/7 + \ldots &= \pi/4 \\ 1 - 3^2/3 + 5^2/5 - 7^2/7 + \ldots &= 0 \\ 1 - 3^4/3 + 5^4/5 - 7^4/7 + \ldots &= 0 \end{aligned}$$

laissant loin derrière elles les merveilles de la série harmonique, mise à part la première : c'est la formule de Leibniz. Les mathématiciens du XIXe siècle ont fini par découvrir des contre-exemples encore plus accablants que le précédent : une somme ou série, même uniformément convergente, de fonctions indéfiniment dérivables peut avoir pour somme une fonction n'admettant de dérivée *nulle part*. Bolzano en construit une qu'on ne découvre qu'en 1930. Riemann considère la série $\sum \sin(n^2 x)/n^2$ et tente, sans succès, de montrer que sa somme ne possède aucune dérivée (en fait, on démontrera en 1970 qu'elle est dérivable en certains points, par exemple $x = m\pi/n$ avec m et n impairs, mais non si x/π est irrationnel). Weierstrass tente à son tour sa chance, produit la série $\sum q^n \cos(a^n x)$ qui, pour $0 < q < 1$, est normalement convergente et démontre qu'elle ne possède aucune dérivée pour $qa > 3\pi/2 + 1$, a entier impair[36]; on imagine l'effet produit sur des mathématiciens qui, jusqu'alors, imaginaient qu'une fonction continue est toujours dérivable sauf peut-être en des points exceptionnels en nombre fini comme le "prouvent" les dessins naïfs que tout le monde peut tracer sur une feuille de papier. Mais personne n'a jamais dessiné le graphe de la fonction de Wierstrass; vous pouvez bien sûr tracer ceux des sommes partielles de la série; les ordinateurs ayant été inventés spécifiquement pour résoudre ce genre de problème pratique, trajectoires d'obus (Eckert et Mauchly, 1942–1945) ou de missiles par exemple, vous pouvez probablement trouver les graphes sur Internet et les afficher sur votre micro à six heures du matin lorsque la plupart des Américains prennent un repos bien gagné après leur journée de hard work; mais quant à *voir* ce qui se passe à la limite ... Cela ne servirait du reste à rien : Weierstrass a démontré le théorème sans attendre le Web et, fort probablement, sans perdre son temps à dessiner des graphes sur du papier millimétré.

Ce qu'on n'avait pas compris est que la situation est gouvernée par la convergence des *dérivées* et non par celle des fonctions données, comme la théorie de l'intégration le montrera encore plus clairement :

Théorème 19. *Soit (f_n) une suite de fonctions définies et dérivables sur un intervalle I. Supposons que*

(i) *la suite des fonctions dérivées (f_n') converge uniformément sur tout compact $K \subset I$ vers une limite g,*
(ii) *la suite $(f_n(x))$ converge en un point de I.*

Alors les fonctions f_n convergent uniformément sur tout compact $K \subset I$ vers une fonction limite f et l'on a $f' = g$.

---

[36] Voir Walter, *Analysis 1*, p. 359, pour un exemple voisin traité complètement, dû à un Japonais du début du siècle (ils faisaient "déjà" des mathématiques et le principal collaborateur du médecin et biologiste Paul Ehrlich, qui invente vers 1910 le premier remède efficace contre la syphillis, est aussi un Japonais).

Choisissons un $c \in I$ où $\lim f_n(c)$ existe. En remplaçant chaque fonction $f_n(x)$ par $f_n(x) - f_n(c)$, ce qui ne change pas les dérivées et n'influe pas sur la convergence uniforme éventuelle des f_n, on peut supposer $f_n(c) = 0$ pour tout n. Posons $f_{pq}(x) = f_p(x) - f_q(x)$, d'où $f_{pq}(c) = 0$. Si $K \subset I$ est un intervalle compact contenant c et de longueur $m(K)$, le corollaire 3 ci-dessus montre que l'on a

$$(17.1) \qquad |f_{pq}(x)| \leq \|f'_{pq}\|_K |x - c| \leq m(K) \|f'_{pq}\|_K$$

pour tout $x \in K$. Cela s'écrit encore

$$(17.2) \qquad \|f_{pq}\|_K \leq m(K) \|f'_{pq}\|_K$$

ou

$$(17.3) \qquad d_K(f_p, f_q) \leq m(K) d_K(f'_p, f'_q).$$

Comme les f'_n convergent uniformément sur K vers g, elles vérifient le critère de Cauchy pour la convergence uniforme (n° 10, théorème 13"); (3) montre alors qu'il en est de même des f_n, qui convergent donc uniformément sur K.

Reste à prouver que la limite f des f_n est dérivable et que $f' = g$. Cela revient à montrer que, pour tout $a \in I$, on a

$$(17.4) \qquad \lim_{x \to a} \lim_{n\infty} \frac{f_n(x) - f_n(a)}{x - a} = \lim_{n\infty} \lim_{x \to a} \frac{f_n(x) - f_n(a)}{x - a}.$$

En effet, au premier membre la limite sur n est $[f(x) - f(a)]/(x - a)$, de sorte que la limite sur x, si elle existe, est $f'(a)$. Au second, la limite sur x est $f'_n(a)$, qui existe, et la limite sur n, qui existe aussi, est $g(a)$. La relation (4) signifie donc que f possède en a une dérivée égale à $g(a)$.

Il s'impose alors d'utiliser le Théorème 16 du n° 12 :

Soient X une partie de $\mathbb{C}$, a un point adhérent à X et $u_n(x)$ une suite de fonctions numériques définies dans X. Supposons que (i) $u_n(x)$ tende vers une limite c_n lorsque x tend vers a, (ii) $u_n(x)$ converge uniformément dans X vers une fonction limite $u(x)$. Alors $u(x)$ tend vers une limite c lorsque $x \in X$ tend vers a et l'on a $c = \lim c_n$.

On choisit $X = K - \{a\}$, où K est l'ensemble des $x \in I$ tels que $|x - a| \leq r$, avec $r > 0$ assez petit pour que K soit un intervalle compact[37], et l'on pose

$$c_n = f'_n(a),$$
$$u_n(x) = [f_n(x) - f_n(a)]/(x - a),$$
$$u(x) = [f(x) - f(a)]/(x - a)$$

---

[37] Il n'y a pas de problème si a est intérieur à I. Si a est par exemple l'extrémité gauche de $I = [a, b)$, prendre $r < b - a$, de sorte qu'alors $K = [a, a + r] \subset [a, b[$.

pour $x \in X = K - \{a\}$. L'hypothèse (i) du Théorème 16 exprime la dérivabilité des f_n au point a. Reste à vérifier que $u_n(x)$ converge *uniformément sur* K vers $u(x)$. Mais posons $f_{pq} = f_p - f_q$. On a

$$u_p(x) - u_q(x) = [f_{pq}(x) - f_{pq}(a)] / (x - a)$$

et, d'après le théorème des accroissements finis,

$$|f_{pq}(x) - f_{pq}(a)| \leq \|f'_{pq}\|_K \cdot |x - a|$$

pour tout $x \in X$, d'où

$$|u_p(x) - u_q(x)| \leq \|f'_{pq}\|_K = \|f'_p - f'_q\|_K$$

pour tout $x \in X = K - \{a\}$. En prenant la borne supérieure du premier membre pour $x \in X$, il vient alors

$$\|u_p - u_q\|_X \leq \|f'_p - f'_q\|_K$$

et comme les f'_n convergent uniformément sur K par hypothèse, les u_n vérifient le critère de Cauchy pour la convergence uniforme sur X. D'où la seconde assertion (ii) du théorème 16, cqfd.

Corollaire 5. *Soit $\sum f_n(x)$ une série de fonctions définies et dérivables dans un intervalle I. Supposons que la série converge en un point de I et que la série dérivée converge normalement sur tout compact $K \subset I$. Alors la série donnée converge normalement sur tout compact $K \subset I$, sa somme $s(x)$ est dérivable et l'on a $s(x) = \sum f'_n(x)$.*

Il suffit pour le voir d'appliquer le théorème aux sommes partielles $s_n(x)$ de la série donnée, en observant que la convergence normale de la série dérivée implique la convergence uniforme sur tout compact de la suite des $s'_n(x)$. La convergence normale de la série donnée s'obtient en utilisant l'inégalité (2).

Exemple 1. Soit $f(x) = \sum a_n x^n$ une série entière convergeant pour $|x| < R$, $R > 0$, et plaçons-nous dans $I =]-R, R[$. On sait (Chap. II, n° 19) que la série $\sum n a_n x^{n-1}$ des dérivées converge aussi pour $|x| < R$ et donc converge normalement dans tout intervalle compact $K = [-r, r]$ avec $r < R$. Le théorème 19 s'applique donc, ce qui confirme que l'on peut dériver terme à terme une série entière, tout au moins dans le domaine réel.

Exemple 2. Considérons une série de Fourier

$$f(x) = \sum a_n \cos nx + b_n \sin nx$$

et supposons que les séries $\sum n a_n$ et $\sum n b_n$ convergent absolument (exemples : $a_n = 1/n^k$ avec $k > 2$, ou $a_n = q^n$ avec $|q| < 1$, etc.) Puisque les sinus et cosinus sont en module ≤ 1, la série obtenue en dérivant terme à terme la série donnée converge normalement, d'où

$$f'(x) = \sum (nb_n \cos nx - na_n \sin nx).$$

La série des signaux carrés ne rentre évidemment pas dans ce cadre. Si vous considérez la série $f(x) = \sum \sin(n^2 x)/n^2$ sur laquelle Riemann, Weierstrass et sûrement beaucoup d'autres personnes se sont exercées sans résultat jusqu'à 1930, le raisonnement s'effondre tout autant, et pour cause puisque $f(x)$ a une forte tendance à n'être pas dérivable ailleurs qu'en des points très exceptionnels.

Exemple 3. Considérons pour $s > 1$ la série $\zeta(s) = \sum 1/n^s$. On verra au Chap. IV, où l'on définira les exposants réels – mais ils se manipulent exactement comme les exposants entiers –, que la fonction $s \mapsto n^s = \exp(s.\log n)$ est dérivable et a pour dérivée $n^s \log n$. La série des dérivées

$$\sum -(n^s \log n)/(n^s)^2 = -\sum (\log n)/n^s$$

est, comme la série de Riemann elle-même (n° 8, exemple 2), normalement convergente dans tout intervalle $s \geq \sigma > 1$. Nous montrerons en effet plus tard (Chap. IV, n° 5) que, pour tout nombre réel $k > 0$, on a

$$\log x = o(x^k) \quad \text{quand } x \to +\infty;$$

à un facteur constant près, on a donc $(\log n)/n^s \leq 1/n^{s-k} \leq 1/n^{\sigma-k}$ pour n grand; en choisissant $k > 0$ assez petit pour que $\sigma - k > 1$, i.e. $0 < k < \sigma - 1$, on obtient la convergence normale. On peut donc dériver terme à terme, d'où

$$\zeta'(s) = -\sum (\log n)/n^s$$

pour $s > 1$, et itérer l'opération ad libitum.

Exemple 4. Au Chap. II, n° 21, nous avons posé la question de savoir si, de la relation

$$(17.5) \qquad \pi \cot \pi x = 1/x + \sum x/n(x-n)$$

où l'on somme sur tous les $n \in \mathbb{Z}$ non nuls, on peut déduire par dérivation la formule

$$(17.6) \qquad \pi^2/\sin^2 \pi x = \sum 1/(x-n)^2$$

où l'on somme sur tous les $n \in \mathbb{Z}$ sans exception. Pour cela, plaçons-nous dans un intervalle compact de la forme $K = [-p, p]$ avec $p \in \mathbb{N}$ et partageons la série figurant dans (5) en la somme des termes pour lesquels $|n| \leq p$ et la somme des autres termes. La première somme se dérive terme à terme puisqu'elle ne comporte qu'un nombre fini de termes, et l'on obtient ainsi, dans (6), la somme partielle correspondante. Quant à la somme des termes dont l'indice vérifie $|n| > p$, c'est, dans (5), une série de fonctions définies et dérivables sur K tout entier et qui converge partout dans K. Pour que le théorème 19 lui soit applicable, il suffit donc de montrer que la série $\sum (x - n)^{-2}$ étendue aux n tels que $|n| > p$ converge normalement sur K.

Or l'égalité $n = (n - x) + x$ montre que

$$|n| \leq |x - n| + |x| \leq |x - n| + p,$$

d'où $|x - n| \geq |n| - p > 0$ et donc

$$1/(x - n)^2 \leq 1/(|n| - p)^2 = v(n).$$

Le second membre est indépendant de $x \in K$ et la série $\sum v(n)$ étendue aux n considérés converge puisque son terme général est équivalent à $1/n^2$. D'où la convergence normale, cqfd. (Ce raisonnement, un peu modifié, montrerait en fait que (6) converge normalement sur tout compact de $\mathbb{C}$ ne contenant aucun $n \in \mathbb{Z}$).

Le théorème 19 peut se formuler en termes de fonctions primitives. Considérons pour cela dans l'intervalle I une suite de fonctions f_n qui converge uniformément sur tout compact $K \subset I$ vers une limite $f(x)$. *Supposons* que chaque f_n possède une primitive, i.e. qu'il existe dans I une fonction F_n dérivable telle que $F_n'(x) = f_n(x)$ pour tout x. On peut alors appliquer aux F_n le théorème 19 à condition de supposer que la suite (F_n) converge en au moins un point $a \in I$, cas si, par exemple, on a $F_n(a) = 0$ pour tout n. On voit qu'alors les F_n convergent uniformément sur tout compact vers une limite F, que F est dérivable et que $F' = f$. Autrement dit, F est une primitive de f. On reviendra plus en détail sur ce résultat au Chap. V à propos du "théorème fondamental du calcul différentiel et intégral", i.e. de la relation

$$F(x) - F(a) = \int_a^x f(t)dt$$

entre une fonction f et ses primitives.

Le théorème 19 a un autre corollaire important :

Théorème 20. *Soit (f_n) une suite de fonctions de classe C^p ($p \leq +\infty$) sur un intervalle $I \subset \mathbb{R}$. Supposons que les fonctions f_n et toutes leurs dérivées d'ordre $\leq p$ convergent uniformément sur tout compact $K \subset I$. Alors la limite des f_n est de classe C^p dans I et l'on a*

$$(17.7) \qquad\qquad f^{(k)}(x) = \lim f_n^{(k)}(x)$$

pour tout $k \le p$, où $f(x) = \lim f_n(x)$.

Il suffit pour le voir d'appliquer à répétition le théorème 19 d'abord aux f_n, d'où existence de f' avec (7) pour $k = 1$, puis aux f_n', d'où existence de $(f')' = f''$ avec (7) pour $k = 2$, etc.

Le théorème 19 permet de résoudre toutes sortes de problèmes plus ou moins classiques. Le théorème 20 pour $p = +\infty$ (fonctions indéfiniment dérivables) et ses généralisations à plusieurs variables sont aussi et surtout, maintenant, à la base de la théorie des distributions de Laurent Schwartz (Chap. V, n° 34).

18 – Extensions à la convergence en vrac

Dans la mesure où ils ne concernent que des séries absolument convergentes, tous les résultats de ce chapitre relatifs aux séries de fonctions s'étendent à la convergence en vrac du Chap. II; peu surprenant puisque celle-ci ne diffère qu'en apparence de la convergence absolue classique.

En raisonnant sur des parties a priori quelconques de l'ensemble des indices de la famille, on peut aussi donner des démonstrations directes qui dispensent de choisir des bijections de $\mathbb{N}$ sur l'ensemble d'indices considéré.

Tout d'abord, la convergence normale d'une série $\sum u_i(t)$ de fonctions numériques définies sur un ensemble X et indexées par un ensemble I signifie qu'il existe une famille de nombre v_i, $i \in I$, vérifiant

$$v_i \ge 0, \qquad \sum v_i < +\infty \quad \text{et} \quad |u_i(t)| \le v_i$$

quels que soient i et t. Il reviendrait au même d'exiger que

$$\sum \|u_i\|_X < +\infty.$$

La série $\sum u_i(t)$ est alors convergente en vrac quel que soit t.

Supposons en outre que $X \subset \mathbb{C}$ et que, lorsque $t \in X$ tend vers un point a adhérent à X, chaque $u_i(t)$ tende vers une limite u_i. On a évidemment encore $|u_i| \le v_i$, d'où la convergence en vrac de $\sum u_i$. Si d'autre part on désigne par $s_F(t)$ (resp. s_F) la somme des $u_i(t)$ (resp. u_i) pour $i \in F$ pour toute partie F de I et par $s(t) = s_I(t)$ et $s = s_I$ les sommes totales correspondantes, on a

$$|s(t) - s| = \left| \sum_{i \in F} [u_i(t) - u_i] + \sum_{i \notin F} [u_i(t) - u_i] \right| \le$$

$$\le |s_F(t) - s_F| + \sum_{i \notin F} |u_i(t) - u_i| \le |s_F(t) - s_F| + 2 \sum_{i \notin F} v_i;$$

or, il existe pour tout $r > 0$ une F *finie* telle que le dernier $\sum$ soit $< r$ (Chap. II, n° 15); pour cette F, la différence $|s_F(t) - s_F|$ est $< r$ pour t assez voisin de a (limite d'une somme *finie* de fonctions). D'où $|s(t) - s| < 3r$ et donc $\lim s(t) = s$. Autrement dit, le théorème 17 s'écrit maintenant sous la forme

$$(18.1) \qquad \lim_{t \to a} \sum_{i \in I} u_i(t) = \sum_{i \in I} \lim_{t \to a} u_i(t).$$

Il s'applique en particulier aux séries normalement convergentes de fonctions continues.

Il y a de même un théorème de dérivation terme à terme pour la convergence en vrac. On considère cette fois, comme au théorème 19, une série de fonctions $u_i(x)$ définies et dérivables dans un intervalle compact[38] K, on suppose que la série donnée converge quelque part et, enfin, que la série des dérivées $\sum u_i'(x)$ est dominée comme ci-dessus par une série $\sum v_i$. Il faut passer aux sommes

$$s_F(x) = \sum_{i \in F} u_i(x), \qquad s(x) = \sum_{i \in I} u_i(x).$$

Choisissons un $a \in I$. Le théorème des accroissements finis montre que l'on a

$$|u_i(x) - u_i(a)| \leq m(K)\|u_i'\|_K$$

où $m(K)$ est la longueur de K. Comme on a $\sum \|u_i'\|_K < +\infty$, la série $\sum[u_i(x) - u_i(a)]$ converge normalement dans K quels que soient a et x. Si la série $\sum u_i(a)$ converge en vrac, il s'ensuit que la série des $u_i(x)$ converge normalement dans K.

Pour montrer qu'on peut la dériver comme une somme finie, considérons comme dans la démonstration du théorème 19 les fonctions

$$q_i(x) = [u_i(x) - u_i(a)]/(x - a).$$

Elles sont définies dans $X = K - \{a\}$ et tendent vers une limite $u_i'(a)$ lorsque x tend vers a. Le corollaire 3 du théorème des accroissements finis montre d'autre part que

$$|q_i(x)| \leq v(i),$$

de sorte que la série $\sum q_i(x) = [s(x) - s(a)]/(x - a)$ converge normalement dans X. On peut donc passer à la limite lorsque x tend vers a comme on l'a vu plus haut, ce qui montre que la somme $s(x)$ est dérivable en a et que $s'(a) = \sum u_i'(a)$, cqfd.

---

[38] Les théorèmes de convergence compacte (i.e. uniforme sur tout compact) pour un intervalle quelconque I ne sont pas plus généraux que les théorèmes de convergence uniforme relatifs à un intervalle compact : on applique le cas "particulier" à n'importe quel intervalle compact contenu dans I.

Considérons par exemple, au lieu de la série de Riemann du n° précédent, la série double $f(s) = \sum (m^2 + n^2)^{-s/2}$ avec s réel > 2 pour en assurer la convergence (Chap. II, n° 12). En admettant la formule $(a^x)' = a^x \log a$ du Chap. IV, la série dérivée est

$$g(s) = -\frac{1}{2} \sum \log(m^2 + n^2)/(m^2 + n^2)^{-s/2}.$$

On laisse au lecteur le soin de montrer qu'elle converge normalement pour $s \geq \sigma > 2$ ainsi que toutes les séries dérivées successives. Le problème est uniquement d'en montrer la convergence en vrac car, le terme général étant une fonction décroissante de s, la série $g(\sigma)$ domine la série $g(s)$ pour tout $s \geq \sigma$. On s'inspirera des raisonnements du Chap. II, n° 12.

§5. Fonctions dérivables de plusieurs variables

Pour conclure ce chapitre, nous allons généraliser aux fonctions de plusieurs variables réelles les résultats obtenus dans les n° précédents. Nous en aurons besoin occasionnellement, notamment à propos des fonctions holomorphes, et presqu'uniquement pour les fonctions de deux variables, i.e. définies dans un ouvert U de $\mathbb{R}^2$ ou de $\mathbb{C}$. Les démonstrations seront exposées de telle sorte qu'elles puissent s'étendre immédiatement au cas général. Sauf dans le cas particulier des fonctions holomorphes, nous énoncerons peu de théorèmes pour la raison que *tout* le contenu de ce § est fondamental et en général facile à retenir puisqu'il s'agit de généralisations directes des résultats relatifs à une variable.

Dans tout ce qui suit, lorsqu'il sera question des valeurs prises par les variables ou les fonctions considérées, nous ne ferons aucune distinction entre le nombre complexe $z = x + iy$ et le vecteur (x, y) de $\mathbb{R}^2$; c'est de toute façon la définition des nombres complexes. Il faut toutefois noter que lorsque nous parlerons de fonctions ou applications *linéaires* dans $\mathbb{C}$, ce sera presque toujours au sens *réel*, celui qu'on utilise dans tout espace vectoriel sur $\mathbb{R}$; une telle application est nécessairement de la forme

$$(*) \qquad\qquad (u, v) \longmapsto cu + dv$$

avec des variables réelles u et v et des coefficients constants c, $d \in \mathbb{C} = \mathbb{R}^2$. Ce point de vue se généralise à un nombre quelconque de variables réelles à condition de considérer les coefficients c et d comme des vecteurs ayant des coordonnées réelles; pour mettre ce fait en évidence, il faudrait donc, dans la formule précédente, séparer les parties réelles et imaginaires de c et d, d'où une formule qu'en termes de matrices *réelles* on écrirait

$$(**) \qquad\qquad \begin{pmatrix} u \\ v \end{pmatrix} \longmapsto \begin{pmatrix} \alpha & \beta \\ \gamma & \delta \end{pmatrix} \begin{pmatrix} u \\ v \end{pmatrix} = \begin{pmatrix} \alpha u + \beta v \\ \gamma u + \delta v \end{pmatrix}.$$

Dans $\mathbb{C}$, les fonctions linéaires au sens *complexe* sont les fonctions $z \mapsto cz$, avec $c \in \mathbb{C}$, puisque $\mathbb{C}$ est un espace vectoriel de dimension 1 sur le corps $\mathbb{C}$; autrement dit, ce sont les applications de la forme $(*)$ vérifiant la condition

$$(***) \qquad\qquad d = ic,$$

qui permet de mettre $u + iv$ en facteur; sous la forme $(**)$, cela signifie que $\delta = \alpha$, $\gamma = -\beta$. Ces fonctions $\mathbb{C}$-linéaires sont aussi $\mathbb{R}$-linéaires, mais trop particulières pour intervenir en dehors de la théorie des fonctions analytiques ou holomorphes.

On trouvera au vol. III, Chap. IX, un exposé valable dans les espaces vectoriels réels de dimension finie.

19 – Dérivées partielles et différentielles

Soit $f = f_1 + if_2$ une fonction à valeurs complexes définie et continue dans un ouvert U de $\mathbb{R}^2$; f est donc aussi une application

$$(x, y) \longmapsto (f_1(x, y), f_2(x, y))$$

de U dans $\mathbb{R}^2$. Pour $(a, b) \in U$ donné, les fonctions $x \mapsto f(x, b)$ et $y \mapsto f(a, y)$ sont définies au voisinage de $x = a$ et de $y = b$ respectivement; en fait, l'ensemble des $x \in \mathbb{R}$ tels que $(x, b) \in U$ est une partie ouverte de $\mathbb{R}$: appliquer les définitions. Si elles admettent des dérivées en a et b, nous noterons celles-ci $D_1f(a, b)$ et $D_2f(a, b)$ ou, exceptionnellement, $f'_x(a, b)$ et $f'_y(a, b)$, et l'on rencontre partout l'encombrante notation de Jacobi $\partial f/\partial x$. Si D_1f et D_2f existent quel que soit $(a, b) \in U$, on dira que f est *dérivable dans* U, et *de classe* C^1 si elles sont continues dans U. Si D_1f et D_2f sont à leur tour de classe C^1, auquel cas l'on dit que f est de classe C^2, on peut définir des dérivées partielles secondes

(19.1)
$$D_1D_1f = D_1^2f = f''_{xx} = \partial^2 f/\partial x^2,$$
$$D_1D_2f = f''_{yx} = \partial^2 f/\partial x \partial y, \ D_2D_1f, \ D_2^2f,$$

etc.

Un point de vue plus proche de celui du n° 14 consiste à étendre la notion de différentielle ou d'application linéaire tangente à f en (a, b). Il s'agit alors d'approcher $f(a + u, b + v) - f(a, b)$ par une fonction $\mathbb{R}$-linéaire de (u, v), donc de la forme $cu + dv$ avec des constantes c, $d \in \mathbb{C}$, i.e. d'écrire

$$f(a + u, b + v) = f(a, b) + cu + dv+?$$

où l'erreur figurée par un ? doit être "négligeable" par rapport au terme prépondérant $cu + dv$ lorsque u et v tendent vers 0. La solution consiste à écrire qu'elle doit être négligeable relativement à la *distance* du point (a, b) au point $(a + u, b + v)$, i.e. relativement à $|u| + |v| \asymp (u^2 + v^2)^{\frac{1}{2}} = |u + iv|$. La relation précédente s'écrit alors

(19.2)
$$f(a + u, b + v) = f(a, b) + cu + dv + o(|u| + |v|)$$

et implique

$$f(a + u, b) = f(a, b) + cu + o(|u|),$$

d'où l'existence de $D_1f(a, b) = c$ et, de même, de $D_2f(a, b) = d$. Lorsque la condition (2) est remplie, on dit que f est *différentiable au point* (a, b); la fonction linéaire $(u, v) \mapsto cu + dv$ est appelée, selon les auteurs, la *différentielle* ou l'*application linéaire tangente* ou la *dérivée* de f en (a, b), notée soit

(19.3) $df(a,b) : (u,v) \mapsto D_1 f(a,b)u + D_2 f(a,b)v,$

soit $Df(a,b)$, soit même $f'(a,b)$. On peut alors écrire (2) de façon beaucoup plus condensée :

(19.2') $f(z+h) = f(z) + Df(z)h + o(h)$

en posant $z = (a,b)$, point de U, $h = (u,v)$, vecteur dans $\mathbb{R}^2$, et en convenant de noter $Df(z)h$ l'image d'un vecteur $h \in \mathbb{R}^2$ par l'application *linéaire*[39] $Df(z) : \mathbb{R}^2 \longrightarrow \mathbb{R}^2$; l'expression $o(h)$ désigne alors évidemment une fonction de h qui est négligeable par rapport à la longueur $|h| \asymp |u| + |v|$ du vecteur h.

L'écriture $df = f'(a)dx$ introduite au n° 14 s'étend immédiatement aux fonctions de plusieurs variables. Il est en effet clair que les différentielles en n'importe quel point du plan des fonctions coordonnées $(x,y) \mapsto x$ et $(x,y) \mapsto y$ sont

$$dx(a,b) : (u,v) \longmapsto u, \quad dy(a,b) : (u,v) \longmapsto v.$$

Comme au n° 14, on peut donc écrire (3) sous la forme

(19.3') $df(a,b) = D_1 f(a,b)dx(a,b) + D_2 f(a,b)dy(a,b),$

relation entre fonctions linéaires de (u,v). En abrégé,

(19.3") $df = f'_x dx + f'_y dy.$

Ceci s'applique par exemple aux fonctions $z = x + iy$ et $\bar{z} = x - iy$, d'où

$$dz = dx + idy, \qquad d\bar{z} = dx - idy,$$

ce qui signifie par exemple que la différentielle de $(x,y) \mapsto \bar{z}$ en n'importe quel point est la fonction linéaire $(u,v) \mapsto u - iv$. Comme on l'a rappelé plus haut, une application linéaire de $\mathbb{R}^2$ dans $\mathbb{R}^2$ peut se représenter par une matrice 2×2. Pour obtenir celle de (3), i.e. de $Df(a,b)$, il faut calculer les coordonnées réelles du résultat, i.e., puisque u et v sont réels, remplacer dans (3) les dérivées soit par leurs parties réelles, soit par leurs parties imaginaires, lesquelles s'obtiennent en effectuant la même opération sur f. Il est clair qu'en posant $(a,b) = z$, la matrice de $df(z)$ ou $Df(z)$ n'est autre que

---

[39] Rappelons qu'en algèbre linéaire, on désigne fréquemment par Ah, plutôt que par $A(h)$, la valeur sur le vecteur h d'une application linéaire A (héritage de l'époque où l'on parlait de matrices au lieu d'applications linéaires). Sans cette convention, on serait obligé d'écrire $Df(z)(h)$ ce que nous notons $Df(z)h$. On emploie aussi fréquemment la notation $df(z;h)$; voir le vol. III, chap. IX, §1.

$$(19.4) \qquad J_f(z) = \begin{pmatrix} D_1 f_1(z) & D_1 f_2(z) \\ D_2 f_1(z) & D_2 f_2(z) \end{pmatrix} = (D_i f_j(z));$$

on l'appelle la *matrice jacobienne* de f en z et il nous arrivera fréquemment de ne pas faire de distinction entre l'application linéaire $Df(z)$ et la matrice (4), ce qui ne présente aucun inconvénient aussi longtemps que l'on ne change pas de système de coordonnées dans $\mathbb{R}^2$, i.e. que l'on ne fait aucune distinction entre un vecteur "géométrique" h de coordonnées u, v et la matrice

$$\begin{pmatrix} u \\ v \end{pmatrix}$$

qui lui est associée.

Pour les fonctions d'une variable, dérivabilité et différentiabilité sont des propriétés équivalentes; il n'en est pas de même dans le cas général pour une raison de simple bon sens. Si en effet on considère ce qui se passe le long d'une droite passant par (a, b), i.e. pour des vecteurs proportionnels à un vecteur donné (u, v), on constate d'après (2) que

$$(19.5) \qquad f(a + tu, b + tv) = f(a, b) + (cu + dv)t + o(t),$$

de sorte que f est dérivable dans n'importe quelle direction issue de (a, b) avec, on le notera, une dérivée en $t = 0$ égale à $cu + dv$, i.e. à $D_1 f(a,b)u + D_2 f(a,b)v = Df(z)h$ si l'on pose $z = (a, h)$ et $h = (u, v)$. L'existence au point (a, b) de dérivées dans *toutes* les directions issues de (a, b) est donc *nécessaire* pour assurer la différentiablité. Cette condition, qui peut paraître fort stricte, est encore insuffisante pour assurer la différentiabilité ou même seulement la continuité de f au point considéré[40].

20 – Différentiabilité des fonctions de classe C^1

Ces difficultés disparaissent si f est de classe C^1.

Soit en effet f une telle fonction et calculons, idée d'Euler dans un autre contexte,

$$(20.1) \qquad f(a + u, b + v) - f(a, b) =$$
$$= [f(a + u, b + v) - f(a, b + v)] + [f(a, b + v) - f(a, b)].$$

---

[40] Contre-exemple : $f(x, y) = x^2 y/(x^4 + y^2)$ si $(x, y) \neq (0, 0)$, $f(0, 0) = 0$. La fonction possède à l'origine des dérivées dans toutes les directions [calculer la limite de $f(tu, tv)/t$ lorsque $t \to 0$, en faisant attention au cas où $v = 0$]. Elle n'est pas continue à l'origine car pour tout $a \in \mathbb{R}$, $f(x, ax^2)$ tend vers (et est même égal à) $a/(1 + a^2)$ au lieu de tendre vers 0 comme ce serait le cas si f était continue. Voir le graphe dans $\mathbb{R}^3$ de la fonction dans Hairer et Wanner, p. 303.

Il faut comparer cette différence à $D_1f(a,b)u + D_2f(a,b)v = cu + dv$ pour u et v petits. Pour b et v donnés, la fonction $g(x) = f(x, b+v)$ possède par hypothèse une dérivée $g'(x) = D_1f(x, b+v)$ pour tout x voisin de a, avec $g'(a) = D_1f(a, b+v)$. On a donc, d'après (16.8) ou (16.9),

$$(20.2) \qquad |g(a+u) - g(a) - D_1f(a, b+v)u| \leq$$
$$\leq |u|.\sup_{0 \leq t \leq 1} |D_1f(a+tu, b+v) - D_1f(a, b+v)|.$$

Comme D_1f est continue au point (a, b), la différence $|D_1f(a+tu, b+v) - D_1f(a, b+v)|$ est $\leq r$ quel que soit $t \in [0, 1]$ si $|u|$ et $|v|$ sont assez petits. Le second membre de (2) est donc $o(u)$ quand (u, v) tend vers $(0, 0)$.

On a de même

$$(20.3) \qquad |f(a, b+v) - f(a, b) - D_2f(a, b)v| \leq$$
$$\leq |v|\sup_{0 \leq t \leq 1} |D_2f(a, b+tv) - D_2f(a, b)|,$$

résultat $o(v)$ lorsque (u, v) tend vers $(0, 0)$. On trouve donc[41]

$$f(a+u, b+v) = f(a, b) + D_1f(a, b+v)u + D_2f(a, b)v + o(|u| + |v|);$$

mais comme D_1f est continue, on a $D_1f(a, b+v)u = D_1f(a, b)u + o(u)$. En conclusion :

Théorème 21. *Soit f une fonction de classe C^1 dans un ouvert U de $\mathbb{R}^2$. Alors f est différentiable en tout point $(x, y) \in U$ et l'on a*

$$(20.4) \qquad f(x+u, y+v) =$$
$$= f(x, y) + D_1f(x, y)u + D_2f(x, y)v + o(|u| + |v|)$$

quand u et v tendent vers 0.

Ce résultat a une conséquence immédiate en théorie des fonctions analytiques. Nous avons vu au Chap. II, n° 19 que si une fonction $f(z)$ est analytique dans un ouvert U de $\mathbb{C}$, i.e. développable en série entière au voisinage de tout point de U, elle admet une dérivée au sens *complexe*

$$(20.5) \qquad f'(z) = \lim_{h \to 0} \frac{f(z+h) - f(z)}{h}$$

où $h = u + iv$ tend vers 0 par valeurs complexes; et nous en avons déduit par un calcul immédiat qu'alors f possède des dérivées partielles D_1f et D_2f continues vérifiant l'identité de Cauchy $D_2f = iD_1f$, i.e. que f est

---

[41] A condition de montrer que $o(u) + o(v) = o(|u| + |v|)$, ce qui est clair puisque, pour tout $r > 0$, les expressions au premier membre sont, pour $|u| + |v|$ petit, majorées par $r|u|$ et $r|v|$ respectivement.

holomorphe. Nous avons annoncé que, réciproquement, toute fonction holomorphe est analytique. Nous ne pouvons pas encore l'établir – ce sera l'un des buts du Chap. VII – mais nous pouvons dès maintenant faire un pas dans la bonne direction :

Corollaire. *Soit f une fonction de classe C^1 dans un ouvert U de $\mathbb{C}$. Si f vérifie l'équation de Cauchy $D_2 f = i D_1 f$ (i.e. est holomorphe), alors f possède en tout point $z \in U$ une dérivée complexe (5) et l'on a*

$$(20.6) \qquad f' = D_1 f = -i D_2 f, \qquad df = f'(z) dz.$$

En effet, la relation (4) s'écrit maintenant,

$$f(x + u, y + v) = f(x, y) + D_1 f(x, y)(u + iv) + o(|u| + |v|)$$

ou, en posant $h = u + iv$ et $z = x + iy$,

$$f(z + h) = f(z) + D_1 f(z) h + o(h),$$

d'où l'existence de f' et la première formule (6). La relation $df = f' dz$ est tout aussi immédiate puisque

$$df = D_1 f . dx + D_2 f . dy = D_1 f (dx + i dy) = f' dz,$$

cqfd.

Ce raisonnement montre en fait que f *est holomorphe si et seulement si ses applications dérivées au sens réel sont $\mathbb{C}$-linéaires*, i.e. de la forme

$$(u, v) \longmapsto c(u + iv)$$

avec une constante $c \in \mathbb{C}$, et non pas seulement $\mathbb{R}$-linéaires : c'est exactement ce qu'expriment les relations de Cauchy.

On peut exprimer ce fait de façon plus frappante en notant que les formules

$$(20.7) \qquad dz = dx + i dy, \qquad d\bar{z} = dx - i dy$$

donnent inversement

$$(20.8) \qquad dx = (dz + d\bar{z})/2, \qquad dy = (dz - d\bar{z})/2i;$$

la différentielle $df = D_1 f dx + D_2 f dy$ de toute fonction f différentiable, holomorphe ou non, peut donc toujours se mettre sous la forme

$$(20.9) \qquad df = \frac{\partial f}{\partial z} dz + \frac{\partial f}{\partial \bar{z}} d\bar{z}$$

où l'on pose *par définition*

(20.10) $\partial f/\partial z = (D_1 f - iD_2 f)/2, \qquad \partial f/\partial \bar{z} = (D_1 f + iD_2 f)/2;$

il s'agit là de pures conventions d'écriture, à ne pas confondre avec les dérivées usuelles définies par passage à la limite dans un quotient.

Dans la formule (9), dz est une fonction $\mathbb{C}$-linéaire $(u, v) \mapsto c(u+iv)$, mais $d\bar{z}$, de la forme $(u, v) \mapsto c'(u - iv)$, ne l'est pas. Les fonctions holomorphes sont donc caractérisées par la relation

$$\partial f/\partial \bar{z} = 0,$$

visiblement équivalente à la condition de Cauchy d'après (10). On a alors

$$\partial f/\partial z = f',$$

dérivée de f au sens complexe.

Comme les règles de calcul des dérivées établies au n° 15 s'appliquent aux fonctions de plusieurs variables, avec les mêmes démonstrations pour ceux qui tiendraient à les démontrer, il est clair que *la somme, le produit et le quotient de deux fonctions holomorphes sont encore holomorphes* : il suffit de vérifier que les opérations algébriques ne détruisent pas la condition de Cauchy, par exemple :

$$D_1(fg) = D_1 f.g + f.D_1 g = -i(D_2 f.g + f.D_2 g) = -iD_2(fg).$$

On peut aussi observer que les formules (15.8)

$$d(f + g) = df + dg, \quad d(fg) = g\,df + f\,dg, \quad d(1/f) = -df/f^2$$

s'étendent aux fonctions de plusieurs variables; il est alors clair que si les différentielles de f et g sont proportionnelles à dz, il en est de même de celles de $f + g$, fg et f/g.

Exercice. On écrit une fonction polynômiale P sous la forme

$$P(x, y) = \sum a_{pq} z^p \bar{z}^q;$$

calculer $\partial P/\partial z$ et $\partial P/\partial \bar{z}$.

21 – Dérivation des fonctions composées

La formule de dérivation des fonctions composées se généralise sans problème – sinon dans les notations – aux fonctions C^1. Considérons d'abord le cas plus simple, et de toute façon utile, que voici : on a une fonction

$$z \longmapsto g(z) = (g_1(z), g_2(z)) = g_1(z) + ig_2(z)$$

de classe C^1 dans un ouvert $V \subset \mathbb{C}$ et une application dérivable $t \mapsto f(t) = (f_1(t), f_2(t))$ d'un intervalle ou, plus généralement, d'un ouvert[42] U de $\mathbb{R}$ dans V, ce qui permet de considérer la fonction composée

$$p(t) = g \circ f(t) = g[f(t)] = g[f_1(t), f_2(t)],$$

à valeurs dans $\mathbb{C}$. Pour t donné et $h \in \mathbb{R}$ tel que $t + h \in U$, posons

$$f_1(t + h) = f_1(t) + u, \qquad f_2(t + h) = f_2(t) + v,$$

d'où

$$u = f_1'(t)h + o(h) = ah + o(h), \qquad v = f_2'(t)h + o(h) = bh + o(h).$$

Comme g est différentiable au point $f(t)$, avec des dérivées partielles que nous noterons c et d, il vient

$$p(t + h) = p(t) + cu + dv + o(u) + o(v) =$$
$$= p(t) + (ca + db)h + o(h)$$

puisque, u et v étant visiblement $O(h)$, avec un O majuscule, toute fonction qui est $o(u)$ ou $o(v)$, avec un o minuscule, est $o(h)$. Par suite, p est dérivable et l'on a

$$(21.1) \qquad p'(t) = \frac{d}{dt}g[f(t)] = D_1g[f(t)].f_1'(t) + D_2g[f(t)].f_2'(t).$$

Démonstration condensée : on pose $f(t + h) = f(t) + k$, d'où

$$p(t + h) = g[f(t) + k] = p(t) + Dg[f(t)]k + o(k);$$

mais $k = f'(t)h + o(h) = O(h)$, d'où $o(k) = o(h)$ et

$$p(t + h) = p(t) + Dg[f(t)]f'(t)h + o(h),$$

ce qui redonne (1) sous la forme

$$(21.1') \qquad p'(t) = Dg[f(t)]f'(t),$$

image du vecteur $f'(t) \in \mathbb{R}^2$ par l'application linéaire $Dg[f(t)]$ tangente à g au point $z = f(t)$.

En notation différentielle : la différentielle $dp = p'(t)dt$ de p s'obtient à partir de la différentielle $dg = D_1g(z)dx + D_2g(z)dy$ de g en substituant $f(t)$ à $z = (x, y)$ dans les dérivées et en remplaçant dx et dy par les différentielles

---

[42] Puisque qu'un ouvert de $\mathbb{R}$ est, au voisinage de chacun de ses points, identique à un intervalle, tout ce qui s'applique aux fonctions définies dans un intervalle s'applique au cas général.

des fonctions $f_1(t)$ et $f_2(t)$ que l'on a substituées à x et y. L'analogie avec le système de Leibniz est complète.

Exemple 1. Si g est *holomorphe* et si l'on considère f comme une fonction à valeurs dans $\mathbb{C}$ plutôt que dans $\mathbb{R}^2$, de sorte que $f = f_1 + if_2$, on trouve

$$(21.2) \qquad \frac{d}{dt}g[f(t)] = g'[f(t)]f'(t)$$

car la relation $D_2 g = iD_1 g$ permet, au second membre de (1), de mettre en facteur

$$(21.3) \qquad f_1'(t) + if_2'(t) = f'(t);$$

on pourrait aussi utiliser le fait que, pour une fonction holomorphe, l'application $Df(z)$ consiste à multiplier chaque vecteur $h \in \mathbb{R}^2 = \mathbb{C}$ par le nombre complexe $f'(z)$.

En termes de différentielles : dans $dg = g'(z)dz$, remplacer z par $f(t)$ et dz par $df = f'(t)dt$. On fera attention au fait que f' est une dérivée au sens réel du n° 14, tandis que g' est une dérivée au sens complexe. Le lecteur peut aussi démontrer directement (2) en partant de la définition de g' comme limite du quotient habituel.

Exemple 2. Supposons $f_1(t) = x + tu$, $f_2(t) = y + tv$, i.e. $f(t) = z + th$, de sorte qu'on examine le comportement de g le long d'une droite passant par $(x, y) = z$. On trouve

$$(21.4) \qquad \frac{d}{dt}g(x + tu, y + tv) =$$
$$= D_1 g(x + tu, y + tv)u + D_2 g(x + tu, y + tv)v$$

ou, en notations condensées,

$$(21.4') \qquad \frac{d}{dt}g(z + th) = Dg(z + th)h.$$

Supposons $z + th \in V$ quel que soit $t \in [0, 1]$; cela signifie que le segment de droite joignant les points z et $z + h$ est tout entier dans V, cas si $|h|$ est assez petit ou bien si V est *convexe*. Appliquons à la fonction $p(t) = g(x + tu, y + tv)$ le théorème 18 des accroissements finis et ses corollaires sous la forme $p(1) - p(0) = \ldots$; le théorème 18 montre alors que, si g est à valeurs *réelles*, il existe un $t \in [0, 1]$ tel que

$$(21.5) \qquad g(x + u, y + v) - g(x, y) =$$
$$= D_1 g(x + tu, y + tv)u + D_2 g(x + tu, y + tv)v,$$

(21.5')
$$g(z + h) - g(z) = Dg(z + th)h;$$

si g est à valeurs complexes, on trouve seulement que

(21.6)
$$|g(x + u, y + v) - g(x, y)| \leq$$
$$\leq \sup_{0 \leq t \leq 1} |D_1 g(x + tu, y + tv)u + D_2 g(x + tu, y + tv)v|,$$

ou

(21.6')
$$|g(z + h) - g(z)| \leq \sup |Dg(z + th)h|.$$

Or toute application linéaire A de $\mathbb{R}^2$ dans $\mathbb{R}^2$ (ou de $\mathbb{R}^p$ dans $\mathbb{R}^q$) possède une *norme* $\|A\|$, à savoir le plus petit nombre $M \geq 0$ tel que l'on ait $\|Ah\| \leq M\|h\|$ pour tout vecteur h de l'espace de départ; si l'on utilise la norme pythagoricienne usuelle et si

(21.7)
$$A \begin{pmatrix} u \\ v \end{pmatrix} = \begin{pmatrix} au + bv \\ cu + dv \end{pmatrix},$$

de sorte que a, b, c, d sont les coefficients de la matrice de A, on trouve facilement, grâce à Cauchy-Schwarz dans $\mathbb{R}^2$, que

(21.8)
$$\|A\| = (a^2 + b^2 + c^2 + d^2)^{\frac{1}{2}} \asymp |a| + |b| + |c| + |d|.$$

Si $A = Dg(z)$ comme plus haut, les coefficients (réels) de la matrice de A sont les parties réelles et imaginaires de $D_1 g(z)$ et $D_2 g(z)$, d'où

(21.9)
$$\|Dg(z)\|^2 = |D_1 g(z)|^2 + |D_2 g(z)|^2.$$

De toute façon, les formules utilisées pour mesurer la "longueur" d'un vecteur et donc la norme d'application linéaire ou matrice importent peu aussi longtemps qu'elles sont "équivalentes" à la norme pythagoricienne (i.e. que le rapport entre les deux mesures de la longueur de h soit, quel que soit h, compris entre des constantes > 0 fixes), car on n'utilise les formules du type (6') que pour estimer des *ordres de grandeur* et non pour des calculs totalement exacts et explicites.

On peut alors écrire (6') sous la forme pratiquement aussi utile

(21.10)
$$|g(z + h) - g(z)| \leq |h| . \sup \|Dg(z + th)\|.$$

Comme dans le corollaire 3 du théorème 18, (6) permet alors de majorer le premier membre moyennant des bornes des dérivées. Si par exemple l'on se borne à examiner ce qui passe dans un ensemble $K \subset V$ à la fois compact et convexe et si l'on pose $z = (x, y) = x + iy$, $z' = (x + u, y + v)$, on obtient quels que soient $z, z' \in K$ l'inégalité

(21.11) $$|g(z') - g(z)| \leq \|Dg\|_K \cdot |z' - z|$$

où

$$\|Dg\|_K = \sup_{z \in K} \|Dg(z)\| = \sup(|D_1g(z)|^2 + |D_2g(z)|^2)^{\frac{1}{2}}$$

si l'on a adopté la formule standard pour mesurer les longueurs dans $\mathbb{R}^2$.

On en déduit que *si $Dg(z) = 0$ pour tout $z \in V$*, ouvert où g est définie, on a $g(z') = g(z)$ dès que z et z' sont assez voisins pour que V contienne le segment de droite $[z, z']$ et donc que g *est constante si V est connexe*, i.e. si deux points quelconques de V peut être joints l'un à l'autre par une ligne brisée toute entière contenue dans V (Chap. II, n° 20).

Toujours pour g à valeurs complexes, la relation (16.9) appliquée à la fonction $t \mapsto g(x + tu, y + tv)$ entre 0 et 1 fournit l'inégalité

(21.12) $$|g(x + u, y + v) - g(x, y) - [D_1g(x, y)u + D_2g(x, y)v]| \leq$$

$$\leq \sup_{0 \leq t \leq 1} \Big| [D_1g(x + tu, y + tv) - D_1g(x, y)] u +$$

$$+ [D_2g(x + tu, y + tv) - D_2g(x, y)] v \Big|$$

ou, en notations condensées

(21.12') $$|g(z + h) - g(z) - Dg(z)h| \leq \sup |Dg(z + th)h - Dg(z)h|$$

$$\leq |h| \cdot \sup \|Dg(z + th) - Dg(z)\|.$$

Ces relations sont aussi fondamentales que le théorème des accroissements finis et ses corollaires pour les fonctions d'une variable.

Considérons maintenant le cas plus compliqué où, au lieu de substituer aux variables x et y des fonctions d'une seule variable réelle, on leur substitue des fonctions de deux variables. Cela signifie que l'on part d'un ouvert $U \subset \mathbb{C}$ et d'une application

$$f : (x, y) \longmapsto (f_1(x, y), f_2(x, y))$$

de classe C^1 de U dans V, d'où à nouveau une fonction composée

$$p(x, y) = g[f_1(x, y), f_2(x, y)]$$

définie dans U ou, en notations condensées, $p(z) = g[f(z)]$. Il est immédiat de voir que p est C^1 et de calculer ses dérivées. Celles-ci en effet s'obtiennent en faisant varier x, y restant constant, et vice-versa; on se retrouve donc dans la situation plus simple que l'on vient d'élucider. En appliquant (1) soit à $x \mapsto f(x, y)$, soit à $y \mapsto f(x, y)$, on obtient donc

$$(21.13) \qquad D_1 p(z) = D_1 g[f(z)]D_1 f_1(z) + D_2 g[f(z)]D_1 f_2(z),$$
$$D_2 p(z) = D_1 g[f(z)]D_2 f_1(z) + D_2 g[f(z)]D_2 f_2(z);$$

ces formules montrent que les dérivées de p sont continues, cqfd.

On peut aussi tout reprendre à zéro en utilisant des notations condensées comme dans (12'). Pour $z \in U$ donné et $h \in \mathbb{R}^2$ petit, on a d'après le théorème 21 des relations

$$f(z+h) = f(z) + Df(z)h + o(h) = f(z) + k,$$
$$p(z+h) = g[f(z)+k] = p(z) + Dg[f(z)]k + o(k).$$

Comme $k = Df(z)h + o(h) = O(h) + o(h) = O(h)$, on a $o(k) = o(h)$. et, d'autre part,

$$Dg[f(z)]k = Dg[f(z)]Df(z)h + Dg[f(z)]o(h) = Fg[f(z)]Df(z)h + o(h)$$

Par suite, p est différentiable, avec

$$Dp(z)h = Dg[f(z)]Df(z)h,$$

valeur de l'application linéaire $Dg[f(z)]$ sur le vecteur $Df(z)h$, lui-même valeur de l'application linéaire $Df(z)$ sur le vecteur h. Autrement dit,

$$(21.13') \qquad Dp(z) = Dg[f(z)] \circ Df(z),$$

composée des applications linéaires $Dg[f(z)]$ et $Df(z)$; c'est strictement la même démonstration – et la même formule – que pour la règle (D 4) du n° 15. On omet en fait souvent le signe ∘ lorsqu'il s'agit d'applications linéaires, ce qui permet d'écrire (13) sous la forme

$$Dp(z) = Dg[f(z)]Df(z).$$

On peut alors tout expliciter en fonction de $f_1, \ldots, g_2$. Il suffit de savoir calculer la matrice d'un produit d'applications linéaires en fonction de celles des facteurs. D'où, ici,

$$(21.14) \qquad \begin{pmatrix} D_1 p_1 & D_2 p_1 \\ D_1 p_2 & D_2 p_2 \end{pmatrix} =$$
$$= \begin{pmatrix} D_1 g_1 & D_2 g_1 \\ D_1 g_2 & D_2 g_2 \end{pmatrix} \begin{pmatrix} D_1 f_1 & D_2 f_1 \\ D_1 f_2 & D_2 f_2 \end{pmatrix} =$$
$$= \begin{pmatrix} D_1 g_1 D_1 f_1 + D_2 g_1 D_1 f_2 & D_1 g_1 D_2 f_1 + D_2 g_1 D_2 f_2 \\ D_1 g_2 D_1 f_1 + D_2 g_2 D_1 f_2 & D_1 g_2 D_2 f_1 + D_2 g_2 D_2 f_2 \end{pmatrix}$$

où les dérivées partielles sont calculées pour les valeurs des variables indiquées dans (13). Sous la forme (13'), le raisonnement et le résultat s'étendent à un nombre quelconque de variables et même aux fonctions définies et/ou à valeurs dans des espaces de Banach de dimension infinie, espaces où la notion purement algébrique de coordonnées par rapport à une "base" est inconnue ou, plus exactement, pathologique (les coordonnées d'un vecteur ne sont même plus, alors, des fonctions continues de celui-ci).

Exemple 3. Supposons g holomorphe et regardons f comme une fonction à valeurs complexes. En utilisant la relation de Cauchy (20.6), on trouve

$$D_1 p(z) = g'[f(z)]D_1 f(z), \qquad D_2 p(z) = g'[f(z)]D_2 f(z).$$

Si de plus $f : U \to V$ est elle-même holomorphe, i.e. vérifie $D_2 f = i D_1 f$, on trouve évidemment la même relation entre les dérivées de p. Si du reste f et g sont holomorphes, leurs applications tangentes sont $\mathbb{C}$-linéaires; leur composée est donc bien obligée de l'être aussi. Par suite :

Théorème 22. *Si $f : U \to \mathbb{C}$ et $g : V \to U$ sont holomorphes, alors la fonction composée $p = g \circ f : U \to \mathbb{C}$ est holomorphe et l'on a*

$$(21.15) \qquad\qquad p'(z) = g'[f(z)]f'(z),$$

autrement dit strictement la même formule que dans $\mathbb{R}$, déjà obtenue au Chap. II, n° 22, théorème 17 pour les fonctions analytiques. On peut aussi l'obtenir directement en raisonnant comme dans le cas réel, règle (D 4) du n° 15.

22 - Limites de fonctions dérivables

Dans un ouvert U de $\mathbb{C}$, considérons une suite de fonctions f_n de classe C^1. Supposons que les deux suites dérivées $(D_1 f_n)$ et $(D_2 f_n)$ convergent uniformément sur tout compact $K \subset U$ vers des limites g_1 et g_2, nécessairement continues. Si l'on désire généraliser le résultat de la théorie à une variable (théorème 19), il faut à tout le moins supposer l'existence de $\lim f_n(a, b)$ pour au minimum un $(a, b) \in U$, voire même supposer U *connexe*[43]; pour alléger la démonstration, nous supposerons que la suite (f_n) converge *simplement* dans U, ce qui rend inutile l'hypothèse de connexité de U et, en pratique, est toujours vérifié dès le départ. Dans ces conditions :

Théorème 23. *Soit (f_n) une suite de fonctions de classe C^1 dans un ouvert U de $\mathbb{R}^2$. Supposons que (i) les f_n convergent simplement dans U vers une fonction limite f, (ii) les dérivées $D_1 f_n$ et $D_2 f_n$ convergent vers des fonctions limites g_1 et g_2 uniformément sur tout compact $K \subset U$. Alors f est de classe C^1 et l'on a $Df = (g_1, g_2)$, i.e. $D_1 f = g_1$ et $D_2 f = g_2$ ou*

---

[43] car si U est réunion de deux ouverts *disjoints* non vides U' et U'', ce qui se passe en un point de U' n'a aucune influence sur ce qui se passe dans U''; même problème que celui du prolongement analytique du Chap. II, n° 19.

$$D_i(\lim f_n) = \lim D_i f_n \qquad (i = 1, 2).$$

On imite la démonstration du théorème 19 en introduisant les fonctions $f_{pq} = f_p - f_q$. Plaçons-nous dans un disque compact $K \subset U$. Comme K est convexe, on a dans K

$$(22.1) \qquad |f_{pq}(z') - f_{pq}(z)| \leq \|Df_{pq}\|_K |z' - z|$$

d'après (21.11). Mais $Df_{pq} = Df_p - Df_q$ et comme, par hypothèse, les dérivées convergent uniformément[44] sur K, les normes uniformes figurant au second membre de (1) sont $\leq r$ pour p et q grands, donc aussi le premier membre puisque $|z' - z|$ est majoré par le diamètre de K. Puisque $\lim f_n(z')$ existe pour tout z', par exemple au centre a de K, on a aussi $|f_{pq}(a)| \leq r$ pour p et q grands d'où, par les habituelles opérations de découpage des ε en quatre, une inégalité

$$|f_{pq}(z)| \leq r \qquad \text{pour tout } z \in K$$

dès que $p, q > N$. Cela signifie que $\|f_p - f_q\|_K \leq r$, d'où la convergence *uniforme dans K* des f_n par le critère de Cauchy. On passe de là au cas d'un compact quelconque par un raisonnement qui sera exposé au Chap. V, n° 6 (corollaire 2 du théorème de Borel-Lebesgue[45]) mais qui ne suppose rien d'autre que la définition des ouverts et des compacts.

Reste à montrer que l'on obtient les dérivées de $f = \lim f_n$ en passant à la limite sur celles des f_n. Si l'on désire minimiser la dépense d'énergie, on se ramène au cas d'une variable. Choisissons un $(a, b) \in U$ et considérons les fonctions $x \mapsto f_n(x, b)$. Elles sont définies dans un ouvert de $\mathbb{R}$, sont C^1 et convergent vers $x \mapsto f(x, b)$; enfin, leurs dérivées $D_1 f_n(x, b)$ convergent uniformément sur tout compact vers la fonction $x \mapsto g_1(x, b)$ car le point (x, b) décrit un compact de $\mathbb{C}$ lorsque x décrit un compact de $\mathbb{R}$. Le théorème 19 assure alors que $D_1 f(x, b) = g_1(x, b)$. Même raisonnement en permutant le rôle de x et y. La fonction f est donc C^1 puisque g_1 et g_2 sont C^0, etc.

On peut aussi partir de la relation (21.12') appliquée aux f_n. Si l'on reste dans un disque compact $K \subset U$, celle-ci montre que

---

[44] Les fonctions Df_p ont pour valeurs des applications linéaires de $\mathbb{R}^2$ dans $\mathbb{R}^2$, mais on peut évidemment parler de convergence uniforme puisque la "norme" d'une application linéaire permet de mesurer la "distance" de deux telles applications : $d(A, B) = \|A - B\|$. Il revient au même de raisonner sur les coefficients des matrices jacobiennes.

[45] à savoir : pour qu'une suite de fonctions définies dans U converge uniformément sur tout compact $K \subset U$, (il faut et) il suffit que, pour tout $a \in U$, il existe un disque $D \subset U$ de centre a dans lequel la suite converge uniformément : caractère *local* de la convergence compacte.

(22.2) $$|f_n(z+h) - f_n(z) - Df_n(z)h| \leq$$
$$\leq |h|.\sup_{0\leq t\leq 1} \|Df_n(z+th) - Df_n(z)\|;$$

or les applications linéaires Df_n convergent vers l'application linéaire g. Si l'on peut déduire de (2), par passage à la limite, que

(22.3) $$|f(z+h) - f(z) - g(z)h| \leq |h|.\sup \|g(z+th) - g(z)\|,$$

la différentiabilité de f et les valeurs de ses dérivées s'ensuivront puisque, $g(z)$ étant continue, le sup est $o(1)$ et le second membre, $o(h)$.

Reste donc le passage à la limite dans (2). Il ne pose pas de problème au premier membre. Au second, nous avons pour x, y et h donnés une fonction $\varphi_n(t) = \|Df_n(z+th) - Df_n(z)\| \geq 0$ définie sur $[0,1]$ et convergeant vers une limite $\varphi(t) = \|g(z+th) - g(z)\|$; les φ_n convergent même *uniformément* sur $[0,1]$ en raison des hypothèses faites sur les dérivées de f_n. Il suffit donc d'établir le résultat suivant :

Lemme. *Soit (φ_n) une suite de fonctions réelles définies et bornées supérieurement dans un ensemble X; supposons que les φ_n convergent uniformément dans X vers une limite φ. Alors φ est bornée supérieurement dans X et l'on a*

(22.4) $$\sup_{x\in X} \varphi(x) = \lim_{n\infty} \sup_{x\in X} \varphi_n(x).$$

Pour $r > 0$ donné et $n > N(r) = N$, on a $\varphi(x) \leq r + \varphi_n(x)$ *quel que soit* $x \in X$. Par suite,

$$n > N \Longrightarrow \sup_{x\in X} \varphi(x) \leq r + \sup_{x\in X} \varphi_n(x)$$

car le second membre majore *toutes* les valeurs de la fonction $r + \varphi_n$, donc aussi celles de φ. Cela montre déjà que φ est bornée supérieurement comme les φ_n. La convergence uniforme montre aussi que l'on a $\varphi_n(x) \leq r + \varphi(x)$ quel que soit x pour n grand. Si donc N est assez grand, on trouve aussi que

$$n > N \Longrightarrow \sup_{x\in X} \varphi_n(x) \leq r + \sup_{x\in X} \varphi(x).$$

En combinant ces deux résultats, il vient

$$\left|\sup_{x\in X} \varphi(x) - \sup_{x\in X} \varphi_n(x)\right| \leq r$$

pour n grand, cqfd.

D'où le passage à la limite qui transforme (2) en (3).

On laisse au lecteur le soin d'étendre ce théorème de passage à la limite dans les dérivées au cas des fonctions de classe C^p quelconque.

On pourrait enfin examiner le cas des fonctions holomorphes. Si les f_n sont holomorphes dans U, il suffit de supposer la convergence compacte des dérivées complexes f'_n vers une limite g. Il est clair qu'alors les formules de Cauchy s'appliquent aussi à la limite f des f_n, qui est donc holomorphe et vérifie $f' = g$. En dépit des apparences, ce résultat n'a aucun intérêt car, lorsqu'il s'agit de fonctions *holomorphes* ou analytiques, *la convergence compacte des f_n* (et même beaucoup moins) *implique celle des dérivées*, comme on le verra au Chap. VII; c'est ce résultat "miraculeux" que l'on utilise constamment. Il se généralise, non sans un peu plus de travail – disons un siècle pour obtenir le cas général à partir du cas particulier des fonctions holomorphes ou harmoniques – aux solutions de la classe beaucoup plus vaste des équations aux dérivées partielles linéaires "elliptiques" d'ordre quelconque.

Dans tous les cas, il est clair que si les f_n vérifient une équation aux dérivées partielles un peu raisonnable, par exemple

$$\left(f''_{xx} - f''_{yy}\right)^2 + f'_x = \sin x + \log y,$$

et si les dérivées d'ordre ≤ 2 convergent, la fonction limite vérifie encore la même équation. Mais dans un cas de ce genre, la convergence des solutions n'implique ni celle de leurs dérivées ni que la limite soit encore une solution, sauf à se placer au point de vue de la théorie des distributions de Schwartz, artifice qui, en dépit de son utilité, ne permet ni de démontrer des théorèmes faux ni de se dispenser de prouver les théorèmes justes.

23 – Permutabilité des dérivations

Considérons une fonction holomorphe f et supposons-la de classe C^2 – hypothèse peu restrictive puisque nous finirons par savoir que f est analytique et donc C^∞ –, de sorte que sa dérivée f' est de classe C^1. Si f est analytique, donc aussi f', il semblerait s'ensuivre que f' est holomorphe. Peut-on le démontrer directement à partir de la relation de Cauchy?

Puisque l'on a $f' = D_1 f = -i D_2 f$ et donc

$$D_1 f' = D_1^2 f = -i D_1 D_2 f, \qquad D_2 f' = D_2 D_1 f,$$

la relation de Cauchy $D_1 f' = -i D_2 f'$ pour f' s'écrit visiblement sous la forme $D_1 D_2 f = D_2 D_1 f$. Elle se vérifie aussi trivialement sur la fonction (non holomorphe) $x^p y^q$, par exemple.

D'où le problème général de la permutabilité des dérivations

$$(23.1) \qquad\qquad D_1 D_2 f = D_2 D_1 f$$

où, bien sûr, on ne suppose plus f holomorphe. Pour établir cette relation fondamentale lorsqu'elle est vraie, supposons pour commencer f de classe C^1

– cela ne suffira évidemment pas – dans l'ouvert U où elle est définie. Pour (a, b) donné, considérons à nouveau, cette fois dans le contexte où Euler l'a utilisée, l'expression

$$(23.2) \qquad [f(a + u, b + v) - f(a + u, b)] - [f(a, b + v) - f(a, b)]$$

où $|u|$ et $|v|$ restent suffisamment petits pour que, dans tout ce qui suit, on n'ait à considérer que des valeurs de f dans un disque compact $K \subset U$ de centre (a, b). Pour a, b, u et v donnés, (2) s'écrit $g(1) - g(0)$, où

$$(23.3) \qquad g(t) = f(a + tu, b + v) - f(a + tu, b).$$

D'après les résultats du n° 16, on a

$$(23.4) \qquad |g(1) - g(0) - g'(0)| \leq \sup |g'(t) - g'(0)|$$

où le sup est étendu aux $t \in [0, 1]$. Mais

$$g'(t) = D_1 f(a + tu, b + v)u - D_1 f(a + tu, b)u =$$
$$= [D_1 f(a + tu, b + v) - D_1 f(a, b)]u - [D_1 f(a + tu, b) - D_1 f(a, b)]u.$$

Si l'on suppose que $D_1 f$ est *différentiable* au point (a, b), la première différence entre [ ] est, par définition, égale à

$$D_1 D_1 f(a, b)tu + D_2 D_1 f(a, b)v + o(|tu| + |v|);$$

la seconde différence entre [ ] est de même égale à

$$D_1 D_1 f(a, b)tu + o(|tu|).$$

On a donc

$$g'(t) = D_2 D_1 f(a, b)uv + o(|tu| + |v|)u,$$

et en particulier

$$g'(0) = D_2 D_1 f(a, b)uv + o(|v|)u,$$

d'où $|g'(t) - g'(0)| = o(|tu| + |v|)u$. Puisqu'on a

$$|uv| \leq \frac{1}{2}(|u| + |v|)^2 \text{ et donc } (|tu| + |v|)|u| \leq c(|u| + |v|)^2,$$

avec probablement $c = 3/2$, majorations indépendantes de $t \in [0, 1]$, il vient

$$\sup |g'(t) - g'(0)| = o[(|u| + |v|)^2].$$

La relation (4) s'écrit alors

$$g(1) - g(0) = [D_1 f(a, b+v) - D_1 f(a,b)]u + o[(|u| + |v|)^2] =$$
$$= [D_2 D_1 f(a,b)v + o(v)]u + o[(|u| + |v|)^2],$$

d'où finalement

(23.5) $$(2) = D_2 D_1 f(a,b)uv + o[(|u| + |v|)^2].$$

Mais au lieu de calculer sur la fonction (3), on pourrait aussi bien, si $D_2 f$ est différentiable en (a,b), utiliser la fonction

$$h(t) = f(a+u, b+tv) - f(a, b+tv).$$

On trouverait alors

(23.6) $$(2) = D_1 D_2 f(a,b)uv + o[(|u| + |v|)^2].$$

En comparant (5) et (6), on voit que

$$[D_2 D_1 f(a,b) - D_1 D_2 f(a,b)]uv = o[(|u| + |v|)^2];$$

on peut appliquer le résultat à $u = tu_0$, $v = tv_0$ où u_0 et v_0 sont des constantes non nulles et où t tend vers 0; on trouve alors que

$$[D_2 D_1 f(a,b) - D_1 D_2 f(a,b)]u_0 v_0 t^2 = o(t^2),$$

d'où la permutabilité des dérivations en divisant les deux membres par t^2 et en faisant tendre t vers 0, ce qui fournit un second membre tendant vers 0, cqfd.

Les hypothèses utilisées dans la démonstration[46], à savoir que *les fonctions $D_1 f$ et $D_2 f$ sont différentiables en (a,b)*, sont en particulier remplies si f est de classe C^2, cas de loin le plus important dans les applications. D'une manière générale, les subtilités que l'on rencontre dans le cas d'une seule variable réelle sont rarement généralisables ou, lorsqu'elles le sont, exigent souvent un rapport *cost/efficiency* beaucoup trop élevé pour mobiliser les mathématiciens. Les vrais problèmes que pose la théorie des fonctions différentiables de plusieurs variables (topologie différentielle par exemple) sont d'une autre nature.

La conséquence la plus évidente – et la plus importante – de (1) est que, *si f est de classe C^n, $n \geq 2$, toute dérivée partielle d'ordre $\leq n$ de f peut s'écrire sous la forme $D_1^p D_2^q f$ avec $p + q \leq n$*; il est inutile d'écrire des expressions du genre $D_1^3 D_2^2 D_1 D_2^4 D_1^2 f$.

---

[46] que j'emprunte à Dieudonné, *Eléments d'analyse*, vol. 1, Chap. VIII, n° 12, lequel ne cite jamais ses sources (en l'occurrence, W.H. Young, début du XXe siecle). Il va sans dire que, dans Dieudonné, on se place dans des espaces de Banach, ce qui ne change strictement rien à la démonstration. On trouvera une démonstration très différente au Chap. V, n° 12, théorème 14; mais elle utilise le calcul intégral et suppose l'existence et la continuité de $D_2 D_1 f$ et $D_1 D_2 f$.

Autre conséquence, *si une fonction f de classe C^∞ est holomorphe, il en est de même de ses dérivées successives f', $f'' = (f')'$, etc.*, lesquelles ne sont autre que $D_1 f$, $D_1^2 f$, etc. On a donc dans ce cas

$$D_1^p D_2^q f = i^q f^{(p+q)}.$$

Comme nous finirons par apprendre qu'une fonction holomorphe est analytique, ces résultats ne sont pas particulièrement sensationnels.

24 – Fonctions implicites

Dernier résultat classique, mais sensiblement plus difficile à établir que les précédents, les théorèmes du type "inversion locale" ou "fonctions implicites". Dans le second cas, on se propose de montrer que, si l'on a une fonction *réelle* F de classe C^1 dans un ouvert $U \subset \mathbb{R}^2$ et un point $(a, b) \in U$ où $F(a, b) = 0$, alors on peut – moyennant une condition d'apparence inoffensive – trouver au voisinage de a une fonction $y = f(x)$ de classe C^1, à valeurs réelles, qui vérifie $f(a) = b$ et

(24.1) $$F[x, f(x)] = 0,$$

au voisinage de a. Dans le premier cas, on se donne une fonction $f : G \longrightarrow \mathbb{R}^2$ de classe C^1 dans un ouvert $G \subset \mathbb{R}^2$ et l'on cherche à lui attribuer, tout au moins au voisinage d'un point (a, b) donné, une application réciproque (ou "inverse").

Il est généralement utile de réfléchir avant de démontrer quoi que ce soit. Dans le cas le plus simple, on a $F(x, y) = x - g(y)$ où g est réelle et de classe C^1, avec $a = g(b)$; la solution f de (1) doit alors vérifier $x - g[f(x)] = 0$, de sorte que le problème consiste à construire, au moins *localement*, une application réciproque de g, version à une variable du problème de l'inversion locale. Il est clair qu'il ne peut avoir de solution que si g est injective au voisinage de b. D'après le n° 4, théorème 7 bis, ceci exige que g soit strictement monotone au voisinage de b, donc que sa dérivée $g'(y)$ conserve un signe constant. Si f est dérivable, on a $g'[f(x)].f'(x) = 1$, ce qui interdit en outre à g' de s'annuler au voisinage de b, donc l'oblige à être soit partout > 0, soit partout < 0 dans un voisinage de b; puisque g' est continue, il suffit pour cela que $g'(b) \neq 0$. Dans ce cas, g est strictement monotone dans un intervalle ouvert I de centre b, donc admet une réciproque f dans $J = f(I)$, intervalle ouvert contenant $a = g(b)$, et la règle (D 5) du n° 14 montre que celle-ci est effectivement de classe C^1 puisqu'on a $f'(x) = 1/g'[f(x)]$, inverse d'une fonction continue partout $\neq 0$. Insistons sur le fait que, si l'on sait seulement que $g'(b) \neq 0$, ces raisonnements ne sont valables que *dans un voisinage de b* – de façon précise, dans le plus grand intervalle ouvert contenant b et où g' ne s'annule pas. Si par exemple on considère la fonction $g(x) = x^3$ dans $\mathbb{R}$, qui applique bijectivement $\mathbb{R}$ sur $\mathbb{R}$, elle admet une inverse C^1 dans l'intervalle $x > 0$ (à savoir $x^{1/3}$) ou dans $x < 0$ (à savoir $-|x|^{1/3}$), mais non au voisinage de 0 où le graphe de l'application réciproque possède une tangente verticale. Il ne faut évidemment pas espérer mieux lorsqu'on passe aux fonctions de plusieurs variables.

Dans le cas général de l'équation (1), l'existence d'une dérivée continue pour la solution f cherchée entraînerait

$$(24.2) \qquad D_1 F[x, f(x)] + D_2 F[x, f(x)] f'(x) = 0$$

d'après (21.1) appliqué à $F[x, f(x)]$. Si $D_2 F$ est nulle en (a, b) sans que $D_1 F$ le soit, il n'y a donc, ici encore, aucun espoir d'obtenir une dérivée $f'(a)$ même dans l'hypothèse où f existerait. C'est ce qui se produit dans les cas les plus simples, par exemple celui de la fonction $F(x, y) = x^2 + y^2 - 1$ au point $(a, b) = (1, 0)$; les deux solutions évidentes, à savoir $f(x) = \pm(1 - x^2)^{\frac{1}{2}}$, ne sont pas définies au *voisinage* du point $a = 1$ – elles le sont seulement pour $-1 \leq x \leq 1$ – et, bien pire, ne sont pas dérivables en $x = 1$: leurs graphes, i.e. les demi cercles supérieur et inférieur, ont en ce point, ici encore, des tangentes verticales. Dans cet exemple, la situation est par contre excellente en tout point (a, b) où $D_2 F(a, b) = 2b \neq 0$, i.e. pour $-1 < a < 1$. Si $b > 0$, la formule

$$y = (1 - x^2)^{\frac{1}{2}}$$

définit dans $]-1, 1[$ une fonction C^1, et même C^∞, qui vérifie (1); si $b < 0$, on change le signe de y.

Il est donc prudent de se placer en un point (a, b) où l'on a à la fois

$$(24.3) \qquad F(a, b) = 0, \qquad D_2 F(a, b) \neq 0.$$

Dans le premier cas (existence locale de l'inverse d'une application f d'un ouvert G de $\mathbb{C}$ dans $\mathbb{C}$), si l'on pose $f = (f_1, f_2)$ avec f_1 et f_2 réelles, il s'agit de montrer – modulo des hypothèses ... – que l'application

$$(24.4) \qquad (x, y) \longmapsto (f_1(x, y), f_2(x, y))$$

de G dans $\mathbb{C} = \mathbb{R}^2$ admet, dans un voisinage ouvert U d'un point $c = (a, b)$ donné, une application réciproque

$$(u, v) \longmapsto g(u, v) = (g_1(u, v), g_2(u, v))$$

et, de façon précise, que (i) f applique *bijectivement* U sur un voisinage *ouvert* V du point $f(c)$, (ii) l'application réciproque $g : V \to U$ est C^1, exactement comme dans le cas des fonctions d'une variable réelle. Si l'on suppose le problème résolu, la relation $g[f(z)] = z$ montre, d'après la formule (21.13') de dérivation des fonctions composées, que, dans U, on a alors

(24.5) $$Dg[f(z)] \circ Df(z) = 1,$$

où $1 = id$ est l'application identique $h \mapsto h$, dérivée de l'application identique $z \mapsto z$. Il est donc nécessaire que $Df(z)$ soit *inversible* en tout $z \in U$ et en particulier au point $c = (a, b)$ considéré.

Cette condition peut s'expliciter en remplaçant les applications linéaires figurant dans (5) par leurs matrices jacobiennes :

(24.6) $$\begin{pmatrix} D_1 g_1 & D_2 g_1 \\ D_1 g_2 & D_2 g_2 \end{pmatrix} \begin{pmatrix} D_1 f_1 & D_2 f_1 \\ D_1 f_2 & D_2 f_2 \end{pmatrix} = \begin{pmatrix} 1 & 0 \\ 0 & 1 \end{pmatrix}$$

ou

(24.6') $$D_1 g_1.D_1 f_1 + D_2 g_1.D_1 f_2 = 1, \quad D_1 g_2.D_1 f_1 + D_2 g_2.D_1 f_2 = 0,$$

(24.6") $$D_1 g_1.D_2 f_1 + D_2 g_1.D_2 f_2 = 0, \quad D_1 g_2.D_2 f_1 + D_2 g_2.D_2 f_2 = 1,$$

les dérivées des f_i étant calculées au point c et celles des g_i au point $f(c)$.

Or pour qu'une matrice

$$\begin{pmatrix} a & b \\ c & d \end{pmatrix}$$

soit inversible, il faut et il suffit que son déterminant $ad - bc$ soit $\neq 0$. Dans le cas qui nous occupe, i.e. de la matrice jacobienne (19.4) de f, c'est l'expression $D_1 f_1(z) D_2 f_2(z) - D_2 f_1(z) D_1 f_2(z)$; on l'appelle le *jacobien* au point $z = (x, y)$ de l'application f, du nom de l'inventeur (formule de changement de variables dans les intégrales multiples), ou le *déterminant fonctionnel* du couple de fonctions f_1, f_2, noté classiquement

(24.7) $$\frac{D(f_1, f_2)}{D(x, y)} = D_1 f_1(x, y) D_2 f_2(x, y) - D_2 f_1(x, y) D_1 f_2(x, y).$$

Supposons par exemple que $f_1 + if_2 = f$ soit holomorphe. Les relations de Cauchy

$$f' = D_1 f_1 + iD_1 f_2 = -i(D_2 f_1 + iD_2 f_2) = D_2 f_2 - iD_2 f_1$$

signifient exactement que la seconde matrice (6) est de la forme

(24.8) $$\begin{pmatrix} a & b \\ -b & a \end{pmatrix},$$

de sorte que (7) n'est autre que

(24.9) $$[D_1 f_1(z)]^2 + [D_2 f_1(z)]^2 = |f'(z)|^2.$$

Comme l'inverse de (8) n'est autre que

$$\begin{pmatrix} a' & b' \\ -b' & a' \end{pmatrix} \quad \text{où } a' = a/(a^2 + b^2), \quad b' = -b/(a^2 + b^2),$$

la première matrice figurant au premier membre de (6) est alors aussi de la forme (8), ce qui signifie que, si elle existe, la fonction $g_1 + ig_2$ vérifie les conditions de Cauchy, i.e. est holomorphe comme f. *Inverser une fonction holomorphe conduit donc à une fonction holomorphe* si ce que l'on espère est correct.

Après ces explications, nous allons examiner d'abord le problème de l'inversion locale – il fournira à peu près gratuitement la solution de l'autre comme on le verra – et établir le résultat suivant :

Théorème 24 ("inversion locale"). *Soient G un ouvert de $\mathbb{R}^2$ et f une application de classe C^1 de G dans $\mathbb{R}^2$. Supposons que l'application dérivée $Df(c)$ soit inversible en un point $c \in G$. Il existe alors un ouvert $U \subset G$, contenant c, que f applique bijectivement sur un ouvert V et tel que l'application réciproque $g : V \to U$ soit de classe C^1 dans V.*

On peut évidemment supposer que le point $c \in \mathbb{C}$ considéré est l'origine $(0,0)$ et que f l'applique sur $(0,0)$. Puisque l'application linéaire $Df(0) = A$ est par hypothèse inversible, on peut remplacer f par $A^{-1} \circ f$, application composée de f et de l'application linéaire A^{-1}. L'application linéaire tangente à la nouvelle fonction en un point $z \in G$ est évidemment $A^{-1}Df(z)$, produit ou composée de deux applications linéaires, est, pour $z = 0$, l'application identique. Si l'on peut inverser localement la fonction $z \mapsto A^{-1}f(z)$, il existe une fonction g telle que l'on ait $A^{-1}f[g(\zeta)] = \zeta$ au voisinage de 0, d'où $f[g(\zeta)] = A\zeta$. Comme l'application linéaire inversible A transforme tout voisinage de 0 en un voisinage de 0, on a alors $f[g(A^{-1}\zeta)] = \zeta$ au voisinage de 0, de sorte que l'inverse locale cher- chée de f est $\zeta \mapsto g(A^{-1}\zeta)$.

Nous sommes ainsi ramené à inverser f dans l'hypothèse où $f(0) = 0$ et $Df(0) = 1$. La démonstration se décompose en plusieurs parties, l'argument essentiel étant celui qui, au Chap. II, n° 16, nous a permis de résoudre dans $\mathbb{R}$ une équation de la forme $f(x) = x$.

(a) Posant $f(z) = z + p(z)$, on a $p(0) = 0$, $Dp(0) = 0$; puisque p est C^1, il y a donc un $r > 0$ tel que

$$(24.10) \qquad |z| \leq r \Longrightarrow \|Dp(z)\| \leq \frac{1}{2},$$

de sorte que (inégalité de la moyenne)

$$(24.11) \qquad \{|z'| \leq r \ \& \ |z''| \leq r\} \Longrightarrow |p(z') - p(z'')| \leq \frac{1}{2}|z' - z''|$$
$$\Longrightarrow |f(z') - f(z'')| \geq \frac{1}{2}|z' - z''|.$$

On en conclut déjà que, dans la boule fermée $B(r) : |z| \leq r$, l'appplication f est *injective* et que l'application réciproque

$$g : f(B(r)) \longrightarrow B(r)$$

est *continue*: elle vérifie $|g(\zeta') - g(\zeta'')| \leq 2|\zeta' - \zeta''|$.

(b) Montrons que $f(B(r)) \supset B(r/2)$, i.e. que, pour tout ζ tel que $|\zeta| \leq r/2$, l'équation $\zeta = f(z) = z + p(z)$ possède une solution $z \in B(r)$, nécessairement unique. Pour cela, on l'écrit $\zeta - p(z) = z$ et on applique la *méthode des approximations successives* :

$$z_0 = 0, \quad z_1 = \zeta - p(z_0) = \zeta, \quad z_2 = \zeta - p(z_1) = \zeta - p(\zeta), \dots.$$

Il faut d'abord vérifier que la construction se poursuit indéfiniment sans faire sortir de la boule $B(r)$. Mais d'après (10) ou (11), il est clair que

$$\{|\zeta| \leq r/2 \ \& \ |z| \leq r\} \Longrightarrow |\zeta - p(z)| \leq |\zeta| + |p(z)| \leq r/2 + r/2 = r.$$

Si donc on a construit $z_0, z_1, \dots, z_n \in B(r)$, on a $z_{n+1} = \zeta - p(z_n) \in B(r)$: il n'y a pas d'obstructions.

Ceci établi, les inégalités

$$|z_{m+1} - z_m| = |p(z_m) - p(z_{m-1})| \leq \frac{1}{2}|z_m - z_{m-1}| \leq \dots,$$

montrent que

$$|z_{m+1} - z_m| \leq |z_1 - z_0|/2^m = |\zeta|/2^m,$$

d'où, pour $p < q$,

$$|z_q - z_p| = |z_q - z_{q-1} + \dots + z_{p+1} - z_p| \leq |\zeta| \left(2^{-q+1} + \dots + 2^{-p}\right) \leq 2^{-p+1}|\zeta|.$$

La suite (z_n) vérifie le critère de Cauchy, donc converge vers une limite $z \in B(r)$. Puisque p est continue, $z_{n+1} = \zeta - p(z_n)$ converge vers $\zeta - p(z)$, mais aussi vers z. D'où $z = \zeta - p(z)$, i.e. $f(z) = \zeta$, ce qui prouve que $f(B(r)) \supset B(r/2)$.

(c) On déduit de là que, pour tout $a \in G$ où $Df(a)$ est inversible, i.e. où $J_f(a) \neq 0$, l'image par f d'une boule de centre a contient une boule de centre $f(a)$. La fonction f étant C^1, son jacobien est une fonction continue de z, de sorte que la relation $J_f(z) \neq 0$ définit un ouvert $\Omega \subset G$. D'après le point (b) de la démonstration, $f(\Omega)$ contient une boule de centre $f(z)$ pour tout $z \in \Omega$; l'image par f de tout ouvert $U \subset \Omega$ est donc un ouvert.

(d) Retournant au point (b) et choisissant r assez petit pour que $Df(z)$ soit inversible pour tout $z \in B(r)$, on voit donc que f applique la boule ouverte $U : |z| < r$ sur un *ouvert* V contenant 0. Le point (a) montre que l'application $f : U \to V$ est bijective et que l'application réciproque $g : V \to U$ est continue.

(e) Montrons enfin que g est C^1 dans V. Considérons pour cela un point $\zeta \in V$, un vecteur k assez petit pour que $\zeta + k \in V$ et posons

$$g(\zeta) = z, \qquad g(\zeta + k) = z + h,$$

d'où $z, z + h \in U$ et $\zeta = f(z)$, $\zeta + k = f(z + h)$. (11) montre alors que $|k| = |f(z+h) - f(z)| \geq \frac{1}{2}|h|$, de sorte que toute fonction $o(h)$ est aussi $o(k)$. Comme

$$k = f(z + h) - f(z) = Df(z)h + o(h),$$

on a $Df(z)h = k + o(h) = k + o(k)$ et donc

$$g(\zeta + k) - g(\zeta) = h = Df(z)^{-1}(k + o(k)) = Df(z)^{-1}k + o(k)$$

puisque $Df(z)^{-1}$ ne dépend pas de k. Ceci prouve que g est différentiable et que

$$(24.12) \qquad Dg(\zeta) = Df(z)^{-1} = Df[g(\zeta)]^{-1},$$

inverse de l'application linéaire tangente à f au point $g(\zeta) = z$. Comme g et Df sont continues, il en est de même de $\zeta \mapsto Df[g(\zeta)]$. Comme le déterminant de cette application [i.e. de la matrice jacobienne de f au point $g(\zeta)$] est partout $\neq 0$ dans V, l'inverse de celle-ci est fonction continue de ζ en vertu des formules classiques de résolution d'un système de deux (ou 314.159) équations linéaires à deux (resp ...) inconnues. La fonction g est donc de classe C^1 dans V, ce qui termine la démonstration du théorème 24.

Corollaire 1. *Soient G un ouvert de $\mathbb{R}^2$ et $f : G \to \mathbb{R}^2$ une application de classe $C^p (p \geq 1)$ telle que $J_f(z) \neq 0$ pour tout $z \in G$. Alors l'image par f de tout ouvert $U \subset G$ est un ouvert. Si f est injective, l'application réciproque $f^{-1} : f(G) \to G$ est de classe C^p.*

La première assertion est le point (c) de la démonstration du Théorème 24. Comme la relation $J - f(z) \neq 0$ montre que f possède au voisinage de tout $z \in G$ une inverse de classe C^1, il est clair que si f admet une inverse globale, celle-ci est aussi de classe C^1. Le fait qu'elle soit de classe C^p comme f est immédiat car, en appliquant à répétition la formule de dérivation des fonctions composées à la relation $g[f(z)] = z$, on voit que les dérivées de f^{-1} se calculent en divisant par une puissance de $J_f(z)$ des polynômes en les dérivées de f, puis en substituant $g(\zeta)$ à z dans le résultat.

Corollaire 2. *Soient f une fonction holomorphe dans un ouvert G de $\mathbb{C}$ et a un point de G où $f'(z) \neq 0$. Il existe alors un ouvert $U \subset G$ contenant a tel que : (i) f applique bijectivement U sur un ouvert V de C, (ii) l'application réciproque $g : V \to U$ est holomorphe dans V. Si l'on a $f'(z) \neq 0$ pour tout $z \in G$ et si f est injective, alors $f(G)$ est un ouvert et f^{-1} est holomorphe.*

Comme on a montré avant même le Théorème 24 que $J_f(z) = |f'(z)|^2$ et que l'inverse de f, si elle existe, est nécessairement holomorphe, la première assertion traduit le théorème dans ce cas particulier. La seconde est alors évidente.

L'hypothèse que f est globalement injective, indispensable (théorie des ensembles !) pour assurer l'existence d'une application réciproque globale, *ne résulte* pas de la condition $f'(z) \neq 0$, comme le montre par exemple l'application $z \mapsto z^n$ de $\mathbb{C}^*$ dans $\mathbb{C}$; dans ce cas, on a bien $f'(z) \neq 0$ partout mais, comme on le verra au Chap. IV, l'équation $z^n = \zeta$ possède n racines distinctes pour tout $\zeta \in \mathbb{C}^*$. Pour la fonction $f(z) = \exp z$ dans $G = \mathbb{C}$, on a encore $f'(z) = \exp z \neq 0$ partout, mais l'équation $\zeta = \exp z$ possède, pour tout $\zeta \neq 0$, une infinité de racines, ce qui rend impossible de définir dans $\mathbb{C}^*$ une vraie *fonction* $\operatorname{Log} \zeta$; on reviendra sur ces exemples au Chapitre IV, en attendant de les reprendre avec davantage de moyens au vol. III, Chap. VIII. On démontrera alors une nouvelle propriété "miraculeuse" des applications *holomorphes*, à savoir que l'hypothèse $f'(z) \neq 0$ est superflue pour assurer la seconde assertion du Corollaire 2 : si f est globalement ou même seulement localement injective, alors $f'(z) \neq 0$.

Passons maintenant au problème des fonctions implicites : on se donne, dans un ouvert G de $\mathbb{C}$, une fonction *réelle* F de classe C^1 et il s'agit de trouver, au voisinage d'un point (a, b) où $F(a, b) = c$ et $D_2 F(a, b) \neq 0$, une fonction f de classe C^1 vérifiant $f(a) = b$, $F[x, f(x)] = c$.

Considérons pour cela l'application

$$\Phi : (x, y) \longmapsto (x, F(x, y))$$

de G dans $\mathbb{C}$. Elle est C^1 et son jacobien en $z = (x, y)$ est

$$\begin{vmatrix} 1 & 0 \\ D_1 F(z) & D_2 F(z) \end{vmatrix} = D_2 F(z).$$

On peut donc lui appliquer le théorème 24 en tout $z \in G$ où $D_2 F(z) \neq 0$. Il existe donc un voisinage ouvert $U \subset G$ de (a, b) tel que (i) Φ applique bijectivement U sur un voisinage ouvert V du point $\Phi(a, b) = (a, c)$, (ii) l'application inverse $\Psi : V \to U$ est C^1.

Comme Φ transforme (x, y) en $(x, F(x, y))$, Ψ transforme $(x, F(x, y))$ en (x, y). Pour $\zeta = (\xi, \eta)$, on a donc $\Psi(\zeta) = (\xi, \psi(\xi, \eta))$ avec une fonction ψ réelle et C^1. Puisque

$$\Psi \circ \Phi : (x, y) \longmapsto (x, F(x, y)) \longmapsto (x, \psi[x, F(x, y)]),$$

la relation $\Psi \circ \Phi = id$ s'écrit

$$\psi[x, F(x, y)] = y.$$

De même, puisque

$$\Phi \circ \Psi : (\xi, \eta) \longmapsto (\xi, \psi(\xi,\eta)) \longmapsto (\xi, F[\xi, \psi(\xi,\eta)]),$$

la relation $\Phi \circ \Psi = id$ s'écrit

$$F[\xi, \psi(\xi,\eta)] = \eta;$$

Ces relations sont valables pour $(x,y) \in U$ et $(\xi, \eta) \in V$ respectivement. La première fournit immédiatement la (seule et unique) solution de $F(x,y) = c$ au voisinage de (a,b), à savoir

$$y = \psi(x,c) = f(x).$$

Ce résultat est valable pour tout x tel que $(x,c) \in V$, ouvert dans lequel Ψ est définie, i.e. pour x dans l'ouvert $V(c)$, "coupe" de V à la hauteur c; et $(x, f(x))$ est la seule solution de $f(x,y) = c$ telle que $(x,y) \in U$. En conclusion :

Théorème 25. *Soient G un ouvert de $\mathbb{R}^2$, F une fonction réelle définie et de classe C^p dans G et (a,b) un point de G où $D_2F(a,b) \neq 0$. Si $c = F(a,b)$, il existe alors un voisinage ouvert $U \subset G$ de (a,b) et un voisinage ouvert V de (a,c) possédant les propriétés suivantes : (i) l'application $(x,y) \mapsto (x, F(x,y))$ est une bijection de U sur V; (ii) pour tout $(x,z) \in V$, l'équation $F(x,y) = z$ possède une et une seule solution $y = \psi(x,z)$ telle que $(x,y) \in U$; (iii) la fonction ψ est de classe C^p dans V.*

L'intérêt de ce résultat n'est pas seulement de montrer l'existence d'une solution y de $F(x,y) = z$ pour $z = c$, ce qui était le problème initial; il est de montrer que cette solution est une fonction C^p de x *et* du second membre z de l'équation à résoudre, pourvu bien sûr que z soit assez voisin de $c = F(a,b)$ et que l'on se borne à chercher des solutions pour lesquelles (x,y) est assez voisin de (a,b).

Puisque le théorème 25 est une conséquence directe du théorème d'inversion locale, on peut présumer qu'il doit être possible d'adapter la démonstration de celui-ci pour obtenir une démonstration directe du théorème 25. A défaut de fournir toutes les conclusions du théorème 25, montrons comment on peut résoudre $F(x,y) = c$.

Pour simplifier les notations, on se ramène d'abord au cas où $a = b = c = 0$ et où $D_2F(0,0) = 1$ en remplaçant F par $[F(a+x, b+y) - c]/D_2F(a,b)$, fonction que nous noterons encore F, qui s'annule pour $x = y = 0$ et vérifie $D_2F(0,0) = 1$. Si l'on pose $c = D_1F(0,0)$, on a alors

$$F(x,y) = cx + y + o(|x| + |y|)$$

puisque $D_2F(0,0) = 1$. Considérons alors la fonction

$$G(x,y) = y - F(x, y - cx),$$

définie et de classe C^1 au voisinage de $(0,0)$; au voisinage de l'origine, on a

$$G(x,y) = y - (cx + y - cx) + o(|x| + |y|) = o(|x| + |y|),$$

et donc

(24.13) $$D_1 G(0,0) = D_2 G(0,0) = 0.$$

Ceci fait, supposons trouvée au voisinage de 0 une fonction $g(x)$ de classe C^1 telle que

(24.14) $$G[x, g(x)] = g(x);$$

on aura alors $g(x) - F[x, g(x) - cx] = g(x)$, de sorte que $f(x) = g(x) - cx$ sera une solution C^1 de $F[x, f(x)] = 0$.

La construction de g consiste alors, pour x donné, à définir une suite de points $y_n = y_n(x)$ par

(24.15) $$y_0 = 0, \quad y_1 = G(x, y_0) = G(x, 0), \quad y_2 = G(x, y_1), \ldots$$

et à vérifier que les y_n convergent vers la solution $g(x)$ cherchée. La démonstration peut donc, ici encore, se décomposer en plusieurs parties.

(a) Puisqu'on a $DG(0,0) = 0$, il existe un intervalle compact $I = [-r, r]$ tel que G soit définie dans $K = I \times I$ et vérifie $\|DG(z)\| \leq \frac{1}{2}$ dans K, i.e. $\|DG\|_K \leq \frac{1}{2}$. On a alors

(24.16) $$|G(z') - G(z'')| \leq \frac{1}{2}|z' - z''|$$

dans K, d'où résulte (faire $z' = (x,y)$ et $z'' = 0$) que

$$\{|x| \leq r \ \& \ |y| \leq r\} \implies |G(x,y)| \leq r.$$

Si l'on utilise la construction (15) des y_n, on voit donc que la définition des y_n ne rencontre aucune obstruction si $|x| \leq r$.

(b) Dans K, on a

(24.17) $$|G(x, y') - G(x, y'')| \leq \frac{1}{2}|y' - y''|$$

d'après (16), d'où

$$|y_{n+1} - y_n| \leq |y_n - y_{n-1}|/2 \leq |y_{n-1} - y_{n-2}|/2^2 \leq \ldots;$$

les $y_n = y_n(x)$ vérifient le critère de Cauchy, donc convergent dans I vers une solution $y = g(x)$ de $G(x,y) = y$; elle est unique dans I, car de $G(x, y') = y'$

et $G(x, y'') = y''$ résulte que $|y' - y''| \leq \frac{1}{2}|y' - y''|$. Comme on a de plus, d'après (17),

$$|y_n - y| = |G(x, y_{n-1}) - G(x, y)| \leq |y_{n-1} - y|/2 \leq \ldots$$

quel que soit $x \in I$, on voit que

$$|y_n(x) - g(x)| \leq |y_0(x) - g(x)|/2^n = |g(x)|/2^n \leq r/2^n$$

pour tout $x \in I$, ce qui prouve que les approximations $y_n(x)$ convergent uniformément dans I et donc que g est *continue*.

(c) Il reste à vérifier que $g(x)$ est C^1. On peut le faire soit en utilisant l'hypothèse que G est à valeurs réelles, autrement dit le fait qu'on se limite à une application du type $\mathbb{R} \times \mathbb{R} \to \mathbb{R}$, soit, ce qui est plus subtil, par un raisonnement valable pour toute application du type $E \times F \to F$, où E et F sont des espaces vectoriels de dimension finie ou même des espaces de Banach.

Première méthode. Pour $x, x+h \in I$, posons $g(x) = y$ et $g(x+h) = y+k$. Comme $g(x) = G[x, g(x)]$ quel que soit $x \in I$, on a

$$k = G(x + h, y + k) - G(x, y) =$$
$$= D_1 G(x + th, y + tk)h + D_2 G(x + th, y + tk)k$$

pour un certain $t \in [0, 1]$ puisque G est réelle (théorème des accroissements finis). Comme $|D_2 G(x + th, y + tk)| \leq \frac{1}{2} < 1$, on peut résoudre par rapport à k, d'où, en remplaçant y par $g(x)$,

$$\frac{k}{h} = \frac{D_1 G[x + th, g(x) + tk]}{1 - D_2 G[x + th, g(x) + tk]};$$

g étant continue d'après le point (b) de la démonstration, k tend vers 0 avec h; les fonctions $D_1 G$ et $D_2 G$ étant continues dans K et $D_2 G[x, g(x)]$ étant $\neq 1$, on peut passer à la limite dans la relation précédente, d'où l'existence et la valeur de

$$(24.18) \qquad \lim \frac{k}{h} = g'(x) = \frac{D_1 G[x, g(x)]}{1 - D_2 G[x, g(x)]}.$$

Seconde méthode. Comme on sait déjà que g est continue, k tend vers 0 avec h. Puisque G est C^1, (21.12) ou (12') montre que

$$k = D_1 G(x, y)h + D_2 G(x, y)k + o(|h| + |k|).$$

Comme $1 - D_2 G(x, y)$ est inversible[47] et indépendant de h et k, il vient

---

[47] Démonstration savante : si, dans un espace de Banach, on a une application linéaire A telle que $\|A\| < 1$, alors $1 - A$ est inversible et on a même

(24.19) $k = \gamma h + o(|h| + |k|)$ où $\gamma = [1 - D_2 G(x, y)]^{-1} D_1 G(x, y)$.

Pour $|h|$ et donc $|k|$ assez petits, on a alors

$$|k - \gamma h| \leq \varepsilon(|h| + |k|),$$

d'où $|k| \leq (|\gamma| + \varepsilon)|h| + \varepsilon|k|$ et par suite $(1 - \varepsilon)|k| \leq (|\gamma| + \varepsilon)|h|$. Choisissant par exemple $\varepsilon = \frac{1}{2}$, on en déduit que $k = O(h)$. La relation (19) montre alors que $k = \gamma h + o(h)$, d'où l'existence de $\lim k/h = \gamma$ où, fort heureusement, γ a la valeur déjà trouvée par la première méthode …

(18) montre que g est C^1, donc aussi la solution de $F[x, f(x)] = c$. Que f soit de classe C^p si F l'est résulte de la formule

(24.20) $$f'(x) = -D_1 F[x, f(x)]/D_2 F[x, f(x)]$$

et du fait que $D_2 F$ ne s'annule pas dans le carré $I \times I$ considéré au début de la démonstration : si F est C^p et si l'on a déjà montré que f est C^k avec $k < p$, (20) montre qu'il en est de même de f', donc que f est C^{k+1}, cqfd.

Le théorème 25 permet de montrer que, sous certaines conditions, l'ensemble $C \subset G$ des solutions de $F(x, y) = c$ est une excellente "courbe" possédant en chacun de ses points une tangente variant de façon continue en fonction du point considéré. L'hypothèse à faire est que les dérivées $D_1 F$ et $D_2 F$ ne sont jamais *simultanément* nulles aux points de C; exemple : $F(x, y) = x^2 + y^2$, $c > 0$ quelconque; exemples du contraire : $xy = 0$, $x^2 + y^3 + y^2 = 0$, etc., cas où les dérivées sont nulles en $(0, 0)$.

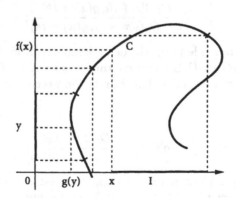

fig. 15.

$$(1 - A)^{-1} = 1 + A + A^2 + \ldots$$

Démonstration bête dans le cas qui nous occupe : $1 - D_2 G(x, y) \neq 0$.

Si en effet on a $D_2F \neq 0$ en un point (a, b) de C, alors la partie de C contenue dans un voisinage assez petit de (a, b) n'est autre que le graphe d'une fonction $y = f(x)$, de classe C^p comme F. Si c'est D_1F qui ne s'annule pas, c'est le graphe d'une fonction $x = g(y)$ de classe C^p (permuter les rôles de x et y). Le cas trivial de l'équation $x^2 - y^2 = 0$ montre qu'au point $(0, 0)$ de la "courbe", il existe deux arcs ("branches") qui se recoupent à l'origine avec des tangentes distinctes, de sorte qu'au voisinage de l'origine, C n'est pas le graphe d'une seule fonction $y = f(x)$ ou $x = g(y)$. Vastes généralisations aux espaces $\mathbb{R}^n$, à ceci près que l'étude des points "singuliers", y compris et pour commencer lorsque $F(x, y)$ est polynômiale ("variétés algébriques"), présente des difficultés sans commune mesure avec ce qui se passe dans le plan et que Newton connaissait déjà plus ou moins.

Le théorème 24 permet d'autre part de définir des *coordonnées curvilignes*, comme on appelait cela autrefois. Considérons pour cela une application $f : U \to \mathbb{C}$ qui est de classe C^∞ (pour simplifier), possède en chaque point z de U une dérivée $Df(z)$ inversible et qui, de plus, est *globalement* injective. L'image V de U par f est alors un ouvert et l'application réciproque g de V dans U est de classe C^∞ comme on le voit en appliquant le théorème au voisinage de n'importe quel point de U. Si l'on pose

$$(24.21) \qquad \xi = f_1(x, y), \qquad \eta = f_2(x, y),$$

d'où inversement

$$x = g_1(\xi, \eta), \qquad y = g_2(\xi, \eta),$$

on voit donc que la connaissance du point (ξ, η) de V détermine entièrement le point (x, y) et qu'une fonction de (x, y) est de classe C^r si et seulement si son expression à l'aide de ξ et η est de classe C^r. Les fonctions (21) peuvent donc être considérées comme des "coordonnées" du point (x, y). Mais évidemment les relations $\xi = Cte$ ou $\eta = Cte$ ne définissent plus des droites comme c'est le cas en coordonnées cartésiennnes standard; elles définissent des courbes auxquelles s'appliquent les remarques suivant le théorème 25. Comme en effet la matrice

$$\begin{pmatrix} D_1f_1 & D_1f_2 \\ D_2f_1 & D_2f_2 \end{pmatrix}$$

de $Dg(x, y)$ est inversible, les dérivées de f_1 (resp. f_2) ne sont jamais *simultanément* nulles. Par suite, les relations $\xi = Cte$ et $\eta = Cte$ définissent des courbes C^∞ possédant en chacun de leur point une tangente variant de façon continue, etc.

Considérons par exemple les *coordonnées polaires* dans $\mathbb{C}$, lesquelles consistent à repérer tout $z \in \mathbb{C}$ par son module $r = |z|$ et son argument, donné par $\tan \theta = y/x$, d'où $z = r(\cos \theta + i . \sin \theta)$. Si l'on considère l'application

$$g : (r, \theta) \longmapsto (r \cos \theta, r \sin \theta)$$

de $\mathbb{R}^2$ dans $\mathbb{R}^2$ (on peut fort bien admettre des valeurs négatives de r), il est clair qu'elle est C^∞ et surjective. Son jacobien est

$$\begin{vmatrix} \cos \theta & \sin \theta \\ -r \sin \theta & r \cos \theta \end{vmatrix} = r$$

et n'est donc $\neq 0$ que dans l'ouvert $V = \mathbb{C}^*$, dont l'image par g est l'ouvert $U = \mathbb{C}^*$. L'application g n'est pas *globalement* injective, mais on peut appliquer *localement* le théorème 24. On voit donc que si, pour un point $z_0 \neq 0$ de $\mathbb{C}$, on choisit des valeurs r_0, θ_0 des coordonnées polaires de z_0, il existe un voisinage U de z_0 dans lequel on peut choisir une détermination des coordonnées polaires de tout $z \in U$ de telle sorte qu'elle se réduise à (r_0, θ_0) en a et que r et θ soient des fonctions C^∞ de z (i.e. des coordonnées cartésiennes x et y de z) dans U. Pour définir *globalement* des coordonnées polaires fonctions C^∞ de z, il faut se placer dans un ouvert $V \subset \mathbb{C}^*$ tel que l'application $(r, \theta) \mapsto (r \cos \theta, r \sin \theta)$ de V dans $\mathbb{C}^*$ soit *injective*, par exemple l'ouvert défini par les inégalités *strictes*

$$r > 0, \quad \alpha < \theta < \alpha + 2\pi,$$

où α est donné; l'image de V est alors l'ouvert U obtenu en ôtant de $\mathbb{C}^*$ la demi-droite issue de l'origine faisant avec $0x$ l'angle α .

Le seul problème est du reste de choisir θ en fonction de z, car en choisissant, comme tout le monde, $r > 0$, i.e. $r = |z| = (x^2 + y^2)^{1/2}$, on obtient une excellente fonction C^∞ dans $\mathbb{C}^*$. L'étude approfondie de la pseudo-fonction $\theta = \arg(z)$, par contre, n'est pas aussi évidente qu'on a tendance à le croire a priori; c'est l'une des situations élémentaires où interviennent de vrais problèmes topologiques sur lesquels les apprentis mathématiciens ont de fortes chances de commettre des erreurs non seulement de calcul, mais de compréhension : comment attribuer une inverse à une application qui n'en a pas? On y reviendra en détail à la fin du Chap. IV.

Quoi qu'il en soit, il est utile de connaître les relations existant entre les dérivées d'une fonction f par rapport aux coordonnées cartésiennes x, y et ses dérivées par rapport aux coordonnées polaires r, θ. Il suffit d'utiliser (21.13) ou sa traduction en langage de différentielles.

On écrit donc d'abord que

$$df = f'_x . dx + f'_y . dy$$

et l'on différentie les relations $x = r \cos \theta$, $y = r \sin \theta$:

$$dx = \cos \theta . dr - r \sin \theta . d\theta, \qquad dy = \sin \theta . dr + r \cos \theta . d\theta.$$

D'où

$$df = f'_r.dr + f'_\theta.d\theta$$

avec

$$f'_r = \cos\theta f'_x + \sin\theta f'_y,$$
$$f'_\theta = -r\sin\theta f'_x + r\cos\theta f'_y.$$

Appendice au Chapitre III

Généralisations[48]

1 – Espaces cartésiens et espaces métriques généraux

On définit en algèbre des espaces vectoriels sur n'importe quel corps, par exemple $\mathbb{Q}$, $\mathbb{R}$ ou $\mathbb{C}$. Les exemples les plus simples et, en analyse, les plus importants sont $\mathbb{R}^p$ et $\mathbb{C}^p$ dont les éléments, que l'on appelle "points" ou "vecteurs" selon les circonstances, sont les suites ordonnées

$$x = (x_1, \dots, x_p)$$

de p nombres réels ou complexes, les coordonnées de x (Chap. I, n° 4); on parle d'un *espace cartésien* réel ou complexe lorsqu'il est inutile d'en préciser la *dimension p*. Ce qu'on appelle en analyse une "fonction de plusieurs variables réelles" (ou complexes) n'est autre qu'une fonction, au sens général du terme, définie sur une partie d'un espace $\mathbb{R}^p$ (ou $\mathbb{C}^p$). On se propose, dans cet appendice, de montrer très succinctement comment les définitions et résultats de ce chapitre s'étendent à ces espaces et à d'autres beaucoup plus généraux.

On définit d'abord la *distance euclidienne* $d(x,y) \geq 0$ de deux points de $\mathbb{R}^p$ ou $\mathbb{C}^p$ par la formule

$$(1.1) \qquad d(x,y)^2 = |x_1 - y_1|^2 + \ldots + |x_p - y_p|^2$$

inspirée du théorème de Pythagore[49]; en introduisant la *norme* ou longueur

$$\|x\| = d(0,x) = \left(|x_1|^2 + \ldots + |x_n|^2\right)^{1/2}$$

d'un vecteur, on a donc

$$d(x,y) = \|x - y\|.$$

---

[48] Cet appendice est un texte de référence à utiliser lorsque l'occasion s'en présentera dans les chapitres suivants.

[49] Pour les besoins de l'analyse, on pourrait aussi bien choisir la formule plus simple

$$d'(x,y) = |x_1 - y_1| + \ldots + |x_p - y_p|$$

étant donné qu'on a $d'(x,y)/p < d(x,y) < d'(x,y)$ quels que soient x, y.

On a alors à nouveau la même inégalité du triangle

$$(1.2) \qquad \|x+y\| \leq \|x\| + \|y\|$$

que dans $\mathbb{R}^2$ ou $\mathbb{C}$. Pour le voir, on définit le *produit scalaire* de deux vecteurs x et y de $\mathbb{C}^p$ par la formule

$$(1.3) \qquad (x \mid y) = x_1\overline{y_1} + \ldots + x_p\overline{y_p}, \qquad \text{d'où} \qquad \|x\| = (x|x)^{1/2},$$

et l'on vérifie que, pour tout scalaire $z \in \mathbb{C}$, le nombre

$$(zx+y|zx+y) = (x|x)z\bar{z} + (x|y)z + \overline{(x|y)}\bar{z} + (y|y)$$

est ≥ 0 quel que soit z; si $(x,x) \neq 0$, on peut choisir

$$z = -\overline{(x|y)}/(x|x),$$

d'où immédiatement l'*inégalité de Cauchy-Schwarz*

$$(1.4) \qquad |(x \mid y)|^2 \leq (x \mid x)(y \mid y) = \|x\|^2 \cdot \|y\|^2,$$

encore valable si $(x,x) = 0$ puisqu'alors $x = 0$. A partir de là, il vient

$$\|x+y\|^2 = (x+y|x+y) = (x|x) + (x|y) + \overline{(x|y)} + (y|y) =$$
$$= \|x\|^2 + 2\mathrm{Re}(x|y) + \|y\|^2 \leq \|x\|^2 + 2\|x\|.\|y\| + \|y\|^2,$$

d'où (2).

Un cadre beaucoup plus général auquel on peut étendre presque tout ce qu'on a dit dans $\mathbb{R}$ ou $\mathbb{C}$ est celui des *espaces métriques*. Par définition, un tel espace est un couple (X, d) – on le désigne simplement par X lorsqu'aucune ambigu"ité n'est possible quant à d – formé d'un ensemble X et d'une fonction

$$d : X \times X \longrightarrow \mathbb{R}_+$$

permettant, par convention, de définir la *distance* de deux "points" $x, y \in X$. On ne lui demande que de vérifier les conditions évidentes :

$$(1.5) \qquad d(x,y) \geq 0, \qquad d(x,y) = 0 \Longleftrightarrow x = y, \qquad d(x,y) = d(y,x),$$

$$d(x,y) \leq d(x,z) + d(z,y).$$

L'exemple le plus simple consiste à prendre pour X une partie quelconque d'un espace cartésien – n'importe quoi – et d'y définir la distance par la formule[50] (1); plus généralement, toute partie d'un espace métrique peut être considérée comme un espace métrique en soi. Mais il y a des espaces moins évidents dont les éléments sont par exemple des fonctions f définies sur un ensemble M plus ou moins quelconque (*espaces fonctionnels*) et assujetties à vérifier certaines conditions. Dans l'ensemble $X = \mathcal{B}(M)$ de toutes les applications *bornées* f de M dans $\mathbb{C}$, l'expression

$$(1.6) \qquad d_M(f,g) = \sup |f(x) - g(x)| = \|f - g\|_M$$

satisfait aux conditions (5) comme on l'a vu au Chap. III, n° 7. Dans l'espace $C^p(K)$ des fonctions de classe C^p, p fini, sur un intervalle compact $K \subset \mathbb{R}$, on peut utiliser l'expression

$$(1.7) \qquad d(f,g) = \|f - g\|_K + \|f' - g'\|_K + \ldots + \|f^{(p)} - g^{(p)}\|_K;$$

des distances de ce genre interviennent en théorie des distributions (Chap. V, n° 34). L'intégration fournit de nombreux exemples; on peut par exemple utiliser dans $C^p(K)$ la distance

$$\sum_{0 \le i \le p} \int_K \left| f^{(i)}(x) - g^{(i)}(x) \right| dx,$$

le cas le plus simple étant $p = 0$ (fonctions continues).

La construction de $\mathbb{R}^p$ à partir de $\mathbb{R}$ s'étend aux espaces métriques. Considérons pour cela deux espaces métriques X' et X'' et le produit $X' \times X''$, formé des couples (x', x'') avec $x' \in X'$ et $x'' \in X''$ (Chap. I, n° 4). Pour deux tels couples, posons[51]

---

[50] On peut aussi procéder de façon moins brutale. A la surface de la Terre, on ne définit pas la distance entre Paris et Heidelberg en mesurant la ligne droite joignant ces deux points à travers la Terre. Si l'on a, dans un espace cartésien, une "surface" S (de dimension éventuellement > 2) suffisamment "lisse", on mesure la distance entre $a, b \in S$ en considérant toutes les courbes joignant a et b sur S, en mesurant leurs longueurs et en prenant la borne inférieure de celles-ci. Dans les bons cas, il existe effectivement une courbe de longueur minimum ("géodésique"), arc de grand cercle dans le cas d'une sphère.

[51] Le lecteur désirant se compliquer l'existence peut préférer la fonction donnée par

$$d\left[(x', y'), (x'', y'')\right]^2 = d\left(x', x''\right)^2 + d\left(y', y''\right)^2.$$

Cela donne à la métrique une touche pythagoricienne parfaitement inutile, car les deux versions de la métrique "produit" dans $X' \times X''$ définissent les mêmes ouverts, les mêmes suites convergentes, les mêmes fonctions continues, etc. La raison en est que, si a et b sont des nombres réels positifs, on a toujours

$$a^2 + b^2 \le (a + b)^2 \le 2(a^2 + b^2).$$

(1.8) $d\left[(x',x''),(y',y'')\right] = d'(x',y') + d''(x'',y''),$

où figurent au second membre les fonctions distances d' et d'' données dans X' et X''. Il est immédiat de constater que l'on obtient encore ainsi une fonction distance sur $X = X' \times X''$. D'où la notion de *produit cartésien* de deux espaces métriques, qui s'étend de façon évidente à un nombre fini quelconque de tels espaces.

2 – Ensembles ouverts ou fermés

Dans un espace métrique comme dans $\mathbb{R}$ ou $\mathbb{C}$, on peut définir une *boule ouverte* $B(a,r)$ de centre a par l'inégalité stricte $d(a,x) < r$, où r est un nombre > 0. L'inégalité large $d(a,x) \leq r$, avec $r \geq 0$, définit une *boule fermée*, y compris pour $r = 0$ si l'on tient à ce que toute intersection de boules fermées de centre a soit encore une boule fermée. Alors que, dans $\mathbb{R}$, l'intersection de deux boules ouvertes de centres quelconques a' et a'' est encore une boule ouverte, il n'en est pas de même dans le cas général, ni même dans $\mathbb{R}^2$; mais l'inégalité du triangle montre que si $a \in B(a',r') \cap B(a'',r'')$, il existe une boule $B(a,r)$ contenue dans cette intersection. L'énoncé analogue relative aux boules fermées est faux, même dans $\mathbb{R}$.

Les définitions du Chap. II, n° 3 relatives à ce qui se passe au voisinage d'un point a ou à l'infini s'étendent immédiatement aux espaces métriques. Une assertion $P(x)$ faisant intervenir une variable $x \in X$ est *vraie au voisinage* d'un $a \in X$ s'il existe une boule ouverte B de centre a telle que $x \in B \implies P(x)$. Elle est *vraie à l'infini* si, un $c \in X$ étant choisi, il existe un nombre R tel que $d(c,x) > R \implies P(x)$; le choix de c importe peu. Comme l'intersection d'un nombre fini de boules ouvertes de centre a est encore une boule ouverte de centre a, il est clair que si quinze assertions sont séparément valables au voisinage de a, elles sont simultanément valables au voisinage de a.

Une façon encore plus commode de s'exprimer consiste à introduire, avec N. Bourbaki, la notion technique, et non pas na"ive, de *voisinage d'un point* a dans un espace métrique X. Par définition, c'est tout ensemble contenant une boule ouverte de centre a; il peut se réduire à cette boule ou en déborder ad libitum. Il est clair que

(i)   tout ensemble contenant un voisinage de a est encore un voisinage de a,

---

C'est un cas particulier de la notion de métriques équivalentes sur un ensemble X; on appelle ainsi deux fonctions distances dont les rapports sont compris entre deux nombres > 0 fixes. Dans $\mathbb{C}$ par exemple, on ne changerait rien aux définitions relatives à la convergence si l'on convenait d'appeler "boule ouverte de centre a" l'intérieur de n'importe quel carré de centre a; il ne serait pas même nécessaire de supposer ses côtés parallèles aux axes de coordonnées. L'essentiel est qu'une telle "boule" contienne tous les points de $\mathbb{C}$ suffisamment voisins de a et vice-versa.

(ii) l'intersection d'un nombre fini de voisinages de a est un voisinage de a,

(iii) tout voisinage d'un $a \in X$ est un voisinage de tout $b \in X$ assez voisin de a,

car une boule ouverte $B(a)$ de centre a contient une boule ouverte de centre b pour tout $b \in B(a)$, donc est un voisinage de b.

Cela dit, la façon la plus radicale d'exprimer qu'une assertion $P(x)$, où x varie dans X, est "vraie pour tout x assez voisin de a" est de dire : l'ensemble des $x \in X$ tels que $P(x)$ soit vraie est un voisinage de a. Sous cette forme, les r, les ε, les δ, etc. ont disparu.

Comme dans $\mathbb{R}$ ou $\mathbb{C}$, les points a de X peuvent, relativement à une ensemble $E \subset X$, se diviser en trois catégories : les *points intérieurs* à E (E contient une boule ouverte de centre a), les *points extérieurs* à E (ils sont intérieurs à $X - E$) et les *points frontières* (toute boule ouverte de centre a rencontre E et $X - E$). Les points qui ne sont pas extérieurs à E sont dits *adhérents* à E; on note $\bar{E}$ leur ensemble.

Ces définitions conduisent immédiatement, comme dans le cas de $\mathbb{R}$ ou $\mathbb{C}$, aux notions d'ensemble ouvert et d'ensemble fermé dans un espace métrique X :

$$E \text{ ouvert} \iff \text{tout } x \in E \text{ est intérieur à } E,$$

$$F \text{ fermé} \iff \text{tout } x \text{ adhérent à } F \text{ appartient à } F.$$

Par suite, E est ouvert si et seulement si $X - E$ est fermé. On notera qu'avec ces définitions l'ensemble $E = X$ est à la fois ouvert et fermé, de même que l'ensemble vide : dans le cas de celui-ci, tout est vérifié car il n'y a rien à vérifier. Dans un espace métrique, les boules ouvertes au sens que l'on vient de définir sont définies par une inégalité de la forme $d(a, x) < r$, tandis que les boules fermées sont définies par $d(a, x) \leq r$, comme le lecteur le vérifiera en utilisant l'inégalité du triangle.

Les ensembles ouverts ou fermés possèdent vis-à-vis des réunions et intersections les mêmes propriétés que dans $\mathbb{R}$ ou $\mathbb{C}$, et elles se démontrent de la même façon : la réunion d'une famille quelconque d'ouverts est un ouvert; l'intersection d'une famille finie d'ouverts est un ouvert, etc.

On fera attention au fait que la notion d'ensemble ouvert ou fermé est relative à un espace métrique "ambiant" donné X. Si X est lui-même un sous-espace d'un espace métrique Y plus grand, un ensemble $E \subset X$, à commencer par X lui-même, peut fort bien être ouvert dans X sans l'être dans Y; il n'y a pas de problème si X est ouvert dans Y. Dans le cas général, les ouverts de X sont (exercice !) les ensembles $X \cap U$, où U est ouvert dans Y.

Bien que ces définitions soient inspirées de situations familières, il est prudent de ne pas se laisser mystifier par des images géométriques "évidentes". Pour donner un exemple de ce qui peut arriver, prenons pour X l'ensemble

$\mathbb{Q}$ des nombres rationnels, avec la distance $d(x, y) = |x - y|$ de tout le monde. Pour tout $a \in \mathbb{Q}$, il existe alors dans $\mathbb{Q}$ des boules de centre a qui sont à la fois ouvertes et fermées, à savoir toutes les boules ouvertes $B(a, r)$ où r est un nombre irrationnel. $B(a, r)$ est en effet l'ensemble des $x \in \mathbb{Q}$ (et non pas des $x \in \mathbb{R}$) tels que $|x - a| < r$; tout $x \in \mathbb{Q}$ adhérent à $B(a, r)$ vérifie $|x - a| \leq r$, mais comme r est irrationnel, on ne peut avoir $|x - a| = r$; on a donc $|x - a| < r$, d'où $x \in B(a, r)$, cqfd.

En analyse classique normale, on a le plus souvent affaire à des espaces connexes, i.e. dans lesquels les seuls ensembles à la fois ouverts et fermés sont l'espace X entier et l'ensemble vide, ou, plus généralement, à des espaces localement connexes, i.e. dans lesquels tout point possède un voisinage ouvert connexe. Il est clair que, par exemple, tout ouvert de $\mathbb{C}$ est localement connexe.

Il existe quand même des cas plus étranges. Si l'on considère par exemple un gyroscope dont l'axe de rotation est fixé par son extrémité inférieure I, l'extrémité supérieure S de celui-ci décrit, en oscillant périodiquement, une courbe C tracée sur une sphère de centre I et comprise entre deux sections horizontales de la sphère. Avec beaucoup de chance, la trajectoire de S est une bonne courbe fermée (donc compacte) possédant éventuellement quelques points multiples ou de rebroussement; il faut, pour cela, qu'après avoir effectué un nombre entier de rotations autour de la verticale, le gyroscope retrouve sa position et sa vitesse initiales. Mais dans le cas général, la trajectoire n'est pas un ensemble fermé et il se peut fort bien que l'intersection de la courbe C avec tout voisinage de tout point de la sphère compris entre les limites horizontales se compose d'une infinité dénombrable d'arcs de courbes deux à deux disjoints. Si l'on définit la distance de deux points de C comme tout le monde, on constate alors que les points de C ne possèdent aucun voisinage connexe.

3 – Limites et critère de Cauchy dans un espace métrique; espaces complets

Tout ce qu'on a dit au n° 5 du Chap. II sur les suites numériques s'étend sans modification aux suites de points d'un espace cartésien ou métrique X : il suffit d'y remplacer partout les expressions de la forme $|x - y|$ par la fonction distance $d(x, y)$, ce que nous avons d'ailleurs déjà souvent fait pour y habituer le lecteur. La notion de limite d'une suite est donc définie par la relation

$$(3.1) \qquad \lim x_n = a \Longleftrightarrow \lim d(x_n, a) = 0$$

qui la ramène aux limites dans $\mathbb{R}$. On voit immédiatement que

$$(3.2) \qquad \lim x_n = a \ \ \& \ \ \lim y_n = b \Longrightarrow \lim d(x_n, y_n) = d(a, b)$$

en utilisant l'inégalité du triangle (ou, en l'espèce, du quadrilatère ...).

Si E est une partie de X, les points adhérents à E sont évidemment les limites des suites convergentes de points de E. Il s'ensuit que E est fermé si et seulement si toute limite de points de E appartient à E.

Si par exemple X est l'espace $\mathcal{B}(M)$ des fonctions $M \longrightarrow \mathbb{C}$ définies et bornées sur un ensemble M, avec la distance $d_M(f, g) = \|f - g\|_M$, la convergence d'une suite (f_n) vers une limite f n'est autre que la *convergence uniforme* dans M puisque, pour tout $r > 0$, la relation $d_M(f, g) \leq r$ signifie que l'on a $|f(x) - g(x)| \leq r$ *pour tout* $x \in M$. Lorsque $M \subset \mathbb{C}$ [ou plus généralement si M est lui-même un espace métrique, voir plus bas], on peut considérer dans $\mathcal{B}(M)$ le sous-ensemble $C^0(M)$ formé des fonctions numériques continues dans M. Le théorème 8 du Chap. III, n° 5 dit que si une suite de fonctions $f_n \in C^0(M)$ converge uniformément sur M, i.e. converge dans l'espace métrique $\mathcal{B}(M)$, la fonction limite est encore continue, i.e. appartient encore à $C^0(M)$. Conclusion : $C^0(M)$ est une partie fermée de l'espace métrique $\mathcal{B}(M)$. Si M est un intervalle compact de $\mathbb{R}$, l'ensemble $E = C^p(M)$ des fonctions de classe C^p dans M n'est pas fermé dans $X = C^0(M)$, car une limite uniforme de fonctions dérivables n'est pas nécessairement dérivable. Mais le théorème 27 du Chap. V, n° 27 montrera que tout élément de X est limite d'éléments de E (on pourrait même se borner à considérer les fonctions polynomiales d'après le théorème de Weierstrass). Lorsque tout élément d'un espace métrique X est limite d'éléments d'un ensemble donné $E \subset X$, on dit que E est *partout dense* dans X, notion introduite par Cantor pour $X = \mathbb{R}$; par exemple, $\mathbb{Q}$ est partout dense dans $\mathbb{R}$.

La définition d'une limite s'étend non moins immédiatement aux fonctions numériques (i.e. à valeurs dans $\mathbb{C}$) définies dans une partie E d'un espace métrique X : $f(x)$ tend vers $b \in \mathbb{C}$ lorsque $x \in E$ tend vers $a \in X$ si, pour tout $r > 0$, il existe un $r' > 0$ tel que

$$(3.3) \qquad x \in E \quad \& \quad d(a, x) < r' \Longrightarrow d[b, f(x)] < r.$$

Sous cette forme, la définition s'étend même aux applications dans un autre espace métrique Y puisqu'elle n'utilise rien d'autre que des distances. Le principe est toujours le même : la distance mesure à la fois l'erreur sur la fonction et l'erreur sur la variable, l'erreur sur la fonction devant être $< r$ pour peu que l'erreur sur la variable soit suffisamment petite, i.e. $< r'$ dans nos notations habituelles.

Dans le cas d'un espace cartésien, il est clair que, pour qu'une suite (u_n) de points de $\mathbb{R}^p$ converge vers une limite u, il faut et il suffit que, quel que soit i, la i-ème coordonnée de u_n converge vers la i-ème coordonnée de u. Cet énoncé s'étend trivialement (i.e. par recours direct aux définitions) au cas d'un produit cartésien $X_1 \times \ldots \times X_n$ quelconque d'espaces métriques.

Dans le cas particulier de $\mathbb{R}^p$, le critère général de Cauchy reste valable : pour qu'une suite (u_n) converge, il faut (dans n'importe quel espace métrique) et il suffit (dans $\mathbb{R}^p$) que, pour tout $r > 0$, on ait

$$(3.4) \qquad d\,(u_p, u_q) < r \text{ pour } p \text{ et } q \text{ assez grands.}$$

Pour le voir, on remarque d'abord que si x et y sont deux vecteurs dans $\mathbb{R}^p$, leurs coordonnées vérifient $|x_i - y_i| \leq d(x, y)$ quel que soit i. Il est alors clair que, pour tout i, les coordonnées d'indice i des u_n forment une suite de Cauchy dans $\mathbb{R}$, donc convergent vers des limites qui sont évidemment les coordonnées du vecteur $\lim u_n$ cherché.

Si le critère de Cauchy est valable dans $\mathbb{R}$ et donc dans $\mathbb{R}^p$, il ne l'est pas toujours dans un espace métrique X quelconque comme le montre déjà le cas de $X = \mathbb{Q}$ muni de la distance habituelle. Les espaces métriques dans lesquels le critère de Cauchy est valable sont dits *complets*. $\mathbb{R}$ est complet, $\mathbb{Q}$ ne l'est pas, ce qui explique la terminologie.

L'espace $C^0(K)$ des fonctions continues sur un intervalle compact $K \subset \mathbb{R}$, muni de la distance $d_K(f, g)$ de la convergence uniforme, est complet : c'est le théorème 13" du Chap. III, n° 10. De même, et pour des raisons plus triviales, l'espace $\mathcal{B}(M)$ des fonctions bornées sur un ensemble M est complet pour la distance de la convergence uniforme sur M. Si par contre on munit l'espace $C^p(K)$ considéré plus haut de la distance $\|f - g\|_K$ de la convergence uniforme, on n'obtient pas un espace complet car une limite uniforme de fonctions dérivables peut fort bien ne pas être dérivable. Pour faire de $C^p(K)$ un espace complet, il faut utilier la distance (1.7); si une suite (f_n) vérifie le critère de Cauchy relativement à celle-ci, il est clair que les suites dérivées $f_n^{(i)}$ convergent uniformément (critère de Cauchy pour la convergence uniforme) et le théorème 20 du Chap. III, n° 17 montre alors que la suite (f_n) converge dans la métrique de $C^p(K)$.

Il existe un procédé pour "plonger" tout espace métrique X dans un espace métrique complet $\hat{X}$; il généralise la construction de $\mathbb{R}$ à partir de $\mathbb{Q}$ inventée par Cantor et Méray (Chap. III, fin du n° 10). Pour cela, on considère l'ensemble S des suites de Cauchy dans X – c'est une partie de l'ensemble des applications de $\mathbb{N}$ dans X — et l'on définit une relation d'équivalence R dans S en déclarant que deux suites de Cauchy (x_n) et (y_n) sont *équivalentes* si $\lim d\,(x_n, y_n) = 0$; voir à la fin du Chap. I, n° 4 la notion générale d'équivalence, spécifiquement inventée pour le genre de situation examiné ici; les conditions de la définition générale sont remplies ici en raison de l'inégalité du triangle

$$d\,(x_n, z_n) \leq d\,(x_n, y_n) + d\,(y_n, z_n)\,.$$

A toute suite de Cauchy est donc associée sa classe d'équivalence, partie de S formée de toutes les suites équivalentes à la suite donnée. L'ensemble de ces classes, i.e. l'ensemble quotient S/R, est par définition $\hat{X}$. Le fait qu'un élément de $\hat{X}$ soit un ensemble fort compliqué n'a rien d'anormal et, bien au contraire, confirme le postulat de base du Chap. I : tout objet mathématique est un ensemble, même lorsque ce n'est pas immédiatement visible et a fortiori dans le cas présent.

Si des suites de Cauchy (x_n) et (y_n) dans X définissent deux éléments x et y de $\hat{X}$, on pose

$$(3.5) \qquad\qquad d(x,y) = \lim d(x_n, y_n).$$

Comme $d(x_p, x_q)$ et $d(y_p, y_q)$ sont $< r$ pour p et q grands, la relation

$$|d(x_p, y_p) - d(x_q, y_q)| \leq d(x_p, x_q) + d(y_p, y_q)$$

montre que la suite des $d(x_n, y_n)$ vérifie le critère de Cauchy, d'où l'existence de la limite (5); des inégalités similaires montreraient qu'elle est indépendante des suites de Cauchy choisies dans X pour "représenter" x et y. Le fait que $d(x,y) = 0 \iff x = y$ n'a pas à être démontré : c'est la définition même de l'égalité entre *classes* de suites de Cauchy; les autres propriétés des distances sont évidentes. Le "plongement" de X dans $\hat{X}$ s'obtient en associant à chaque $x \in X$ la classe de la suite de Cauchy $(x, x, x, \dots)$, i.e. l'ensemble des suites (x_n) qui convergent vers x dans X. Dans la pratique, on ne fait aucune distinction entre un élément de X et sa classe dans $\hat{X}$ (ce qui confirme le fait que, lorsqu'un objet mathématique est défini comme ensemble trop compliqué, on cesse de penser à ce "détail" psychologiquement encombrant $\dots$).

Il est alors clair que, pour $x, y \in X$, la distance entre x et y calculée dans $\hat{X}$, par exemple à partir des suites $(x, x, x, \dots)$ et $(y, y, y, \dots)$, est la même que dans X.

Pour calculer la distance entre un $x \in \hat{X}$ et un $y \in Y$, on choisit une suite de Cauchy (x_n) dans la classe x; comme y correspond à la suite de terme général y, la définition (5) montre que $d(x,y) = \lim d(x_n, y)$; en particulier, on a $d(x, x_p) = \lim_n d(x_n, x_p)$, résultat $< r$ pour p grand puisque (x_n) est une suite de Cauchy; la distance de x aux points $x_p \in X$ tend donc vers 0, ce qui montre que, dans $\hat{X}$, on a $x = \lim x_p$: tout $x \in \hat{X}$ est donc limite de points de X, de même que tout nombre réel est limite de nombres rationels.

Resterait à prouver que $\hat{X}$ est bien un espace métrique *complet*; exercice consistant à appliquer les définitions et l'inégalité du triangle, comme dans tous les cas où l'on ne sait rien de plus.

4 – Fonctions continues

La notion de continuité s'étend immédiatement aux fonctions définies dans un espace métrique X (donc aussi aux fonctions définies dans une partie quelconque E de X) et à valeurs dans un autre espace métrique Y. Une telle fonction f est dite continue en un point a de E si elle vérifie les conditions visiblement équivalentes que voici :

(C1) pour tout $r > 0$, il existe un $r' > 0$ tel que, pour $x \in E$,

$$d(a, x) < r' \implies d[f(a), f(x)] < r;$$

(C2) pour toute boule $B \subset Y$ de centre $f(a)$, il existe une boule $B' \subset X$ de centre a telle que $f(B' \cap E) \subset B$;

(C3) $f(x)$ tend vers $f(a)$ lorsque x tend vers a :

$$\lim_{x \to a} f(x) = f(a).$$

Une fonction ou application définie dans X est dite continue dans X, ou continue tout court, si elle l'est en tout point de X.

Il existe une relation simple entre les notions de fonction continue et d'ensemble ouvert : *pour que f soit une application continue de X dans Y, il faut et il suffit que, pour tout ouvert V de Y, l'image réciproque $U = f^{-1}(V)$ de V par f soit un ouvert de X.*

Nécessité de la condition : soient $a \in U$ et $b = f(a) \in V$. Si V est ouvert, il contient une boule $B = B(b, r)$. Si f est continue en a, il existe d'après (2) une boule B' de centre a telle que $f(B') \subset B$. On a $B' \subset U$ par définition de $U = f^{-1}(V)$ (Chap. I), de sorte que U est ouvert.

Suffisance de la condition : considérons un $a \in X$, posons $b = f(a)$, et considérons dans Y une boule ouverte $B = B(b, r)$. Soit U son image réciproque par f. Par hypothèse, U est un ouvert. Comme U contient a, il contient aussi une boule B' de centre a. On a $f(B') \subset B$, d'où la continuité d'après (C2).

Le résultat précédent fournit immédiatement un résultat aussi trivial que fondamental : *Soient X, Y et Z des espaces métriques, f une application de X dans Y et g une application de Y dans Z. Supposons f et g continues. Alors l'application composée $h = g \circ f$ de X dans Z est continue.*

Soit en effet W un ouvert de Z. L'ensemble $V = g^{-1}(W)$ est un ouvert de Y puisque g est continue. Puisque f l'est aussi, $U = f^{-1}(V)$ est un ouvert de X. Or $U = h^{-1}(W)$, cqfd.

Plus précisément : *Soient X, Y et Z des espaces métriques, f une application de X dans Y et g une application de Y dans Z. Supposons f continue en $a \in X$ et g continue en $f(a) = b \in Y$. Alors l'application $h = g \circ f$ est continue en a.*

Soit en effet $c = h(a) = g(b)$ et donnons-nous un $r > 0$. Comme g est continue en b, il existe un $r' > 0$ tel que

$$d(b, y) < r' \implies d[c, g(y)] < r.$$

Comme f est continue en a, il y a un $r'' > 0$ tel que

$$d(a, x) < r'' \text{ implique } d[b, f(x)] < r'.$$

Il est clair qu'alors la relation $d(a, x) < r''$ implique $d[c, h(x)] < r$, cqfd.

On vérifie immédiatement que si f' et f'' sont des fonctions définies sur des espaces métriques X' et X'', à valeurs dans des espaces métriques Y' et Y'' et continues en $a' \in X'$ et $a'' \in X''$, alors l'application

$$(x', x'') \longmapsto (f'(x'), f''(x''))$$

de $X' \times X''$ dans $Y' \times Y''$ est continue en (a', a''). Si l'on dispose en outre d'une application continue $p : Y' \times Y'' \longrightarrow Y$ dans un autre espace métrique Y, alors l'application $(x', x'') \longmapsto p[f'(x'), f''(x'')]$ est continue en (a', a''), vaste et triviale généralisation des théorèmes sur les sommes, produits, enveloppes supérieures ou inférieures, etc. de fonctions continues.

On peut de même étendre la notion de *convergence uniforme* aux applications d'un espace métrique X dans un autre espace métrique Y et montrer qu'une limite uniforme d'applications continues est encore continue. Pour cela, on définit la distance de deux applications f, g de X dans Y par la formule

$$(4.1) \qquad d_X(f, g) = \sup d[f(x), g(x)].$$

Mis à part un détail sans importance dans ce contexte – la distance peut être infinie –, toutes les propriétés d'une distance sont évidemment vérifiées. La convergence uniforme s'exprime alors, comme au Chap. III, par la relation $\lim d_X(f_n, f) = 0$ ou par le fait que, quel que soit $r > 0$, il existe un entier N tel que

$$n > N \Longrightarrow d[f_n(x), f(x)] \le r \text{ quel que soit } x \in X.$$

Le fait qu'une limite uniforme de fonctions continues soit encore continue se démontre exactement comme on l'a fait pour $X = Y = \mathbb{C}$.

Noter par ailleurs que, dans la définition (1), on peut substituer à X n'importe quelle partie E de X et définir la distance $d_E(f, g)$ sur E, donc aussi la convergence uniforme sur E.

Si ces trivialités abstraites obligent le lecteur à réfléchir, ce dont je ne suis pas convaincu[52], elles auront au moins servi à cela.

5 – Séries absolument convergentes dans un espace de Banach

La notion de série n'a de sens dans un espace métrique que si l'on dispose d'un moyen d'y définir les opérations algébriques nécessaires, ce qui est par

---

[52] Il y aura peut-être des lecteurs pour se demander pourquoi nous n'avons pas développé d'emblée les notions exposées aux Chap. II et III dans ce cadre général. Réponse : si elles vous paraissent triviales après avoir lu ces chapitres, elles vous auraient peut-être parues incompréhensibles si vous les aviez rencontrées dès le début.

exemple le cas des espaces cartésiens. Tout ce qu'on a dit aux n° 6, 14, 15 et 18 du Chap. II sur les séries s'étend sans la moindre modification à celles dont les termes sont des vecteurs ou points d'un espace cartésien. C'est en particulier le cas, de très loin le plus important, de la convergence absolue ou en vrac : la convergence de la série numérique $\sum \|u_n\|$ implique, pour tout i, celle de la série formée des i-ièmes coordonnées des u_n car $|x_i| \leq \|x\|$ pour tout $x \in \mathbb{R}^p$, et donc aussi celle de la série vectorielle $\sum u_n$.

Plus généralement, soit E un espace vectoriel sur $\mathbb{R}$ ou $\mathbb{C}$ et supposons donnée dans E une *norme*, i.e. une application

$$x \longmapsto \|x\| \geq 0$$

vérifiant les conditions suivantes :

$$(5.1) \qquad \|x\| = 0 \Longleftrightarrow x = 0, \qquad \|\lambda x\| = |\lambda| . \|x\|,$$

$$\|x + y\| \leq \|x\| + \|y\|$$

où λ est un scalaire quelconque, réel ou complexe selon le cas. C'est par exemple le cas de la longueur d'un vecteur dans $\mathbb{R}^n$, de la norme de la convergence uniforme dans l'espace des fonctions numériques bornées sur un ensemble quelconque, de la norme dans un espace pré-hilbertien séparé (voir plus bas), etc. Un espace vectoriel muni d'une telle fonction norme s'appelle encore un *espace vectoriel normé*.

En posant $d(x, y) = \|x - y\|$, on définit dans E une distance permettant d'appliquer tout ce qui précède. Mais comme on dispose d'une addition dans E, on peut y considérer non seulement des suites, mais aussi des séries. Une série $\sum u_n$ d'éléments de E sera dite *convergente* de somme $s \in E$ si $\lim (u_1 + \ldots + u_n) = s$, i.e. si

$$\lim \|s - (u_1 + \ldots + u_n)\| = 0.$$

Notant s_n la somme de ses n premiers termes, une condition nécessaire de convergence est, comme dans le cas de $\mathbb{R}$ ou $\mathbb{C}$, que pour tout $r > 0$ on ait $d(s_p, s_q) < r$ pour p et q assez grands, autrement dit

$$(5.2) \qquad \|u_p + \ldots + u_q\| < r \quad \text{pour } p \text{ et } q \text{ assez grands}.$$

Or le premier membre est, en vertu de l'inégalité du triangle, majoré par l'expression analogue relative à la série numérique $\sum \|u_n\|$. Si donc celle-ci est convergente, la série vectorielle donnée satisfait au critère de Cauchy. Pour en déduire la convergence de celle-ci, il faut bien évidemment supposer E complet. Un espace vectoriel normé complet s'appelle un *espace de Banach*, du nom de l'un des nombreux mathématiciens polonais très astucieux qui, pendant la première moitié du XXe siècle[53], ont fait considérablement avancer la logique, la théorie des ensembles, la topologie, l'analyse fonctionnelle, etc. Le premier théorème – c'est beaucoup dire ... – est que, dans un espace de Banach, toute série absolument convergente est convergente.

Les calculs du n° 1 qui nous ont conduit à l'inégalité de Cauchy-Schwarz sont purement formels; le fait qu'il s'agisse de "vecteurs" dans $\mathbb{R}^p$ ou $\mathbb{C}^p$ (plutôt que de fonctions intégrables par exemple comme on le verra au Chap. V, n° 5 ou au Chap. VII, n° 7) n'intervient aucunement; seules comptent les règles algébriques de calcul sur les produits scalaires. On est ainsi conduit à une vaste généralisation et à définir un *espace pré-hilbertien* de la façon suivante : c'est un espace vectoriel $\mathcal{H}$ sur $\mathbb{C}$, en général de dimension infinie, dans lequel on s'est donné un "produit scalaire" vérifiant les conditions évidentes :

(H 1) : $(x \mid y)$ est une fonction linéaire de x pour y donné;
(H 2) : on a $(y \mid x) = \overline{(x \mid y)}$;
(H 3) : on a $(x \mid x) \geq 0$ pour tout x.

L'espace est dit *séparé* s'il vérifie la condition

(H 4) : $(x \mid x) = 0$ implique $x = 0$.

On a encore une inégalité de Cauchy-Schwarz, une norme $\|x\| = (x, x)^{1/2}$ qui peut être nulle pour $x \neq 0$ si $\mathcal{H}$ n'est pas séparé, ainsi qu'une inégalité du triangle qui s'écrit soit sous la forme (1), soit $d(x, y) \leq d(x, z) + d(z, y)$, où l'on définit $d(x, y) = \|x - y\|$. Il se peut toutefois que la relation $d(x, y) = 0$ n'implique plus $x = y$: l'axiome (H 4) sert à l'assurer. Un espace préhilbertien séparé est donc un espace vectoriel normé; s'il est complet, on dit que c'est un *espace de Hilbert*.

Par contre, si $K \subset \mathbb{R}$ est un intervalle compact, l'espace $C^0(K)$ muni de la distance

$$d_2(f, g) = \left(\int |f(x) - g(x)|^2 \, dx \right)^{1/2}$$

qui résulte du produit scalaire

$$(f|g) = \int_K f(x)\overline{g(x)}dx$$

ou, plus simplement encore, de la distance $d_1(f, g) = \int |f(x) - g(x)|dx$, *n'est pas* complet; il en est encore de même si l'on considère l'ensemble de toutes

---

[53] La situation change à partir de la guerre : les Juifs émigrent ou sont exterminés et les "aryens" qui survivent après 1945 sont longtemps placés dans des situations matérielles fort difficiles et n'ont guère de contacts qu'avec les mathématiciens soviétiques (et encore ...), ce qui n'est pas négligeable mais ne remplace pas le reste du monde. Situation analogue en Hongrie. A leur grande époque, les mathématiciens de ces deux "petits" pays étaient, dans l'ensemble, beaucoup plus "modernes" que la plupart de leurs homologues français, anglais, américains, voire même allemands.

les fonctions intégrables sur K au sens de Riemann. La théorie de Lebesgue conduit par contre à des espaces complets.

Exemple 1. Considérons un ensemble X (en pratique, fini ou dénombrable) et l'ensemble $L^2(X)$ des fonctions $f(x)$ définies sur X, à valeurs complexes et telles que

$$(5.3) \qquad \sum |f(x)|^2 < +\infty$$

où il s'agit bien entendu de convergence en vrac; comparez à l'espace $L^1(\mathbb{Z})$ du Chap. II, n° 18, exemple 3. Si $f, g \in L^2(X)$, on a, pour toute partie finie F de X,

$$(5.4) \qquad \left(\sum_F |f(x) + g(x)|^2 \right)^{1/2} \le \left(\sum_F |f(x)|^2 \right)^{1/2} + \left(\sum_F |g(x)|^2 \right)^{1/2}$$

en vertu de Cauchy-Schwarz pour une somme finie. En passant à la limite sur F, on en déduit que la série $\sum |f(x) + g(x)|^2$ étendue à tout X est convergente, de sorte que $f + g \in L^2(X)$. Comme le produit d'une $f \in L^2(X)$ par une constante est évidemment dans $L^2(X)$, on en conclut que $L^2(X)$, muni des opérations habituelles sur les fonctions numériques, est un espace vectoriel complexe. D'autre part, la série

$$(5.5) \qquad (f \mid g) = \sum f(x)\overline{g(x)}$$

converge absolument ou en vrac quels que soient $f, g \in L^2(X)$ comme on le voit en appliquant Cauchy-Schwarz à ses sommes partielles finies. Ce produit scalaire vérifie évidemment les conditions précédentes, y compris (H 4). La norme correspondante se note

$$(5.6) \qquad \|f\|_2 = \left(\sum |f(x)|^2 \right)^{1/2}.$$

Les formules sont les mêmes que dans $\mathbb{C}^p$: les valeurs $f(x)$ jouent le rôle de "coordonnées" du "vecteur" f. Mais l'espace vectoriel $L^2(X)$ est de dimension infinie si X est infini.

L'espace $L^2(X)$ est *complet*. Considérons en effet une suite de Cauchy (f_n) dans cet espace. Comme on a visiblement $|f_p(x) - f_q(x)| \le \|f_p - f_q\|_2 = d(f_p, f_q)$ quel que soit $x \in X$, les fonctions $f_n(x)$ données convergent simplement vers une fonction limite $f(x)$ en vertu du critère de Cauchy dans $\mathbb{C}$, et l'on a évidemment $|f(x)|^2 = \lim |f_n(x)|^2$ pour tout $x \in X$. Pour toute partie finie F de X, on a donc

$$\sum_{x \in F} |f(x)|^2 = \lim_{n \to \infty} \sum_{x \in F} |f_n(x)|^2 \le \lim_{n \to \infty} \sum_{x \in X} |f_n(x)|^2 = \lim_{n \to \infty} \|f_n\|^2 ;$$

la dernière limite existe comme dans tout espace métrique. La série $\sum |f(x)|^2$ est donc convergente, d'où $f \in L^2(X)$ et $\|f\|_2 \leq \lim \|f_n\|_2$. En remplaçant dans cette inégalité la suite (f_n) par la suite $(f_n - f_p)$ pour un p donné, laquelle vérifie aussi le critère de Cauchy et converge simplement vers $f - f_p$, on obtient $\|f - f_p\|_2 \leq \lim_n \|f_n - f_p\|_2$; mais cette limite est $< r$ pour p grand par définition d'une suite de Cauchy. On a donc $\lim \|f - f_p\|_2 = 0$, cqfd.

On peut montrer que ce procédé conduit à *tous* les espaces de Hilbert[54].

Exemple 2. Soit X un intervalle de $\mathbb{R}$ et considérons l'espace vectoriel complexe $L(X)$ des fonctions continues à support compact dans X (Chap. V, n° 31; si X est compact, c'est l'ensemble de toutes les fonctions continues dans X). Pour deux telles fonctions, posons

$$(5.7) \qquad (f \mid g) = \int f(x)\overline{g(x)}dx$$

où l'on intègre sur X. Les axiomes (H 1), ..., (H 4) sont encore vérifiés, (H 4) parce qu'on se borne à des fonctions continues. La norme correspondante est

$$\|f\|_2 = \left(\int |f(x)|^2 \, dx \right)^{1/2}.$$

Vous pouvez évidemment remplacer dx par n'importe quelle mesure de Radon positive $d\mu(x)$ sur X et X par n'importe quelle partie localement compacte de $\mathbb{C}$ (Chap. V, n° 31). On obtient ainsi un espace pré-hilbertien *non complet*. C'est l'intégration à la Lebesgue qui permet, par ce type de procédé, de construire de véritables espaces de Hilbert.

Ces deux types d'espaces jouent un grand rôle dans la théorie des séries de Fourier et, en fait, sont à l'origine de la notion d'espace pré-hilbertien; il a fallu largement un quart de siècle pour passer de ces espaces pré-hilbertiens "concrets", dont les éléments sont des fonctions, aux espaces de Hilbert "abstraits" dont la théorie (J. von Neumann), beaucoup plus riche que celle des espaces de Banach, remonte à la fin des années 1920 et a fait ensuite l'objet d'une multitude de recherches.

L'analyse fournit un stock inépuisable d'exemples d'espaces de Banach. Le plus évident est l'ensemble des fonctions numériques et bornées sur un ensemble X, muni de la norme $\|f\|_X$ de la convergence uniforme. Un exemple moins trivial est l'espace vectoriel $C^p(K)$ des fonctions de classe C^p, p fini, dans un intervalle compact $K \subset \mathbb{R}$, muni de la norme

$$(5.8) \qquad \|f\| = \|f\|_K + \|f'\|_K + \ldots + \left\|f^{(p)}\right\|_K,$$

---

[54] Plus précisément : si $\mathcal{H}$ est un espace de Hilbert, il existe un ensemble X et une application linéaire et bijective de $\mathcal{H}$ sur $L^2(X)$ qui conserve les produits scalaires (un "isomorphisme" d'espaces de Hilbert).

expression finie puisque, sur un ensemble compact, une fonction continue est nécessairement bornée. Comme on l'a montré au n° 3 à l'aide du Chap. III, n° 17, théorème 20, cet espace est complet.

6 – Applications linéaires continues

En pratique, presque tous les théorèmes relatifs aux espaces de Banach de dimension infinie concernent les applications *linéaires continues*[55] $f : E \longrightarrow F$ d'un espace de Banach dans un autre. La continuité d'une telle application se traduit par une inégalité simple. Comme $f(0) = 0$, il y a un nombre $c > 0$ tel que $\|x\| \leq c$ implique $\|f(x)\| \leq 1$. Or, pour tout $x \in E$, on a $\|\lambda x\| \leq c$ si l'on choisit $\lambda = c/\|x\|$; comme

$$f(\lambda x) = |\lambda| f(x) = c.f(x)/\|x\|,$$

on a donc $c\|f(x)\|/\|x\| \leq 1$ pour tout x, autrement dit

$$(6.1) \qquad\qquad \|f(x)\| \leq M.\|x\|$$

où $M = 1/c$ est une constante > 0 indépendante de x. Inversement, (1) implique

$$d[f(x), f(y)] = \|f(x) - f(y)\| = \|f(x - y)\| \leq M.\|x - y\|$$

quels que soient $x, y \in E$, d'où la continuité. Celle-ci, pour des applications *linéaires*, est donc équivalente à l'existence d'une inégalité de la forme (1). La plus petite constante M possible s'appelle la *norme* de f, notation $\|f\|$.

Si f est bijective, elle possède une application réciproque g, évidemment linéaire comme f. Si g est continue, on a une relation de la forme $\|g(y)\| \leq M'\|y\|$, avec une constante $M' > 0$. Comme tout $y \in Y$ se met sous la forme $f(x)$ avec $x = g(y)$, la relation en question s'écrit aussi $\|x\| \leq M'.\|f(x)\|$. On en conclut que, si une application linéaire continue et bijective $f : E \longrightarrow F$ possède une réciproque g continue, on a

$$(6.2) \qquad\qquad m.\|x\| \leq \|f(x)\| \leq M.\|x\|$$

avec deux constantes $m = 1/M'$ et M *strictement* positives.

Exercice. Une application linéaire vérifiant (2) est injective, applique E sur un sous-espace vectoriel *fermé* $H = f(E)$ de F et l'application réciproque $H \longrightarrow E$ est continue. Noter en passant qu'un sous-espace vectoriel *fermé* d'un espace de Banach est lui-même un espace de Banach (et plus généralement que, dans un espace métrique complet, tout ensemble fermé est lui-même un espace métrique complet).

---

[55] Il y a des exceptions, par exemple le théorème du point fixe relatif à l'équation $f(x) = x$ lors f vérifie une condition $\|f(x') - f(x'')\| \leq q\|x' - x''\|$ avec $q < 1$.

Donnons un exemple simple d'application linéaire continue utilisant le Chap. V. Considérons, dans un intervalle compact $K \subset \mathbb{R}$, les espaces $E = C^1(K)$ et $F = C^0(K)$, E étant muni de la norme

$$(6.3) \qquad \|x\| = \sup_{t \in K} |x(t)| + \sup_{t \in K} |x'(t)| = \|x\|_K + \|x'\|_K$$

et F de la norme

$$(6.4) \qquad \|y\| = \sup_{t \in K} |y(t)| = \|y\|_K.$$

E et F deviennent ainsi des espaces de Banach car ils sont complets comme on l'a vu plus haut. Cela dit, considérons l'application $f : E \longrightarrow Y$ qui, à chaque fonction $x \in E$, associe sa dérivée $f(x) = x'$ [ce n'est pas sans raison que, contrairement à nos habitudes, nous avons désigné par t la variable réelle dont dépendent x et x'; on a ici un exemple de cas où les "fonctions" deviennent des "variables"]. Il est clair que f est linéaire et continue car on a $\|f(x)\| \leq \|x\|$.

L'application f est-elle bijective ? Il faudrait d'abord qu'elle soit injective, i.e. que $f(x) = 0$ implique $x = 0$; mais $f(x) = 0$ signifie que la fonction $x(t)$ a une dérivée identiquement nulle; elle est alors constante, mais non nécessairement nulle. Il faut donc éliminer les constantes de E, ce que l'on peut faire en imposant aux fonctions de E la condition supplémentaire $x(a) = 0$ pour un $a \in K$ choisi une fois pour toutes. E étant ainsi modifié, f devient injective. Elle est alors surjective car une fonction $y(t)$ continue dans K admet toujours (Chap. V, n° 12) une primitive $x(t)$ telle que $x'(t) = y(t)$, $x(a) = 0$.

Nous pouvons donc considérer l'application $g : F \longrightarrow E$ réciproque de f. Elle associe à chaque $y \in F$ celle de ses primitives $x = g(y) \in E$ qui est nulle pour $t = a$, à savoir

$$(6.5) \qquad x(t) = \int_a^t y(u)du.$$

L'application g est continue parce que l'on a à la fois

$$\|x\|_K \leq m(K)\|y\|_K \quad \text{et} \quad \|x'\|_K = \|y\|_K,$$

d'où $\|x\| \leq (1 + m(K))\|y\|$.

Il y a dans la théorie des espaces de Banach des théorèmes importants. Le premier est le théorème de Hahn-Banach qui, au niveau minimum, assure l'existence, dans tout espace de Banach E, de *formes linéaires continues* (flc) non triviales, i.e. d'applications linéaires $f : E \longrightarrow \mathbb{R}$ ou $\mathbb{C}$ continues et non identiquement nulles; exemple : $E = C^0(K)$, où K est un compact de $\mathbb{R}$ ou $\mathbb{C}$; les flc ne sont autres, par définition, que les mesures de Radon sur K (Chap. V, n° 30). Il y a plusieurs variantes du théorème.

(i)   Pour tout $a \in E$ non nul, il existe une flc f telle que $f(a) \neq 0$. Plus généralement : si F est un sous-espace vectoriel *fermé* de E et si g est une flc sur F, il existe une flc sur E telle que $f = g$ dans F.

(ii) Tout sous-espace vectoriel *fermé* F de E peut être défini par une famille (en général infinie) d'équations $f_i(x) = 0$ où les f_i sont des flc[56] sur E.

(iii) (pour les espaces sur $\mathbb{R}$) Toute partie *convexe fermée* C de E peut être définie par une famille d'inégalités $f_i(x) \geq a_i$ où les f_i sont des flc et les a_i des constantes réelles (autrement dit, C est une intersection de "demi-espaces fermés").

On ne peut pas démontrer ces théorèmes *en toute généralité* sans utiliser à un endroit ou un autre des méthodes "d'induction trans-finie" reposant sur les ordinaux et l'axiome du choix du Chap. I, n° 9; on ne les a pas exposées car totalement inutiles au niveau de ce traité. Ces théorèmes n'en conduisent pas moins à des résultats concrets fort importants en analyse lorsqu'on les applique à des espaces fonctionnels. Dans ce cas, l'existence de flc non identiquement nulles est toujours évidente en pratique mais ne dispense pas d'avoir à démontrer les propriétés (i), (ii) et (iii).

Autre résultat important. Considérons deux espaces de Banach E et F et munissons leur produit cartésien $E \times F$ de la structure vec-torielle évidente et de la norme $\|(x, y)\| = \|x\| + \|y\|$. On obtient ainsi un nouvel espace de Banach. Considérons maintenant une applica-tion *linéaire* $h : E \longrightarrow F$; le graphe de h, i.e. l'ensemble $H \subset E \times F$ des couples $(x, h(x))$, est alors bien évidemment un sous-espace vec-toriel de $E \times F$. Le *théorème du graphe fermé* (Banach-Steinhaus, autre polonais de l'entre deux guerres) dit que, pour que h soit con-*tinue*, il faut et il suffit que son graphe soit un sous-espace vectoriel *fermé* de $E \times F$. La nécessité de la condition est immédiate, mais la réciproque exige des raisonnements ingénieux que nous ne repro-

---

[56] Prenons par exemple $E = C^0(K)$, où K est un intervalle compact de $\mathbb{R}$, et pour F l'ensemble des fonctions $x \in E$ qui sont limites uniformes sur K de polynômes; c'est un sous-espace vectoriel fermé (adhérence de l'ensemble des polynômes) de E. Puisque les flc sur E sont les mesures de Radon (complexes) sur K, le théorème d'approximation de Weierstrass – qui affirme que $F = E$ – est donc équivalent à l'énoncé suivant : la seule mesure μ sur K telle que l'on ait $\mu(p) = 0$ pour tout polynômes, i.e. $\int t^n d\mu(t) = 0$ pour tout $n \in \mathbb{N}$, est $\mu = 0$.

duirons pas et qui utilisent le théorème de Baire mentionné au Chap. III, fin du n° 6, note 12.

Expliquons l'intérêt du théorème en considérant une application linéaire $g : E \longrightarrow F$ qui est à la fois continue et bijective. Elle a donc une application réciproque $h : F \longrightarrow E$, telle que

$$x = h(y) \Longleftrightarrow y = g(x).$$

Il est clair que h est tout aussi linéaire que g et que le graphe H de h est l'image du graphe G de g par la "symétrie" $(x,y) \longmapsto (y,x)$ (Chap. I, n° 5). Celle-ci transforme évidemment les parties fermées de $E \times F$ en parties fermées de $F \times E$ puisqu'elle conserve les distances. Puisque g est continue, il est clair que G est fermé; il en est donc de même de H. Conclusion : une application linéaire continue et bijective d'un espace de Banach dans un autre est "bicontinue", i.e. possède une application réciproque continue, i.e. est un homéomorphisme. Résultat rassurant, mais qui repose sur le théorème du graphe fermé.

L'exemple de l'application $x \longmapsto x'$ de $C^1(K)$ dans $C^0(K)$ ne montre pas l'intérêt du théorème du graphe fermé puisque, dans ce cas, on le vérifie directement par les méthodes les plus élémentaires. Mais il en irait autrement si l'on considérait des fonctions de plusieurs variables et des applications du genre "opérateur différentiel linéaire" pour lesquelles on ne dispose pas a priori d'une formule aussi simple que (5); c'est au contraire grâce au théorème du graphe fermé (et, généralement, à la théorie des distributions) que l'on peut établir l'existence d'une formule de ce type et, parfois, l'écrire explicitement.

Le lecteur n'a peut-être jamais vu d'application *linéaire* non continue; ce n'est pas dans les espaces cartésiens de dimension finie que l'on risque d'en rencontrer, encore moins dans $\mathbb{R}$ avec les fonctions $x \mapsto ax$ des potaches. Rassurons-le : personne d'autre n'en a jamais *vu* dans le cas de vrais espaces de Banach, donc *complets*[57] et de dimension infinie : il est impossible d'en construire en utilisant des procédés "naturels". Pour en obtenir, il faut utiliser des méthodes – l'induction transfinie – qui, tout en affirmant l'*existence* de telles fonctions au sens des logiciens (et même des mathématiciens ...), n'en permettent jamais une *construction effective* parce que

---

[57] Si l'on oublie ce "détail", la situation change : prendre $C^1(K)$ avec la norme $\|f\|_K$ de la convergence uniforme et l'application $x \longmapsto x'(a)$, où $a \in K$ est donné. Dire qu'elle est continue signifierait que la convergence uniforme d'une suite de fonctions dérivables implique la convergence de leurs dérivées. Mais $C^1(K)$ muni de cette "mauvaise" norme n'est pas complet.

celle-ci exigerait une infinité non dénombrable de choix arbitraires. Le problème est le même que pour prouver l'existence d'une "base" pour tout espace vectoriel de dimension infinie, i.e. d'une famille $(e_i)_{i \in I}$ de vecteurs telle que tout $x \in E$ puisse s'écrire d'une façon unique comme combinaison linéaire *finie* de vecteurs e_i; ce résultat s'applique aux espaces de Banach et permet de construire, par des procédés purement algébriques, des formes ou applications linéaires; mais, en dimension infinie, les coordonnées d'un $x \in E$ par rapport à une telle base, tout en étant des fonctions linéaires de x, n'en sont jamais des fonctions continues, de sorte que les bases algébriques ne sont d'aucune utilité en analyse. On peut en conclure que toutes les applications linéaires d'une espace de Banach dans un autre *que l'on peut construire explicitement par les méthodes standard de l'analyse*, à l'aide de "formules", sont continues. Cet énoncé métamathématique ne dispense cependant pas des démonstrations.

7 – Espaces compacts

Dans le cas d'une partie X de $\mathbb{C}$, la notion de compacité se traduit de plusieurs façons possibles et équivalentes (Chap.V, n° 6) :

(DEF) X *est fermé et borné dans* $\mathbb{C}$;

(BW)   *de toute suite de points de X, on peut extraire une suite partielle qui converge vers un point de X*;

(BL)   *de tout recouvrement de X par des ouverts, on peut extraire un recouvrement fini de X.*

Pour un espace métrique quelconque X, ces propriétés peuvent être toutes en défaut, et de toute façon ne sont pas toujours équivalentes.

La première n'a guère de sens si X n'est pas plongé dans un espace "ambiant" : X est toujours fermé dans X. La condition que X soit "borné" signifie que, pour un $a \in X$ (et donc pour tout $a \in X$), on a

$$(7.1) \qquad\qquad \sup_{x \in X} d(a, x) < +\infty,$$

mais il en faudrait bien davantage pour assurer (BW) ou (BL). Il est clair par contre que (BW) implique (1), comme dans le cas classique.

Par ailleurs,

$$(BW) \implies X \text{ est complet,}$$

car si une suite de Cauchy (x_n) dans X contient une suite partielle convergente, il est évident qu'elle converge vers la même limite que celle-ci.

Comme, pour tout $r > 0$, les boules ouvertes $B(x, r)$ centrées aux points de X recouvrent X, (BL) implique la propriété suivante :

(PC) *Pour tout $r > 0$, X est réunion de boules ouvertes de rayon r en nombre fini.*

Cette propriété, la *précompacité*, ne suffit pas non plus à entraîner la compacité : dans $\mathbb{C}$, tout ensemble borné la vérifie trivialement (voir, au Chap. V, n° 6, le début de la démonstration de BL). Mais si X est *complet*, alors (PC) implique à la fois (BW) et (BL).

Démonstration de (BW) : soit $(x(n))$ une suite de points de X; en appliquant (PC) pour $r = 1$, on obtient dans X une boule ouverte B_1 de rayon 1 qui contient une infinité de termes de la suite donnée, i.e. une suite partielle de la suite donnée; en utilisant (PC) pour $r = 1/2$, on trouve une boule B_2 de rayon $1/2$ qui contient une infinité de termes de la première suite partielle, donc une suite partielle extraite de celle-ci. En poursuivant la "construction", on obtient des boules B_n de rayon $1/n$ et des entiers $p_1 < p_2 < \ldots$ tels que l'on ait $x(p_k) \in B_n$ pour tout $k > n$. On a donc $d\,[x\,(p_k)\,,x\,(p_h)] < 2/n$ pour $k, h > n$; d'où une suite de Cauchy, qui converge si X est complet.

Démonstration de (BL) : tout revient à montrer que si (U_i) est un recouvrement de X par des ouverts, il existe un $r > 0$ tel que, pour tout x, la boule $B(x, r)$ soit contenue dans l'un des U_i; mais puisque (PC) implique BW comme on vient de le voir, on peut raisonner comme au Chap. V, n° 6 : il n'y a strictement rien à changer à la démonstration.

La bonne définition consiste donc à déclarer qu'un espace métrique est *compact* s'il est précompact et complet. On peut montrer sans difficulté qu'inversement (BW) ou (BL) implique la compacité, autrement dit que ces trois propriétés sont *équivalentes* (voir Dieudonné, *Eléments* ... , vol. 1, III.16).

Il est à peu près évident que tout ce qu'on a dit aux Chap. III et V des ensembles compacts dans $\mathbb{C}$ s'étend au cas général. Tout d'abord, une partie K d'un espace métrique X sera dite compacte si elle l'est en tant qu'espace métrique "en soi"; cela exige évidemment que K soit fermée et bornée dans X, mais la condition n'est pas suffisante si l'on ne fait aucune hypothèse sur X; par exemple, la boule unité $\|x\| \leq 1$ d'un espace de Banach X, bien que fermée et bornée dans X, n'est compacte que si celui-ci est de dimension finie, célèbre théorème de F. Riesz (Dieudonné, vol. 1, V.9).

L'image d'un espace compact par une application continue est un ensemble compact et l'application réciproque, si elle existe, est continue. Sur un espace compact, toute fonction continue (à valeurs dans un espace métrique) est uniformément continue et bornée; si elle est réelle, elle atteint son maximum et son minimum. Dans un espace compact, la convergence uniforme est une propriété de nature locale. Le produit $X \times Y$ de deux espaces compacts X et Y est compact [utiliser (BW)]. Dans un espace compact, tout ensemble fermé est compact et réciproquement; la réunion d'un nombre fini de tels ensembles est compacte [utiliser (BW)]. Etc.

On peut aussi, plus généralement, définir des espaces *localement compacts* par la condition que tout point possède un voisinage compact.

8 – Espaces topologiques

On peut aller encore plus loin dans la généralisation en introduisant les *espaces topologiques*, aboutissement final et définitif de toutes ces théories. On appelle ainsi un objet formé d'un ensemble X et d'un ensemble de parties de X, dites par convention "ouvertes", parmi lesquelles doivent figurer l'ensemble X et l'ensemble vide et uniquement assujetties à vérifier les deux propriétés standard des ouverts dans $\mathbb{R}$ ou $\mathbb{C}$: *toute réunion d'ouverts est un ouvert; toute intersection finie d'ouverts est un ouvert.*

La notion de continuité peut s'introduire comme suit. Etant donnés deux espaces topologiques X et Y et une application $f : X \longrightarrow Y$, on dira que f est continue en $a \in X$ si, pour tout ouvert V de Y contenant $b = f(a)$, il existe un ouvert U de X contenant a tel que

$$x \in U \implies f(x) \in V.$$

De même, une suite de points x_n de X converge vers une limite $a \in X$ si, pour tout ouvert U contenant a, on a $x_n \in U$ pour tout n assez grand. Un point a sera dit intérieur à un ensemble $E \subset X$ si E contient un ouvert contenant a. Etc.

Une méthode presque générale pour définir une topologie sur un ensemble X consiste à se donner une famille $(d_i)_{i \in I}$ d'applications de $X \times X$ dans $\mathbb{R}_+$ possédant les propriétés d'une distance à l'exception de la relation $d_i(x, y) = 0 \implies x = y$; au lieu de parler d'une "fonction distance", on parle alors d'une fonction *écart*. Le rôle des boules ouvertes de centre $a \in X$ est alors tenu par les ensembles définis par des inégalités $d_i(a, x) < r_i$ *en nombre fini*, les ouverts étant alors définis comme dans les espaces métriques.

Par exemple, prenons $X = C^0(\mathbb{R})$ et, pour tout $k \in \mathbb{N}$, posons

$$(8.1) \qquad d_k(f, g) = \sup_{|x| \leq k} |f(x) - g(x)| = \nu_k(f - g)$$

où

$$(8.2) \qquad \nu_k(f) = \sup_{|x| \leq k} |f(x)|$$

est la norme de la convergence uniforme sur le compact $[-k, k]$; pour un k donné, la relation $d_k(f, g) = 0$ montre que $f(x) = g(x)$ pour $|x| \leq k$, mais non que $f = g$; pour que l'on ait $f = g$, il faut que l'on ait $d_k(f, g) = 0$ pour *tout* k. Etant donnés une $f \in X$, un nombre réel $r > 0$ et un entier $k > 0$, notons $B_k(f, r)$ la partie de X définie par l'inégalité

$$d_k(f,g) < r.$$

On remarquera en passant que l'on a toujours la relation $d_{k+1}(f,g) \geq d_k(f,g)$ et par suite que $B_{k+1}(f,r) \subset B_k(f,r)$ quels que soient k, f et r; une intersection *finie* de "boules" de centre f et de "rayons" non nécessairement égaux contient donc encore une boule. Par suite, une partie U de X est ouverte si, pour toute $f \in U$, il existe un k et un r tels que $B_k(f,r) \subset U$. Pour une suite de fonctions $f_n \in X$, la convergence vers f dans cette topologie signifie simplement que, pour tout intervalle de la forme $[-k,k]$, et donc plus généralement sur tout compact $K \subset \mathbb{R}$, la suite $f_n(x)$ converge vers $f(x)$ uniformément sur K : il faut en effet exprimer que toute boule $d_k(f,g) \leq r$ de centre f contient f_n pour tout n assez grand. Ce mode de "convergence compacte" est plus faible que la convergence uniforme sur $\mathbb{R}$ comme on a déjà eu l'occasion de le noter plusieurs fois.

On pourrait en fait définir la topologie de $C^0(\mathbb{R})$ - et plus généralement de tout espace topologique X muni, comme ci-dessus, d'une famille finie ou dénombrable de pseudo distances $d_k(x,y)$ – à l'aide d'une seule distance. Une fonction écart $d(x,y)$ sur un ensemble X est à valeurs dans $[0,+\infty[$; si on lui substitue la fonction

$$(8.3) \qquad d'(x,y) = \varphi[d(x,y)]$$

où $\varphi : \mathbb{R}_+ \longrightarrow \mathbb{R}_+$ est continue, croissante et vérifie $\varphi(0) = 0$, $\varphi(t) > 0$ pour $t > 0$, $\varphi(s+t) \leq \varphi(s) + \varphi(t)$ quels que soient s et t, on obtient encore une distance sur X. Il est à peu près évident que, pour tout $a \in X$, toute d-boule de centre a contient une d'-boule de centre a et vice-versa. On peut donc faire subir aux d_k données ce type de modification sans changer la topologie (i.e. les ouverts) de X. La fonction φ étant en droit d'être bornée – choisir $\varphi(t) = t/(1+t)$ –, on peut donc supposer que, par exemple, on a $d_k(x,y) \leq 1$ quels que soient $x,y \in X$. La formule

$$(8.4) \qquad d(x,y) = \sum d_k(x,y)/2^k$$

définit alors visiblement une vraie distance[58] dans X et la topologie de X est identique à celle que l'on aurait obtenue à l'aide de cette distance. L'inégalité $d_k(x,y) \leq 2^k d(x,y)$ montre en effet que l'ensemble $d(a,x) < r/2^k$ contient l'ensemble $d_k(a,x) < r$. Comme d'autre part on a $d_k(a,x) \leq 1$, les relations $d_1(a,x) < r_1,\ldots,d_k(a,x) < r_k$ impliquent

---

[58] Tout au moins si l'on suppose que $d_k(x,y) = 0$ pour tout k implique $x = y$, de façon à assurer que $d(x,y) = 0 \Longrightarrow x = y$. Géométriquement, cela signifie que si $x \neq y$, il existe un voisinage V de x et un voisinage W de y tels que $V \cap W = \emptyset$ [choisir un indice k tel que $d_k(x,y) = r > 0$ et définir V et W par les inégalités $d_k(x,z) < r/3$ et $d_k(y,z) < r/3$]. On dit alors que l'espace topologique considéré est *séparé*.

$$d(a,x) < r_1/2 + \ldots + r_k/2^k + 1/2^k$$

(reste d'une série géométrique). En choisissant k assez grand et les r_i assez petits, on voit donc que la boule $d(a,x) < r$ est contenue dans une intersection finie de boules $d_i(a,x) < r_i$, d'où l'identité des topologies.

Ce résultat s'applique par exemple à $C^0(\mathbb{R})$, mais ne pas croire qu'il fait de cet espace un espace vectoriel normé : la modification (3) que l'on est obligé de faire subir aux fonctions (1) pour rendre convergente la série (4), tout en préservant le fait que $d_k(f,g)$ ne dépend que de $f - g$, détruit la propriété d'homogénéité $\nu_k(\lambda f) = |\lambda|\nu_k(f)$; la fonction

$$\nu(f) = \sum \varphi\left[\nu_k(f)\right]/2^k$$

dont dérive, par différence, la distance (4) n'est donc pas une véritable norme; il est facile de montrer qu'en fait il n'existe sur $C^0(\mathbb{R})$ aucune norme qui, à elle seule, puissse définir la même topologie que la famille des fonctions (1).

La construction ci-dessus d'une topologie dans $C^0(\mathbb{R})$ se généralise. Pour définir une topologie sur un espace vectoriel E réel ou complexe, on choisit une famille $(\nu_i)_{i \in I}$ de *semi-normes*, i.e. de fonctions à valeurs positives possédant toutes les propriétés d'une norme sauf peut-être le fait que, pour i donné, la relation $\nu_i(x) = 0$ implique $x = 0$. Les fonctions $d_i(x,y) = \nu_i(x-y)$ sont alors des écarts définissant une topologie sur E pour laquelle les translations $x \longmapsto x + a$ et les homothéties $x \longmapsto \lambda x$ sont continues. Un voisinage de 0 est alors un ensemble qui contient toutes les solutions d'un nombre *fini* d'inégalités de la forme $\nu_i(x) < r_i$, avec $r_i > 0$. Ces espaces vectoriels topologiques sont dits *localement convexes* car tout voisinage de 0 (ou, par translation, de tout autre point) contient un voisinage convexe de 0 puisque l'on a visiblement

$$\nu_i[(1-t)x + ty] \leq (1-t)\nu_i(x) + t\nu_i(y)$$

pour $0 \leq t \leq 1$. Ce sont les seuls espaces vectoriels topologiques qui jouent un rôle en analyse, notamment via la théorie des distributions. En particulier, le théorème de Hahn-Banach du n° 6 s'étend à ces espaces.

IV – Puissances, Exponentielles, Logarithmes, Fonctions Trigonométriques

§1. Construction directe – §2. Développements en séries – §3. Produits infinis – §4. La topologie des fonctions $\mathcal{A}rg(z)$ et $\mathcal{L}og\ z$

Les théorèmes généraux des chapitres II et III nous ont permis, au passage, d'établir la plupart des principales propriétés des fonctions élémentaires qui interviennent partout en analyse. Nous allons, dans ce chapitre, tout reprendre de façon systématique. On peut le faire de diverses façons, aussi instructives les unes que les autres. Une première méthode (n° 1 à 8) consiste à édifier la théorie à partir du minimum de connaissances, en particulier sans utiliser la théorie des séries entières ni la fonction exp, notamment sa formule d'addition. Une seconde méthode, opposée, part de celle-ci et va beaucoup plus loin. Elle permet en particulier de construire une théorie analytique rigoureuse des fonctions trigonométriques. Une troisième méthode consisterait à définir la fonction $\log x$ à l'aide d'une intégrale et à en déduire ses propriétés ainsi que celles des fonctions exponentielles.

§1. Construction directe

1 – Exposants rationnels

Le premier problème à résoudre est de définir l'expression x^s pour tout nombre $x > 0$ (inégalité *stricte*) et tout exposant s réel (voire même, plus tard, complexe). La construction s'effectue en plusieurs étapes : on traite d'abord le cas où $s \in \mathbb{Z}$, puis le cas où $s \in \mathbb{Q}$ et enfin le cas général. On désire naturellement obtenir en fin de parcours des expressions x^s *strictement positives* vérifiant les règles "évidentes" de calcul

$$(1.1) \qquad x^s x^t = x^{s+t}, \quad (x^s)^t = x^{st}, \quad x^s y^s = (xy)^s,$$

valables lorsque les exposants sont des entiers de signe quelconque, cas avec lequel on supposera le lecteur familiarisé.

Si $s = p/q$ est rationnel, les règles (1) imposent que l'on ait

$$(1.2) \qquad\qquad (x^{p/q})^q = x^p.$$

Comme $x^{p/q}$ doit être réel et > 0, on en conclut que $x^{p/q}$ ne peut être que la[1] racine q-ième > 0 du nombre $x^p > 0$ dont l'existence et l'unicité ont été établies au chap. II, n° 10, exemple 3 et à nouveau au chap. III, n° 4, comme conséquence du théorème des valeurs intermédiaires. Inutile donc d'y revenir ici.

Pour avoir le droit de noter $x^{p/q}$ la racine q-ième positive de x^p, il faut toutefois établir que celle-ci ne dépend que du rapport p/q, i.e. que si a, b, c, d sont des entiers, avec b et d non nuls, alors

$$(1.3) \qquad\qquad a/b = c/d \Longrightarrow (x^a)^{1/b} = (x^c)^{1/d},$$

en convenant de noter $x^{1/n}$ la racine n-ième positive d'un nombre $x > 0$. En fait, on va même montrer que l'on a

$$(1.3') \qquad\qquad (x^a)^{1/b} = (x^{1/b})^a = (x^c)^{1/d} = (x^{1/d})^c.$$

Pour cela, élevons ces quatre nombres à la puissance bd. On trouve successivement, d'après les règles (1) pour les exposants entiers et la définition des racines :

$$\left(\left(\left(\left(x^a\right)^{1/b}\right)^b\right)^d\right) = \left(\left(x^a\right)^d\right) = x^{ad},$$
$$\left(\left(\left(x^{1/b}\right)^a\right)^{bd}\right) = \left(\left(x^{1/b}\right)^{abd}\right) = \left(\left(\left(x^{1/b}\right)^b\right)^{ad}\right) = x^{ad},$$
$$\left(\left(\left(\left(x^c\right)^{1/d}\right)^d\right)^b\right) = \left(\left(x^c\right)^b\right) = x^{bc},$$
$$\left(\left(\left(x^{1/d}\right)^c\right)^{bd}\right) = \left(\left(x^{1/d}\right)^{bcd}\right) = \left(\left(\left(x^{1/d}\right)^d\right)^{bc}\right) = x^{bc}.$$

Comme la relation $a/b = c/d$ équivaut à $ad = bc$, les quatre résultats obtenus sont égaux, et si des nombres *positifs* deviennent égaux après avoir été élevés à une puissance entière non nulle, c'est qu'ils l'étaient déjà auparavant en vertu de l'unicité des racines n-ièmes.

L'expression x^s étant maintenant définie pour $x \in \mathbb{R}_+^*$ et $s \in \mathbb{Q}$, il faut prouver qu'elle satisfait aux règles de calcul (1). Pour établir la première, on pose $s = a/q$ et $t = b/q$ avec a, b, q entiers (réduction au même dénominateur), d'où $s + t = (a+b)/q$, et on élève les deux membres à la puissance q;

---

[1] En français et a fortiori en mathématiques, l'usage de l'article défini "le" ou "la" implique l'existence *et l'unicité* de l'objet ainsi désigné. L'article "les" signifie "tous les" ("les Nègres sont paresseux", "les Français sont racistes"), ce qui indique la nécessité de faire preuve de prudence en l'employant. L'article indéfini "des" signifie "certains" ("il y a des Nègres paresseux" et "des Français racistes"). Ces articles correspondent en théorie à la différence entre les quantificateurs logiques "pour tout" et "il existe".

le premier devient $(x^s)^q (x^t)^q = x^a x^b = x^{a+b}$ de même que le second. Pour prouver la seconde règle (1), on élève tout à la puissance q^2; $(x^s)^t$ devient $(x^s)^{bq} = ((x^s)^q)^b = (x^a)^b = x^{ab}$, et x^{st} devient lui aussi x^{ab} car $st = ab/q^2$. Enfin, pour établir la relation $x^s y^s = (xy)^s$, on pose $s = p/q$ et on élève tout à la puissance q; le calcul est évident dans ce cas.

Comme on a toujours $x^0 = 1$, on déduit des règles (1) que

$$(1.4) \qquad x^{-s} = 1/x^s;$$

comme $x^1 = x$, on a de même

$$(1.5) \qquad (x^{1/s})^s = (x^s)^{1/s} = x \quad \text{pour } x > 0 \text{ et } s \in \mathbb{Q},$$

résultat qui, pour $s = n$ entier, justifie l'écriture $x^{1/n}$ des racines n-ièmes. La formule (5) montre aussi que, pour s rationnel et pas seulement entier, les applications $f : x \mapsto x^s$ et $g : x \mapsto x^{1/s}$ sont réciproques l'une de l'autre.

Noter enfin que, puisque $1^n = 1$ pour tout $n \in \mathbb{Z}$, on a aussi

$$(1.6) \qquad 1^s = 1 \quad \text{pour tout } s \in \mathbb{Q}.$$

Les fonctions puissances $x \mapsto x^s$, définies pour le moment uniquement pour $s \in \mathbb{Q}$, sont *continues* dans l'ensemble $x > 0$ où elles sont définies et, pour s non nul, *strictement monotones*.

La continuité s'établit comme suit : si $s = a/b$, on compose l'application $x \mapsto x^a$, évidemment continue puisque a est entier, avec l'application $x \mapsto x^{1/b}$ réciproque de $x \mapsto x^b$ et donc, elle aussi, continue d'après le résultat général du chap. III, n° 4, théorème 7; il reste à tenir compte du fait qu'en composant des applications continues on obtient une fonction continue.

Le fait que les fonctions $x \mapsto x^n$ soient strictement monotones pour $n \in \mathbb{Z}$ non nul, donc aussi leurs réciproques $x \mapsto x^{1/n}$, montre de même que la fonction x^s est strictement croissante pour $s > 0$ et décroissante pour $s < 0$.

2 – Définition des exposants réels

Au lieu de considérer x^s comme une fonction de x pour $s \in \mathbb{Q}$ donné, on peut aussi fixer un $a > 0$ et considérer la fonction $s \mapsto a^s$ dans $\mathbb{Q}$. Sauf pour $a = 1$, on obtient encore une fonction strictement monotone; de façon précise :

$$(2.1) \qquad s < t \implies \begin{cases} a^s < a^t & \text{si } 1 < a \\ a^s > a^t & \text{si } 0 < a < 1. \end{cases}$$

En posant $t = s + u$, de sorte que $a^t = a^s a^u$, il suffit de faire voir que

$$(2.2) \qquad u > 0 \Longrightarrow a^u > 1 \text{ si } a > 1 \text{ ou } a^u < 1 \text{ si } a < 1.$$

Mais comme $1 = 1^u$, (2) résulte du fait que, pour $u > 0$, la fonction $x \mapsto x^u$ est strictement croissante comme on l'a vu plus haut.

Ces préliminaires exposés, venons-en à la définition de x^s pour s réel. Il serait regrettable que la relation (1) ne subsiste pas pour des exposants réels quelconques. Il s'agit donc de démontrer le résultat suivant :

Théorème 1. *Soit a un nombre réel strictement positif. Il existe une et une seule application monotone $f : \mathbb{R} \longrightarrow \mathbb{R}_+^*$ telle que l'on ait*

$$(2.3) \qquad f(s) = a^s \quad \text{pour tout } s \in \mathbb{Q}.$$

La fonction f est continue et c'est la seule fonction continue vérifiant (3).

Nous supposerons $a > 1$, le cas où $a < 1$ s'y ramenant par la formule $a^s = (1/a)^{-s}$ et le cas $a = 1$ étant trivial. La fonction f cherchée doit évidemment être croissante puisqu'elle l'est déjà dans $\mathbb{Q}$.

Pour en établir l'existence et l'unicité, notons d'abord que, si elle existe, on doit avoir

$$(2.4) \qquad a^u \leq f(s) \leq a^v \quad \text{pour } u, v \in \mathbb{Q}, \ u < s < v.$$

Si nous considérons dans $\mathbb{Q}$ (et non dans $\mathbb{R} \ldots$) la fonction croissante $s \mapsto a^s$, le chap. III, n° 3 montre que celle-ci possède en tout $s \in \mathbb{R}$ des valeurs limites à gauche et à droite que nous noterons[2]

$$(2.5) \qquad f_-(s) = \lim_{\substack{u \to s-0 \\ u \in \mathbb{Q}}} a^u, \quad f_+(s) = \lim_{\substack{v \to s+0 \\ v \in \mathbb{Q}}} a^v,$$

où l'écriture $u \to s - 0$ signifie que u tend vers s en restant $< s$. Ces limites sont aussi des bornes supérieure et inférieure. Avec ces notations, la relation (4) équivaut à

$$(2.6) \qquad f_-(s) \leq f(s) \leq f_+(s)$$

puisque $f(s)$ doit majorer tous les a^u pour $u < s$ et minorer tous les a^v pour $v > s$.

---

[2] Il est clair que $f_-(s)$ et $f_+(s)$ ne sont autres que les valeurs limites à gauche et droite de la fonction f cherchée, au sens du Chap. III, n° 3. Mais cela suppose construite la fonction f. Pour éviter des ambiguïtés logiques, nous adoptons ces notations pour désigner des nombres qui, *à la fin de la démonstration*, seront effectivement les valeurs limites à gauche et à droite $f(s+)$ et $f(s-)$, en fait égales à $f(s)$, de la fonction f que l'on commence maintenant à construire.

En conclusion, nous ne connaissons pas encore $f(s)$ pour s réel non rationnel, mais nous connaissons des bornes entre lesquelles $f(s)$ doit se trouver, à savoir les expressions (5). Si nous prouvons qu'elles sont égales, (6) déterminera $f(s)$ sans aucune ambiguïté : on aura

$$f(s) = f_-(s) = f_+(s).$$

Or si u et v sont des nombres rationnels tels que $u < s < v$, la définition (5) montre d'une part que l'on a

$$(2.7) \qquad a^u \le f_-(s) \le f_+(s) \le a^v$$

et, d'autre part, que l'on peut choisir u et v de telle sorte que les différences $f_-(s) - a^u$ et $a^v - f_+(s)$ soient arbitrairement petites. Tout revient donc à prouver le lemme suivant, qui va en outre nous fournir un peu plus loin la continuité de l'application $s \mapsto a^s$ dans $\mathbb{R}$:

Lemme. *Soient a et s deux nombres réels; supposons $a > 1$. Alors, pour tout nombre $r > 0$, il existe des nombres rationnels u et v tels que l'on ait*

$$(2.8) \qquad u < s < v, \qquad a^v - a^u \le r.$$

Pour tout $n \in \mathbb{N}$, on peut en effet trouver dans $\mathbb{Q}$ un nombre u_n tel que l'on ait $u_n < s < u_n + 1/n = v_n$. On a alors

$$(2.9) \qquad a^{v_n} - a^{u_n} = a^{u_n}\left(a^{1/n} - 1\right) \le f_-(s) \cdot \left(a^{1/n} - 1\right)$$

en vertu de (7). Or on a $\lim a^{1/n} = 1$ comme on l'a montré au chap. II, n° 5, exemple 7 en anticipant de façon inoffensive sur l'existence des racines n-ièmes. Le premier membre de (9) est donc $\le r$ pour n grand, cqfd.

Nous pouvons maintenant *définir* sans ambiguïté le nombre

$$(2.10) \qquad f(s) = f_-(s) = f_+(s)$$

et il reste à établir qu'il satisfait à toutes les conditions imposées.

Tout d'abord, on a $f(s) = a^s$ pour $s \in \mathbb{Q}$. On le voit[3] grâce au lemme ci-dessus, valable pour $s \in \mathbb{Q}$ comme pour $s \in \mathbb{R}$: dans $\mathbb{Q}$, on sait déjà que

$$u < s < v \Longrightarrow a^u < a^s < a^v,$$

et comme $f_-(s)$ et $f_+(s)$ aussi sont entre a^u et a^v, le lemme montre que $a^s = f_-(s) = f_+(s)$.

---

[3] Ce n'est pas évident : la définition de $f(s)$ pour s réel ne fait intervenir que des exposants rationnels différents de s, *même si $s \in \mathbb{Q}$.*

On a d'autre part $f(s) < f(t)$ quels que soient s et t réels tels que $s < t$. Pour le voir, considérons des nombres *rationnels* u et v tels que $s \leq u < v \leq t$; on a $f_+(s) \leq a^u$ et $a^v \leq f_-(t)$ par définition de ces expressions, d'où $f(s) = f_+(s) \leq a^u < a^v \leq f_-(t) = f(t)$ et le résultat. (Le lecteur aura intérêt à distinguer soigneusement les inégalités strictes des inégalités larges dans ces démonstrations ...)

L'unicité de la fonction monotone f a été montrée plus haut.

Puisque nous savons maintenant que $f(u) = a^u$ pour $u \in \mathbb{Q}$, nous pouvons, dans le lemme ci-dessus, remplacer a^u et a^v par $f(u)$ et $f(v)$; dans l'intervalle $[u, v]$, i.e. au voisinage de s, la fonction f, étant monotone, est comprise entre a^u et a^v. Elle est donc égale à $f(s)$ à r près au voisinage de s, d'où la continuité de f.

Enfin, si une fonction continue de $s \in \mathbb{R}$, soit g, coïncide dans $\mathbb{Q}$ avec a^s, i.e. si la relation $f(s) = g(s)$ est vérifiée pour tout $s \in \mathbb{Q}$, elle l'est aussi pour tout $s \in \mathbb{R}$ puisque tout $s \in \mathbb{R}$ est limite de points de $\mathbb{Q}$. D'où le théorème 1.

Faisons une remarque à propos du lemme ci-dessus. Considérons la fonction a^x dans l'ensemble $\mathbb{Q}$ et faisons tendre x vers un $s \in \mathbb{R}$; si l'on voulait montrer a priori qu'elle converge vers une limite – ce qui serait une autre méthode pour définir a^s –, on devrait vérifier le critère de Cauchy du chap. III, n° 10, théorème 13', autrement dit que, pour tout $r > 0$, on a

$$(2.11) \qquad |a^x - a^y| < r \text{ pour } x, y \in \mathbb{Q} \text{ assez voisins de } s.$$

C'est précisément ce qu'assure le lemme : u et v étant choisis par celui-ci, il est clair, puisque la fonction est croissante dans $\mathbb{Q}$, que (11) est vérifié dès que $x, y \in [u, v]$. Ce raisonnement pourrait être utilisé pour prouver directement l'existence dans $\mathbb{R}$ d'une seule fonction *continue* égale à $x \mapsto a^x$ pour x rationnel : sa valeur en $s \in \mathbb{R}$ ne peut être que la limite de a^x lorsque $x \in \mathbb{Q}$ tend vers s. Resterait à vérifier que cette limite est bien une fonction continue de s, ce que le lecteur montrera facilement.

3 – Calcul des exposants réels

Etant donné un nombre $a > 0$, la fonction f dont le théorème 1 assure l'existence et l'unicité s'appelle la *fonction exponentielle de base a*. Nous l'écrirons dorénavant soit sous la forme usuelle $f(x) = a^x$, soit sous la forme

$$f(x) = \exp_a(x)$$

pour une raison qui apparaîtra bientôt. La signification du symbole a^x peut paraître évidente en raison de la notation adoptée, mais en réalité celle-ci n'est justifiée que par les constructions et raisonnements des n° précédents; il n'y a sûrement rien d'évident dans une expression telle que π^π, limite de la suite dont les termes successifs sont

$$\pi^3, \qquad \pi^{3,1} = \left(\pi^{31}\right)^{1/10}, \qquad \pi^{3,14} = \left(\pi^{314}\right)^{1/100}, \text{ etc.}$$

Il n'est pas non plus évident que l'expression a^x satisfasse aux règles de calcul que sa forme suggère irrésistiblement à ceux qui prennent leurs désirs pour des réalités ou confondent les causes et les effets : ce sont les règles de calcul qui expliquent la notation – introduite dans le cas des exposants rationnels par les mathématiciens du XVIIe siècle, principalement John Wallis et Newton –, et non l'inverse. Il faut donc les justifier dans ce cadre général.

Prouvons d'abord la formule

(I) $$x^s x^t = x^{s+t}.$$

On choisit pour cela des suites (s_n) et (t_n) de nombres *rationnels* qui convergent vers s et t. On a alors

$$x^s = \lim x^{s_n}, \quad x^t = \lim x^{t_n}. \quad x^{s+t} = \lim x^{s_n + t_n} = \lim x^{s_n} x^{t_n}$$

en vertu de la règle (I) pour des exposants rationnels, cqfd.

La règle

(II) $$(x^s)^t = x^{st}$$

peut s'établir en deux temps.

Supposons d'abord $t \in \mathbb{Q}$ et choisissons une suite de nombres $s_n \in \mathbb{Q}$ qui converge vers s. Alors $s_n t$ converge vers st et par suite on a

(3.1) $$x^{st} = \lim x^{st_n}$$

puisque les fonctions exponentielles sont continues. Par ailleurs, et pour la même raison, on a

$$x^s = \lim x^{s_n};$$

or nous savons déjà que la "fonction puissance" $y \mapsto y^t$ est continue dans $\mathbb{R}^*_+$ pour $t \in \mathbb{Q}$; il vient donc

$$(x^s)^t = (\lim x^{s_n})^t = \lim \left[(x^{s_n})^t \right] \text{ (continuité de } y \mapsto y^t \text{ pour } t \in \mathbb{Q}) =$$
$$= \lim (x^{s_n t}) \text{ (car } s_n, t \in \mathbb{Q}) = x^{st}$$

d'après (1), d'où (II) pour $s \in \mathbb{R}$ et $t \in \mathbb{Q}$.

Reste à passer au cas général. Il suffit d'approcher t par des t_n rationnels et de passer à la limite dans la relation

$$(x^s)^{t_n} = x^{st_n};$$

comme, pour s donné, la fonction $t \mapsto (x^s)^t$ est continue en tant que fonction exponentielle de t, le premier membre tend vers $(x^s)^t$; comme st_n converge vers st, le second tend, pour la même raison, vers x^{st}. D'où (II) dans le cas général.

La règle (II) montre en particulier que, pour tout $s \in \mathbb{R}$ non nul, on a

(III) $(x^s)^{1/s} = x$

en sorte que les applications $x \mapsto x^s$ et $x \mapsto x^{1/s}$ de $\mathbb{R}_+^*$ dans $\mathbb{R}_+^*$ sont des bijections réciproques l'une de l'autre.

Reste à établir la formule

(IV) $(xy)^s = x^s y^s.$

Il suffit, ici encore, d'approcher s par des $s_n \in \mathbb{Q}$ et d'appliquer (IV) aux s_n; la continuité des fonctions exponentielles fournit immédiatement le passage à la limite.

4 – Logarithme de base a. Fonctions puissances

Pour $a = 1+b > 1$, il est clair que $a^n > 1+nb$ augmente indéfiniment lorsque $n \in \mathbb{Z}$ tend vers $+\infty$; puisque $a^{-n} = 1/a^n$, il est non moins évident que a^n tend vers 0 lorsque n tend vers $-\infty$; les résultats seraient inversés pour $0 < a < 1$. Les fonctions $s \mapsto a^s = \exp_a(s)$ qui, étant continues, appliquent $\mathbb{R}$ sur des *intervalles* nécessairement contenus dans $\mathbb{R}_+^*$, appliquent donc en fait $\mathbb{R}$ *sur* $\mathbb{R}_+^*$. Etant strictement monotones, elles admettent des applications réciproques non moins continues et strictement monotones (chap. III, n° 4, théorèmes 6 et 7). L'application réciproque de $x \mapsto a^x$ s'appelle le *logarithme de base a*, noté[4] $x \mapsto \log_a x$; on a donc, par définition,

(4.1) $y = \log_a x \iff x = a^y$ pour tout $x > 0$.

La formule $a^u a^v = a^{u+v}$ montre que l'on a

(4.2) $\log_a xy = \log_a x + \log_a y;$

en posant $\log_a x = u$ et $\log_a y = v$, on a en effet $x = a^u$, $y = a^v$, d'où $xy = a^{u+v}$ et par suite $\log_a xy = u + v$. On a aussi

(4.3) $\log_a 1 = 0, \qquad \log_a a = 1$

puisque $a^0 = 1$ et $a^1 = a$. De même, la formule (II) du n° précédent montre que

---

[4] On devrait en principe écrire $\log_a(x)$ ce que l'on écrit $\log_a x$. Les traditions les plus anciennes étant rarement les meilleures – celle qui nous occupe ici remonte à une époque où la notation $f(x)$ n'avait même pas encore été inventée –, il nous arrivera de rétablir la notation fonctionnelle correcte.

(4.4) $\qquad \log_a(x^s) = s.\log_a x$ pour $x > 0$, $s \in \mathbb{R}$

car en posant $u = \log_a x$ on a $x = a^u$, d'où $x^s = a^{su}$, de sorte que le premier membre est égal à $su = s.\log_a x$. Autrement dit, on a

(4.5) $\qquad x^s = a^{s.\log_a x} = \exp_a(s.\log_a x).$

Enfin, les fonctions logarithmiques sont deux à deux proportionnelles. Si en effet on pose $y = \log_a x$ et $z = \log_b x$ avec $a, b \neq 1$, on a

$$x = a^y = b^z;$$

comme il existe un $c \in \mathbb{R}$ tel que $b = a^c$ il vient aussi

$$x = (a^c)^z = a^{cz},$$

d'où $y = cz$, autrement dit $\log_a x = c.\log_b x$ pour tout x. On a en fait $c = \log_a b$ (faire $x = b$) et $c = 1/\log_b a$ (faire $x = a$), ce qui fournit la formule plus précise

(4.6) $\qquad \log_a(x) = \log_a(b).\log_b(x) = \log_b(x)/\log_b(a).$

Noter enfin que, tout nombre réel pouvant s'écrire, pour a donné, sous la forme $\log_a(b)$, toute fonction proportionnelle à la fonction $\log_a(x)$ est elle même une fonction logarithmique.

Ces fascinantes formules ne servent à rien dans la vie (mathématique), les seules fonctions fondamentales étant $\exp(x)$ et le log néperien dont il sera question plus loin. L'utilité du $\log_{10}$ pour le calcul numérique ne contredit pas cette remarque.

La *fonction puissance*

$$f(x) = x^s$$

où $s \in \mathbb{R}$ est une constante et où la variable x prend toutes les valeurs réelles strictement positives (sauf pour $s \in \mathbb{N}$, cas sur lequel il est inutile de s'étendre ...), possède des propriétés qu'il est fastidieux mais obligatoire de résumer. Sauf mention expresse du contraire, on suppose $s \neq 0$ dans ce qui suit.

Elle est strictement croissante pour $s > 0$ et strictement décroissante pour $s < 0$. Supposons en effet $x < y$, d'où $y = xa$ avec $a > 1$ et par suite $f(y) = f(x)f(a)$; comme $f(x) > 0$, il suffit de montrer que

(4.7) $\qquad a^s > 1$ pour $a > 1$ et $s > 0$.

Mais cela s'écrit encore $a^s > a^0$ et résulte du fait que, pour $a > 1$, la fonction $\exp_a$ est strictement croissante.

Les fonctions puissances x^s sont par ailleurs continues dans $\mathbb{R}_+^*$. Il est clair en effet que l'image de $\mathbb{R}_+^*$ par une telle fonction est l'*intervalle* $\mathbb{R}_+^*$ puisque, pour tout $y > 0$, l'équation $y = x^s$ possède une (et une seule) solution, à savoir $y = x^{1/s}$. Comme les fonctions puissances sont strictement monotones, leur continuité résulte alors du Chap. III, n° 4, théorème 7 : pour une fonction strictement monotone f définie sur un *intervalle I*, la continuité équivaut au fait que $f(I)$ est encore un *intervalle*.

5 – Comportements asymptotiques

Il est indispensable – mais non pour la suite de ce chapitre – d'avoir des idées précises sur le comportement des fonctions précédentes aux extrémités de leurs intervalles de définition, et encore plus de savoir comparer leurs ordres de grandeur.

Considérons d'abord la fonction a^x lorsque $|x|$ augmente indéfiniment. Les résultats sont les suivants (on omet le cas trivial $a = 1$) :

$$(5.1) \qquad \lim_{x \to +\infty} a^x = \begin{cases} +\infty & \text{si } a > 1 \\ 0 & \text{si } a < 1, \end{cases}$$

$$(5.2) \qquad \lim_{x \to -\infty} a^x = \begin{cases} 0 & \text{si } a > 1 \\ +\infty & \text{si } a < 1, \end{cases}$$

On en effet montré que, pour $a > 1$ par exemple, a^n tend vers $+\infty$ (resp. 0) lorsque $n \in \mathbb{Z}$ tend vers $+\infty$ (resp. $-\infty$); la fonction étant croissante, (1) et (2) s'ensuivent trivialement.

Aux extrémités de l'intervalle $x > 0$ sur lequel elles sont définies, les fonctions puissances tendent elles aussi vers des limites faciles à calculer. Tout d'abord, on a

$$(5.3) \qquad \lim_{x \to 0, x > 0} x^s = \begin{cases} 0 & \text{si } s > 0 \\ +\infty & \text{si } s < 0, \end{cases}$$

Supposons par exemple $s > 0$. On doit montrer que, pour tout $r > 0$, on a $x^s < r$ pour $x > 0$ assez petit; mais en écrivant r sous la forme a^s, l'inégalité à vérifier devient équivalente à $x < a$ puisque la fonction x^s est strictement croissante. Le cas $s < 0$ se ramène au précédent puisque $x^s = 1/x^{-s}$.

On a les mêmes résultats, inversés, lorsque x augmente indéfiniment :

$$(5.4) \qquad \lim_{x \to +\infty} x^s = \begin{cases} +\infty & \text{si } s > 0 \\ 0 & \text{si } s < 0, \end{cases}$$

Si $s > 0$, on doit vérifier que l'on a $x^s > M$ pour x grand, ce qui est clair puisque cette relation équivaut à $x > M^{1/s}$.

Les fonctions log ont aussi un comportement simple :

(5.5) $\lim\limits_{x \to +\infty} \log_a x = +\infty$, $\lim\limits_{x \to 0} \log_a x = -\infty$ si $a > 1$.

Il suffit d'établir la première, la seconde s'y ramenant puisque $\log x = -\log(1/x)$. Or nous savons que la fonction $\log_a x$ est croissante, > 0 pour $x > 1$ et que $\log_a(x^n) = n \log_a x$. Cette relation montre que $\log x$ prend des valeurs arbitrairement grandes pour $x > 1$, et comme elle croît, elle est bien obligée d'augmenter indéfiniment. Pour $0 < a < 1$, cas d'école, on inverse les résultats.

Essayons maintenant de comparer la croissance de ces diverses fonctions lorsque x augmente indéfiniment. Les résultats sont très simples et fondamentaux. En ce qui concerne d'abord celles qui augmentent indéfiniment avec x, on a les formules suivantes :

(5.6) $a^x = o(b^x)$ quand $x \to +\infty$ si $1 < a < b$;

(5.7) $x^s = o(a^x)$ si $s > 0, 1 < a$;

(5.8) $x^s = o(x^t)$ si $0 < s < t$;

(5.9) $\log_a x = o(x^s)$ si $s > 0, a > 0$.

La première signifie que le rapport $a^x/b^x = c^x$, où $c = a/b$, tend vers 0 à l'infini; évident puisque $c < 1$. La troisième signifie que $x^s/x^t = x^{s-t}$ tend vers 0; évident puisque $s - t < 0$.

Pour établir (7), on peut supposer que s est un entier p (sinon, choisir un $p > s$, d'où $x^s < x^p$). Posant $a = b^p$, d'où encore $b > 1$, on est ramené à montrer que $x^p/b^{px} = (x/b^x)^p$ tend vers 0. Il suffit donc d'examiner le rapport x/b^x. En posant $b = 1 + c$ avec $c > 0$ et en notant n la partie entière de x, de sorte que $n \leq x < n + 1$, on a

$$b^x \geq b^n = (1 + c)^n > n(n - 1)c^2/2$$

d'après la formule du binôme, d'où $x/b^x \leq 2(n + 1)/n(n - 1)c^2$, expression qui tend vers 0 lorsque n, i.e. x, augmente indéfiniment.

Enfin, (9) se ramène à (7) puisqu'en posant $\log_a x = y$, on a $x = a^y$ et $x^s = a^{sy} = b^y$ avec $b = a^s > 1$, d'où $(\log_a x)/x^s = y/b^y$, qui tend vers 0.

En ce qui concerne les fonctions qui tendent vers 0 lorsque $x \to +\infty$, les résultats sont analogues :

(5.10) $a^x = o(b^x)$ quand $x \to +\infty$ si $0 < a < b < 1$;

(5.11) $a^x = o(x^s)$ si $0 < a < 1, s < 0$;

(5.12) $x^s = o(x^t)$ si $s < t < 0$.

La relation (10) se démontre comme (6). (11) s'obtient en posant $s = -t$ et $a = 1/b$, de sorte qu'alors $a^x/x^s = x^{-t}/b^x$ qui tend vers 0 d'après (7). Enfin, (12) se prouve comme (8).

Nous n'avons pas écrit les relations triviales impliquant une fonction qui tend vers 0 et une fonction qui tend vers $+\infty$.

Ce qui se passe lorsque $x \to -\infty$ se déduit immédiatement de ce qui précède et ne concerne du reste que les fonctions exponentielles puisque les autres supposent $x > 0$. On pose $x = -y$ et on applique les résultats relatifs au cas où $y \to +\infty$. Par exemple, on a

$$(5.13) \qquad b^x = o(a^x) \text{ quand } x \to -\infty \text{ si } 0 < a < b.$$

Restent enfin les comportements au voisinage de $x = 0$, qui se ramènent au comportement à l'infini en posant $x = 1/y$. On trouve ainsi que

$$(5.14) \qquad x^s = o(x^t) \qquad \text{quand } x \to +0 \text{ si } s > t;$$
$$(5.15) \qquad \log_a x = o(1/x^s) \qquad\qquad \text{si } s > 0.$$

Certaines de ces formules peuvent encore s'écrire sous forme de limites :

$$(5.16) \qquad \lim_{x \to +\infty} x^s a^{-x} = 0 \qquad \text{si } a > 1, \ s \in \mathbb{R},$$

$$(5.17) \qquad \lim_{x \to +\infty} x^{-s} \log_a x = 0 \qquad \text{si } s > 0, \ a > 0,$$

$$(5.18) \qquad \lim_{x \to 0} x^s \log_a x = 0 \qquad \text{si } s > 0, \ a > 0.$$

Par exemple, (17) montre que $(\log_a n)/n^s$ tend vers 0 à l'infini quel que soit $s > 0$ et (18) que si vous multipliez $\log x$, qui tend vers $-\infty$ lorsque x tend vers 0, par une fonction qui tend aussi *lentement* vers 0 que $x^{1/100.000.000}$, le résultat tend vers 0.

Ces formules permettent de comprendre pourquoi la fonction[5]

$$(5.19) \qquad f(x) = \exp(-1/x^2) \ , x \neq 0, \ f(0) = 0$$

de Cauchy est indéfiniment dérivable dans $\mathbb{R}$, *y compris en* $x = 0$, a des dérivées toutes nulles à l'origine et ne peut donc pas être représentée par la série de Maclaurin. La formule de dérivation des fonctions composées et la relation $\exp' = \exp$, évidente sur la série entière comme on l'a déjà dit plusieurs fois, montrent tout d'abord que, pour $x \neq 0$, f possède des dérivées successives données par

$$f'(x) = 2f(x)/x^3, \quad f''(x) = 4f(x)/x^6 - 6f(x)/x^4, \ldots$$

---

[5] On utilise ici le fait, qui sera prouvé un peu plus loin, que la fonction $\exp(x) = 1 + x + \ldots$ est une fonction $\exp_a(x)$ particulière, avec $a = e = \exp(1) > 1$. Le raisonnement qui suit s'appliquerait du reste aussi bien à toute autre fonction exponentielle de base $a > 1$.

donc de la forme $f^{(k)}(x) = p_k(1/x)\exp(-1/x^2)$ où p_k est un polynôme. Posant $1/x = y$ on a donc

$$f^{(k)}(x) = p_k(y)/\exp(y^2);$$

quand x tend vers 0, y^2 tend vers $+\infty$ et comme tout puissance, entière ou non, de y est négligeable devant $\exp(y^2)$ d'après (16), on voit que chaque dérivée $f^{(k)}(x)$ tend vers 0 avec x. Pour montrer que f est C^∞ même au voisinage de 0, il suffit donc de montrer directement que f possède en 0 des dérivées successives toutes nulles.

Tout d'abord, $f'(0) = \lim f(x)/x = \lim \exp(-1/x^2)/x = 0$ comme on vient de le voir. La dérivée première f' existe donc quel que soit x et est continue, y compris en 0. La dérivée seconde, si elle existe, est la limite du rapport $f'(x)/x = 2f(x)/x^4$, d'où à nouveau une dérivée seconde nulle, et ainsi de suite indéfiniment.

La situation serait la même pour la fonction

$$(5.20) \qquad g(x) = \exp(-1/x^2) \text{ pour } x > 0, \ = 0 \text{ pour } x \le 0.$$

Cette fois les dérivées sont toutes nulles pour $x \le 0$. Si toutes les fonctions C^∞ étaient analytiques, les avions ne pourraient jamais décoller; ils rouleraient *éternellement* sur leurs pistes d'envol, supposées rigoureusement planes, et, en vol, seraient incapables de changer de direction ou d'altitude, car si une fonction est analytique-réelle dans un intervalle I et constante au voisinage d'un point t de I, elle est constante dans I. C'est l'existence de fonctions telles que (20) qui permet de raccorder de façon parfaitement lisse, *smooth*, des fonctions C^∞ (par exemple constantes) définies dans des intervalles fermés disjoints. Cette remarque jouera un rôle important au Chap. V, n° 29, lorsque nous démontrerons l'existence de fonctions C^∞ ayant en un point donné des dérivées successives arbitrairement données.

6 – Caractérisations des fonctions exponentielles, puissances et logarithmiques

Pour tout $a > 0$, la fonction exponentielle $f(x) = a^x$ vérifie l'identité

$$(6.1) \qquad f(x + y) = f(x)f(y);$$

cette "formule d'addition", que nous avons déjà rencontrée à propos de la série $\exp x$ (Chap. II, n° 22), analogue à celles des fonctions trigonométriques mais plus simple, est un exemple de ce qu'on appelle une *équation fonctionnelle*; pour la fonction $f(x) = x^s$, on a de même la relation

$$(6.2) \qquad f(xy) = f(x)f(y),$$

pour une fonction linéaire $f(x) = ax$, on a

(6.3) $$f(x+y) = f(x) + f(y),$$

pour les fonctions logarithmiques on a

(6.4) $$f(xy) = f(x) + f(y),$$

etc. Comme on va le voir, ces relations *caractérisent* les fonctions en question pour peu qu'on leur impose en outre d'être raisonnables, i.e. continues ou monotones et, au besoin, à valeurs réelles. On trouve déjà cela dans le Cours d'analyse de Cauchy.

Théorème 2. *Toute fonction définie sur* $\mathbb{R}$*, à valeurs réelles, non identiquement nulle, vérifiant* (1) *et monotone ou continue est une fonction exponentielle.*

Comme $f(x) = f(x/2+x/2) = f(x/2)^2$, on a $f(x) \geq 0$ pour tout x. On a même l'inégalité stricte, car de $f(c) = 0$ résulterait que $f(x) = f(c)f(x-c) = 0$ quel que soit $x \in \mathbb{R}$. Comme $f(0+x) = f(0)f(x)$, on en déduit que $f(0) = 1$.

Posons $f(1) = a$, excellente idée si l'on désire prouver que $f(x) = a^x$. On a $f(2) = a^2$, puis $f(3) = f(2+1) = a^3$, et plus généralement $f(n) = a^n$ pour tout $n \in \mathbb{N}$. Pour n négatif, on écrit que

$$1 = f(0) = f(n + (-n)) = f(n)f(-n) = f(n)a^{-n},$$

d'où encore $f(n) = a^n$.

Soit $x = p/q$ un nombre rationnel, avec $q > 0$. La relation (1) montre que

$$f(qx) = f(x + \ldots + x) = f(x)\ldots f(x) = f(x)^q,$$

d'où $f(x)^q = f(p) = a^p$. Comme $f(x) > 0$, il s'ensuit que l'on a

$$f(x) = (a^p)^{1/q} = a^{p/q} = a^x$$

pour tout $x \in \mathbb{Q}$. Si f est continue ou monotone, on peut alors appliquer le théorème 1 et en conclure que $f(x) = a^x$ pour tout $x \in \mathbb{R}$, cqfd.

Le lecteur démontrera facilement qu'en fait la relation

(6.5) $f(nx) = f(x)^n$ pour tout $x \in \mathbb{R}$ et tout $n \in \mathbb{Z}$

suffirait à caractériser les fonctions exponentielles parmi les fonctions réelles continues ou monotones.

Théorème 3. *Toute fonction définie sur* $\mathbb{R}$*, à valeurs réelles, vérifiant* $f(x + y) = f(x) + f(y)$ *et monotone ou continue est une fonction linéaire.*

En posant $f(1) = a$, on utilise (3) pour montrer que $f(x) = ax$ d'abord pour $x \in \mathbb{N}$, puis pour $x \in \mathbb{Z}$, puis pour $x \in \mathbb{Q}$. La fonction étant monotone ou continue, la formule s'étend immédiatement aux valeurs réelles quelconques de x.

Ici comme plus haut, la relation $f(nx) = n.f(x)$ conduirait au même résultat[6]. Noter par ailleurs qu'il reste valable si f est à valeurs complexes; il faut alors supposer f continue puisque l'autre hypothèse possible n'a plus de sens.

Théorème 4. *Toute fonction à valeurs réelles, définie pour $x > 0$, non identiquement nulle, vérifiant $f(xy) = f(x)f(y)$ et monotone ou continue est une fonction puissance.*

Une telle fonction est en fait à valeurs positives puisque l'on a $f(x) = f(x^{1/2}x^{1/2}) = f(x^{1/2})^2$. Elle ne s'annule jamais, car de $f(c) = 0$ résulterait que $f(x) = f(c)f(x/c) = 0$ pour tout $x > 0$.

Choisissons alors un $a > 0$ autre que 1 et posons $g(x) = f(a^x)$. La relation (2) se transforme immédiatement en $g(x+y) = g(x)g(y)$. De plus, la fonction g, composée de f et d'une fonction exponentielle, est continue. D'après le théorème 1, il y a donc un $b > 0$ tel que $g(x) = b^x$. D'autre part, il existe un $s \in \mathbb{R}$ tel que $b = a^s$, à savoir $s = \log_a b$. D'où

$$f(a^x) = g(x) = b^x = (a^s)^x = a^{sx} = (a^x)^s,$$

et comme tout nombre $y > 0$ peut se mettre sous la forme a^x, on en conclut que $f(y) = y^s$ pour tout $y > 0$, cqfd.

Exercice. Trouver une démonstration directe du Théorème 4.

Théorème 5. *Toute fonction définie pour $x > 0$, à valeurs réelles, non identiquement nulle, vérifiant $f(xy) = f(x) + f(y)$ et monotone ou continue est une fonction logarithmique.*

Choisissons un $a > 0$ différent de 1 et posons $g(x) = \exp_a[f(x)]$, autrement dit $g = \exp_a \circ f$. On a alors

$$g(xy) = \exp_a[f(x) + f(y)] = \exp_a[f(x)].\exp_a[f(y)] = g(x)g(y).$$

Comme les fonctions f et $\exp_a$, la fonction g est continue ou monotone. C'est donc une fonction puissance d'après le théorème précédent, autrement dit, il existe un $s \in \mathbb{R}$ tel que $a^{f(x)} = x^s$ pour tout $x > 0$, d'où

---

[6] Il y a des solutions de l'équation $f(x + y) = f(x) + f(y)$ qui ne sont ni continues ni monotones. La relation en question implique en effet $f(cx) = cf(x)$ pour $c \in \mathbb{Q}$, de sorte que, si l'on considère $\mathbb{R}$ comme un espace vectoriel (de dimension infinie!) sur $\mathbb{Q}$, toute forme linéaire satisfait à la condition. Pour en construire effectivement, il faudrait choisir une base de $\mathbb{R}$ sur $\mathbb{Q}$, ce qui implique des constructions ensemblistes faisant appel à la théorie des nombres transfinis ou à l'axiome du choix. Ces solutions ne présentent qu'un intérêt de curiosité.

$$f(x) = \log_a(x^s) = s.\log_a x.$$

Mais toute fonction proportionnelle à une fonction logarithmique est elle-même du même type comme on l'a vu à la fin du n° 3, d'où le théorème 5.

Le théorème 5 s'applique évidemment, et surtout, à la fonction

$$\log x = \lim n \left(x^{1/n} - 1 \right)$$

du Chap. II, n° 10, théorème 3, et le théorème 2 à la fonction $\exp x = \sum x^n/n!$ dont nous avons établi la formule d'addition au Chap. II, n° 22; ces fonctions sont en effet continues et monotones. Comparez d'ailleurs avec le Chap. III, n° 2, exemple 1 où l'on a démontré de la même façon que $\log[\exp(x)]$ est proportionnel à x. On y reviendra dans la seconde partie de ce chapitre, mais on peut noter dès maintenant que si $\exp(x) = a^x$, alors on a nécessairement $a = \exp(1) = e = \sum 1/n!$. Et si l'on sait que $\log[\exp(x)] = x$, comme on l'a montré (même référence), alors $\log = \log_e$.

7 – Dérivées des fonctions exponentielles : méthode directe

Soit $f(x) = \exp_a x = a^x$ une fonction exponentielle. Supposons établie l'existence de $f'(0)$. Pour tout $x \in \mathbb{R}$, on aura alors

$$f(x + h) = f(x)f(h) = f(x)[f(0) + f'(0)h + o(h)]$$
$$= f(x) + f(x)f'(0)h + o(h)$$

quand $h \to 0$, d'où l'existence de $f'(x) = c.f(x)$, avec $c = f'(0)$; à partir de là, on trouve évidemment que f admet des dérivées successives de tous les ordres et que $f^{(p)}(x) = c^p.f(x)$ quel que soit p, de sorte que la fonction est indéfiniment dérivable au sens du Chap. III, n° 15.

Tout revient donc à montrer que, pour tout $a > 0$, le rapport

(7.1) $(a^h - 1)/h$

tend vers une limite lorsque h tend vers 0. On se bornera au cas où $a > 1$, l'autre cas se traitant de façon similaire (ou s'y ramenant si l'on y tient).

Commençons par faire tendre h vers 0 par valeurs positives. Nous allons voir que le rapport (1) est, pour $h > 0$, une fonction *croissante*[7] de h. Comme il est borné inférieurement par 0 (nous savons que $a^h > 1$ pour $a > 1$ et $h > 0$), l'existence de la limite lorsque h tend vers 0 en décroissant sera assurée par les théorèmes généraux (chap. III, n° 3) sur les fonctions monotones.

---

[7] Pour h de la forme $1/n$, c'est le résultat qui nous a permis de définir la fonction log au Chap. II, n° 10, théorème 3.

Il faut donc montrer que

(7.2) $$0 < u \le v \Longrightarrow \frac{a^u - 1}{u} \le \frac{a^v - 1}{v},$$

autrement dit que, pour u et v *réels*,

(7.3) $$0 < u \le v \text{ implique } va^u - ua^v \le v - u.$$

Il suffit de le faire pour u, v *rationnels*. En approchant u et v par des suites (u_n) et (v_n) de nombres rationnels, on a en effet

$$\lim \left(v_n a^{u_n} - u_n a^{v_n} \right) = va^u - ua^v$$

en raison de la continuité des fonctions considérées; si la relation (3) est établie pour u_n et v_n, on l'obtient donc à la limite pour u et v.

Supposant u et v rationnels, posons $u = p/n$, $v = q/n$ avec p, q, n entiers, $n > 0$ et $p < q$ puisque $u < v$. La relation (2) devient, en simplifiant par n,

$$\frac{a^{p/n} - 1}{p} \le \frac{a^{q/n} - 1}{q}.$$

Posant $a^{1/n} = b > 1$, celle-ci s'écrit encore

(7.4) $$\frac{b^p - 1}{p} \le \frac{b^q - 1}{q}.$$

Nous sommes maintenant ramenés au cas où les exposants u et v de la formule (2) sont des *entiers*.

Mais posons $b = 1 + c$ avec $c > 0$. La formule algébrique du binôme donne immédiatement la relation

$$\frac{b^p - 1}{p} = c + (p-1)c^{[2]} + (p-1)(p-2)c^{[3]} + \ldots + (p-1)\ldots 1 c^{[p]}$$

et une relation analogue pour q. Si $p < q$, il est clair que le coefficient de $c^{[k]} = c^k/k!$ dans la formule relative à p est inférieur au coefficient correspondant dans la formule relative à q. En outre, celle-ci contient davantage de termes que la première. Comme tous ces termes sont positifs, la relation (4) est démontrée, donc aussi (2). [Raisonnement analogue au Chap. II, n° 10, exemple 2].

Nous voyons donc que le rapport (1) a effectivement une limite, soit c, lorsque h tend vers 0 par valeurs > 0. Considérons maintenant ce qui se passe lorsque h tend vers 0 par valeurs négatives. On peut poser $h = -k$ avec $k > 0$, d'où

$$\frac{a^h - 1}{h} = \frac{1/a^k - 1}{-k} = a^{-k} \frac{a^k - 1}{k};$$

lorsque h tend vers 0 par valeurs négatives, le facteur a^{-k} tend vers 1 et la dernière fraction vers c d'après le premier cas. On trouve donc une limite à gauche égale à la limite à droite c, ce qui achève de montrer l'existence de la dérivée à l'origine, et donc partout, de la fonction a^x.

Ces calculs montrent en outre que l'on a une formule du type

$$(7.5) \qquad\qquad (a^x)' = L(a).a^x$$

avec un facteur $L(a)$ ne dépendant pas de x, mais pouvant bien sûr dépendre de a. C'est la dérivée à l'origine, de sorte que

$$(7.6) \qquad\qquad L(a) = \lim_{h\to 0, h\neq 0} (a^h - 1)/h.$$

Comme on a $(ab)^x = a^x b^x$, la formule de dérivation d'un produit montre que

$$L(ab)(ab)^x = L(a)a^x b^x + a^x L(b)b^x,$$

d'où $L(ab) = L(a) + L(b)$, curieusement. Du reste, on peut prendre $h = 1/n$ et faire tendre l'entier n vers l'infini; on trouve ainsi

$$(7.7) \qquad\qquad L(a) = \lim n \left(a^{1/n} - 1 \right) \quad \text{pour tout } a > 0.$$

Autrement dit, $L(x) = \log x$ et par suite

$$(7.8) \qquad\qquad (a^x)' = \log(a)a^x.$$

Bien que nous ayons soigneusement chassé des n° précédents le log népérien, on ne peut l'empêcher de revenir au galop, ce qui montre le statut privilégié des log dits *naturels* relativement aux log de base quelconque. Au surplus, la formule (6) est beaucoup plus générale que la définition (7) du log puisque l'on peut maintenant y substituer à $1/n$ n'importe quoi tendant vers 0 de façon "discrète" ou "continue". Dans la jeunesse de l'auteur, lequel ne passe plus de concours, n'en fait pas passer[8] et ignore ce qui s'y passe actuellement, cette remarque donnait lieu à des pièges abondamment exploités. Considérez par exemple la suite

$$u_n = \left(n^2 + 3n - 100 \right) \left[2^{(n^2-1)/(3n^4+5)} - 1 \right] = c_n \left(2^{h_n} - 1 \right);$$

l'exposant h_n tend vers 0, de sorte qu'en remplaçant le facteur c_n par $1/h_n$ on trouverait une suite v_n qui tend vers $\log 2$. Or $u_n = c_n h_n v_n$, et comme $c_n h_n$ est une fraction rationnelle en n dont les termes de plus haut degré ont

---

[8] Les examens universitaires suffisent. Peano a dit un jour que "les relations entre étudiants et professeurs seraient excellentes s'il n'y avait pas les examens, qui obligent les étudiants à considérer leurs maîtres comme des juges potentiels".

pour rapport 1/3, on en conclut que $\lim u_n = \log(2)/3$. Confronté à ce genre de "challenge", comme on dit de nos jours, un jeune homme (il n'y avait pas de jeunes filles) étourdi ou un peu lent pouvait se voir privé de l'ineffable privilège de porter le bicorne et l'épée sur les Champs Elysées les jours de fête nationale[9], sans parler des incalculables conséquences sur la suite de sa carrière.

8 – Dérivées des fonctions exponentielles, puissances et logarithmiques

La formule (7.8) permet aussi de calculer les dérivées des autres fonctions définies plus haut :

Théorème 6. *Les fonctions exponentielles, logarithmiques et puissances sont indéfiniment dérivables et l'on a :*

$$(8.1) \qquad (a^x)' = \log(a).a^x, \qquad (a^x)'' = \log(a)^2.a^x, \text{ etc.}$$

$$(8.2) \qquad \log_a'(x) = 1/\log(a)x, \qquad \log_a''(x) = -1/\log(a)x^2, \text{ etc.}$$

$$(8.3) \qquad (x^s)' = sx^{s-1}, \qquad (x^s)'' = s(s-1)x^{s-2}, \text{ etc.}$$

Le cas des fonctions exponentielles a été réglé au n° précédent. A partir de là, on peut élucider le cas d'une fonction logarithmique quelconque $g = \log_a$.

Il est tout d'abord facile de deviner à priori, à peu de choses près, la valeur de sa dérivée en supposant démontrée son existence. Partons en effet de la relation

$$g(ax) = g(x) + g(a)$$

et, pour a fixé et x variable, calculons les dérivées des deux membres. Celle du premier est $ag'(ax)$ et celle du second membre est $g'(x)$. On a donc $ag'(ax) = g'(x)$ quels que soient a et x, donc $ag'(a) = g'(1)$; comme a est arbitraire, autant écrire ce résultat sous la forme

$$(8.4) \qquad g'(x) = g'(1)/x.$$

On pourrait aussi, comme dans le cas précédent, remarquer que

---

[9] Parlant de ce qu'il appelle son "incorporation" à l'Ecole polytechnique en 1951, un nucléocrate désabusé écrit: "Ce fut ce jour-là que je réalisai pleinement avec horreur que [l'X] était un pensionnat soumis à une discipline militaire". Yves Girard, *Un neutron entre les dents* (Paris, Ed. Rive droite, 1997), p. 18. Il remarque aussi ailleurs que c'est à l'X qu'il découvrit le pouvoir, l'argent et les femmes...

(8.5) $g(x + h) - g(x) = g(1 + h/x) = g'(1)h/x + o(h)$.

Mais il reste à justifier l'existence de la dérivée. On utilise pour cela la règle (D 5) du Chap. III, n° 15 relative aux dérivées des fonctions réciproques.

La fonction logarithmique $g = \log_a$ est en effet, par définition, la réciproque d'une fonction exponentielle $f = \exp_a$ aussi dérivable qu'on le désire. L'existence de g' en un point $b > 0$ revient donc à dire que la dérivée f' n'est pas nulle au point $a = g(b)$. C'est le cas puisque f' est proportionnelle à f, qui ne s'annule jamais[10].

En conclusion, nous voyons que la fonction $\log_a x$, réciproque de $x \mapsto a^x = \exp_a(x)$, est dérivable et que sa dérivée en un point x est l'inverse de la dérivée de la fonction $y \mapsto \exp_a y$ au point $y = \log_a x$, i.e. est égale à $1/\log(a)a^y = 1/\log(a)x$ comme annoncé.

Pour en déduire que les fonctions logarithmiques sont indéfiniment dérivables et calculer leurs dérivées successives, il vaut mieux, même si le lecteur sait depuis longtemps dériver $1/x$, passer d'abord au cas des fonctions puissances.

La fonction $f(x) = x^s$ est encore donnée par la formule

$$f(x) = \exp_a(s. \log_a x)$$

quel que soit $a > 0$ comme on l'a vu en (4.5), autrement dit s'obtient en composant les deux fonctions $x \mapsto s. \log_a x$ et $x \mapsto \exp_a(x)$ dont nous savons maintenant qu'elles sont dérivables. La règle (D 4) du Chap. III, n° 15, montre alors que f est dérivable et que[11]

$$f'(x) = \exp_a'(s. \log_a x).(s. \log_a x)' =$$
$$= \log(a). \exp_a(s. \log_a x).s/x \log(a) = \log(a)x^s.s/x \log(a),$$

d'où, comme annoncé,

(8.8) $(x^s)' = sx^{s-1}$ pour $x > 0$, $s \in \mathbb{R}$,

formule bien connue pour s entier, mais valable pour tout exposant réel (ou complexe comme on le verra).

En itérant ce résultat, on voit que la fonction x^s possède des dérivées de tous ordres, à savoir[12] sx^{s-1}, $s(s-1)x^{s-2}$, $s(s-1)(s-2)x^{s-3}$, etc.

---

[10] Il faudrait encore vérifier que $\log a \neq 0$. Mais si ce n'était pas le cas, la dérivée f' serait identiquement nulle et la fonction $f(x) = a^x$ serait constante (accroissements finis).

[11] Une notation telle que $\exp_a'(s. \log_a x)$ désigne la valeur au point $s. \log_a x$ de la fonction $\exp_a'$ dérivée de $\exp_a$. Pour être cohérent, nous devrions noter $(s. \log_a)'(x)$ ce que nous écrivons $(s. \log_a x)'$ ...

[12] La formule du binôme de Newton

$$(1 + x)^s = 1 + sx + s(s - 1)x^{[2]} + s(s - 1)(s - 2)x^{[3]} + \ldots$$

C'est en particulier le cas pour $s = -1$, et comme $\log'_a(x) = 1/x . \log a$, on en conclut que les fonctions logarithmiques sont, comme les fonctions exponentielles et puissances, indéfiniment dérivables.

Ces résultats sont tout à fait fondamentaux, à ceci près que les plus importants, ceux relatifs à la fonctions log (sans indice ...) nous manquent. La seconde partie de ce chapitre va nous permettre de combler cette lacune et d'aller beaucoup plus loin en faisant paraître un Deus ex machina : la formule d'addition de la *série* exponentielle.

annoncée au Chap. II, n° 6 se réduit donc à la formule de MacLaurin pour la fonction $(1+x)^s$ dont les dérivées en $x = 0$ sont 1, s, $s(s-1)$, etc. Ce serait peu surprenant si l'on savait d'avance que la dite fonction est analytique, mais ce n'est aucunement évident sur sa définition. On l'établira autrement plus loin.

§2. Développements en séries

9 – Le nombre e. Logarithme néperiens

Au Chap. II, n° 22, nous avons montré que la série exponentielle

$$(9.1) \qquad \exp(z) = 1 + z/1! + z^2/2! + \ldots = \sum z^n/n! = \sum z^{[n]}$$

vérifie la relation

$$(9.2) \qquad \exp(x + y) = \exp(x).\exp(y)$$

quels que soient $x, y \in \mathbb{C}$ et en particulier pour x et y réels. Elle est évidemment continue dans $\mathbb{R}$ (et même dans $\mathbb{C}$) puisqu'analytique. Compte-tenu du théorème 2 ci-dessus, il existe donc un nombre $e > 0$ tel que l'on ait

$$(9.3) \qquad \exp(x) = \exp_e(x) = e^x$$

pour tout $x \in \mathbb{R}$, avec nécessairement

$$(9.4) \qquad e = \exp(1) = \sum 1/n! = 1 + 1 + 1/2! + 1/3! + \ldots .$$

On a donc

$$(9.5) \qquad e^x = 1 + x/1! + x^2/2! + \ldots$$

où e est le nombre (4), résultat a priori miraculeux si l'on définit e^x comme nous l'avons fait au n° 2. Le "miracle" tient à la formule d'addition de la série exp.

La formule (8.1) s'écrit alors

$$(9.6) \qquad \exp'(x) = \log(e).\exp x.$$

Mais la formule de dérivation des séries entières du Chap. II, n° 19, à savoir que

$$f(x) = \sum c_n x^{[n]} \implies f'(x) = \sum c_{n+1} x^{[n]},$$

montre à l'évidence que

$$(9.7) \qquad \exp'(x) = \exp x$$

comme on l'a déjà dit N fois. Il s'ensuit que

(9.8) $\log e = 1.$

Et comme la fonction $\log x = \lim n(x^{1/n} - 1)$ vérifie (Chap. II, n° 10) l'équation fonctionnelle $\log(xy) = \log x + \log y$, est croissante et non identiquement nulle, il y a un nombre $a > 0$ tel que $\log x = \log_a x$ (théorème 5), à savoir *le* nombre tel que $\log a = 1$. Autrement dit, nous voyons que la fonction $\log$ de Neper n'est autre que $\log_e$, i.e. l'application réciproque de $\exp_e = \exp$:

(9.9) $y = \log x \iff x = e^y \iff x = \exp y = \sum y^n / n!,$

résultat évidemment fondamental, ainsi que la relation

(9.10) $\log' x = 1/x$

que l'on obtient en faisant $a = e$ dans (8.2) et déjà prouvée autrement au Chap. II, n° 10.

Nous avons aussi prouvé (9) au Chap. III, n° 2 et (10) à la fin du n° 14 à l'aide de l'intégrale

$$\log b - \log a = \int_a^b dt/t$$

du Chap. II, n° 11. A partir de là et de la formule $\exp' = \exp$, on voit que la dérivée de la fonction $\exp(\log x)$, ou de $f(x) = \log(\exp x)$, est égale à 1. On a donc nécessairement $f(x) = x$ à une constante additive près d'après le Chap. III, n° 16, corollaire 1 du théorème des accroissements finis, d'où $f(x) = x$ puisque $f(0) = 0$.

On trouvera encore une autre méthode au n° 10.

Les fonctions $\log$ et $\exp$ vérifient donc toutes les identités obtenues au n° 4; en particulier, on a

(9.11) $x^s = e^{s.\log x} = \sum (s.\log x)^n / n!$

pour tout $x > 0$ et tout $s \in \mathbb{R}$. Puisque, d'autre part, les fonctions $\log_a$ sont proportionnelles entre elles, elles le sont au $\log$ népérien :

(9.12) $\log_a(x) = \log(x)/\log(a)$

puisque le premier membre doit prendre la valeur 1 pour $x = a$.

De même, toutes les fonctions exponentielles s'expriment à l'aide de la seule fonction $\exp$: d'après (11) où l'on remplacera x par a et s par x, on a

(9.13) $\exp_a(x) = \exp(x.\log a).$

Autrement dit, *il n'y a pas d'autres fonctions exponentielles que les fonctions* $x \mapsto e^{cx}$ où c est une constante réelle quelconque, et pas d'autres fonctions logarithmiques que les fonctions $x \mapsto c.\log x$. Vous pourriez donc, à partir de maintenant, oublier les $\log_a$ et autres $\exp_a$ sans inconvénient : elles n'interviennent jamais sauf, pour $a = 10$, dans les calculs numériques.

10 – Série exponentielle et logarithme : méthode directe

Pour obtenir le résultat principal du n° précédent – le fait que les fonctions log et exp sont réciproques l'une de l'autre –, nous nous sommes appuyés sur la construction directe des expressions a^x et sur les théorèmes qui caractérisent les fonctions logarithmiques et exponentielles par leurs équations fonctionnelles.

On pourrait se passer de tout cela en partant de l'équation fonctionnelle de la série exp et tout reconstituer par cette voie. En fait, nous aurions pu le faire dès la fin du Chap. II, mais il était déjà passablement long ...

Faisons donc semblant de n'avoir pas lu les n° 1 à 9 de ce Chap. IV et partons de la relation

$$(10.1) \qquad \exp(x).\exp(y) = \exp(x+y),$$

valable quels que soient $x, y \in \mathbb{C}$. Elle a des conséquences immédiates.

Tout d'abord, (i) la fonction $\exp(z)$ ne s'annule jamais même pour z complexe, (ii) $\exp(x)$ est strictement positif pour x réel, (iii) la fonction exp est strictement croissante, car la série $\exp x = 1 + x/1! + x^2/2! + \ldots$ montre que $x > 0 \implies \exp x > 1$ (iv) on a

$$\exp(px/q)^q = \exp(x)^p$$

pour $x \in C$ et p, q entiers. En particulier, $\exp(px/q) = \exp(x)^{p/q}$ pour x réel. Inutile de détailler à nouveau ces propriétés évidentes.

En second lieu, la fonction exponentielle est *analytique* dans $\mathbb{C}$ non seulement en raison du résultat général du Chap. II, n° 19 mais, plus simplement, parce que l'on a quel que soit $a \in \mathbb{C}$ un développement en série entière

$$\exp z = \exp(a)\exp(z-a) = \exp(a)\sum(z-a)^n/n!.$$

En particulier, la fonction exp est continue dans $\mathbb{C}$, donc dans $\mathbb{R}$; comme elle prend, dans $\mathbb{R}$, des valeurs arbitrairement grandes [on a $\exp n = \exp(1)^n$ avec $\exp 1 > 1$] ou arbitrairement voisines de 0 [car $\exp(-x) = 1/\exp x$], et comme elle est strictement croissante, la fonction exp applique bijectivement $\mathbb{R}$ sur $\mathbb{R}_+^*$.

En troisième lieu, la fonction exponentielle est identique à sa dérivée et donc à toutes ses dérivées successives comme le montre le Chap. II, n° 19, qu'il s'agisse de la série dérivée définie par l'algorithme général ou de la limite du quotient traditionnel. Ce résultat s'applique même pour z complexe.

Un calcul évident montrerait plus généralement que, pour $t \in \mathbb{C}$, la fonction

$$f(z) = \exp(tz) \quad \text{vérifie} \quad f'(z) = tf(z)$$

i.e. est proportionnelle à sa dérivée, d'où

$$f^{(n)}(z) = t^n . f(z)$$

quel que soit $n \in \mathbb{N}$. Cela permet de résoudre les équations différentielles linéaires à coefficients constants. Supposons par exemple que nous désirions trouver les (ou, à ce niveau de l'exposé, des) fonctions $y = f(x)$ vérifiant

$$y'''' - 3y''' + 3y'' - 3y' + 2y = 0.$$

Nous sommes tentés de chercher des solutions de la forme $\exp(tx)$; le paramètre t doit évidemment vérifier l'équation algébrique

$$t^4 - 3t^3 + 3t^2 - 3t + 2 = 0;$$

elle s'écrit encore $(t - 1)(t - 2)(t^2 + 1) = 0$, de sorte que nous obtenons immédiatement quatre solutions de l'équation différentielle donnée : $\exp x$, $\exp 2x$, $\exp ix$ et $\exp(-ix)$ et, plus généralement, toutes les fonctions

$$y = c_1 \exp(x) + c_2 \exp(2x) + c_3 \exp(ix) + c_4 \exp(-ix)$$

avec des constantes complexes arbitraires puisqu'évidemment toute somme de solutions est encore une solution. Il n'est pas évident, mais il est vrai, que l'on trouve ainsi toutes les solutions de l'équation différentielle donnée.

Nous pouvons maintenant établir le résultat fondamental reliant les fonctions exp et log :

Théorème 7. *On a*

(10.2) $\log(\exp x) = x$ *pour tout x réel,*

(10.3) $\exp(\log y) = y$ *pour tout y réel > 0.*

Rappelons la démonstration déjà donnée (Chap. III, n° 2, exemple 1). Par définition, on a

(10.4) $$\log y = \lim n(y^{1/n} - 1)$$

pour tout $y > 0$. Comme $\exp(x)^{1/n} = \exp(x/n)$ pour $x \in \mathbb{R}$ et n entier, on a donc

$$\log(\exp(x)) = \lim n[\exp(x)^{1/n} - 1] = \lim n[\exp(x/n) - 1] =$$
$$= \lim \frac{\exp(x/n) - 1}{1/n} = x . \lim \frac{\exp(x/n) - \exp(0)}{x/n}.$$

Quand n augmente indéfiniment, $h = x/n$ tend vers 0, de sorte que le quotient $[\exp(h) - \exp(0)]/h$ tend vers la dérivée en $x = 0$ de la fonction exp, i.e. vers 1 puisqu'on a vu plus haut que $\exp' = \exp$ ou, plus simplement, parce que $\exp(h) - 1 = h + h^2/2! + \ldots \sim h$ quand h tend vers 0. D'où, à la limite, $\log(\exp(x)) = x$ pour tout $x \in \mathbb{R}$. Comme la fonction exp est une bijection de $\mathbb{R}$ sur $\mathbb{R}_+^*$, il s'ensuit que la fonction $\log : \mathbb{R}_+^* \longrightarrow \mathbb{R}$ en est l'application réciproque, d'où le théorème.

On retrouve ainsi le fait que la fonction $\log x$ est continue (Chap. II, n° 10), dérivable et que

$$(10.5) \qquad\qquad\qquad \log' x = 1/x.$$

Cela résulte de la règle (D 5) du Chap. III, n° 15 et de la relation $\exp' = \exp$. De (5) résulte que la fonction $\log(1 + x)$ a pour dérivée

$$1/(1 + x) = 1 - x + x^2 - \ldots$$

pour $x \in \ ]-1, 1[$, et comme cette série entière est elle même la dérivée de $x - x^2/2 + x^3/3 - \ldots$, on en conclut comme au Chap. III, n° 16, exemple 1, que

$$(10.6) \qquad \log(1 + x) = x - x^2/2 + x^3/3 - \ldots \quad \text{pour } x \in \ ]-1, 1]$$

(le cas $x = 1$ s'obtenant par passage à la limite).

La formule (5) implique à son tour un résultat que nous étendrons au n° suivant au cas où x est complexe : on a

$$(10.7) \qquad\qquad\qquad \exp(x) = \lim(1 + x/n)^n$$

pour tout $x \in \mathbb{R}$ et même

$$(10.7') \qquad\qquad\qquad \exp(x) = \lim(1 + hx)^{1/h} \quad \text{quand } h \to 0.$$

On a en effet

$$\log\left[(1 + hx)^{1/h}\right] = \log(1 + hx)/h = x\frac{\log(1 + hx) - \log 1}{hx},$$

et comme hx tend vers 0, la fraction figurant au troisième membre tend vers la dérivée de la fonction log en $x = 1$, i.e. vers 1 d'après (5). Par suite, $\log\left[(1 + hx)^{1/h}\right]$ tend vers x, d'où, par continuité,

$$\exp(x) = \lim \exp\left\{\log\left[(1 + hx)^{1/h}\right]\right\} = \lim(1 + hx)^{1/h},$$

ce qui prouve (7').

Pour conclure, remarquons que les fonctions log et exp pourraient être utilisées pour *définir* les exponentielles générales a^x et établir leurs propriétés. La formule d'addition de la fonction log montre immédiatement que $\log(a^n) = n.\log a$ pour $n \in \mathbb{Z}$, i.e. que

$$a^n = \exp(n.\log a).$$

On en déduit que

$$\exp\left[\log(a)p/q\right]^q = \exp(p.\log a) = a^p,$$

d'où

$$(a^p)^{1/q} = \exp[\log(a)p/q].$$

A partir de là, il est naturel de *définir*

(10.8) $$a^x = \exp(x.\log a)$$

pour tout $x \in \mathbb{R}$, ou par

(10.9) $$\log(a^x) = x.\log a.$$

La continuité de la fonction a^x est évidente, et les règles de calcul s'obtiennent facilement :

$$a^x a^y = \exp(x.\log a)\exp(y.\log a) = \exp[(x+y).\log a] = a^{x+y},$$
$$a^x b^x = \exp(x.\log a)\exp(x.\log b) = \exp[x(\log a + \log b)] =$$
$$= \exp[x.\log(ab)] = (ab)^x,$$
$$(a^x)^y = \exp\left[y.\log(a^x)\right] = \exp(yx.\log a) = a^{xy}.$$

L'intérêt de la définition (8) est qu'*elle garde un sens pour x complexe* et permet donc de définir les *exposants complexes*, i.e. l'expression a^z, à condition de supposer a réel > 0; la définition (9), par contre, est inutilisable puisque le log d'un nombre complexe n'a pas de sens (ou, lorsque nous lui en donnerons un plus loin, est défini à l'addition près d'un multiple de $2\pi i$). Les deux premières règles de calcul des exposants réels s'étendent aux exposants complexes avec la même démonstration, mais la troisième soulève le problème de définir une puissance complexe d'un nombre complexe, de sorte qu'on ne peut l'utiliser sans précautions que pour $a \in \mathbb{R}_+^*$, $x \in \mathbb{R}$, $y \in \mathbb{C}$. C'est l'un des pièges du sujet.

La définition (8) permet aussi de retrouver – et d'étendre aux exposants complexes – la formule de dérivation des fonctions puissance générales. Pour $s \in \mathbb{C}$ donné et $x > 0$, d'où $x^s = \exp(s.\log x)$, on trouve, en appliquant la règle de dérivation des fonctions composées [Chap. III, n° 15, règle (D4)], $(x^s)' = \exp'(s.\log x)(s.\log x)' = \exp(s.\log x).(s.\log x)' = x^s.s/x$, i.e.

(10.10) $$(x^s)' = sx^{s-1} \qquad (x > 0,\ s \in \mathbb{C})$$

comme dans le cas où s est réel. Cette séduisante démonstration laisse toutefois à désirer, car la formule générale $g'(f(a))f'(a)$ du Chap. III, n° 15 suppose f à valeurs *réelles*, alors qu'ici $f(x) = s.\log x$ est à valeurs *complexes* si

s n'est pas réel. Fort heureusement, nous avons montré au Chap. III, n° 21, exemple 1, equ. (21.2), avec une grande prévoyance, que si g est une fonction *holomorphe* dans un ouvert V de $\mathbb{C}$ et f une application dérivable d'un intervalle U de $\mathbb{R}$ dans V, alors la dérivée de la fonction composée $g[f(x)]$ existe et est fournie par la formule standard à condition d'interpréter g' comme la dérivée complexe de g. La fonction $g(z) = \exp(z)$ étant analytique dans $V = \mathbb{C}$ et identique à sa dérivée au sens complexe, et l'application $f : x \longmapsto s.\log x$ de $U = \mathbb{R}_+^*$ dans V étant aussi dérivable qu'on peut le souhaiter même si le coefficient s est complexe, la démonstration de (10) est encore valable pour $s \in \mathbb{C}$.

De même, pour $a > 0$ donné, la fonction

$$a^z = \exp(z.\log a) = \sum z^n \log^n(a)/n!$$

est une série entière, donc une fonction analytique de z dont la dérivée complexe est donnée par

(10.11) $$(a^z)' = \log(a)a^z$$

comme on le voit en dérivant terme à terme la série entière.

Notons enfin qu'avec cette définition des exposants complexes, on a

$$\exp(z) = e^z \quad \text{pour tout } z \in \mathbb{C},$$

ce qui permet souvent d'alléger les notations.

11 – La série du binôme de Newton

Théorème 8. *On a*

(11.1) $$(1 + z)^s = N_s(z) = 1 + sz + s(s - 1)z^2/2! + \cdots =$$
$$= \sum s(s - 1) \ldots (s - n + 1)z^{[n]}$$

pour $-1 < z < 1$ *et* $s \in \mathbb{C}$.

Comme on a

$$\log(1 + z) = z - z^2/2 + z^3/3 - \ldots$$

pour $z \in\ ]-1, 1[$ et $a^s = \exp(s.\log a)$, théorème pour s réel et définition de a^s pour s complexe et $a > 0$, le théorème 8 devient un cas particulier du résultat suivant :

Théorème 8 bis. *On a*

$$(11.2) \qquad \exp\left[s(z - z^2/2 + z^3/3 - \dots)\right] = \sum s(s-1)\dots(s-n+1)z^{[n]}$$

pour $s, z \in \mathbb{C}$ *et* $|z| < 1$.

Il y a plusieurs méthodes, toutes instructives, pour démontrer ces théorèmes. Commençons par la meilleure, qui présente le défaut ou l'avantage – tout dépend du point de vue ... – d'utiliser les théorèmes généraux du Chap. II, n° 19 sur les fonctions analytiques complexes, mais règle la question d'une façon qui n'était probablement à la portée de personne avant l'étude systématique par Weierstrass des fonctions analytiques.

Première démonstration (cas général). On considère les deux membres de (2) comme des fonctions de z pour $s \in \mathbb{C}$ donné. Ce sont des fonctions *analytiques* dans le disque $D : |z| < 1$.

Considérons d'abord le premier membre $f(z) = \exp[sL(z)]$, en posant[13]

$$(11.3) \qquad L(z) = z - z^2/2 + \dots;$$

comme L est analytique dans D et exp dans $\mathbb{C}$, la composée de ces deux fonctions est analytique (Chap. II, n° 22, théorème 17).

Première variante. On cherche la série de Maclaurin de f à l'origine. On a (même référence)

$$f'(z) = \exp'[sL(z)]sL'(z) = sf(z)L'(z).$$

Comme $L'(z) = 1 - z + z^2 - \dots = (1+z)^{-1}$ dans D, il vient donc

$$(11.4) \qquad (1+z)f'(z) = sf(z)$$

dans D. En dérivant $n-1$ fois cette relation à l'aide de la formule de Leibniz, on trouve

$$(1+z)f^{(n)}(z) + (n-1)f^{(n-1)}(z) = sf^{(n-1)}(z),$$

de sorte que les nombres $a_n = f^{(n)}(0)$ vérifient $a_n = (s-n+1)a_{n-1}$. Comme $a_0 = 1$, on trouve $a_n = s(s-1)\dots(s-n+1)$; la série de Maclaurin $\sum f^{(n)}(0)z^{[n]}$ de f à l'origine est donc la série de Newton. Comme f est analytique, elle est représentée par sa série de Maclaurin au voisinage de 0 (Chap. II, n° 19); les deux membres de (2) coïncidant au voisinage de 0, ils sont égaux dans tout le disque D où ils sont analytiques (Chap. II, n° 20 : prolongement analytique), cqfd.

---

[13] On se gardera de le noter $\log(1+z)$, expression que nous n'avons pas encore définie pour z complexe et qui, lorsque nous le ferons plus loin, peut prendre une infinité de valeurs.

Seconde variante. Considérons la série entière $g(z)$ de Newton. C'est aussi une fonction analytique dans D. Sa dérivée s'obtient par le procédé habituel [Chap. II, equ. (19.4)], d'où

$$g'(z) = s + s(s-1)z + s(s-1)(s-2)z^{[2]} + \ldots$$

En multipliant par $1 + z$ et en tenant compte de la relation

$$\binom{s-1}{n} + \binom{s-1}{n-1} = \binom{s}{n}$$

entre coefficients du binôme, on obtient à nouveau l'équation différentielle

(11.4') $(1+z)g'(z) = sg(z).$

Comme $f(z)$ ne s'annule jamais en tant qu'exponentielle, la fonction $g(z)/f(z) = h(z)$ est analytique dans D (Chap. II, n° 22) et sa dérivée se calcule par la formule standard. Les relations (4) et (4') montrent alors que $h'(z) = 0$ et donc que toutes les dérivées successives de h sont nulles. Or nous avons montré au Chap. II, n° 20 (principe du prolongement analytique), que, dans un ouvert connexe, par exemple D, une telle fonction est *constante*[14] – il en faut même beaucoup moins (annulation des dérivées successives en un seul point). Comme $h(0) = 1$, on a donc $f(z) = g(z)$ dans D, cqfd.

On notera que, pour $s = 1$, on obtient la formule

$$\exp(z - z^2/2 + \ldots) = 1 + z, \quad |z| < 1.$$

Elle se démontre encore plus facilement : les deux membres sont analytiques dans D; ils coincident pour z réel puisque $\log(1 + z) = z - z^2/2 + \ldots$ pour $z \in \,] - 1, 1[$; par prolongement analytique, ils sont donc identiques dans D.

Seconde démonstration ($z \in \mathbb{R}$, $s \in \mathbb{R}$). Cette démonstration moins savante utilise l'équation fonctionnelle des fonctions exponentielles, mais impose des restrictions à s et z. On considère pour cela la série (1) comme une fonction de s pour $z \in \,] - 1, 1[$ donné, et non plus comme une fonction de z pour s donné.

Choisissons des nombres z, s et t pour le moment complexes, avec $|z| < 1$ pour assurer (Chap. II, n° 16) la convergence absolue des séries

(11.5) $N_s(z) = 1 + sz + s(s-1)z^2/2! + \cdots = \sum c_n(s)z^n,$

(11.6) $N_t(z) = 1 + tz + t(t-1)z^2/2! + \ldots = \sum c_n(t)z^n.$

---

[14] Au lieu d'invoquer le principe du prolongement analytique, on pourrait observer que h, étant analytique, est holomorphe et que la relation $h' = 0$ signifie que ses dérivées partielles premières par rapport aux coordonnées réelles x et y de z sont nulles; il reste alors à tenir compte du Chap. III, n° 21, equ. (21.11), qui généralise la formule des accroissements finis.

Pour $s, t \in \mathbb{N}$, leurs sommes sont égales à $(1 + z)^s$ et $(1 + z)^t$ d'après la formule *algébrique* du binôme, de sorte que, dans ce cas, on a

$$(11.7) \qquad N_s(z).N_t(z) = N_{s+t}(z).$$

Nous allons voir que cette formule subsiste pour s et t complexes quelconques et $z \in \mathbb{C}$, $|z| < 1$. Le raisonnement qui suit est dû à Euler (1774).

Appliquons pour cela la règle de multiplication des séries entières (Chap. II, n° 22). On trouve une série entière $\sum c_n(s,t)z^n$ absolument convergente avec

$$(11.8) \qquad c_n(s,t) = \sum_{p+q=n} c_p(s)c_p(t).$$

Tout revient donc à prouver l'identité

$$(11.9) \qquad c_n(s+t) = \sum c_p(s)c_q(t).$$

Il est tout d'abord clair que les coefficients figurant dans (5) et (6) sont des polynômes en s et t respectivement, de sorte que le premier membre de (9) est un polynôme en s et t. La relation (9) à démontrer est donc une identité entre deux polynômes en s et t, identité dont nous savons, d'après la formule algébrique du binôme, qu'elle est valable lorsqu'on donne aux variables s et t des valeurs *entières positives*. Par différence, tout revient donc à prouver le résultat général que voici, où l'on appelle x et y les variables au lieu de s et t :

Principe de prolongement des identités algébriques. *Soit*

$$P(x, y) = \sum a_{ij}x^i y^j$$

un polynôme à deux[15] *variables et à coefficients complexes. Supposons que* $P(x, y) = 0$ *dès que* $x, y \in \mathbb{N}$. *Alors on a* $a_{ij} = 0$ *quels que soient* i *et* j *et donc* $P(x, y) = 0$ *quels que soient* $x, y \in \mathbb{C}$.

En groupant les termes de P contenant une même puissance de y, on a en effet $P(x, y) = \sum P_j(x)y^j$ avec des polynômes $P_j(x)$ en x. Donnons à x une valeur $n \in \mathbb{N}$ et considérons $P(n, y) = \sum P_j(n)y^j$. Par hypothèse, ce polynôme en y s'annule dès que $y \in \mathbb{N}$; il possède donc une *infinité de racines*. Or l'un des résultats les plus élémentaires de la théorie des équations algébriques à une inconnue est qu'une équation de degré ≤ 152 possède au plus 152 racines, sauf bien sûr si tous ses coefficients sont nuls. On a donc $P_j(n) = 0$ pour tout $n \in \mathbb{N}$, ce qui, pour la même raison, prouve que tous les coefficients de tous les P_j, i.e. ceux de P, sont nuls, cqfd.

---

[15] Le cas d'un nombre quelconque de variables se traite de la même façon.

C'est la formule (7), que l'on peut maintenant écrire

$$(11.10) \qquad N_s(z)N_t(z) = N_{s+t}(z) \quad \text{pour } s, t, z \in \mathbb{C}, \ |z| < 1,$$

qui va établir le théorème pour z et s réels. Tout d'abord, pour z donné, la fonction $s \mapsto N_s(z)$ vérifie la formule d'addition des fonctions exponentielles et, pour s et z réels, est à valeurs réelles. Comme $N_1(z) = 1 + z$, pour établir la relation

$$(11.11) \qquad N_s(z) = (1 + z)^s \quad \text{pour } -1 < z < 1, \ s \in \mathbb{R},$$

il suffit (n° 6, théorème 2) de montrer que, pour $z \in]-1, 1[$ donné, le premier membre est fonction *continue* de s dans $\mathbb{R}$. Nous allons montrer que c'est le cas dans $\mathbb{C}$, et même pour z complexe, $|z| < 1$.

Les termes de la série de Newton sont en effet des fonctions continues de s. Il suffit donc de montrer qu'elle converge *normalement* dans tout disque $|s| \leq R$ (Chap. III, n° 8, théorème 9). Mais dans un tel disque, on a

$$(11.12) \qquad |s(s-1) \ldots (s-n+1)z^n/n!| \leq$$
$$\leq R(R+1) \ldots (R+n+1)|z|^n/n! = v_n,$$

terme général d'une série à termes positifs indépendante de s; celle-ci converge pour $|z| < 1$ car

$$v_{n+1}/v_n = (R+n+2)|z|/(n+1)$$

tend vers $|z|$ lorsque n augmente; d'où la convergence normale et (11) pour $s \in \mathbb{R}$, cqfd.

Troisième démonstration [cas général; utilise (10)]. Pour établir la formule

$$(11.13) \qquad \exp[sL(z)] = \sum c_n(s)z^n$$

pour s et z complexes, $|z| < 1$, nous allons montrer d'abord que, pour $z \in D$ donné, les deux membres sont des fonctions *holomorphes* de s dans $\mathbb{C}$, i.e. que, considérées comme fonctions des parties réelle et imaginaire de s, elles sont C^1 et vérifient la condition de Cauchy $D_1 f = -iD_2 f$ (Chap. II, n° 19; voir aussi les n° 19 à 22 du Chap. III). C'est évident pour le premier membre

$$f(s) = \exp[sL(z)] = \sum L(z)^n s^{[n]}$$

puisqu'il est analytique dans $\mathbb{C}$. Le cas du second membre est un peu moins facile[16].

---

[16] On a vu plus haut que, pour z donné, la série de Newton converge normalement dans tout disque $|s| \leq R$. Comme ses termes sont des fonctions anlytiques de

Nous avons montré au Chap. III, n° 22, comme conséquence du théorème 23 sur la dérivation terme à terme d'une série de fonctions C^1 (au sens réel) dans un ouvert U de $\mathbb{C}$, que si ces fonctions sont holomorphes et si la série de leurs dérivées au sens complexe converge uniformément (par exemple, normalement) sur tout compact $K \subset U$, alors la somme de la série est encore holomorphe, sa dérivée s'obtenant en dérivant la série terme à terme. Bien qu'ayant alors déclaré que ce résultat n'a "aucun intérêt", il va nous servir ici. Le lecteur est prié de considérer les raisonnements qui suivent comme un simple exercice puisque nous avons obtenu le résultat beaucoup plus facilement plus haut.

Il est clair que la dérivée complexe de la fonction $c_n(s) = s(s-1)\dots(s-n+1)/n!$ est

$$c_n'(s) = \sum s(s-1)\dots(s-p)'\dots(s-n+1)/n!.$$

Pour $|s| \leq R$, on a donc

$$|c_n'(s)| \leq \sum R(R+1)\dots 1\dots(R+n+1)/n!;$$

comme $1 \leq R + p$ pour tout $p \geq 0$ pour peu que $R \geq 1$ et comme la somme considérée comporte n termes, il vient

$$|c_n'(s)| \leq nR(R+1)\dots(R+n+1)/n!.$$

Lorsqu'on dérive terme à terme par rapport à s la série

$$g(s) = \sum c_n(s)z^n,$$

on trouve donc une série dont le terme général est, en module, majoré dans le disque $|s| \leq R$ par

$$nR(R+1)\dots(R+n+1)|z|^n/n! = w_n.$$

Comme $w_{n+1}/w_n = (R+n+2)|z|/n$ tend vers $|z| < 1$, la série converge, de sorte qu'en dérivant terme à terme par rapport à s la série de Newton g, on trouve une série normalement convergente sur tout compact de $\mathbb{C}$.

---

s – des polynômes –, les théorèmes généraux du Chap. VII montreraient, si nous en disposions, que la somme de la série est analytique dans $\mathbb{C}$. Quant à montrer "sans rien savoir" que la série de Newton est une série entière partout convergente en s, cela exigerait des calculs explicites inextricables. Noter aussi que, pour la suite de la démonstration, on a seulement besoin de savoir que la série entière de $f(s)$ est, comme toute série entière, holomorphe dans son disque de convergence; le théorème 23 du Chap. III, n° 22 sur les suites de fonctions C^1 permettrait d'en donner une démonstration directe puisqu'en dérivant une série entière en s par rapport aux coordonnées réelle ou imaginaire de s, on trouve, à un facteur près égal à 1 ou à i, la série entière dérivée; il suffit alors de savoir que celle-ci a le même rayon de convergence que la série donnée.

Il s'ensuit que g est fonction holomorphe de s pour tout $z \in D$ et que l'on peut calculer $g'(s)$ en dérivant la série terme à terme.

Calculons cette dérivée. Nous savons d'après (10) que $g(s+t) = g(s)g(t)$ pour $s, t \in \mathbb{C}$; en dérivant cette formule par rapport à $t \in \mathbb{C}$ pour s donné, on trouve $g'(s+t) = g(s)g'(t)$ et en particulier

$$g'(s) = g(s)g'(0) = g(s) \sum c'_n(0)z^n.$$

Comme $c_n(s) = s(s-1)\ldots(s-n+1)/n!$ est un polynôme, $c'_n(0)$ est le coefficient de s dans son développement, i.e. le terme indépendant de s du polynôme $C_n(s)/s = (s-1)\ldots(s-n+1)/n!$, i.e. la valeur de ce polynôme pour $s = 0$, d'où

$$c'_n(0) = (-1)^{n-1}(n-1)!/n! = (-1)^{n-1}/n.$$

On trouve donc, pour $|z| < 1$,

$$g'(0) = z - z^2/2 + z^3/3 - \ldots = L(z),$$

miracle prévu d'où résulte que $g'(s) = L(z)g(s)$. Mais la fonction $f(s) = \exp[sL(z)]$ vérifie aussi $f'(s) = L(z)f(s)$. Comme f n'est jamais nulle, on en déduit que la fonction *holomorphe* $g(s)/f(s)$ (Chap. III, fin du n° 20) a une dérivée identiquement nulle dans $\mathbb{C}$. Elle est donc constante (Chap. III, n° 21, résultat valable, dans un ouvert connexe de $\mathbb{R}^2$, pour toute fonction C^1 dont les deux dérivées partielles premières sont nulles). Comme $f(0) = g(0) = 1$, on en conclut que $f = g$, ce qui achève, à tous les sens du terme, une démonstration que l'on peut juger trop baroque, mais qui n'en fournit pas moins le résultat général avec le minimum de moyens : les théorèmes du Chap. III, §5 sur les fonctions de deux variables réelles.

Donnons maintenant quelques exemples d'application de la formule de Newton.

Si $s \in \mathbb{Z}$, la formule est aussi valable quel que soit $z \in \mathbb{C}$ si $s > 0$ (formule algébrique du binôme). Pour s entier négatif et z complexe, $|z| < 1$, la relation $N_s(z)N_{-s}(z) = 1$ montre que $N_s(z) = 1/(1+z)^{-s} = (1+z)^s$, d'où à nouveau la formule. Pour z non réel et $s = p/q$ rationnel mais non entier, il est plus prudent d'écrire seulement que $N_{p/q}(z)^q = (1+z)^p$ étant donné qu'un nombre complexe a, comme on le verra au n° 14, plusieurs racines q-ièmes dont, a priori, aucune n'est plus "naturelle" que les autres contrairement à ce qui se passe pour un nombre réel positif.

Exemple 1. Remplaçons s par $-s$ avec $s \in \mathbb{N}$. On obtient, après un petit calcul, les formules

(11.14)
$$\frac{1}{(1+z)^s} = 1 - sz + s(s+1)z^2/2! -$$
$$- s(s+1)(s+2)z^3/3! + \dots \quad (s \in \mathbb{N}, |z| < 1).$$

(11.15)
$$\frac{1}{(1-z)^s} = 1 + sz + s(s+1)z^2/2! + \dots =$$
$$= \sum s(s+1)\dots(s+n-1)z^{[n]}.$$

On retrouve la série géométrique pour $s = 1$ et, pour $s = 2, 3, \dots$ les séries

(11.16)
$$(1-z)^{-2} = 1 + 2z + 3z^2 + 4z^3 + 5z^4 + \dots =$$
$$= \sum (n+1)z^n \quad (|z| < 1)$$

(11.17)
$$(1-z)^{-3} = 1 + 3z + 6z^2 + 10z^3 + 15z^4 + \dots =$$
$$= \sum \frac{(n+1)(n+2)}{2} z^n$$

etc., déjà rencontrées au Chap. II, n° 19, formules (12) à (15).

Exemple 2. C'est le premier triomphe de Newton; on l'aurait gravé sur sa tombe à l'abbaye de Westminster (peut-être même le cas général), mais un historien a constaté au début de ce siècle que l'inscription n'était plus visible, à supposer qu'elle ait jamais existé. On contribuerait à la formation culturelle des touristes et des paroissiens en la restituant. On prend $s = 1/2$ et l'on obtient alors $N_{1/2}(z)^2 = 1 + z$, de sorte que la série de Newton est l'une des deux racines carrées de $1 + z$. Pour z *réel*, on trouve la racine carrée *positive* de $1 + z$ et en explicitant les coefficients on obtient

(11.18) $(1+z)^{1/2} =$
$$= 1 + z/2 + \frac{1}{2}\left(\frac{1}{2} - 1\right)z^2/2! + \frac{1}{2}\left(\frac{1}{2} - 1\right)\left(\frac{1}{2} - 2\right)z^3/3! + \dots$$
$$= 1 + z/2 - z^2/8 + z^3/16 - 5z^4/128 + \dots \quad (|z| < 1)$$

ou encore

(11.19)
$$(1-z)^{1/2} = 1 - z/2 - \sum_{p \geq 2} \frac{1.3\dots(2p-3)}{2.4\dots 2p} z^p.$$

La formule reste valable pour $z \in \mathbb{C}$ à condition de faire précéder le second membre du signe $\pm$, ou bien de décider que celui-ci représente, par définition, le symbole $(1-z)^{1/2}$ pour $|z| < 1$, ce qui revient à attribuer un rôle privilégié à l'une des deux racines carrées possibles[17]; c'est ce que l'on fait déjà dans le cas réel en choisissant la racine positive.

Newton ne connaissait pas explicitement, ou n'avait pas cherché à découvrir, la formule *générale* de multiplication des séries entières; elle ne lui aurait pas coûté beaucoup de travail[18] et il se serait sûrement borné à hausser les épaules si on le lui en avait fait la remarque. Il était évidemment capable, et l'écrit à Leibniz en 1676, de vérifier que

$$(1 + x/2 - x^2/8 + x^3/16 - 5x^4/128 + \dots) \cdot$$
$$\cdot \, (1 + x/2 - x^2/8 + x^3/16 - 5x^4/128 + \dots) =$$
$$= (1 + x/2 - x^2/8 + x^3/16 - 5x^4/128 + \dots) +$$
$$+ \, (x/2 + x^2/4 - x^3/16 + x^4/32 - \dots) +$$
$$+ \, (-x^2/8 - x^3/16 + x^4/64 - \dots) +$$
$$+ \, (x^3/16 + x^4/32 \dots) + (-5x^4/128 - \dots) + \dots$$

se réduit à $1 + x$ modulo des termes de degré > 4. Le lecteur qui tiendrait à le vérifier modulo des termes de degré > 8 peut continuer le calcul de la même façon; Newton a observé un jour que son cerveau n'avait jamais si bien fonctionné qu'à vingt ans ...

Il était aussi capable, pour confirmer ses formules, de calculer $(1 + x)^{1/2}$ en extrayant la racine carrée de $1 + x$ par l'arithmétique commerciale; encore l'analogie avec les nombres décimaux que lui inspirent les séries entières. La pratique de ce sport[19] s'étant maintenant perdue, nous n'insisterons pas sur ce point. Plus simplement, si l'on postule l'existence d'une formule

$$(1 + x)^{1/2} = 1 + a_1 x + a_2 x^2 + a_3 x^3 + \dots,$$

---

[17] Il est par contre impossible de définir dans $\mathbb{C}$ tout entier, ou même seulement dans $\mathbb{C}^*$, une fonction *continue* (encore moins, analytique) $f(z)$ telle que l'on ait $f(z)^2 = z$ pour tout z. Ce n'est possible que dans certains ouverts ("simplement connexes") de $\mathbb{C}^*$, par exemple, comme ici, dans le disque ouvert de centre 1 et de rayon 1.

[18] Le seul obstacle tenait à l'absence de notations commodes. Les indices, les $\sum$, la notation $f(x)$, les variables "liées" ou "fantômes", etc. ne s'introduisent que plus tard, de sorte qu'à l'époque de Newton tous les calculs devaient être effectués de façon totalement explicite. En fait, c'est Newton qui, le premier, écrit la formule générale pour les coefficients du binôme, même pour les exposants entiers positifs; on ne connaissait guère avant lui que le "triangle de Pascal" permettant de les calculer de proche en proche. Et même Newton se borne, plus tard, à écrire $s(s-1)(s-2)\dots/1.2.3\dots$ sans préciser les derniers facteurs. Les premières notations modernes, par exemple $\int f(x)dx$, sont de Leibniz, un philosophe et logicien, et des Bernoulli qui sont en contact avec lui. On ne saurait trop insister sur le rôle que des notations bien choisies ont eues, et continuent à avoir, sur le progrès des mathématiques.

[19] John Wallis, dans les livres duquel Newton a appris l'analyse, est réputé avoir consacré une nuit d'insomnie à calculer de tête une cinquantaine de chiffres de la racine carrée d'un nombre de cinquante chiffres et avoir dicté le résultat au matin à son secrétaire.

on doit avoir

$$1 + x = \left(1 + a_1 x + a_2 x^2 + a_3 x^3 + \ldots\right)\left(1 + a_1 x + a_2 x^2 + a_3 x^3 + \ldots\right) =$$
$$= 1 + 2a_1 x + \left(a_1^2 + 2a_2\right) x^2 + (2a_1 a_2 + 2a_3) x^3 + \ldots ,$$

d'où $a_1 = 1/2$, $1/4 + 2a_2 = 0$ i.e. $a_2 = -1/8$, etc. Cette méthode permet de vérifier que les premiers termes de (18) sont justes, mais il semble difficile d'en déduire le terme général que Newton, en fait, devine à partir de la loi de formation des premiers coefficients et en extrapolant ce qu'il sait dans le cas d'un exposant $s \in \mathbb{N}$.

Exemple 3. En prenant $s = -1/2$, on trouve la racine carrée de $1/(1 + z)$, notée $(1 + z)^{-1/2}$ même pour $z \in \mathbb{C}$. En explicitant les coefficients, il vient

$$(11.20) \qquad (1 + z)^{-1/2} = 1 - z/2 + 3z^2/8 - 5z^3/16 +$$
$$+ 35z^4/128 - \ldots \quad (|z| < 1).$$

ou, avec d'autres notations,

$$(11.21) \qquad \frac{1}{(1 - z)^{1/2}} = 1 + \frac{1}{2}z + \frac{1.3}{2.4}z^2 + \frac{1.3.5}{2.4.6}z^3 + \ldots \quad (|z| < 1).$$

12 – La série entière du logarithme

Nous avons montré au Chap. III, n° 16, exemple 1 et à nouveau au n° 10 que de la formule

$$\log' x = 1/x$$

résulte

$$\log(1 + x) = x - x^2/2 + x^3/3 - \ldots$$

pour $-1 < x < 1$. Nous savons aussi qu'en fait la formule reste valable pour $x = 1$ en raison de la continuité du premier membre et du fait que la série du second membre converge uniformément dans $[0, 1]$ (Chap. III, n° 8, exemple 4).

On peut donner de ce développement en série une démonstration plus compliquée mais qui, outre son intérêt historique, est un bel exercice de passage à la limite dans une suite de séries.

La formule (11.7) montre en effet que, pour $-1 < x < 1$ et p entier non nul, on a $N_{1/p}(x) = (1 + x)^{1/p}$. Cette relation s'écrit, par définition de N_s,

(12.1) $(1+x)^{1/p} =$

$$= 1 + x/p + (1/p)(1/p - 1)x^2/2!$$
$$+ (1/p)(1/p - 1)(1/p - 2)x^3/3! + \dots$$
$$= 1 + x/p - (1 - 1/p)x^2/p.2 + (1 - 1/p)(2 - 1/p)x^3/p.2.3 -$$
$$- (1 - 1/p)(2 - 1/p)(3 - 1/p)x^4/p.2.3.4 + \dots,$$

ce qui suppose $-1 < x < 1$. [On a par exemple

$$(1,5)^{1/8} = 1 + 1/16 - 7/512 + 105/24576 - 2415/1572864 + \dots,$$

exemple de série alternée à termes décroissants qui, en fait, converge absolument puisque $|0,5| < 1$]. (1) montre que

(12.2) $p\left[(1+x)^{1/p} - 1\right] =$

$$= x - (1 - 1/p)x^2/2 + (1 - 1/p)(1 - 1/2p)x^3/3 -$$
$$- (1 - 1/p)(1 - 1/2p)(1 - 1/3p)x^4/4 + \dots.$$

Le premier membre tend par définition vers $\log(1 + x)$ lorsque p augmente indéfiniment; or les facteurs $1 - 1/p$, $1 - 1/2p$, etc. figurant dans (2) tendent alors vers 1. Il s'ensuit "évidemment", comme Halley, l'homme de la comète, et Euler l'ont remarqué, que

$$\log(1 + x) = x - x^2/2 + x^3/3 - \dots$$

Mais il s'agit d'un passage à la limite dans une somme d'une *infinité* de termes.

Pour le justifier, posons

(12.3) $u_p(n) = (-1)^n(1 - 1/p)(1 - 1/2p)\dots(1 - 1/np)x^{n+1}/(n + 1),$

de sorte que

(12.4) $p\left[(1+x)^{1/p} - 1\right] = \sum_n u_p(n).$

Nous avons affaire à une série dont les termes sont des fonctions d'un entier p, autrement dit à ce que nous avons appelé une "suite de séries" au Chap. III, fin du n° 13. Nous savons que, pour tout n,

(12.5) $\lim_{p\to\infty} u_p(n) = x^{n+1}/(n + 1) = u(n)$

existe, que $|u_p(n)| \leq |u(n)|$ quels que soient p et n et nous voudrions pouvoir en déduire que

(12.6) $$\lim_{p \to \infty} \sum_n u_p(n) = \sum_n u(n) = \sum_n \lim_{p \to \infty} u_p(n).$$

Le point crucial dans la démonstration va être le fait que, pour $|x| < 1$, la série $\sum u_p(n)$ est dominée par une série absolument convergente *indépendante de p*, à savoir $v(n) = |u(n)|$.

Théorème 9 (convergence dominée pour les séries). *Soit $\sum_n u_p(n)$, $p \in \mathbb{N}$, une suite de séries. Supposons que (i) $u_p(n)$ tende vers une limite $u(n)$ lorsque $p \to +\infty$, (ii) (convergence normale) il existe une série convergente à termes positifs $v(n)$ telle que l'on ait*

(12.7) $$|u_p(n)| \leq v(n) \qquad \text{quels que soient p et n.}$$

Alors la série $\sum u(n)$ converge absolument et l'on a (6).

Cet énoncé est en fait un cas particulier du théorème 17 du Chap. III, n° 13 sur les passages à la limite dans une suite de séries normalement convergentes d'une variable $t \in T \subset \mathbb{C}$: on a ici $T = \mathbb{N}$, $u(n, t) = u_t(n)$ et t tend vers $a = +\infty$. Mais on peut aussi procéder directement.

Tout d'abord, la convergente absolue de la série $\sum u(n)$ est évidente puisqu'à la limite on a $|u(n)| \leq v(n)$ pour tout n. Posons alors $s = \sum u(n)$ et $s_p = \sum u_p(n)$. Pour tout p et tout entier $N > 0$, on a

$$|s_p - s| \leq \sum_p |u_p(n) - u(n)| = \sum_{n \leq N} |u_p(n) - u(n)| + \sum_{n > N} |u_p(n) - u(n)| \leq$$

$$\leq \sum_{n \leq N} |u_p(n) - u(n)| + 2 \sum_{n > N} v(n).$$

Donnons-nous un $r > 0$. La seconde somme, qui ne dépend pas de p, est $< r$ pour tout N assez grand puisque la série $\sum v(n)$ converge. Un tel N étant choisi, la première somme tend vers 0 lorsque $p \to \infty$ puisque qu'il en est ainsi des N différences qui la composent; elle est donc $< r$ dès que p dépasse un entier p_N convenablement choisi. On a alors $|s_p - s| < 3r$ pour p assez grand, cqfd.

Nous pouvons maintenant énoncer formellement le résultat :

Théorème 10. *On a*

(12.8) $$\log(1 + x) = x - x^2/2 + x^3/3 - \dots$$

pour $-1 < x \leq 1$.

Chez Newton et Mercator, qui ont obtenu les premiers le résultat vers 1665–1668, on procède un peu différemment : on sait déjà que $\log(1 + x)$ est l'intégrale de la fonction $1/(1 + x) = 1 - x + x^2 - \dots$ entre 0 et x; comme l'intégrale d'une somme (fût-elle infinie …) de fonctions est la somme des intégrales de celles-ci et comme, grâce à Fermat, Cavalieri et Wallis, on sait déjà intégrer x^m pour m entier, la série se présente d'elle-même.

Le point crucial ici est naturellement la relation existant entre les logarithmes et l'aire de l'hyperbole. Elle eût été évidente pour Napier lui-même s'il avait connu le "théorème fondamental du calcul différentiel et intégral" permettant de calculer l'aire limitée par une courbe $y = F(x)$ connaissant la dérivée $f(x) = F'(x)$ de F. Chez l'inventeur des logarithmes, on considère en effet un point y qui se déplace de[20] 10^7 vers 0 à une vitesse inversement proportionnelle au temps x, autrement dit vérifiant la relation $y'(x) = -10^7/x$; le rapport avec l'aire de l'hyperbole est alors évident pour nous, mais, bien sûr, pas du tout pour ses contemporains et successeurs immédiats. Au surplus, ses tables et celles de Briggs à base 10 ne sont aucunement considérées comme des théories mathématiques : ce sont des aides au calcul numérique destinées sans doute principalement aux astronomes chez Napier, qui écrit en latin; chez Edward Wright, qui les traduit en anglais avec une dédicace à l'*East India Company* et chez Briggs, qui les complète et les transforme en log à base 10, elles sont plutôt à l'usage des navigateurs, lesquels se soucient peu du latin mais adoptent les log avec enthousiasme.

Leur diffusion à Londres s'effectue avec la plus grande facilité[21]. A sa mort en 1579, un marchand et financier londonien de haut vol, sir Thomas Gresham, a légué les bénéfices de ses boutiques à la City et à la *Mercers' Company* pour servir de dot à un collège administré par des marchands et dont l'enseignement, ouvert à tous, serait conduit selon des principes diamétralement opposés à ceux d'Oxford et de Cambridge. On n'oublie certes pas une chaire de Divinity, la plus prestigieuse évidemment, destinée à combattre les erreurs ou hérésies papistes; Napier lui-même, auteur d'un livre fort populaire sur l'Apocalypse, proclame que le Pape n'est autre que l'Antéchrist et, lorsque l'Invincible Armada menace l'Angleterre, propose à la Reine des tanks et sous-marins purement théoriques; la mer du Nord sera plus efficace. Mais à part quelques cours en latin destinés aux étrangers, la plupart des autres sont en anglais et orientés vers des thèmes pratiques ou utiles : navigation, géographie, cartographie, arithmétique et géométrie pratiques, théories modernes de la médecine, problèmes juridiques. Le premier professeur de géométrie à Gresham, de 1594 à 1620, est précisément Henry Briggs (1561–1631), qui popularise les nombres décimaux. Comme Edward Wright, il est en relations étroites avec William Gilbert, l'initiateur des premières études scientifiques, i.e. expérimentales, sur le magnétisme; Briggs calcule les premières tables de déclinaison magnétique tandis que des artisans du même cercle inventent des instruments. Wright explique de son côté la théorie et

---

[20] Napier construit une table de la fonction $\log \cos x$ et comme l'usage des fractions décimales n'en est encore qu'à ses débuts, il tabule $-10^7 \log \cos x$ de façon à obtenir des log entiers et positifs.

[21] Pour ce qui suit, voir le superbe livre de Christopher Hill, *Intellectual Origins of the English Revolution* (Oxford UP, 1965 ou Panther Books, 1972).

l'usage des cartes que publie le Flamand Gerard Mercator depuis 1538 et écrit un livre intitulé *Certaine Errours in Navigation detected*; Briggs écrit un *Treatise on the North-West Passage* et des navigateurs lui rendront hommage (peut être ironiquement) en baptisant *Brigges his Mathematickes* une île du "passage" qui, on en est sûr, joint l'Atlantique au Pacifique par le nord (correct, mais vaste programme d'exploration pour l'époque). Briggs est le premier à reconnaître l'intérêt des log de Napier et les enseigne aussitôt au Gresham College. Tout cela, on le voit, est assez éloigné des mathématiques pures, mais n'en contribue pas moins fortement à lancer en Angleterre le mouvement scientifique qui aboutira à la création de la *Royal Society*. Ajoutons que le calcul des tables de log pose des problèmes d'interpolation fort proches du calcul différentiel élémentaire, voire même, si l'on en croit certains auteurs, de la formule du binôme d'exposant 1/2.

Les mathématiciens, quant à eux, découvrent lentement l'intérêt des log[22] pour l'analyse. Le premier à avoir à peu près vu – bien qu'il ne le dise pas explicitement – la relation entre l'aire de l'hyperbole et les log est le jésuite belge Grégoire de Saint-Vincent dans un *Opus geometricum quadraturae circuli et sectionum coni* de 1647 qui prétend surtout résoudre la quadrature du cercle. Il montre essentiellement que si, dans l'hyperbole de la figure 1, les segments DE et PQ sont entre eux dans le rapport q^m et les segments HI et KC dans le rapport q^n, le rapport entre les aires $DEQP$ et $HIKC$ est égal à m/n, ce qui revient à dire que lorsque le segment EQ prend les valeurs d'une progression *géométrique*, l'aire $DEPQ$ varie selon une progression *arithmétique*, idée que l'on retrouvera chez Newton, qui ne semble cependant pas avoir lu Saint-Vincent, contrairement à Leibniz. Napier en aurait immédiatement déduit que cette aire est proportionnelle au log de EQ puisque c'est exactement sa méthode de construction des log.

La méthode de Saint-Vincent est la bonne puisqu'au lieu de décomposer le segment EQ en utilisant comme Archimède ou Cavalieri une progression arithmétique, il le décompose en segments (q^i, q^{i+1}); l'ordonnée du point de l'hyperbole $y = 1/x$ d'abscisse q^i est égale à $1/q^i$, l'aire de la tranche d'hyperbole comprise entre les verticales q^i et q^{i+1} est comprise entre

$$\left(q^{i+1} - q^i\right)/q^i \quad \text{et} \quad \left(q^{i+1} - q^i\right)/q^{i+1},$$

i.e. entre $q - 1$ et $(q - 1)/q$; comme il y a m intervalles (q^i, q^{i+1}) entre E et Q, l'aire d'hyperbole $EQPD$ est donc comprise entre $m(q-1)$ et $m(q-1)/q$; de même, celle de $ICKH$ est comprise entre $n(q - 1)$ et $n(q - 1)/q$, ce qui fournit la proportionalité cherchée. Comme on l'a vu à la fin du n° 11 du Chap. II, ce calcul pourrait fournir beaucoup plus : il n'est pas difficile, trois cent cinquante ans plus tard, d'être plus malin qu'un jésuite de 1647.

---

[22] Pour ce qui suit, voir D. T. Whiteside, *Patterns of Mathematical Thought in the later Seventeenth Century* (*Archive for the History of Exact Sciences*, vol. 1, 1961, pp. 179–388); à lire avec précaution, l'auteur ayant encore, à cette date, quelques problèmes avec les mathématiques . . .

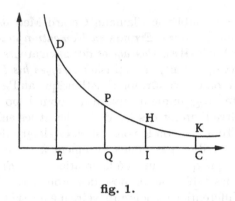

fig. 1.

On trouve ensuite des Anglais. Dans l'innocent espoir, lui aussi, d'obtenir une belle formule explicite pour calculer π, John Wallis calcule les aires totales, i.e. les intégrales sur l'intervalle $(0,1)$, des courbes $y = (1 - x^{1/m})^n$, m et n entiers naturels : il suffit de développer et de tenir compte du fait, qu'il extrapole à partir de quelques cas particuliers déjà connus, que pour r rationnel l'intégrale de x^r sur l'intervalle $(0,1)$ est égale à $1/(r+1)$. Le procédé ne s'applique malheureusement pas au calcul de l'aire du cercle, car dans ce cas $n = 1/2$ n'est pas entier. L'idée de Wallis, que Newton exploitera avec succès, est de dresser une table des intégrales pour n entier, d'observer des relations simples entre les termes voisins les uns des autres, puis d'interpoler les cas $n = 1/2, 3/2$, etc. à partir de ces relations. Idée naturelle chez lui : pendant la guerre civile anglaise, Wallis rend en effet d'éminents services au parti de Cromwell en décryptant quantité de messages chiffrés échangés dans l'autre camp; or, lorsqu'on parle de messages "chiffrés", il s'agit presque toujours, à cette époque comme à la nôtre, de remplacer les lettres ou groupes de lettres par des nombres qui s'en déduisent par des règles, généralement très simples, qu'il s'agit de découvrir; "interpoler" et "extrapoler" sont des opérations auxquels les déchiffreurs ont constamment recours. Cela ne prouve pas que le calcul des intégrales qui intéressent Wallis obéisse aux mêmes règles, mais il s'y essaie et, à défaut d'y réussir, découvre sa célèbre formule pour le calcul de π; il ouvre ainsi pour Newton la voie vers la formule du binôme qui permet de calculer trivialement l'intégrale de $(1 - x^2)^{1/2}$, formule que Newton obtiendra, lui aussi, par des interpolations astucieuses à partir des coefficients des binômes d'exposants entiers.

Wallis cherche aussi à calculer l'aire d'un segment d'hyperbole, mais, au lieu de la courbe $xy = a^2$, choisit l'équation $y^2 - x^2 = a^2$ qui ressemble tellement à celle d'un cercle – mis à part un inoffensif changement de signe – que l'on peut espérer résoudre le problème; il lui résiste. Wallis en parle vers 1655 à l'un de ses amis, Lord Brouncker, qui a étudié les mathématiques à Oxford, occupe des positions gouvernementales fort élevées, s'intéresse aux sciences et sera en 1662 le premier président de la *Royal Society*. Il calcule, lui, l'aire de l'hyperbole $xy = 1$ comprise entre $x = 1$ et $x = 2$ par la méthode habituelle, mais d'une façon sensiblement plus ingénieuse : il décompose $[1, 2]$ en intervalles égaux de longueur $1/2^n$ et groupe les aires partielles obtenues pour en conclure que $\log 2 = 1/1.2 + 1/3.4 + 1/5.6 + \ldots$.

De son côté, l'Italien Pietro Mengoli publie apparemment la série à Bologne, dans un livre de 1659 où il donne du log d'un nombre rationnel une définition, à peu près rigoureuse, inspirée de l'aire de l'hyperbole mais n'en faisant pas état. Pour définir $\log(a/b)$ où a, b sont des entiers tels que $b < a$, il introduit, aux notations près, les sommes

$$L_n^-(a/b) = \sum_{bn < p \le an} 1/p, \qquad L_n^+(a/b) = \sum_{bn \le p < an} 1/p$$

dont l'origine est claire : on considère sur l'axe Ox les points de la forme p/n avec p entier, on se limite à ceux qui sont compris entre a et b, i.e. tels que $bn \le p \le an$, et l'on approche l'aire de l'hyperbole $y = 1/x$ comprise entre les verticales de a et b par les rectangles verticaux ayant pour bases les intervalles de longueur $1/n$ en question, etc.

Cela fait, Mengoli démontre que ces sommes possèdent les propriétés suivantes : (i) lorsque n augmente, les sommes L^- augmentent et les sommes L^+ diminuent, (ii) les premières sont inférieures aux secondes (évident), (iii) la différence entre la seconde et la première tend vers 0 lorsque n augmente (évident). Il *définit* alors $\log(a/b)$ en lui imposant de vérifier $L_n^-(a/b) \le \log(a/b) \le L_n^+(a/b)$ quel que soit n, idée impeccable en raison des propriétés (i), (ii) et (iii) ci-dessus. Ceci fait, il démontre que, si l'on a deux fractions a/b, $c/d > 1$, on a

$$L_{nd}^-(a/b) + L_{na}^-(c/d) = L_n^-(ac/bd),$$

ce qui (pour nous, avec nos notations modernes ...) est facile : dans la première expression l'indice de sommation p varie entre bnd et and, dans la seconde entre $dna = and$ et cna, et dans la troisième entre bdn et $acn = cna$. Lorsque n augmente, la suite $L_{nd}^-(a/b)$, extraite de la suite des $L_n^-(a/b)$, tend vers la même limite $\log(a/b)$ que celle-ci, avec une remarque similaire pour la suite relative à c/d. La relation précédente montre alors à Mengoli que sa définition satisfait à la condition $\log(ac/bd) = \log(a/b) + \log(c/d)$. Enfin, les limites de ses sommes "de Riemann" lui fournissent des développements en série peu attrayants mais qui, pour $a = 2$, $b = 1$, le conduisent à la série harmonique alternée. Dans ce cas en effet, on doit chercher la limite de la somme

$$\frac{1}{n} + \frac{1}{n+1} + \ldots + \frac{1}{2n-1}$$
$$= \left(1 + \frac{1}{2} + \ldots + \frac{1}{2n-1}\right) - \left(1 + \frac{1}{2} + \ldots + \frac{1}{n-1}\right)$$

visiblement égale à $1 - 1/2 + 1/3 - 1/4 + \ldots - 1/(2n-2) + 1/(2n-1)$, ce qui, à la limite, fournit la série de Brouncker.

Il est difficile de ne pas déduire de ces raisonnements que Mengoli et ceux de ses contemporains qui se livraient au même genre de calcul avaient déjà une idée assez claire de ce que sont un nombre réel et une intégrale.

Après Mengoli, nous arrivons à Newton et Mercator. Dès 1664, la lecture de la *Géométrie* de Descartes dans la traduction latine publiée par un algébriste hollandais et, bien plus encore, la lecture de Wallis, *Arithmetica Infinitorum*, font réfléchir Newton et le conduisent un an plus tard aux premiers cas de sa formule du binôme. Il s'attaque en même temps par la même méthode – développer en série entière et intégrer terme à terme – à l'hyperbole $y = 1/(1+x)$, écrit que $y = 1 - x + x^2 - x^3 + \ldots$ et en déduit, par la règle $x^m \longrightarrow x^{m+1}/(m+1)$ qu'il a trouvée chez Wallis mais que, contrairement à lui, *il applique à une abscisse x quelconque*, que l'aire comprise entre les verticales 0 et x est égale à $x - x^2/2 + x^3/3 - x^4/4 + \ldots$. Ce résultat fournit pour $x = 1$ la formule de Brouncker que Newton ne mentionne pas.

Le mystère, comme chez tous les auteurs que nous avons mentionnés ci-dessus sauf peut-être Saint-Vincent, est que le rapport entre le calcul de cette aire et les log des tables n'est pas expliqué. Newton se contente, dans un manuscrit de 1667, d'affirmer en une phrase que "*les aires sont à leurs abscisses comme les logarithmes (i.e. quand les abscisses croissent en progression géométrique, les aires croissent en progression arithmétique)*". L'idée faisait sans doute déjà partie du folklore mathématique anglais de l'époque.

Et Newton de se lancer dans des calculs numériques dont, plus tard, il aura un peu honte devant Leibniz. Il fait successivement $x = 1/10, 2/10$, $-1/10, -2/10, 1/100$, etc. dans sa série et calcule les résultats avec 52 décimales en commettant quelques petites erreurs. Ce n'est pas si difficile qu'on pourrait le croire; 27 termes de la série suffisent[23], x est soit 1 soit 2 divisé par 10, 100 ou 1000, de sorte que les chiffres à calculer diminuent au fur et à mesure que le degré augmente – le calcul, impeccablement présenté sous forme triangulaire, occupe une demi-page, reproduite dans les *Mathematical Papers* édités par Whiteside – et les fractions décimales à calculer sont périodiques : pour $x = 1/10$ par exemple, on a

$$x^{17}/17 = 0,0\ldots 080(5882352941176470)(5882352941176470)(58823$$

comme les heureux possesseurs de calculettes pourront le vérifier si celles-ci sont exactes, ce qui est douteux.

Ces calculs en apparence futiles le conduisent en fait à des résultats plus intéressants, à savoir les log de 2, 3, 5, 7, 11, 13, 17 et 37. Ce n'est évidemment

---

[23] Newton calcule séparément la somme des termes de degré pair et celle des termes de degré impair; par addition et différence des résultats, il obtient à la fois log 1, 1 et log 0, 9.

pas sa série qui peut les lui fournir, mais il y a des méthodes plus intelligentes, à savoir les relations

$$2 = 1, 2 \times 1, 2/0, 8 \times 0, 9, \quad 3 = 1, 2 \times 1, 2 \times 1, 2/0, 8 \times 0, 8 \times 0, 9,$$
$$5 = 2 \times 2/0, 8, \quad 10 = 2 \times 5, \quad 11 = 10 \times 1, 1, \quad \text{etc.}$$

que l'on retrouvera chez Euler. Elles lui fournissent de proche en proche les log cherchés à partir de ceux qu'il a calculés ou de log analogues : on a $37 = 1000 \times 0, 999/27$, d'où

$$\log 37 = 3. \log 2 + 3. \log 5 + \log(1 - 1/1000) - 3. \log 3,$$

le log de $1 - 1/1000$ se calculant facilement par la série. On pourrait imaginer que, pour vérifier ses calculs, Newton les compare aux tables de logarithmes disponibles; il n'en est apparemment rien, ce qui se comprend vu sa prodigieuse avance sur les auteurs de celles-ci que, de toute façon, il ne semble pas avoir lus. Voir Houzel, *Analyse mathématique*, pp. 79–82.

Newton n'imagine pas qu'à 23 ans il pourrait avoir fait des découvertes susceptibles d'intéresser les mathématiciens; tous ses travaux restent dans ses tiroirs. Mais en 1668, alors qu'il est à nouveau à Cambridge, paraît à Londres la *Logarithmotechnia* de l'Allemand Mercator, installé à Londres et de son vrai nom Kaufmann, "acheteur". Y figurent la série $\log(1 + x)$ et même la série $x^2/2 - x^3/2.3 + x^4/3.4 - \dots$ représentant l'aire de la fonction $y = -\log x$ comprise entre son asymptote et la verticale de x ($x < 1$).

Newton se trouve alors, pour la première mais non la dernière fois, dans la situation classique du scientifique, débutant de surcroît, qui voit un confrère publier des résultats qu'il a lui-même trouvés plus tôt mais gardés pour lui; il n'en a pas même encore fait part à Barrow, le *Lucasian Professor of Mathematicks* qui le patronne. Newton se décide alors à parler à celui-ci, lequel lui recommande de rédiger ses résultats en latin, ce que Newton fait en quelques jours; le manuscrit, *De Analysi per aequationes numero terminorum infinitas*, est en possession de Barrow au début de juillet 1669. Newton, qui manque encore d'assurance, lui demande de le transmettre sans nom d'auteur à John Collins, fonctionnaire du gouvernement anglais fort épris de sciences (Collins, pas le gouvernement) qui entretient une abondante correspondance avec la plupart des savants de l'époque. Collins en fait une copie – l'original retournera à Newton –, réussit à extraire de Barrow en août le nom de l'auteur "*who, with an unparalleled genius, has made very great progress in this branch of mathematics*" et montre sa copie à Lord Brouncker, président de la *Royal Society* et à d'autres Anglais ou continentaux. La chose évidente à faire pour sauvegarder la priorité de Newton était de publier son manuscrit aux *Philosophical Transactions* (PT) *of the Royal Society* ou, à tout le moins, de l'enregister dans le compte-rendu des séances, et ce d'autant plus que c'est en 1668 que Brouncker a rendue publique, dans les mêmes PT, sa série pour log 2; rien de ce genre n'arrive, ce qui fait dire à Moritz Cantor (III, p. 68) que ni Collins ni Brouncker n'ont jugé que le contenu du papier valait la peine d'être ainsi protégé ... D'autres évoquent la tendance de Newton à ne pas publier un travail encore incomplet; il le restera car, après ses premiers succès, Newton s'éloignera des mathématiques, qu'il juge trop arides[24].

Néanmoins, l'impact du manuscrit sur Barrow est tel – "je ne suis qu'un enfant auprès de lui" – que, déjà désireux de retourner à la beaucoup plus prestigieuse théologie, il démissionne de son poste et recommande à Cambridge d'y nommer Newton qui, à l'automne de 1669, à 27 ans, obtient ainsi une chaire et un logement pour la vie!

Le contenu du *De Analysi* – une quinzaine de pages – est prodigieux. Newton commence par énoncer, avec des exemples, les règles de calcul des aires (i.e. des intégrales) pour les fonctions développables en série de puissances rationnelles de x : on remplace x^m par $x^{m+1}/(m + 1)$ et on ajoute les résultats. Dans le cas où y est donné par une formule impliquant des divisions et des racines carrées, on se ramène au cas précédent par des opérations standard : le quotient de deux séries de puissances de x, par exemple $y = (2x^{1/2} - x^{3/2})/(1 + x^{1/2} - 3x)$ se calcule à l'aide de l'algorithme de la division décimale et fournit, dans l'exemple que l'on vient de mentionner,

$$y = 2x^{1/2} - 2x + 7x^{3/2} - 13x^2 + 34x^{5/2} + \ldots ;$$

la racine carrée s'obtient de même en appliquant l'algorithme décimal, de sorte que si, par exemple, $y = (a^2 - x^2)^{1/2}$, on trouve

$$y = a - x^2/2a - x^4/8a^3 - x^6/16a^5 - \ldots ,$$

ce qui explique comment Newton a deviné – ou confirmé – la première ligne, cruciale, du tableau des coefficients des fonctions $(1 - x^2)^{n/p}$.

Il expose ensuite, sur l'exemple $y^3 - 2y - 5 = 0$, sa méthode (inspirée de Viète et Oughtred) pour trouver les racines d'une équation. Il y a ici visiblement un changement de signe et donc une racine de la fonction entre 2 et 2, 1. Newton pose $y = 2+p$, d'où $p^3 + 6p^2 + 10p - 1 = 0$; comme le carré et le cube sont petits relativement à p, on a approximativement $p = 1/10$. On pose alors $p = 1/10+q$, d'où une nouvelle équation $q^3 + 6, 3q^2 + 11, 23q + 0, 061 = 0$, soit à peu près $11, 23q + 0, 061 = 0$, d'où $q = -0, 0054 + r$, avec une nouvelle équation pour r, etc. Dans le cas de la relation $y^3 + a^2 y - 2a^3 + axy - x^3 = 0$, il expose la méthode que nous avons mentionnée au Chap. II, n° 22 et, du développement trouvé, en déduit une formule pour calculer l'aire limitée par la courbe et les verticales 0 et x, à savoir $ax - x^2/8 + x^3/192a + \ldots$, "*un développement qui approche d'autant plus rapidement la vérité que x est plus*

---

[24] Sur Newton, voir le DSB, la grande biographie de Richard Westfall, *Never at Rest: a Biography of Isaac Newton* (Cambridge UP, 1980, trad. *Newton*, Flammarion, 1994), A. Rupert Hall, *Isaac Newton. Adventurer in Thought* (Cambridge, 1992) et Loup Verlet, *La malle de Newton* (Gallimard, 1993) déjà mentionné.

petit'. En inversant la série de $\log(1+x)$, il montre comment on peut calculer l'abscisse correspondant à une valeur donnée y de l'aire et trouve ainsi en passant les premiers termes de la série exponentielle sans se rendre compte, et pour cause, qu'il vient ainsi de découvrir ce qui sera la fonction la plus importante de l'analyse jusqu'à nos jours. Il obtient la longueur de l'arc du demi-cercle $x^2 + y^2 = x$, $y > 0$, compris entre le point $(1,0)$ et le point d'ordonnée y (c'est évidemment $\frac{1}{2}\arcsin y$ puisque le rayon du cercle est $\frac{1}{2}$) en calculant d'abord, par le raisonnement géométrique infinitésimal devenu standard, la dérivée de l'arc par rapport à y et en développant celle-ci par sa formule du binôme; en "intégrant", il obtient la série entière de $\arcsin y$ que, plus loin, il inverse pour découvrir celles de $\sin x$ et, par le même type d'argument, de $\cos x$.

La suite de l'histoire nous conduirait trop loin; tout ce qu'il a exposé dans le manuscrit de 1669 est repris et développé (mais non publié) dans la *Méthode des séries et des fluxions* de 1670–1671 où, cette fois, il explique en détail le rôle des "fluentes" et "fluxions" dans ses calculs, comme nous l'avons indiqué au Chap. III, n° 14. Et il aura d'autres occasions de s'expliquer lors de sa correspondance avec Leibniz en 1676–1677.

13 – La fonction exponentielle comme limite

Nous avons vu au n° 10 que l'on a

$$\exp x = \lim(1 + x/n)^n = \lim(1 + hx)^{1/h}$$

pour x *réel*. Le théorème de convergence dominée permet d'aller plus loin en imitant le calcul qui nous a conduit à la série $\log(1+x)$:

Théorème 11. *Soit (z_p) une suite de nombres complexes qui tend vers une limite z. On a*

$$(13.1) \qquad \lim (1 + z_p/p)^p = \sum_{n=0}^{\infty} z^n/n! = \exp(z),$$

et en particulier

$$(13.2) \qquad \exp(z) = \lim(1 + z/p)^p$$

quel que soit $z \in \mathbb{C}$.

La formule algébrique du binôme montre en effet que l'on a d'une manière générale

$$(1 + u/p)^p = 1 + p(u/p) + p(p-1)u^2/p^2.2! + \cdots$$
$$(13.3) \qquad + p(p-1)\ldots(p-p+1)u^p/p^p.p!$$
$$= \sum_{0 \leq n \leq p} (1 - 1/p)(1 - 2/p)\ldots[1 - (n-1)/p]\, u^n/n!,$$

d'où

$$(13.4) \qquad (1 + z_p/p)^p = \sum_{n \leq p}(1 - 1/p)(1 - 2/p)\ldots z_p^{[n]} = \sum u_p(n).$$

Lorsque p augmente indéfiniment, le terme $z_p^{[n]}$ de cette expression tend vers $z^{[n]}$ et son coefficient, produit de $n - 1$ facteurs tendant tous vers 1, tend vers 1, de sorte le terme général de (4) tend vers celui de la série $\exp(z)$. Si l'on considère le second membre de (4) comme une série dont les termes d'indice $n > p$ sont tous nuls et si l'on observe que les nombres $1 - 1/p$, $1 - 2/p$, etc. sont tous compris entre 0 et 1, il est clair que l'on a

$$|u_p(n)| \leq |z_p|^{[n]}$$

quels que soient n et p. Mais comme la suite (z_p) converge, il existe un nombre $M > 0$ tel que $|z_p| \leq M$ pour tout p, d'où $|u_p(n)| \leq M^{[n]} = v(n)$, terme général d'une série convergente *indépendante de p*, à savoir $\exp M$. Les hypothèses du théorème 9 sont donc vérifiées, d'où la relation (1), cqfd.

Le théorème 11 – qui repose uniquement sur la formule *algébrique* du binôme et sur le théorème de convergence dominée – pourrait constituer le point de départ d'une autre façon d'exposer les propriétés des fonctions exp et log. Tout d'abord, il permet de *définir* $\exp z$ par la formule (2) et de *démontrer* que $\exp z = \sum z^n/n!$, ce qui inverse l'ordre logique adopté jusqu'à présent. Il faut alors montrer que

$$\exp(x + y) = \exp(x)\exp(y)$$

quels que soient $x, y \in \mathbb{C}$. Pour le voir, considérons le produit

$$(1 + x/p)^p(1 + y/p)^p = \left(1 + \frac{x + y + xy/p}{p}\right) = (1 + z_p/p)^p$$

où $z_p = x + y + xy/p$. Lorsque p augmente indéfiniment, le premier membre tend vers $\exp(x).\exp(y)$, et puisque z_p tend vers $x + y$, le troisième tend vers $\exp(x + y)$ d'après le Théorème 11, cqfd.

Le théorème 11 fournit aussi une démonstration express de la relation $\exp(\log x) = x$ pour x réel. Posons en effet

$$n(x^{1/n} - 1) = u_n,$$

d'où

$$x = (1 + u_n/n)^n.$$

La suite (u_n) converge par définition vers $\log x$; le théorème 11 nous montre alors que $(1 + u_n/n)^n$ tend vers $\exp(\log x)$, cqfd.

Le théorème 11 permet d'autre part, et c'est plus utile, de déterminer toutes les fonctions raisonnables à valeurs *complexes* vérifiant la formule d'addition

$$(13.5) \qquad\qquad e(x + y) = e(x)e(y).$$

Il faut distinguer deux cas.

Corollaire 1. *Soit $e : \mathbb{R} \longrightarrow \mathbb{C}$ une solution non identiquement nulle de (5) possédant une dérivée en $x = 0$. Alors*

$$e(x) = \exp(cx) \qquad avec\ c = e'(0).$$

Pour le voir, on note d'abord et une fois de plus que (5) implique $e(0) = 1$, puis $e(nx) = e(x)^n$ pour $n \in \mathbb{N}$ et donc aussi

$$(13.6) \qquad\qquad e(x/n)^n = e(x).$$

Par définition d'une dérivée, le rapport

$$(13.7) \qquad\qquad \frac{e(x/n) - 1}{x/n} = x_n$$

tend vers une limite c. Mais (6) et (7) montrent que

$$e(x) = (1 + xx_n/n)^n.$$

Comme xx_n tend vers cx, le théorème 11 montre que le second membre tend vers $\exp(cx)$; or il est égal à $e(x)$ pour tout n, cqfd.

Autre démonstration : comme $[e(x + h) - e(x)]/h = e(x)[e(h) - 1]/h$, on voit que $e(x)$ est dérivable partout et que $e'(x) = ce(x)$ où $c = e'(0)$. Or la fonction $\exp(cx)$ possède la même propriété. On en déduit immédiatement que la fonction $e(x)/\exp(cx)$ a une dérivée nulle, donc est constante et en fait égale à 1 (faire $x = 0$).

Corollaire 2. *Soit $e : \mathbb{C} \longrightarrow \mathbb{C}$ une solution non identiquement nulle de (5) possédant en $z = 0$ une dérivée au sens complexe. On a alors*

$$(13.8) \qquad\qquad e(z) = \exp(cz) \qquad avec\ c = e'(0)$$

pour tout $z \in \mathbb{C}$.

La démonstration est strictement la même; la seule différence est que maintenant $x = z$ peut être complexe, de sorte que dans (7) le nombre

$h = z/n$ tend vers 0 par valeurs complexes et non pas réelles, ce qui explique la nécessité de donner à la notion de dérivée le sens qui nous a servi pour montrer au Chap. II, n° 19 qu'une série entière est toujours dérivable.

Insistons à nouveau sur le fait que, contrairement à la caractérisation des fonctions exponentielles donnée au n° 6, théorème 2, le corollaire 1 autorise des fonctions à valeurs *complexes*; l'utilité de cette généralisation apparaîtra clairement au n° suivant à propos des fonctions trigonométriques.

Le corollaire 2, de son côté, pourrait fournir une quatrième démonstration de la formule du binôme de Newton dans le cas général. Comme on sait que $N_{s+t}(z) = N_s(z)N_t(z)$ pour s, t et z *complexes*, il s'impose d'appliquer le corollaire à la fonction

$$(13.9) \qquad e(s) = 1 + sz + s(s-1)z^2/2! + \ldots = N_s(z)$$

où z est donné, avec bien entendu $|z| < 1$. Tout revient à prouver que la fonction (9) possède une dérivée *au sens complexe* en $s = 0$. Or on a

$$(13.10) \qquad \frac{e(s) - e(0)}{s} = z + (s-1)z^2/2! + (s-1)(s-2)z^3/3! + \ldots;$$

pour z donné, $|z| < 1$, le second membre, considéré comme fonction de s, est une série normalement convergente dans tout disque $|s| < R$ comme on l'a vu au n° 11 (seconde démonstration) pour la série du binôme elle-même. Ses termes sont des fonctions continues de s. Il en est donc de même de sa somme, de sorte que, lorsque $s \in \mathbb{C}$ tend vers 0, le premier membre tend vers la valeur du second membre pour $s = 0$, à savoir

$$(13.11) \qquad e'(0) = z - z^2/2 + z^3/3 - \ldots.$$

On peut donc bien appliquer le corollaire 2. On retrouve ainsi le théorème 8 bis

$$(13.12) \qquad \exp\left[s(z - z^2/2 + z^3/3 - \ldots)\right] =$$
$$= N_s(z) = \sum s(s-1)\ldots(s-n+1)z^n/n!.$$

Il n'est pas étonnant que, deux cent cinquante ans après Newton, l'un des personnages les plus célèbres de Conan Doyle ait été considéré comme un éminent mathématicien en raison de ses profonds travaux sur "le binôme de Newton".

Revenons au corollaire 2 pour en expliquer l'hypothèse. Considérons d'une manière générale dans $\mathbb{C}$ une fonction e vérifiant $e(s+t) = e(s)e(t)$ quels que soient s, t. Pour $z = x + iy$ avec x et y réels, on a alors $e(z) = e(x)e(iy)$. Il est clair que chacune des fonctions $x \mapsto e(x)$ et $y \mapsto e(iy)$ vérifie dans $\mathbb{R}$ l'éternelle équation fonctionnelle. Si donc nous supposons e continue, ce qui serait bien le moins, le corollaire 1 montre que $e(x + iy) = \exp(ax)\exp(by) = \exp(ax + by)$ avec des constantes complexes a et b, et il est clair que toute fonction de ce type vérifie dans $\mathbb{C}$ l'équation fonctionnelle.

Pour que la fonction $\exp(ax+by)$ soit de la forme $\exp(cz)$, il est nécessaire et suffisant que $b = ia$. Mais si l'on dérive la fonction $\exp(ax + by)$ par rapport à x (resp. y), on la retrouve multipliée par a (resp. b); la relation $b = ia$ n'est donc, dans ce cas, que la relation de Cauchy $f'_y = if'_x$ du Chap. II, n° 19. Comme c'est le cas des fonctions $\exp(cz)$, il faut imposer la même condition à $e(z)$. Mais si $e(z)$ est dérivable au sens complexe en $z = 0$, la formule $e(z + h) = e(z)e(h)$ montre qu'il en est de même partout, avec $e'(z) = e'(0)e(z)$, ce qui prouve au surplus que e' est continue. Autrement dit, le corollaire 2 caractérise les solutions *holomorphes* de notre équation fonctionelle.

14 – Exponentielles imaginaires et fonctions trigonométriques

Revenons à la fonction $\exp(z)$ pour $z \in \mathbb{C}$. On a dit au Chap. II, n° 14, exemple 2 que la ressemblance entre la série exponentielle et celles qui sont censées représenter les fonctions $\sin x$ et $\cos x$ avait conduit Euler à remarquer que l'on a

(14.1') $$\exp(ix) = \cos x + i\sin x$$
(14.1") $$\exp(-ix) = \cos x - i\sin x$$

pour $x \in \mathbb{R}$. La démonstration de ces formules prend quelques lignes mais suppose connues les séries entières des fonctions trigonométriques et même la définition de celles-ci; ce ne sont pas des considérations de géométrie élémentaire qui vont nous fournir des formules qui en sont aussi éloignées. Essayez par exemple de comprendre pourquoi l'on a

$$\pi^2/2! - \pi^4/4! + \pi^6/6! - \ldots = 2.$$

Evident si vous savez que le premier membre représente $1 - \cos\pi$, mais si vous ne savez rien faire d'autre que des dessins sur une feuille de papier?

Le corollaire 1 du théorème 11 fournit une "démonstration" meilleur marché de (1) parce que reposant sur des propriétés beaucoup plus élémentaires des fonctions trigonométriques que leurs mystérieux développements en série, lesquels vont en outre résulter de là.

Théorème 12. *Soient $c(x)$ et $s(x)$ deux fonctions définies sur $\mathbb{R}$, à valeurs réelles et possédant les propriétés suivantes : (i) elles vérifient les formules d'addition des fonctions $\cos x$ et $\sin x$; (ii) elles sont dérivables pour $x = 0$, avec $c'(0) = 0$ et $s'(0) = 1$. Alors*

(14.2) $$c(x) + is(x) = \exp(ix)$$

et par suite

(14.3') $c(x) = 1 - x^{[2]} + x^{[4]} - \ldots,$

(14.3") $s(x) = x - x^{[3]} + x^{[5]} - \ldots$

Posons en effet $e(x) = c(x) + is(x)$. Les formules d'addition montrent, par un calcul trivial ne supposant même pas $c(x)$ et $s(x)$ à valeurs réelles, que $e(x + y) = e(x)e(y)$. Par ailleurs, la fonction $e(x)$ possède en $x = 0$ une dérivée $e'(0) = i$ d'après l'hypothèse (ii). Le corollaire 1 du théorème 11 permet alors de conclure immédiatement, les séries (3') et (3") s'obtenant en séparant les parties réelle et imaginaire de la série exponentielle.

Le théorème 12 nous conduit à *définir* les fonctions $\cos x$ et $\sin x$ par les formules (3), *y compris pour x complexe*. On obtient alors comme on va le voir toutes les propriétés élémentaires des fonctions trigonométriques.

(i) *Calcul numérique*. Les séries $\cos x$ et $\sin x$ convergent à grande vitesse. Si en effet l'on calcule $\exp(z)$ à l'aide de sa n-ième somme partielle, l'erreur commise est inférieure à

$$|z|^{[n]} \left(1 + |z|/(n+1) + |z|^2/(n+1)(n+2) + \ldots +\right) \leq |z|^n \cdot \exp(|z|)/n!$$

avec une majoration du même genre pour les lignes trigonométriques. Pour des valeurs raisonnables de $|z|$ – pour les fonctions trigonométriques, il suffit de faire les calculs pour $0 < z < \pi/2 < 1,6$ –, le dénominateur $n!$, environ 4.10^7 pour $n = 11$, sixième terme de la série $\sin x$, devient rapidemment énorme par rapport au facteur $\exp(|z|)|z|^n$, de sorte que l'approximation est excellente même pour des valeurs modérées de n.

(ii) *Relations d'Euler*. Comme on l'a déjà vu, les développements en série (3) fournissent trivialement les relations

$$\exp(iz) = \cos z + i \sin z, \qquad \exp(-iz) = \cos z - i \sin z.$$

On en déduit que

(14.4) $\cos z = \left(e^{iz} + e^{-iz}\right)/2, \qquad \sin z = \left(e^{iz} - e^{-iz}\right)/2i,$

formules célèbres et fondamentales qui facilitent fréquemment les calculs trigonométriques.

(iii) *Formules d'addition*. Pour x et y réels, on écrit que

$$\exp(ix)\exp(iy) = \exp(i(x + y))$$

et on sépare les parties réelles et imaginaires en utilisant (2). Il vient aussitôt

(14.5') $\cos(x+y) = \cos x \cos y - \sin x \sin y,$
(14.5") $\sin(x+y) = \sin x \cos y + \cos x \sin y.$

Pour x et y complexes, il faut utiliser les formules (4) et écrire quelques lignes de calcul du genre $(a+b)(c+d) = $ etc.

(iv) *Parité*. Les formules

$$\cos(-x) = \cos x, \qquad \sin(-x) = -\sin x$$

résultent des séries entières (3') et (3"). Il est encore plus évident que

$$\cos 0 = 1, \qquad \sin 0 = 0.$$

(v) *Relation*

(14.6) $$\cos^2 z + \sin^2 z = 1.$$

Même pour z complexe, le premier membre est égal à

$$(\cos z + i \sin z)(\cos z - i \sin z) = \exp(iz)\exp(-iz) = \exp(0) = 1.$$

Pour $z = x + iy$ avec $x, y \in \mathbb{R}$, on a $e^z = e^x e^{iy} = e^x(\cos y + i \sin y)$, et comme $|\cos y + i \sin y| = 1$ pour $y \in \mathbb{R}$ d'après (6), on en conclut que

$$|e^z| = e^{\mathrm{Re}(z)}$$

et plus généralement que

(14.7) $|a^z| = a^{\mathrm{Re}(z)}$ pour $a > 0$, $z \in \mathbb{C}$

puisque $a^z = e^{z \log a}$ avec $\log a$ réel; cette formule est d'usage constant.

Corollaire : *la série $\zeta(s) = \sum 1/n^s$ converge dans le demi-plan $\mathrm{Re}(s) > 1$*, ce qui complète le théorème 5 du Chap. II, n° 12. Sa somme est holomorphe dans ce demi-plan car la série des dérivées

$$\zeta'(s) = -\sum \log(n)/n^s$$

converge normalement dans $\mathrm{Re}(s) \geq \sigma$ quel que soit $\sigma > 1$ (voir le Chap. III, n° 17, exemple 3, dont les raisonnements s'étendent immédiatement au cas où s est complexe). Mêmes résultats pour les séries multiples telles que $\sum (m^2 + n^2)^{-s/2}$.

(vi) *Dérivées*. On a

(14.8) $\cos' z = -\sin z, \qquad \sin' z = \cos z.$

Le plus simple est de dériver les séries entières (3') et (3") en appliquant bêtement la règle générale du Chap. II, n° 19. On peut itérer les formules (8) et trouver les dérivées successives, par exemple $\cos'' z = -\cos z$, $\sin''' z = -\cos z$, etc. Ces formules sont a fortiori valables dans $\mathbb{R}$.

(vii) *Le nombre* π. Dans toute cette section du texte, la moins facile, on se place dans $\mathbb{R}$. La difficulté psychologique est de chercher le nombre π en faisant semblant de ne pas l'avoir déjà trouvé; il y a une forte pensée de Pascal sur ce thème. La situation est moins ridicule qu'il n'y paraît : il existe des quantités de "fonctions spéciales" beaucoup plus compliquées que les fonctions circulaires et pour lesquelles on est bien obligé, pour trouver leurs racines, d'utiliser des raisonnements analogues à ceux qui suivent.

Considérons la série

$$1 - \cos x = x^2/2 - x^4/2.3.4 + x^6/2.3.4.5.6 - \dots$$

Elle est alternée à termes décroissants pour $0 \leq x \leq 3$: on passe en effet d'un terme au suivant en le multipliant par $x^2/3.4$, $x^2/5.6$, etc., i.e. par un facteur < 1 puisque $x^2 < 3.4$. Sa somme est donc comprise entre $x^2/2$ et $x^2/2 - x^4/2.3.4$, d'où résulte que

$$(14.9) \qquad 1 - x^2/2 \leq \cos x \leq 1 - x^2/2 + x^4/24 \qquad \text{pour } 0 \leq x \leq 3.$$

On en déduit en particulier que $\cos 2 < -1/3 < 0$ et que

$$-1 < \cos x < 1 \quad \text{pour } 0 < x < 2,$$

comme on le voit en examinant les graphes de $1 - x^2/2$ et de $1 - x^2/2 + x^4/24$ entre 0 et 2.

Comme la fonction $\cos x$ est continue et égale à 1 pour $x = 0$, le théorème des valeurs intermédiaires du chapitre III montre que *la fonction* $\cos x$ *s'annulle entre* 0 *et* 2. Toute limite de solutions de l'équation $f(x) = 0$ étant encore une solution pour toute fonction f continue, l'ensemble des racines ≥ 0 de $\cos x = 0$ contient sa borne inférieure a; elle est > 0 puisque $\cos 0 = 1$. On pose *par définition*

$$(14.10) \qquad \pi/2 = \text{ plus petit nombre } a > 0 \text{ tel que } \cos a = 0.$$

On a nécessairement $\sin a = +1$ ou -1; mais la série définissant $\sin x$ est, elle aussi, alternée à termes décroissants pour $0 < x < 2$, d'où

$$(14.11) \qquad x > \sin x > x - x^3/6 > 0 \quad \text{pour } 0 < x < 2,$$

et par conséquent

$$(14.12) \qquad \cos a = 0, \qquad \sin a = 1.$$

Les formules d'addition montrent alors aussitôt que

(14.13') $\cos 2a = -1, \quad \cos 3a = 0, \quad \cos 4a = 1,$

(14.13") $\sin 2a = 0, \quad \sin 3a = -1, \quad \sin 4a = 0$

et plus généralement que

(14.14) $\cos(x+a) = -\sin x, \quad \sin(x+a) = \cos x$

quel que soit x réel ou complexe.

Ces relations montrent que, dans $\mathbb{C}$, les fonctions trigonométriques admettent pour périodes tous les multiples de $4a$, i.e. de 2π. En fait, elles n'en possèdent pas d'autres dans $\mathbb{R}$ (ni, on le verra plus loin, dans $\mathbb{C}$). Soit en effet $4b \in \mathbb{R}$ une période. En lui ajoutant un nombre de la forme $4ka$, avec $k \in \mathbb{Z}$, on peut supposer $0 \le b < a$, et tout revient à montrer que $b = 0$.

Or, comme $\cos 4b = \cos 0 = 1$, la relation $\cos x = 2\cos^2(x/2) - 1$ montre que l'on a soit $\cos 2b = 1$, soit $\cos 2b = -1$. La seconde hypothèse implique $\cos b = 0$ en vertu de la même relation; comme $b < a$, plus petite racine ≥ 0 du cosinus, c'est absurde. Si par contre $\cos 2b = 1$, on a $\cos b = 1$ ou -1; mais les inégalités (9) montrent que $-1 < \cos x < 1$ pour $0 < x < 2$ comme on l'a vu plus haut, avec des inégalités strictes; on a donc $b = 0$, cqfd.

Ce résultat montre aussi que a est la seule racine de $\cos x$ entre 0 et 2. Soit en effet a' une autre racine entre 0 et 2. Comme $\sin a' > 0$ d'après (11), on a $\sin a' = 1$, et puisque $\cos a' = 0$ on voit (formules d'addition) que $4a'$ est une période comme $4a$. On a donc $a' = ka$ avec un entier $k > 0$. Si $k = 1$, c'est terminé. Si $k > 1$, il vient $a \le a'/2 < 1$ alors que, d'après (9), $\cos x$ est visiblement $> 1/2$ entre 0 et 1, cqfd.

On peut même, c'est mieux que rien, vérifier que $2a(= \pi) > 3$ i.e. que le nombre a introduit plus haut est $> 3/2$. Comme $\cos a = 0$, (8) montre que l'on a $1 - a^2/2 < 0$, i.e. $a > \sqrt{2}$; manqué. Mais le raisonnement conduisant à (8) montre aussi bien que l'on a

$$1 - x^2/2 + x^4/4! - x^6/6! < \cos x \qquad (0 < x < 2),$$

d'où, par un petit calcul, $\cos 3/2 > 679/2560 > 0$. Comme on a vu que $\cos 2 < 0$, la fonction $\cos x$ possède une racine entre $3/2$ et 2 et comme sa seule racine entre 0 et 2 est a, on obtient l'inégalité cherchée.

Nous devrions, pour conclure cette section, écrire à nouveau les formules (12), (13) et (14) en y remplaçant a par $\pi/2$, mais il est à présumer que le lecteur nous dirait alors, comme un humoriste parisien à propos d'un roman à succès : "Je ne l'ai pas lu, je ne l'ai pas vu, mais j'en ai entendu parler".

(viii) *Arguments d'un nombre complexe.* Tout nombre complexe *non nul* peut se mettre d'une façon unique sous la forme

(14.15) $z = r(u + iv)$

avec $r = |z|$ réel > 0, u et v réels vérifiant

$$(14.16) \qquad\qquad u^2 + v^2 = 1,$$

d'où $|u| \le 1$. Comme la fonction cosinus prend les valeurs 1 et -1 et est continue, le théorème des valeurs intermédiaires déjà invoqué montre l'existence d'un $t \in \mathbb{R}$ tel que $u = \cos t$. On a alors $\sin^2 t = v^2$, donc soit $v = \sin t$, soit $v = -\sin t = \sin(-t)$. En remplaçant au besoin t par $-t$, on voit donc que l'on peut toujours mettre z sous la forme

$$(14.17) \qquad\qquad z = r(\cos t + i \sin t) = |z| \exp(it).$$

Le nombre t est *unique à une multiple près de* 2π. Si en effet $t + c$ est une autre solution, on a $\exp(it) = \exp(it + ic)$, d'où $\exp(ic) = 1$, puis $\exp(i(x + c)) = \exp(ix)$ quel que soit $x \in \mathbb{R}$, et c est une période des fonctions trigonométriques, donc de la forme $2k\pi$ comme on l'a vu plus haut. "Le" nombre t s'appelle l'*argument* du nombre complexe $z \ne 0$. On l'étudiera plus en détail au §4 de ce chapitre.

Comme on peut toujours mettre r sous la forme $\exp s$ avec $s \in \mathbb{R}$ et en fait $s = \log r$, la relation (17) s'écrit encore $z = \exp(s + it)$. Autrement dit, *la fonction exponentielle applique* $\mathbb{C}$ *sur* $\mathbb{C}^* = \mathbb{C} - \{0\}$. Mais contrairement à ce qui se passe dans le domaine réel, l'application n'est pas injective, comme on va le voir.

(ix) *Périodicité de* $\exp z$. Le calcul des valeurs de $\cos x$ et $\sin x$ pour $x = \pi$ ou $x = 2\pi$ montre que l'on a

$$(14.18) \qquad e^{i\pi} = \exp(i\pi) = -1, \qquad e^{2i\pi} = \exp(2i\pi) = 1,$$

d'où plus généralement

$$(14.19) \qquad\qquad \exp(z + k\pi i) = (-1)^k \exp z.$$

La fonction $\exp z$ possède donc des périodes complexes, à savoir tous les multiples de $2\pi i$, et en particulier n'est pas plus injective que les fonctions trigonométriques. Elle n'a pas d'autres périodes : la relation $\exp z = 1$, avec $z = x + iy$, implique $|\exp z| = \exp x = 1$, d'où $x = 0$, et $\exp(iy) = 1$, i.e. $\cos y = 1$ et $\sin y = 0$, d'où $y = 2k\pi$ comme on l'a montré plus haut. Autrement dit,

$$\exp z = 1 \iff z = 2ki\pi.$$

(x) *Logarithmes d'un nombre complexe*. On définit "le" logarithme d'un nombre complexe $z \ne 0$ en convenant que

$$u = \mathcal{L}og(z) \iff z = \exp u,$$

mais la prétendue fonction $\mathcal{L}og$ n'en est pas une : à chaque valeur de z correspondent une infinité de valeurs de u qui diffèrent les unes des autres par un multiple de $2i\pi$. C'est le même genre de difficulté que soulève la définition de "fonctions" telles que $\arcsin x$ dans le domaine réel. Autrement dit, à manier avec précaution. De façon plus précise, posons $z = |z|\exp(it)$ avec $t = \arg(z)$. On a alors

$$z = \exp(\log|z| + it)$$

et donc

$$(14.20) \qquad \mathcal{L}og\, z = \log|z| + i.\arg z$$

où $\log|z|$ est le logarithme usuel dans $\mathbb{R}_+^*$. L'ambiguïté de la définition de $\arg z$ cause exactement le même problème pour le $\mathcal{L}og$ complexe. On le retrouvera à propos du calcul d'une primitive de la fonction $1/(x - a)$ pour $a \in \mathbb{C}$, et c'est de cette façon que Johann Bernoulli l'introduit en 1702 (Cantor, p. 362, à propos de arctan). La manipulation de logarithmes complexes ou, ce qui revient au même, d'arguments de nombres complexes reste, trois siècles plus tard, l'une des sources d'erreurs les plus notoires.

Nous avons vu toutefois au n° 11, Théorème 8 bis, que pour $z \in \mathbb{C}$, $|z| < 1$, la série $u = z - z^2/2 + z^3/3 - \ldots$ vérifie $\exp u = 1 + z$ comme dans le cas réel. On en déduit que l'on a

$$(14.21) \qquad \mathcal{L}og(1 + z) = 2ki\pi + z - z^2/2 + z^3/3 - \ldots$$
$$\text{pour } z \in \mathbb{C},\ |z| < 1.$$

On sera alors tenté d'écrire la formule du binôme de Newton sous la forme

$$(14.22) \qquad (1 + z)^s = \exp[s.\mathcal{L}og(1 + z)]$$

pour z et s complexes. Ici encore, à manier avec précaution. Si en effet l'on *définit*

$$(14.23) \qquad a^s = \exp(s.\mathcal{L}og\, a)$$

pour a et s complexes, $a \neq 0$, l'ambiguïté inhérente à la définition du log complexe se transporte à la définition de a^s, qui n'est défini qu'à un facteur près de la forme $\exp(2k\pi is) = \exp(2\pi is)^k$. Si s est un nombre rationnel, on obtient un nombre fini de valeurs possibles, mais dans le cas général l'application $k \mapsto \exp(2k\pi is)^k$ de $\mathbb{Z}$ dans $\mathbb{C}$ est injective, d'où une infinité dénombrable de "déterminations" de a^s. Ici encore, source notoire d'erreurs.

La formule (21), qui permet de calculer le $\mathcal{L}og$ au voisinage de 1, s'étend à tout autre point $a \in \mathbb{C}^*$: tout z assez voisin de a est de la forme $z = a(1 + u)$

avec $|u| < 1$, d'où[25]

(14.21') $\mathcal{L}ogz = \mathcal{L}oga - \sum (1 - z/a)^n/n,$

série entière convergeant pour $|z - a| < |a|$. Il existe donc *au voisinage de a* des fonctions analytiques dont les valeurs en tout point z font partie de l'ensemble des valeurs possibles de $\mathcal{L}ogz$. Toute fonction analytique qui, dans un ouvert $U \subset \mathbb{C}^*$, possède cette propriété s'appelle une *branche analytique* (ou *uniforme*) du $\mathcal{L}og$ dans U. L'existence de telles fonctions suppose des restrictions sérieuses sur U, comme on le verra au §4 .

(xi) *Racines complexes des fonctions trigonométriques.* Les relations (4) montrent que $\sin z = 0$ équivaut à $\exp(iz) = \exp(-iz)$, i.e. à $\exp(2iz) = 1$, i.e. à $2iz = 2ki\pi$, de sorte qu'il n'y pas d'autres racines complexes que les racines réelles évidentes. Même résultat pour $\cos z$.

(xii) *Développements de π en série.* Il y en a autant qu'on le désire. Partons par exemple de la fonction $\sin x$ dans $I =]-\pi/2, \pi/2[$. Comme $\pi/2$ est la plus petite racine > 0 de $\cos x = \cos(-x)$, la fonction $\cos x$, qui est > 0 pour $x = 0$, est > 0 dans I (théorème des valeurs intermédiaires). On a donc $\sin' x > 0$ dans I, de sorte que $\sin x$ est strictement croissante (Chap. III, n° 16), donc applique I sur $J =]-1, 1[$. L'application réciproque

$$\arcsin : J \longrightarrow I$$

existe et est dérivable, avec

$$\arcsin' y = 1/\cos x = (1 - y^2)^{-1/2}$$

comme on l'a déjà noté au Chap. III, formule (15.7). Comme $|y| < 1$, la série du binôme de Newton nous donne

$$(1 - y^2)^{-1/2} = 1 + y^2/2 + 1.3y^4/2.4 + 1.3.5y^6/2.4.6 + \ldots ;$$

voyez (11.9). La série primitive de celle-ci est

$$F(y) = y + y^3/3.2 + 1.3y^5/5.2.4 + 1.3.5y^7/7.2.4.6 + \ldots$$

et représente dans J une fonction dérivable telle que

$$F'(y) = \arcsin' y$$

d'après le théorème général de dérivation terme à terme des séries entières. Le Chap. III, n° 16 montre alors que $\arcsin y = F(y)$ à une constante additive près; elle est nulle puisque les deux fonctions sont nulles en $y = 0$. Par suite,

---

[25] Cela signifie que toutes les valeurs possibles de $\mathcal{L}og\, z$ s'obtiennent en ajoutant à la série n'importe quelle valeur de $\mathcal{L}og\, a$.

(14.24) $\arcsin y = y + y^3/3.2 + 1.3y^5/5.2.4 + 1.3.5y^7/7.2.4.6 + \ldots$

pour $|y| < 1$; comme $arcsin(1/2) = \pi/6$, on obtient une série de somme π qui converge assez rapidement.

La formule (24) est due à Newton, avec une démonstration fort proche de la nôtre : il *intègre* terme à terme la série du binôme, ce que nous ne pouvons pas faire avant le Chap. V. En inversant (24), Newton obtient la série de sin z, exercice facile si l'on n'en cherche que les premiers termes.

Autre possibilité, utiliser la fonction

$$\tan x = \sin x / \cos x,$$

toujours dans l'intervalle I. On a $\tan' x = 1/\cos^2 x = 1/(1 + \tan^2 x)$. La fonction est à nouveau strictement croissante et applique cette fois I sur $\mathbb{R}$ en raison de ses valeurs limites aux extrémités de I. D'où une fonction

$$\arctan y : \mathbb{R} \longrightarrow I =] - \pi/2, \ \pi/2[,$$

avec

$$\arctan' y = (1 + y^2)^{-1} = 1 - y^2 + y^4 - \ldots ;$$

le raisonnement utilisé pour la fonction arcsin montre ici que

(14.25) $\arctan y = y - y^3/3 + y^5/5 - \ldots.$

Pour $y = 1$, on obtient

$$\pi/4 = 1 - 1/3 + 1/5 - \ldots ,$$

la série de Leibniz; pour le calcul numérique, il vaut mieux autre chose comme Newton l'a fait observer à l'époque. Il a du reste lui-même une méthode fondée sur sa série du binôme[26]. Il considère pour cela le cercle, d'équation $x^2 + y^2 - x = 0$, de centre $(1/2, 0)$ et de rayon $1/2$, d'où

(14.26) $y = x^{1/2}(1 - x)^{1/2} = x^{1/2} - x^{3/2}/2 - x^{5/2}/8 -$
$$- x^{7/2}/16 - 5x^{9/2}/128 - \ldots$$

---

[26] Voir au vol. III des *Mathematical Papers* édités par D. T. Whiteside le "tract" *De methodis serierum et fluxionum* de l'hiver 1670–1671 et sa traduction anglaise, pp. 223–227. Et comme Newton n'aime visiblement pas gaspiller son énergie, il calcule simultanément les aires de l'hyperbole équilatère $x^2 - y^2 + x = 0$, le développement de y en série étant identique à ce qui suit pour le cercle à des changements de signes près. Le point essentiel est que si une courbe est donnée par une série entière en x (avec peut être des exposants rationnels non entiers), l'aire limitée par la courbe et les verticales a et b est $F(b) - F(a)$ où F est la série primitive de y. En fait, Newton montre (en termes de fluentes et de fluxions) que la dérivée de l'aire par rapport à x est y et considère en conséquence le résultat en question comme évident.

d'après (11.19). Or il sait que l'aire de la courbe $y = x^m$ comprise entre les verticales 0 et x est $x^{m+1}/(m+1)$ et "donc" que l'aire analogue de la courbe (26) est

$$(14.27) \qquad z = x^{1/2}(2x/3 - x^2/5 - x^3/28 - x^4/72 - 5x^5/704 - \dots).$$

Il fait $x = 1/4$ et trouve sans mal $z = 0{,}07677\ 31061\ 63047\ 3$, aire du triangle courbe AdB dans la figure 2. Comme l'angle ACd est égal à $\pi/3$ et comme l'aire du triangle BdC est égale à $\sqrt{3}/32$, l'aire du secteur circulaire ACd (à savoir $\pi/24$ puisque le cercle considéré a pour rayon 1/2) est égale à $0{,}07677\dots + \sqrt{3}/32$, d'où Newton tire

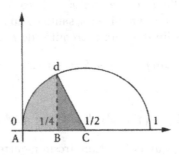

fig. 2.

$$\pi = 3{,}14159\ 26535\ 89792\ 8.$$

Ces méthodes font cogiter d'autres personnes. Peu après 1700, l'astronome John Machin calcule cent décimales de π à l'aide de la formule

$$\pi/4 = 4\arctan(1/5) - \arctan(1/239);$$

on la prouve[27] en utilisant la formule d'addition $\arctan x + \arctan y = \dots$ successivement pour $x = y = 1/5$, puis $x = y = 5/12$, enfin pour $x = 120/119$ et $y = -1/239$ de façon à aboutir à $\arctan 1$. En 1717, le Français de Lagny calcule quelque 250 décimales en utilisant la formule $\tan \pi/6 = 1/\sqrt{3}$, d'où

$$\pi = 2\sqrt{3}(1 - 1/3.3 + 1/5.3^2 - \dots)$$

en appliquant (25). Euler utilise d'autres formules analogues et Gauss a trouvé, lui, la formule

$$\pi/4 = 12\arctan(1/38) + 20\arctan(1/57)$$
$$+ 7\arctan(1/239) + 24\arctan(1/268),$$

---

[27] Voir par exemple Hairer and Wanner, *Analysis by Its History*, pp. 52–53.

mais on ne conseille pas au lecteur de s'exercer à l'établir s'il est pressé par le temps; Gauss lui-même l'a découverte par hasard dans un contexte fort différent du calcul numérique de π.

(xiii) *Formules de multiplication*. La relation $\exp(ix) = \cos x + i\sin x$ montre que

$$(14.28) \qquad (\cos x + i\sin x)^n = \exp(nix) = \cos nx + i\sin nx;$$

c'est la célèbre *formule* (d'Abraham) *de Moivre* de 1730, due à un protestant français réfugié en Angleterre et auteur d'un célèbre traité de calcul des probabilités; il l'a démontrée sans passer par la fonction exponentielle, ce qui est facile à condition d'en avoir l'idée puisqu'inversement les formules d'addition des fonctions trigonométriques montrent directement, comme on l'a vu à propos du théorème 11, que la fonction

$$e(x) = \cos x + i\sin x$$

vérifie $e(x + y) = e(x)e(y)$, d'où $e(nx) = e(x)^n$. Il n'y a rien d'autre dans ce calcul que la relation $i^2 = -1$ et les classiques formules d'addition. Nous expliciterons (28) au n° suivant.

Dans un manuel récent de mathématiques pour la classe terminale scientifique des lycées, on trouve au Chapitre I, nombres complexes, un passage où l'on pose, par définition,

$$e^{ix} = \cos x + i\sin x$$

et où l'on démontre, à l'aide des formules d'addition, que $e^{i(x+y)} = e^{ix}e^{iy}$. On ne propose au lecteur aucune explication quant à ce que pour- raient représenter ou signifier la mystérieuse lettre e ou un exposant non réel. Il serait difficile d'imaginer une conception plus aberrante des mathématiques : la plus célèbre formule d'Euler dégénérée en une pure et simple *notation*, au surplus incompréhensible !

Comme les manuels en usage dans les lycées se conforment strictement aux directives du Ministère de l'Education nationale, on est obligé d'en conclure que cette version éminemment originale des mathématiques - je ne l'ai jamais rencontrée avant l'an 2 000 - est due aux commissions qui décident des programmes. Il est difficile d'imaginer que des mathématiciens, fussent-ils "appliqués", pourraient l'avoir préconisée. Mais alors, à qui la doit-on ?

(xiv) *Racines d'un nombre complexe*. La relation (28) montre en particulier que l'on a

$$(14.29) \qquad (\cos x + i.\sin x)^n = 1 \qquad \text{pour } x = 2k\pi/n.$$

Elle montre que le nombre 1 possède n racines n-ièmes dans $\mathbb{C}$, situées dans le plan complexe aux sommets du polygône régulier à n côtés inscrit dans le cercle unité $|z| = 1$ et ayant un sommet en $z = 1$, à savoir les *racines de l'unité*

$$(14.30) \qquad \exp(2k\pi i/n) \qquad \text{avec } k = 0, \dots, n - 1;$$

ajouter à k un multiple de n ne change évidemment rien au résultat. Comme l'équation $z^n - 1 = 0$ ne saurait posséder plus de n racines, on les obtient donc toutes de cette façon, d'où, en utilisant un théorème d'algèbre,

$$(14.31) \qquad z^n - 1 = \prod_{0 \leq k \leq n-1} \left(z - e^{2ki\pi/n} \right).$$

Plus généralement, on a

$$(14.32) \qquad z^n - a = \prod \left(z - |a|^{1/n} e^{(it + 2ki\pi)/n} \right)$$

pour tout nombre complexe non nul $a = |a| e^{it}$, où $|a|^{1/n}$ est la racine positive usuelle. Dans ces formules, $k \in \mathbb{Z}$ peut varier "modulo n". En remplaçant z par x/y dans (31), on trouve aussi l'identité

$$(14.33) \qquad x^n - y^n = (x - y)(x - \omega y) \dots (x - \omega^{n-1} y)$$

où $\omega = \exp(2\pi i/n)$.

15 – La relation d'Euler chez Euler

Dans son *Introductio in Analysin Infinitorum* de 1748 qui sert de bible aux mathématiciens jusqu'à Cauchy au minimum, Euler n'établit pas la relation $\exp(ix) = \cos x + i \sin x$ à l'aide des séries entières. Il la déduit de la formule de de Moivre (qui ne suppose pas connues ces séries) par un raisonnement comme toujours très ingénieux et, comme toujours, un peu faux. Il écrit pour cela que

$$\cos x + i \sin x = [\cos(x/n) + i \sin(x/n)]^n$$

et fait tendre n vers l'infini. On a "évidemment" $\cos(x/n) = 1$ et $\sin(x/n) = x/n$, de sorte que le second membre est "évidemment" égal à $(1 + ix/n)^n$, "cqfd" si l'on sait que $e^z = \lim(1 + z/n)^n$.

Pour justifier ce raisonnement, il faut poser

$$\cos(x/n) + i \sin(x/n) = 1 + z_n/n$$

et utiliser le théorème 11 : tout revient alors à montrer que z_n tend vers ix, autrement dit que

$$\lim\{n[\cos(x/n) - 1] + in\sin(x/n)\} = ix.$$

Comme $\cos(x/n) - 1$ est compris entre $-x^2/2n^2$ et 0 pour n grand d'après (14.9), son produit par n tend vers 0. Reste à prouver que $n\sin(x/n)$ tend vers x, i.e. que la dérivée de $t \longrightarrow \sin t$ est égale à 1 pour $t = 0$. Cqfd, mais (14.9) repose sur la *série* du cosinus.

L'intérêt de (14.28) et de la formule analogue qui s'en déduit en remplaçant i par $-i$ (ou, ce qui revient au même, x par $-x$) est de fournir les non moins célèbres relations

(15.1')
$$\cos nx = \cos^n x - \binom{n}{2}\cos^{n-2}x.\sin^2 x +$$
$$+ \binom{n}{4}\cos^{n-4}x.\sin^4 x - \dots$$

(15.1'')
$$\sin nx = \binom{n}{1}\cos^{n-1}x.\sin x -$$
$$- \binom{n}{3}\cos^{n-3}x.\sin^3 x + \dots ;$$

pour les obtenir, on développe $(\cos x \pm i\sin x)^n$ par la formule du binôme et l'on ajoute ou retranche les deux formules obtenues. Apparemment, elles ne sont pas littéralement dans de Moivre et c'est Euler qui, par cette méthode, les écrit dans son *Introductio*. Et lorsqu'on s'appelle Euler, on déduit de là, pourquoi pas, les développements en séries entières de $\cos x$ et $\sin x$, d'où, à partir de ceux-ci, une autre démonstration des relations (1') et (1''). La méthode, on va le voir, est à nouveau géniale – et, à nouveau, escamote le point essentiel.

Voilà : dans (1') pour x donné, vous remplacez x par x/n avec n infiniment grand et donc x/n infiniment petit; le premier membre devient $\cos x$; au second, vous remplacez $\cos(x/n)$ et ses puissances par 1 puisque $\cos 0 = 1$, et $\sin(x/n)$ par x/n car $\sin u \sim u$ pour u infiniment petit; $\sin^k(x/n)$ devient donc x^k/n^k et le troisième terme de (1') par exemple devient

$$n(n-1)(n-2)(n-3)x^4/n^4.4! = 1(1-1/n)(1-2/n)(1-3/n)x^4/4!.$$

Mais puisque n est infiniment grand, $1/n$, $2/n$, etc. sont nuls, l'expression précédente se réduit à $x^4/4!$ et c'est ainsi que l'on (re)trouve la série $\cos x = 1 - x^2/2! + x^4/4! - \dots$ de Newton.

Une fois de plus, il s'agit d'un passage à la limite sur n dans une somme dont le nombre de termes est certes fini, mais augmente indéfiniment avec n. Cela suggère une utilisation du théorème de convergence dominée du n° 12 en y permutant les lettres n et p puisqu'on somme ici sur p en passant à la limite sur n.

Dans le terme général

$$u_n(p) = n(n-1)\ldots(n-2p)\cos^{n-2p-1}(x/n).\sin^{2p+1}(x/n)/(2p+1)!,$$

mettons n en facteur dans chacun des $2p+1$ termes de la forme $n-k$ et bloquons avec le sinus le produit de ces facteurs n; on trouve l'expression

(15.2)
$$(1-1/n)\ldots(1-2p/n)\cos^{n-2p-1}(x/n)[n.\sin(x/n)]^{2p+1}/(2p+1)!.$$

D'après le théorème 9, tout revient à trouver une série convergente $\sum v(p)$ à termes positifs tels que $v(p)$ majore l'expression ci-dessus quel que soit n, puis à montrer que celle-ci tend vers $x^{2p+1}/(2p+1)!$ quand n augmente indéfiniment.

Il est facile de trouver $v(p)$. Il est clair que

$$|u_n(p)| \leq [n.\sin(x/n)]^{2p+1}/(2p+1)!.$$

Comme on l'a vu plus haut, $n.\sin(x/n)$ tend vers x quand n augmente, donc est, pour x donné, majoré en module par une constante $M(x)$ dont la valeur importe peu, car on obtient alors l'inégalité

$$|u_n(p)| \leq M(x)^{2p+1}/(2p+1)! = v(p)$$

qui suffit à prouver la convergence normale puisque $\sum v(p) < +\infty$.

Il reste donc à montrer que $u_n(p)$ tend vers $x^{2p+1}/(2p+1)!$. Les facteurs $1-1/n,\ldots,1-2p/n$ ne posent pas de problème : leur produit tend vers 1. Le dénominateur $(2p+1)!$ ne change pas et $n.\sin(x/n)$ tend vers x comme on l'a vu plus haut; le produit des deux derniers facteurs de (2) tend donc vers $x^{2p+1}/(2p+1)!$. Comme d'autre part $\cos(x/n)$ tend vers 1, il en est de même, pour tout p, de sa puissance $-2p-1$.

Nous sommes presqu'au but : il reste à prouver que

(15.3)
$$\lim \cos^n(x/n) = 1$$

et c'est le point crucial. Il est clair que $\cos(x/n)$ tend vers 1, mais il n'existe aucun théorème disant que si u_n tend vers 1, il en est de même de u_n^n : cet énoncé général est grossièrement faux et Euler était excessivement bien placé pour le savoir puisqu'il ne l'applique fort heureusement pas à la suite $u_n = 1 + x/n$. Il se trouve, miraculeusement, que $\cos^n(x/n)$ tend effectivement vers 1, mais pour le prouver il faut utiliser un résultat plus précis que $\cos 0 = 1$, par exemple l'inégalité

(15.4)
$$1 - x^2/2n^2 < \cos(x/n) < 1,$$

valable pour $|x/n| < 2$, donc pour n grand; elle montre que la différence entre 1 et $\cos x/n$ est de l'ordre de grandeur de $1/n^2$, autrement dit que $\cos(x/n)$ tend vers 1 beaucoup plus rapidement que, par exemple, $1 + x/n$. Même ce raisonnement reste à compléter; l'inégalité

$$(1 - x^2/2n^2)^n < \cos^n(x/n) < 1$$

ne fournit le résultat cherché que si l'on peut montrer que le premier membre tend vers 1; en posant $x = y\sqrt{2}$, il s'écrit $(1 - y/n)^n(1 + y/n)^n$ et tend donc vers $\exp(-y)\exp(y) = 1$; on pourrait aussi utiliser le théorème 11 en y faisant $z_p = -x^2/2p$.

Tout cela, on le voit, est de l'acrobatie (sans filet chez Euler) et relève même du cercle vicieux. La relation (14.9) qui légitime (4) évoque en effet très fortement le début de la série entière de $\cos x$, i.e. le résultat que l'on cherche à établir! On pourrait la déduire de la relation

$$\cos x = \left(1 - \sin^2 x\right)^{1/2} \geq 1 - \sin^2(x)/2 \geq 1 - x^2/2$$

pour peu que l'on sache que $|\sin x| \leq |x|$, ce qui peut passer pour évident géométriquement. Euler ne se préoccupe pas de ces subtilités.

On a dit plus haut que si une suite u_n tend vers 1, il n'en est pas nécessairement de même de la suite u_n^n. La formule

$$\exp x = \lim(1 + x/n)^n$$

met la chose en évidence. En poussant le "raisonnement" faux à la limite sans disposer de la même intuition qu'Euler pour les formules justes, on pourrait même prétendre que $1 + x/n = 1$ pour n infiniment grand, donc que $(1 + x/n)^n = 1^n = 1$ – on rencontre parfois cela dans des copies d'étudiants –, ce qui fournirait la relation $\exp(x) = 1$ quel que soit x.

Son impact social serait immense comme on le voit en utilisant un raisonnement dû à Jakob Bernoulli, 1690, époque où les mathématiques financières – intérêts, assurances, jeux de hasard, etc. – occupent de nombreuses autres personnes, dont de Moivre, Leibniz et des Anglais en attendant Euler lui-même et ses "tontines".

Supposons en effet que vous déposiez pendant un an votre fortune chez un banquier qui, au lieu de calculer à la fin de l'année seulement les intérêts qu'il vous doit au taux de $x\%$ l'an, tienne compte *à chaque instant* de ceux qu'il vous doit depuis l'instant précédent. Si, un peu moins généreux, il effectuait l'opération n fois dans l'année, votre compte serait multiplié par $1 + x/n$ après la première période de $365/n$ jours, puis par $(1 + x/n)^2$ après la seconde et ainsi de suite jusqu'à ce que votre fortune, à la fin de l'année, se soit multipliée par $(1 + x/n)^n$. On savait cela depuis qu'il existe des prêteurs – on en trouve déjà paraît-il des exemples chez les Babyloniens! Si vous passez à la limite, vous trouvez donc qu'elle aura été multipliée par le facteur $\exp(x)$ – ou par 1 si vous croyez que $\lim(1 + x/n)^n = 1$.

Cette formule fantaisiste permettrait donc de démontrer qu'en déposant votre fortune chez un banquier infiniment honnête, elle ne se serait pas augmentée d'un centime à la fin de l'année, et ce quel que soit le taux d'intérêt généreusement annoncé par le philanthrope. Ce serait le Triomphe de la Vertu : l'honnêteté totale ne coûterait strictement rien à ceux qui la pratiquent et ne rapporterait strictement rien à ceux qui en bénéficient. Le même raisonnement montrerait inversement que, si votre banquier vous prêtait de l'argent à 1000% l'an et calculait à chaque instant les intérêts composés que vous lui devez, vous ne lui devriez strictement rien de plus, à la fin de l'année, que la somme qu'il vous a remise au début; ce serait, cette fois, la Faillite des Requins. On voit la révolution.

En fait, l'inventeur des séries entières de $\cos x$ et $\sin x$, à savoir Newton, avait procédé de toute autre façon : comme on l'a vu au n° 14, formule (24), une intégration lui fournit directement, via sa formule du binôme, la série entière de $\arcsin x$ et c'est en l'inversant que Newton trouve celle de $\sin x$. Le problème est de calculer une série entière

$$(15.5) \qquad y = x + a_3 x^3 + a_5 x^5 + \dots$$

vérifiant la relation

$$(15.6) \qquad x = y + y^3/3.2 + 1.3y^5/5.2.4 + \dots \quad (= \arcsin y),$$

ce qu'il fait par la méthode exposée au Chap. II, n° 22 : il calcule les puissances successives de la série y, porte les résultats dans (6) et écrit que le coefficient total de chaque monôme x^3, x^5, etc. est nul, d'où des relations entre les coefficients de (5) permettant de les calculer de proche en proche. On a par exemple

$$x = (x + a_3 x^3 + \dots) + (x^3 + \dots)/3.2 + \dots$$

où les ... ne contiennent plus x ou x^3, d'où $a_3 = -1/2.3$. Il vient ensuite

$$x = (x - x^3/6 + a_5 x^5 + \dots) + (x - x^3/6 + \dots)^3/6 +$$
$$+ 3(x + \dots)^5/40 + \dots = (x - x^3/6 + a_5 x^5 + \dots) +$$
$$+ (x^3 - 3x^2.x^3/6 + \dots)/6 + 3(x^5 + \dots)/40 + \dots =$$
$$= x + (a_5 - 1/12 + 3/40)x^5 + \dots$$

où les ... ne contiennent plus x^5, d'où

$$a_5 = 1/12 - 3/40 = 1/120 = 1/2.3.4.5,$$

etc.

De même, l'intégration lui fournit la série de $\log(1 + x)$ qui, inversée, produit la série exponentielle. On a vu en effet que

$$y = \log(1 + x) = x - x^2/2 + x^3/3 - \dots ;$$

cherchons à en tirer x sous la forme

$$x = y + a_2 y^2 + a_3 y^3 + \ldots ;$$

on aura d'abord

$$y = y + a_2 y^2 + \ldots - (y + \ldots)^2/2 + \ldots$$

où les termes non écrits fourniraient des termes de degré ≥ 3 en y. Il faut donc $a_2 = 1/2$ pour éliminer les termes en y^2. Ceci fait, il vient

$$y = y + y^2/2 + a_3 y^3 + \ldots - (y + y^2/2 + \ldots)^2/2 + (y + \ldots)^3/3 + \ldots ;$$

les termes en y et y^2 s'éliminent, et pour cause, et pour exterminer les termes en y^3 on doit avoir $a_3 - 1/2 + 1/3 = 0$, d'où $a_3 = 1/6 = 1/3!$, etc

Cette méthode artisanale ne fournit pas les formules générales, que Newton se borne à extrapoler à partir des premiers coefficients – si vous croyez à la perfection de la Création, autant aller jusqu'au bout –, et elle ne prouve pas non plus que les séries obtenues convergent; mais on se doute bien que Weierstrass et ses successeurs sont passés par là, y compris pour les séries entières à plusieurs variables. Etant donnée une série entière *convergente* de la forme

$$(15.7) \qquad x = y + b_2 y^2 + \ldots = g(y), \qquad |y| < R,$$

(cas auquel on se ramène immédiatement si $b_1 \neq 0$), il existe une et une seule série entière *convergente*

$$(15.8) \qquad y = x + a_2 x^2 + \ldots = f(x), \qquad |x| < R',$$

telle que $g[f(x)] = x$, $f[g(y)] = y$. En termes de fonctions analytiques : (7) représente une fonction analytique dans un disque $|y| < R$, avec $g(0) = 0$ et $g'(0) \neq 0$, et il s'agit de prouver l'existence d'une et d'une seule fonction f analytique au voisinage de 0, telle que $f(0) = 0$ et qui, pour $|x|$ assez petit, soit l'application réciproque de g. Il y a des théorèmes analogues en calcul différentiel à plusieurs variables réelles comme on l'a vu au Chap. III, n° 24, et ils règlent immédiatement le problème dans le cadre de la théorie des fonctions *holomorphes*, donc aussi analytiques *si* l'on sait que les mots "holomorphe" et "analytique" sont synonymes.

Mais si l'on cherche une démonstration directe, la situation se complique. On se place d'abord au point de vue des séries formelles du Chap. II, n° 22 : en substituant (8) dans (7), en développant les puissances de y et en identifiant à x le résultat trouvé, on obtient des relations algébriques entre les a_n qui permettent, théoriquement, de les calculer de proche en proche; c'est évidemment ce que fait Newton pour les premiers termes. Ceci fait, qui est assez facile, reste le problème crucial : montrer que si les coefficients de (7) sont $O(q^n)$ pour un nombre $q > 0$ [condition nécessaire et suffisante pour que le rayon de convergence de (7) soit > 0], on a de même $b_n = O(q'^n)$ pour un $q' > 0$. Ceci exige des majorations non évidentes des b_n en fonction des a_p, majorations analogues, en plus difficile, à celles qu'on a utilisées au Chap. II, n° 22, théorème 17 à propos de la composition des fonctions analytiques. Ni Dieudonné, ni Remmert, des gens pourtant sérieux, ne se hasardent à exposer le sujet dans leurs livres; mais voyez Serge Lang, *Complex Variables* (Springer, 1999), Chap. II.

16 – Fonctions hyperboliques

Lorsqu'on a dans le plan $\mathbb{R}^2$ une courbe assez civilisée, il est généralement possible de trouver un intervalle $I \subset \mathbb{R}$ et deux fonctions continues réelles $x(t)$ et $y(t)$ dans I de telle sorte que, lorsque t parcourt I, le point $(x(t), y(t))$ parcourt toute la courbe, éventuellement plusieurs fois (ou même une infinité de fois dans le cas de Peano); autrement dit : la fonction $t \mapsto (x(t), y(t))$ applique I sur l'ensemble des points de la courbe. C'est ce qu'on appelle une *représentation paramétrique* de la courbe donnée. Le degré de civilisation de la courbe est d'autant plus élevé que l'on peut imposer davantage de dérivées continues aux fonctions x et y; la courbe de Peano qui passe par tous les points d'un carré se situe au degré zéro.

Les fonctions trigonométriques ou circulaires permettent de paramétrer une circonférence : lorsque $t \in \mathbb{R}$ varie, le point $(\cos t, \sin t)$ décrit le cercle $x^2 + y^2 = 1$. Si a et b sont des constantes réelles non nulles, le point $(a \cos t, b \sin t)$ décrit la courbe $x^2/a^2 + y^2/b^2 = 1$, i.e. une ellipse de centre 0. La parabole $y = 3x^2$ est paramétrée par l'application $(t, 3t^2)$ de $\mathbb{R}$ dans $\mathbb{R}^2$.

Pour paramétrer l'hyperbole équilatère $x^2 - y^2 = 1$, il nous faudrait des fonctions telles que $x(t)^2 - y(t)^2 = 1$. Cette équation s'écrivant aussi $x(t)^2 + [iy(t)]^2 = 1$, on peut choisir $x(t) = \cos t$, $y(t) = i \sin t$. Cela nous fait peut-être aboutir dans $\mathbb{C}^2$, mais non dans $\mathbb{R}^2$ si t est réel. Si par contre t est imaginaire pur, il est clair sur les développements en série que $\cos t$ et $i \sin t$ deviennent réels. On est donc amené à introduire les fonctions

$$(16.1) \qquad \cosh t = \cos it = (e^t + e^{-t})/2 =$$
$$= 1 + t^2/2! + t^4/4! + \ldots = \sum t^{[2n]},$$
$$(16.2) \qquad \sinh t = -i \sin it = (e^t - e^{-t})/2 =$$
$$= t + t^3/3! + t^5/5! + \ldots = \sum t^{[2n+1]}.$$

Ces cosinus et sinus hyperboliques, comme on les appelle, possèdent des propriétés analogues à celles des fonctions circulaires, tellement analogues que leurs énoncés ne méritent pas de vraies démonstrations; en fait, on pourrait même les déduire des propriétés des fonctions circulaires par les formules (1) et (2), évidemment valables pour $t \in \mathbb{C}$.

$$\cosh(-x) = \cosh x, \qquad \sinh(-x) = -\sinh x.$$
$$\cosh 0 = 1, \qquad \sinh 0 = 0.$$
$$\cosh' x = \sinh x, \qquad \sinh' x = \cosh x.$$
$$\cosh^2 x - \sinh^2 x = 1.$$
$$\cosh(x + y) = \cosh x . \cosh y + \sinh x . \sinh y.$$
$$\sinh(x + y) = \sinh x . \cosh y + \sinh y . \cosh x.$$

La différence avec les fonctions circulaires tient à leur comportement pour x réel. On a

$$\cosh x - 1 = (e^x - 1 + e^{-x})/2 = (e^{x/2} - e^{-x/2})^2/2 = 2\cosh^2(x/2) \geq 0,$$

d'où $\cosh x \geq 1$. Il est évident que $\sinh x$ est > 0 pour $x > 0$ et < 0 pour $x < 0$. La fonction $\sinh x$ est strictement croissante puisque $\sinh' x \geq 1$. La fonction $\cosh x$ est strictement croissante pour $x > 0$ et décroissante pour $x < 0$.

Lorsque $x \to +\infty$, on a évidemment $\cosh x \sim e^x/2$, avec le même résultat pour $\sinh x$; les deux fonctions croissent donc à vitesse exponentielle. Lorsque $x \to -\infty$, on a $\cosh x \sim e^{-x}/2$ et $\sinh x \sim -e^{-x}/2$, de sorte que $\cosh x$ tend vers $+\infty$ et $\sinh x$ vers $-\infty$.

On peut poursuivre l'analogie en introduisant les fonction

$$\tanh x = \sinh x/\cosh x = (e^{2x} - 1)/(e^{2x} + 1) = 1 - 2/(e^{2x} + 1) = -i\tan ix,$$
$$\coth x = \cosh x/\sinh x = (e^{2x} + 1)/(e^{2x} - 1) = 1 + 2/(e^{2x} - 1) = i\cot ix.$$

Pour $x \in \mathbb{R}$, la seconde formule suppose $x \neq 0$. Pour $x \in \mathbb{C}$, on laisse au lecteur le soin de trouver les valeurs de x à éliminer dans l'un ou l'autre cas. On a

$$\lim_{x \to +\infty} \tanh x = 1, \qquad \lim_{x \to -\infty} \tanh x = -1$$

car e^{2x} tend vers $+\infty$ dans le premier cas et vers 0 dans le second. On a les mêmes résultats pour $\coth x$ et en outre

$$\lim_{x \to -0} \coth x = -\infty, \qquad \lim_{x \to +0} \coth x = +\infty.$$

Les dérivées des fonctions $\cosh$ et $\sinh$ fournissent immédiatement les formules

$$\tanh' x = 1/\cosh^2 x = 1 - \tanh^2 x,$$
$$\coth' x = -1/\sinh^2 x = 1 - \coth^2 x,$$

d'où les sens de croissance : la fonction $\tanh$ croît strictement de -1 à $+1$ entre $-\infty$ et $+\infty$, la fonction $\coth x$ décroît strictement de -1 à $-\infty$ entre

$-\infty$ et 0, et de $+\infty$ à 1 entre 0 et $+\infty$. Les graphes de ces fonctions se trouvent dans tous les bons ouvrages.

En ce qui concerne les développements en séries entières des fonctions tanh et coth, la situation est nécessairement la même que pour les fonctions tan et cot : Newton vous aurait expliqué comment en calculer les premiers termes, mais la formule générale n'est pas évidente et fait intervenir les nombres de Bernoulli qui apparaîtront au Chap. VI. Comme d'ailleurs le changement de variable $x = iy$ fait passer des fonctions circulaires aux fonctions hyperboliques, il est inutile de faire deux fois les mêmes calculs.

Les fonctions précédentes admettent, au moins partiellement, des applications réciproques. La fonction $y = \cosh x$ applique $[0, +\infty[$ sur $[1, +\infty[$ en vertu des théorèmes généraux du Chap. III, d'où une fonction[28]

$$x = \operatorname{arg} \cosh y : [1, +\infty[\to [0, +\infty[;$$

elle est dérivable en tout point y où $\cosh' y \neq 0$, i.e. pour $y > 1$, et on a alors

$$\operatorname{arg} \cosh' y = 1/\cosh' x = 1/\sinh x = 1/(\cosh^2 x - 1)^{1/2}$$

d'où, puisque $\cosh x = y$,

(16.3) $$\operatorname{arg} \cosh' y = (y^2 - 1)^{-1/2}   \text{pour } y > 1$$

On peut déduire de là un développement en série de $\operatorname{arg} \cosh y$. La formule (11.21) montre que

(16.4) $$(y^2 - 1)^{-1/2} = y^{-1}(1 - y^{-2})^{-1/2} = y^{-1}(1 + \frac{1}{2}y^{-2} + \frac{1.3}{2.4}y^{-4} + \dots),$$

série entière en y^{-1} qui converge pour $y > 1$; en passant à la série des primitives comme s'il s'agissait d'une série entière en y, on obtient la relation

$$\operatorname{arg} \cosh y = \log x + C - \sum_{p \geq 1} \frac{1.3 \dots (2p-1)}{2.4 \dots 2p} y^{-2p}/2p$$

où C est une constante. Ce calcul formel, qui consiste à "intégrer terme à terme" une série entière en y^{-1} et non pas en y, se justifie (quand on ne dispose pas encore du Chap. V) en vérifiant que, si l'on dérive terme à terme la série obtenue, ce qui produit la série initiale (4), on obtient une série qui converge normalement dans tout intervalle compact $K \subset]1, +\infty[$ (Chap. III, §6, n° 17, Corollaire du Théorème 19). En fait, comme le rayon

---

[28] La notation allemande est Arcosh, de "Areacosinus hyperbolicus", et la française, Argch.

de convergence de la série de Newton est égal à 1, (4) converge normalement dans l'intervalle $[a, +\infty]$ quel que soit $a > 1$ (Chap. III,§4, n° 17, exemple 1), résultat plus que suffisant.

Il reste à calculer la constante C. On utilise pour cela la relation

$$\operatorname{arg cosh} y = \log(y + (y^2 - 1)^{1/2}) = \log y + \log(1 + (1 - y^{-2})^{1/2})$$

ci-dessous et l'on fait tendre y vers $+\infty$; le dernier terme tend vers $\log 2$, d'où

$$\operatorname{arg cosh} y = \log y + \log 2 + o(1) \text{ quand } y \to +\infty;$$

Mais lorsque $y \to +\infty$, i.e. lorsque y^{-1} tend vers 0, la somme de la série entière en y^{-1} obtenue plus haut tend vers son terme constant, à savoir 0. On trouve donc aussi $\operatorname{arg cosh} y = \log y + C + o(1)$, d'où $C = \log 2$. La formule

$$(16.5) \qquad \operatorname{arg cosh} y = \log y + \log 2 - \sum_{p \geq 1} \frac{1.3 \ldots (2p - 1)}{2.4 \ldots 2p} y^{-2p}/2p$$

obtenue fournit un développement asymptotique (Chap. VI) de la fonction lorsque y est très grand.

Lorsque y tend vers 1, le terme général $u_p(y)$ de la série est positif et tend vers $u_p(1)$ en restant $\leq u_p(1)$. Si l'on montre que la série $\sum u_p(1)$ converge, on pourra donc passer à la limite sous le signe $\sum$ (Chap. III, n° 8, Théorème 9). Or on a

$$\frac{u_{p+1}(1)}{u_p(1)} = \frac{(2p + 1)2p}{(2p + 2)^2} = (1 + 1/2p)(1 + 1/p)^{-2}$$

d'où

$$(16.6) \qquad u_{p+1}(1)/u_p(1) = 1 - s/p + O(1/p^2)$$

avec $s = 3/2 > 1$. Or (vol. II, Chap. VI, n° 5 : critère de Gauss, de démonstration facile) toute série à termes positifs vérifiant une relation (6) est convergente si $s > 1$. On est ici dans ce cas, et comme argcosh y et $\log y$ tendent vers 0 lorsque y tend vers 1, la formule (5) montre que $\sum u_p(1) = \log 2$.

Exercice. Montrer que, pour y voisin de 1, on a un développement en série de la forme

$$\operatorname{arg cosh} y = \sum a_n (y - 1)^{n+1/2}.$$

Dans quel intervalle d'origine 1 est-il valable ?

La fonction $y = \sinh x$ applique, elle, $\mathbb{R}$ sur $\mathbb{R}$, d'où une réciproque

$$x = \arg \sinh y : \mathbb{R} \longrightarrow \mathbb{R}$$

partout dérivable, avec

$$\arg \sinh' y = 1/\sinh' x = 1/\cosh x = (y^2 + 1)^{-1/2}.$$

La fonction $y = \tanh x$ applique $\mathbb{R}$ sur $]-1, 1[$, d'où

$$\arg \tanh y :]-1, 1[\longrightarrow \mathbb{R},$$

avec

$$\arg \tanh' y = 1/\tanh' y = 1/(1 - \tanh^2 x) = (1 - y^2)^{-1} \qquad (|y| < 1).$$

Enfin, la fonction coth applique bijectivement $\mathbb{R} - [-1, 1]$, réunion de deux intervalles évidents, sur le même ensemble, d'où une fonction $x = \arg \coth y$ définie pour $|y| > 1$ avec

$$\arg \coth' y = 1/\coth' x = 1/(1 - \coth^2 x) = (1 - y^2)^{-1} \qquad (|y| > 1).$$

Ces deux dernières fonctions fournissent donc des primitives de la fonction $1/(1 - y^2)$ dans chacun des trois intervalles ouverts où elle est définie, les deux premières servant à intégrer $(y^2 \pm 1)^{1/2}$.

Il nous reste à montrer comment ces fonctions réciproques s'expriment à l'aide de la fonction log. La formule

$$2y = 2\cosh x = e^x + e^{-x} = e^x + 1/e^x$$

montre que l'on a $e^{2x} - 2ye^x + 1 = 0$, équation du second degré en e^x. Si l'on suppose $x > 0$ et donc $e^x > 1$, il vient $e^x = y + (y^2 - 1)^{1/2}$ car l'autre racine est < 1. Par suite,

$$\arg \cosh y = \log \left[y + (y^2 - 1)^{1/2} \right] \qquad \text{pour } y > 1.$$

Un raisonnement analogue montrerait que l'on a

$$\arg \sinh y = \log \left[y + (y^2 + 1)^{1/2} \right] \qquad \text{pour } y \in \mathbb{R}$$

et que

$$\arg \tanh y = \frac{1}{2} \log \frac{1+y}{1-y} \qquad \text{pour } -1 < y < 1.$$

$$\arg \coth y = \frac{1}{2} \log \frac{y+1}{y-1} \qquad \text{pour } |y| > 1.$$

Il existe évidemment des formules analogues pour les fonctions circulaires, mais elles font intervenir des $\mathcal{L}og$ complexes et, de ce fait, servent principalement de sources d'erreurs.

§3. Produits infinis

17 – Produits infinis absolument convergents

On rencontre en analyse des *produits infinis*

$$a_1 a_2 \ldots a_n \ldots = \prod a_n$$

auxquels il faut donner un sens. La seule solution raisonnable est de supposer que les produits partiels

$$p_n = a_1 \ldots a_n$$

tendent vers une limite p, qui sera par convention la valeur du produit. Prise au pied de la lettre, la définition n'a aucun intérêt si certains des a_n sont nuls; on convient alors de les ôter du produit.

L'expérience montre que, sauf exceptions, le problème est aussi sans intérêt (ou qu'on ne sait pas le traiter ...) si la limite p est nulle. Supposons donc $p \neq 0$. Alors $a_n = p_n/p_{n-1}$ tend vers $p/p = 1$, ce qui permet de poser $a_n = 1 + u_n$ où u_n tend vers 0. On a alors

$$\log|p_n| = \log|1 + u_1| + \ldots + \log|1 + u_n| \leq$$
$$\leq \log(1 + |u_1|) + \ldots + \log(1 + |u_n|)$$

puisque la fonction log est croissante. Or nous avons montré au Chap. II, (10.10), qu'on a $\log x \leq x - 1$ pour tout $x > 0$, i.e.

$$\log(1 + x) \leq x \quad \text{pour tout } x > -1.$$

Il vient donc

$$\log|p_n| \leq |u_1| + \ldots + |u_n|.$$

Supposons alors la série $\sum u_n$ *absolument* convergente. L'inégalité précédente montre que la suite $(\log|p_n|)$ est bornée supérieurement par un nombre $M > 0$. La relation $\log|p_n| \leq M$ impliquant $|p_n| \leq e^M = M'$, la suite (p_n) est bornée.

L'inégalité

$$|p_n - p_{n-1}| = |p_{n-1} u_n| \leq M'|u_n|$$

montre alors que la série de terme général $p_n - p_{n-1}$ est absolument convergente, donc convergente. D'où l'existence de $p = \lim p_n$.

Reste à vérifier que $p \neq 0$. Pour cela, on remplace le produit des a_n par celui de leurs inverses $a_n^{-1} = 1 + v_n$, ce qui remplace p_n par $q_n = 1/p_n$. La relation $(1 + u_n)(1 + v_n) = 1$ montre que

$$|v_n| = |u_n|/|1 + u_n| \leq 2|u_n| \quad \text{pour } n \text{ grand}$$

puisque $|1+u_n|$, qui tend vers 1, est $\geq 1/2$ pour n grand. La série v_n converge donc absolument. Par suite, q_n tend vers une limite q et comme on a $p_n q_n = 1$ pour tout n, il s'ensuit que $pq = 1$, d'où $p \neq 0$. En conclusion :

Théorème 13. *Tout produit infini $p = \prod(1 + u_n)$ pour lequel la série u_n est absolument convergente est lui-même convergent, avec $p \neq 0$ si aucun des facteurs du produit n'est nul.*

On dit qu'un tel produit infini est *absolument convergent*. C'est par exemple le cas du produit infini

$$\sin x = x \prod_{n=1}^{\infty}(1 - x^2/n^2\pi^2)$$

de la fonction $\sin x$ que nous avons mentionné au Chap. II, n° 6, valable pour tout $x \in \mathbb{C}$. En y remplaçant x par ix, on trouvera évidemment un produit analogue pour la fonction $\sinh x$. La démonstration – on a déjà mentionné la première d'Euler, avec son "équation algébrique de degré infini", à la fin du n° 21 du Chap. II – fera l'objet du n° suivant.

La condition $\sum |u_n| < +\infty$, suffisante pour assurer la convergence du produit dans le cas général, est aussi nécessaire si les u_n sont *réels et tous de même signe* pour n grand. Si l'on a $u_n \geq 0$ pour tout n, il est clair que $u_1 + \ldots + u_n < p_n \leq p$ pour tout n, d'où le résultat. Si $u_n \leq 0$ pour n grand, on a aussi $0 < 1 + u_n \leq 1$ puisque $u_n \to 0$; on peut donc supposer ces inégalités valables pour tout n, de sorte que $1 \geq p_n \geq p_{n-1} > 0$ pour tout n; la relation $u_n = (p_n - p_{n-1})/p_{n-1}$ montre alors que $u_n \sim (p_n - p_{n-1})/p$; comme la suite (p_n) est décroissante et converge, le second membre est le terme général d'une série convergente à termes négatifs, d'où la convergence de $\sum u_n$ dans ce cas.

Exemple 1. [produit infini de la fonction $\zeta(s)$ de Riemann] Considérons un nombre premier p et calculons

$$(1 - 1/p^s)\zeta(s) = \sum 1/n^s - \sum 1/(pn)^s.$$

Il est clair qu'on expulse ainsi de la série zêta tous les termes dont l'indice n est divisible par p. En multipliant le résultat par $1 - 1/q^s$, où q est un autre nombre premier, on expulse de la série restante tous les termes divisibles par q et donc tous les termes de la série initiale divisibles par p ou q (ou par les deux). Si l'on désigne par (p_n) la suite

$$2, \; 3, \; 5, \; 7, \; 11, \; 13, \; 17, \ldots$$

des nombres premiers, on voit donc que

(17.1) $(1 - 1/p_1^s) \ldots (1 - p_k^s) \zeta(s) = \displaystyle\sum_{\substack{n \text{ non divisible} \\ \text{par } p_1 \text{ ou } \ldots \text{ ou } p_k}} 1/n^s.$

Les entiers n figurant dans la série restante sont, $n = 1$ mis à part, tous $\geq p_k$; tout entier n est en effet un produit de facteurs premiers, lesquels sont bien obligés d'être $\leq n$ et donc $\leq p_k$ si $n \leq p_k$. Comme la suite (p_k) est illimitée si l'on en croit Euclide et autres génies grecs, le second membre est donc, mis à part le terme $n = 1$, arbitrairement petit pour n grand dès que la série $\zeta(s)$ converge, i.e. pour $\mathrm{Re}(s) > 1$. On en conlut que

(17.2) $\lim (1 - 1/p_1^s) \ldots (1 - p_k^s) \zeta(s) = 1.$

Nous avons ainsi presque établi le résultat suivant :

Théorème 14. [29] *On a* $\zeta(s) \neq 0$ *pour* $\mathrm{Re}(s) > 1$ *et*

(17.3) $1/\zeta(s) = \displaystyle\prod_{p \text{ premier}} (1 - 1/p^s),$

le produit infini étant absolument convergent.

La convergence absolue du produit infini revient à la celle de la série $\sum |1/p^s|$; évident puisqu'elle est extraite de la série $\sum |1/n^s|$.

Le théorème précédent explique le rôle que la fonction joue, depuis un mémoire célèbre de Riemann, dans le problème de la répartition des nombres premiers, lequel a donné lieu à une immense littérature. La "théorie analytique des nombres" consiste à utiliser les méthodes de l'analyse pour établir des résultats d'arithmétique.

La formule précédente, par exemple, *implique* l'existence d'une infinité de nombres premiers. Si tel n'était pas le cas, la fonction ζ serait la restriction à $\mathrm{Re}(s) > 1$ d'une fonction analytique dans $\mathbb{C}$ sauf aux points $s = 2ki\pi/\log p$ qui annulent l'un des facteurs, en nombre fini, du produit. En particulier, elle tendrait vers une limite finie lorsque $s \in \mathbb{R}$ tend vers 1, limite de convergence de la série.

Or la fonction $\zeta(s)$ est décroissante pour $s > 1$ comme les fonctions $1/n^s$. Lorsque $s > 1$ tend vers 1, le nombre $\zeta(s)$ tend donc en croissant vers une limite $M \leq +\infty$. Si celle-ci était finie, toutes les sommes partielles de la série à termes positifs $\zeta(s)$ seraient $\leq M$ pour tout $s > 1$. Mais si la relation

$$1 + 1/2^s + \ldots + 1/n^s \leq M$$

est valable pour tout $s > 1$, elle reste valable à la limite pour $s = 1$. L'hypothèse $M < +\infty$ impliquerait donc la convergence de la série harmonique. [En fait, nous démontrerons plus tard que le produit $(s - 1)\zeta(s)$ tend vers 1 avec s].

---

[29] Euler, *Introductio* ..., I, Chap. XV.

Ce résultat connu depuis plus de vingt siècles n'est pas très impressionnant. Mais en examinant des combinaisons de séries partielles de la forme $\sum 1/(an+b)^s$, où a et b sont des entiers donnés *premiers entre eux*, Dirichlet a pu démontrer par la même méthode, à l'aide de calculs arithmétiques que le XXe siècle a grandement généralisés, qu'il existe dans la "progression arithmétique" $an + b$ une infinité de nombres premiers, comme on le conjecturait depuis longtemps. La vérification expérimentale peut sûrement se programmer sur ordinateur et l'a sûrement été – on a fait beaucoup mieux dans le genre[30] –, mais la machine qui sera capable de *démontrer* le théorème de Dirichlet n'est probablement pas pour demain.

18 – Le produit infini de la fonction sinus

Partons de l'identité

$$(18.1) \qquad x^n - y^n = (x - y)(x - \omega y)\ldots(x - \omega^{n-1}y)$$

où $\omega = \exp(2\pi i/n)$, cf. (14.33). En y remplaçant x et y par $\exp(z)$ et $\exp(-z)$, le terme général du second membre devient

$$\exp(z) - \exp(-z + 2ki\pi/n) = \exp(ki\pi/n)[\exp(z - ki\pi/n) - \exp(-z + ki\pi/n)].$$

Comme $1 + 2 + \ldots + n - 1 = n(n-1)/2$, le produit des facteurs exponentiels est égal à $\exp[(n - 1)i\pi/2] = \exp(i\pi/2)^{n-1} = i^{n-1}$, d'où

$$(18.2) \qquad \exp(nz) - \exp(-nz) =$$
$$= i^{n-1} \prod [\exp(z - ki\pi/n) - \exp(-z + ki\pi/n)].$$

---

[30] Dès 1946 on voit aux USA des spécialistes de théorie des nombres utiliser le premier calculateur électronique, l'ENIAC d'Eckert et Mauchly, pour des calculs arithmétiques; ceux-ci n'intéressent évidemment pas les utilisateurs "sérieux" mais permettent de contrôler le fonctionnement de la machine et d'imaginer des méthodes de calcul beaucoup plus utiles, comme le relate Herman H. Goldstine, *The Computer from Pascal to von Neumann* (Princeton UP, 1972), notamment pp. 233 et 273 à propos de D. H. Lehmer; on calcule en particulier 2.000 décimales de π. Lorsque le premier ordinateur programmable construit par John von Neumann (il y avait aussi Eckert et Mauchly et leur UNIVAC de 1950) à l'Institute for Advanced Study de Princeton entre 1945 et 1952 fut opérationnel, on célébra l'exploit au cours d'une cérémonie d'inauguration où l'on exhiba des calculs effectués pour Emil Artin, l'un des "pères" de l'algèbre "abstraite", montrant qu'une célèbre conjecture arithmétique de Kummer, vieille d'un siècle, était sans doute inexacte. Pour la suite de l'histoire, autant s'en remettre à von Neumann lui-même : "*As far as the Institute is concerned, and the people who were there are concerned, this computer came into operation in 1952, after which the first large problem that was done on it, and which was quite large and took even under these conditions half a year, was for the thermonuclear problem. Previous to that I had spent a lot of time on calculations on other computers for the thermonuclear problem.*" (*In the Matter of J. Robert Oppenheimer*, United States Atomic Energy Commission, 1954, reprint MIT Press, 1971, p. 655, déposition de von Neumann au "procès" Oppenheimer).

En remplaçant z par iz, en tenant compte de la formule

$$2i.\sin z = e^{iz} - e^{-iz}$$

et en regroupant les facteurs $-2i$ qui apparaissent partout au second membre, on trouve

(18.3) $$\sin nz = 2^{n-1}\sin z.\sin(z+\pi/n)\ldots\sin[z+(n-1)\pi/n]$$

ou encore

(18.4) $$\sin \pi z = 2^{n-1}\prod_{0\leq k\leq n-1}\sin[(z+k)\pi/n].$$

On trouverait des formules analogues pour $\cos nz$ (remplaçer z par $z+\pi/2$) et, par division, pour $\tan nz$.

Supposons $n = 2m+1$ impair et, pour simplifier les notations, posons provisoirement

$$S(z) = \exp \pi iz - \exp(-\pi iz) = 2i\sin \pi z,$$

ce qui nous dispensera de traîner après nous les facteurs $2i$ qui apparaîtraient autrement. Comme, dans ces produits étendus aux racines n-ièmes de l'unité, l'exposant k peut varier $\mathrm{mod}\, n$, on peut, dans (3), lui faire prendre les valeurs comprises entre $-m$ et m, d'où

$$S(nz) = i^{n-1}\prod_{-m\leq k\leq m}S(z+k/n).$$

Un calcul simple montrant que

$$S(x+y)S(x-y) = S(x)^2 - S(y)^2,$$

il s'impose de grouper les termes k et $-k$ pour $1\leq k\leq m$; en n'oubliant pas le terme $k=0$ et en tenant compte du fait que $i^{n-1} = i^{2m} = (-1)^m$, il vient

$$S(nz) = (-1)^m S(z)\prod_{1\leq k\leq m}[S(z)^2 - S(k/n)^2]$$

$$= S(z)\prod [S(k/n)^2 - S(z)^2] =$$

$$= S(z)\prod S(k/n)^2 \prod \left(1 - \frac{S(z)^2}{S(k/n)^2}\right);$$

noter que $S(k/n) = 2i.\sin(k\pi/n)$ ne s'annule pas pour $1\leq k\leq m$ puisque $n = 2m+1$. Remplaçant z par z/n, on trouve finalement

(18.5) $$S(z) = S(z/n)\prod S(k/n)^2 \prod \left(1 - \frac{S(z/n)^2}{S(k/n)^2}\right).$$

Mais divisons (5) par $S(z/n)$ et faisons tendre z vers 0. Comme $S(z)$ est équivalent à $2\pi i z$ et $S(z/n)$ à $2\pi i z/n$, le premier membre tend vers n. Au second membre, les termes $S(z/n)$ tendent vers 0, de sorte que le second produit tend vers 1. On trouve donc, à la limite,

$$(18.6) \qquad \prod S(k/n)^2 = n,$$

ce qui permet d'écrire (5) sous la forme

$$(18.7) \qquad S(z) = nS(z/n) \prod_{1 \le k \le m} \left(1 - \frac{S(z/n)^2}{S(k/n)^2} \right)$$

où, rappelons-le, $n = 2m + 1$.

Faisons maintenant tendre n vers l'infini. Comme $S(z/n) \sim 2\pi i z/n$, le facteur précédant le produit tend vers $2\pi i z$. Pour k donné, le rapport figurant dans le terme général du produit est équivalent à

$$(2\pi i z/n)^2 / (2ki\pi/n)^2 = z^2/k^2.$$

Si l'on s'appelle Euler, on déduit de là que

$$(18.8) \qquad S(z)/2i = \sin \pi z = \pi z \prod_{1}^{\infty} \left(1 - z^2/k^2 \right),$$

et, en remplaçant z par iz,

$$(18.9) \qquad \sinh \pi z = \pi z \prod \left(1 + z^2/k^2 \right).$$

Comme la série $\sum 1/k^2$ converge, le produit infini est absolument convergent, ce qui est bon signe ...

Reste à justifier le passage à la limite de (7) à (8). Le problème est analogue à celui du passage à la limite dans une suite de séries (théorème 9 du n° 12).

Posons pour cela

$$(18.10) \qquad u_n(k) = -S(z/n)^2/S(k/n)^2 \quad \text{si } k \le m, \; = 0 \text{ sinon,}$$

$$(18.11) \qquad u(k) = -z^2/k^2 \quad \text{pour tout } k.$$

On a $\lim_{n \to \infty} u_n(k) = u(k)$ pour tout k et il faut en déduire que

$$(18.12) \qquad \lim_{n \to \infty} \prod_k [1 + u_n(k)] = \prod_k [1 + u(k)].$$

Pour cela, introduisons les produits partiels

$$p_n(k) = [1 + u_n(1)] \dots [1 + u_n(k)],$$
$$p(k) = [1 + u(1)] \dots [1 + u(k)]$$

et désignons par $p_n = \lim p_n(k)$ et $p = \lim p(k)$ les deux membres de (12). En convenant de poser $p_n(0) = p(0) = 0$, on a

$$(18.13') \qquad p_n = \sum [p_n(k+1) - p_n(k)] = \sum u_n(k+1)p_n(k) = \sum_k w_n(k),$$

$$(18.13'') \qquad p = \sum [p(k+1) - p(k)] = \sum u(k)p(k) = \sum_k w(k)$$

avec visiblement $\lim_n w_n(k) = w(k)$ puisqu'on passe ici à la limite dans un produit d'un nombre fixe k de termes. Pour montrer que le produit infini p_n tend vers le produit infini p lorsque $n \to +\infty$, i.e. que la somme de la *série* $\sum w_n(k)$ tend vers celle de la série $\sum w(k)$, il suffit donc (Chap. III, n° 13, Théorème 17) d'établir qu'il existe une série convergente $\sum v(k)$ à termes positifs telle que l'on ait

$$v(k) \geq |w_n(k)| = |u_n(k+1)p_n(k)|$$

quels que soient k et n.

D'après (10), il faut donc d'abord majorer les

$$|u_n(k)| = |S(z/n)^2/S(k/n)^2| = |\sin^2(\pi z/n)|/\sin^2(\pi k/n)$$

pour $1 < k < m, n = 2m + 1$. Or on a $\sin t > 2t/\pi$ pour $0 < t < \pi/2$ (examiner les graphes des deux membres), d'où

$$\sin^2(\pi k/n) \geq 4k^2/n^2.$$

On a d'autre part $|\sin z| \leq |z|.[1 + |z|^2/3! + \ldots]$, d'où

$$|\sin(\pi z/n)| \leq |\pi z/n|.[1 + |\pi z/n|^2/3! + \ldots] \leq M(z)/n$$

où $M(z) = \pi|z|.[1 + |\pi z|^2/3! + \ldots]$ ne dépend pas de n. Il vient alors

$$(18.14) \qquad |u_n(k)| \leq M(z)^2/4k^2 = a(k)$$

terme général d'une série convergente indépendante de n.

Il s'ensuit que, quels que soient n et k, on a

$$|p_n(k)| \leq (1 + |u_1(k)|) \ldots (1 + |u_n(k)|) \leq \prod [1 + a(k)] = p',$$

résultat fini puisque le dernier produit converge absolument; d'où, d'après (13') et (14), une majoration

$$(18.15) \qquad |w_n(k)| \leq p'a(k) = v(k)$$

par le terme général d'une série converge indépendante de n, ce qui, finalement, justifie le développement (8) du sinus en produit infini.

Cette démonstration, directement inspirée d'Euler dans son *Introductio* (mis à part bien sûr la convergence ...), n'est pas, à beaucoup près, la plus simple[31], mais c'est sûrement la plus spectaculaire. On pourrait évidemment généraliser le raisonnement :

Théorème 15. *Soit $\sum_p u_n(p)$ une série dépendant d'un entier n. Supposons que (i) $\lim_n u_n(p) = u(p)$ existe pour tout p, (ii) il existe une série absolument convergente dominant toutes les séries considérées. Alors*

$$\lim_{n \to \infty} \prod_{p=1}^{\infty} [1 + u_n(p)] = \prod_{p=1}^{\infty} [1 + u(p)]$$

Une variante de ce résultat, avec la même démonstration, s'obtient en remplaçant la variable "discrète" n par une variable continue :

Théorème 15 bis. *Soient X un ensemble et $\sum f_p(x)$ une série de fonctions numériques définies dans X et convergeant normalement dans X. Alors le produit infini $\prod[1 + f_p(x)]$ converge absolument pour tout $x \in X$ et ses produits partiels convergent uniformément dans X.*

Dans le cas où $X \subset \mathbb{C}$, on en déduit que si les f_p sont continues, il en est de même du produit. Si, lorsque x tend vers un point a adhérent à X (ou vers l'infini), les $f_p(x)$ tendent vers des limites u_p, alors $p(x) = \prod[1 + f_p(x)]$ tend vers le produit des $1 + u_p$, etc.

En général, la série $\sum f_p$ ne converge normalement que sur tout compact de X, auquel cas, bien sûr, il en est de même des produits partiels. Pour en déduire que, si les f_p sont continues dans X, il en est de même du produit, il faut alors savoir que, pour tout $a \in X$ et tout $r > 0$ assez petit, l'ensemble des $x \in X$ tels que $d(a, x) \leq r$ est compact, autrement dit que X est *localement compact*.

Dans ces énoncés, il faudrait prêter plus d'attention que nous ne l'avons fait à l'éventualité dans laquelle certains facteurs des produits considérés seraient nuls. Dans la situation du théorème 15 bis, on a $|f_p(x)| < \frac{1}{2}$ pour tout x dès que $p > N$; il faut alors supprimer du produit ses N premiers termes pour obtenir un énoncé sensé[32].

On peut déduire du produit infini

(18.16) $$\sin z = z \prod (1 - z^2/n^2\pi^2)$$

une formule un peu plus générale. En remplaçant z par $z+u$, le terme général devient, après une ligne de calcul,

---

[31] Voir d'autres démonstrations dans Remmert, *Funktionentheorie 2*, pp. 10–16.

[32] Voir l'exposé ultra rapide et ultra précis de R. Remmert, *Funktionentheorie 2*, pp. 2–10.

$$(1 - u^2/n^2\pi^2) \left(1 + \frac{z}{u - n\pi}\right) \left(1 + \frac{z}{u + n\pi}\right) \; ;$$

or le produit des facteurs $1 - u^2/n^2\pi^2$ est égal à $\sin u/u$. On en déduit que

$$(18.17) \qquad \frac{\sin(z + u)}{\sin u} = (1 + z/u) \prod_{n=1}^{\infty} \left(1 + \frac{z}{u - n\pi}\right) \left(1 + \frac{z}{u + n\pi}\right) \; ;$$

on peut écrire le second membre sous la forme plus séduisante

$$(18.18) \qquad \frac{\sin(z + u)}{\sin u} = \prod_{n \in \mathbb{Z}} \left(1 + \frac{z}{u - n\pi}\right),$$

mais, prise littéralement, elle n'a aucun sens car le produit étendu aux $n > 0$ ou aux $n < 0$ est évidemment divergent; si l'on utilise (18), il faut bloquer ensemble les termes n et $-n$ pour obtenir un produit convergent.

Quoi qu'il en soit, on peut faire $u = \pi/2$, d'où, après des calculs faciles,

$$(18.19) \qquad \cos z = (1 - 4z^2/\pi^2)(1 - 4z^2/9\pi^2)(1 - 4z^2/25\pi^2)\ldots$$

avec les carrés des entiers impairs en dénominateurs. On peut aussi déduire "facilement" de (18) le développement de $\cot u$ en série de fractions rationnelles. Pour cela, Euler écrit (18) sous la forme

$$\cos z + \sin z . \cot u =$$
$$= \left(1 + \frac{z}{u}\right) \left(1 + \frac{z}{u - \pi}\right) \left(1 + \frac{z}{u + \pi}\right) \left(1 + \frac{z}{u - 2\pi}\right) \left(1 + \frac{z}{u + 2\pi}\right)\ldots$$

et développe le second membre en série entière en z en multipliant les termes comme s'il s'agissait d'un produit fini; il trouve d'abord 1, puis "évidemment" la somme

$$z \sum_{n \in \mathbb{Z}} 1/(u - n\pi)$$

qu'il transforme en le produit de z par une série plus orthodoxe en groupant les termes n et $-n$; d'où, en identifiant avec le terme en z du développement en série entière du premier membre de (18), la relation

$$(18.20) \qquad \cot u = \frac{1}{u} + \sum_{n=1}^{\infty} \frac{2u}{u^2 - n^2\pi^2}.$$

Dans le même ordre d'idées, le développement (16) peut s'écrire (changer z en iz)

$$1 + z^2/3! + z^4/5! + z^6/7! + \ldots = (1 + z^2/\pi^2)(1 + z^2/4\pi^2)(1 + z^2/9\pi^2)\ldots$$

ou, en écrivant z au lieu de z^2/π^2,

$$1 + \frac{\pi^2}{1.2.3}\, z + \frac{\pi^4}{1.2.3.4.5}\, z^2 + \frac{\pi^6}{1.2.3.4.5.6.7}\, z^3 + \ldots = (1+z)(1+z/4)(1+z/9)\ldots$$

(la notation $n!$ n'avait pas encore été inventée, non plus que les $\sum$ et $\prod$). Ici encore, Euler développe le second membre comme s'il s'agissait d'un produit fini et trouve

$$\sum 1/p^2 = \pi^2/3!, \quad \sum 1/p^2 q^2 = \pi^4/5!, \quad \sum 1/p^2 q^2 r^2 = \pi^6/7!,$$

etc. Dans la première série, on somme sur les $p > 0$, dans la seconde sur tous les couples p, q tels que $0 < p < q$, dans la troisième sur les triplets tels que $0 < p < q < r$, etc., comme on le ferait en algèbre ordinaire. Or celle-ci vous dit aussi par exemple que

$$\left(\sum 1/p^2\right)^2 = \sum 1/p^4 + 2\sum 1/p^2 q^2,$$

d'où les immortelles formules

$$\sum 1/p^4 = (\pi^2/3!)^2 - 2\pi^4/5! = \pi^4/90,$$

etc.

19 – Développement en série d'un produit infini

En fait, Euler s'occupe au chapitre 10 de son *Introductio* d'une formule beaucoup plus générale qu'il écrit

$$(19.1) \qquad 1 + Ax + Bx^2 + Cx^3 + \ldots = (1+ax)(1+bx)(1+cx)\ldots;$$

il s'agit, pour lui, de calculer $A, B, \ldots$ en fonction de $a, b, \ldots$. Pour lui, "il faut que, comme on le sait en Algèbre",

> A soit égal à la somme de toutes les grandeurs $a, b, \ldots$, donc égal à $a + b + \ldots$,
> B soit égal égal à la somme des produits deux à deux de ces grandeurs, donc à $ab + ac + ad + bc + bd + cd + \ldots$,
> C soit égal à la somme de leurs produits trois à trois, donc à $abc + abd + bcd + acd + \ldots$,

etc. Euler montre ensuite comment déduire de là la somme des carrés, ou des cubes, etc ... des coefficients $a, b, \ldots$ C'est là un exercice assez difficile de manipulation de séries multiples; le lecteur peut le passer sans inconvénient ainsi que le n° suivant.

Le problème, en notations modernes, est donc de justifier la formule

$$(19.2) \qquad\qquad \prod(1 + u_n) = 1 + \sum A_n$$

où, par exemple,

$$A_3 = \sum_{i<j<k} u_i u_j u_k$$

et plus généralement

$$(19.3) \qquad A_n = \sum_{0<i_1<\ldots<i_n} u_{i_1}\ldots u_{i_n}.$$

Comme c'est une belle justification des théorèmes généraux du Chap. II sur la convergence en vrac, nous allons la développer. On suppose évidemment que $\sum |u_n| < +\infty$.

La démonstration comprend plusieurs parties.

Montrons d'abord que la série (2) converge (en vrac dans tout ce qui suit). Si l'on n'imposait aucune condition aux indices de sommation, on obtiendrait évidemment la série produit $(\sum u_i)^n$, laquelle converge (Chap. II, n° 18, exemple 2 et n° 22). Pour celle-ci, l'ensemble d'indices est le produit cartésien $\mathbb{N}^n = \mathbb{N} \times \ldots \times \mathbb{N}$; la série (3), étant étendue à une partie J_n de $\mathbb{N}^n$, est donc convergente (Chap. II, n° 18).

Notons J la réunion de tous les J_n et posons

$$(19.4) \qquad v_j = u_{i_1}\ldots u_{i_n} \quad \text{si } j = (i_1,\ldots,i_n) \in J_n \subset J.$$

La série $\sum v_j$ étendue à J est, elle aussi, convergente.

Notons en effet H_k l'ensemble, fini, des $j = (i_1,\ldots,i_n) \in J$ avec n a priori quelconque mais $i_n \leq k$, d'où $i_1 < \ldots < i_n \leq k$ et $n \leq k$. Les H_k forment une suite croissante ayant pour réunion J tout entier. Tout revient donc à montrer que les sommes partielles $S_k = \sum |v_j|$ étendues aux $j \in H_k$ sont bornées supérieurement. Or on a

$$1 + S_k = 1 + \sum_{j \in H_k} |v_j| = 1 + \sum_{0<i_1<\ldots<i_n \leq k} |u_{i_1}\ldots u_{i_n}|$$

où n prend toutes les valeurs $\leq k$; cette somme s'obtiendrait en développant le produit $(1+|u_1|)\ldots(1+|u_k|)$ "comme en Algèbre" (et du reste nous y sommes puisque H_k est fini). Comme $\sum |u_n| < +\infty$, ces produits sont bornés supérieurement comme on l'a vu au n° 17 en démontrant le théorème 13. Il en est donc de même des S_k, d'où la convergence en vrac de la série $\sum v_j$ étendue à tous les $j \in J$.

Ce calcul montre en outre que

$$(19.5) \qquad \sum_{j \in J} v_j = \lim_{k \to \infty} \sum_{j \in H_k} v_j = \lim(1+u_1)\ldots(1+u_k) = \prod_{n=1}^{\infty}(1+u_n).$$

Mais comme on l'a vu au début de la démonstration, J est réunion des ensembles deux à deux disjoints

$$J_n : \quad \text{suites } (i_1, \dots, i_n) \text{ telles que } 0 < i_1 < \dots < i_n.$$

Le théorème d'associativité montre alors non seulement que les sommes partielles étendues aux J_n convergent – ce sont les A_n qui nous intéressent, voir (3) –, mais aussi que la série $\sum A_n$ est absolument convergente et a pour somme la somme totale $\sum v_j$, i.e., d'après (5), le produit infini des $1 + u_n$. Euler avait donc raison :

Théorème 16. *Soit $\prod_{n \geq 1}(1 + u_n)$ un produit infini où $\sum |u_n| < +\infty$. Alors la série*

$$(19.6) \qquad\qquad A_n = \sum_{0 < i_1 < \dots < i_n} u_{i_1} \dots u_{i_n}$$

converge en vrac pour tout $n \geq 1$, la série des A_n converge absolument et l'on a

$$(19.7) \qquad\qquad 1 + \sum A_n = \prod(1 + u_n).$$

La démonstration montre en fait un peu plus. Supposons que les u_n soient des fonctions $u_n(x)$ définies sur un ensemble X et que la série des $u_n(x)$ soit *normalement* convergente dans X : $|u_n(x)| \leq v_n$ avec $\sum v_n < +\infty$. Il est alors clair que toutes les séries intervenant dans la démonstration sont dominées par les séries analogues relatives au produit $\prod(1 + v_n)$. Par conséquent, les sommes $A_n(x)$ convergent normalement ainsi que la série $\sum A_n(x)$. Si par exemple X est un ouvert G de $\mathbb{C}$, si les $u_n(z)$ sont analytiques dans $\mathbb{C}$ et si la série $\sum u_n(z)$ converge normalement sur tout compact $K \subset G$, on peut en conclure que toutes les fonctions intervenant dans la démonstration sont analytiques à condition, comme toujours, de savoir qu'une série normalement convergente de fonctions analytiques est encore analytique (Chap. VII).

On peut même, dans ce cas, obtenir parfois un développement du produit infini en série entière si l'on suppose que les u_n sont elles-mêmes des séries entières sans terme constant

$$u_n(z) = \sum_{p \geq 1} a_n(p) z^p$$

convergeant dans un disque $|z| < R$ et que la série $\sum u_n(z)$ converge normalement dans tout disque $|z| \leq r < R$. Le terme général de la série (6) est en effet alors un produit de séries absolument convergentes

$$(19.8) \quad v_j(z) = u_{i_1}(z) \dots u_{i_n}(z) = \sum_{p_1, \dots, p_n \geq 1} a_{i_1}(p_1) \dots a_{i_n}(p_n) z^{p_1 + \dots + p_n}$$

d'après la formule de multiplication des séries absolument convergentes, où l'on pose comme plus haut $j = (i_1, \ldots, i_n) \in J_n$. En calculant *formellement*, la somme des $A_n(z)$ s'écrit alors

$$(19.9) \qquad \sum_{n \geq 1} \sum_{0 < i_1 < \ldots < i_n} \sum_{p_1, \ldots, p_n \geq 1} a_{i_1}(p_1) \ldots a_{i_n}(p_n) z^{p_1 + \ldots + p_n};$$

pour qu'elle converge en vrac, il faut et il suffit que la somme analogue obtenue en remplaçant les $a_n(p)$ et z par leurs valeurs absolues converge. Cela revient à substituer au produit infini donné $\prod[1 + u_n(z)]$ le produit $\prod[1 + w_n(z)]$ où l'on a posé

$$(19.10) \qquad w_n(z) = \sum_p |a_n(p) z^p|,$$

série convergente pour $|z| < R$. On a alors le droit, pour tester la convergence de la nouvelle somme (9), à termes positifs, d'y effectuer des groupements de termes (Chap. II, n° 18, théorème 13). La somme sur $p_1, \ldots, p_n$ est égale au produit des $w_i(z)$ pour $i = i_1, \ldots, i_n$ (multiplication de séries). Il reste donc à prouver

$$(19.11) \qquad \sum_{n \geq 1} \sum_{0 < i_1 < \ldots < i_n} w_{i_1}(z) \ldots w_{i_n}(z) < +\infty;$$

c'est ce qu'affirme le théorème 16 *si l'on sait* que

$$(19.12) \qquad \sum w_n(z) < +\infty, \quad \text{i.e. si } \sum_{p,n} |a_n(p) z^p| < +\infty$$

pour $|z| < R$ (associativité : sommer d'abord sur p, d'où $w_n(z)$, puis sur n). Cette condition est réalisée si, pour tout n, les coefficents $a_n(p)$ sont *réels et de même signe* (i.e. tous > 0 ou tous < 0, le signe pouvant dépendre de n), ou bien, autre cas important, si les séries entières des $u_n(z)$ comportent chacune *un seul terme non nul*, car on a $w_n(z) = |u_n(|z|)|$ dans les deux cas. C'est aussi le cas dans un produit tel que

$$\prod 1/(1 + q^n z) = \sum (1 - q^n z + q^{2n} z^2 - \ldots)$$

avec $|q| < 1$, car ici on a $w_n(z) = \sum |q^n z|^p = |q^n z|/(1 - |q^n z|)$ et la série des w_n converge. Les trois cas, curieusement, se retrouvent chez Euler comme on le verra au n° suivant.

Dans un cas de ce genre, on peut calculer formellement sur la somme (9) sans risquer d'aboutir à des séries divergentes; on peut notamment effectuer des groupements de termes arbitraires et, en particulier, grouper tous les monômes de même degré en z, d'où une série entière dont les coefficients se calculent "comme en Algèbre", mais à l'aide de séries absolument convergentes.

Dans le cas général on sait seulement que

$$\sum_n |u_n(z)| = \sum_n \left| \sum_p a_n(p)z^p \right| < +\infty,$$

ce qui ne suffit pas à assurer (12). Une autre façon de procéder consiste alors à remplacer (8) par

$$(19.13) \qquad v_j(z) = u_{i_1}(z)\ldots u_{i_n}(z) = \sum_p b_j(p)z^p$$

où l'on pose

$$(19.14) \qquad b_j(p) = \sum_{p_1+\ldots+p_n=p} a_{i_1}(p_1)\ldots a_{i_n}(p_n) \quad \text{si} \quad j=(i_1,\ldots,i_n).$$

On a alors d'après le théorème 16

$$\prod[1+u_n(z)] = 1 + \sum_{n\geq 1} \sum_{j\in J_n} v_j(z) = 1 + \sum_{j\in J} v_j(z) = v(z),$$

série de fonctions analytiques qui converge (en vrac) normalement dans tout disque $|z| \leq r < R$, i.e. dans tout compact de $|z| < R$. Or on montrera au Chap. VII que si une telle série converge normalement sur tout compact, alors (i) sa somme est analytique, (ii) toutes les séries dérivées convergent normalement sur tout compact, (iii) les dérivées de la somme sont les sommes des séries dérivées. La fonction v est donc analytique dans $|z| < R$, donc (autre théorème général) somme dans *tout* le disque $|z| < R$ de sa série de Maclaurin

$$v(z) = \sum v^{(p)}(0)z^p/p! = \sum b(p)z^p,$$

et l'on a

$$(19.15) \qquad b(p) = v^{(p)}(0)/p! = \sum_{j\in J} v_j^{(p)}(0)/p! = \sum_{j\in J} b_j(p)$$

avec une série absolument convergente. Ce résultat peut s'écrire

$$b(p) = \sum_{0<i_1<\ldots<i_n} \sum_{p_1+\ldots+p_n=p} a_{i_1}(p_1)\ldots a_{i_n}(p_n),$$

ce qui est à nouveau le résultat "évident" à condition de sommer sur les p_k *avant* de sommer sur les i_k et n, faute de quoi on n'obtiendrait pas une somme convergeant en vrac puisqu'en remplaçant les $u_i(p)$ par leurs modules on peut fort bien obtenir, comme plus haut, une série divergente. On est ici à la limite des capacités de la convergence en vrac, mais comme on ne rencontre jamais ce cas général dans des situations où l'on doit calculer les coefficients de la série entière $u(z)$, il n'y a pas lieu de s'y arrêter autrement que pour mettre le lecteur en garde contre les risques d'une confiance excessive.

Le cas le plus simple est celui où $u_n(z) = a_n z$, traité (sans considérations de convergence) par Euler et qui fournit immédiatement le développement

$$(19.16) \qquad \prod_1^\infty (1 + a_n z) = 1 + \sum_1^\infty A_n z^n$$

avec

$$(19.17) \qquad A_n = \sum_{0 < i_1 < \ldots < i_n} a_{i_1} \ldots a_{i_n}.$$

La série entière obtenue converge quel que soit z pourvu que $\sum |a_n| < +\infty$.

20 – Etranges identités

Euler, comme on l'a dit, a étudié des produits infinis ayant un intérêt arithmétique. Il a par exemple démontré la formule

$$(20.1) \qquad \prod_{n \geq 1} (1 - z^n)^{-1} = \sum_{n \geq 0} p(n) z^n$$

où l'on pose $p(0) = 1$ et où, pour tout $n > 0$, $p(n)$ désigne le nombre de *partitions* de n, i.e. le nombre de façons possibles d'écrire

$$(20.2) \qquad n = n_1 + \ldots + n_k$$

comme une somme d'un nombre quelconque d'entiers vérifiant

$$(20.3) \qquad 0 < n_1 \leq \ldots \leq n_k.$$

L'ensemble P des solutions de (3) pour toutes les valeurs de k s'obtient comme plus haut : pour k donné, les solutions de (3) forment une partie du produit cartésien $\mathbb{N}^k$ et P est la réunion des ensembles deux à deux disjoints ainsi définis. Si l'on considère l'application

$$\pi : (n_1, \ldots, n_k) \longmapsto n_1 + \ldots + n_k$$

de P dans $\mathbb{N}$, alors, et pour nous exprimer en maths ultra modernes, on a $p(n) = \mathrm{Card}\,[\pi^{-1}(\{n\})]$ pour tout n, ce qui clarifie l'assez vague définition classique.

Exemple : $5 = 1+1+1+1+1 = 1+1+1+2 = 1+1+3 = 1+2+2 = 1+4 = 2+3 = 5$, d'où $p(5) = 7$ sauf erreur ou omission; le calcul devient rapidement exaspérant comme le lecteur héroïque pourra le constater en vérifiant que $p(10) = 42$, mais il n'est pas obligé de vérifier aussi que[33]

$$p(200) = 3\,972\,999\,029\,388.$$

En groupant dans une partition (2) les termes répétés plusieurs fois, on peut aussi l'écrire

$$(20.4) \qquad\qquad n = h_1 i_1 + \ldots + h_r i_r$$

avec des entiers $h_1, \ldots \geq 1$ en nombre quelconque et, cette fois,

$$(20.5) \qquad\qquad 0 < i_1 < \cdots < i_r.$$

Cela dit, la convergence du produit (1) est évidente pour $|z| < 1$ d'après le théorème 13. Pour prouver (1), on écrit que

$$\prod (1 - z^n)^{-1} = \prod (1 + z^n + z^{2n} + \ldots) = \prod [1 + u_n(z)]$$

avec des séries entières $u_n(z)$ sans terme constant et, fort heureusement, à coefficients tous *positifs*. Comme on l'a vu au n° précédent, on peut donc

---

[33] Je recopie Remmert, *Funktionentheorie 2*, p. 17, dont le Chap. 1 expose par des méthodes express tous les sujets traités dans le présent § et même plus, mais suppose connus les éléments de la théorie des fonctions analytiques. On déconseille également au lecteur de chercher une formule générale pour $p(n)$; Euler a donné une formule de récurrence

$$p(n) = p(n-1) + p(n-2) - p(n-5) - p(n-7) + \ldots$$

faisant intervenir les "nombres pentagonaux" $\frac{1}{2}(3k^2 - k)$, voir Remmert; il y a d'autre part des formules de démonstration très difficile fournissant un développement asymptotique de $p(n)$ pour n grand au sens du Chap. VI.

Le livre de Hans Rademacher, *Topics in Analytic Number Theory* (Springer, 1973), couvre le sujet et beaucoup d'autres domaines, des plus simples (nombres de Bernoulli, fonction gamma, etc.) aux plus difficiles, mais suppose au minimum une bonne connaissance de la théorie des fonctions analytiques et, surtout, du goût pour les "calculs" et "formules" de type eulérien.

Plus accessibles : le classique de G. H. Hardy & E. M. Wright, *An Introduction to the Theory of Number* (Oxford UP, trad. allemande 1958, trad. française annoncée quarante ans plus tard, probablement parce que Polytechnique vient de découvrir l'intérêt de la théorie des nombres comme le confirme la parution annoncée d'un cours de Michel Demazure sur le sujet ...), ainsi que André Weil, *Number Theory : an approach through history, Hammurapi to Legendre* (Birkhäuser, 1984).

développer le produit de ces séries comme s'il s'agissait d'un produit fini de polynômes. Dans la série (19.9), i.e.

$$(20.6) \qquad \sum_{r \geq 1} \sum_{0 < i_1 < \ldots < i_r} \sum_{p_1,\ldots,p_r \geq 1} a_{i_1}(p_1) \ldots a_{i_r}(p_r) z^{p_1 + \cdots p_r},$$

on observe que $a_i(p)$, coefficient de z^p dans la série géométrique $(1 - z^i)^{-1}$, est égal à 1 si p est un multiple de i et à 0 sinon. On peut donc, dans (6), se borner à sommer sur les exposants multiples des i_k, ce qui conduit à la somme

$$(20.7) \qquad \sum_{r \geq 1} \sum_{0 < i_1 < \ldots < i_r} \sum_{h_1,\ldots,h_r \geq 1} z^{h_1 i_1 + \ldots + h_r i_r}.$$

Pour obtenir z^n dans le terme général, il faut choisir r, les i_k et les h_k de telle sorte que $h_1 i_1 + \ldots + h_r i_r = n$; compte-tenu des conditions imposées dans la somme (7) à ces nombres, un tel choix correspond exactement à une partition (4) de n. Le terme z^n se rencontre donc $p(n)$ fois, d'où (1). On notera en passant que, compte tenu de la croissance apparemment vertigineuse de $p(n)$, la convergence en dehors de 0 de la série $\sum p(n) z^n$ n'est pas évidente.

Le plus grand succès d'Euler dans cette voie – on entre ici dans la grande virtuosité ... – est l'identité

$$\prod (1 - q^n) = \sum_{m \in \mathbb{Z}} (-1)^m q^{(3m^2 + m)/2} \quad (|q| < 1)$$

que Jacobi, dans sa théorie des fonctions elliptiques, fera apparaître comme cas particulier de la formule

$$(20.8) \qquad \sum_{n \in \mathbb{Z}} q^{n^2} x^n = \prod_0^\infty \left(1 - q^{2n+2}\right) \left(1 + q^{2n+1} x\right) \left(1 + q^{2n+1} x^{-1}\right);$$

il suffit d'y remplacer q par $q^{3/2}$ et x par $-q^{1/2}$ et d'observer que tout entier positif est de la forme $3n$, ou $3n+1$, ou $3n+2$ pour obtenir l'identité d'Euler; tout cela converge pour $|q| < 1$ et $x \neq 0$, le produit infini d'après le théorème 13, la série parce que

$$\left| q^{n^2} x^n \right| = e^{n^2 \log |q| + n \log |x|},$$

avec $\log |q| < 0$, de sorte que pour n grand l'exposant est $< -n$, majoration qui, pour lamentable qu'elle puisse paraître, est plus que suffisante pour prouver la convergence de la série. Pour $x = 1$, l'identité de Jacobi montre que

$$\sum q^{n^2} = \prod \left(1 - q^{2n+2}\right)\left(1 + q^{2n+1}\right)^2.$$

Si par contre on remplace q par $q^{1/2}$ et x par $-xq^{1/2}$, on obtient

$$\sum_{n \in \mathbb{Z}} (-x)^n q^{n(n+1)/2} = \prod_{n \in \mathbb{N}} \left(1 - q^{n+1}\right)\left(1 - q^{n+1}x\right)\left(1 - q^n x^{-1}\right);$$

en isolant au second membre le terme $1 - x^{-1}$ qui correspond à $n = 0$ et en remplaçant n par $n - 1$, on obtient

$$\frac{1}{x-1}\sum_{n \in \mathbb{Z}} (-x)^n q^{n(n+1)/2} = \frac{1}{x}\prod_{n \geq 1}(1 - q^n)(1 - q^n x)(1 - q^n x^{-1});$$

lorsque x tend vers 1, le second membre tend – théorème 15 appliqué à chacun des produits infinis du second membre – vers le produit des expressions $(1-q^n)^3$; au premier membre, on a une série entière en x, partout convergente à cause de la décroissance rapide des coefficients en q; cette série est nulle pour $x = 1$, les termes en n et en $-n - 1$ se détruisant mutuellement; par suite, le premier membre tend vers la dérivée en $x = 1$ de cette série entière. D'où, en groupant les termes n et $-n - 1$ de la série, une nouvelle formule miraculeuse

$$\prod_{n \geq 1}(1 - q^n)^3 = \sum_{n \in \mathbb{N}}(-1)^n(2n + 1)q^{n(n+1)/2} = 1 - 3q + 5q^3 - 7q^6 + 9q^{10} - \ldots .$$

Un des curieux aspects de ces formules, que Jacobi publie en 1829, est que Gauss les a pour la plupart trouvées en 1808, les a gardées pour lui comme il l'a si souvent fait et, lorsque Jacobi publie ses résultats, lui fait savoir qu'il les connaît. Venant du plus grand mathématicien de l'époque, voire même, prétendent certains, de tous les temps[34], on imagine l'effet sur un "débutant" de 25 ans dont c'est le premier grand succès. Jacobi relate l'affaire à Legendre, qui s'en indigne et parle d'un "*excès d'impudence*" de la part de Gauss[35]. Si le Prince des mathématiciens voulait préserver sa propre réputation, suffisamment établie par ailleurs même en oubliant le premier télégraphe opérationnel (il relie son bureau à celui de l'astronome Wilhelm Weber, à Göttingen), il échoua puisque tout le monde a toujours attribué ces résultats à Jacobi : celui qui publie le premier est, à juste titre, le gagnant. Les Américains actuels qui, dans tous les domaines, sont encore sous

---

[34] Dieudonné a suggéré un jour d'utiliser le "gauss" comme unité de mesure de la production de génies mathématiques par l'humanité; il en trouvait, si je me souviens bien, une dizaine au très grand maximum pour tout le XIXe siècle et un demi par an à notre époque, ce qui paraît optimiste à supposer que ce "calcul" ait un sens. On frémit à l'idée des 3,14 gauss qu'une Chine de deux milliards d'habitants à la pointe du progrès scientifique pourrait produire chaque semaine en 2197.

[35] Pour tout cela, voir les indications historiques et la bibliographie du Chap. 1 de Remmert déjà mentionné.

l'influence du darwinisme sauvage du XIXe siècle, ont trouvé la "bonne" formulation : *Publish or perish.*

Le lecteur pensera peut-être que tout cela est de la mode de 1750 ou 1830 et n'a plus d'intérêt; il n'en est rien. Ce genre de formules a continué à passionner d'honorables mathématiciens comme Dirichlet, Hermite, Dedekind, Leopold Kronecker, Felix Klein, Henri Poincaré, Erich Hecke, Carl Ludwig Siegel, etc., jusqu'aux environs de 1940. Elles ont ensuite été formidablement généralisées depuis une vingtaine d'années dans le cadre ultra moderne de la théorie des algèbres de Lie semi-simples, principalement par I. G. Macdonald. Indépendamment même de ces généralisations *impensables* avant la seconde moitié du XXe siècle, la fonction de Dedekind

$$\eta(z) = q^{1/12} \prod_{n\geq 1}(1 - q^{2n}) = e^{\pi i z/12} \prod_{n\geq 1}(1 - e^{2\pi i n z})$$

[on a posé $q = e^{\pi i z}$ avec $\text{Im}(z) > 0$ pour que l'on ait $|q| < 1$ et convergence du produit] vérifie deux équations fonctionnelles

$$\eta(z + 1) = e^{\pi i/12}\eta(z), \qquad \eta(-1/z) = (z/i)^{1/2}\eta(z)$$

qui sont, la première, triviale, mais non la seconde. En l'élevant à la puissance 24, on obtient une fonction

$$\Delta(z) = \eta(z)^{24} = e^{2\pi i z} \prod(1 - e^{2\pi i n z})^{24} =$$
$$= q^2 - 24q^4 + 252q^6 - 1472q^8 + 4830q^{10} - 6048q^{12} - 16744q^{14} + \dots$$
$$= \sum \tau(n)q^{2n}$$

qui possède la propriété d'être multipliée par 1 ou par z^{12} lorsqu'on y remplace z par $z + 1$ ou par $-1/z$ et donc, comme on peut le montrer sans beaucoup de mal, de vérifier la relation

$$\Delta\left(\frac{az + b}{cz + d}\right) = (cz + d)^{12}\Delta(z)$$

dès que $a,\dots,d$ sont des entiers rationnels vérifiant $ad - bc = 1$. On obtient ainsi un exemple de "fonction modulaire"; tout cela est lié à la théorie des fonctions elliptiques. La série $\sum \tau(n)/n^s$ construite à partir de Δ possède de son côté des propriétés analogues à celles de la fonction ζ; elles avaient été conjecturées à l'époque de la Grande Guerre par un Indien autodidacte, fils d'un petit employé de Madras, ayant appris l'analyse classique dans des manuels anglais de 1850 et inconnu jusqu'à ce qu'il se fasse connaître de G. H. Hardy en lui envoyant quelques douzaines d'identités à la Euler dont la moitié étaient non seulement nouvelles, mais fort difficiles à démontrer (Hardy le fit venir à Cambridge; il mourut de tuberculose à Madras une dizaine d'années plus tard). La conjecture de Ramanujan (entre autres résultats) a valu il y a une vingtaine d'années une médaille Field, équivalent mathématique d'un prix Nobel, à Pierre Deligne, qui l'a démontrée en utilisant toute la machinerie de géométrie et topologie algébriques mise sur pied après 1960 par Alexandre Grothendieck et sa tribu : autre exemple, avec le théorème de Fermat, d'un problème d'apparence totalement "classique" résolu par les "maths modernes" grâce à une interprétation des coefficients $\tau(n)$ beaucoup plus chargée de sens que le simple calcul du produit infini $\Delta(z)$.

Ceux qui croient que "l'époque des formules" est révolue se trompent donc grandement; les "formules" contemporaines se situent certes en général, quoique pas toujours, à un niveau mathématique incomparablement plus élevé que celles d'Euler; elles font intervenir des fonctions, séries, produits infinis ou intégrales dont les termes reflètent la "structure" de telle ou telle théorie arithmétique, algébrique ou analytique.

Cela dit, il y a beaucoup d'activité dans d'autres domaines des mathématiques tout aussi importants que ce mélange de calculs eulériens, de fonctions elliptiques ou modulaires et de théorie des nombres ou variétés algébriques qui fascine les uns et repousse les autres en dépit, ou à cause, de l'ancienneté de la tradition sur lequel il repose ...

Pour en revenir à Euler, après avoir examiné le produit (1) il passe à l'identité plus difficile qu'il écrit

$$(20.9) \qquad 1/(1 - ax)(1 - bx)(1 - cx)\ldots = 1 + Ax + Bx^2 + Cx^3 + \ldots,$$

ce qui revient à effectuer le produit de toutes les progressions géométriques $\sum a^n x^n$, $\sum b^n x^n$, $\sum c^n x^n$, etc. Le coefficient de x^n au second membre est alors évidemment la somme des produits

$$(20.10) \qquad a^{n_1} b^{n_2} c^{n_3} \ldots$$

associés à chaque décomposition $n = n_1 + n_2 + n_3 + \ldots$ de n en entiers > 0; il ne s'agit pas des mêmes partitions que précédemment : les n_i ne sont pas assujettis à la condition (3) puisque, pour effectuer un produit de séries, on choisit au hasard un terme dans chaque somme et l'on additionne les produits obtenus. On peut par exemple choisir pour $a, b, c, \ldots$ les inverses des nombres *premiers*, et faire $x = 1$ dans le résultat; on trouve ainsi la somme de tous les inverses de produits d'un nombre quelconque de puissances quelconques des nombres premiers $2, 3, 5, 7, 11, \ldots$; comme tout entier > 1 s'écrit d'une façon unique sous la forme

$$2^{n_1} 3^{n_2} 5^{n_3} 7^{n_4} 11^{n_5} \ldots$$

avec des exposants $n_i \geq 0$ presque tous nuls, Euler obtient une identité surnaturelle qu'il écrit

$$\frac{1}{\left(1 - \frac{1}{2}\right)\left(1 - \frac{1}{3}\right)\left(1 - \frac{1}{5}\right)\left(1 - \frac{1}{7}\right)\left(1 - \frac{1}{11}\right)\ldots} = 1 + \frac{1}{2} + \frac{1}{3} + \frac{1}{4} + \frac{1}{5} + \ldots\,;$$

il obtient aussi plus généralement le produit infini de $\zeta(s)$ pour s entier, ce qui est plus, ou encore moins, raisonnable selon la valeur de s. Il s'agit évidemment pour lui d'un calcul formel.

La série des partitions s'obtient de même en remplaçant $a, b, c, \ldots$ dans (8) par z, z^2, z^3, etc. et en faisant $x = 1$ dans le produit de toutes les séries géométriques obtenues. Il est utile de remarquer que si l'on effectue le produit des n premières séries, le coefficient de z^p dans le résultat est le même pour tous les $n > p$ puisqu'après les p premières multiplications, on multiplie par des séries ne contenant que des termes de degré $> p$ en z et commençant par 1. On peut donc obtenir le coefficient de z^p dans le résultat final en le calculant dans le produit des p premières progressions. On peut même obtenir le résultat en ne conservant, dans ces p progressions géométriques, que les termes de degré $\le p$ comme Newton vous l'aurait expliqué. Pour calculer $p(n)$ pour $n \le 10$ par exemple, il suffit de calculer les coefficients de $z, z^2, \ldots, z^{10}$ dans le produit

$$(1 + z + z^2 + \ldots + z^{10})(1 + z^2 + z^4 + \ldots + z^{10})(1 + z^3 + z^6 + z^9)$$
$$(1 + z^4 + z^8)(1 + z^5 + z^{10})(1 + z^6)(1 + z^7)(1 + z^8)(1 + z^9)(1 + z^{10});$$

il vaut mieux confier la tâche à un ordinateur pour les "grandes" valeurs de n, lesquelles, dans ce contexte, arrivent manifestement très vite comme on l'a vu au début de ce n°. Mais comme tout était possible avec des gens comme Euler, il est possible qu'il se soit livré lui-même à cet amusant exercice puisqu'électronique et informatique n'étaient pas encore, à son époque, les deux mamelles auxquelles se nourrit l'Humanité avancée, ni celle-ci le milliard de mamelles auxquelles se nourrissent ces deux industries.

§4. La topologie des fonctions $\mathcal{A}rg(z)$ et $\mathcal{L}og\, z$

21 – Nous avons défini au n° 14 l'argument d'un nombre complexe $z \neq 0$ comme étant n'importe quel nombre réel $t = \arg(z)$ tel que

$$(21.1) \qquad\qquad z = |z|\exp(it)$$

et montré que le problème admet une infinité de solutions différant les unes des autres par des multiples arbitraires de 2π. La notation standard arg ne désigne donc pas une vraie fonction; c'est une *correspondance*, au sens du Chap. I, entre éléments de $\mathbb{C}^*$ et de $\mathbb{R}$; pour tout $z \in \mathbb{C}^*$, le symbole $\arg(z)$ devrait donc désigner l'*ensemble* des $t \in \mathbb{R}$ tels que $z = |z|\exp(it)$ même si, dans la pratique, il désigne presque toujours l'une de ces valeurs possibles. Pour éviter des confusions, nous noterons $\mathcal{A}rg(z)$ cet ensemble, de sorte que

$$(21.2) \qquad\qquad t \in \mathcal{A}rg(z) \Longleftrightarrow z = |z|\exp(it).$$

Nous conviendrons de même que la notation $\mathcal{L}og\, z$ désigne l'*ensemble* des valeurs possibles du log complexe :

$$(21.2') \qquad\qquad \zeta \in \mathcal{L}og\, z \Longleftrightarrow z = \exp(\zeta).$$

Toute personne ayant enseigné la théorie des fonctions holomorphes sait que les arguments et, ce qui revient au même, les logarithmes de nombres complexes, sont une des sources les plus fréquentes d'incompréhensions théoriques et d'erreurs de calcul. On nous pardonnera donc de développer le sujet bien au delà de la tradition. Ce sera aussi une occasion de familiariser le lecteur avec des techniques topologiques d'une portée beaucoup plus générale.

(i) *Graphe de $z \mapsto \mathcal{A}rg(z)$*. Une correspondance se définit en exhibant son graphe, à savoir, en l'occurence, l'ensemble des couples $(z, t) \in \mathbb{C}^* \times \mathbb{R}$ tels que $z = |z|\exp(it)$. Le produit cartésien peut se représenter dans l'espace usuel à trois dimensions en choisissant un système de coordonnées rectangulaires (x, y, t), en identifiant $\mathbb{C}^*$ au plan horizontal Oxy privé de son origine et $\mathbb{R}$ à l'axe vertical des t; le produit est donc $\mathbb{R}^3$ privé de celui-ci. Le graphe $\varGamma$ de la correspondance $\mathcal{A}rg$ est alors l'ensemble des points $(x, y, t) \in \mathbb{R}^3$ tels que l'on ait

$$(21.3) \qquad x = r\cos t, \quad y = r\sin t \qquad \text{où } r = (x^2 + y^2)^{1/2} \neq 0;$$

la verticale d'un point (x, y) le rencontre en une infinité de points distants les uns des autres d'un multiple de 2π. C'est une surface hélicoïdale analogue à une rampe inclinée de largeur infinie tournant à vitesse angulaire constante autour de l'axe des t et se prolongeant à l'infini vers le haut et vers le bas; on pourrait probablement l'utiliser dans un roman de science-fiction. L'intersection de Γ avec la surface d'un cylindre circulaire d'axe Ot est une hélice de pas 2π s'enroulant indéfiniment sur le cylindre.

Sur une surface telle que Γ, on peut faire de la topologie comme dans le plan pour la raison que l'on y dispose d'une distance, à savoir celle que tout le monde connaît dans $\mathbb{R}^3$. On peut donc parler d'ensembles ouverts, d'ensembles fermés, de fonctions continues, de suites convergentes, etc. dans Γ, ainsi que d'applications continues à valeurs dans Γ; nous le ferons dans ce qui suit.

On pourrait aussi considérer le graphe de la correspondance $\mathcal{L}og$; ce serait l'ensemble des points (z, ζ) de $\mathbb{C}^* \times \mathbb{C}$ tels que $z = \exp(\zeta)$. Il faudrait se placer dans $\mathbb{R}^4$ pour le représenter géométriquement.

(ii) *Fonctions multiformes et branches uniformes*. Au lieu de parler de "correspondances", les mathématiciens parlaient jusqu'à une date récente, et beaucoup parlent encore, de *fonctions multiformes*, objets dont la première particularité est de ne pas être des fonctions[36]; l'adjectif "multiforme" fait allusion au fait que ces pseudo fonctions sont autorisées à prendre plusieurs valeurs en chaque point, comme par exemple $(z^2 - 1)^{1/2}$ dans $\mathbb{C}$ et, plus généralement, les "fonctions algébriques" obtenues en choisissant un polynôme P à deux variables et coefficients complexes et en associant à chaque $x \in \mathbb{C}$ les racines $y \in \mathbb{C}$ de l'équation $P(x, y) = 0$; voyez la courbe algébrique $x^3 - ax^2 + axy - y^3 = 0$ traitée par Newton, qui se bornait aux variables réelles (Chap. III, n° 14).

Or Newton avait déjà remarqué qu'au voisinage d'un point (x_0, y_0) de sa courbe, on peut généralement trouver une série entière

$$y = y_0 + \sum a_n (x - x_0)^n$$

qui vérifie identiquement l'équation $P(x, y) = 0$ donnée. Bien que l'équation $P(x, y) = 0$ ne permette pas de considérer y comme une véritable fonction de x, il existe donc néanmoins d'excellentes fonctions $y = f(x)$ qui la vérifient. Dans le cas plus simple de la correspondance $x^2 + y^2 = 1$ entre points de

---

[36] Au lieu de considérer $\text{Log } z$ comme une (fausse) fonction définie sur $\mathbb{C}^*$, on peut rétablir la situation en la considérant comme une (vraie) fonction définie sur son graphe, à savoir $(z, \zeta) \mapsto \zeta$, puisque, sur celui-ci, on a $exp(\zeta) = z$. En théorie des fonctions analytiques, cet artifice est á l'origine de l'invention des surfaces de Riemann des fonctions algébriques. Au lieu de considérer par exemple $(z^4 - 1)^{1/7}$ comme une fonction de $z \in \mathbb{C}$, ce qu'elle n'est pas au sens strict, on se place sur la surface G de $\mathbb{C}^2$ définie par l'équation $\zeta^7 = z^4 - 1$ et on y étudie la fonction $(z, \zeta) \mapsto \zeta$ et, plus généralement, les fonctions $(z, \zeta) \mapsto f(z, \zeta)$ où f est une fonction rationnelle de deux variables. La vraie surface de Riemann est un peu plus compliquée, mais c'est quand même l'idée initiale de la construction et de la théorie des fonctions algébriques d'une variable complexe.

$\mathbb{R}$, correspondance dont le graphe est le cercle de centre O et de rayon 1, les formules $y = (1 - x^2)^{1/2}$ et $y = -(1 - x^2)^{1/2}$ définissent deux telles fonctions dans $[-1, 1]$.

On est ainsi conduit à appeler *branche uniforme* d'une fonction ou correspondance multiforme toute vraie fonction, à une seule valeur, dont le graphe est contenu dans celui de la correspondance donnée. Dans le cas de l'argument, une branche uniforme dans un ensemble $G \subset \mathbb{C}^*$ est donc une fonction $A : G \longrightarrow \mathbb{R}$ vérifiant

$$(21.4) \qquad z = |z| \exp[i.A(z)] \qquad \text{pour tout } z \in G;$$

une branche uniforme du $\mathcal{L}og$ sera de même une fonction $L : G \longrightarrow \mathbb{C}$ vérifiant

$$(21.4') \qquad z = \exp[L(z)] \qquad \text{pour tout } z \in G.$$

L'existence de telles branches est évidente si on ne leur impose pas de condition supplémentaire : choisir au hasard ("axiome du choix") un point du graphe de la correspondance donnée situé à la verticale de chaque z. Mais appliquer ce procédé à la correspondance $\mathcal{A}rg\ z$ reviendrait à attribuer par tirage au sort un argument à chaque nombre complexe $z \neq 0$; utilité nulle. Dans ce cas précis et dans tous les cas analogues – la théorie des fonctions holomorphes en fournit ad libitum –, on cherche à construire des branches uniformes qui soient au minimum des fonctions *continues* de la variable et même *analytiques* lorsque c'est possible. Dans tout ce qui suit, nous supposerons toujours implicitement et souvent explicitement que les branches uniformes considérées sont continues.

(iii) *Unicité à $2k\pi$ près des branches uniformes.* Etant donnée une partie quelconque G de $\mathbb{C}^*$, existe-t-il dans G des branches uniformes continues $z \mapsto A(z)$ de la correspondance $\mathcal{A}rg$ ou, ce qui revient au même en posant

$$(21.5) \qquad L(z) = \log|z| + i.A(z),$$

de $\mathcal{L}og$? La réponse dépend de G et n'est nullement évidente comme on le verra. Autre problème, que l'on peut résoudre dès maintenant : comment passe-t-on d'une branche uniforme à une autre ?

La réponse repose sur le fait que si A' et A'' sont deux branches uniformes continues de l'argument dans G, alors la fonction $f(z) = [A'(z) - A''(z)]/2\pi$ est continue *et* à valeurs dans $\mathbb{Z}$. Il n'échappera à personne que ce genre d'objet se rencontre rarement en dehors du cas des fonctions *constantes*. Ce serait évident si G était un intervalle de $\mathbb{R}$, car l'image $f(G)$ serait alors un intervalle (théorème des valeurs intermédiaires) contenu dans $\mathbb{Z}$, donc réduit à un seul point.

Dans le cas qui nous occupe, il en est de même si G est *connexe*. Supposons pour simplifier, seul cas pratiquement utile, que G soit *connexe par* *arcs*; cela signifie que, quels que soient $u, v \in G$, il existe un *chemin continu* joignant u à v dans G, i.e. une application continue $\gamma : I = [a, b] \longrightarrow G$ d'un intervalle de $\mathbb{R}$ dans G telle que $\gamma(a) = u$ et $\gamma(b) = v$ (pour le cas d'un ouvert de $\mathbb{C}$, revoir le n° 20 du Chap. II, où les chemins linéaires par morceaux suffisent). Soient alors A' et A'' deux branches uniformes de l'argument dans G, supposons-les égales en un point particulier $u \in G$ – sinon, retrancher à $A''(z)$ un multiple convenablement choisi de 2π – et montrons que l'on a $A'(v) = A''(v)$ pour tout $v \in G$. Choisissons pour cela comme ci-dessus un chemin joignant u à v dans G et posons $f(t) = \{A'[\gamma(t)] - A''[\gamma(t)]\}/2\pi$. On obtient ainsi sur I une fonction f continue à valeurs dans $\mathbb{Z}$, donc constante; comme elle est nulle en $t = a$, elle l'est aussi en $t = b$, cqfd[37]. En conclusion, *dans un ensemble connexe $G \subset \mathbb{C}^*$, deux branches uniformes de l'argument diffèrent l'une de l'autre par un multiple constant de 2π et deux branches du $\mathcal{L}og$ par un multiple constant de $2\pi i$.*

Il va de soi que la connexité de G est essentielle : prendre pour G la réunion de deux disques ouverts disjoints.

(iv) La réponse à la question d'existence posée plus haut est négative si $G = \mathbb{C}^*$. Supposons en effet trouvée dans $\mathbb{C}^*$ une fonction *continue* $A(z)$ à valeurs réelles telle que $z/|z| = \exp[iA(z)]$ pour tout z et bornons-nous aux $z \in \mathbb{T}$, cercle unité de $\mathbb{C}$. L'application

$$t \mapsto \exp(it) = \cos t + i. \sin t$$

de $I = [0, 2\pi]$ dans $\mathbb{T}$ est continue et, comme on l'a vu au n° 14, surjective; la fonction composée $f(t) = A[\exp(it)]$ est donc continue dans I. Mais la fonction $g(t) = t$ est aussi continue et vérifie aussi $g(t) \in \mathcal{A}rg[\exp(it)]$ quel que soit t. Comme $f(t) - t$ est, pour tout $t \in I$, un multiple entier de 2π, on a donc $f(t) = t + 2k\pi$ avec un entier k indépendant de t. Or on a $\exp(it) = 1$ pour $t = 0$ ou 2π et donc $f(0) = f(1)$ puisque $f(t) = A[\exp(it)]$ ne dépend, par définition, que du point $\exp(it)$; absurde puisque $f(t) = t + 2k\pi$. *Il est donc impossible de choisir l'argument de tout nombre complexe z non nul de telle sorte qu'il soit fonction continue de z dans $\mathbb{C}^*$ tout entier* ou même seulement sur le cercle unité $\mathbb{T}$. Même résultat pour $\mathcal{L}og\,z$.

---

[37] La bonne démonstration consisterait à étendre comme suit le théorème des valeurs intermédiaires : si f est une fonction continue réelle définie sur une partie connexe G de $\mathbb{C}$, alors l'image $f(G)$ est un intervalle. Considérons en effet deux points $f(u)$ et $f(v)$ de $f(G)$, avec $u, v \in G$ et, par exemple, $f(u) < f(v)$, et considérons un nombre $c \in]f(u), f(v)[$ n'appartenant pas à $f(G)$. Les parties U et V de G définies par les inégalités $f(z) < c$ et $f(z) > c$ sont alors disjointes, vérifient $G = U \cup V$, $u \in U$, $v \in V$ et, enfin, sont ouvertes dans G puisque f est continue. Mais, par définition, on ne peut décomposer un espace connexe en ouverts disjoints non vides : contradiction. L'image $f(G)$ satisfait donc au théorème 5 du Chap. III, n° 4 qui caractérise les intervalles. Plus savant : l'image d'un espace connexe par une application continue est un espace connexe.

(v) Montrons que, par contre, *il est possible de trouver une branche uniforme de l'argument* (ou du logarithme) *dans l'ouvert G obtenu en retranchant de* $\mathbb{C}^*$ *une demi-droite quelconque d'origine O*. Modulo une rotation $z \mapsto e^{i\alpha}z$ autour de l'origine, on peut se borner à le montrer pour l'ouvert $G = \mathbb{C} - \mathbb{R}_-$, où $\mathbb{R}_-$ est l'ensemble des nombres réels ≤ 0. Comme les nombres réels négatifs sont caractérisés par le fait que leurs arguments sont de la forme $(2k+1)\pi$, il est naturel, dans G, de choisir pour $A(z)$ *la* valeur de l'argument de z qui vérifie

$$(21.6) \qquad |A(z)| < \pi,$$

ce qui la détermine sans ambiguïté et conduit, pour le $\mathcal{L}og$, à la fonction

$$(21.7) \qquad L(z) = \log|z| + i.A(z)$$

dans le même ouvert G. Nous allons montrer que $A(z)$ et donc $L(z)$ sont des fonctions *continues* de z dans G, ce qui établira le résultat. Il est, ici encore, "évident géométriquement", mais une démonstration rigoureuse, i.e. analytique, repose sur une propriété du logarithme complexe qu'aucun dessin ne fournira jamais.

Plaçons-nous au voisinage d'un $a \in G$ quelconque; nous avons montré plus haut [n° 14, section (x)] que, dans le disque $D(a) : |z-a| < |a|$, les valeurs de $\mathcal{L}og\, z$ sont données par

$$(21.8) \qquad \mathcal{L}og\, z = \mathcal{L}og\, a - \sum (1 - z/a)^n/n.$$

Si l'on choisit $\mathcal{L}og\, a = L(a)$ dans (8), où $L(a)$ est donné par (7), le second membre est une fonction continue de z dans $D(a)$, donc aussi sa partie imaginaire; celle-ci étant égale à $A(a)$ pour $z = a$ et $|A(a)|$ étant $< \pi$, la partie imaginaire du second membre de (8) est encore, en valeur absolue, $< \pi$ au voisinage de a : c'est donc $A(z)$, d'où résulte que l'on a

$$(21.9) \qquad L(z) = L(a) - \sum (1 - z/a)^n/n$$

pour $|z-a|$ assez petit. D'où la continuité de la fonction (7) et donc de $A(z)$ dans l'ouvert considéré. Ce raisonnement montre même beaucoup plus : *dans tout ouvert où existent des branches uniformes du $\mathcal{L}og$, celles-ci sont analytiques*.

(vi) Ce résultat montre à plus forte raison qu'*il existe des branches uniformes de l'argument dans tout disque ouvert* $D \subset \mathbb{C}^*$: ôtez de $\mathbb{C}$ une demi-droite ne rencontrant pas D, par exemple $\mathbb{R}_-$ si D est contenu dans le demi-plan $\text{Re}(z) > 0$, cas auquel on peut toujours se ramener à l'aide d'une rotation autour de l'origine. Dans ce cas particulier, il est clair que, pour $z \in D$, on peut choisir $A(z)$ dans l'intervalle $]-\pi/2, \pi/2[$. Dans le cas général, on voit que si $A(z)$ est une branche uniforme de l'argument dans D, alors l'ensemble $A(D)$ des valeurs prises par $A(z)$ pour $z \in D$ est un intervalle de longueur $< \pi$.

(vii) *Relèvements d'un chemin.* Par définition, un chemin continu dans $\mathbb{C}$ est une application continue d'un intervalle compact $I = [a, b]$ de $\mathbb{R}$ dans $\mathbb{C}$; cette définition s'étend trivialement à tout espace métrique, et en particulier au graphe Γ de la correspondance $\mathcal{A}rg$ introduit plus haut. Si $t \mapsto \gamma(t)$ est un chemin dans Γ, on a

$$(21.10) \qquad \gamma(t) = (\gamma_0(t), A(t))$$

où $\gamma_0(t) \in \mathbb{C}^*$ et $A(t) \in \mathbb{R}$ sont des fonctions continues de t; il est clair que $\gamma_0 : I \longrightarrow \mathbb{C}^*$ est un chemin continu dans $\mathbb{C}^*$ et que, pour tout $t \in I$, on doit avoir $A(t) \in \mathcal{A}rg[\gamma_0(t)]$, ensemble des arguments possibles de $\gamma_0(t)$. Si, inversement, on se donne un chemin continu γ dans $\mathbb{C}^*$ et si, pour tout $t \in I$, on choisit un nombre $A(t) \in \mathcal{A}rg[\gamma(t)]$ de telle sorte que la fonction $A(t)$ soit continue, i.e. soit une *branche uniforme de l'argument le long de* γ (définition analogue dans le cas du $\mathcal{L}og$), alors $t \mapsto (\gamma(t), A(t))$ est un chemin continu dans Γ qui se projette horizontalement sur γ; c'est ce qu'on appelle un *relèvement* de γ à Γ. On fera attention au fait que $A(t)$ dépend en général effectivement de t et non pas seulement du point $\gamma(t)$, comme le montre l'application $t \mapsto \exp(it)$ de $[0, 4\pi]$ dans $\mathbb{C}^*$ avec $A(t) = t$.

Il est clair, grâce une fois de plus au théorème des valeurs intermédiaires, que les relèvements à Γ d'un chemin donné γ (resp. les branches uniformes de l'argument le long de γ) se déduisent les uns des autres par une translation verticale (resp. par addition) d'un multiple de 2π indépendant du paramètre t. Autrement dit, les relèvements à Γ d'un chemin continu tracé dans $\mathbb{C}^*$ sont entièrement déterminés par leurs origines, et *une branche uniforme de l'argument ou du $\mathcal{L}og$ le long d'un chemin dans $\mathbb{C}^*$ est entièrement déterminée par sa valeur à l'origine du chemin.* Si par exemple γ est $t \mapsto \exp(it)$, $0 \le t \le 6\pi$, les relèvements de γ à Γ sont des arcs d'hélice effectuant trois tours complets autour de l'axe de Γ, trajectoires d'une personne utilisant un escalier pour monter trois étages.

(viii) *Relèvements d'un chemin : existence.* Montrons maintenant que tout chemin continu $\gamma : I \longrightarrow \mathbb{C}^*$ possède un relèvement à Γ ou, ce qui revient au même, qu'il existe toujours une branche uniforme de l'argument le long de γ.

Tout d'abord, une telle fonction existe dans tout voisinage assez petit de tout point t_0 de I. On choisit pour cela un disque ouvert $D \subset \mathbb{C}^*$ de centre

$\gamma(t_0)$ et, dans D, une branche uniforme $A(z)$ de l'argument conformément
à ce qu'on a vu plus haut; comme la fonction γ est continue, on a $\gamma(t) \in D$
pour tout t assez voisin de t_0; la fonction $t \mapsto A[\gamma(t)]$, définie au voisinage
de t_0 et continue comme $z \mapsto A(z)$, répond évidemment à la question.

Ceci fait, posons $I = [a, b]$, choisissons un nombre $\alpha \in Arg[\gamma(a)]$ et
considérons tous les couples (J, A_J) formés d'un intervalle $J = [a, u[$ d'origine
a, avec $u < b$, et d'une branche uniforme continue $A_J(t)$ de l'argument dans
J vérifiant $A_J(a) = \alpha$. La fonction A_J vérifiant ces conditions est unique
comme on l'a vu plus haut. Si donc $(J', A_{J'})$ et $(J'', A_{J''})$ sont deux tels
couples, on a $A_{J'}(t) = A_{J''}(t)$ dans $J' \cap J''$. Notant $K = [a, v[$ la réunion
de tous les intervalles J considérés, on peut donc définir sans ambiguïté une
fonction $A_K(t)$ dans K en posant $A_K(t) = A_J(t)$ pour tout J tel que $t \in J$.
La fonction $A_K(t)$ vérifie trivialement $A_K(a) = \alpha$ et $A_K(t) \in Arg[\gamma(t)]$
pour tout $t \in K$. Comme tout $t \in K$ est intérieur à l'un des intervalles J, la
fonction A_K est continue dans K, de sorte que K, qui vérifie les conditions
imposées aux intervalles J est le plus grand de ces intervalles.

Or il existe au voisinage de v dans I une fonction continue $A(t)$ vérifiant
$A(t) \in Arg[\gamma(t)]$ dans ce voisinage. Pour $t < v$ assez voisin de v, les deux
fonctions $A_K(t)$ et $A(t)$ sont simultanément définies et continues; elles sont
donc égales à un multiple (constant) près de 2π; en le retranchant de $A(t)$,
on peut donc supposer $A(t) = A_K(t)$ pour tout $t < v$ assez voisin de v. Ceci
permet de prolonger la fonction $A_K(t)$ jusqu'au point b si $v = b$, et au-delà
de v si $v < b$. La seconde éventualité est exclue puisque K est le plus grand
des intervalles J considérés plus haut, d'où $K = [a, b]$, cqfd.

En conclusion, *pour tout chemin continu $t \mapsto \gamma(t)$ tracé dans $\mathbb{C}^*$, il est
possible de choisir l'argument de $\gamma(t)$ de telle sorte qu'il soit fonction continue de t.* Ce choix est unique à l'addition près d'un multiple constant de
2π mais, encore une fois, l'argument ainsi choisi de $\gamma(t)$ dépend de t et non
pas seulement de $\gamma(t)$.

(ix) *Branches uniformes et chemins fermés.* Soient G un ouvert connexe
de $\mathbb{C}^*$ et *supposons* qu'il existe dans G une branche uniforme $A(z)$ de l'argument. Choisissons un $a \in G$, posons $A(a) = \alpha$ et, pour $z \in G$ donné, joignons
a à z dans G par un chemin continu $\gamma(t)$ où t varie dans un intervalle compact I. La fonction $t \mapsto A[\gamma(t)]$ est évidemment une branche uniforme de
l'argument le long de γ, branche dont la valeur initiale est α et la valeur finale $A(z)$. En particulier, *la valeur finale ne dépend pas du chemin γ choisi,*
et comme toute autre branche uniforme de l'argument le long de γ diffère
de la précédente par un multiple constant de 2π, le résultat subsiste sous la
forme suivante : si l'on "suit par continuité" la valeur de l'argument le long
d'un chemin joignant a à z dans G, la valeur obtenue en z ne dépend que
de la valeur choisie en a; autrement dit, la "variation de l'argument" le long
d'un chemin dans G ne dépend que de son origine et de son extrémité et, en

particulier, est nulle le long de tout *chemin fermé*, i.e. dont les extrémités
sont égales.

Si inversement cette condition est réalisée, il est immédiat de construire
une branche uniforme $A(z)$ de l'argument dans G. Pour cela, on choisit
arbitrairement l'une des valeurs possibles $A(a)$ en un point $a \in G$ et l'on
détermine $A(z)$ en joignant a à z par un chemin continu dans G : il existe le
long de ce chemin une branche uniforme de l'argument, on peut supposer que
sa valeur initiale est $A(a)$ et $A(z)$ est alors, par définition, sa valeur finale.
Le résultat étant par hypothèse indépendant du chemin choisi *dans* G, la
définition a un sens. Pour montrer que le résultat est une fonction *continue*
de z, on choisit (figure 3) un disque ouvert $D \subset G$ de centre z et, dans D, une
branche uniforme A' de l'argument conformément au résultat obtenu en (vi);
on peut évidemment supposer $A'(z) = A(z)$. Cela dit, soit z' un point de D;
pour joindre a à z', on peut joindre a à z par un chemin $\gamma : [u, v] \longrightarrow G$ et
faire suivre celui-ci d'un chemin $\gamma' : [v, w] \longrightarrow D$ joignant z à z'; on obtient
évidemment une branche uniforme (i.e. continue) de l'argument le long du
chemin joignant a à z' en lui imposant d'être égale à $A[\gamma(t)]$ le long de γ et à
$A'[\gamma'(t)]$ le long de γ'. La valeur finale étant $A'(z')$, on a donc $A(z') = A'(z')$
dans D, d'où la continuité de A dans G.

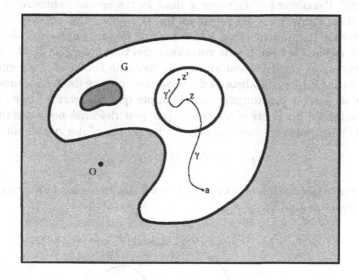

fig. 3.

Par suite, *pour qu'il existe une branche uniforme de l'argument dans* G,
il faut et il suffit que, quels que soient $a, b \in G$ *et le chemin* γ *joignant* a *à*
b *dans* G, *la valeur en* b *de l'argument de* z *obtenue à l'aide d'une branche
uniforme de l'argument le long de* γ *ne dépende que de sa valeur en* a, *et*

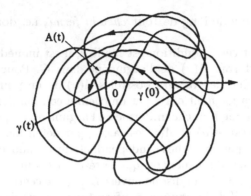

fig. 4.

non pas du chemin suivi; ou encore : que la "variation de l'argument le long de tout chemin fermé" dans G soit nulle.

Il est "géométriquement évident" que, pour qu'il en soit ainsi, il faut et il suffit qu'aucun chemin fermé tracé dans G n'entoure le point O; n'importe quel mécanicien ou physicien vous expliquera que si vous "suivez par continuité" l'argument d'un point z dont la trajectoire "entoure" (dans un sens ou dans l'autre) une ou plusieurs fois l'origine, vous obtenez à l'arrivée une valeur de l'argument égale à la valeur de départ augmentée de $2k\pi$, où l'entier k indique le "nombre de rotations effectuées" autour de O, comptées positivement ou négativement suivant le "sens de rotation". La figure 4, où l'on s'est charitablement abstenu d'utiliser une courbe de Peano, montre que le calcul de k n'est pas toujours aussi simple que pourrait le faire croire un dessin simpliste du genre d'un cercle (un peu déformé pour paraître plus sérieux). Vous pourriez aussi ôter de $\mathbb{C}^*$ les points d'une spirale illimitée

$$t \longrightarrow te^{i(t+1/t)} \qquad (t > 0)$$

et vous poser la question suivante : existe-t-il des branches uniformes du $\mathcal{L}og$ dans l'ouvert restant? (oui ...).

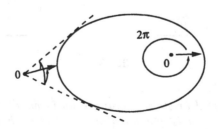

fig. 5.

En fait, le petit discours intuitif que l'on vient de lire contient plusieurs termes ou expressions fort vagues. "Suivre par continuité" l'argument signifie construire une branche uniforme de l'argument le long de la trajectoire γ, point qu'à la différence des physiciens nous avons parfaitement éclairci. Mais qu'entend-on *mathématiquement* par un chemin qui "entoure" l'origine ? par le "nombre de rotations" qu'il effectue autour de celle-ci ? par le "sens de rotation" ? La seule réponse correcte est de déclarer que, *par définition*, le "nombre de rotations" qu'un chemin fermé effectue autour de l'origine est, au facteur 2π près, la différence entre les valeurs prises à l'origine et à l'extrémité du chemin par une branche uniforme de l'argument le long du chemin donné. Le raisonnement des physiciens devient alors non seulement correct, mais tautologique.

Il n'est pas nécessaire d'aller chercher des courbes de Peano pour tomber en arrêt devant des obstacles sérieux. Considérons le cercle unité $\mathbb{T}$ et une application continue et injective $\varphi : \mathbb{T} \longrightarrow \mathbb{C}^*$; la formule $\gamma(t) = \varphi[\exp(it)]$, $t \in [0, 2\pi]$, la transforme en un chemin fermé aussi simple que possible puisque son image est une "courbe" C homéomorphe à un cercle; en outre, γ est bijective mis à part le fait que $\gamma(0) = \gamma(2\pi)$. Il est "géométriquement évident" que l'on peut distinguer "l'intérieur" de la courbe C de son "extérieur" : ce sont les deux composantes connexes de l'ouvert obtenu en ôtant la courbe de $\mathbb{C}$. Il est non moins "évident" que l'intérieur est borné et que l'extérieur ne l'est pas : regardez la figure 5. Si l'on suppose que O est intérieur à C, il est "évident" que la trajectoire du point $\gamma(t)$, qui décrit une fois et une seule C, "tourne une fois" autour de O, de sorte que la variation de l'argument le long de γ doit "évidemment" être, selon les physiciens, égale à $\pm 2\pi$. Il est

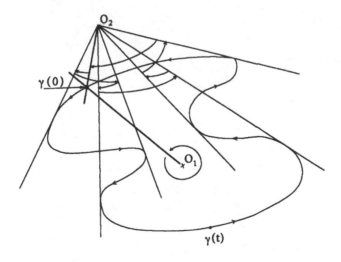

fig. 6.

tout aussi "évident" que, si O est extérieur à la courbe, cette variation doit être nulle.

Tout cela est exact : c'est le célèbre théorème de Jordan, qu'il n'a pas parfaitement démontré, entreprise quasi impossible il y a un siècle. Mais pour l'*évidence*, voyez l'appendice au Chap. IX du vol. 1 des *Eléments d'analyse* de Dieudonné : dix pages de raisonnements ultra condensés dûs pour l'essentiel à l'un des plus grands topologues contemporains.

On retrouvera tous ces problèmes au vol. III, par exemple à propos de la recherche de primitives de fonctions analytiques. On sait bien (Chap. II,§3, n° 19) que si l'on a dans un ouvert G de $\mathbb{C}$ une fonction analytique f, il existe au voisinage de tout $a \in G$ une série entière en $z - a$ ayant f pour dérivée, mais le vrai problème est de décider s'il existe une fonction analytique g définie dans G tout entier et telle que $g'(z) = f(z)$ pour tout $z \in G$. Le cas de la fonction $f(z) = 1/z$ dans $G = \mathbb{C}^*$ montre qu'il n'a pas toujours de solution.

Index

Table des matières du volume II

Printing (Computer to Film): Saladruck, Berlin
Binding: Stürtz AG, Würzburg